MATLAB®

PROGRAMMING FOR ENGINEERS

SIXTH EDITION

# MATLAB®
# 程式設計與應用

Stephen J. Chapman　著

沈志忠　譯



CENGAGE

Australia • Brazil • Canada • Mexico • Singapore • United Kingdom • United States

MATLAB®程式設計與應用 / Stephen J. Chapman著 ;
沈志忠譯. -- 三版. -- 臺北市 : 新加坡商聖智學習亞洲私人有限公司臺灣分公司, 2022.03
面 ; 公分
譯自 : MATLAB® Programming for Engineers, 6th ed.
ISBN 978-626-95406-0-0 (平裝)

1. Matlab (電腦程式)

312.49M384 110018912

## MATLAB®程式設計與應用



Original: MATLAB® Programming for Engineers , 6e
By Stephen J. Chapman
ISBN: 978-0-357-03039-4
©2020, Cengage Learning
All rights reserved.

1 2 3 4 5 6 7 8 9 2 0 2 2

出 版 商 新加坡商聖智學習亞洲私人有限公司台灣分公司
104415 臺北市中山區中山北路二段 129 號 3 樓之 1
http://www.cengageasia.com
電話：(02) 2581-6588 傳真：(02) 2581-9118

原 著 Stephen J. Chapman
譯 者 沈志忠
執行編輯 吳曉芳
印務管理 吳東霖
總 經 銷 全華圖書股份有限公司
236036 新北市土城區忠義路 21 號
電話：(02) 2262-5666
傳真：(02) 6637-3695、6637-3696
http://www.chwa.com.tw
E-mail:book@chwa.com.tw

書 號 1801903
出版日期 西元 2022 年 3 月 三版一刷

ISBN 978-626-95406-0-0

(22SRM0)

# 譯 序

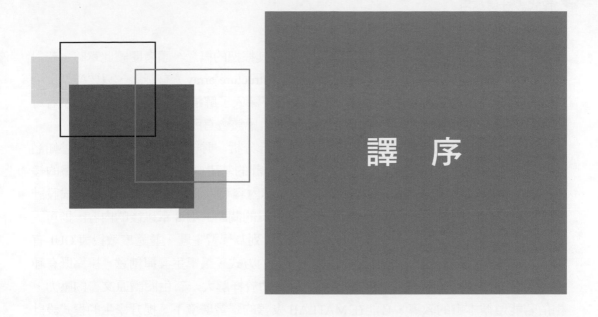

第一次使用 MATLAB，是在 1987 年秋天剛到美國留學時，於「自動控制」課程所用的分析軟體。雖然當時的個人電腦仍是使用 DOS 作業系統，而 MATLAB 在其友善的操作環境、豐富的函式庫及繪圖功能支援下，仍遠較其他工程計算語言更為方便使用，因而更能專注於思索問題解決的方法。初次邂逅之後，從此就與 MATLAB 在教學與研究領域結下了不解之緣。隨著時間的演進，MATLAB 也持續強化其程式語言功能、繪圖與運算功能，以及更為友善的視覺化環境。此外，MATLAB 也針對不同之數值計算領域提供合適的工具箱，內容涵蓋工程計算、影像分析、財經與醫學等領域，以方便不同專業領域之問題研究與開發設計之用。

本書是特別為理工學院新生與工程師所撰寫的 MATLAB 程式設計教科書。與一般坊間的 MATLAB 參考書籍最大不同之處在於，除了一般 MATLAB 的指令與工具使用說明之外，本書設計了許多的教學特色，不僅強調程式設計的基礎觀念，更提供大量與工程或統計相關的程式範例與習題，並於課文章節中引入小測驗以檢視讀者是否了解所介紹的觀念。作者一直強調如何引導學生撰寫簡潔、有效率、具備完整說明的工程計算程式，尤其是以由上而下的設計方法（top-down design methodology），可訓練學生在開始編寫程式碼之前，先思考程式的適當設計，並清楚定義出使用者想要解決的問題。此設計方法可以協助學生避免盲目撰寫不合邏輯的程式，因而陷入耗時的程式偵錯困境。

考量中文版本的篇幅，原書中有些 MATLAB 進階主題並不列入本書中，而這些進階內容對中文版本的整體性影響極微。本書的改版主要是針對新版 MATLAB 採用更新穎、更現代的 GUI 開發工具 App Designer，以取代舊版的 GUIDE（使用者圖形介面設計環境）。App Designer 比 GUIDE 更容易使用，並且產生更簡潔的 GUI 應用程式。它包含新的開發環境，提供布局和編碼檢視、MATLAB 編輯器的完全整合版本，以及大量圖形元件。App Designer 特別強調圖形物件及其握把的概念，讀者閱讀此章時，若對文中提及的單元陣列（cell array）與結構陣列（structure array）有疑義，只要遵循文中這些陣列的存取方式，應該可以迎刃而解。若要深入了解這兩種陣列的用法，讀者可以嘗試閱讀 MATLAB 功能強大的線上協助系統，應該會有所收穫。

由於 MATLAB 已廣泛應用於工程計算、影像分析、財經與醫學等領域，國外知名大學大都將 MATLAB 列為理工學院電腦程式設計的基礎課程。以筆者使用此書的經驗，若以一學期三學分的程式設計課程而言，其內容可以涵蓋本書前八章的程式設計基本原則，以及如何利用 MATLAB 解決工程計算的問題。第 8 章以後的內容，則可視需要探討進階主題。筆者建議可將 GUI 程式設計列為學習主題，並適度教授與 GUI 有關之 MATLAB 資料結構，最後以分組期末專題的方式，讓學生發揮創意，撰寫既有趣又生動的 GUI 程式。本書中譯本的出版，將有助於抒解大一新生閱讀原文書的壓力。相信若能遵循本書的教導，必能在 MATLAB 友善的學習環境下，提升學生的程式設計專業能力。

沈志忠 謹識
國立臺灣海洋大學機械與機電工程學系

# 目次

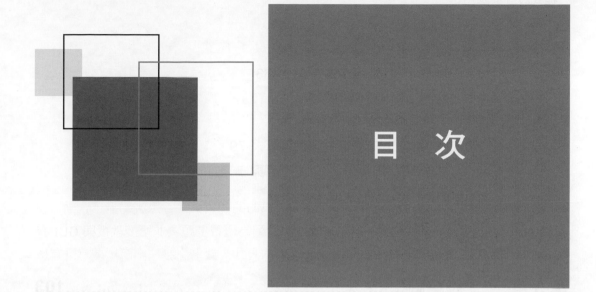

第 1 章

# MATLAB 簡介

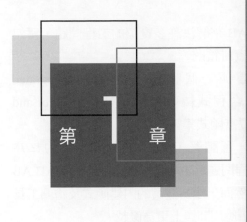

MATLAB（MATrix LABoratory 的簡稱）是一套專為工程及科學計算所設計的高效率電腦計算軟體。經過多年的成長蛻變，MATLAB 已從原來只被設計用來執行矩陣運算的程式，逐漸發展成為一個多元彈性而且具有解決任何計算問題能力的計算系統。

MATLAB 有自己專屬的程式語言，而且 MATLAB 本身提供了一個支援豐富的預設函式庫（predefined functions），使得程式設計的工作變得更為簡單，且更有效率。這本書將介紹 MATLAB 語言（Version 2018A），並引導讀者如何使用 MATLAB 來解決一般性的科學計算問題。

MATLAB 是一個包含極為多樣函式庫（functions）的龐大程式。即使是不包括任何工具集的基本版 MATLAB，都遠比其他科學計算程式語言提供了更豐富的函式庫。僅 MATLAB 本身就含有超過 1000 個函式，而其內附的工具集更加擴充了不同專業領域計算所需要的函式庫。再者，這些函式通常在一個步驟下就能求解複雜的問題，譬如求解微分方程式、反矩陣等，因此可以節省大量的時間。如果用別的程式語言求解相同的問題，通常需要自行撰寫複雜的程式，或者必須購買第三方軟體業者所提供的函式程式集，譬如 IMSL、Intel® 數學核心函數庫或 NAG 程式庫。

由於已經有許多專業人員發展 MATLAB 內建函式，並且用很多不同的資料集測試，MATLAB 內建函式幾乎都比個別工程師自行撰寫的函式還要好。另一方面，這些函式也很強健，意即它們不僅能針對大範圍的輸入數據產出合理的結果，而且當它們面對錯誤狀況時，也能更妥善地處理。

這本書並不嘗試把所有的 MATLAB 函式介紹給使用者，而是要教導使用者如何撰寫、偵錯並優化良好 MATLAB 程式的基礎，以及介紹一些用來求解常見科學與工程問題最重要的函式。同樣重要的是，這本書會告訴科學家或工程師如何使用 MATLAB 本身的工具，以期能夠從廣泛的可能選擇中，找出適用於特定用途的正確函式來加以應用。此外，本書也會教導使用者如何利用 MATLAB 來解決許多實際的工程問題，譬如向量與矩陣的運算、曲線擬合、微分方程式以及資料繪圖等。

MATLAB 程式是一個程序式的程式語言與一個整合開發環境（integrated development environment, IDE）的組合，IDE 包含程式編輯器與偵錯器（editor and debugger）以及可用來進行多種型態科學計算的豐富函式集。

MATLAB 語言是一個程序式的程式語言，意謂著工程師撰寫一序列的*程序*（procedures），而這些程序實際上是求解一個工程問題的數學方程式。因此，MATLAB 跟其他的程序式程式語言如 C 或 Fortran 很相似；然而，極為豐富的內建函式及繪圖工具使得 MATLAB 比其他程式語言在處理許多工程分析應用問題上更為優越。

此外，MATLAB 語言包含物件導向擴充套件，允許工程師撰寫物件導向的程式。這些擴充套件和其他物件導向的語言如 C++ 或 Java 相似。

## 1.1 MATLAB 的優點

MATLAB 在解決科學計算問題方面，相較於一般的電腦語言更有優勢。這些優點包括：

1. 容易使用

   MATLAB 是一種直譯式語言，就如同 Basic 程式語言一樣，MATLAB 非常容易使用。你可以像書寫便條紙般，在命令列輸入一段表示式來計算結果，也可以直接執行事先所寫好的大型程式。利用內建的整合開發環境，你可以輕鬆地書寫並修改程式，然後使用 MATLAB 偵錯器（debugger）進行程式偵錯。因為 MATLAB 語言極為容易使用，所以很適合當作新程式快速開發與設計的工具。

   MATLAB 也提供很多的程式開發工具使得程式更為容易使用，例如整合性的程式編輯器／偵錯器、線上說明文件及使用手冊、工作區瀏覽器（workspace browser），以及大量的程式範例等。

2. 平台獨立性

   MATLAB 支援很多不同種類的電腦作業系統，提供了很大程度的平台獨立性（platform independence）。這些系統包括 Windows 7/8.1/10、Linux 及麥金塔等電腦作業系統。在任何平台所撰寫的 MATLAB 程式，都可以在其他平台執行，而在任何平台所輸出的資料檔案也都可以在其他平台裡直接讀取。因此，MATLAB 編寫的程式，可以隨著使用者的需要而轉移到新的開發平台繼續使用。

3. 預設函式

   MATLAB 提供了一個大量的預設函式庫，這些函式集提供了許多科學計算問題所需的基本解決方案（已測試過的預設函式）。舉例來說，假設你想要針對一組輸入資料編寫一個統計程式，在大多數的程式語言中，你必須自行編寫子程式或應用函式，以進行如：算術平均、標準差、中位數諸如此類的計算。然而，這些函式及其他數百種相關的函式，早已全部內建在 MATLAB 的函式庫裡，這將使你的程式編寫工作變得更為簡單。

除了內建在 MATLAB 程式中的大量函式庫外，MATLAB 還提供許多特別功能的工具箱（toolboxes），來幫助使用者解決在特定領域中，所遇到複雜難解的問題。舉例來說，使用者可以購買標準的工具箱，來解決諸如訊號處理、控制系統、通訊、影像處理與類神經網路等的問題。此外，在 MATLAB 的網站上，還有許多使用者所提供的免費 MATLAB 程式，可供讀者下載使用。

4. **與裝置無關的繪圖**

不像大多數的電腦語言缺乏完備的繪圖功能，MATLAB 擁有許多完整繪圖及影像處理的指令。這些繪圖及影像，可以直接顯示在任何執行 MATLAB 電腦的圖形輸出裝置上。這個功能造就了 MATLAB 成為一個優異的技術資料視覺化處理工具。

5. **使用者圖形介面**

MATLAB 也允許程式設計者為其程式建立互動式的使用者圖形介面（graphical user interface, GUI），也能夠產生網路應用程式。有了這項功能，程式設計者可以設計複雜巧妙的資料分析程式，讓較缺乏程式設計經驗的使用者操作。

6. **MATLAB 編譯器**

藉由編譯 MATLAB 程式碼，將其轉換成與裝置無關的 p-code（device-independent p-code），並在執行程式時，再直譯這些 p-code 指令，這樣便可以達成 MATLAB 卓越的靈活性及平台獨立性。這種執行程式的方式與 Microsoft Visual Basic 語言或 Java 語言非常類似。然而，這種執行程式的方式可能會導致程式執行速度較為緩慢，這是因為 MATLAB 程式碼是直譯式的（interpreted），而不是編譯式的（compiled）。近來的版本已藉由引入動態編譯器（just-in-time compiler, JIT compiler）技術部分地克服這個問題。動態編譯器可以在程式執行時，編譯一部分的 MATLAB 程式碼以提升整體程式的執行速度。

另外也有一個單獨的 MATLAB 程式碼產生器，它可以將 MATLAB 的程式碼轉換成可讀可攜的 C 和 C++ 程式碼。轉換後的程式碼可以被編譯，而且整合至其他語言所撰寫的程式裡。此外，其他語言寫成的「既有程式碼（legacy code）」可以被 MATLAB 編譯和使用。

## 1.2 MATLAB 的缺點

MATLAB 有兩個主要的缺點。第一，MATLAB 是直譯式的語言，所以其執行速度比編譯式語言慢。這個問題可以藉由適當地結構化 MATLAB 程式設計以獲取向量化程式碼的最大效能，或是利用動態編譯器而獲得舒緩。

第二個缺點是價格。一套完整版的 MATLAB 比一般的 C 或 Fortran 程式編譯器貴約五至十倍。雖然如此，對企業而言，MATLAB 仍具有其經濟效益，因為工程師或是科學家藉由 MATLAB 來開發應用程式，其所帶來節省時間的優點已足以抵消其相對的高價。但是對大部分的個人使用者來說，這個價錢還是太貴了些。幸好 MATLAB 也提供一個低價的學生版，對於有興趣學習這個語言的學生而言，學生版的 MATLAB 是一個非常好的學習工具。基本上，學生版與完整版內容是完全相同的。

## 1.3 MATLAB 的環境

任何 MATLAB 程式的資料基本單位是**陣列（array）**。陣列是由一群排列成行列結構的資料值所組成的，並在程式中擁有獨一無二的名稱。我們可以藉由指定在陣列名稱後方括號內的特定行列值，來使用這個陣列裡所包含的資料值。即使是純量（scalars），在 MATLAB 中也被當成陣列來處理——純量是一行一列的陣列。我們將在第 1.4 節學習如何產生及處理 MATLAB 的陣列。

當執行 MATLAB 時，它會顯示一些不同類型的視窗，來接受指令或是顯示結果資料。其中三個最重要的視窗，分別是指令視窗（Command Window），可用來直接輸入指令；圖形視窗（Figure Windows）可用來顯示圖表及繪圖結果；編輯視窗（Edit Windows）是用來讓使用者產生並修改 MATLAB 程式碼。我們將在這個章節中，學習這三種視窗的範例。

此外，MATLAB 也可以顯示其他的視窗，以提供使用者線上協助，或允許使用者檢視定義在記憶體中的變數值。我們將在此檢視一些視窗，並在討論如何偵錯 MATLAB 程式時，進一步檢視其他視窗的使用。

### 1.3.1 MATLAB 工作桌面

當你啟動 MATLAB 2018A 時，一個稱為 MATLAB 工作桌面（desktop）的特定視窗將會出現在電腦螢幕上。工作桌面是一個視窗，包含了顯示 MATLAB 資料的其他視窗、工具列，及一個類似 Windows 10 或 Microsoft Office 的「工具列」（Toolstrip）或「色帶欄」（Ribbon[1] Bar）。大部分的 MATLAB 工具都預設出現在桌面視窗的內部，使用

1 ribbon 是一種以面板及標籤頁為架構的使用者介面。

者可以選擇將這些工具放到桌面視窗以外的視窗裡。

圖 1.1 是 MATLAB 工作桌面視窗的預設組態。它整合了許多管理檔案、變數以及在 MATLAB 環境中的應用工具。

在 MATLAB 工作桌面中可以使用的主要工具有：

- 指令視窗（Command Window）
- 工具列（Toolstrip）
- 檔案視窗（Documents Window），包括程式編輯器（Editor）／偵錯器（Debugger），及陣列編輯器（Array Editor）
- 圖形視窗（Figure Windows）
- 工作區瀏覽器（Workspace Browser）
- 現行資料夾瀏覽器（Current Folder Browser）
- 說明瀏覽器（Help Browser）

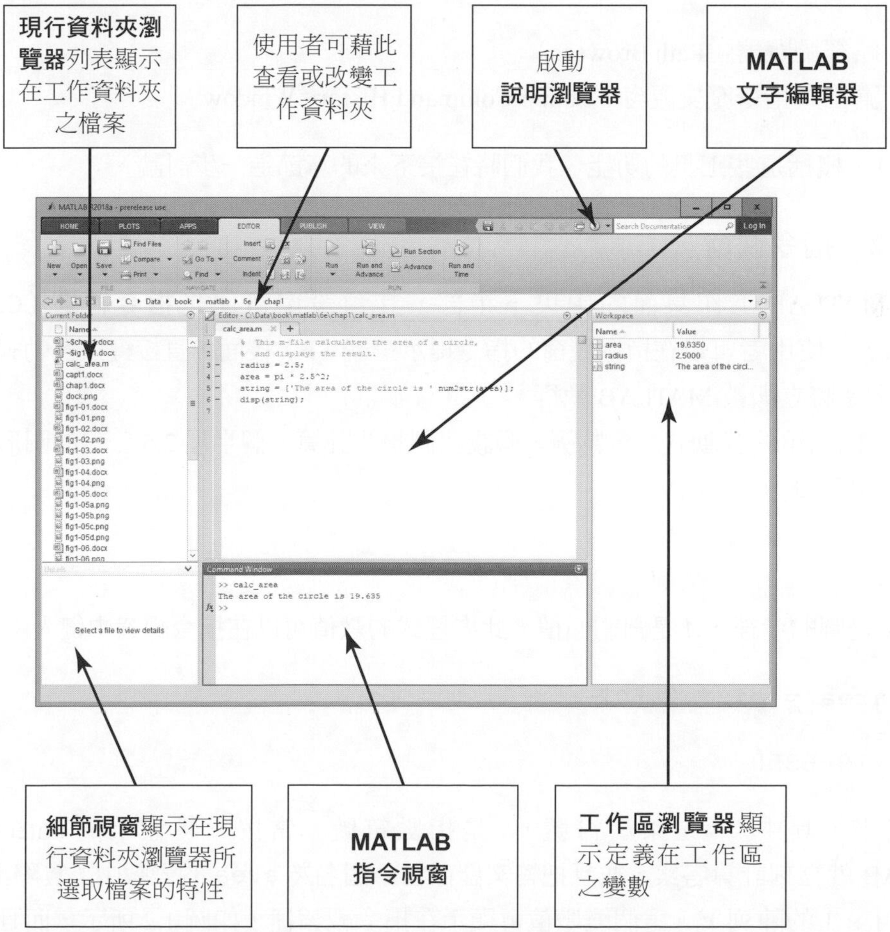


圖 1.1　預設的 MATLAB 工作桌面，其外觀可能因電腦種類不同而有些微差異。

表 1.1 MATLAB 工作桌面的工具及視窗

| 工具 | 敘述 |
|---|---|
| 指令視窗 | 使用者可以鍵入指令並立即觀看執行結果，或是執行程序檔案或函式的視窗 |
| 工具列 | 橫跨工作桌面頂端的應用工具列，用來選取 MATLAB 的函式及工具，其分類是藉由指令功能區分，先是欄標（tabs）然後是群組（groups） |
| 指令歷史視窗 | 顯示最近使用過指令的視窗中，只要在指令視窗內按下向上箭頭鍵，即可顯示指令歷史視窗 |
| 檔案視窗 | 用來顯示 MATLAB 檔案的視窗，並允許使用者修改或偵錯檔案 |
| 圖形視窗 | 用來顯示 MATLAB 繪圖結果的視窗 |
| 工作區瀏覽器 | 用來顯示儲存在工作區裡變數的名稱及其值的視窗 |
| 現行資料夾瀏覽器 | 顯示現行資料夾裡檔案名稱的視窗，如果其中一個檔案被選取的話，其檔案詳情會顯示在細節視窗 |
| 說明瀏覽器 | 尋求 MATLAB 函式協助的工具，可從工具列中選取 “Help” 鍵啟動 |
| 路徑瀏覽器 | 顯示 MATLAB 搜尋路徑的工具，可從工具列中的 Home 欄標上選取 “Set Path” 鍵啟動 |

- 路徑瀏覽器（Path Browser）
- 彈出式指令歷史視窗（Popup Command History Window）

表 1.1 概括這些工具的功能，我們將在接下來的章節進一步討論。

### 1.3.2 指令視窗

在 MATLAB 工作桌面的中央下半部，其預設窗格便是**指令視窗（Command Window）**。使用者可以在指令視窗的指令提示符號（»）後面，直接鍵入互動式指令，而這些指令將立即被 MATLAB 執行。

舉一個簡單的互動式計算為例，假設我們想要計算一個半徑 2.5 公尺的圓形面積。計算圓形面積的方程式為

$$A = \pi r^2 \tag{1.1}$$

其中，$r$ 是圓的半徑，$A$ 是圓的面積。此方程式的數值可以在指令視窗中鍵入：

```
» area = pi * 2.5^2
area =
   19.6350
```

計算出來。其中，* 是乘法符號，^ 是指數符號。當按下鍵盤上的 Enter 鍵後，MATLAB 就立刻計算答案，並且把答案儲存在一個名為 area 的變數中（實際上 area 是一個 1 × 1 的陣列）。這個變數值會顯示在指令視窗裡，如圖 1.2 所示，而且這個變數還可以用來做進一步的數值計算（在 MATLAB 裡，$\pi$ 的數值已被定義為變數 pi，所

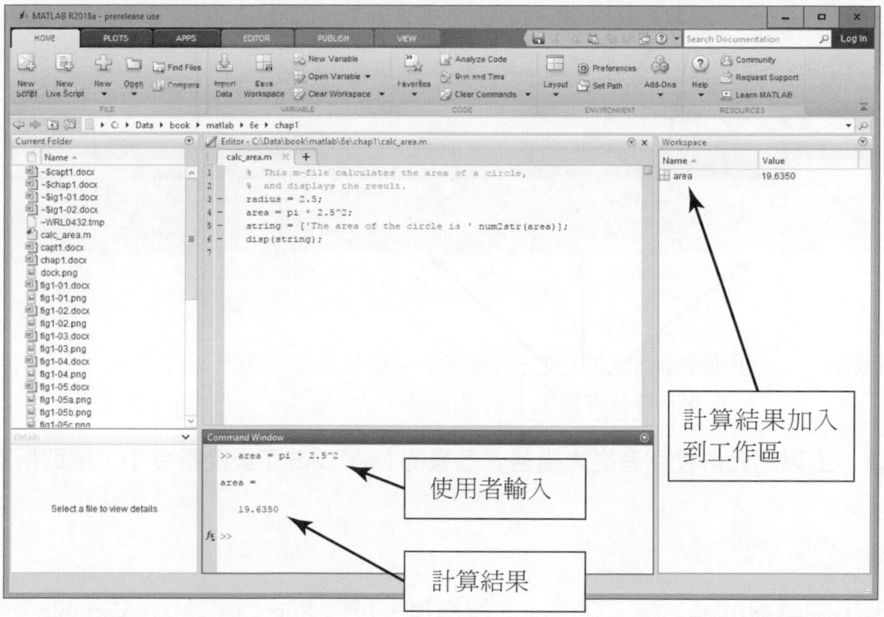


**圖 1.2　指令視窗出現在工作桌面的中央下半部，使用者可以在此鍵入指令，然後觀看 MATLAB 的回應結果。**

以我們可以直接使用 pi，而不需要事先宣告其為 3.141592……）。

如果一個敘述式太長，以致無法利用一行文字完整輸入，那麼我們可以在該行的行尾加上**省略符號（ellipsis）**（...），並在下行文字開頭繼續鍵入敘述式。舉例來說，以下兩種敘述是完全相同的。

```
x1 = 1 + 1/2 + 1/3 + 1/4 + 1/5 + 1/6
```

及

```
x1 = 1 + 1/2 + 1/3 + 1/4 ...
   + 1/5 + 1/6
```

除了在指令視窗內直接鍵入指令之外，我們也可以將一連串的指令放在一個檔案內，然後在指令視窗鍵入該檔案的名稱，來執行檔案內的指令。像這樣的檔案，我們稱為**程序檔案（script files）**。程序檔（加上之後所提到的函式）都統稱為 **M 檔案（M-files）**，因為它們的延伸檔名都是“.m”。

### 1.3.3　工具列

工具列是一序列橫跨工作桌面頂端的應用工具，其控制欄是藉由指令功能分類，先是欄標（tabs）然後是群組（groups）。舉例而言，圖 1.3 的欄標有 Home（首頁）、Plots（繪圖）、Apps（應用程式）、Editor（程式編輯器）等。當其中一個欄標被選取時，

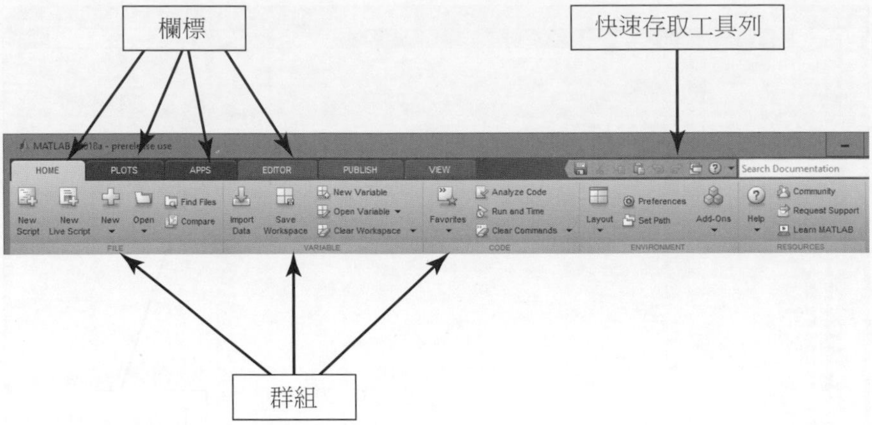


圖 1.3　工具列允許使用者從大量各式各樣的 MATLAB 工具及指令中，選取所需要的工具或指令。

就會呈現不同群組的控制欄。在 Home 欄標裡，包括 File（檔案）、Variable（變數）、Code（程式碼）等群組。經由練習，這些以合理邏輯組合的指令群組可以幫助使用者迅速找到合適的功能鍵。

此外，工具列右上角有快速存取工具列，讓使用者可以客製化其介面來隨時顯示常用的指令及函式。用滑鼠右鍵點選工具列，然後從彈出選單選取客製化選項，即可完成客製化顯示設定。

## 1.3.4　指令歷史視窗

指令歷史視窗（Command History Window）會顯示一連串使用者曾經在指令視窗中輸入過的指令。除非使用者刪除這些指令，否則之前輸入過的指令，都會完整地保留在這個視窗內。只要在指令視窗內按下向上箭頭鍵，即可顯示指令歷史視窗。如果想再次執行這些指令，只需要使用滑鼠的左鍵，在指令上點擊兩下即可。若想要在指令歷史視窗內刪除某些指令，可使用滑鼠右鍵點擊想要刪除的指令，此時會出現一個快顯功能表，提供使用者刪除指令的選項（如圖 1.4 所示）。

## 1.3.5　檔案視窗

**檔案視窗〔Document Window，亦稱為編輯／偵錯視窗（Edit/Debug Window）〕**是用來產生新的 M 檔案，或者用來修改已經存在的檔案。當你新增一個 M 檔案，或者開啟已經存在的 M 檔案時，這個編輯視窗就會自動開啟。你可以藉由工具列裡檔案群組的 “New Script”（新程序檔）指令（圖 1.5a）或者藉由點擊小圖示 “New”，再從彈出選單選取 “Script” 來開啟新檔（圖 1.5b）。而你可以利用工具列裡檔案群組的 “Open” 指令開啟已經存在的 M 檔案。

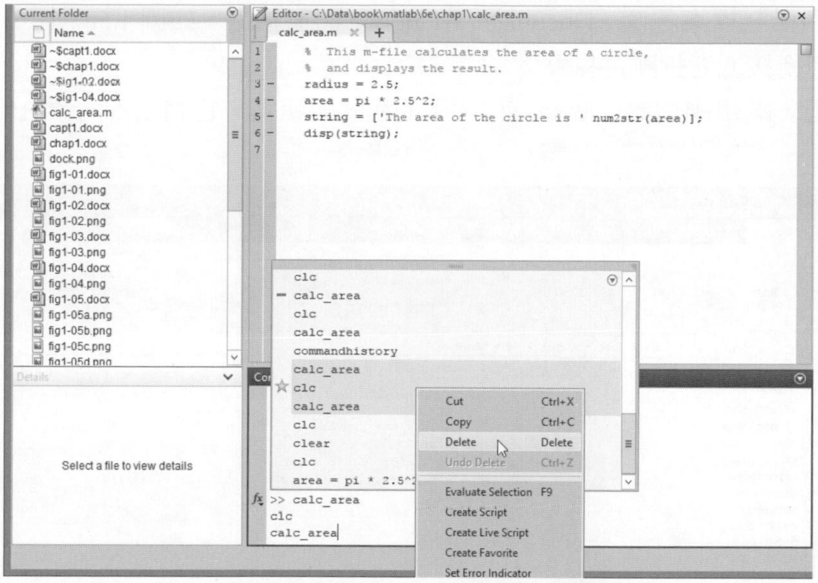


圖 1.4 歷史指令視窗內顯示，顯示即將有三個指令被刪除。

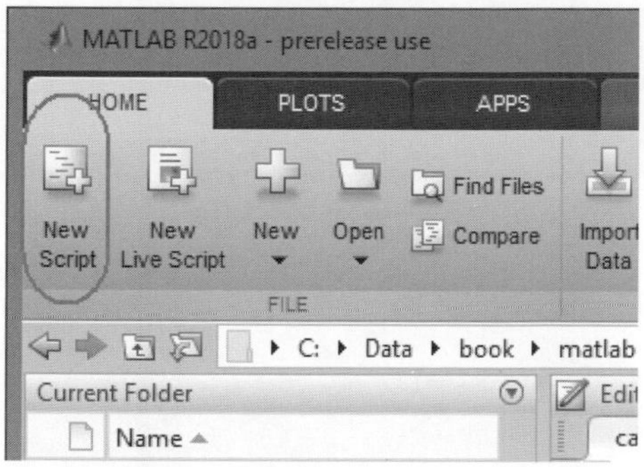


圖 1.5a 利用 "New Script" 指令建立一個新的 M 檔。

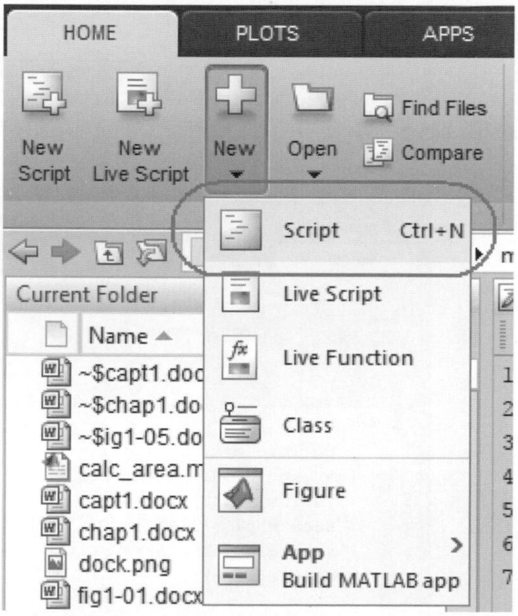


圖 1.5b 利用 "New >>Script" 彈出選單建立一個新的 M 檔。

圖 1.5 之編輯／除錯視窗顯示一個名為 `calc_area.m` 的簡單 M 檔案，藉著輸入圓的半徑，這個檔案可以計算圓的面積，並顯示程式計算結果。編輯視窗是預設在工作桌面內，如圖 1.5c 所示。編輯視窗也可以不設在工作桌面內；在這種情況下，它會

出現在一個稱為檔案視窗（Document Window）的窗格內，如圖 1.5d 所示。隨後我們將學習如何銜接或者拆離這些視窗。

基本上，編輯視窗是一個編寫程式用的程式編輯器，它利用不同顏色的文字來強

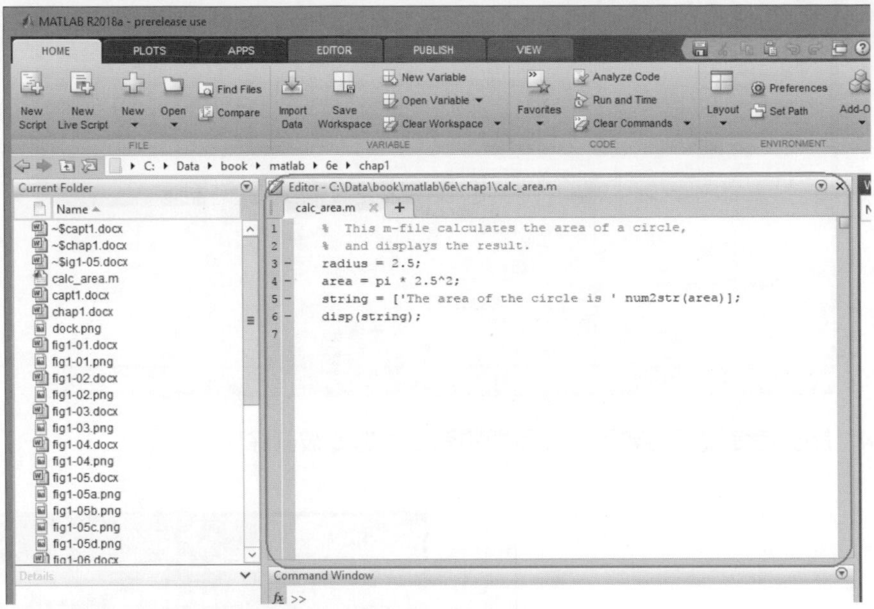


圖 1.5c　銜接在工作桌面內的 MATLAB 程式編輯器。

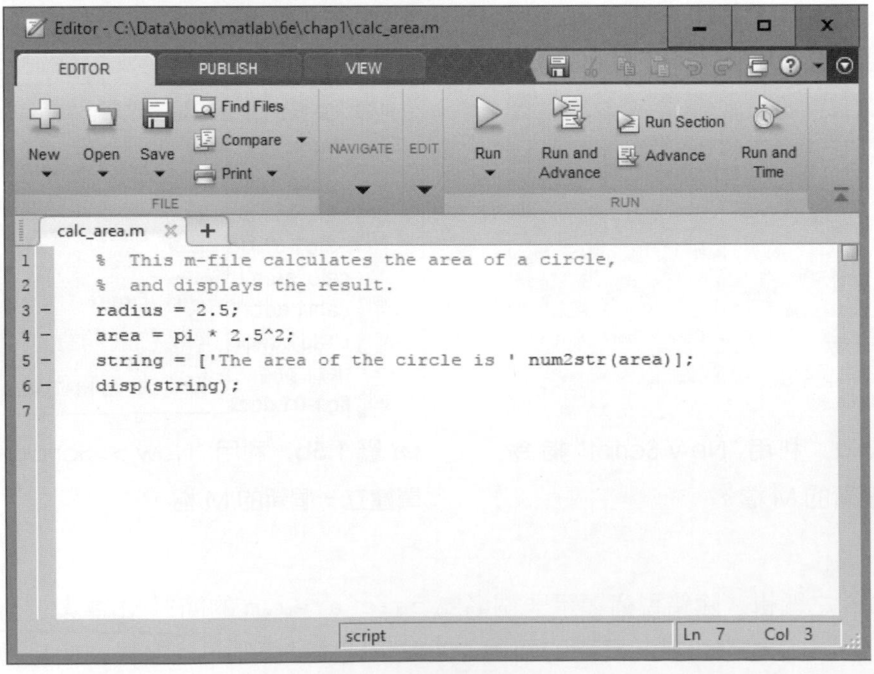


圖 1.5d　獨立視窗顯示的 MATLAB 程式編輯器。

調 MATLAB 中不同的特殊用語。M 檔案裡的註解為綠色；數字及變數用黑色來表示；完整的字元字串是用紫紅色表示，而不完整的字元字串則會用紅色來表示；程式語言的關鍵字則是以藍色來表示。

儲存M檔案後，我們可以在指令視窗中，直接鍵入該檔名來執行此程序檔。如圖 1.5 中的 M 檔案，其執行結果為：

```
» calc_area
The area of the circle is 19.635
```

我們將在第 2 章裡，學習編輯視窗也可用來當作程式偵錯器。

## 1.3.6 圖形視窗

**圖形視窗（Figure Window）**用來顯示 MATLAB 的繪圖結果，它可以是二維或是三維的資料圖形、影像，或是使用者圖形介面（GUI）。以下為一個簡單的程序檔，用來計算 sin *x* 函數，並畫出此函數圖形：

```
% sin_x.m: This M-file calculates and plots the
% function sin(x) for 0 <= x <- 6.
x = 0:0.1:6
y = sin(x)
plot(x,y)
```

如果這個檔案是以 `sin_x.m` 的名稱來儲存，使用者就可以在指令視窗裡，鍵入 “`sin_x`” 來執行這個檔案。當執行這程序檔時，MATLAB 會開啟一個圖形視窗，並在視窗內畫出 sin *x* 函數（如圖 1.6）。

## 1.3.7 銜接及拆離視窗

MATLAB 視窗，像指令視窗、編輯／除錯視窗及圖形視窗都可以與工作桌面銜接，或是與工作桌面拆離。當一個視窗被銜接到工作桌面時，它就像是 MATLAB 工作桌面上的一個面板。而當它與工作桌面拆離時，它就像是在電腦螢幕上與工作桌面分離的一個獨立視窗。當一個視窗銜接在工作桌面時，它可以藉由選取右上角最小化箭頭彈出選單裡 “Undock”（拆離）的選項（參考圖 1.7a）。當這個視窗變成一個獨立視窗時，藉由選取視窗右上角一個指著右下方的箭頭小按鈕（），選取彈出選單裡 “Dock”（銜接）選項，視窗就會重新銜接到工作桌面內（參考圖 1.7b）。

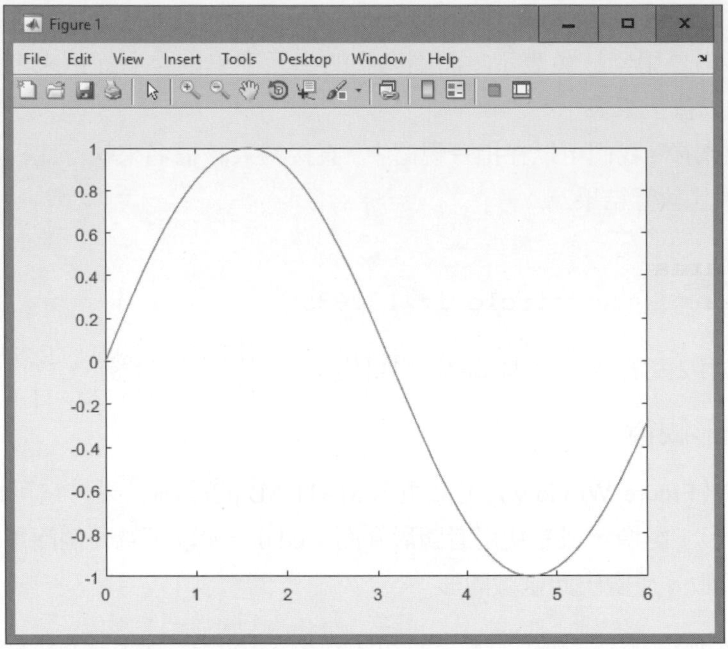


圖 1.6　$\sin x$ 對 $x$ 的函數繪圖結果。

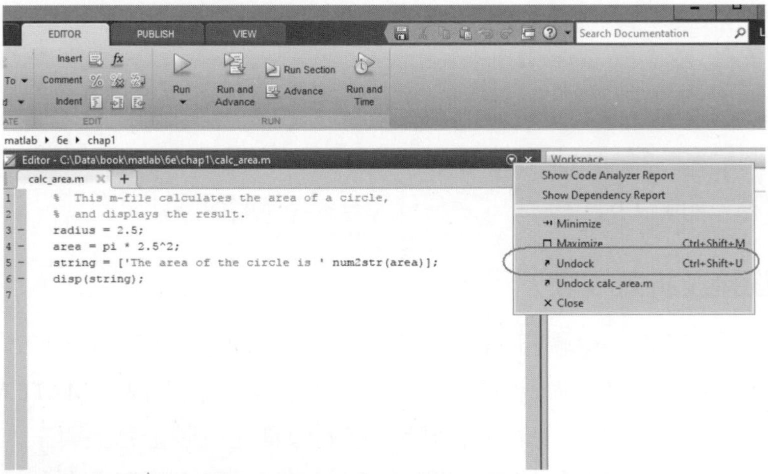


圖 1.7a　點擊面板右上角指著右下方的箭頭小按鈕後，從選單選取 “Undock” 選項。

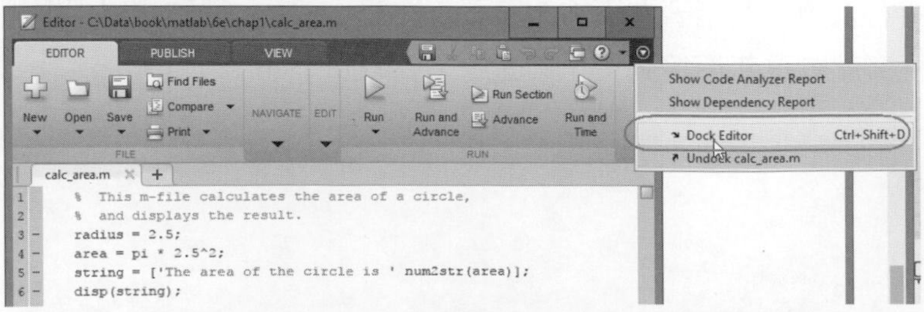


圖 1.7b　點擊面板右上角指著右下方的箭頭小按鈕後，從選單選取 “Dock” 選項。

### 1.3.8 MATLAB 工作區

如以下的敘述式

```
z = 10
```

將直接產生一個名為 z 的變數，並儲存數值 10 在此變數中，而成為**工作區記憶體**（**workspace**）的一部分。當一個特定的指令、M 檔案，或是函式正在執行時，工作區是 MATLAB 所有可以使用的變數及陣列的聚集區域。 所有從指令視窗內執行的指令（以及所有從指令視窗執行的程序檔），都會分享相同的工作區，也因此它們可以使用裡面存在的共同變數。我們之後將會看到，在不同程序檔內的 MATLAB 函式，將擁有其各自專屬的工作區。

鍵入 whos 指令可以列表查看目前工作區內所有的變數及陣列。舉例來說，在執行 M 檔案 calc_area 及 sin_x 後，工作區內會包含下列變數

```
» whos
  Name       Size     Bytes  Class   Attributes

    area     1x1          8  double
  radius     1x1          8  double
  string     1x32        64  char
  x          1x61       488  double
  y          1x61       488  double
```

程序檔 calc_area 產生變數 area、radius 及 string；而另一個程序檔 sin_x 則產生變數 x 及 y。請注意所有的變數都在同一個工作區內，所以如果兩個程序檔被先後執行，第二個程序檔可以使用第一個程序檔所產生的變數。

任何變數與陣列，都可以在指令視窗內輸入名稱以顯示內容。舉例來說，string 的內容可以顯示如下：

```
» string
string =
The area of the circle is 19.635
```

clear 指令可以將變數從工作區內刪除。clear 指令的格式如下：

```
clear var1 var2 ...
```

其中 var1 和 var2 為想要刪除的變數名稱。我們只要輸入指令 clear variables，或是直接輸入指令 clear，就可以刪除目前工作區內所有的變數。

圖 1.8　工作區瀏覽器及陣列編輯器。對工作區瀏覽器內的變數點擊兩次，會出現陣列編輯器，它允許使用者更改變數或陣列中的值。

## 1.3.9　工作區瀏覽器

目前工作區的內容，可以藉由一個 GUI 類型的瀏覽器來查看。在預設的情形下，工作區瀏覽器（Workspace Browser）會顯示在工作桌面的右方。它會提供一個如同 whos 指令的圖示結果，如果空間足夠顯示所有的資訊時，它也會顯示出每個陣列的完整內容。當工作區的內容改變時，工作區瀏覽器亦隨之動態更新。

圖 1.8 中顯示一個典型的工作區瀏覽器的視窗，它所顯示的資訊，與 whos 指令所顯示的內容完全相同。只要對視窗內的任何變數點擊兩次，便會出現陣列編輯器，藉此可讓使用者更改儲存在變數內的資料。

在工作區瀏覽器內，可以使用滑鼠選取一個以上的變數，按下 “delete” 鍵刪除所選擇的變數，或者按下滑鼠右鍵，從選單中選取 “delete”（刪除）選項。

## 1.3.10　現行資料夾瀏覽器

現行資料夾瀏覽器（Current Folder Browser）呈現在工作桌面的左上方，它會顯示目前所選取資料夾裡所有的檔案，並且允許使用者去編輯或執行其中任何檔案。我們可以雙擊任何 M 檔案以便在 MATLAB 編輯器開啟檔案，或者我們可以滑鼠右擊檔案，然後選取 “Run” 來執行此檔案。圖 1.9 顯示現行資料夾瀏覽器，在此瀏覽器上方有一個工具列用來選取要呈現的現行資料夾。

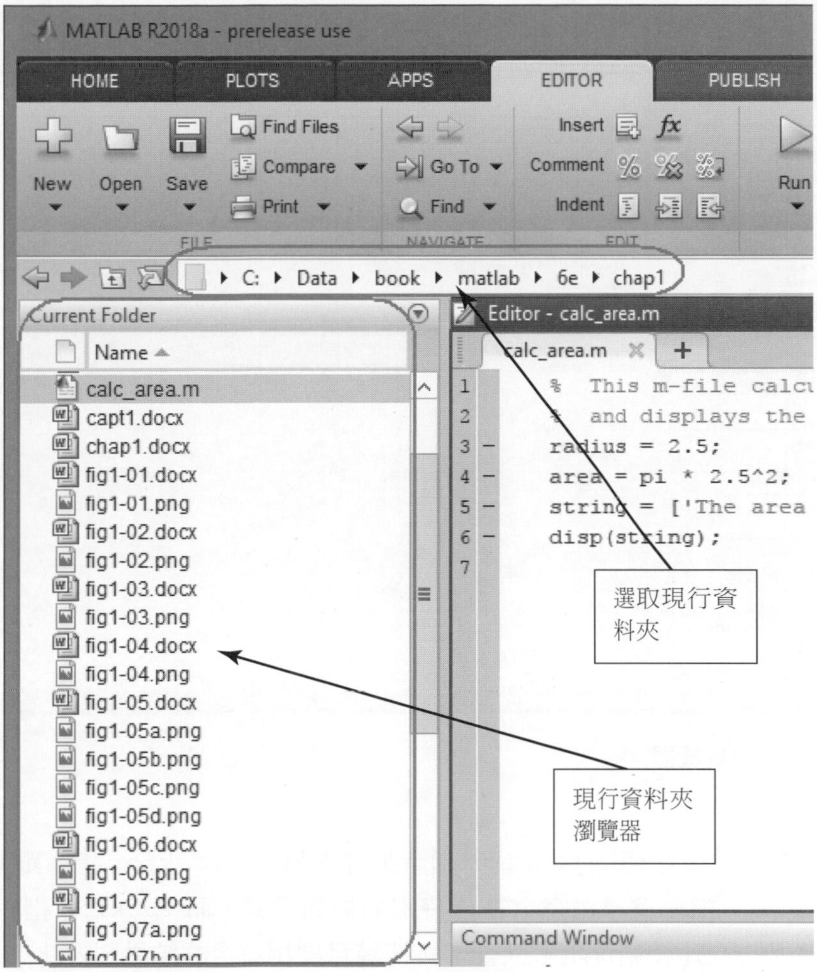


ↂ 圖 1.9　現行資料夾瀏覽器。

## 1.3.11　尋求協助

MATLAB 提供使用者三種方式尋求協助。使用說明瀏覽器是本書優先推薦的方法。說明瀏覽器可以從工作桌面的工具列中，選取 ? 圖像來啟動，或可在指令視窗內，鍵入 doc 或 helpwin 來啟動。使用者可以藉由瀏覽器來搜尋 MATLAB 中的說明文件，得到所需要的幫助，或是直接查詢特定的指令名稱，查詢指令的詳細說明。圖 1.10 顯示這個說明瀏覽器的介面。

此外，另有兩種輸入指令的方式，也可以尋求協助。第一種方式是在指令視窗中鍵入 help，或者在鍵入 help 後緊接著該函式的名稱。如果你只鍵入 help 這個字，MATLAB 會在指令視窗內，顯示一整頁可能有用的主題。如果你在 help 後面加上一個特定的函式或工具箱名稱，則該特定函式或工具箱相關的詳細資料，便可以直接顯示在螢幕上。

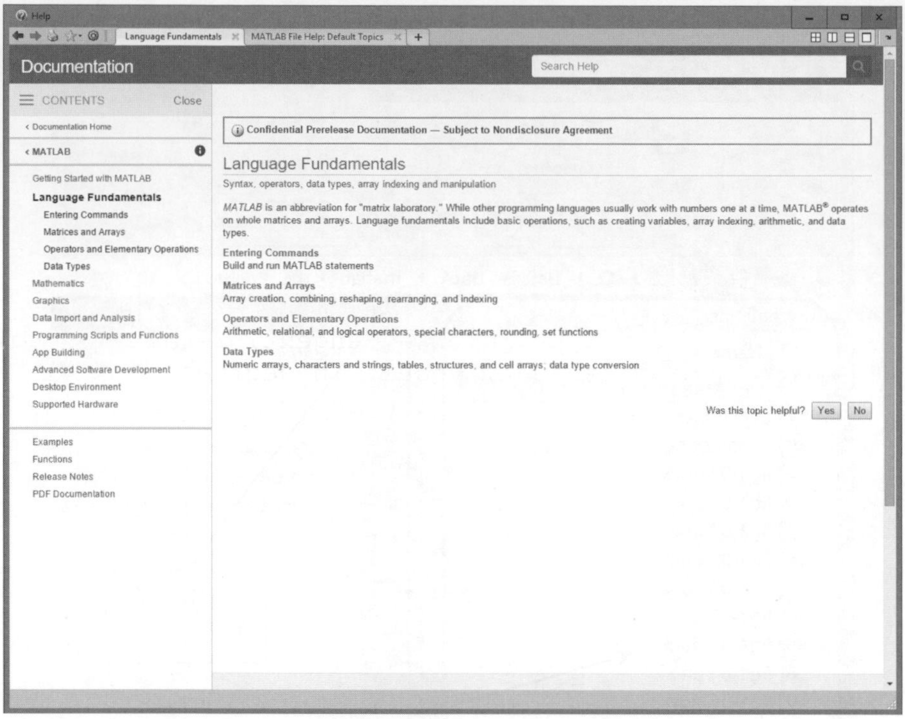

圖 1.10　說明瀏覽器。

第二種方式，便是使用 lookfor 指令來尋求幫助。lookfor 指令跟 help 指令不大相同，help 指令會尋找完全符合特定名稱的函式，而 lookfor 指令則會廣泛搜尋所有函式的快速總結資訊，以查詢與搜尋目標相符合的結果。因此 lookfor 比 help 執行速度較慢，但卻有效提升找出有用資訊的成功機率。舉例來說，如果你想要尋找一個函式，以得知如何使用反矩陣；因為 MATLAB 沒有一個名為 inverse 的函式，所以“help inverse”指令，並不會找出任何結果，但是“lookfor inverse”指令卻可提供以下的結果：

```
» lookfor inverse
ifft         - Inverse discrete Fourier transform.
ifft2        - Two-dimensional inverse discrete Fourier transform.
ifftn        - N-dimensional inverse discrete Fourier transform.
ifftshift    - Inverse FFT shift.
acos         - Inverse cosine, result in radians.
acosd        - Inverse cosine, result in degrees.
acosh        - Inverse hyperbolic cosine.
acot         - Inverse cotangent, result in radian.
acotd        - Inverse cotangent, result in degrees.
acoth        - Inverse hyperbolic cotangent.
acsc         - Inverse cosecant, result in radian.
```

```
acscd       - Inverse cosecant, result in degrees.
acsch       - Inverse hyperbolic cosecant.
asec        - Inverse secant, result in radians.
asecd       - Inverse secant, result in degrees.
asech       - Inverse hyperbolic secant.
asin        - Inverse sine, result in radians.
asind       - Inverse sine, result in degrees.
asinh       - Inverse hyperbolic sine.
atan        - Inverse tangent, result in radians.
atan2       - Four quadrant inverse tangent.
atan2d      - Four quadrant inverse tangent, result in degrees.
atand       - Inverse tangent, result in degrees.
atanh       - Inverse hyperbolic tangent.
invhilb     - Inverse Hilbert matrix.
ipermute    - Inverse permute array dimensions.
dramadah    - Matrix of zeros and ones with large determinant
              or inverse.
invhess     - Inverse of an upper Hessenberg matrix.
inv         - Matrix inverse.
pinv        - Pseudoinverse.
...
```

從這張清單中，我們可以發現，我們想要找的函式名稱是 inv。

### 1.3.12 一些重要的指令

如果你是 MATLAB 新手，內建的 MATLAB 程式示範，可以幫助你快速體驗 MATLAB 的功能。只要在指令視窗鍵入 demo，就可以直接執行 MATLAB 的內建程式示範。

我們可以在任何時刻鍵入 clc 指令，來清除指令視窗的內容。而圖形視窗的內容，則可以使用 clf 指令來清除。至於工作區的變數，則須使用 clear 指令來清除。由於之前執行過不同的指令及 M 檔案所產生的結果，會留存在工作區內，因而這些內容可能會影響到下一個問題的求解。為了避免這種問題發生，在每次開始執行新的計算之前，最好先執行一次 clear 指令。

另一個重要的指令是 **abort**。如果一個 M 檔案執行的時間太久，可能是因為這個檔案裡包含一個無窮迴圈，以致於永遠不會停止執行。在這種情形下，使用者可以鍵入 “control-c”（縮寫成 ^c）來重新取回程式的控制權。這個指令的輸入方式是先按著 control 鍵，然後再按下 “c” 鍵。當 MATLAB 偵測到 ^c 時，便會中斷你正在執行的程式，然後回到指令提示列的狀態。

MATLAB 也有一個自動完成的功能。如果使用者輸入指令的部分字串，然後按下鍵盤上的 “Tab” 鍵，螢幕上會彈出一個選單，顯示匹配字串的聯想指令以及 MATLAB 函式（圖 1.11），使用者可以選取其中一項而完成此指令的執行。

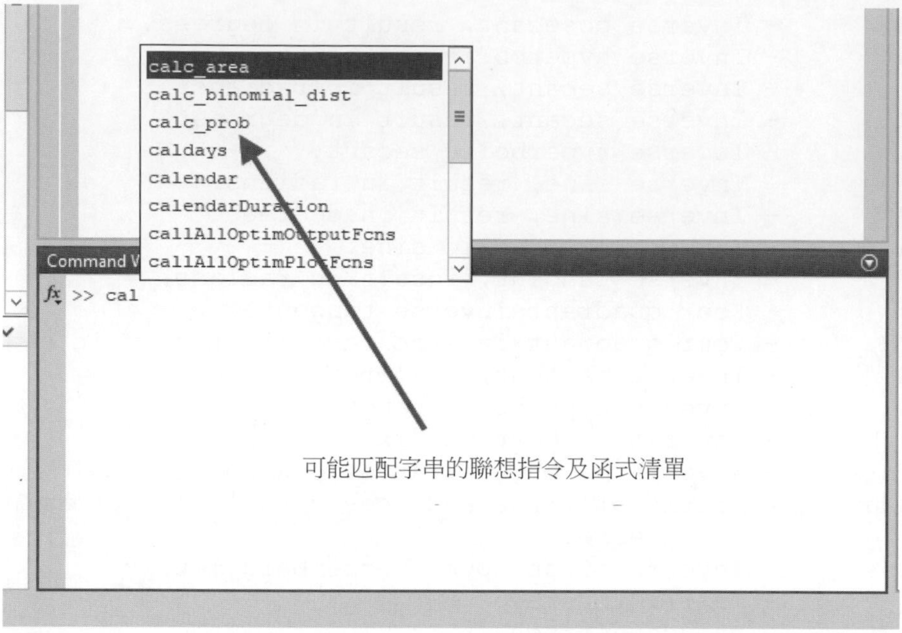


**圖 1.11　如果使用者輸入指令的部分字串，然後按下鍵盤上的 "Tab" 鍵，MATLAB 會彈出一個視窗，顯示匹配字串的聯想指令及函式。**

驚嘆號（!）是另一個特殊字元。它的目的是傳送某個指令到電腦的作業系統內。任何在驚嘆號後面的字元，將會被送到作業系統內執行，其結果就如同使用者直接在作業系統的指令提示列中輸入這些字元一樣。這個功能允許使用者在 MATLAB 程式裡，直接加入作業系統的指令。

最後，使用 diary 指令，可以追蹤在使用 MATLAB 期間所有執行過的工作。這個指令的形式是

```
diary filename
```

當鍵入這個指令後，所有輸入的字元，以及在指令視窗輸出的結果，都會在這個記事檔案裡留下備份。在使用 MATLAB 期間，如果發生某些錯誤，我們還能夠重新還原之前曾經執行過的事件。"diary off" 指令會停止備份到記事檔案裡，而 "diary on" 指令則會重新開始記錄備份。

### 1.3.13 MATLAB 搜尋路徑

MATLAB 有一個搜尋路徑的工具，可以用來尋找 M 檔案。MATLAB 的 M 檔案，是以一種有組織的方式，儲存在檔案系統裡的資料夾內。MATLAB 提供了許多可供存放 M 檔案的資料夾，而使用者也可以新增其他的資料夾。如果使用者在 MATLAB 的命

令提示列裡鍵入一個名稱，MATLAB 直譯器會嘗試使用下列的幾種方式，來尋找這個名稱的位置：

1. 查看這個名稱是否為一個變數。如果是，MATLAB 會顯示這個變數目前的內容。
2. 查看這個名稱，是否為現行資料夾裡的 M 檔案。如果是，MATLAB 將會執行這個函式或指令。
3. 查看這個名稱，是否為搜尋路徑中的 M 檔案。如果是，MATLAB 將會執行這個函式或指令。

請注意，MATLAB 會先搜尋變數的名稱，所以**如果你定義一個與 MATLAB 函式或指令相同名稱的變數，則該函式或指令會變成不能使用**。這是初學者容易犯的錯誤。

**程式設計的陷阱**

永遠不要定義與 MATLAB 函式或指令相同名稱的變數。如果你這樣做，則該函式或指令將無法執行。

此外，如果有多於一個擁有相同名稱的函式或指令，只有第一個搜尋到的函式或指令會被執行。這也是初學者容易犯的錯誤，因為他們有時候會產生與標準 MATLAB 函式相同名稱的 M 檔案，使得這些函式無法執行。

**程式設計的陷阱**

永遠不要產生一個和 MATLAB 函式或指令一樣名稱的 M 檔案。

MATLAB 包含一個特別的指令（`which`）來幫助你查看正在執行哪個版本的檔案，及它的檔案路徑。這將有助於找出檔名間的衝突。這個指令的格式是 `which` *`functionname`*，而 *`functionname`* 就是你想要尋找的函式名稱。舉例來說，外積函式 `cross.m` 可依下列指令查詢其檔案路徑：

```
» which cross
C:\Program
Files\MATLAB\R2018a\toolbox\matlab\specfun\cross.m
```

MATLAB 的搜尋路徑，可以在任何時刻藉由工具列中 Home 欄標裡 “Environment” 群組的 “Set Path” 工具來進行檢視或修改，或者直接在指令視窗中，鍵入 `pathtool`。圖 1.12 顯示搜尋路徑工具，它允許使用者增加、刪除或更改搜尋路徑的資料夾順序。

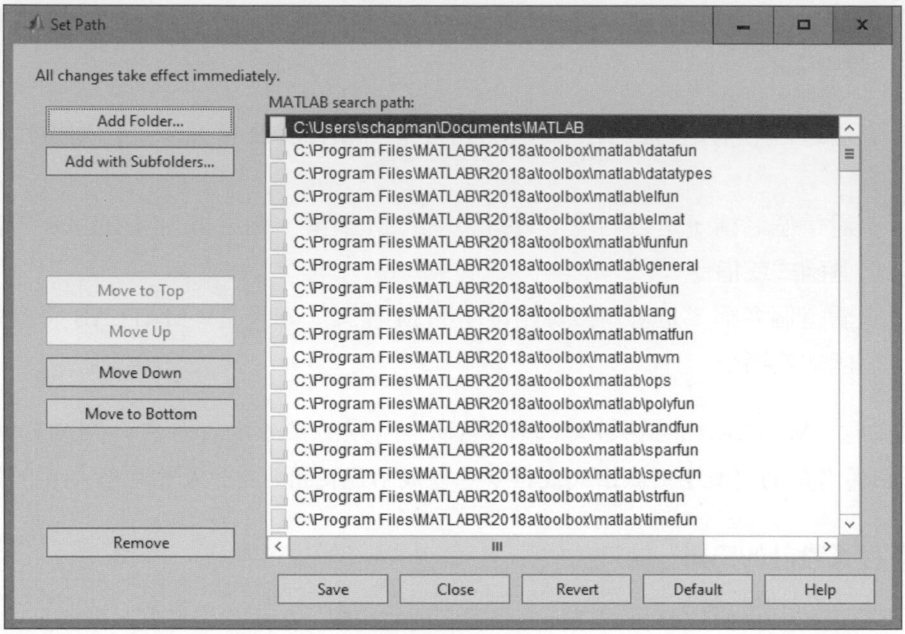


圖 1.12　搜尋路徑工具。

其他關於搜尋路徑的函式有：

- `addpath` ——增加一個資料夾到 MATLAB 的搜尋路徑。
- `path` ——顯示 MATLAB 的搜尋路徑。
- `savepath` ——儲存目前所有的 MATLAB 搜尋路徑至 `pathdef.m`。
- `rmpath` ——從 MATLAB 的搜尋路徑中移除資料夾。

## 1.4 把 MATLAB 當作簡易型計算機使用

MATLAB 最簡單的操作模式，甚至可以當作一台簡易型計算機來執行數學計算。我們可以直接在指令視窗裡鍵入想要計算的式子，利用 +、-、*、/、及 ^ 符號分別代表加減乘除及次方運算。當輸入運算式後，MATLAB 會自動計算，並即時顯示計算結果。如果運算式有等號的話，計算結果會儲存在等號左邊的變數裡。

舉例來說，我們想要計算一個半徑 $r$，長度 $l$ 的圓柱體積。其圓柱體底面積為

$$A = \pi r^2 \tag{1.2}$$

而圓柱的體積為

$$V = Al \tag{1.3}$$

如果圓柱的半徑是 0.1 公尺，長度是 0.5 公尺，則可以利用 MATLAB 敘述式來計算圓柱體積（使用者鍵入資料以粗體字表示）：

```
» A = pi * 0.1^2
 A =
     0.0314
» V = A * 0.5
 V =
     0.0157
```

請注意 pi 已被預先定義為 3.141592……。

當鍵入第一個運算式時，圓柱體的底面積即被計算、儲存在變數 A 裡、並顯示結果。當鍵入第二個運算式時，圓柱體的體積即被計算、儲存在變數 V 裡、並顯示結果。請注意儲存在 A 的數值是被 MATLAB 保存，當計算 V 時又重複被使用。

如果一個沒有等號的運算式被鍵入指令視窗，MATLAB 將會求其值、將結果儲存在一個名為 ans 的特殊變數裡、並顯示結果。

```
» 200 / 7
ans =
   28.5714
```

ans 的值可以用在後續的計算，但要小心使用！因為每次一個沒有等號的新運算式被執行時，ans 的值將會被覆寫。

```
» ans * 6
ans =

  171.4286
```

注意此時儲存在 ans 的值是 171.4286 而不是 28.5714。

如果你要保留某個計算結果並重複使用此結果，一定要指定一個特定的變數名稱而不要用預設的名稱 ans。

**程式設計的陷阱**

如果你要在 MATLAB 裡重複使用某個計算結果，一定要使用一個變數名稱來儲存此結果。否則，這個計算結果將會在下次計算時被覆寫。

MATLAB 的預設函式庫可以使用在計算過程中，一些較常用的函式列在表 1.2 裡。這些函式能結合加法、減法、乘法、除法和指數運算來計算數學方程式。

表 1.2 精選的 MATLAB 函式

| 函式 | 敘述 |
|---|---|
| 數學函式 | |
| `abs(x)` | 計算絕對值 $\|x\|$ |
| `acos(x)` | 計算 $\cos^{-1}x$（結果以弧度呈現） |
| `asin(x)` | 計算 $\sin^{-1}x$（結果以弧度呈現） |
| `atan(x)` | 計算 $\tan^{-1}x$（結果以弧度呈現） |
| `cos(x)` | 計算 $\cos x$，且 $x$ 的單位為弧度 |
| `log10(x)` | 計算以 10 為基底的對數 $\log_{10}x$ |
| `sin(x)` | 計算 $\sin x$，$x$ 的單位為弧度 |
| `sqrt(x)` | 計算 $x$ 的平方根 |
| `tan(x)` | 計算 $\tan x$，$x$ 的單位為弧度 |

例如，我們從基本的三角函數知道，sine 的平方加上 cosine 的平方取平方根會是 1：

$$\sqrt{(\sin\theta)^2+(\cos\theta)^2}=1 \tag{1.4}$$

在 $\theta=\dfrac{\pi}{2}$ 的條件下，對運算式 $\sqrt{(\sin\theta)^2+(\cos\theta)^2}$ 求值

```
» sqrt( (sin(pi/2))^2 + (cos(pi/2))^2 )
ans =
     1
```

如預想的一樣，結果為 1.0。

## 1.5 MATLAB 程序檔案

本章的範例中，我們直接在指令視窗輸入、執行 MATLAB 指令，並觀察執行結果。雖然這方法堪用，但是在進行複雜的計算時，並不是一個好方法。

舉例來說，假如有工程師希望進行一連串的計算，其中某些計算需要使用之前運算的結果。這項工作可以藉由鍵入每一條方程式來完成，但是會有以下三個缺點：

- 如果這些計算必須重複執行，使用者必須每次手動鍵入全部的方程式以及正確的輸入數據。
- 如果在鍵入方程式或數據時發生錯誤，使用者必須重新鍵入所有的方程式跟數據。
- 當計算結果的過程沒有儲存時，要重建相同的結果將會十分困難。

在執行一連串的計算並重複使用這些計算結果方面，**MATLAB 程序檔案（MATLAB script file）**是更好的解決方法。一個程序檔包含多個 MATLAB 指令和函式，如同在

指令視窗直接鍵入指令一樣。如果這一連串指令被儲存在一個副檔名為“.m”（例如 test.m）的檔案，然後在指令視窗鍵入不含副檔名的檔案名稱（例如 test），則該檔案的全部指令將會依序執行，並呈現所有指令的執行結果。在這檔案裡的一連串指令就是 MATLAB **程式**（program）的最簡單例子。

程序檔案也被稱作 **M 檔案**（M-files），因為此檔案的副檔名是“.m”。

當程序檔案的一些指令被執行時，計算過程所需的輸入數值是從 MATLAB 工作區取得，而所有的計算結果也會儲存在工作區。如果程序檔案的指令行以分號結尾，該指令行的計算結果會儲存在工作區，但不會顯示在指令視窗。如果指令行結尾沒有分號，計算結果不只會儲存在工作區，還會顯示在指令視窗。

我們將會在本節介紹一些簡單的程序檔案。更多關於程序檔案的內容會在後面的章節提及。

### 1.5.1 設定想解的問題

假設在一個專案中，想計算出以下的數值：

1. 半徑為 $r$ 的圓面積
2. 半徑為 $r$ 的圓周
3. 半徑為 $r$ 的球體體積
4. 半徑為 $r$ 的球體表面積

我們想寫一個程序檔案，讓使用者輸入半徑來計算上述數值，並且用半徑為 5 m 來進行程序檔案的測試。

以上四個數值能透過方程式 (1.5) 至 (1.8) 進行計算。

已知圓面積的方程式為

$$A = \pi r^2 \tag{1.5}$$

圓周的方程式為

$$C = 2\pi r \tag{1.6}$$

球體的表面積方程式為

$$A = 4\pi r^2 \tag{1.7}$$

球體的體積方程式為

$$V = \frac{4}{3}\pi r^3 \tag{1.8}$$

如果 $r$ 的數值預先在工作區設定，上述四個方程式就可以經由程序檔裡的指令行被計算。當執行這個程序檔，就會得到四個方程式所算出的數值。

## 1.5.2　建立簡單的 MATLAB 程序檔案

程式設計員在建立這個程序檔前，必須先改變目前資料夾位置至想要放置的位置，然後按下 Home 工具列上的 “New Script” 按鈕（New），如圖 1.5a 所示。這將會為一個名為 “Untitled” 的新程序檔案產生空白的編輯視窗（如圖 1.13a）。程式設計員接著對新的程序檔案命名，並藉由按下 Home 工具列上的 “Save” 按鈕（Save）將其儲存在硬碟中。圖 1.13b 顯示了使用者儲存程序檔並命名為 `circle_and_sphere.m` 的結果。

接著，使用者必須鍵入計算四個方程式的指令行。注意任何帶有 `%` 字元的指令行是註解的意思，亦即該行不會被執行：

```
% Calculate the area and circumference of a circle
% if radius r, and the volume and surface area of a
% sphere of radius r
r = 5
area_circle = pi * r^2
circumference_circle = 2 * pi * r
volume_sphere = 4 / 3 * pi * r^3
area_sphere = 4 * pi * r^2
```

將上述指令行輸入程序檔後，按下 “Save” 按鈕（Save）儲存該檔案，接著按下 “Run” 按

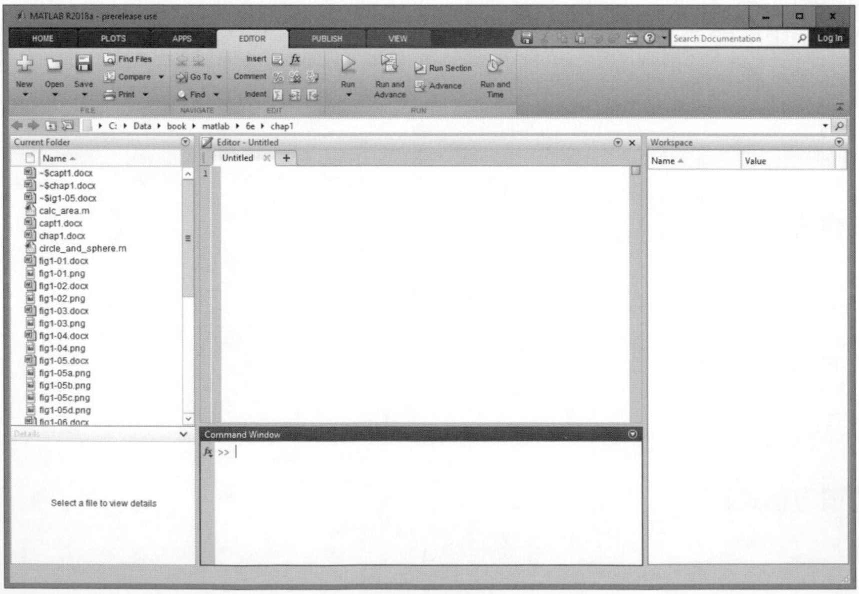


圖 1.13a　藉由 “New Script” 指令產生新的程序檔案。

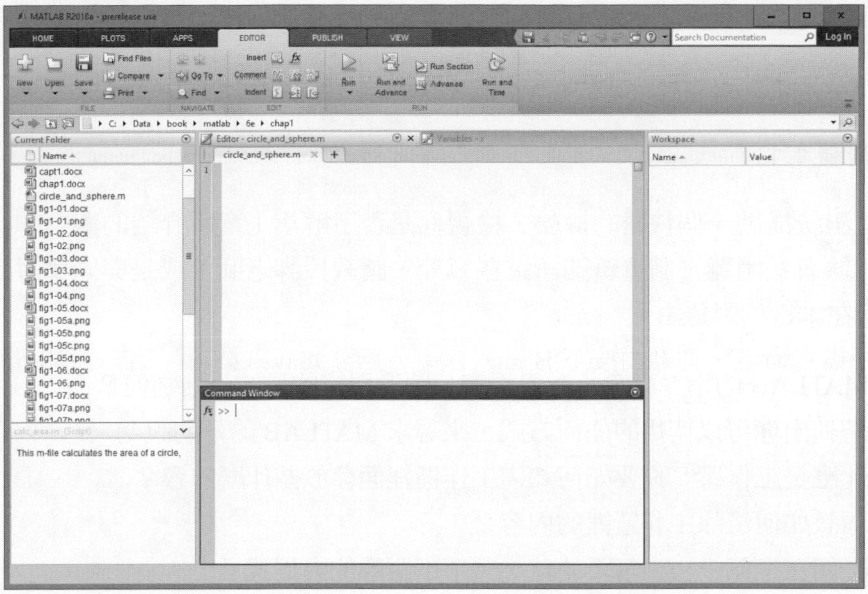

圖 1.13b 儲存完名為 circle_and_sphere.m 的新程序檔案。

鈕（）來執行程序檔案。

當按下 "Run" 按鈕時，MATLAB 會自行在指令視窗輸入程序檔名並執行。程序檔的執行結果顯示在圖 1.14。注意全部計算數值會儲存在工作區。另外，方程式的輸出會顯示在指令視窗。

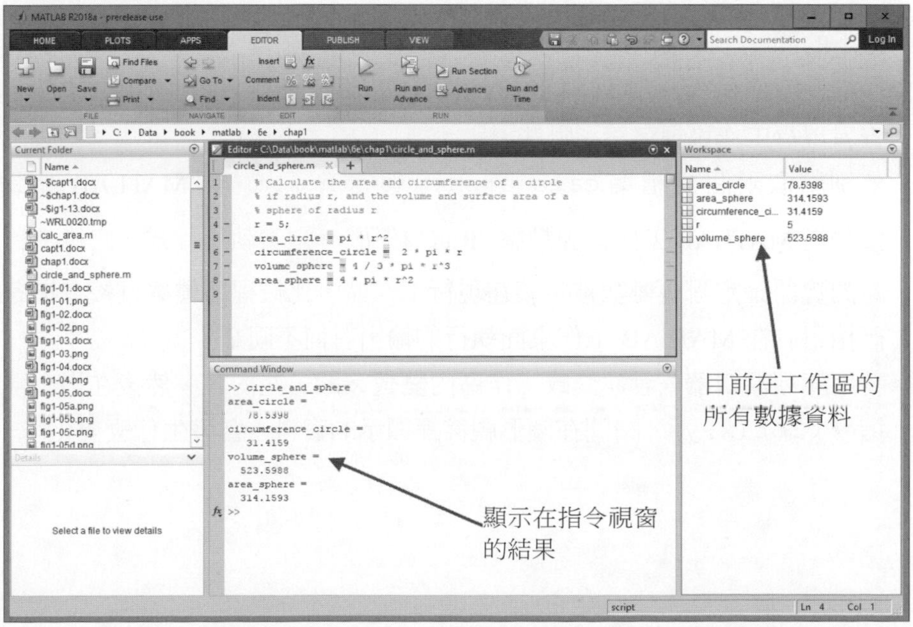


圖 1.14 在執行之後，數據被儲存在工作區，同時結果會顯示在指令視窗。

在剩下的章節裡，我們將會學到更多有關程序檔的內容，包括如何設定易讀的資料輸出格式。

## ?!✓ 測驗 1.1

這個測驗提供一個快速的檢驗，檢視你是否了解第 1 章所介紹的觀念。如果你覺得這個測驗有些困難，請重新閱讀這些章節、請教授課老師，或是與同學討論。測驗解答收錄在本書的附錄 B。

1. MATLAB 的指令視窗、編輯視窗、圖形視窗的目的分別為何？
2. 請列出你可以使用的任何方式，來尋求 MATLAB 的幫助說明。
3. 什麼是工作區？你要如何知道工作區裡面存放些什麼內容？
4. 你該如何清除工作區裡的內容？
5. 一個在空氣中自由落下的球，其落下距離的方程式是：

$$x = x_0 + v_0 t + \frac{1}{2} a t^2$$

當 $t = 5$ s 時，$x_0 = 10$ m，$v_0 = 15$ m/s，$a = -9.81$ m/sec$^2$，請使用 MATLAB 來計算球的位置。

6. 假如 $x = 3$，$y = 4$。使用 MATLAB 計算

$$\frac{x^2 y^3}{(x-y)^2}$$

以下的問題，可以幫助你更加熟悉 MATLAB 的工具。

7. 從指令視窗執行 M 檔案 `calc_area.m` 及 `sin_x.m`。然後利用工作區瀏覽器，查看現行工作區裡定義了哪些變數。
8. 分別讀取兩個 M 檔案 `calc_area.m` 與 `sin_x.m`，到 MATLAB 編輯視窗。接著從 MATLAB 工作桌面點擊 "Run" 按鈕（

）執行程式。之後，利用工作區瀏覽器確定哪些變數被定義在現行工作區。比較程序檔案直接在指令視窗執行相對於在 MATLAB 工作桌面執行的輸出有何不同？
9. 請用陣列編輯器查看並修改工作區內變數 `x` 的一些內容，然後在指令視窗鍵入指令 `plot(x,y)`。請問在圖形視窗裡顯示的資料，會發生什麼變化？

## 1.6 總結

我們已在本章學到 MATLAB 的整合發現環境（IDE）、MATLAB 視窗的基本類型、工作區，以及如何去尋求線上的幫助。當程式啟動後，就會出現 MATLAB 的工作桌面。它在單一視窗內整合了多個 MATLAB 的工具。這些工具包含指令視窗、指令歷史視窗、工具列、檔案視窗、工作區瀏覽器、陣列編輯器與現行資料夾的觀察視窗。指令視窗是這些視窗中最重要的一個，它是所有指令輸入的視窗，也是所有計算結果顯示的視窗。

檔案視窗（或編輯／除錯視窗）是用來產生或修改 M 檔案的工具。它顯示 M 檔案的內容，並且根據註解、關鍵字、字串等等的功能，賦予 M 檔案內容不同的顏色。

圖形視窗是專門用來顯示圖形的。

MATLAB 使用者可從說明瀏覽器（Help Browser），或從指令函式 `help` 以及 `lookfor` 的功能來尋求協助。說明瀏覽器提供使用者完整存取 MATLAB 文件的功能。`help` 函式則在指令視窗裡，顯示特定函式的使用方法。但使用者必須事先知道這個函式的正確名稱，才能找到想要的函式說明。而 `lookfor` 函式則會試著尋找每個 MATLAB 函式第一列註解的特定字串，並顯示與使用者輸入字串相符合的搜尋結果。

當使用者在指令視窗內輸入一個指令時，MATLAB 就會在 MATLAB 搜尋路徑的資料夾中去找尋該項指令。MATLAB 會執行在搜尋路徑裡找到符合指令名稱的第一個 M 檔案，而其他擁有相同名稱的 M 檔案將永遠不會被找到並執行。搜尋路徑工具可以用來新增、刪除或是修改 MATLAB 搜尋路徑裡的資料夾。

MATLAB 可以在指令視窗中輸入運算式求值來當作簡易型計算機使用。此外，MATLAB 也能執行程序檔，也就是一連串的 MATLAB 運算式儲存在一個文字檔（M 檔案）；當此檔案名稱被輸入至指令視窗後，MATLAB 將會依順序執行這些運算式。

### 1.6.1 MATLAB 總結

下表列出了在本章中，曾經提及的所有特殊符號、指令和函式，並在符號後面加上一段簡單的敘述，說明它們所代表的意義。

| 特殊符號 | |
|---|---|
| + | 加法運算 |
| - | 減法運算 |
| * | 乘法運算 |
| / | 除法運算 |
| ^ | 指數運算 |

| 指令和函式 | |
|---|---|
| addpath | 增加一個資料夾到 MATLAB 的搜尋路徑。 |
| clc | 清空指令視窗。 |
| clear | 清空工作區中的特定變數。如果沒有選定變數，則會清除整個工作區。 |
| clf | 清除圖形視窗。 |
| diary | 將指令視窗的文字內容記錄到一個日誌檔案。 |
| doc | 在 MATLAB 說明視窗中顯示某個函式的說明。如果沒有指定函式，將會顯示 MATLAB 說明視窗的首頁。 |
| help | 在指令視窗中顯示 MATLAB 函式的說明文件。 |
| helpwin | 開啟 MATLAB 說明視窗。 |
| lookfor | 經由 MATLAB 路徑，搜尋與特定文字描述有關聯的檔案。 |
| pathtool | 在使用者介面上，顯示目前的 MATLAB 路徑。 |
| path | 顯示 MATLAB 的搜尋路徑。 |
| rmpath | 從 MATLAB 的搜尋路徑，移除資料夾。 |
| savepath | 儲存現在全部 MATLAB 的搜尋路徑至 pathdef.m。 |
| which | 顯示在 MATLAB 路徑中和特定名稱有關的第一個檔案位置。 |
| whos | 列出目前定義的工作區變數大小和資料類型。 |

## 1.7 習題

1.1 下列的 MATLAB 敘述式是用來畫出函數 $y(x) = 4e^{-0.3x}$ 的圖形，其中 $x$ 的範圍是 $0 \le x \le 10$。

```
x = 0:0.1:10;
y = 4 * exp( -0.3 * x);
plot(x,y);
```

請使用 MATLAB 編輯／偵錯視窗產生一個新的空程序，將上述的敘述式鍵入程序中，並儲存這個檔案為 test1.m。然後，在指令視窗中，鍵入 “test1” 或是按下 “Run” 按鈕來執行這個程式。請問你會得到什麼結果？

1.2 請找出 MATLAB 函數 exp 的使用說明，利用：(a) 在指令視窗內輸入 “help exp” 指令，(b) 在說明瀏覽器中運用 “doc exp”，顯示 exp 的說明，以及 (c) 利用 helpwin 指令開啟說明瀏覽器，並查明 exp 指令。

1.3 使用 lookfor 指令找出，如何在 MATLAB 中取一個以 10 為基底的對數。

1.4 使用 MATLAB 指令視窗計算下列運算式：

(a) $\left(\frac{1}{5^2}+\frac{3}{2}\pi-1\right)^{-3}$　　(b) $2\pi-\pi^{0.5}$

(c) $1+\frac{1}{2}+\frac{1}{2^2}+\frac{1}{2^3}+\frac{1}{2^4}$

1.5 假設 $u = 1$ 且 $v = 3$。使用 MATLAB 指令視窗計算下列運算式：

(a) $\dfrac{4u}{3v}$ (b) $\dfrac{2v^{-2}}{(u+v)^2}$

(c) $\dfrac{v^3}{v^3 - u^3}$ (d) $\dfrac{4}{3}\pi v^2$

(e) $u\sqrt{v} + 1$ (f) $\log_{10}\left(\dfrac{v+u}{v-u}\right)$

1.6 建立一個程序檔，具有計算習題 1.5 的運算式和顯示六個結果的功能。執行該檔案，並且觀察其結果。

1.7 假設 $x = 2$ 且 $y = -1$，利用 MATLAB 求出下列運算式值。

(a) $\sqrt[4]{2x^3}$ (b) $\sqrt[4]{2y^3}$

注意，MATLAB 執行運算式的結果，會直接顯示其正確數值，包括複數與虛數。

1.8 以原點為中心的橢圓方程式為

$$\frac{x^2}{a^2} + \frac{y^2}{b^2} = 1 \tag{1.9}$$

其中，$a$ 與 $b$ 分別是從中心點沿著 $x$、$y$ 軸的距離。橢圓面積可以用下式計算

$$A = \pi ab \tag{1.10}$$

令 $a = 5$ 和 $b = 10$，使用 MATLAB 做為計算機計算橢圓面積。

1.9 圖 1.15 的橢圓圓周近似值，可以透過中間參數 $h$ 的計算

$$h = \frac{(a-b)^2}{(a+b)^2} \tag{1.11}$$

藉由 $a$、$b$ 和 $h$，可以得到圓周近似值為

$$C \approx \pi(a+b)\left(1 + \frac{3h}{10 + \sqrt{4-3h}}\right) \tag{1.12}$$

假設 $a$、$b$ 的數值和前一題相同，建立一個程序檔案，定義出 $a$ 和 $b$ 數值，並計算 $h$，接著計算出最後的橢圓圓周。

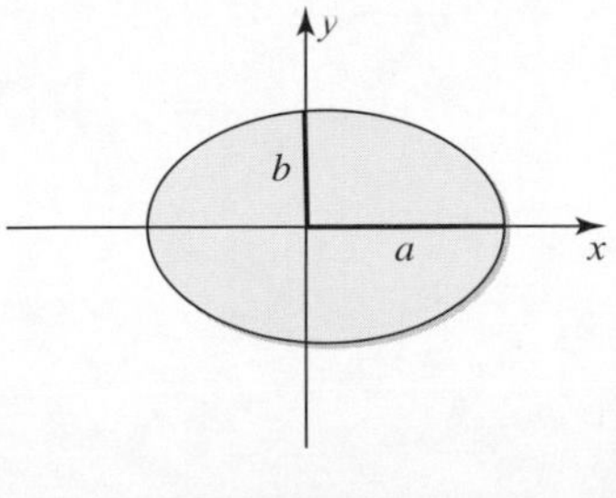


圖 1.15 中心點在原點 (0, 0) 的橢圓。

1.10 刪除程序檔 circle_and_sphere.m 中的指令行 r = 5，並用新的名稱另存該程序檔。經過這個改變之後，必須先在工作區定義 r，才能執行此程式。如果在執行前將 r 設定為不同的數值，將會有不同半徑的結果。利用此方法的優點，計算半徑分別為 1、5、10 和 20 的圓和球的四個參數。

1.11 在指令視窗中鍵入下列 MATLAB 敘述式：

```
4 * 5
a = ans * pi
b = ans / pi
ans
```

請問 a、b 及 ans 的結果是什麼？而儲存在 ans 的最後數值為何？在後續的計算中，為何 ans 的值可以被保存不變？

1.12 使用 MATLAB 說明瀏覽器，找出顯示 MATLAB 現行資料夾所需要用到的指令。當 MATLAB 開始啟動時，當時的現行資料夾為何？

1.13 使用 MATLAB 說明瀏覽器，找出如何在 MATLAB 內產生一個新的資料夾。然後，在現行資料夾中，產生一個名為 mynewdir 的新資料夾，並將這個資料夾，增加在 MATLAB 搜尋路徑的最前面。

1.14 請把現行資料夾，更改成 mynewdir。接著開啟一個編輯／偵錯視窗，並鍵入下列敘述式：

```
% Create an input array from -2*pi to 2*pi
t = -2*pi:pi/10:2*pi;

% Calculate |sin(t)|
x = abs(sin(t));

% Plot result
plot(t,x);
```

儲存這個檔案為 test2.m，然後在指令視窗中輸入 "test2" 來執行這個程式。請問你看到什麼結果？

1.15 關閉圖形視窗，並把現行資料夾改回 MATLAB 剛啟動時的資料夾。然後在指令視窗中輸入 "test2"，同樣地執行這個程式。這時候發生什麼事？為什麼？

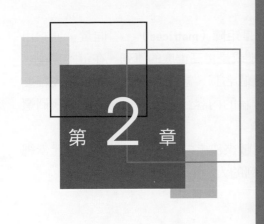

# 第 2 章 MATLAB 基本功能介紹

本章將介紹一些在 MATLAB 語言中常用的基本功能。藉由這些基本功能，你將能夠編寫簡單而有用的 MATLAB 程式。

## 2.1 變數與陣列

在 MATLAB 程式裡，資料的基本單位是**陣列（array）**。陣列是由一群排成行列結構的資料值所組成，並在程式中擁有獨一無二的名稱（如圖 2.1）。我們可以藉著指定陣列名稱後方括號裡的特定行列值，來使用該陣列裡所包含的個別資料。即使是純量（scalars），在 MATLAB 中也會被當成陣列處理——它們是一行一列的陣列。

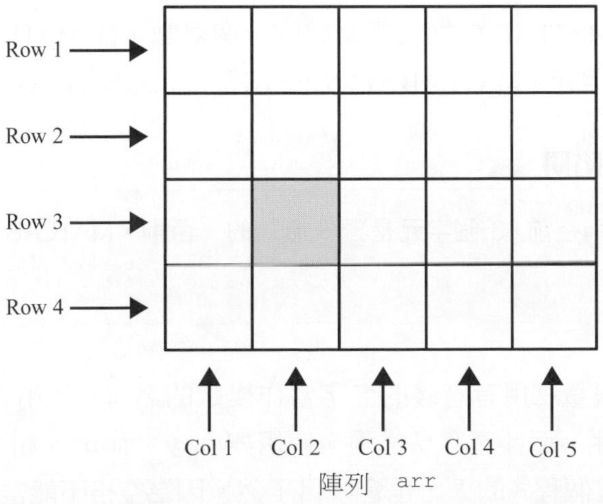


圖 2.1 陣列是由一群排成行列結構的資料值所組成。

陣列可以被歸類為是一種**向量**（vectors）或是**矩陣**（matrices）。「向量」通常用來描述一維陣列，而「矩陣」則通常用來描述二維或是更高維度的陣列。在這本書裡，當我們討論一維陣列時，我們會使用「向量」這個名詞。當我們討論二維或更高維度陣列時，我們就使用「矩陣」這個名詞。若是討論的內容涵蓋到所有的維度，我們還是使用「陣列」這個統稱來表示。

**陣列大小**（array size）是由陣列的行數及列數來決定的，而陣列中所含的元素總數，就是行數與列數的乘積。舉例來說，下面陣列的大小為：

| 陣列 | 大小 |
|---|---|
| $a=\begin{bmatrix}1 & 2\\3 & 4\\5 & 6\end{bmatrix}$ | 這是 3 × 2 矩陣，含有 6 個元素。 |
| b = [1 2 3 4] | 這是 1 × 4 矩陣，含有 4 個元素，也是一個**列向量**（row vector）。 |
| $c=\begin{bmatrix}1\\2\\3\end{bmatrix}$ | 這是 3 × 1 矩陣，含有 3 個元素，也是一個**行向量**（column vector）。 |

對於個別的元素，我們可以用該元素所對應的行與列，來定址元素在陣列中的位置。如果陣列是一個列向量，或者是行向量，我們只需要使用一個下標來表示即可。舉例來說，上述陣列中，`a(2,1)` 為 3，而 `c(2)=2`。

MATLAB 的**變數**（variable）是一個使用者設定名稱的陣列，在實體上是由一塊記憶體區域所組成。而陣列的內容，可藉由適當的 MATLAB 指令，被引用或加以修改。

MATLAB 的變數名稱必須以英文字母起頭，其後可以使用字母、數字及底線字元（_）任意組合而成。只有前 63 個字元是有意義的，如果兩個變數宣告的名稱，只有第 64 個字元不一樣，MATLAB 會把它們當成同一個變數。當 MATLAB 需要把一個長變數名稱縮短到 63 個字元，MATLAB 會發出一個警告訊息來知會使用者。

### 程式設計的陷阱

請確定你的變數名稱在前 63 個字元是獨一無二的。否則，MATLAB 將無法分辨這些變數名稱之間的區別。

撰寫程式時，盡量採用有意義的名字當作變數的名稱。使用有意義的變數名稱，可提高程式的可讀性，而且更容易維護。使用如 `day`、`month` 和 `year` 這類的名字，即使是第一次瀏覽這個程式的人，也會一目了然。因為空格不能當作 MATLAB 的變數名稱，我們可使用底線符號來代替空格，創造出有意義的名稱。例如，*exchange rate*

可以改為 exchange_rate。

**良好的程式設計**

記得給你的變數一個具描述性，而且容易記憶的名字。舉例來說，貨幣的匯率可以命名為 exchange_rate。這樣的程式設計習慣將使你的程式更加清楚易懂。

在程式的標頭（header），建立**變數名稱註解（data dictionary）**，也是很重要的寫作技巧。這些註解可清楚列出程式中每個使用變數的定義，包括變數內容的描述及其物理單位。當你在寫程式時，或許會覺得變數名稱註解是多餘的，但當你或其他人後來需要修改程式時，這類註解就會變得十分重要。

**良好的程式設計**

為每個程式建立變數名稱註解，可使程式的維護變得更為容易。

MATLAB 程式語言會分辨字母的大小寫，這代表大寫和小寫字母在 MATLAB 中是不一樣的。所以在 MATLAB 中，name、NAME 及 Name 這些變數名稱是不相同的。在每次使用同一個變數名稱時，必須注意要使用相同大小寫的字母。

**良好的程式設計**

請確定每次使用同一個變數時，其名稱所使用字母的大寫或小寫必須完全一致。以小寫字母命名變數名稱，是一個很好的程式設計習慣。

很多 MATLAB 程式設計者會使用之前提到 exchange_rate 的變數命名用法，也就是全部使用小寫字母的單字，並以底線連結單字形成有意義的名稱。本書也採用此慣用法。

另一種常用在 Java 與 C++ 的慣用法是不使用底線，第一個單字全部小寫，而後續的單字只有起始字母為大寫。同樣的「貨幣匯率」變數使用此慣用法就會寫成 exchangeRate。這種命名法稱為「駝峰式大寫（Camel Case）」。這兩種命名法都是很好的慣用法，但在整個程式裡，不論採用哪一種方法，必須前後一致。

**良好的程式設計**

採用一個標準的變數命名法，然後在整個程式裡，使該命名法始終如一。

最常使用的 MATLAB 變數型態是 double 及 char。double 型態的變數包含了 64 位元雙倍精度浮點數的純量或陣列。它們能儲存實數、虛數或複數。每個變數的實部或虛部，可以是正數、零或負數，其範圍從 $10^{-308}$ 到 $10^{308}$，而且具有 15 到 16 個十進位有效位數。這是 MATLAB 中最主要的數字資料類型。

當某個數值被指定到一個變數名稱時，變數型態 double 會自動產生。這個被指定成 double 型態的數值，可以是實數、虛數或複數。舉例來說，以下的敘述式，會指定實數值 10.5 給一個 double 型態的變數 var：

```
var = 10.5
```

虛數是定義成在數字之後加上字母 i 或 j[1]。舉例來說，10i 及 -4j 是虛數。下面的敘述式，會指定虛數值 4*i* 到一個 double 型態的變數 var：

```
var = 4i
```

一個複數包括實數部分及虛數部分。將一個實數加上一個虛數，便可產生一個複數。舉例來說，下面的敘述式，會指定複數值 10 + 10*i* 到一個 double 型態的變數 var：

```
var = 10 + 10i
```

char 型態的變數代表 16 位元的陣列，而每一個陣列元素為一個字元。這種類型的陣列被稱為**字元字串陣列（character arrays）**。這類的陣列是用來儲存字元字串的資料。當一個字元或字元字串被指定到一個變數名稱時，這種型態的變數便會自動產生。舉例來說，下面的敘述式會產生一個 char 型態的變數，名稱為 comment，而且儲存了一個特定的字串。執行這個敘述式後，comment 便是一個 $1 \times 26$ 的字元陣列。

```
comment = 'This is a character string'
```

像 C 之類的程式語言，每個變數的型態必須在此變數使用前於程式中明確地宣告。這類的語言稱為**高度類型化（strongly typed）**的語言。相反地，MATLAB 是一種**低度類型化（weakly typed）**的語言。在任何時候只要指定數值給 MATLAB 變數，便能直接產生此變數，而其變數型態也由指定給變數的資料類型所決定。

---

1 虛數是一個乘上 $\sqrt{-1}$ 的數值，大部分科學家以字母 *i* 做為代表 $\sqrt{-1}$ 的符號。而對於電機工程師而言，字母 *i* 常被保留當作電流的符號，因此以字母 *j* 做為代表 $\sqrt{-1}$ 的符號。

## 2.2 MATLAB 變數的初始化

當變數被初始化時，MATLAB 變數會自動產生。在 MATLAB 中，有三種用來初始化變數的方式：

1. 利用指定敘述將資料指定給變數。
2. 從鍵盤輸入資料給變數。
3. 從檔案讀取資料。

前兩種方式將在這裡討論，而我們會在第 2.6 節討論到第三種方式。

### 2.2.1 以指定敘述初始化變數

初始化變數最簡單的方式，就是在**指定敘述**（assignment statement）中，指定一個或多個數值給變數。指定敘述的一般形式為：

```
var = expression;
```

其中 var 是變數的名稱，而表示式 *expression* 可以是一個純量常數、陣列、或是常數、其他變數及數學運算（+、- 等）的組合。表示式的數值可利用數學運算，將計算結果存在變數中。在敘述式後面的分號並不是必須的，如果沒有分號，指定給變數 var 的值會回應在指令視窗；若敘述式後有分號，縱使已完成指定值給變數，指令視窗並不會顯示任何值。以下是利用指定敘述來初始化變數的一些簡單例子：

```
var = 40i;
var2 = var / 5;
x = 1; y = 2;
array = [1 2 3 4];
```

第一個例子會產生一個 double 型態的純量變數，並且在變數中儲存一個虛數 40*i*。第二個例子產生一個變數，並儲存表示式 var/5 的結果在變數中。第三個例子顯示，假如多個指定敘述式之間以分號或逗號隔開，它們也可以放在同一指令行上。第四個例子產生一個變數，並存入一個 4 元素的列向量。值得注意的是，如果任何變數在敘述式執行前即存在，則它們原有的內容會被敘述式執行結果所取代。

最後的例子指出，變數也可以由陣列資料來初始化。像這樣的陣列是用方括號（[]）及分號來構成。陣列的所有元素皆**依列排序**（row order）。換句話說，每一列的數值從左到右排列，最上面的為第一列，而最底部的為最後一列。每列的個別數值，藉由空格或是逗號來分隔，而每一列可藉由分號或新程式行來分隔。舉例來說，以下的陣列表示式都可用來初始化一個變數：

| | |
|---|---|
| `[3 . 4]` | 這表示式會產生 $1 \times 1$ 的陣列（純量），含有數值 3.4。在此情況下，方括號並不是必須的。 |
| `[1.0  2.0  3.0]` | 這表示式會產生 $1 \times 3$ 的陣列，含有列向量 $\begin{bmatrix}1 & 2 & 3\end{bmatrix}$。 |
| `[1.0; 2.0; 3.0]` | 這表示式會產生 $3 \times 1$ 的陣列，含有行向量 $\begin{bmatrix}1\\2\\3\end{bmatrix}$。 |
| `[1, 2, 3; 4, 5, 6]` | 這表示式會產生 $2 \times 3$ 的陣列，含有矩陣 $\begin{bmatrix}1 & 2 & 3\\4 & 5 & 6\end{bmatrix}$。 |
| `[1, 2, 3`<br>` 4, 5, 6]` | 這表示式會產生 $2 \times 3$ 的陣列，含有矩陣 $\begin{bmatrix}1 & 2 & 3\\4 & 5 & 6\end{bmatrix}$。第一指令列的尾端結束了矩陣第一列的輸入。 |
| `[]` | 這表示式會產生**空陣列（empty array）**，不含任何列或行（注意這與一個只含零的陣列完全不同）。 |

陣列裡的每一列元素個數必須相同，而且每一欄的元素個數也必須相同。如以下的陣列是不符合規定的：

```
[1 2 3; 4 5];
```

原因是第一列中有 3 個元素，而第二列中卻只有 2 個元素。

### 程式設計的陷阱

**陣列裡的每一列元素個數必須相同，而且每一欄的元素個數也必須相同。任意定義一個違反此項規定的陣列，都會導致執行上的錯誤。**

用來初始化陣列的表示式，可以包含代數運算，以及之前定義過的全部或部分陣列。舉例來說，

```
a = [0 1+7];
b = [a(2) 7 a];
```

將會產生陣列 `a = [0  8]` 以及 `b = [8  7  0  8]`。

產生一個陣列時，並非所有的陣列元素都需要清楚地定義。假設某個特定的陣列元素已被定義，而其他的元素未被定義，則這些陣列元素會被自動產生並設定為 0。舉例來說，假設 `c` 陣列未被定義過，則下列敘述式：

```
c(2,3) = 5;
```

將會產生矩陣 c = $\begin{bmatrix} 0 & 0 & 0 \\ 0 & 0 & 5 \end{bmatrix}$。同樣地，一個陣列也可以藉由設定一個超過陣列大小的元素值，來擴大該陣列。例如，假設陣列 d = [1 2]，則下列敘述式：

```
d(4) = 4;
```

會如之前說明過的，產生新的陣列 d = [1 2 0 4]。

上面指定敘述式最後的分號有一個特別目的：當一段指定敘述式被執行時，這個分號可以停止其執行結果自動顯示在指令視窗內。如果指定敘述式的結尾沒有分號，則執行的結果將自動顯示在指令視窗內（此即自動回應，automatic echoing）：

```
» e = [1, 2, 3; 4, 5, 6]
e =
   1   2   3
   4   5   6
```

如果分號加在敘述式的後面，則指令視窗不會顯示敘述式執行結果。自動回應功能是一個絕佳的方式，用來快速檢查執行的結果是否正確。然而，它卻嚴重地降低 MATLAB 程式的執行速度。因此，我們通常會關閉自動回應功能。

回應計算結果是一個快速的除錯工具，但卻會造成指令視窗畫面輸出雜亂的後果。如果我們不確定某些特定的指定敘述式會產生什麼樣的結果，就把該敘述式的分號拿掉，則此敘述式執行時，其計算結果將直接顯示在指令視窗中，提供我們檢視。

**良好的程式設計**

在所有 MATLAB 指定敘述式的結尾加上分號，以停止在指令視窗中產生自動回應的結果，這將會大幅提升程式的執行速度。

**良好的程式設計**

如果你需要在程式除錯期間，檢查某個敘述式的執行結果，可以把該敘述式的分號拿掉，以便顯示執行結果在指令視窗上。

### 2.2.2 以快捷表示式初始化變數

藉著詳細列出陣列中每個元素的方式，可以很容易地產生小型的陣列。但如果陣列包含上百甚至數以千計的元素，那又該如何處理？很顯然的，列出陣列中每個元素是不切實際的做法。

MATLAB 提供一個特別的快捷記號，即**冒號算子（colon operator）**，來解決這些狀況。冒號算子可以藉著指定數列中的第一個數值、遞增值，及最後數值，來產生一整串數列。冒號算子的一般形式為：

```
first:incr:last
```

其中 first 是數列的第一個數值，incr 是遞增值，而 last 是數列的最後數值。如果遞增值是 1，可以省去不寫。假設遞增值為正數，此運算子將產生一個陣列，包含 first、first+incr、first+2*incr、first+3*incr 等數值。只要此數值小於或等於 last 數值，則陣列中的數值將持續增加，直到下個數值大於 last 的數值為止。反之，若是遞增值為負數，則陣列中的數值將持續減少，直到下個數值小於 last 的數值為止。

舉例來說，表示式 1:2:10 是一段簡短表示式，將會產生一個 $1 \times 5$ 的列向量，此列向量包含數值元素 1, 3, 5, 7, 9。此數列的下個數值為 11，因此數大於 10，故數列停止在 9。

```
» x = 1:2:10
x =
   1   3   5   7   9
```

使用冒號算子，可以輕易地初始化一個 $\frac{\pi}{100}$，$\frac{2\pi}{100}$，$\frac{3\pi}{100}$……，$\pi$ 等 100 個數值的陣列，如下列所示：

```
angles = (0.01:0.01:1.00) * pi;
```

快捷表示式可以與**轉置算子（transpose operator）**（'）結合，來初始化行向量以及更為複雜的矩陣。轉置算子對陣列作用的結果，會造成行與列的互換。所以下列表示式：

```
f = [1:4]';
```

會先產生 4 個元素的列向量 [ 1 2 3 4 ]。然後，再轉置為 4 個元素的行向量 f = $\begin{bmatrix}1\\2\\3\\4\end{bmatrix}$。同樣地，下列這些表示式：

```
g = 1:4;
h = [g' g'];
```

將會產生矩陣 h = $\begin{bmatrix}1 & 1\\2 & 2\\3 & 3\\4 & 4\end{bmatrix}$。

### 2.2.3 以內建函式初始化變數

MATLAB 的內建函式也可以用來初始化陣列。舉例來說，zeros 函式可以用來產生任意大小的全零陣列。zeros 函式有幾種形式，如果 zeros 函式僅有一個純量引數，將以此純量當成行與列的個數，產生全零的方矩陣；如果 zeros 函式有兩個純量引數，則第一個引數是列個數，第二個引數是行個數。由於 size 函式可以傳回一個陣列的列個數及行個數，size 函式可以與 zeros 函式結合，產生和其他陣列相同大小的全零陣列。以下是一些使用 zeros 函式的例子：

```
a = zeros(2);
b = zeros(2,3);
c = [1 2; 3 4];
d = zeros(size(c));
```

這些敘述式將會產生下面這些陣列：

$$a = \begin{bmatrix} 0 & 0 \\ 0 & 0 \end{bmatrix} \qquad b = \begin{bmatrix} 0 & 0 & 0 \\ 0 & 0 & 0 \end{bmatrix}$$

$$c = \begin{bmatrix} 1 & 2 \\ 3 & 4 \end{bmatrix} \qquad d = \begin{bmatrix} 0 & 0 \\ 0 & 0 \end{bmatrix}$$

同樣地，ones 函式可以用來產生全 “1” 陣列，而 eye 函式可以用來產生**單位矩陣（identity matrices）**，亦即矩陣所有對角線元素都是 1，而非對角線元素都是 0。表 2.1 列出常用於初始化變數的 MATLAB 函式。

### 2.2.4 以鍵盤輸入初始化變數

另一種初始化變數的方式，是直接提示使用者用鍵盤鍵入資料，來初始化變數。這個方式允許在執行程式檔時，提示使用者輸入資料值。input 函式會在指令視窗中顯示提示字串，並且等待使用者鍵入資料值。以下列的敘述式為例：

**表 2.1 對初始化變數有用的 MATLAB 函式**

| 函式 | 目的 |
|---|---|
| zeros(n) | 產生一個 n × n 的零矩陣。 |
| zeros(m,n) | 產生一個 m × n 的零矩陣。 |
| zeros(size(arr)) | 產生一個與 arr 大小相同的零矩陣。 |
| ones(n) | 產生一個 n × n 的全 1 矩陣。 |
| ones(m,n) | 產生一個 m × n 的全 1 矩陣。 |
| ones(size (arr)) | 產生一個與 arr 大小相同的全 1 矩陣。 |
| eye(n) | 產生一個 n × n 的單位矩陣。 |
| eye(m,n) | 產生一個 m × n 的單位矩陣。 |
| length(arr) | 傳回向量的長度，或者是一個陣列中各維度長度之最大值。 |
| numel(arr) | 傳回一個陣列的元素總數量，也就是行與列大小的乘積。 |
| size(arr) | 傳回 arr 陣列的列個數及行個數值。 |

```
my_val = input('Enter an input value:');
```

當這個敘述被執行時，MATLAB 會在螢幕上顯示出 'Enter an input value:' 這個字串，並等待使用者回應。如果使用者想要輸入一個數字，就直接鍵入數字。如果使用者想要輸入一個陣列，則這個陣列必須以陣列的格式輸入，亦即包含方括號及陣列元素等。無論是哪一種情形，當鍵盤的輸入鍵被敲下，所輸入的資料都會被儲存在 my_val 變數裡。 但如果只敲下鍵盤的輸入鍵，則只會產生一個空矩陣，並被存入這個變數裡。

如果 input 函式包含字元 's'，做為第二個函式引數，那麼傳回使用者的輸入資料將是字元字串陣列。因此，下列的敘述式：

```
» in1 = input('Enter data: ');
Enter data: 1.23
```

將會存入數值 1.23 到 in1 變數。而下列的敘述式：

```
» in2 = input('Enter data: ','s');
Enter data: 1.23
```

將會存入字元字串 '1.23' 到 in2 變數。

### ?! 測驗 2.1

這個測驗提供一個快速的檢驗，檢視你是否了解 2.1 及 2.2 節所介紹的觀念。如果你覺得這個測驗有些困難，請重新閱讀這些章節、請教授課老師，或是與同學討論。測驗解答收錄在本書的附錄 B。

1. 請說明陣列、矩陣及向量之間的差別？
2. 試用下列的陣列來回答問題：

$$c = \begin{bmatrix} 1.1 & -3.2 & 3.4 & 0.6 \\ 0.6 & 1.1 & -0.6 & 3.1 \\ 1.3 & 0.6 & 5.5 & 0.0 \end{bmatrix}$$

   (a) 請問 c 的陣列大小？
   (b) c(2,3) 的值是多少？
   (c) 列出所有元素數值為 0.6 的列與行下標。
   (d) 請問 numel(c) 的結果是多少？
3. 請決定下列陣列的大小。把這些陣列輸入 MATLAB，並使用 whos 指令，或是工作區瀏覽器來查看答案。注意在此練習中，後面的陣列與前面已定義的陣列有關。

(a) `u = [10 20*i 10+20];`

(b) `v = [-1; 20; 3];`

(c) `w = [1 0 -9; 2 -2 0; 1 2 3];`

(d) `x = [u' v];`

(e) `y(3,3) = -7;`

(f) `z = [zeros(4,1) ones(4,1) zeros(1,4)'];`

(g) `v(4) = x(2,1);`

4. 輸入第三題的指令後，`w(2,1)` 的值是多少？
5. 輸入第三題的指令後，`x(2,1)` 的值是多少？
6. 輸入第三題的指令後，`y(2,1)` 的值是多少？
7. 在執行敘述 (g) 後，`v(3)` 的值是多少？

## 2.3 多維陣列

MATLAB 陣列可能有一個維度或更多維度。一維陣列可以視為一連串數值排列成一列或一行，且每個陣列元素皆可由單一下標來選擇（如圖 2.2a）。這樣的陣列對於描述單一獨立變數的函數是很有用的，例如在固定時間間隔中，所量測的一連串溫度資料。

有些類型的資料，可以是兩個以上獨立變數的函數。舉例來說，我們可能想要量測 5 個不同地方、4 個不同時間點的溫度。在這種情況下，我們可利用不同的行來代表不同的位置，將 20 次測量值編成 5 行，而每行都有 4 個量測值（如圖 2.2b）。我們將

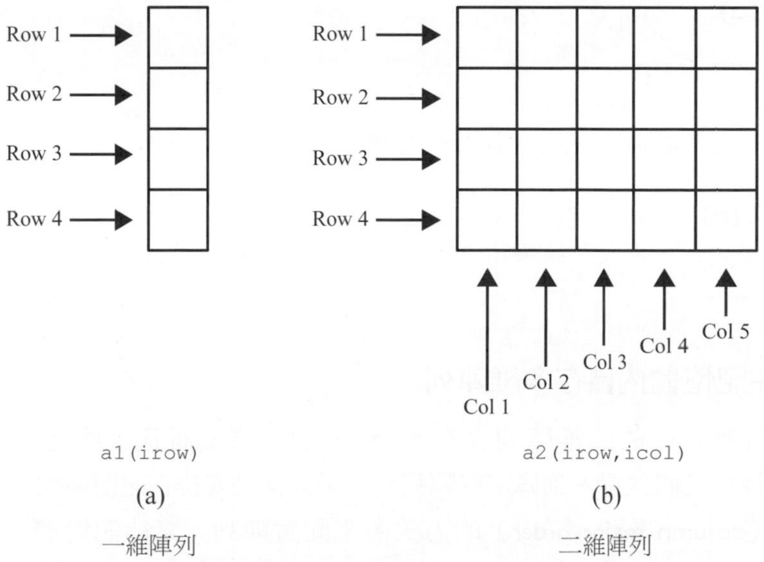


圖 2.2 一維陣列和二維陣列。

使用 2 個下標，來存取這個陣列中的特定元素：第一個下標將選擇列，而第二個下標選擇行。像這樣的陣列，稱為**二維陣列（two-dimensional arrays）**。一個二維數列的元素個數，就是列數乘以行數的乘積。

MATLAB 允許我們對於特定的問題，依實際的需要來產生不同維度的陣列。這些陣列對於每個維度，都使用一個下標來表示，並且藉由對每個下標指定一個數值，來選擇個別的元素。陣列元素的總數就是每個下標最大值的乘積。舉例來說，以下二個敘述將會產生一個 2 × 3 × 2 的陣列 c：

```
» c(:,:,1)=[1 2 3; 4 5 6];
» c(:,:,2)=[7 8 9; 10 11 12];
» whos c

Name    Size    Bytes   Class     Attributes
c       2x3x2      96   double
```

這個陣列包含 12 個元素（2 × 3 × 2），它的內容可以像其他陣列一樣顯示。

```
» c
c(:,:,1) =
        1    2    3
        4    5    6
c(:,:,2) =
        7    8    9
       10   11   12
```

注意 size 函式會傳回陣列 c 中各維度的長度數值：

```
» size(c)
ans =
    2    3    2
```

而 numel 函式則會回傳陣列中的元素總數：

```
» numel(c)
ans =
   12
```

### 2.3.1 在記憶體內儲存多維陣列

一個 m 列及 n 行的二維陣列含有 m × n 個元素，而且這些元素將連續占據 m × n 個電腦記憶體位置。到底這些陣列元素是如何被安排在記憶體內呢？MATLAB 是以**行排序（column major order）**的方式，來配置陣列元素給記憶體。也就是說，MATLAB 會先分配第一行的記憶體，接著是第二行、第三行……直到所有行都分配到

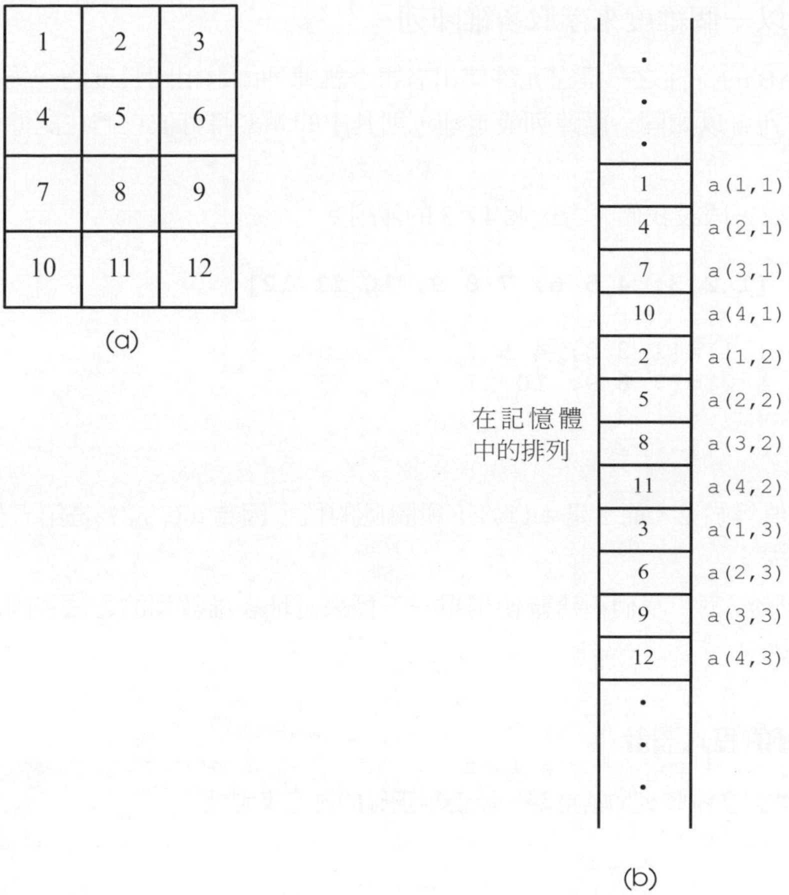


圖 2.3 (a) 陣列 a 的資料值；(b) 陣列 a 在記憶體中的排列情形。

記憶體裡面。圖 2.3 說明了一個 4 × 3 陣列 a 的記憶體配置，就如我們所見的，元素 `a(1,2)` 是第五個被分配在記憶體裡的陣列元素。這種陣列元素在記憶體的排列順序，對於下一節談到的單一下標定址，以及在第 8 章中所談到的低階 I/O 函式，都將是十分重要的觀念。

這種陣列在記憶體的排列方式，也同樣適用於二維以上的陣列。第一個陣列下標增加的速度最快，第二個下標增加的速度慢了些，依此類推而最後下標增加的速度最慢。舉例來說，在一個 2 × 2 × 2 的陣列中，元素將會以下列的方式排序：(1,1,1), (2,1,1), (1,2,1), (2,2,1), (1,1,2), (2,1,2), (1,2,2), (2,2,2)。[2]

2 MATLAB 原本仿效 Fortran 的記憶體排列方式，所以它們的記憶體排列方式相同。相對地，C++ 與 Java 是用以列排序（row major memory）的方式，來配置記憶體，也就是首先將資料的第一行放入記憶體，接著放入第二行所有資料，以此類推。

### 2.3.2 以一個維度來存取多維陣列

MATLAB 的特性之一是它允許使用者將多維陣列視為相同長度的一維陣列。如果一個多維陣列可以如同一維陣列般定址，則其中的元素將可依它們在記憶體內的配置次序來存取。

舉例來說，假設我們宣告一個 4×3 的陣列 a：

```
» a = [1 2 3; 4 5 6; 7 8 9; 10 11 12]
a =
     1     2     3
     4     5     6
     7     8     9
    10    11    12
```

則 a(5) 的值等於 2，而 2 是 a(1,2) 所對應的值，因為 a(1,2) 是第五個配置在記憶體裡的元素。

在正常狀況下，我們不建議使用單一下標來定址多維數列的方法，因為如此做法容易讓人混淆。

**良好的程式設計**

當需要定址到多維陣列的情形時，請使用正確的維度來定址。

## 2.4 子陣列

我們可以選擇並使用 MATLAB 陣列的子集合，就像把它們當成個別的陣列使用一樣。若想要選擇陣列的某個部分，只要在陣列名稱的後面加上括號，並在括號內填上所有想要選擇的元素。舉例來說，假設陣列 arr1 被定義如下：

```
arr1 = [1.1 -2.2 3.3 -4.4 5.5];
```

則 arr1(3) 等於一個數字 3.3，arr1([1 4]) 等於陣列 [1.1 -4.4]，而 arr1(1:2:5) 便等於陣列 [1.1 3.3 5.5]。

對二維陣列而言，以冒號放在行或列的下標位置，可以用來選擇相對應的一整行或一整列。舉例來說，假設

```
arr2 = [1 2 3; -2 -3 -4; 3 4 5];
```

這個敘述產生一陣列 arr2 為 $\begin{bmatrix} 1 & 2 & 3 \\ -2 & -3 & -4 \\ 3 & 4 & 5 \end{bmatrix}$，則子陣列 arr2(1,:) 便成為陣列的

第一列 [1 2 3]，而子陣列 arr2(:,1:2:3) 便是 $\begin{bmatrix} 1 & 3 \\ -2 & -4 \\ 3 & 5 \end{bmatrix}$。

### 2.4.1 end 函式

MATLAB 有一個特別的函式 end，可用來產生陣列的下標。當 end 函式應用在陣列的下標時，它會傳回該下標的**最大值**。舉例來說，假設 arr3 陣列為：

```
arr3 = [1 2 3 4 5 6 7 8];
```

則 arr3(5:end) 為陣列 [5 6 7 8]，而 array(end) 是數值 8。

由 end 函式傳回的值，一定是所給定下標的**最大值**。如果 end 出現在不同的下標中，它就可能在相同的表示式中，傳回不同下標的數值。舉例來說，假設一個 3 × 4 的 arr4 陣列：

```
arr4 = [1 2 3 4; 5 6 7 8; 9 10 11 12];
```

則表示式 arr4(2:end,2:end) 會傳回陣列 $\begin{bmatrix} 6 & 7 & 8 \\ 10 & 11 & 12 \end{bmatrix}$。請注意，第一個 end 傳回的值是 3，而第二個 end 傳回的值卻是 4！

### 2.4.2 在指定敘述式的左方使用子陣列

為了更新陣列中的某些數值，只要這些被指定數值之**形狀（shape，即列數目與行數目）**與子陣列的形狀相同，我們可以在指定敘述式的左方使用子陣列。如果子陣列形狀不同，將會出現錯誤。舉例來說，假設一個 3 × 4 的 arr4 陣列：

```
» arr4 = [1 2 3 4; 5 6 7 8; 9 10 11 12]
arr4 =
     1     2     3     4
     5     6     7     8
     9    10    11    12
```

則下列指定敘述式是合法的，因為在表示式的等號兩邊有相同的形狀（2 × 2）：

```
» arr4(1:2,[1 4]) = [20 21; 22 23]
arr4 =
    20     2     3    21
    22     6     7    23
     9    10    11    12
```

請注意陣列元素 (1,1)、(1,4)、(2,1) 和 (2,4) 被更新了。相反地，下列表示式是不合法的，因為等號兩邊的形狀不同，MATLAB 便會出現錯誤訊息：

```
» arr5(1:2,1:2) = [3 4]
??? In an assignment A(matrix,matrix) = B, the number of
rows in B and the number of elements in the A row index
matrix must be the same.
```

**程式設計的陷阱**

當指定敘述式包含子陣列時，在等號兩邊的子陣列形狀必須相同；否則，MATLAB 將會產生錯誤的訊息。

指定數值給一個子陣列，與指定數值給一個陣列，在 MATLAB 是有很大的區別。如果數值是被指定到子陣列，只有被指定的數值被更新，而陣列中的其他所有數值依然是不變的。另一方面，如果數值是被指定到陣列，則整個陣列原來的內容將被全部刪除，而被新的數值所取代。舉例來說，假設一個 3 × 4 的陣列 arr4 被定義如下：

```
» arr4 = [1 2 3 4; 5 6 7 8; 9 10 11 12]
arr4 =
     1     2     3     4
     5     6     7     8
     9    10    11    12
```

接著我們在下列的指定敘述式，替換 arr4 中的特定元素：

```
» arr4(1:2,[1 4]) = [20 21; 22 23]
arr4 =
    20     2     3    21
    22     6     7    23
     9    10    11    12
```

對照之下，以下的指定敘述式，會把 arr4 變成一個 2 × 2 的新陣列：

```
» arr4 = [20 21; 22 23]
arr4 =
    20    21
    22    23
```

**良好的程式設計**

請務必弄清楚指定數值給一個子陣列，與指定數值給一個陣列之間的區別。MATLAB 對這兩種情況處理的方法是不同的。

### 2.4.3 指定一個純量給子陣列

在 MATLAB 的規則裡，指定敘述式右邊的純量數值，總是可以配合指定表示式左邊陣列的形狀，使得純量值直接複製到敘述式左側的每個元素。舉例來說，假設一個 3 × 4 的陣列 arr4：

```
arr4 = [1 2 3 4; 5 6 7 8; 9 10 11 12];
```

而下列的表示式，把數值 1 分配給陣列的四個元素：

```
» arr4(1:2,1:2) = 1
arr4 =
    1      1      3      4
    1      1      7      8
    9     10     11     12
```

## 2.5 特殊的數值

MATLAB 包括了很多預設的特別值，而且這些預設值可以不須先初始化，就可在 MATLAB 裡使用。表 2.2 列出了一些最常使用的預設值做為參考。

這些預設值是以一般變數的方式儲存，所以它們可以被使用者覆寫或修改。如果新的數值被設定到這些預設變數裡，則在後續的所有計算中，新的值將直接取代預設值。舉例來說，考慮下列的敘述式（計算半徑 10 公分的圓周長）：

```
circ1 = 2 * pi * 10
pi = 3;
circ2 = 2 * pi * 10
```

**表 2.2 預設的特殊值**

| 函式 | 目的 |
|---|---|
| pi | 代表 $\pi$，有效數字 15 位。 |
| i, j | 代表 $i(\sqrt{-1})$ 的值。 |
| Inf | 這符號代表無窮大。通常是由於除以 0 所產生的結果。 |
| NaN | 這符號代表「不是數字」（Not-a-Number）。它是由未定義的數學運算所產生的，像 0 除以 0 就沒有定義。 |
| clock | 這特殊的變數代表現在的日期與時間，是一個 6 個元素的列向量，分別是年、月、日、時、分、秒。 |
| date | 以字元字串代表現在的日期，例如：24-Nov-1998 的值。 |
| eps | 這變數是 “epsilon” 的縮寫，它代表在電腦上兩個數字間可表示的最小差異。 |
| ans | 如果一個表示式的運算結果沒有明確指定儲存在某個變數中，這個特殊變數是用來儲存此運算結果。 |

在第一個敘述式，pi 的值預設是 3.14159……。所以，正確的圓周長 circ1 的值是 62.8319。而在第二個敘述式，我們重新設定 pi 等於 3，所以在第三個敘述式，circ2 的值就變成了 60。在程式中改變預設變數的值，會造成錯誤的答案，並且也會產生一個細微而不易察覺的程式臭蟲。試想如果要在 10,000 行的程式碼中，要找到像這樣的錯誤來源，會是多麼不容易的一件事！

**程式設計的陷阱**

絕對不要重新定義 MATLAB 裡的預設變數。這會產生細微而難以察覺的程式臭蟲，因而導致不可預知的大災難！

## 測驗 2.2

這個測驗提供一個快速的檢驗，檢視你是否了解 2.3 節至 2.5 節所介紹的觀念。如果你覺得這個測驗有些困難，請重新閱讀這些章節、請教授課老師，或是與同學討論。測驗解答收錄在本書的附錄 B。

1. 假設陣列 c 定義下，請決定下列子陣列的內容：

$$c = \begin{bmatrix} 1.1 & -3.2 & 3.4 & 0.6 \\ -0.8 & 1.3 & -0.4 & 3.1 \\ -2.1 & 0.6 & 2.2 & 0.0 \\ 1.1 & 0.1 & 11.1 & -0.9 \end{bmatrix}$$

   (a) `c(2,:)`
   (b) `c(:,end)`
   (c) `c(1:2,2:end)`
   (d) `c(6)`
   (e) `c(4:end)`
   (f) `c(1:2,2:4)`
   (g) `c([1 3],2)`
   (h) `c([2 2],[3 3])`

2. 執行下列敘述式之後，請寫出陣列 a 的內容：

   (a)
   ```
   a = [1 2 3; 4 5 6; 7 8 9];
   a([3 1],:) = a([1 3],:);
   ```
   (b)
   ```
   a = [1 2 3; 4 5 6; 7 8 9];
   a([1 3],:) = a([2 2],:);
   ```
   (c)
   ```
   a = [1 2 3; 4 5 6; 7 8 9];
   ```

```
a = a([2 2],:);
```

3. 執行下列敘述式之後，請寫出陣列 a 的內容：

(a)
```
a = eye(3,3);
b = [1 2 3];
a(2,:) = b;
```

(b)
```
a = eye(3,3);
b = [4 5 6];
a(:,3) = b';
```

(c)
```
a = eye(3,3);
b = [7 8 9];
a(3,:) = b([3 1 2]);
```

## 2.6 顯示輸出資料

MATLAB 有幾種顯示輸出資料的方式，最簡單的方式是刪除敘述式結尾的分號，使計算結果顯示在指令視窗。本節將探討其他幾種顯示資料的方式。

### 2.6.1 改變預設格式

當資料在指令視窗中回應時，整數是以整數的格式顯示，字元以字串的格式顯示，而其他值則使用**預設格式（default format）**輸出。MATLAB 的預設格式，是在小數點之後顯示四位數字，如果數值太大或太小，它會用科學記法顯示。舉例來說，下列敘述式：

```
x = 100.11
y = 1001.1
z = 0.00010011
```

會產生下列的輸出：

```
x =
 100.1100
y =
 1.0011e+003
z =
 1.0011e-004
```

改變預設格式的方式有兩種：由指令視窗選單或利用 format 指令。使用者可以在工具列點選 “Preferences”（喜好設定）的圖像，然後從彈出的喜好設定視窗裡，在 “Variables”（變數）的選項選擇數值顯示格式（圖 2.4）。

另一種方式是根據表 2.3 的定義值，利用 `format` 指令，改變預設數值顯示格式，

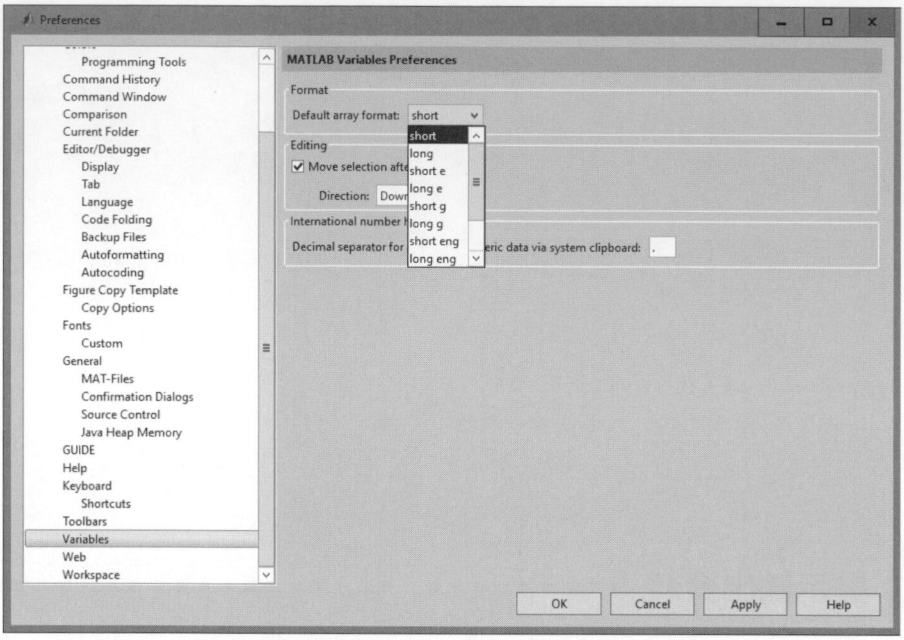


圖 2.4　從指令視窗的喜好設定裡，選擇想要的數值顯示格式。

表 2.3　輸出的顯示格式

| 指令格式 | 結果 | 舉例（註[1]） |
|---|---|---|
| format short | 顯示 4 位小數（預設值） | 12.3457 |
| format long | 顯示 14 位小數 | 12.34567890123457 |
| format short e | 顯示 5 個數字加冪次方 | 1.2346e+001 |
| format shortE | | |
| format short eng | 顯示 5 個數字加上冪次方數字為 1000 的次方 | 12.347e+000 |
| format shortEng | | |
| format short g | 總共顯示 5 個數字（可加或不加冪次方） | 12.346 |
| format long e | 顯示 15 位小數加冪次方 | 1.234567890123457e+001 |
| format longE | | |
| format long eng | 顯示 15 位數加冪次方為 1000 的次方 | 12.34567890123457e+000 |
| format longEng | | |
| format long g | 總共顯示 15 個數字，加或不加冪次方 | 12.3456789012346 |
| format longG | | |
| format bank | 貨幣的格式 | 12.35 |
| format hex | 16 位元進位格式 | 4028b0fcd32f707a |
| format rat | 顯示最接近的整數比例 | 1000/81 |
| format compact | 關閉額外換行功能 | |
| format loose | 恢復額外換行功能 | |
| format + | 只印出數值之正負數 | + |

註[1] 表內之原始資料值為 12.345678901234567。

譬如使數據可以顯示更多的有效數字、以科學記法顯示、限制只顯示兩位小數或是消除額外換行使更多資料能同時顯示在命令視窗內。請自行嘗試表 2.3 所列出的指令。

至於使用哪一種方式來改變資料預設格式比較好呢？如果你正面對電腦工作，使用工具列可能較為方便。反之，如果你正在編寫程式，由於 format 指令可直接在程式內執行，這種改變資料格式的方式可能是較佳的選擇。

### 2.6.2 disp 函式

另一個顯示資料的方法是使用 disp 函式。disp 函式接受陣列的引數，並在指令視窗中顯示陣列值。如果陣列是字元型態 char，則包含在陣列裡的字元字串，會顯示在視窗中。

為了在指令視窗產生有用的訊息，disp 函式經常與 num2str（轉換數字成字串）函式，或 int2str（轉換整數成字串）函式一起使用。舉例來說，下面的 MATLAB 敘述，會在指令視窗顯示 "The value of pi = 3.1416"。第一個敘述式產生包含此段訊息的字串陣列，而第二個敘述式則顯示這段訊息。

```
str = ['The value of pi = ' num2str(pi)];
disp (str);
```

### 2.6.3 使用 fprintf 函式做格式化輸出

還有一個更具彈性的方式，是以 fpirntf 函式來顯示資料。fprintf 函式可供一個或多個數值，連同其他相關的文字一起顯示，並允許程式設計者控制顯示數值的方式。使用這個函式在指令視窗顯示資料的形式是：

```
fprintf(format,data)
```

其中 format 是字串，用以描述輸出資料的方式，而 data 是被顯示的一個或多個的純量或陣列。format 是一個字元字串，包括輸出的文字加上敘述資料格式的特殊字元。舉例來說，

```
fprintf('The value of pi is %f \n',pi)
```

將會輸出 'The value of pi is 3.141593'，接著換行。字元 %f 稱為**轉換字元**（conversion characters），表示在這個格式字串中，%f 相對位置上所列出的資料值，會以浮點數格式來輸出。字元 \n 是**逸出字元**（escape characters），表示會執行換行，以便接下來的文字從新的一行開始顯示。fprintf 函式可以使用很多的轉換字元及逸出字元，其中一部分列於表 2.4，而在第 9 章中，將會討論完整的格式化輸出格式。

藉由在 % 記號與 f 之間設定顯示數字的欄位寬度及精度，我們可以指定顯示數字

表 2.4 fprintf 格式字串中常用的特殊字元

| 格式字串 | 結果 |
|---|---|
| %d | 以整數格式顯示數值。 |
| %e | 以指數格式顯示數值。 |
| %f | 以浮點數格式顯示數值。 |
| %g | 以浮點或指數格式來顯示數值，由何者較短為優先顯示。 |
| \n | 跳到新的一行。 |

的欄位寬度，以及所顯示的小數位數。舉例來說，下列函式：

```
fprintf('The value of pi is %6.2f \n',pi)
```

將會輸出 'The value of pi is 3.14'，接著換行。轉換字元 %6.2f 表示，會以 6 個字元寬的欄位，及 2 位小數的浮點數格式顯示 fprintf 函式的第一筆資料。

fprintf 函式有一個非常特殊的限制：**它只能顯示複數的實數部分**。當運算結果為複數時，這個限制可能會導致錯誤的輸出結果。在這種情形下，最好使用 disp 函式來顯示結果。

舉例來說，下面的敘述式計算一個複數 x，並分別使用 fprintf 及 disp 來顯示結果。

```
x = 2 * ( 1 - 2*i )^3;
str = ['disp: x = ' num2str(x)];
disp(str);
fprintf('fprintf: x = %8.4f\n',x);
```

這些敘述式的結果為：

```
disp: x = -22+4i
fprintf: x = -22.0000
```

請注意 fprintf 函式忽略了答案的虛數部分。

**程式設計的陷阱**

fprintf 函式只會顯示複數的實數部分，當處理複數運算時，可能會導致錯誤的結果。

## 2.7 資料檔案

MATLAB 有很多方法來載入或儲存資料檔案，大部分的方法會在第 9 章中提到。本節只考慮最簡單的 **load** 及 **save** 兩個指令。

**save** 指令會把 MATLAB 工作區的資料，存進一個磁碟檔案中。這指令最常用的形式是：

```
save filename var1 var2 var3
```

其中 filename 是用來儲存變數的檔案名字，而 var1、var2 等，則是儲存在檔案裡的變數。檔案的副檔名內設為“mat”，並稱之為 MAT 檔案。如果沒有指定任何特定變數，則 MATLAB 會儲存工作區內的全部變數。

MATLAB 以其特殊緊密簡潔的格式，儲存 MAT 檔案的許多細節，包括每個變數的名稱及型態、每個陣列的大小以及所有的資料值。在任何電腦平台（PC、麥金塔、Unix 或 Linux）上所產生的 MAT 檔案，都可以在其他平台上直接讀取，所以如果兩台電腦都有 MATLAB 程式，MAT 檔案會是交換兩台電腦資料的好方法。然而，MAT 檔案有自己的特殊格式，並不能被別種程式語言所編寫的程式讀取。 如果資料想要由其他程式來讀取，就要指定 -ascii 選項，那麼這些資料值會以 ASCII 字元字串的形式寫入，而且以空格來分隔資料值。然而，若以 ASCII 的格式儲存檔案，某些特定的資訊（如變數名稱及型態）將會被忽略，導致所產生的資料檔案會變得很大。

舉例來說，假定陣列 x 被定義為：

```
x =[1.23 3.14 6.28; -5.1 7.00 0];
```

“save x.dat x -ascii”指令將產生檔名為 x.dat 的檔案，並包含下列資料：

```
 1.2300000e+000  3.1400000e+000  6.2800000e+000
-5.1000000e+000  7.0000000e+000  0.0000000e+000
```

這資料的格式，可以被電子試算表或是其他語言所寫的程式讀取，使得 MATLAB 與其他程式交流資料數據，變得容易許多。

**良好的程式設計**

如果資料必須在 MATLAB 及其他程式之間交換，請用 ASCII 的格式來儲存 MATLAB 的資料。如果資料只使用在 MATLAB 程式，就用 MAT 檔案格式儲存資料。

MATLAB 並不限制 ASCII 檔案的副檔名命名規則。不過，對於使用者來說，還是遵循一致的命名方式較好，所以通常 ASCII 格式的檔案，皆以“dat”為副檔名。

**良好的程式設計**

用 ASCII 格式儲存 MATLAB 的資料時，請以“dat”為副檔名，以區別 MATLAB 所儲存的 MAT 檔案格式（以“mat”為副檔名）。

**load** 指令剛好是 save 指令的相反，它會把資料從一個磁碟檔案中，存進 MATLAB 的工作區內。這指令常用的形式是：

```
load filename
```

其中 filename 是載入的檔案名稱。如果檔案是 MAT 的檔案格式，則在檔案裡的所有變數，都會回復到檔案儲存前在工作區的狀態，包括變數名稱及型態。如果指令中只包含某些變數，則只有這些變數會被回復到工作區內。如果 filename 沒有副檔名，或者副檔名是 .mat，則 load 指令都將這些檔案當作 MAT 檔案處理。

MATLAB 也可以載入其他程式所產生的資料，只要這些資料是以空格分隔的 ASCII 格式檔案即可。如果該 filename 具有 .mat 外的副檔名，則 load 就會把該檔案當作 ASCII 格式檔案來處理，而且該 ASCII 檔案內容，將會被轉換成一個 MATLAB 的陣列，且其變數名稱與載入的檔名相同（但不包含副檔名）。舉例來說，假設檔名為 x.dat 的 ASCII 資料檔案內，包含下列資料：

```
 1.23   3.14   6.28
-5.1    7.00   0
```

則 “load  x.dat” 指令將在工作區中，產生一個以 x 為名並包含這些數值的 2 × 3 陣列。

藉由設定 -mat 選項，可以強迫 load 指令把檔案當作 MAT 檔案來處理。舉例來說，以下的敘述：

```
load -mat x.dat
```

會把檔案 x.dat 當作一個 MAT 檔案載入，即使它的副檔名並不是 .mat。同樣地，我們也可以藉由設定 -ascii 選項來強迫 load 指令把某個檔案當作 ASCII 檔案格式載入。這些選項允許使用者能夠正確地載入資料檔案，即使它的副檔名稱與 MATLAB 的設定不同。

### 測驗 2.3

這個測驗提供一個快速的檢驗，檢視你是否了解 2.6 節及 2.7 節所介紹的觀念。如果你覺得這個測驗有些困難，請重新閱讀這些章節、請教授課老師，或是與同學討論。測驗解答收錄在本書的附錄 B。

1. 怎樣讓 MATLAB 用 15 位小數加冪次方的格式，來顯示所有的實數值？
2. 下列這些敘述式的目的是什麼？它們將會產生什麼結果？

(a)
```
radius = input('Enter circle radius:\n');
area = pi * radius^2;
str = ['The area is ' num2str(area)];
disp(str);
```
(b)
```
value = int2str(pi);
disp(['The value is ' value '!']);
```

3. 下列這些敘述式的目的是什麼？它們將會產生什麼結果？

```
value = 123.4567e2;
fprintf('value = %e\n',value);
fprintf('value = %f\n',value);
fprintf('value = %g\n',value);
fprintf('value = %12.4f\n',value);
```

## 2.8 純量與陣列運算

藉由指定敘述式，我們可以進行特定運算，其一般形式為：

```
variable_name = expression;
```

指定敘述式計算在等號右邊表示式的結果，並把計算後的結果儲存在等號左邊的變數。請注意，MATLAB 指定敘述式的等號並不是如一般你所熟悉的「等於」的意思。等號在這裡的意思是：把表示式 expression 執行後的值，儲存到變數 variable_name 的位置中。因此之故，我們把等號稱為**指定運算子（assignment operator）**。一個如下的敘述式：

```
ii = ii + 1;
```

在一般代數運算中，是完全沒有意義的，但在 MATLAB 中卻具有其意義。它表示：把現在儲存在變數 ii 的值取出來，加上 1，再把新的結果儲存到變數 ii 內。

### 2.8.1 純量運算

指定運算子右方的表示式，可以是任何純量、陣列、括號及算術運算符號的有效組合。表 2.5 列出了兩個純量的標準算術運算。

括號可以視需要用來將算式中的相關項次分組，括號中的表示式將會比括號外面的表示式優先運算。舉例來說，表示式 2 ^ ((8+2)/5) 將會依下面所示來計算：

表 2.5 兩個純量的算術運算

| 運算方法 | 代數的形式 | MATLAB 的形式 |
|---|---|---|
| 加法 | $a+b$ | `a + b` |
| 減法 | $a-b$ | `a - b` |
| 乘法 | $a\times b$ | `a * b` |
| 除法 | $\frac{a}{b}$ | `a / b` |
| 取冪次方 | $a^b$ | `a ^ b` |

```
2 ^ ((8 + 2)/5) = 2 ^ (10/5)
                = 2 ^ 2
                = 4
```

## 2.8.2 陣列與矩陣運算

MATLAB 支援陣列之間的兩種運算方式，分別是陣列運算與矩陣運算（matrix operations）。**陣列運算（array operations）**是陣列之間依據**元素對元素（element-by-element basis）**的方式來執行運算，也就是說，是根據兩陣列間相對應位置的元素，來進行所需要的算術運算。舉例來說，如果 a = $\begin{bmatrix}1 & 2\\3 & 4\end{bmatrix}$，而 b = $\begin{bmatrix}-1 & 3\\-2 & 1\end{bmatrix}$，則 a + b = $\begin{bmatrix}0 & 5\\1 & 5\end{bmatrix}$。請注意，若要執行這類的運算，兩陣列間的列數目與行數目必須相容。如果該陣列大小不相容，MATLAB 將會產生一個錯誤訊息。

什麼情況下陣列是相容的，可以進行陣列（元素對元素）運算呢？當兩個陣列各自的列數目與行數目相同或者為 1。如果行或列的數目為 1 時，MATLAB 會自動擴展此單一元素成與另一陣列大小相同的元素。一些陣列運算的例子如下所示：

1. a = $\begin{bmatrix}1 & 2 & 3\\3 & 4 & 5\end{bmatrix}$加 b = $\begin{bmatrix}-1 & 3 & 3\\-2 & 1 & 4\end{bmatrix}$。因為 a 和 b 皆為 $2\times3$ 陣列，故為可行的陣列運算，a + b = $\begin{bmatrix}0 & 5 & 6\\1 & 5 & 9\end{bmatrix}$。

2. a = $\begin{bmatrix}1 & 2 & 3\\3 & 4 & 5\end{bmatrix}$加 b = $\begin{bmatrix}-1 & 3 & 3\end{bmatrix}$。此例中，a 是一個 $2\times3$ 陣列，而 b 是一個 $1\times3$ 陣列。因為這兩個陣列的行數目相同，而其中一個陣列的列數目為 1。MATLAB 會藉由重複單一列兩次，自動將陣列 b 擴展成 $\begin{bmatrix}-1 & 3 & 3\\-1 & 3 & 3\end{bmatrix}$，因此

$a + b = \begin{bmatrix} 0 & 5 & 6 \\ 2 & 7 & 8 \end{bmatrix}$。

3. $a = \begin{bmatrix} 1 & 2 & 3 \\ 3 & 4 & 5 \end{bmatrix}$加 b = 5。此例中，a 是一個 2 × 3 陣列，b 是一個 1 × 1 陣列。

因為 b 是 1 × 1 陣列，MATLAB 會藉由重複單一數值在相對應的行與列上，自動將陣列 b 擴展成$\begin{bmatrix} 5 & 5 & 5 \\ 5 & 5 & 5 \end{bmatrix}$，故 $a + b = \begin{bmatrix} 6 & 7 & 8 \\ 8 & 9 & 10 \end{bmatrix}$。換言之，只要有一個陣列是純量，則任何陣列運算都可以執行。

那當 $a = \begin{bmatrix} 1 & 2 \\ 3 & 4 \end{bmatrix}$，$b = \begin{bmatrix} -1 & 3 & 3 \\ -2 & 1 & 4 \end{bmatrix}$，兩者可以進行陣列運算嗎？此例中，a 是一個 2 × 2 陣列，而 b 是一個 2 × 3 陣列。雖然兩者的列數目一致，但是其行數目既不一致且任一行數目不等於 1，故為非法的運算，並且會在 MATLAB 造成一個執行上的錯誤。[3]

另一方面，**矩陣運算（matrix operations）**則遵循線性代數所定義的運算規則，例如在線性代數中，矩陣相乘 c = a × b 是由以下的方程式所定義：

$$c(i,j) = \sum_{k=1}^{n} a(i,k)b(k,j) \tag{2.1}$$

其中 $n$ 是 a 矩陣的行數目，而且也是 b 矩陣的列數目。

舉例來說，如果 $a = \begin{bmatrix} 1 & 2 \\ 3 & 4 \end{bmatrix}$，而 $b = \begin{bmatrix} -1 & 3 \\ -2 & 1 \end{bmatrix}$，則 $a \times b = \begin{bmatrix} -5 & 5 \\ -11 & 13 \end{bmatrix}$。

請注意，如果要使矩陣乘法能夠正確執行，a 矩陣的行數必須等於 b 矩陣的列數。

MATLAB 使用一個特殊符號，來區分陣列運算與矩陣運算。在某些狀況下，這兩者會有不同的運算定義，MATLAB 在運算符號的前面加上一個句點，用來表示陣列運算（例如：.*）。表 2.6 列出了一些常見的陣列及矩陣運算。

新進使用者常常分不清楚 MATLAB 的陣列運算與矩陣運算，以致於造成執行上的錯誤。在某些情況下，把其中一種運算用另一種運算來取代，會被 MATLAB 視為不合法，因而產生錯誤而中斷執行。而在其他情況下，這兩種運算對 MATLAB 來說都是合法的，而 MATLAB 也會忠實地執行這些錯誤的運算，最後卻得到錯誤的答案。最常發

3 在 2016b 之前的版本，陣列運算只允許在相同維度的陣列，或純量和陣列之間執行，亦即 $a = \begin{bmatrix} 1 & 2 & 3 \\ 3 & 4 & 5 \end{bmatrix}$與 $b = \begin{bmatrix} -1 & 3 & 3 \end{bmatrix}$ 的相加在之前的版本是不被允許的。如果 M 檔是用舊版的 MATLAB 用法所撰寫，而且在 R2016b 之後的版本裡執行的話，將會造成不同的程式執行結果。

表 2.6 常見的陣列與矩陣運算

| 運算 | MATLAB 形式 | 註解 |
|---|---|---|
| 陣列相加 | `a + b` | 陣列加法與矩陣加法是完全相同的。 |
| 陣列相減 | `a - b` | 陣列減法與矩陣減法是完全相同的。 |
| 陣列乘法 | `a .* b` | a 與 b 的元素對元素乘法運算。兩陣列各自的列數目與行數目相同，或者為 1。 |
| 矩陣乘法 | `a * b` | a 與 b 的矩陣乘法，a 的行數目必須等於 b 的列數目。 |
| 陣列右除法 | `a ./ b` | a 與 b 的元素對元素除法運算。`a(i,j)/b(i,j)`。兩陣列各自的列數目與行數目相同，或者為 1。 |
| 陣列左除法 | `a .\ b` | a 與 b 的元素對元素除法運算。但 b 為分子：`b(i,j)/a(i,j)`。兩陣列各自的列數目與行數目相同，或者為 1。 |
| 陣列右除法 | `a / b` | 矩陣除法由 `a*inv(b)` 來定義，其中 `inv(b)` 為 b 的反矩陣。 |
| 陣列左除法 | `a \ b` | 矩陣除法由 `inv(a)*b` 來定義，其中 `inv(a)` 為 a 的反矩陣。 |
| 陣列冪次 | `a .^ b` | a 與 b 的元素對元素冪次方法運算。`a(i,j)^b(i,j)`。兩陣列各自的列數目與行數目相同，或者為 1。 |

生的問題是當處理方矩陣時，在此情況下，陣列乘法與矩陣乘法均可對二個相同大小的方矩陣進行合法的運算，但所產生的答案卻是完全不同。所以，請小心確認何者運算才真正符合你的需求！

**程式設計的陷阱**

在你的 MATLAB 程式中，請小心區別陣列運算與矩陣運算之間的差異。大多數的使用者容易把陣列乘法與矩陣乘法混淆。

## 例 2.1

假設 a, b, c, d 定義如下：

$$a = \begin{bmatrix} 1 & 0 \\ 2 & 1 \end{bmatrix} \qquad b = \begin{bmatrix} -1 & 2 \\ 0 & 1 \end{bmatrix}$$

$$c = \begin{bmatrix} 3 \\ 2 \end{bmatrix} \qquad d = 5$$

則以下各表示式的結果為何？

(a) `a + b`　　(e) `a + c`
(b) `a .* b`　　(f) `a + d`
(c) `a * b`　　(g) `a .* d`
(d) `a * c`　　(h) `a * d`

◈解答

(a) 這是陣列或是矩陣的加法：a + b = $\begin{bmatrix} 0 & 2 \\ 2 & 2 \end{bmatrix}$。

(b) 這是元素對元素的陣列乘法：a .* b = $\begin{bmatrix} -1 & 0 \\ 0 & 1 \end{bmatrix}$。

(c) 這是矩陣乘法：a * b = $\begin{bmatrix} -1 & 2 \\ -2 & 5 \end{bmatrix}$。

(d) 這是矩陣乘法：a * c = $\begin{bmatrix} 3 \\ 8 \end{bmatrix}$。

(e) 這運算是非法的，因為 a 和 c 的列數目不同。

(f) 這是陣列對純量的加法：a + d = $\begin{bmatrix} 6 & 5 \\ 7 & 6 \end{bmatrix}$。

(g) 這是陣列乘法：a .* d = $\begin{bmatrix} 5 & 0 \\ 10 & 5 \end{bmatrix}$。

(h) 這是矩陣乘法：a * d = $\begin{bmatrix} 5 & 0 \\ 10 & 5 \end{bmatrix}$。

接下來，我們必須了解矩陣左除運算的特別意義。一個 3 × 3 的線性聯立方程式，其形式如下：

$$\begin{aligned} a_{11}x_1 + a_{12}x_2 + a_{13}x_3 &= b_1 \\ a_{21}x_1 + a_{22}x_2 + a_{23}x_3 &= b_2 \\ a_{31}x_1 + a_{32}x_2 + a_{33}x_3 &= b_3 \end{aligned} \tag{2.2}$$

我們可以把它改寫成

$$Ax = B \tag{2.3}$$

其中 $A = \begin{bmatrix} a_{11} & a_{12} & a_{13} \\ a_{21} & a_{22} & a_{23} \\ a_{31} & a_{32} & a_{33} \end{bmatrix}$，$B = \begin{bmatrix} b_1 \\ b_2 \\ b_3 \end{bmatrix}$，及 $x = \begin{bmatrix} x_1 \\ x_2 \\ x_3 \end{bmatrix}$。

(2.3) 式可以使用線性代數求解 $x$。其結果為

$$x = A^{-1}B \tag{2.4}$$

因為左除算子 A\B 被定義為 inv(A) * B，所以左除算子能在單一敘述式中，直接求解聯立方程式！

**良好的程式設計**

使用左除算子，直接求解聯立方程式。

## 2.9 運算的順序

通常許多算術運算會組合在單一表示式裡。舉例來說，考慮一個靜止物體，其等加速度運動的距離方程式為：

```
distance = 0.5 * accel * time ^ 2
```

其中 distance 代表距離變數，accel 代表加速度變數，time 代表時間變數。在此表示式中有兩個乘法及一個冪次運算。像這樣的表示式，我們必須知道求值運算的順序，否則會造成錯誤的計算結果。如果冪次運算比乘法運算先執行，則算式便等同於：

```
distance = 0.5 * accel * (time ^ 2)
```

但如果乘法運算比冪次運算先執行，則算式便相當於：

```
distance = (0.5 * accel * time) ^ 2
```

這兩個表示式顯然會有不同的答案，所以我們必須清楚區分其間的差異。

為了讓表示式的運算順序不會模糊不清，MATLAB 建立了在表示式中，一系列運算求解的順序。這原則遵循一般的代數運算法則，如表 2.7 所列。

**表 2.7　算術運算的順序**

| 先後順序 | 運算 |
|---|---|
| 1 | 從最內的括號向外依序求解，直到求出所有括號中內容的值。 |
| 2 | 從左到右求出所有指數的值。 |
| 3 | 從左到右計算所有的乘法與除法。 |
| 4 | 從左到右計算所有的加法與減法。 |

### 例 2.2

假設 a, b, c, d 的初始值如下：

```
a = 3; b = 2; c = 5; d = 3;
```

試計算出下列 MATLAB 的指定敘述式：

(a) `output = a*b+c*d;`

(b) `output = a*(b+c)*d;`

(c) `output = (a*b)+(c*d);`

(d) `output = a^b^d;`

(e) `output = a^(b^d);`

**◈解答**

(a) 計算式：　`output = a*b+c*d;`
填入數字：　`output = 3*2+5*3;`
首先，從左到右計算乘法
和除法：　`output = 6 +5 *3;`
　`output = 6 + 15;`
最後計算加法：　`output = 21`

(b) 計算式：　`output = a*(b+c)*d;`
填入數字：　`output = 3*(2+5)*3;`
首先，計算括號內的值：　`output = 3*7*3;`
最後從左到右計算乘法
和除法：　`output = 21*3;`
　`output = 63;`

(c) 計算式：　`output = (a*b)+(c*d)`
填入數字：　`output = (3*2)+(5*3)`
首先，計算括號內的值：　`output = 6 + 15;`
現在計算加法：　`output = 21`

(d) 計算式：　`output = a^b^d;`
填入數字：　`output = 3^2^3 ;`
從左到右計算冪次：　`output = 9^3;`
　`output = 729;`

(e) 計算式：　`output = a^(b^d) ;`
填入數字：　`output = 3^(2^3);`
首先，計算括號內的值：　`output = 3^8;`
現在計算冪次：　`output = 6561;`

如上例 2.2 所示，運算的順序對於算術運算式的最後結果，將會產生很大的影響。

在你編寫程式時，對於每個運算式都要盡可能地弄清楚，這是非常重要的一件事。

任何有價值的程式不僅需要被編寫，必要時也需要被其他人所了解，以進行維護及修改的工作。我們必須經常問自己：「在六個月後，如果我再回來閱讀這個程式，我還能夠輕易地了解程式的內容嗎？而其他的程式設計者看了我的程式後，是否也會清楚知道程式的意圖？」所以，如果你對表示式的運算順序仍有任何疑惑，可在表示式裡加上必要的括號，使其運算順序變得更清楚。

**良好的程式設計**

使用必要的括號使得你的運算式更為清楚易懂。

如果在表示式裡使用了括號，那麼這括號必須是對稱的。也就是說，在表示式中的左開右閉的括號，其數目必須相同。如果這兩個數目不一致的話，就會發生錯誤。這種錯誤通常是由於打錯字所造成的，然後在執行指令時，被 MATLAB 編譯器發現。舉例來說，當下列表示式執行時，便會產生錯誤。

```
(2 + 4) / 2)
```

### 測驗 2.4

這個測驗提供一個快速的檢驗，檢視你是否了解 2.8 節及 2.9 節所介紹的觀念。如果你覺得這個測驗有些困難，請重新閱讀這些章節、請教授課老師，或是與同學討論。測驗解答收錄在本書的附錄 B。

1. 假設 a, b, c, d 如下列所定義。如果運算式合法的話，就計算其結果。如果運算式不合法，請解釋其不合法的理由。

$$a = \begin{bmatrix} 2 & 1 \\ -1 & 2 \end{bmatrix} \qquad b = \begin{bmatrix} 0 & -1 \\ 3 & 1 \end{bmatrix}$$

$$c = \begin{bmatrix} 1 \\ 2 \end{bmatrix} \qquad d = \begin{bmatrix} 1 & 3 & 5 \\ 2 & 4 & 6 \end{bmatrix}$$

(a) `result = a .* c;`
(b) `result = a * [c c];`
(c) `result = a .* [c c];`
(d) `result = a + b * c;`
(e) `result = a .* d;`

2. 求解方程式 $Ax = B$，其中 $A = \begin{bmatrix} 1 & 2 & 1 \\ 2 & 3 & 2 \\ -1 & 0 & 1 \end{bmatrix}$，及 $B = \begin{bmatrix} 1 \\ 1 \\ 0 \end{bmatrix}$。

## 2.10 內建的 MATLAB 函式

在數學定義裡，**函數（function）**是含有一個或一個以上輸入值的表示式，而且運算後會對應到單一的結果。科學及工程上的計算，通常需要一些比我們之前所談到的簡單加減乘除及冪次運算還要複雜得多的函數。其中有些函數很常用，並且被大量地應用在許多不同的技術領域。有些函數則較少見，而且只被特定用於單一或極少數的問題。常見的函數例子如三角函數、對數及開平方根；而少見的函數如雙曲線函數、貝索（Bessel）函數等。MATLAB 最大的長處之一，就是它包含了相當大量且多樣的內建函式供使用者使用。

### 2.10.1 可選擇的函式結果

不像數學函數的定義，MATLAB 函式能將*一個以上的結果*，傳回所呼叫的程式中。max 函式就是一個例子，它通常會傳回一個輸入向量的最大值，但它也能將最大值在輸入向量的位置，當作第二個引數傳回。舉例來說，下面這個敘述式

```
maxval = max ([1 -5 6 -3])
```

將會傳回 maxval = 6。但是，如果我們提供兩個變數存放函式結果，則此函式將傳回最大值*及*其位置。

```
[maxval, index] = max ([1 -5 6 -3])
```

將會產生 maxval = 6 和 index = 3。

### 2.10.2 以陣列輸入來使用 MATLAB 函式

許多 MATLAB 函式是針對一個或更多的純量輸入所定義，並產生一個純量的輸出結果。舉例來說，敘述式 y = sin(x) 計算 x 的正弦值，並且把結果儲存在 y。假如這些函式的輸入變數改用陣列的形式來輸入，則輸出的結果也將會以陣列的形式，逐一輸出相對應的函式結果。舉例來說，假設 x = [ 0 pi/2 pi 3*pi/2 2*pi]，則下列敘述式：

```
y = sin(x)
```

將會產生 y = [0 1 0 -1 0]。

### 2.10.3 常用的 MATLAB 函式

表 2.8 為一些常見而有用的 MATLAB 函式，這些函式將被用在書中許多範例及作

表 2.8　常用的 MATLAB 函式

| 函式 | 說明 |
| --- | --- |
| **數學函式（Mathematical functions）** | |
| `abs(x)` | 計算絕對值 $\|x\|$。 |
| `acos(x)` | 計算 $\cos^{-1}x$（結果以弧度表示）。 |
| `acosd(x)` | 計算 $\cos^{-1}x$（結果以度表示）。 |
| `angle(x)` | 傳回複數 $x$ 的相位角（以弧度表示）。 |
| `asin(x)` | 計算 $\sin^{-1}x$（結果以弧度表示）。 |
| `asind(x)` | 計算 $\sin^{-1}x$（結果以度表示）。 |
| `atan(x)` | 計算 $\tan^{-1}x$（結果以弧度表示）。 |
| `atand(x)` | 計算 $\tan^{-1}x$（結果以度表示）。 |
| `atan2(y,x)` | 在圓的四個象限內計算 $\theta = \tan^{-1}\frac{y}{x}$（結果介於 $-\pi$ 與 $\pi$ 之間，以弧度表示）。 |
| `atan2d(y,x)` | 在圓的四個象限內計算 $\theta = \tan^{-1}\frac{y}{x}$（結果介於 $-180°$ 與 $180°$ 之間，以度表示）。 |
| `cos(x)` | 計算 $\cos x$，$x$ 以弧度表示。 |
| `cosd(x)` | 計算 $\cos x$，$x$ 以度表示。 |
| `exp(x)` | 計算 $e^x$。 |
| `log(x)` | 計算自然對數 $\log_e x$。 |
| `log 10(x)` | 計算以 10 為基底的對數 $\log_{10} x$。 |
| `[value, index] = max(x)` | 傳回向量 $x$ 的最大值，可選擇傳回最大值的位置。 |
| `[value, index] = min(x)` | 傳回向量 $x$ 的最小值，可選擇傳回最小值的位置。 |
| `mod(x,y)` | 傳回餘數或稱為模數（modulo）函式。 |
| `sin(x)` | 計算 $\sin x$，$x$ 以弧度表示。 |
| `sind(x)` | 計算 $\sin x$，$x$ 以度表示。 |
| `sqrt(x)` | 計算 $x$ 的平方根。 |
| `tan(x)` | 計算 $\tan x$，$x$ 以弧度表示。 |
| `tand(x)` | 計算 $\tan x$，$x$ 以度表示。 |
| **捨位函式（Rounding functions）** | |
| `ceil(x)` | 向正無限大的方向，對 $x$ 取最近的整數：`ceil(3.1)= 4`，而 `ceil(-3.1) = -3`。 |
| `fix(x)` | 向 0 的方向，對 $x$ 取最接近的整數：`fix(3.1)= 3`，而 `fix(-3.1)= -3`。 |
| `floor(x)` | 向負無限大的方向，對 $x$ 取最近的整數：`floor(3.1)= 3`，而 `floor(-3.1) = -4`。 |
| `round(x)` | 對 $x$ 取四捨五入的整數值。 |
| **字元字串轉換函式（Character array conversion functions）** | |
| `char(x)` | 將一個數字矩陣，轉換成一個字元字串。對 ASCII 字元來說，這矩陣的數字必須小於或等於 127。 |
| `double(x)` | 將一個字元字串，轉換成一個數字矩陣。 |
| `int2str(x)` | 將 $x$ 的數值轉換成一個最接近的整數字元字串。 |
| `num2str(x)` | 將 $x$ 的數值轉換成一個代表該數值的字元字串。 |
| `str2num(c)` | 將字元字串 $c$ 轉換成一個數字陣列。 |

業之中。假如你需要找出不在這名單上的特定函數，你可以在MATLAB說明瀏覽器中，照字母排序或是藉由函式主題來搜尋。

請注意，不像大部分程式語言，許多 MATLAB 函式都可以正確地執行實數及複數的輸入，並計算出正確答案，即使其結果是虛數或是複數的形式。舉例來說，在 C++、Java 或 Fortran 程式語言中，sqrt(-2) 函數將會產生執行時的程式錯誤（runtime error）。而 MATLAB 卻能正確計算出虛數的結果：

```
» sqrt(-2)
ans =
    0 + 1.4142i
```

## 2.11 繪圖功能簡介

MATLAB 與輸出裝置無關的強大繪圖功能，可將任何資料瞬間繪製成圖形結果，使得費時的繪圖工作變得非常簡單，這是 MATLAB 最強大的功能之一。如果想要畫出一組數據資料，只要產生兩個各含 $x$、$y$ 值的向量，並使用 plot 函式即可。

舉例來說，假設我們想要畫出 $x$ 介於 0 與 10 之間，$y = x^2 - 10x + 15$ 的函數圖形，這只需要三個敘述式就能輕鬆完成。第一個敘述式是用冒號算子，來建立一組介於 0 到 10 的 $x$ 向量。第二個敘述式是由方程式計算 $y$ 值（注意我們在此使用陣列運算，使方程式以元素對元素的方式直接在 $x$ 陣列的每一點求值）。最後，第三個敘述式產生函數圖形。

```
x = 0:1:10;
y = x.^2 - 10.*x + 15;
plot(x,y);
```

當執行 plot 函式時，MATLAB 會打開一個圖形視窗，並在視窗中顯示圖形結果。這三個敘述式所產生的圖形結果，如圖 2.5 所示。

### 2.11.1 使用簡單的 *xy* 平面圖

如同上例所示，在 MATLAB 中繪圖是相當容易的一件事。任何一對長度相同的向量，都能輕而易舉地繪製成圖。但是，上例的結果卻不是最後的繪圖成品，因為在平面圖中，並沒有標題、軸名及格線。

標題及軸名可以利用 title、xlabel 及 ylabel 函式來加到圖上。藉由 grid 指令，可以從圖中加入或刪除格線：grid on 代表加入格線；而 grid off 則代表刪除格線。舉例來說，下列敘述式將產生函數 $y = x^2 - 10x + 15$ 的圖形，並加上標題、軸名及格線。產生的圖形結果如圖 2.6 所示。

```
x = 0:1:10;
y = x.^2 - 10.*x + 15;
plot(x,y);
title ('Plot of y = x.^2 - 10.*x + 15');
xlabel ('x');
ylabel ('y');
grid on;
```

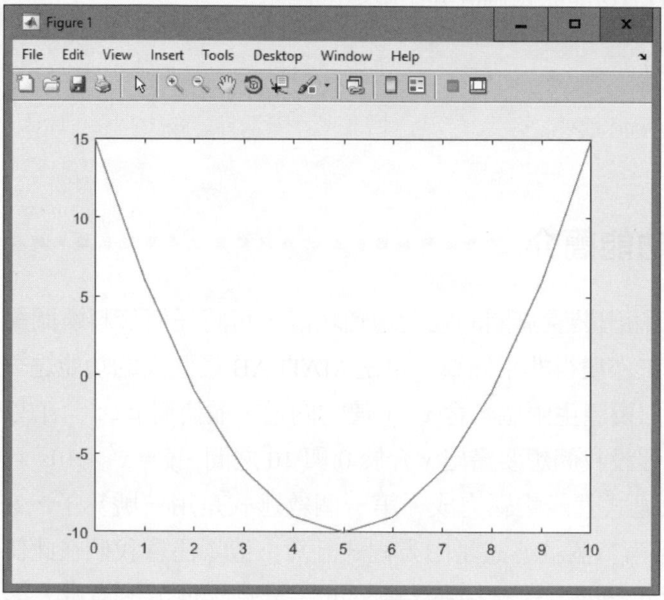


圖 2.5　$y = x^2 - 10x + 15$ 的函數圖形，$x$ 從 0 到 10。

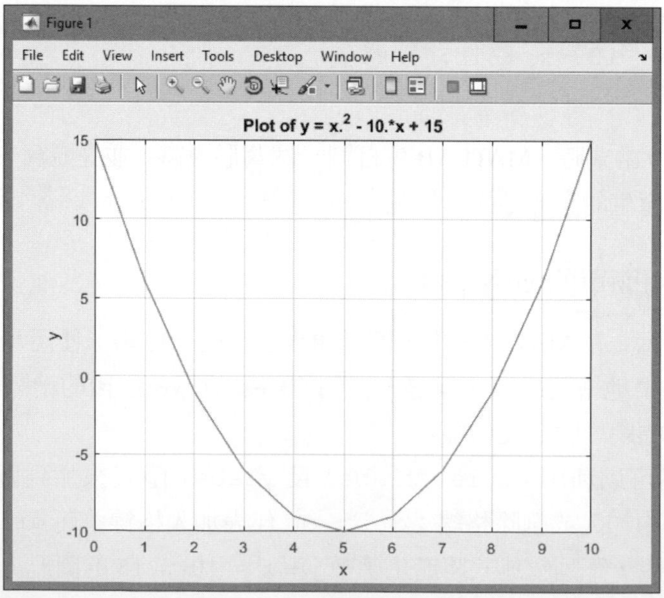


圖 2.6　$y = x^2 - 10x + 15$ 的函數圖形，並加上標題、軸名及格線。

## 2.11.2 列印圖形

一旦產生圖形，即可藉由 print 指令、圖形視窗上的印表機圖像或是圖形視窗的功能表 "File/Print"，在印表機執行列印的指令。

print 指令特別有用，因為它可以使用在 MATLAB 程式碼中，讓程式能夠自動列印圖形化影像。print 指令最常用的形式是：

```
print (filename, formattype, formatoptions)
print (-Pprinter)
```

第一種形式的 print 指令將現行圖形輸出至特定的檔案，其中 formattype 設定檔案的格式。一些常用的圖形檔案格式如表 2.9 所示；完整的 print 函式檔案格式列表可以在 MATLAB 線上說明中找到。舉例來說，下面的指令會將現在的圖形以 PNG（Portable Network Grapgics）的格式列印至 'x.png' 的檔案：

```
print ('x.png', '-dpng');
```

第二種形式的 print 指令會列印現行圖形至指定的印表機。

此外，在圖形視窗中的功能表 "File/Save As" 可以用來儲存繪圖結果，若採用這種方法，從標準的對話框中，選擇想要存放的檔名以及儲存影像的格式（參考圖 2.7）。

## 2.11.3 多重線條繪圖

藉由在繪圖函式包含多組的 $(x, y)$ 值，我們可以在同一個圖形視窗內，描繪多個函數圖形。舉例來說，假設我們想要在同一張圖中，畫出函數 $f(x) = \sin 2x$ 及它的微分函數

$$\frac{d}{dx}\sin 2x = 2\cos 2x \tag{2.5}$$

為了能在相同的軸線畫出兩個函數，我們必須產生一組 $x$ 值，及對應這兩組函數的 $y$ 值。接著，只要在繪圖函式中，列出這兩組 $(x, y)$ 值，就可在同一張圖畫出兩個函數：

表 2.9 產生圖形檔案的 print 指令選項

| 選項 | 功能敘述 | 副檔名 |
|---|---|---|
| -djpeg | 產生一個 JPEG 圖形 | .jpg |
| -dpng | 產生一個 PNG 圖形 | .png |
| -dtiff | 產生一個壓縮的 TIFF 圖形 | .tif |
| -dtiffn | 產生一個未壓縮的 TIFF 圖形 | .tif |
| -dpdf | 產生一個 PDF 格式圖形 | .pdf |
| -deps | 產生一個灰階的 EPS 圖形 | .eps |
| -depsc | 產生一個彩色的 EPS 圖形 | .eps |

```
x = 0:pi/100:2*pi;
y1 = sin(2*x);
y2 = 2*cos(2*x);
plot(x,y1,x,y2);
```

產生的圖形如圖 2.8 所示。

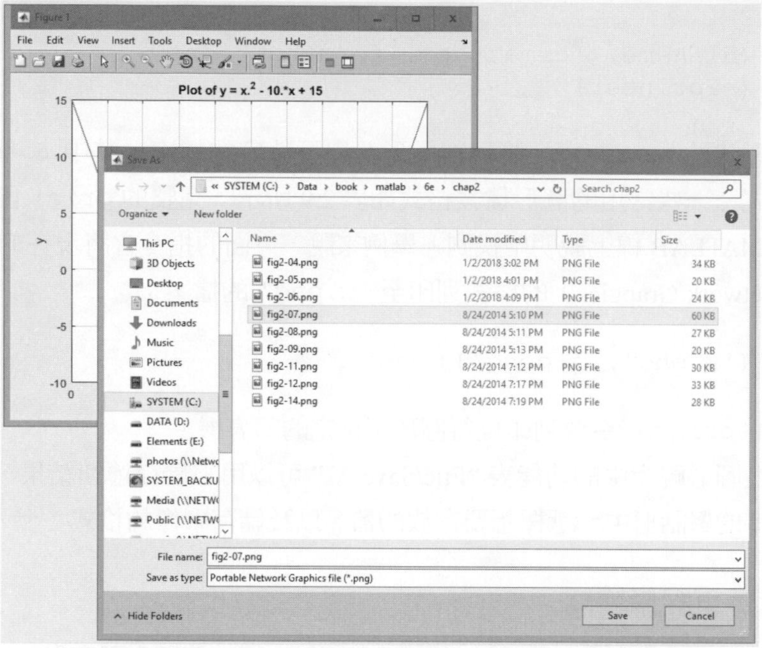


圖 2.7 使用 "File/Save As" 功能表輸出圖形影像檔。

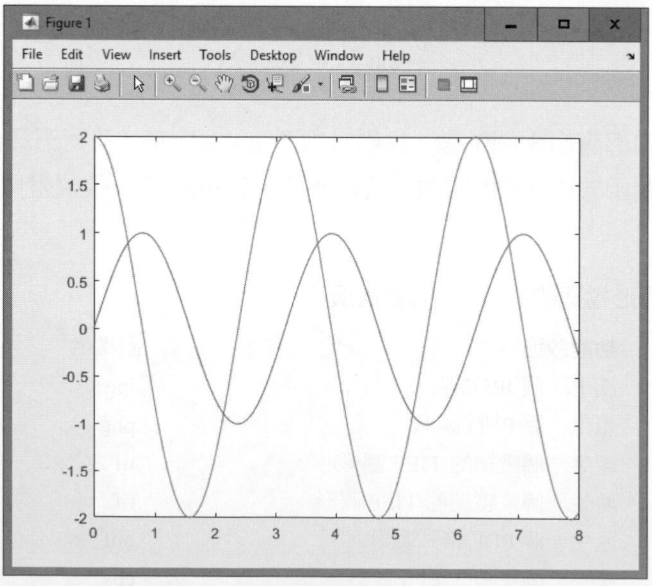


圖 2.8 在相同的軸線的兩個函數 $f(x) = \sin 2x$ 及 $f(x) = 2\cos 2x$。

### 2.11.4 線條顏色、線條樣式、資料標記形式及說明文字

MATLAB 允許程式設計者選擇繪圖的線條顏色、線條樣式以及線條上的資料標記形式。這些特徵可以藉由在 plot 函式中的 $x$, $y$ 向量後面加上額外的引數 “LineSpec” 來設定。LineSpec 是一個在 $x$, $y$ 向量後面的字元字串，用來設定線條顏色、樣式以及資料標記形式。

```
plot(x,y,LineSpec)
```

字元字串的屬性設定，最多可擁有三個字元。第一個字元是設定線條顏色，第二個字元是設定資料標記形式，最後一個字元是設定線條樣式。表 2.10 列出了代表各種線條顏色、資料標記形式及線條樣式的符號。

這些屬性字元可以用任意組合來混搭，如果在單一的 plot 繪圖指令中，需要畫出超過一組的 $(x, y)$ 向量，我們也可以設定超過一組的屬性字串。舉例來說，下列的敘述式將以紅色虛線畫出函數 $y = x^2 - 10x + 15$，並以藍色圓圈標示實際的資料點（如圖 2.9）。

```
x = 0:1:10;
y = x.^2 - 10.*x + 15;
plot(x,y,'r--',x,y,'bo');
```

圖形說明（legends）可由 legend 函式來產生，其基本形式為：

```
legend('string1','string2',...,'Legend',pos)
```

**表 2.10 線條顏色、資料標記形式及線條樣式表**

| 顏色 | | 標記形式 | | 線條樣式 | |
|---|---|---|---|---|---|
| y | 黃色（yellow） | . | 點 | - | 實線 |
| m | 紫紅色（magenta） | o | 圓 | : | 點線 |
| c | 青色（cyan） | x | x- 記號 | -. | 點折線 |
| r | 紅色（red） | + | 加號 | -- | 虛線 |
| g | 綠色（green） | * | 星號 | <none> | 無線條 |
| b | 藍色（blue） | s | 方塊 | | |
| w | 白色（white） | d | 鑽石形 | | |
| k | 黑色（black） | v | 三角形（向下） | | |
| | | ^ | 三角形（向上） | | |
| | | < | 三角形（向左） | | |
| | | > | 三角形（向右） | | |
| | | p | 五角星號 | | |
| | | h | 六角星形 | | |
| | | <none> | 沒有記號 | | |

其中 string1、string2 等是所畫的線條的相關標示，而 pos 是指定圖形說明在圖形視窗位置的一組字串。pos 的字串設定，詳列於表 2.11，並圖示於圖 2.10。

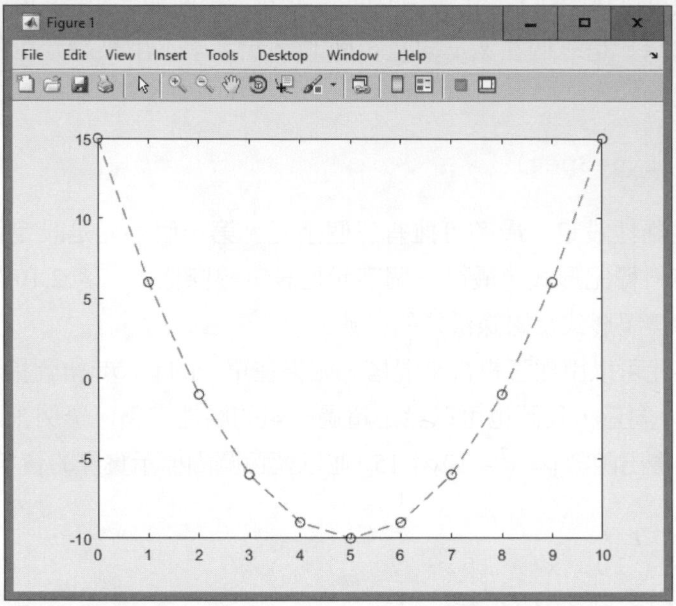


圖 2.9　以紅色虛線畫出函數 $y = x^2 - 10x + 15$，並以藍色圓圈標示實際的資料點。

表 2.11　legend 指令中的 pos 字串

| 值 | 縮寫形式 | 說明文字位置 |
|---|---|---|
| 'north' | | 軸區內正上方 |
| 'south' | | 軸區內正下方 |
| 'east' | | 軸區內右側 |
| 'west' | | 軸區內左側 |
| 'northeast' | 'NE' | 軸區內右上角（二維圖形的預設位置） |
| 'northwest' | 'NW' | 軸區內左上角 |
| 'southeast' | 'SE' | 軸區內右下角 |
| 'southwest' | 'SW' | 軸區內左下角 |
| 'northoutside' | | 軸區外正上方 |
| 'southoutside' | | 軸區外正下方 |
| 'eastoutside' | | 軸區外右側 |
| 'westoutside' | | 軸區外左側 |
| 'northeastoutside' | | 軸區外右上角 |
| 'northwestoutside' | | 軸區外左上角 |
| 'southeastoutside' | | 軸區外右下角 |
| 'southwestoutside' | | 軸區外左下角 |
| 'best' | | 軸區內最少重疊資料的位置 |
| 'bestoutside' | | 軸區外最佳位置 |

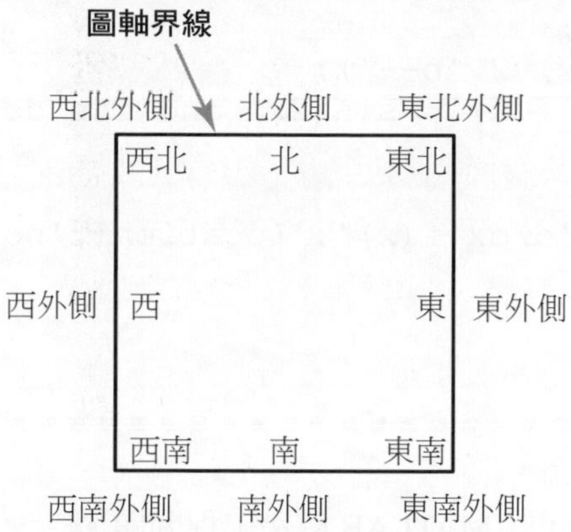


圖 2.10 圖形說明的位置示意圖。

使用 legend off 指令將會移除說明文字。

一個完整的圖形範例如圖 2.11 所示，產生圖形的敘述式呈現如下。這些敘述式會在同一座標軸上，畫出函數 $f(x) = \sin 2x$ 及其微分函數 $f'(x) = 2\cos 2x$，並以黑色實線表示 $f(x)$，紅色虛線代表其微分函數。圖中還包括了標題、軸名、左上角的文字說明以及格線。

```
x = 0:pi/100:2*pi;
y1 = sin(2*x);
```

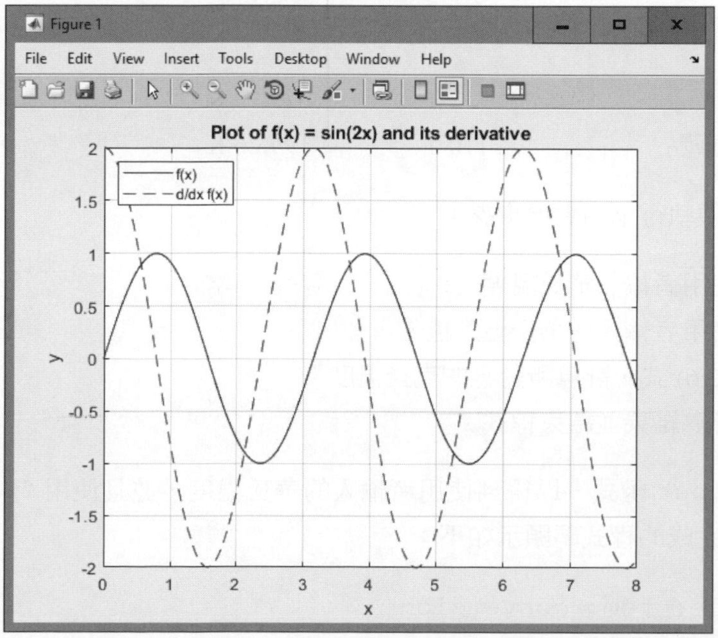


圖 2.11 包含標題、軸名、圖形說明、格線及多重線條樣式的完整圖例。

```
y2 = 2*cos(2*x);
plot(x,y1,'k-',x,y2,'b--');
title ('Plot of f(x) = sin(2x) and its derivative');
xlabel ('x');
ylabel ('y');
legend ('f(x)','d/dx f(x)','Location','northwest')
grid on;
```

## 2.12 範例

以下利用實例說明如何以 MATLAB 解決工程問題。

### 例 2.3 溫度轉換

請設計一個 MATLAB 程式，可輸入華氏溫度，並轉換成絕對溫度〔即克氏溫度（kelvin）〕，然後輸出計算結果。

**◈解答**

華氏溫度（°F）與克氏溫度（K）的關係式為：

$$T(\text{in kelvin}) = \left[\frac{5}{9}\,T(\text{in°F}) - 32.0\right] + 273.15 \tag{2.6}$$

在一般物理教科書中，會提供一些重要的溫度數據，我們可以用來檢查程式的執行結果。以下為兩個溫度數據在這兩種溫度單位下的對應數值：

| | | |
|---|---|---|
| 水的沸點 | 212°F | 373.15 K |
| 乾冰的昇華點 | –110°F | 194.26 K |

我們的程式必須執行下列幾項步驟：

1. 提示使用者輸入華氏溫度。
2. 讀取使用者輸入的華氏溫度值。
3. 利用 (2.6) 式，計算所對應的克氏溫度。
4. 輸出計算結果並結束程式。

我們將利用 input 函式，以得到使用者輸入的華氏溫度，並且使用 fprintf 函式列印計算結果。完成的程式碼顯示如下：

```
% Script file: temp_conversion
%
% Purpose:
```

```
%  To convert an input temperature from degrees Fahrenheit to
%  an output temperature in kelvins.
%
% Record of revisions:
%     Date       Programmer       Description of change
%     ====       ==========       =====================
%   01/03/18   S. J. Chapman     Original code
%
% Define variables:
%  temp_f  -- Temperature in degrees Fahrenheit
%  temp_k  -- Temperature in kelvin

% Prompt the user for the input temperature.
temp_f = input('Enter the temperature in degrees Fahrenheit:');

% Convert to kelvin.
temp_k = (5/9) * (temp_f - 32) + 273.15;

% Write out the result.
fprintf('%6.2f degrees Fahrenheit = %6.2f kelvins.\n', ...
       temp_f,temp_k);
```

為了測試這個程式，我們將上述已知數值輸入並執行。以下測試結果將以粗體字表示使用者輸入的數值。

```
» temp_conversion
Enter the temperature in degrees Fahrenheit: 212
212.00 degrees Fahrenheit = 373.15 kelvins.
» temp_conversion
Enter the temperature in degrees Fahrenheit: -110
-110.00 degrees Fahrenheit = 194.26 kelvins.
```

程式的計算結果與物理教科書上所列的數值一樣。

在前面程式裡，我們把輸入的華氏溫度值，以及計算產生的克氏溫度值，加上其溫度單位輸出在電腦螢幕上。只有把單位（華氏溫度及克氏溫度）及其對應值一同顯示，程式結果看起來才會有意義。所以，一般的科學計算程式撰寫通則為，任何程式輸入或輸出的數值，都應該列出其對應的物理單位，以避免使用者因物理單位的不同而輸入錯誤的數值。

**良好的程式設計**

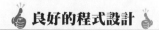

當程式輸入或輸出數值時，記得在數值後附上適當的單位。

上面的程式範例，展現許多我們所描述有關撰寫程式所應注意的良好技巧。其中包含了在程式中出現的所有變數定義解釋。它也使用了描述性的變數名稱，並且在所有輸出的數值後面，附上正確而適宜的單位。

## 例 2.4　電機工程：傳遞到負載的最大功率

圖 2.12 顯示了一個內電阻 $R_S = 50\ \Omega$ 的電壓源（$V = 120$ V），用來驅動一個負載電阻 $R_L$。請找出電壓源傳遞到負載最大功率時的負載電阻 $R_L$ 值。此時的功率為何？此外，請畫出傳遞到負載的功率對負載電阻 $R_L$ 的關係圖。

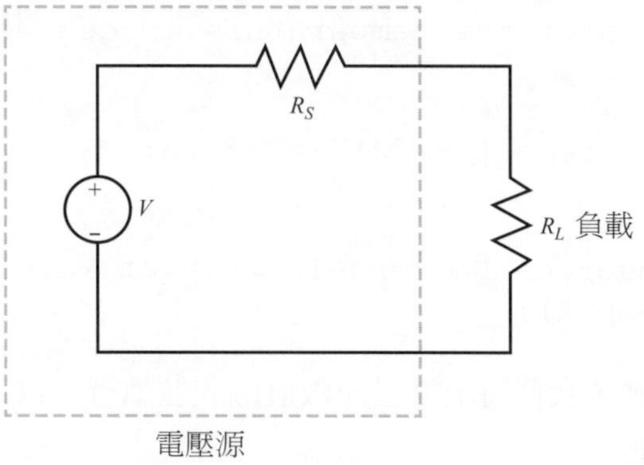


圖 2.12　內電阻為 $R_S$ 的電壓源 $V$ 驅動一個負載電阻 $R_L$。

### ◈ 解答

在這個程式中，我們需要變化負載阻值 $R_L$，並計算其對應 $R_L$ 值之負載功率。負載電阻的功率方程式為：

$$R_L = I^2 R_L \tag{2.7}$$

其中 $I$ 是傳遞到負載的電流。由歐姆定律可以計算負載的電流為：

$$I = \frac{V}{R_{\mathrm{TOT}}} = \frac{V}{R_S + R_L} \tag{2.8}$$

這個程式必須要執行下列步驟：

1. 對可能的負載電阻 $R_L$ 值產生一個陣列， 從 1 Ω 變化到 100 Ω，遞增值為 1 Ω。
2. 計算對應每個 $R_L$ 值的電流。
3. 計算對應每個 $R_L$ 值之負載功率。
4. 畫出負載功率對負載電阻 $R_L$ 的關係圖，並決定產生最大功率的負載電阻值。

完成的 MATLAB 程式顯示如下。

```
% Script file: calc_power.m
%
% Purpose:
%   To calculate and plot the power supplied to a load as
%   a function of the load resistance.
%
% Record of revisions:
%     Date       Programmer     Description of change
%     ====       ==========     =====================
%   01/03/18   S. J. Chapman  Original code
%
% Define  variables:
%   amps   -- Current flow to load (amps)
%   pl     -- Power supplied to load (watts)
%   rl     -- Resistance of the load (ohms)
%   rs     -- Internal resistance of the power source (ohms)
%   volts -- Voltage of the power source (volts)

% Set the values of source voltage and internal resistance
volts = 120;
rs = 50;

% Create an array of load resistances
rl = 1:1:100;

% Calculate the current flow for each resistance
amps = volts ./ ( rs + rl );

% Calculate the power supplied to the load
pl = (amps .^ 2) .* rl;

% Plot the power versus load resistance
plot(rl,pl);
title('Plot of power versus load resistance');
xlabel('Load resistance (ohms)');
ylabel('Power (watts)');
grid on;
```

程式執行結果，如圖 2.13 所示。從此圖中，我們看見當負載電阻為 50 Ω 時，電壓源可傳遞最大功率 72 瓦到負載端。

請注意上述程式所使用的陣列算子 .*、.^ 及 ./。這些算子使得 amps 及 pl 陣列是以元素對元素的方式計算的。

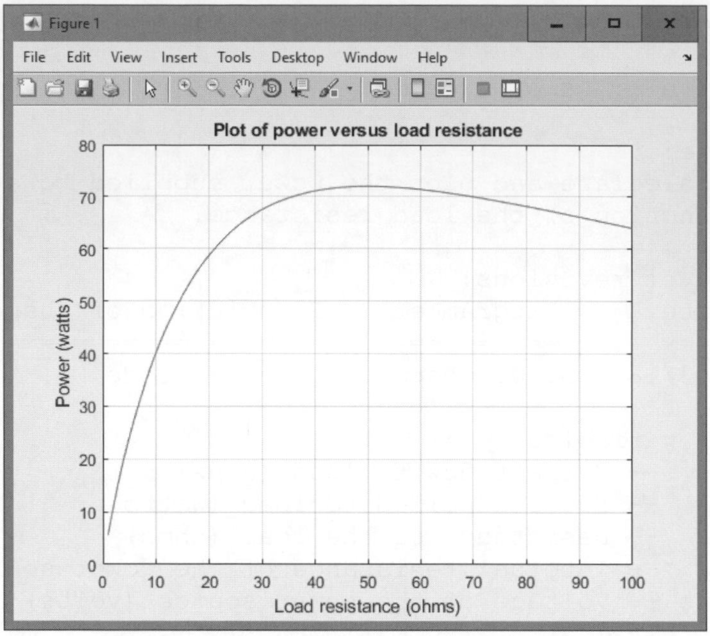


圖 2.13 傳遞到負載的功率對負載電阻的關係圖。

## 例 2.5 碳 14 定年法

一種元素的放射性同位素是一個不穩定的元素形式。換句話說，它會在一段時間內衰變成另一種元素。放射性衰變是一種指數變化的過程。如果在時刻 $t = 0$，放射性物質的初始量 $Q_0$，則之後任意時刻 $t$ 的放射性物質量，可表示成：

$$Q(t) = Q_0 e^{-\lambda t} \tag{2.9}$$

其中 $\lambda$ 為放射性衰變常數。

因為放射性衰變是以一個已知比例的衰變過程，所以可以用來當作從衰變開始的計時用途。假設我們知道樣品中的放射性物質初始量 $Q_0$，以及現在剩餘的物質量 $Q$，我們可由方程式 (2.9) 中求出 $t$ 來決定衰變過程持續了多久：

$$t_{\text{decay}} = -\frac{1}{\lambda} \log_e \frac{Q}{Q_0} \tag{2.10}$$

方程式 (2.10) 在許多科學領域裡，有其重要的實用性。舉例來說，考古學家利用碳 14 的放射性時鐘，決定生物死亡的時間。當植物或動物活著的時候，碳 14 將持續被其體內所吸收。所以在生物死亡的時候，體內的碳 14 數量便為已知數。碳 14 的衰變常數為 0.00012097／年，因此如果碳 14 的剩餘數量可以被準確測量，則方程式 (2.10) 便能用來計算此生物的死亡年代。圖 2.14 顯示了碳 14 的剩餘量對時間作圖的結果。

撰寫一個程式讀取樣品中碳 14 所剩比例，以計算這個樣品從衰變開始所經歷的時間，並使用適當的單位來列出這個結果。

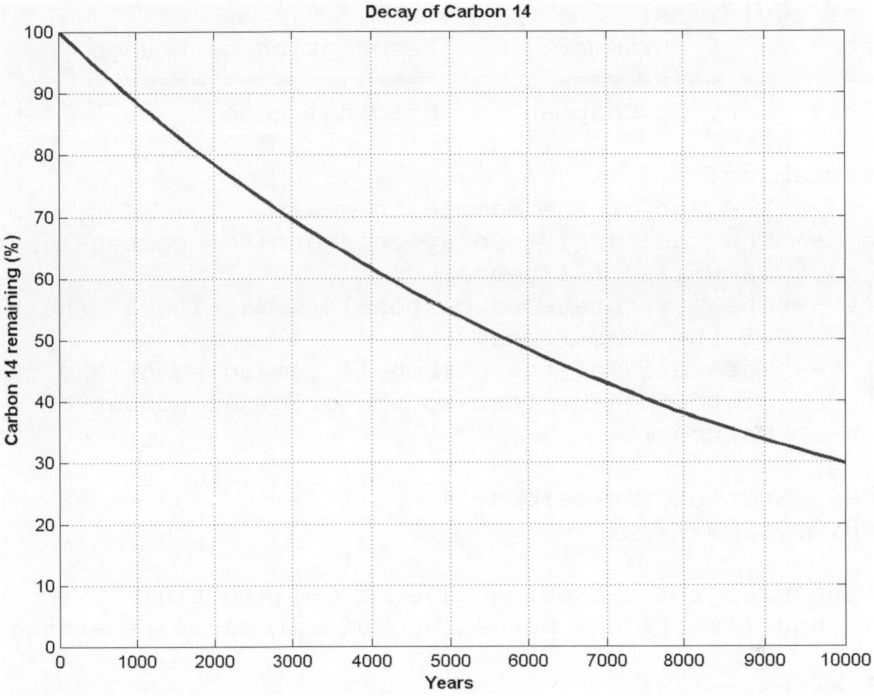


**圖 2.14** 碳 14 的放射性衰變，以時間為函數的變化情形，請注意衰變到原來 50% 的剩餘量約需經過 5730 年。

**◈ 解答**

我們的程式必須執行下列步驟：

1. 提示使用者輸入碳 14 留存在樣品中的百分比。
2. 讀取這個百分比。
3. 將百分比轉成比值 $\dfrac{Q}{Q_0}$。
4. 利用方程式 (2.10) 來計算這個樣品的年齡。
5. 寫出結果，並停止程式。

完成的程式碼顯示如下：

```
% Script file: c14_date.m
%
% Purpose:
%   To calculate the age of an organic sample from the percentage
%   of the original carbon-14 remaining in the sample.
%
% Record of revisions:
%     Date        Programmer        Description of change
%     ====        ==========        =====================
%   01/05/18    S. J. Chapman     Original code
%
% Define variables:
%  age      -- The age of the sample in years
%  lambda   -- The radioactive decay constant for carbon-14,
%              in units of 1/years.
%  percent -- The percentage of carbon-14 remaining at the time
%              of the measurement
%  ratio    -- The ratio of the carbon-14 remaining at the time
%              of the measurement to the original amount of
%              carbon-14.

% Set decay constant for carbon-14
lambda = 0.00012097;

% Prompt the user for the percentage of C-14 remaining.
percent = input('Enter the percentage of carbon-14 remaining:\n');

% Perform calculations
ratio = percent / 100; % Convert to fractional ratio
age = (-1.0 / lambda) * log(ratio); % Get age in years

% Tell the user about the age of the sample.
string = ['The age of the sample is' num2str(age) 'years.'];
disp(string);
```

為了測試程式的正確性，我們將計算碳 14 消失一半的時間，也就是碳 14 的半衰期。

```
» c14_date
Enter the percentage of carbon-14 remaining:
50
The age of the sample is 5729.9097 years.
```

美國 CRC 出版社所發行的《化學及物理學參考手冊》中，列出碳 14 的半衰期是 5730 年，驗證了本程式計算結果的正確性。

## 2.13 MATLAB 應用：向量運算

**向量**（vector）是一個具有大小與方向的數學量；相比之下，**純量**（scalar）是一個只有大小的數學量。在我們日常生活中，隨時可看見有關向量和純量的例子。車速就是向量的一個例子，它具有大小與方向；相對地，室溫就是一個純量，它只有大小而已。許多物理現象都是以向量方式呈現，像是力量、速度與位移。

在二維卡氏座標系統中，通常會有兩個標為 $x$ 與 $y$ 的座標軸。在此平面上任何點的位置可以用 $(x, y)$ 來表示（參考圖 2.15a），其中 $x$ 與 $y$ 分別為 $P$ 點垂直投影到 $x$ 與 $y$ 軸上的點與座標軸原點的位移量。在此座標系統中，$P_1$ 與 $P_2$ 之間的線段是一個包含兩點之間 $x$ 與 $y$ 位置差值的向量。

$$\mathbf{v} = (\Delta x, \Delta y) \tag{2.11}$$

或是

$$\mathbf{v} = \Delta x\hat{\mathbf{i}} + \Delta y\hat{\mathbf{j}} \tag{2.12}$$

其中，$\hat{\mathbf{i}}$ 與 $\hat{\mathbf{j}}$ 是 $x$ 和 $y$ 方向的單位向量。向量 $\mathbf{v}$ 的大小值可以利用畢氏定理計算之。

$$v = \sqrt{(\Delta x)^2 + (\Delta y)^2} \tag{2.13}$$

而向量的角度（如圖 2.15）可以下式獲得

$$\tan\theta = \frac{\Delta y}{\Delta x} \tag{2.14}$$

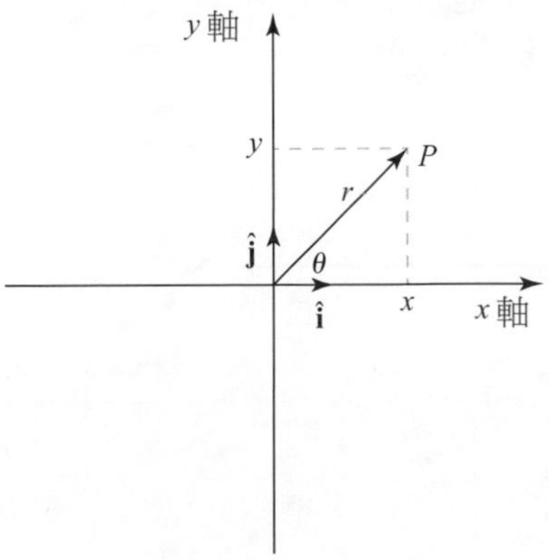


(a) 在二維卡氏座標系統中任何點可以藉由 $x$ 方向的位移與 $y$ 方向的位移來表示。

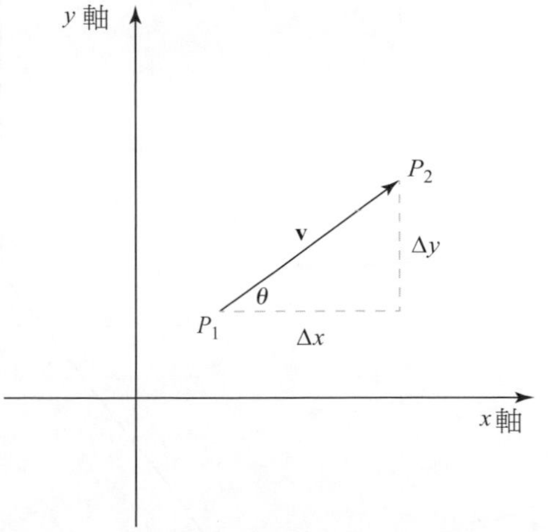


(b) 向量 $\mathbf{v}$ 表示為兩個平面中點位置的差值，所以它以沿著 $x$ 與 $y$ 的 $\Delta x$ 與 $\Delta y$ 來描述其特性。

圖 2.15

所以向量的角度為

$$\theta = \tan^{-1}\left(\frac{\Delta y}{\Delta x}\right) \tag{2.15}$$

在 MATLAB，此角度可使用函式 `atan2`（弧度）或 `atan2d`（度）求其值。

在三維卡氏座標系統中，通常會有三個標為 $x$、$y$ 與 $z$ 的座標軸。在此空間中任何點的位置可以用 $(x, y, z)$ 表示，其中 $x$、$y$ 與 $z$ 分別為該點垂直投影到 $x$、$y$ 與 $z$ 軸上的點與座標軸原點的位移量。在此座標系統中，$P_1$ 與 $P_2$ 之間的線段是一個包含兩點之間 $x$、$y$ 與 $z$ 位置差值的向量。

$$\mathbf{v} = (\Delta x, \Delta y, \Delta z) \tag{2.16}$$

或是

$$\mathbf{v} = \Delta x\hat{\mathbf{i}} + \Delta y\hat{\mathbf{j}} + \Delta z\hat{\mathbf{k}} \tag{2.17}$$

其中，$\hat{\mathbf{i}}$、$\hat{\mathbf{j}}$ 與 $\hat{\mathbf{k}}$ 是 $x$、$y$ 和 $z$ 方向的單位向量。向量 $\mathbf{v}$ 的大小可以從畢氏定理計算。

$$v = \sqrt{(\Delta x)^2 + (\Delta y)^2 + (\Delta z)^2} \tag{2.18}$$

而向量 $\mathbf{v}$ 的角度可以使用在本章末習題 2.16 中的方程式來計算。

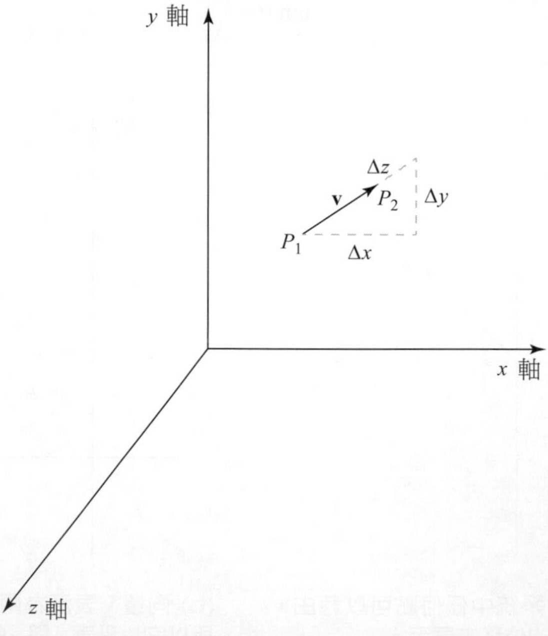


圖 2.16　三維向量 $\mathbf{v}$ 為三維空間中兩點位置的差值，因此可表示為沿 $x$ 軸的 $\Delta x$、沿 $y$ 軸的 $\Delta y$ 與沿 $z$ 軸的 $\Delta z$。

### 2.13.1 向量加法與減法

要相加兩個向量，只需將向量的分量各自相加即可。要相減兩個向量，只需將向量的分量各自相減即可。舉例來說，假使有向量 $\mathbf{v}_1 = 3\hat{\mathbf{i}} + 4\hat{\mathbf{j}} + 5\hat{\mathbf{k}}$ 與 $\mathbf{v}_2 = -4\hat{\mathbf{i}} + 3\hat{\mathbf{j}} + 2\hat{\mathbf{k}}$，則兩個向量相加為 $\mathbf{v}_1 + \mathbf{v}_2 = -\hat{\mathbf{i}} + 7\hat{\mathbf{j}} + 7\hat{\mathbf{k}}$，而向量之間的差值為 $\mathbf{v}_1 - \mathbf{v}_2 = 7\hat{\mathbf{i}} + \hat{\mathbf{j}} + 3\hat{\mathbf{k}}$。

### 2.13.2 向量乘法

向量可以兩種不同方式相乘，分別為**內積**（dot product）與**外積**（cross product）。

內積運算是在兩個向量間以點 (·) 來表示。兩個向量的內積是一個純量，該純量值是將對應的 $x$、$y$ 與 $z$ 分量相乘後加總得出。假如有兩個向量分別為 $\mathbf{v}_1 = x_1\hat{\mathbf{i}} + y_1\hat{\mathbf{j}} + z_1\hat{\mathbf{k}}$ 與 $\mathbf{v}_2 = x_2\hat{\mathbf{i}} + y_2\hat{\mathbf{j}} + z_2\hat{\mathbf{k}}$，則兩個向量的內積為

$$\mathbf{v}_1 \cdot \mathbf{v}_2 = x_1x_2 + y_1y_2 + z_1z_2 \tag{2.19}$$

該運算在 MATLAB 中以函式 `dot` 執行，如下所示

```
» a = [1 3 -5];
» b = [-2 1 -1];
» dot(a, b)
ans =
     6
```

外積運算是在兩向量間以交叉（×）來表示。兩向量的外積是一個向量，其計算如方程式 (2.20) 所定義。假若有兩個向量分別為 $\mathbf{v}_1 = x_1\hat{\mathbf{i}} + y_1\hat{\mathbf{j}} + z_1\hat{\mathbf{k}}$ 與 $\mathbf{v}_2 = x_2\hat{\mathbf{i}} + y_2\hat{\mathbf{j}} + z_2\hat{\mathbf{k}}$，則兩個向量的外積為

$$\mathbf{v}_1 \times \mathbf{v}_2 = (y_1z_2 - y_2z_1)\hat{\mathbf{i}} + (z_1x_2 - z_2x_1)\hat{\mathbf{i}} + (x_1y_2 - x_2y_1)\hat{\mathbf{k}} \tag{2.20}$$

該運算在 MATLAB 中以函式 `cross` 執行，如下所示

```
» a = [1 3 -5];
» b = [-2 1 -1];
» cross(a,b)
ans =
   2   11   7
```

上述的向量運算常見於工程問題中，如以下範例所示。

**例 2.6　物體上的淨力與加速度**

根據牛頓定律，施加於物體的淨力等於質量與加速度的乘積。

$$\mathbf{F}_{\text{net}} = m\mathbf{a} \tag{2.21}$$

假設 2.0 kg 的球從空中釋放，而且該球承受一外力 $\mathbf{F}_{\text{app}} = 10\hat{\mathbf{i}} + 20\hat{\mathbf{j}} + 5\hat{\mathbf{k}}\text{N}$ 以及重力（如圖 2.17 所示）。

(a) 此球所受的淨力是多少？

(b) 作用在此球的淨力大小是多少？

(c) 此球的瞬間加速度是多少？

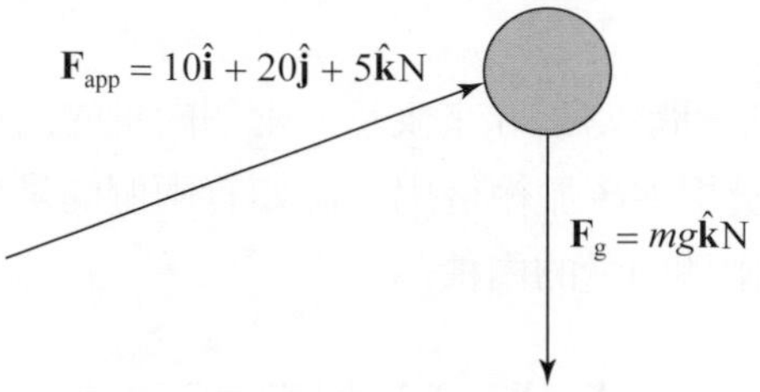


**圖 2.17　作用在球的力量。**

**◈解答**

淨力會是外力與重力的向量和。

$$\mathbf{F}_{\text{net}} = \mathbf{F}_{\text{app}} + \mathbf{F}_{\text{g}} \tag{2.22}$$

重力引起的力方向是垂直向下，而其加速度大小為 9.81 $\text{m/s}^2$，因此

$$\mathbf{F}_{\text{g}} = -mg\hat{\mathbf{k}} = -(2.0\text{kg})(9.81\text{m/s}^2)\hat{\mathbf{k}} = -19.62\hat{\mathbf{k}}\text{N} \tag{2.23}$$

最終的加速度可以藉由求解牛頓加速度定律

$$\mathbf{a} = \frac{\mathbf{F}_{\text{net}}}{m} \tag{2.24}$$

一個計算球的淨力、該力的大小以及淨加速度的 MATLAB 程序檔如下：

```
% Script file: force-on_ball.m
%
% Purpose:
%   To calculate the net force on a ball and the corresponding
%   acceleration.
%
% Record of revisions:
%     Date         Programmer           Description of change
%     ====         ==========           =====================
%   01/05/18     S. J. Chapman          Original code
%
% Define variables:
```

```
%   fapp     -- Applied force (N)
%   fg       -- Force due to gravity (N)
%   fnet     -- Net force (N)
%   fnet_mag -- Magntitude of net force (N)
%   g        -- Acc due to gravity (m/s^2)
%   m        -- Mass of ball (kg)

% Constants
g = [0 0 -9.81]; % Acceleration due to gravity (m/s^2)
m = 2.0; % Mass (kg)

% Get the forces applied to the ball
fapp = [10 20 5]; % Applied force
fg = m .* g; % Force due to gravity

% Calculate the net force on the ball
fnet = fapp + fg; % Net force

% Tell the user
disp(['The net force on the ball is ' num2str(fnet) ' N.']);

% Get the magnitude of the net force
fnet_mag = sqrt(fnet(1)^2 + fnet(2)^2 + fnet(3)^2);
disp(['The magnitude of the net force is ' num2str(fnet_mag) ' N.']);

% Get the acceleration
a = fnet ./ m;
disp(['The acceleration of the ball is ' num2str(a) ' m/s^2.']);
```

執行此程序檔的結果為

```
» force_on_ball
The net force on the ball is 10         20 -14.62 N.
The magnitude of the net force is 26.716 N.
The acceleration of the ball is 5        10 -7.31 m/s^2.
```

簡單手動計算顯示以上程式執行結果正確。

## 例 2.7 移動物體所做的功

一個移動的物體承受一個作用力，並且移動一段距離，則該作用力對此物體所做的功表示為

$$W = \mathbf{F} \cdot \mathbf{d} \tag{2.25}$$

其中，**F** 為作用在物體的向量力、**d** 是物體移動的位移向量。如果力量的單位是牛頓 (N)，而位移的單位是公尺 (m)，則功的單位是焦耳。當作用力 $\mathbf{F} = 10\hat{\mathbf{i}} - 4\hat{\mathbf{j}}$ N，物體位移 $\mathbf{d} = 5\hat{\mathbf{i}}$ m，計算圖 2.18 中作用在物體的功。

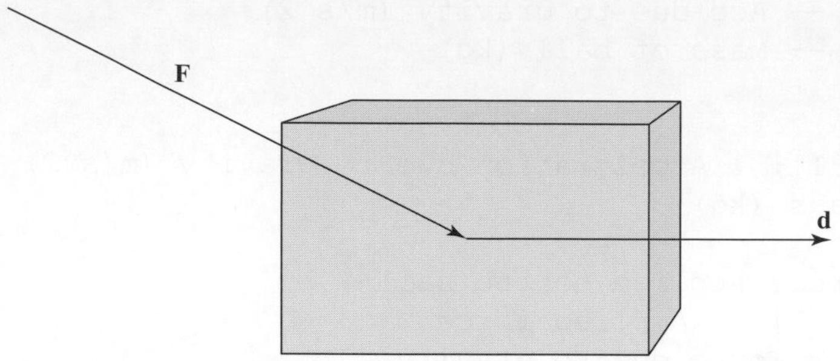


圖 2.18　一個承受外加力的物體，並且移動一段距離。

◈解答

藉由方程式 (2.25) 計算出作用的功為

$$W = \mathbf{F} \cdot \mathbf{d} = (10\hat{\mathbf{i}} - 4\hat{\mathbf{j}}) \cdot (5\hat{\mathbf{i}}) = 50 \text{ J} \tag{2.26}$$

在 MATLAB 的計算如下：

```
»F = [10 -4];
»d = [5 0];
»W = dot(F,d)
W =
   50
```

## 例 2.8　馬達轉軸的扭矩

扭矩是使旋轉物體的轉軸得以轉動的「扭力」。比如，拉動連結到螺母或螺栓的板手握把產生扭緊或鬆開螺母或螺栓的扭矩。旋轉空間的力矩可以類比成線性空間的力。

施加在螺栓或機器轉軸的扭矩是作用力、力臂（從旋轉點至作用力施加點的距離）以及兩者之間夾角的正弦值的函數（如圖 2.19）。作用力愈大，產生的扭轉作用愈大；而力臂愈大，也會產生更大的扭轉作用。當栓緊或鬆開螺母時，用較大的板手即可用較小的施力來達成螺母所需的緊度，這是我們熟悉的概念。

此扭矩關係可以用下面方程式表示：

$$\tau = rF \sin\theta \tag{2.27}$$

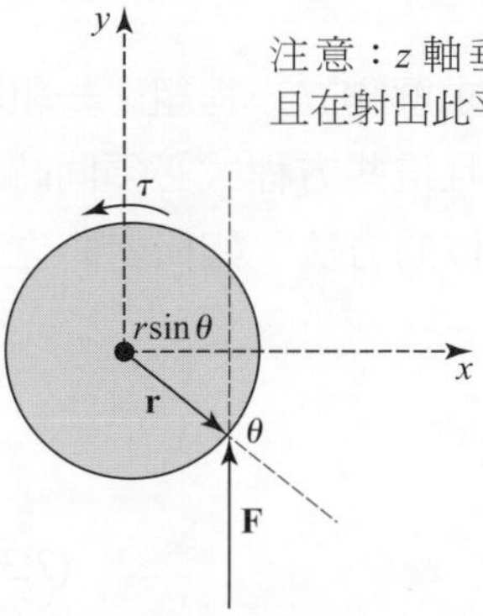


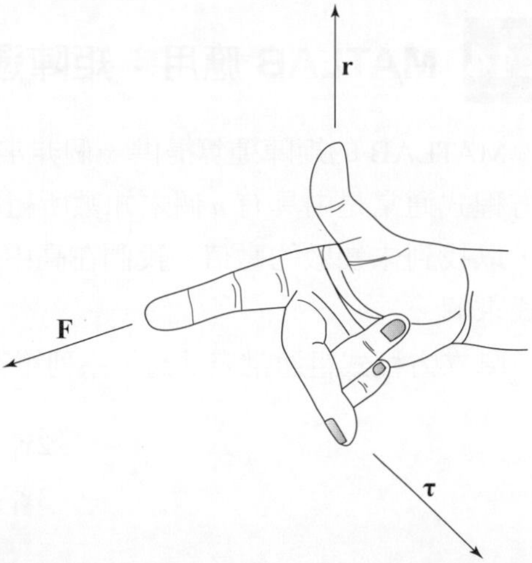


圖 2.19 作用在物體的扭矩是作用力與其直線及旋轉點之間垂直距離的乘積。

圖 2.20 右手定則：如果右手拇指指向外積第一項 (**r**) 的方向，而食指指向外積第二項 (**F**) 的方向，則中指指向外積運算結果的方向。

其中，$r$ 是力臂的半徑，$F$ 是作用力的大小，$\theta$ 是 $r$ 與 $F$ 之間的夾角。此關係可用向量表示為

$$\boldsymbol{\tau} = \mathbf{r} \times \mathbf{F} \tag{2.28}$$

其中 **r** 是力臂的半徑向量，**F** 是作用力向量，而其所產生扭矩的向量方向由右手定則決定：如果右手拇指指向外積第一項 (**r**) 的方向，而食指指向外積第二項 (**F**) 的方向，則中指指向外積運算結果的方向。（如圖 2.20）

如果力臂 $\mathbf{r} = 0.866\hat{\mathbf{i}} - 0.5\hat{\mathbf{j}}$ m 且 $\mathbf{F} = 5\hat{\mathbf{j}}$ N，計算圖 2.19 中施加到物體的扭矩。

◈**解答**

物體上的扭矩為：

$$\boldsymbol{\tau} = \mathbf{r} \times \mathbf{F} \tag{2.29}$$

在 MATLAB 中，扭矩的計算如下：

```
» r = [0.866 -0.5 0];
» F = [0 5 0];
» tau = cross(r,F)
tau =
       0       0   4.3300
```

扭矩為 4.33 N-m，沿著 $z$ 方向，也就是射出紙面的方向。

## 2.14 MATLAB 應用：矩陣運算與聯立方程式

MATLAB 的矩陣運算提供一個非常強大的方式來表示和求解聯立方程組。一組聯立方程式通常是由具有 $n$ 個未知數所組成的 $m$ 個方程式，而且這些方程式必須同時求解，以找到未知數的數值。我們在高中都學過藉由替代或類似的方法，如何對聯立方程式求解。

聯立方程式組通常表示為一系列單獨的方程式；例如

$$\begin{aligned} 2x_1 + 5x_2 &= 11 \\ 3x_1 - 2x_2 &= -12 \end{aligned} \tag{2.30}$$

這些方程式可以表示為一個矩陣方程式，然後運用矩陣代數的法則來處理並求解未知數。方程式 (2.30) 可以表示成矩陣形式

$$\begin{bmatrix} 2 & 5 \\ 3 & -2 \end{bmatrix}\begin{bmatrix} x_1 \\ x_2 \end{bmatrix} = \begin{bmatrix} 11 \\ -12 \end{bmatrix} \tag{2.31}$$

此方程式可以進而用矩陣符號表示為

$$\mathbf{Ax} = \mathbf{b} \tag{2.32}$$

其中矩陣與向量 $\mathbf{A}$、$\mathbf{x}$ 和 $\mathbf{b}$ 定義如下：

$$\mathbf{A} = \begin{bmatrix} 2 & 5 \\ 3 & -2 \end{bmatrix} \qquad \mathbf{x} = \begin{bmatrix} x_1 \\ x_2 \end{bmatrix} \qquad \mathbf{b} = \begin{bmatrix} 11 \\ -12 \end{bmatrix}$$

一般來說，具有 $n$ 個未知數的 $m$ 個方程式組可以 (2.32) 式的形式表示，其中 $\mathbf{A}$ 具有 $m$ 列與 $n$ 行，而 $\mathbf{x}$ 和 $\mathbf{b}$ 為具有 $m$ 個數值的行向量。

### 2.14.1 反矩陣

在普通代數中，方程式形式為 $ax = b$ 的解是藉由將方程式兩邊乘以 $a$ 的倒數或乘法逆元素（multiplicative inverse）：

$$a^{-1}(ax) = a^{-1}(b) \tag{2.33}$$

或是

$$\frac{1}{a}(ax) = \frac{1}{a}(b) \tag{2.34}$$

只要 $a \neq 0$，則

$$x = \frac{b}{a} \tag{2.35}$$

同樣的概念可以延伸到矩陣代數。(2.32) 式的解是將方程式兩邊同乘以 **A** 的反矩陣而求得：

$$\mathbf{A}^{-1}\mathbf{A}\mathbf{x} = \mathbf{A}^{-1}\mathbf{b} \tag{2.36}$$

其中 $\mathbf{A}^{-1}$ 是 **A** 的*反矩陣*。反矩陣是一個具有以下特性的矩陣

$$\mathbf{A}^{-1}\mathbf{A} = \mathbf{A}\mathbf{A}^{-1} = \mathbf{I} \tag{2.37}$$

其中 **I** 是單位矩陣，其對角線數值均為 1，且非對角線數值皆為 0。單位矩陣具有特殊的性質，即任何乘上 **I** 的矩陣會等於原來的矩陣。

$$\mathbf{IA} = \mathbf{AI} = \mathbf{A} \tag{2.38}$$

反矩陣在概念上類似於純量的乘法逆元素，亦即 $\left(\frac{1}{a}\right)(a) = (a)\left(\frac{1}{a}\right) = 1$，而任何乘以 1 的值都是原本的數值。將 (2.37) 式運用到 (2.36) 式，可以得出方程式組的最終解：

$$\mathbf{x} = \mathbf{A}^{-1}\mathbf{b} \tag{2.39}$$

一個矩陣 **A** 的反矩陣可以被定義的充分必要條件是，**A** 必須是正方（square）而且是非奇異（nonsingular）矩陣。當 *A* 是一個*奇異*（singular）矩陣，則 A 的行列式 |**A**| 為零。如果 |**A**| 為零，則 (2.32) 式定義的方程式組沒有唯一解。一個矩陣的反矩陣由 MATLAB 函式 `inv(A)` 計算，而矩陣的行列式則由 MATLAB 函式 `det(A)` 計算。如果對奇異矩陣進行反矩陣計算，則 MATLAB 會發出警告並傳回浮點數的無限大做為答案。

一個方程式組的反矩陣幾乎奇異時被稱作**病態（ill-conditioned）**矩陣。對於這種方程式，答案的準確性將取決於計算中使用的有效數字位數。如果沒有足夠的精確度來準確計算答案，MATLAB 會向使用者發出警告。

### 例 2.9 解聯立方程式組

使用反矩陣對方程式 (2.30) 的聯立方程式系統求解。

$$\begin{aligned} 2x_1 + 5x_2 &= 11 \\ 3x_1 - 2x_2 &= -12 \end{aligned} \tag{2.30}$$

◈ **解答**

對於這個方程式組

$$\mathbf{A} = \begin{bmatrix} 2 & 5 \\ 3 & -2 \end{bmatrix} \qquad \mathbf{b} = \begin{bmatrix} 11 \\ -12 \end{bmatrix}$$

在 MATLAB 中，其解之計算如下：

```
» A = [2 5; 3 -2];
» b = [11; -12];
» x = inv(A) * b
x =
  -2.0000
   3.0000
```

注意根據表 2.6，`A \ b` 被定義為 `inv(A) * b`，因此可以將此解計算為

```
»x = A \ b
x =
  -2
   3
```

## 2.15 MATLAB 程式除錯

有一個古老的西諺，生命裡唯二能確定的事情，就是死亡以及繳稅。我們還能為這個說法增加一項確定的事：如果你撰寫一個稍具規模的程式，通常在第一次嘗試執行程式時，都無法順利成功！程式中的錯誤稱為**臭蟲（bugs）**，而找出並消除這些臭蟲的過程稱為**除錯（debugging）**。假使我們已經寫了一個程式，但不能正常運作，我們該如何進行除錯呢？

MATLAB 的程式有三種類型的錯誤。第一種是**語法錯誤（syntax error）**。語法錯誤是在 MATLAB 敘述式裡的錯誤，如拼字錯誤，或者是標點錯誤。當第一次執行 M 檔案時，MATLAB 的編譯器將會檢測到這類錯誤。舉例來說，下列的敘述式：

```
x = (y + 3) / 2);
```

包含了一個語法錯誤，因為它的括號左右並不對稱。如果這個敘述式在名為 `test.m` 的 M 檔案中出現，當執行此程式時，將會出現下列的訊息：

```
» test
??? x = (y + 3) / 2)

Missing operator, comma, or semi-colon.
```

```
Error in ==> d:\book\matlab\chap2\test.m
On line 2 ==>
```

第二種是**執行時的錯誤**（**run-time error**）。當執行程式時，嘗試執行一個不合法的數學運算（如除以 0），將會產生執行時的錯誤。這些錯誤將使程式回應 Inf 或是 NaN，而這些回應將被應用在接下來的計算式中，造成無效的計算結果。

第三種是**邏輯錯誤**（**logical error**）。邏輯錯誤發生的狀況是：程式已編譯完成，而且已執行完畢，卻得到錯誤的答案。

在程式編寫期間，最常見的錯誤是打字錯誤。一些打字上的錯誤，常常會產生無效的 MATLAB 敘述。這些錯誤如果產生語法錯誤，就會被編譯器找到。而其他的打字錯誤可能出現在變數名稱上。舉例來說，某些變數名稱裡的字母可能不小心被調換，或者使用者不慎輸入了錯誤的字母。這會造成 MATLAB 在第一次引用這些打錯名稱的變數時，僅會產生新的變數，而無法發現此類錯誤。打字上的錯誤也可能會產生邏輯錯誤。例如，如果兩個名稱相似的變數 vel1 和 vel2 在程式裡，都用來代表速度。像這種在名稱及意義上十分接近的變數，很容易讓程式設計者因自己的疏忽，而在程式中某些地方錯用了另一個相似的變數。你必須自己詳細檢查程式碼，來找出這類的錯誤。

有時程式是在執行過程中發生執行時的錯誤，或者是邏輯錯誤。像這種情形，可能是因為輸入資料的錯誤，或是程式的邏輯結構有問題。要想找到這類的錯誤，第一步應該先檢查輸入程式的資料：把輸入敘述的分號拿掉，或是增加額外的輸出敘述，以驗證輸入值確實是你所期望的數值。

如果變數名稱是正確的，而且輸入程式的資料也是正確的，那麼你的程式可能含有邏輯錯誤。你應該檢查程式中的每個指定敘述式。

1. 如果指定敘述式過於冗長，將指定敘述式改成幾個較小的敘述式，因為這樣比較容易查驗敘述式的正確性。
2. 檢查你的指定敘述式中的括號位置。在指定敘述式中發現運算順序錯誤是很常見的。如果你對變數運算的順序不是很確定，就增加額外的括號來確定運算的順序。
3. 確認你已經正確地初始化所有的變數。
4. 確認在每個函式裡都使用了正確的單位。舉例來說，三角函數的輸入引數必須使用弧度的單位，而非使用角度。

如果你仍然得到錯誤的結果，請在你的程式中增加一些輸出敘述式，做為計算過程中的查核點。如果你能找出程式計算錯誤的位置，那便知道如何去找到問題所在，這樣就已經完成除錯過程中約 95% 的工作。

在採取所有這些措施之後，如果你仍然不能找到問題所在，可以向同學或是老師說明程式執行的工作，並讓他們幫你檢查程式碼。一般人在檢查自己的程式碼時，很容易局限在自己設下的區域，只下功夫檢查他們以為出錯的地方，而輕易忽略自己反覆瀏覽過的可能出錯所在。旁人因為沒有先入為主的偏見，反而經常能夠在眾多的程式碼裡迅速找到錯誤。

**良好的程式設計**

為了減輕你除錯的工作，在設計程式時請確認：

1. 初始化所有的變數。
2. 使用括號使指定敘述式的運算清楚明確。

MATLAB 內建一個特殊的除錯工具，稱為符號除錯器（symbolic debugger），它允許你逐步地一次執行一個程式敘述，並檢查這些敘述中存放的變數值。符號除錯器允許你直接看見所有產生的中間結果，而不需要在程式碼中插入很多輸出敘述。我們將在第 4 章學習如何使用 MATLAB 的符號除錯器。

## 2.16 總結

在本章中，我們已經呈現許多用以設計功能性 MATLAB 程式所需的基本觀念。我們學到了 MATLAB 視窗的基本類型、工作區，及如何得到線上協助。

我們介紹了兩種資料類型：`double` 及 `char`。我們也介紹了指定敘述式，算術運算，內建函式，輸入／輸出的敘述及資料檔案等。

MATLAB 表示式的執行順序，是遵循一個固定的階層順序，高階層的運算順序優先於低階層的運算。表 2.12 列出運算的優先順序。

MATLAB 程式語言包含了大量的內建函式庫，來幫助我們解決問題。這些函式的種類遠較他種程式語言來得豐富（像 Fortran 或 C），此外 MATLAB 也包含了與裝置無關的繪圖功能。一些常用的內建函式列在表 2.8，其他的函式也將在本書裡陸續介紹給讀者。經由 MATLAB 的線上協助系統，讀者可以找到完整的 MATLAB 函式總表。

### 2.16.1 良好的程式設計總結

每個 MATLAB 程式都應該設計成，讓另一個熟悉 MATLAB 的人能輕易了解其內容。這是一件很重要的事，因為一個好程式可能會被使用很長一段時間。當過了某些時間之後，有些條件改變了，程式可能需要修改以適應這些條件的改變。由於程式的修改工作不見得是由原程式設計者所執行，所以修改程式者在試圖改變程式之前，必須先充分了解這個原始程式。

表 2.12 算術運算的先後順序

| 順序 | 運算 |
|---|---|
| 1 | 計算所有括號裡的內容，從最內部的括號開始並逐個向外計算。 |
| 2 | 計算所有的指數，由左到右計算。 |
| 3 | 計算所有的乘法與除法，由左到右計算。 |
| 4 | 計算所有的加法與減法，由左到右計算。 |

設計一個清楚、容易理解、而且方便維護的程式，遠比只是寫一個能用的程式要難上許多。為了達到此目的，程式設計者必須自我要求，為他所撰寫的程式編寫完整合適的文件說明。此外，程式設計者在設計良好的程式過程中，必須小心翼翼地避免已知的程式設計陷阱。下列的指導原則將有助於你發展出好的程式：

1. 盡可能使用有意義的變數名稱，讓讀者能一目了然，如 `day`、`month` 及 `year` 等。
2. 為每個程式建立變數名稱註解，可使程式的維護變得更為容易。
3. 使用小寫字母命名變數，就不會因為大小寫的差異，而產生不同變數名稱，以致於產生錯誤。
4. 在所有 MATLAB 指定敘述式的結尾加上分號，以停止在指令視窗中產生自動回應的結果。如果你需要在程式除錯期間，檢查某個敘述式的計算結果，可以把該敘述式結尾的分號拿掉。
5. 若資料必須在 MATLAB 及其他程式間交換，請用 ASCII 的格式儲存來 MATLAB 的資料。如果資料只使用在 MATLAB 程式，就用 MAT 檔案格式儲存資料。
6. 用 ASCII 格式儲存 MATLAB 的資料時，請以 “`dat`” 為副檔名，以區別 MATLAB 所儲存的 MAT 檔案格式（以 “`mat`” 為副檔名）。
7. 使用必要的括號使得你的運算式更為清楚易懂。
8. 當程式輸入或輸出數值時，記得在數值後附上適當的單位。

## 2.16.2 MATLAB 總結

以下列表總結所有本章描述過的 MATLAB 特殊符號、指令，以及函式，每一個項目後面都附加一段簡短的敘述供讀者參考。

**特殊符號**

| | |
|---|---|
| `[ ]` | 陣列產生符號 |
| `( )` | 陣列下標符號 |
| `' '` | 標示字元字串的兩端 |
| `,` | 1. 分開下標或是矩陣元素<br>2. 在同一行裡分開指定敘述式 |
| `;` | 1. 阻止指令視窗的自動回應功能<br>2. 分開矩陣的列<br>3. 分開在同一指令行的指定敘述式 |
| `%` | 標示註解的開始 |
| `:` | 冒號算子，用來產生快速的資料列 |
| `+` | 陣列與矩陣加法 |
| `-` | 陣列與矩陣減法 |
| `.*` | 陣列乘法 |
| `*` | 矩陣乘法 |
| `./` | 陣列右除法 |
| `\` | 陣列左除法 |
| `/` | 短陣右除法 |
| `\` | 矩陣左除法 |
| `.^` | 陣列取冪次 |
| `'` | 轉置算子 |

**指令與函式**

| | |
|---|---|
| `...` | 在下一行繼續一個 MATLAB 的敘述式 |
| `abs(x)` | 計算 $x$ 的絕對值 |
| `ans` | 內定的變數，用來儲存未指定其他變數的表示式結果 |
| `acos(x)` | 計算 $x$ 的反餘弦值，產生的弧角在 0 與 $\pi$ 之間 |
| `acosd(x)` | 計算 $x$ 的反餘弦值，產生的角度在 0° 與 180° 之間 |
| `asin(x)` | 計算 $x$ 的反正弦值，產生的弧角在 $-\pi/2$ 與 $\pi/2$ 之間 |
| `asind(x)` | 計算 $x$ 的反正弦值，產生的角度在 –90° 與 90° 之間 |
| `atan(x)` | 計算 $x$ 的反正切值，產生的弧角在 $-\pi/2$ 與 $\pi/2$ 之間 |
| `atand(x)` | 計算 $x$ 的反正切值，產生的角度在 –90° 與 90° 之間 |
| `atan2(y,x)` | 在圓的四個象限內計算 $y/x$ 的反正切值，產生的弧角在 $-\pi$ 與 $\pi$ 之間 |
| `atan2d(y,x)` | 在圓的四個象限內計算 $y/x$ 的反正切值，產生的角度在 –180° 與 180° 之間 |
| `ceil(x)` | 向正無限大的方向，對 $x$ 取最近的整數：`ceil(3.1) = 4` 及 `ceil(-3.1) = -3` |
| `char` | 將一個數字矩陣轉換成一個字元字串。對 ASCII 字元來說，矩陣的數字必須介於 0 與 127 之間 |
| `clock` | 當前電腦的時間 |
| `cos(x)` | 計算 $x$ 的餘弦值，$x$ 以弧度表示 |
| `cosd(x)` | 計算 $x$ 的餘弦值，$x$ 以角度表示 |

（續下頁）

**指令與函式（續）**

| | |
|---|---|
| date | 當天的日期 |
| disp | 在指令視窗中顯示資料 |
| doc | 在特定函式敘述中直接打開 HTML 說明瀏覽器 |
| double | 把字元字串轉換成數字矩陣 |
| eps | 顯示電腦的精確度 |
| exp(x) | 計算 $e^x$ |
| eye(m,n) | 產生單位矩陣 |
| fix(x) | 向 0 的方向，對 $x$ 取最近的整數：fix(3.1) = 3 及 fix(-3.1) = -3 |
| floor(x) | 向負無限大的方向，對 $x$ 取最近的整數：floor(3.1) = 3 及 floor(-3.1) = -4 |
| format + | 僅列印 + 及 – 號 |
| format bank | 以「貨幣」的格式列印 |
| format compact | 關閉額外換行功能 |
| format hex | 以十六進位表示位元 |
| format long | 顯示 14 位小數 |
| format long e | 顯示 15 位小數加冪次方 |
| format long eng | 顯示 15 位小數工程格式 |
| format long g | 總共顯示 15 個數字，加或不加冪次方 |
| format loose | 恢復額外換行功能 |
| format rat | 顯示最接近的整數比例 |
| format short | 以 4 位小數顯示 |
| format short e | 以 5 個數字加冪次方顯示 |
| format short eng | 顯示 5 位小數工程格式 |
| format short g | 總共顯示 5 個數字，可加或不加冪次方 |
| fprintf | 顯示格式化資訊 |
| grid | 從圖形中增加／移除格點 |
| i | $\sqrt{-1}$ |
| Inf | 表示電腦數值的無限大（∞） |
| input | 寫下提示，並從鍵盤讀取輸入值 |
| int2str | 把 $x$ 轉成整數字元字串 |
| j | $\sqrt{-1}$ |
| legend | 給圖形加上文字說明 |
| length(arr) | 傳回向量的長度，或是一個陣列中各維度長度之最大值 |
| load | 從檔案讀入資料 |
| log(x) | 計算 $x$ 的自然對數值 |
| loglog | 產生對數－對數座標圖 |
| lookfor | 在一行的 MATLAB 函式敘述中尋找符合項目 |
| max(x) | 傳回向量 $x$ 的最大值，可選擇傳回該最大值的位置 |
| min(x) | 傳回向量 $x$ 的最小值，可選擇傳回該最小值的位置 |

（續下頁）

**指令與函式（續）**

| | |
|---|---|
| `mod(m,n)` | 餘數或模數函數 |
| `NaN` | 代表不是數字（not-a-number） |
| `num2str(x)` | 把 $x$ 轉成一個字元字串 |
| `ones(m,n)` | 產生一個全部元素為 1 的陣列 |
| `pi` | 代表數字 $\pi$ |
| `plot` | 產生一個 $xy$ 的直角座標圖 |
| `print` | 列印圖表視窗 |
| `round(x)` | 對 $x$ 取四捨五入的整數值 |
| `save` | 從工作區把資料儲存到檔案中 |
| `sin(x)` | 計算 $x$ 的正弦值，$x$ 以弧度表示 |
| `sind(x)` | 計算 $x$ 的正弦值，$x$ 以角度表示 |
| `size` | 取得陣列的列數及行數 |
| `sqrt` | 計算數字的平方根 |
| `str2num` | 把字元字串轉成數字 |
| `tan(x)` | 計算 $x$ 的正切值，$x$ 以弧度表示 |
| `tand(x)` | 計算 $x$ 的正切值，$x$ 以角度表示 |
| `title` | 為圖表增加標題 |
| `zeros(m,n)` | 產生一個全部元素為 0 的陣列 |

## 2.17 習題

2.1 用以下的陣列回答下列問題。

$$\texttt{array1} = \begin{bmatrix} 0.0 & 0.5 & 2.1 & -3.5 & 5.0 \\ -0.1 & -1.2 & -6.6 & 1.1 & 3.4 \\ 1.2 & 0.1 & 0.5 & -0.4 & 1.3 \\ 1.1 & 5.1 & 0.0 & 1.4 & -2.1 \end{bmatrix}$$

(a) `array1` 的陣列大小為何？

(b) `array1(1,4)` 之值為何？

(c) `array1(9)` 之值為何？

(d) `array1(:,1:2:4)` 的陣列大小及值為何？

(e) `array1([1 3], [end-1 end])` 的陣列大小及值為何？

2.2 下列 MATLAB 的變數名稱是合法的還是不合法的？為什麼？

(a) `dog1`

(b) `1dog`

(c) `dogs&cats`

(d) `Do_you_know_the_way_to_san_jose`

(e) `_help`

(f) `What's_up?`

2.3 決定下列陣列的大小及其內部組成元素。請注意後面的陣列可能與前面所定義的陣列有關。

(a) `a = 2:3:12;`

(b) `b = [a' a' a'];`

(c) `c = b(1:2:3,1:2:3);`

(d) `d = a(2:4) + b(2,:);`

(e) `w = [zeros(1,3) ones(3,1)' 3:5'];`

(f) `b([1 3],2) = b([3 1],2);`

(g) `e = 1:-1:5;`

2.4 假設 array1 陣列的定義如下，試決定下列各子陣列的內部組成元素：

$$\text{array1} = \begin{bmatrix} 2.2 & 0.0 & -2.1 & -3.5 & 6.0 \\ 0.0 & -3.0 & -5.6 & 2.8 & 2.3 \\ 2.1 & 0.5 & 0.1 & -0.4 & 5.3 \\ -1.4 & 7.2 & -2.6 & 1.1 & -3.0 \end{bmatrix}$$

(a) `array1(4,:)`

(b) `array1(:,4)`

(c) `array1(1:2:3,[3 3 4])`

(d) `array1([3 3],:)`

2.5 假設 value 被初始化為 $10\pi$，請問下列各個敘述式會顯示出什麼結果？

```
disp (['value = ' num2str(value)]);
disp (['value = ' int2str(value)]);
fprintf('value = %e\n',value);
fprintf('value = %f\n',value);
fprintf('value = %g\n',value);
fprintf('value = %12.4f\n',value);
```

2.6 假設 a, b, c, d 的定義如下，如果下列的運算是合法的，請計算它們的結果。如果運算是不合法的，請解釋為什麼是不合法的。

$$a = \begin{bmatrix} 2 & 1 \\ -1 & 4 \end{bmatrix} \qquad b = \begin{bmatrix} -1 & 3 \\ 0 & 2 \end{bmatrix}$$

$$c = \begin{bmatrix} 2 \\ 1 \end{bmatrix} \qquad d = \text{eye}(2)$$

(a) `result = a + b;`

(b) `result = a * d;`

(c) `result = a .* d;`

(d) `result = a * c;`

(e) `result = a .* c;`

(f) `result = a \ b;`

(g) `result = a .\ b;`

(h) `result = a .^ b;`

2.7 使用 MATLAB 計算下列每個算式。

(a) `12 / 5 + 4`　(b) `(12 / 5) + 4`

(c) `12 / (5 + 4)`　(d) `3 ^ 2 ^3`

(e) `3 ^ (2 ^ 3)`　(f) `(3 ^ 2) ^ 3`

(g) `round(-12/5) + 4`　(h) `ceil(-12/5) + 4`

(i) `floor(-12/5) + 4`

2.8 使用 MATLAB 計算下列算式。

(a) $(3-4i)(-4+3i)$　(b) $\cos^{-1}(1.2)$

2.9 在 MATLAB 中計算以下算式，其中 $t=2$ s、$i=\sqrt{-1}$ 與 $\omega=120\pi$ rad/s。請比較各答案之間有何不同？

(a) $e^{-2t}\cos(\omega t)$　(b) $e^{-2t}[\cos(\omega t)+i\sin(\omega t)]$

(c) $e^{[-2t+i\omega t]}$

2.10 試求解下列聯立方程式之 $x$：

$$\begin{aligned}
-2.0x_1 + 5.0x_2 + 1.0x_3 + 3.0x_4 + 4.0x_5 - 1.0x_6 &= -3.0\\
2.0x_1 - 1.0x_2 - 5.0x_3 - 2.0x_4 + 6.0x_5 + 4.0x_6 &= 1.0\\
-1.0x_1 + 6.0x_2 - 4.0x_3 - 5.0x_4 + 3.0x_5 - 1.0x_6 &= -6.0\\
4.0x_1 + 3.0x_2 - 6.0x_3 - 5.0x_4 - 2.0x_5 - 2.0x_6 &= 10.0\\
-3.0x_1 + 6.0x_2 + 4.0x_3 + 2.0x_4 - 6.0x_5 + 4.0x_6 &= -6.0\\
2.0x_1 + 4.0x_2 + 4.0x_3 + 4.0x_4 + 5.0x_5 - 4.0x_6 &= -2.0
\end{aligned}$$

2.11 **球的位置和速度**。如果一個靜止的球在地面上 $h_0$ 處，以垂直速度 $v_0$ 被釋放，則球的位置及速度以時間的函數表示為：

$$h(t)=\frac{1}{2}gt^2+v_0t+h_0 \tag{2.40}$$

$$v(t)=gt+v_0 \tag{2.41}$$

其中 $g$ 是重力加速度（$-9.81$ m/s$^2$），$h$ 是球在地面上的高度（假設無空氣摩擦），而 $v$ 是速度的垂直分量。請寫出一個 MATLAB 程式，提示使用者輸入球最初的高度（以公尺表示）及初速度（以公尺／秒表示），並畫出高度及速度以時間為函數作圖。請在圖上加上適當的標示。

2.12 在直角座標平面上兩點 $(x_1, y_1)$ 及 $(x_2, y_2)$ 的距離可由下列式子決定（如圖 2.21）

$$d=\sqrt{(x_1-x_2)^2+(y_1-y_2)^2} \tag{2.42}$$

試寫出一個程式，計算由使用者指定的兩點間距離。請在程式中，使用良好的程式技巧。並利用這個程式來計算兩點 $(-3, 2)$ 及 $(3, -6)$ 之間的距離。

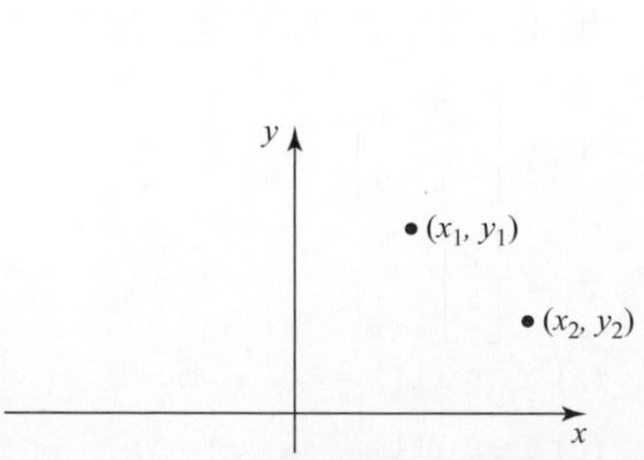


圖 2.21　直角座標上兩點的距離。

2.13 二維卡氏座標平面上的向量可以用直角座標 $(x, y)$，或是極座標 $(r, \theta)$ 來表示，如圖 2.22 所示。這兩種座標系統的關係式為

$$x = r\cos\theta \tag{2.43}$$

$$y = r\sin\theta \tag{2.44}$$

$$r = \sqrt{x^2 + y^2} \tag{2.45}$$

$$\theta = \tan^{-1}\frac{y}{x} \tag{2.46}$$

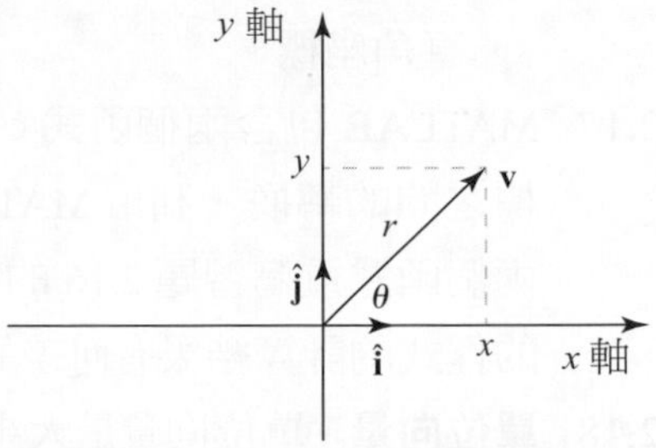


圖 2.22 向量 v 可以用直角座標 $(x, y)$ 或極座標 $(r, \theta)$ 來表示。

利用 MATLAB 線上協助系統檢視 atan2 的用法，並使用此函式來回答下列問題。

(a) 寫一個程式接受直角座標的二維向量，並計算此向量之極座標，而 $\theta$ 以角度表示。

(b) 寫一個程式接受極面座標的三維向量（$\theta$ 以角度表示），並計算此向量之直角座標。

2.14 將前一題編寫的程式中使用的函式 sin、cos 與 atan2 以函式 sind、cosd 與 atan2d 取代。請問取代前後的程式有何不同？

2.15 在卡式座標上兩點 $(x_1, y_1, z_1)$ 及 $(x_2, y_2, z_2)$ 的距離可由下列方程式決定

$$d = \sqrt{(x_1 - x_2)^2 + (y_1 - y_2)^2 + (z_1 - z_2)^2} \tag{2.47}$$

試寫出一個程式，計算由使用者指定的兩點間距離。請在你的程式中，使用良好的程式技巧。並使用這個程式來計算兩點 (–3, 2, 5) 及 (3, –6, –5) 之間的距離。

2.16 三度空間的向量可以用直角座標 $(x, y, z)$，或是球面座標 $(r, \theta, \phi)$ 來表示，如圖 2.23[4] 所示。這兩種座標系統的關係式為

$$x = r\cos\phi\cos\theta \tag{2.48}$$

$$y = r\cos\phi\sin\theta \tag{2.49}$$

$$z = r\sin\phi \tag{2.50}$$

$$r = \sqrt{x^2 + y^2 + z^2} \tag{2.51}$$

$$\theta = \tan^{-1}\frac{y}{x} \tag{2.52}$$

$$\phi = \tan^{-1}\frac{z}{\sqrt{x^2 + y^2}} \tag{2.53}$$

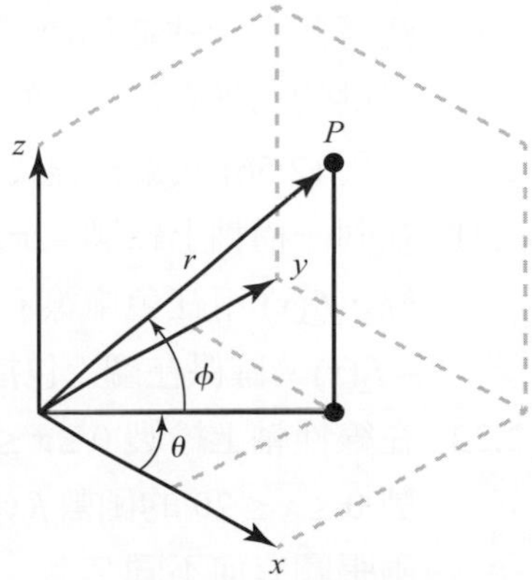


圖 2.23 三度空間的向量可以用直角座標 $(x, y, z)$，或是球面座標 $(r, \theta, \phi)$ 來表示。

利用 MATLAB 線上協助系統檢視 atan2 的用法，並使用此函式來回答下列問題。

4 這些球面座標中的角度定義並非標準的國際慣例，但它們符合 MATLAB 程式所使用的角度定義。

(a) 寫一個程式接受直角座標的三維向量，並計算此向量之球面座標，而 $\theta$ 與 $\phi$ 以角度表示。

(b) 寫一個程式接受球面座標的三維向量（$\theta$ 與 $\phi$ 以角度表示），並計算此向量之直角座標。

2.17 MATLAB 包含兩個函式 `cart2sph` 與 `sph2cart`，用來在直角座標以及球面座標之間的轉換。利用 MATLAB 線上協助系統檢視這兩個函式的用法，並利用這兩個函式重寫習題 2.16 的程式。此程式的計算結果與根據 (2.48) 至 (2.53) 式所寫的程式的計算結果有何差異？

2.18 **單位向量。**單位向量是大小為 1 的向量。單位向量被用於許多工程與物理的領域。任何向量可以藉由將該向量除以其向量的大小，而計算出一個單位向量。在二維向量 $\mathbf{v} = x\hat{\mathbf{i}} + y\hat{\mathbf{j}}$ 方向的單位向量可以被計算為

$$\mathbf{u} = \frac{x\hat{\mathbf{i}} + y\hat{\mathbf{j}}}{\sqrt{x^2 + y^2}} \tag{2.54}$$

而在三維向量 $\mathbf{v} = x\hat{\mathbf{i}} + y\hat{\mathbf{j}} + z\hat{\mathbf{k}}$ 方向的單位向量可以被計算為

$$\mathbf{u} = \frac{x\hat{\mathbf{i}} + y\hat{\mathbf{j}} + z\hat{\mathbf{k}}}{\sqrt{x^2 + y^2 + z^2}} \tag{2.55}$$

(a) 寫一個程式接受直角座標中的二維向量，並計算出指向該方向的單位向量。

(b) 寫一個程式接受直角座標中的三維向量，並計算出指向該方向的單位向量。

2.19 **計算兩個向量間的角度。**兩個向量的內積等於各自向量大小乘以它們之間夾角的餘弦值：

$$\mathbf{u} \cdot \mathbf{v} = |\mathbf{u}||\mathbf{v}|\cos\theta \tag{2.56}$$

注意此表示式適用於二維和三維向量。使用 (2.56) 式編寫程式，計算兩個使用者提供的二維向量之間的夾角。

2.20 使用 (2.56) 式編寫程式，計算兩個使用者提供的三維向量之間的夾角。

2.21 在同一橫軸上繪製 $-2\pi \le x \le 2\pi$ 的函數 $f_1(x) = \sin x$ 與 $f_2(x) = \cos 2x$，$f_1(x)$ 用實心藍線，$f_2(x)$ 用紅色虛線。然後在相同橫軸上計算並以黑色虛線繪製函數 $f_3(x) = f_1(x) - f_2(x)$。確保在圖上包括標題、軸名、圖形說明與格線。

2.22 在線性軸上繪製 $0 \le x \le 20$ 的函數 $f(x) = 2e^{-2x} + 0.5e^{-0.1x}$。現在使用對數的 $y$ 軸上繪製 $0 \le x \le 20$ 的函數 $f(x) = 2e^{-2x} + 0.5e^{-0.1x}$。每張圖需要有格線、標題與軸名。請問兩張圖有何不同？

2.23 在線性世界裡，一個物體的淨作用力與其加速度之間的關係是根據牛頓定律：

$$\mathbf{F} = m\mathbf{a} \tag{2.57}$$

其中 **F** 是作用在此物體上的淨力向量，$m$ 是物體的質量，**a** 是物體的加速度。如果加速度的單位是公尺／秒平方且質量單位為公斤，則淨力的單位為牛頓。

在旋轉的世界裡，物體上的淨力矩與其角加速度之間的關係如下：

$$\boldsymbol{\tau} = I\alpha \tag{2.58}$$

其中，$\boldsymbol{\tau}$ 是作用在物體上的淨力矩，$I$ 是物體的轉動慣量，$\alpha$ 是物體的角加速度。如果角加速度的單位是弧度／秒平方且轉動慣量單位為公斤－公尺平方，則淨力矩的單位為牛頓－公尺。

假設將力矩為 20 N-m 的力矩施加到慣性矩為 15 kg-$m^2$ 的馬達轉軸，則轉軸的角加速是多少？

2.24 **分貝**。工程師通常使用分貝（或 dB）表示兩功率的比例關係，其方程式為

$$\text{dB} = 10\log_{10}\frac{P_2}{P_1} \tag{2.59}$$

其中 $P_2$ 是被量測的功率值，而 $P_1$ 是一參考功率值。

(a) 假設參考的功率值 $P_1$ 是 1 mW，試寫一個程式，接受輸入功率值 $P_2$，並轉換成相對於 1 mW 的 dB 值（相對於 1 mW 參考值的特殊單位為 dBm）。請練習使用良好的程式技巧。

(b) 寫出一個程式，能夠產生功率（以 W 為單位）對功率比值（dBm，相對於 1 mW 的 dB 值）。請以線性 $xy$ 平面圖及對數－線性 $xy$ 平面圖表示。

2.25 **電阻功率**。歐姆定律說明了一個電阻的電壓與電流的關係（如圖 2.24）

$$V = IR \tag{2.60}$$

而且電阻消耗的功率可表示為

$$P = IV \tag{2.61}$$

撰寫一個程式計算，當流經一個 1000 Ω 電阻的電壓從 1 伏特（V）變化到 200 伏特（V），電阻所消耗的功率，並且產生兩個圖形，一個以瓦（W）顯示功率，另一個以 dBW 功率顯示（dBW 即功率值相對於 1 W 的 dB 值）。

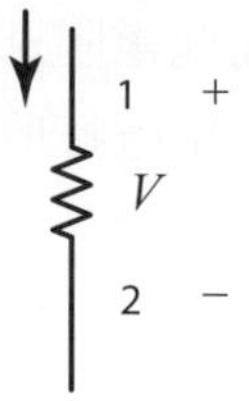


圖 2.24 通過電阻之電流與兩端之電壓降。

2.26 **雙曲餘弦函數**。雙曲餘弦函數可定義為

$$\cosh x = \frac{e^x + e^{-x}}{2} \tag{2.62}$$

試寫出一個程式計算使用者輸入 $x$ 的雙曲餘弦值。使用此程式計算 3.0 的雙曲餘

弦值。比較此程式的計算結果，與 MATLAB 內建函式 `cosh(x)` 的計算結果。另外，使用 MATLAB 畫出 `cosh(x)` 的函數圖。這個函數的最小值為何？其所對應的 $x$ 值是多少？

2.27 **彈簧裡儲存的能量。**壓縮一根線性彈簧所需的作用力為

$$F = k\,x \tag{2.63}$$

其中 $F$ 為作用力，單位為牛頓，而 $k$ 是彈簧的彈性係數，單位為牛頓／米。儲存在壓縮彈簧裡的位能為：

$$E = \frac{1}{2}kx^2 \tag{2.64}$$

其中 $E$ 是能量，單位為焦耳。以下是四根彈簧的數據：

| | 彈簧 1 | 彈簧 2 | 彈簧 3 | 彈簧 4 |
|---|---|---|---|---|
| 力（N） | 20 | 30 | 25 | 20 |
| 彈性係數 $k$（N/m） | 150 | 200 | 250 | 300 |

試決定每根彈簧的壓縮力，以及儲存在彈簧中的位能。哪個彈簧儲存了最多的能量？

2.28 **無線電接收器。**一個簡化的調幅無線電收音機的接收器前級（front end）如圖 2.25 所示。接收器是由一個電阻、電容及電感所串聯而成的 $RLC$ 調諧電路，電路一端連接到外部的天線，另一端直接接地。

此調諧電路允許收音機，從所有的調幅頻道中選擇某個特定頻率的電台收聽。在此電路的振盪頻率下，幾乎出現在天線的所有信號 $V_0$ 都會傳至電阻端，而此電阻即代表收音機其餘電路的等效電阻。換句話說，無線電接收器會在振盪頻率處接收到最強的信號。$LC$ 電路的振盪頻率為：

$$f_0 = \frac{1}{2\pi\sqrt{LC}} \tag{2.65}$$

其中 $L$ 為電感，單位為亨利（H），而 $C$ 為電容，單位為法拉（F）。請寫出一個程式，若給定一組 $LC$ 值，就能算出此收音機的振盪頻率。利用 $L = 0.125$ mH 及 $C = 0.20$ nF 來計算振盪頻率，以測試你的程式。

2.29 **無線電接收器。**負載電阻兩端的電壓降（圖 2.25）為頻率變化的函數，其關係式可表示為：

$$V_R = \frac{R}{\sqrt{R^2 + \left(\omega L - \dfrac{1}{\omega C}\right)^2}} V_0 \tag{2.66}$$

其中 $\omega = 2\pi f$，而 $f$ 為頻率，單位是赫茲（Hz）。假設 $L = 0.25$ mH，$C = 0.20$ nF，$R = 50\ \Omega$，且 $V_0 = 10$ mV。

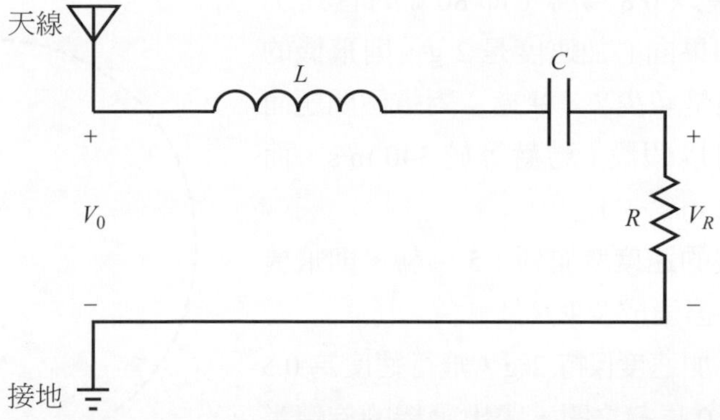


圖 2.25 一個簡化的調幅無線電收音機接受器前級。

(a) 請以頻率為函數的圖，畫出負載電阻的電壓降。負載電阻上的電壓在什麼頻率時會出現峰值？在這個頻率下，負載電阻上的電壓為多少？這個頻率稱為電路的諧振頻率 $f_0$。

(b) 如果頻率變成大於諧振頻率的 10%，負載上的電壓是多少？

(c) 在什麼頻率下，負載上的電壓會下降到諧振頻率時的一半電壓？

2.30 假設兩個訊號被前一題的無線電接收器天線接收到，一個訊號頻率為 1000 kHz，強度為 1 V，而另一個訊號是 950 kHz，強度也是 1 V。計算這兩個訊號分別對負載電阻造成的電壓降 $V_R$，這兩個訊號分別對負載電阻 $R$ 提供多少功率？請用分貝表示第一個訊號功率對第二個訊號功率的比值（參考習題2.24有關分貝的定義）。相對於第一個訊號，請問第二個訊號增強或衰減多少倍？（注意：提供至負載電阻的功率為 $P = V^2_R/R$。）

2.31 **等效電阻**。並聯三個電阻器的等效電阻 $R_{EQ}$ 如方程式 (2.67)：

$$R_{EQ} = \frac{1}{\frac{1}{R_1}+\frac{1}{R_2}+\frac{1}{R_3}} \qquad (2.67)$$

假設 $R_1 = 100\Omega$、$R_2 = 50\Omega$ 與 $R_3 = 40\Omega$，請計算圖 2.26 所示電路的等效電阻 $R_{EQ}$。

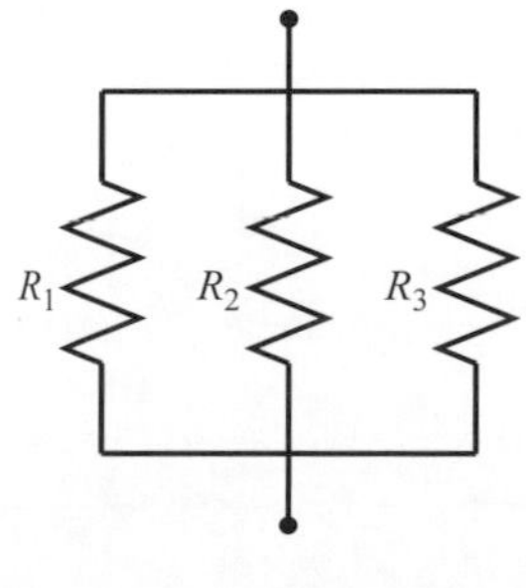


圖 2.26 三個並聯的電阻器。

2.32 **飛機的旋轉半徑**。一物體以等切線速度 $v$，在圓形路徑上移動，如圖 2.27 所示。物體在圓形路徑上移動的徑向加速度為

$$a = \frac{v^2}{r} \qquad (2.68)$$

其中 $a$ 是向心加速度，單位是 m/s$^2$，$v$ 是物體的切線速度，單位是 m/s，而 $r$ 是旋轉半徑，單位是 m。假設此物體是一架飛機，請回答下列問題：

(a) 假設飛機以 0.8 馬赫（即 80% 的音速）飛行，如果向心加速度是 2 g，則飛機的旋轉半徑是多少？（注意：對這個問題而言，你可以假設 1 馬赫等於 340 m/s，而 1 g = 9.81 m/s$^2$。）

(b) 假設飛機的速度增加到 1.5 馬赫。則飛機的旋轉半徑變成多少？

(c) 假設向心加速度保持 2 g，飛行速度為 0.5 馬赫到 2.0 馬赫之間，畫出飛機的旋轉半徑對飛行速度的圖形。

(d) 假設飛行員能承受的最大加速度為 7 g。在飛行速度為 1.3 馬赫下的最小可能飛機旋轉半徑是多少？

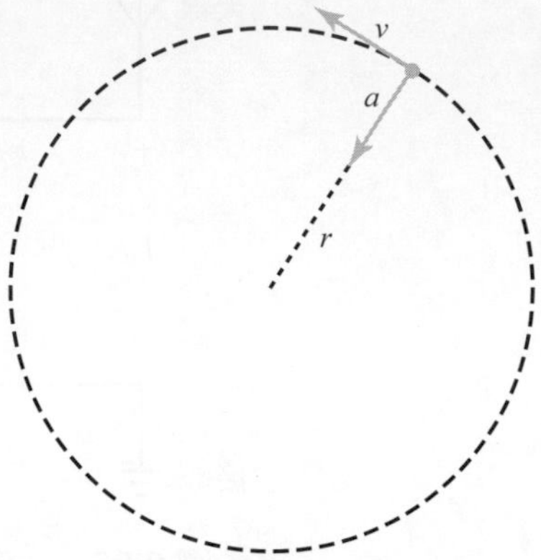


圖 2.27　受到向心加速度 $a$ 而進行等速圓周運動的物體。

(e) 假設飛機以 0.8 馬赫等速飛行，向心加速度在 2 g 到 8 g 之間，畫出飛機的旋轉半徑對向心加速度的圖形。

# 第 3 章 二維繪圖

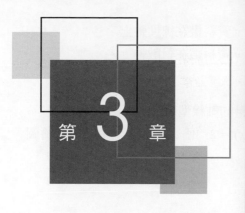

MATLAB 最強大的功能之一，就是它具有將工程師的工作資料輕易地產生視覺化的圖形。在其他常被工程師使用的程式語言，如 C++、Java、Fortran 等，繪圖是一件耗費精力的工作；或者必須使用額外的套裝軟體，而此軟體原本並不是基本程式語言的一部分。相較之下，工程師可以在最少的付出下，利用 MATLAB 立刻就可以準備好而產出高品質的圖形。

我們在第 2 章介紹了一些簡單的繪圖指令，並且利用它們在不同的範例及習題中來呈現各式樣的數據在線性以及對數尺度的圖形上。

由於繪圖的能力十分重要，我們將利用整章的篇幅，來學習如何將工程數據繪製成良好的二維圖形。至於三維繪圖將於第 8 章探討。

## 3.1 二維繪圖額外的繪圖功能

這一節要描述一些第 2 章提及二維繪圖的進階功能，進一步改進繪圖的品質。這些功能允許我們去控制圖形內 $x$、$y$ 值的顯示範圍、在原來的圖形上增加更多的圖形、產生多個圖形視窗、在同一個圖形視窗內產生數個子圖形，以及提供線條樣式與字串更多的控制與選擇。此外，我們也將學習如何產生極座標圖。

### 3.1.1 對數尺度

除了線性尺度外，我們也可以把資料畫在對數尺度上。在 $x$ 軸及 $y$ 軸上，線性跟對數尺度將產生四種可能的組合：

1. `plot` 函式將 $x$、$y$ 資料都畫在線性軸上。

2. semilogx 函式將 $x$ 資料畫在對數軸上，$y$ 資料畫在線性軸上。
3. semilogy 函式將 $x$ 資料畫在線性軸上，$y$ 資料畫在對數軸上。
4. loglog 函式將 $x$、$y$ 資料都畫在對數軸上。

這些函數的呼叫方式完全相同，差異只是顯示資料的軸線型態不同而已。

為了比較這四種型態的圖形，我們將針對 $y(x) = 2x^2$ 函數，在 0 至 100 區間繪圖。MATLAB 程式碼如下：

```
x = 0:0.2:100;
y = 2 * x.^2;

% For the linear / linear case
plot(x,y);
title('Linear / linear Plot');
xlabel('x');
ylabel('y');
grid on;

% For the log / linear case
semilogx(x,y);
title('Log / linear Plot');
xlabel('x');
ylabel('y');
grid on;

% For the linear / log case
semilogy(x,y);
title('Linear / log Plot');
xlabel('x');
ylabel('y');
grid on;

% For the log / log case
loglog(x,y);
title('Log / log Plot');
xlabel('x');
ylabel('y');
grid on;
```

圖 3.1 是四種型態繪圖比較。

當選擇線性或是對數圖形時，考量數據本身的類型是很重要的事。一般而言，如果繪圖數據的大小範圍涵蓋幾個級數的話，對數圖形比較合適，因為在線性圖形上，小數據資料相對而言將不易被察覺。如果繪圖數據涵蓋的動態範圍較小的話，那麼線性圖形就可以有很好的效果。

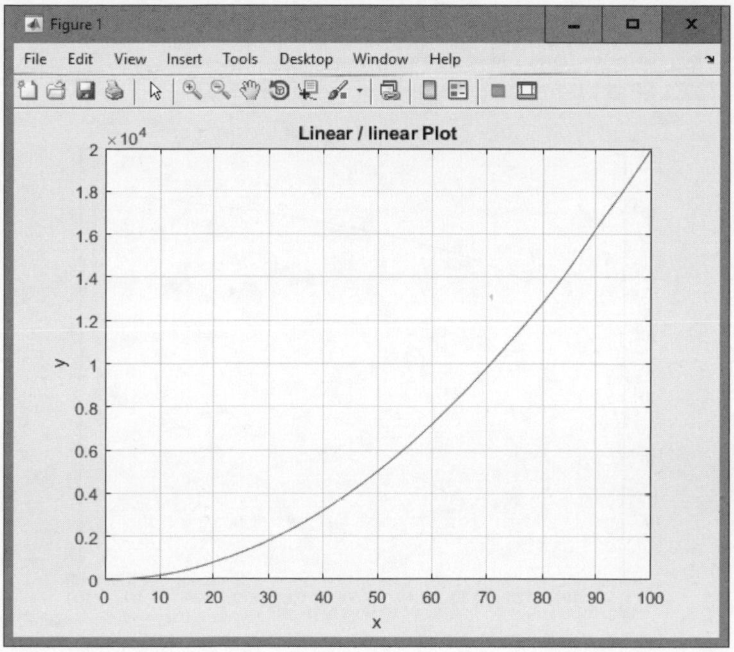


(a)

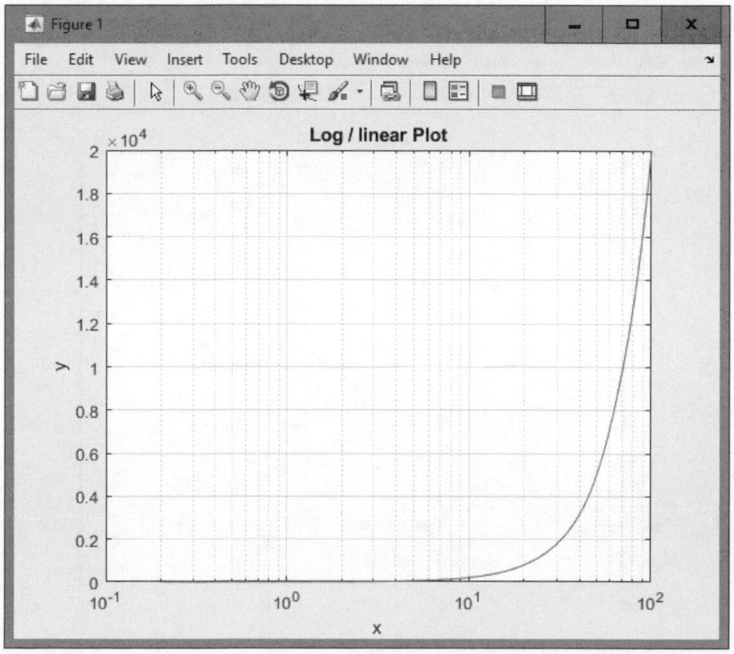


(b)

圖 3.1 linear、semilogx、semilogy 與 loglog 四種型態繪圖的比較。

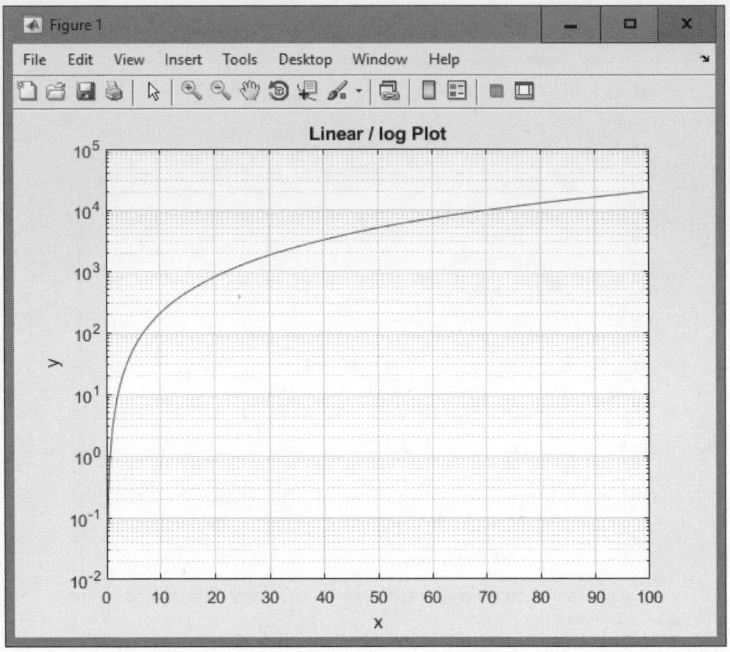


(c)

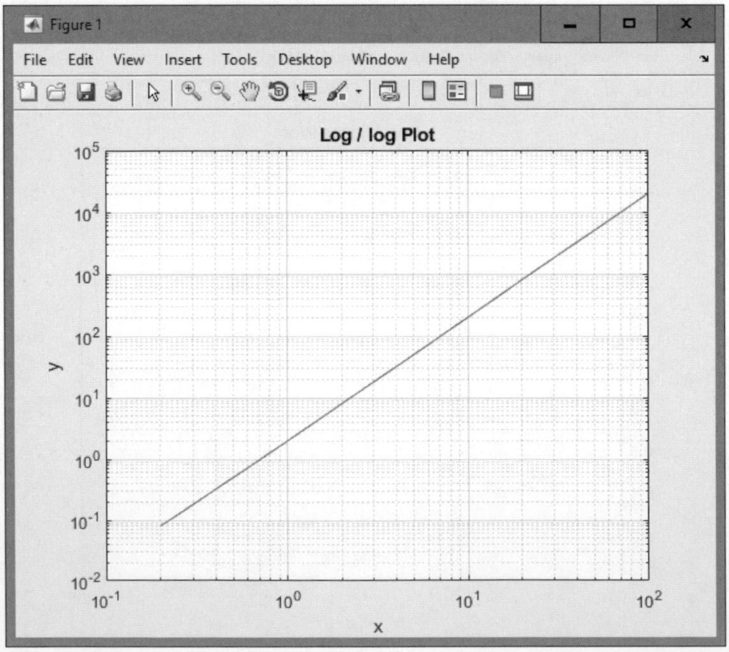


(d)

圖 3.1（續） `linear`、`semilogx`、`semilogy` 與 `loglog` 四種型態繪圖的比較。

## 指令／函式的二元性

有一些 MATLAB 項目，似乎無法確定自己到底是指令（打在指令行上的文字）還是函式（小括號內有引數）。舉例來說，axis 有時候像是個指令： axis on，有時候又像是個函式：axis([0 20 0 35])。這是如何辦到的呢？

MATLAB 指令實際上是藉由函式來實現其功能，當 MATLAB 直譯器遇到指令時，會很巧妙地以函式呼叫方式來代替指令。我們可以直接把指令當成函式呼叫，而不需要套用指令的語法。因此以下的兩個敘述式會是完全相同的：

```
axis on;
axis ('on');
```

當 MATLAB 遇到指令時，會將指令轉換成函式。它把每個指令引數變成字元字串，並把這些字元字串變成其相對應函式的引數。因此 MATLAB 解譯以下的指令

```
garbage 1 2 3
```

成下列的函式：

```
garbage('1','2','3')
```

請注意，*只有把字元當引數的函式，才可以當成指令使用*。以數字當引數的函式，只能以函式形式來使用。 這個事實解釋了為何 axis 有時候被當成指令，而有時候卻當作函式使用。

### 良好的程式設計

如果繪圖數據的大小範圍涵蓋幾個級數的話，使用對數圖形來正確地呈現數據。如果繪圖數據的大小範圍只有一個級數或更小的話，那就使用線性圖形。

再者，當嘗試對小於零的實數資料繪出對數圖形時要非常小心，因為小於零實數的對數函數是沒有定義的，所以 MATLAB 會針對這些資料點發出警告，並且忽略不會畫在圖上。

### 程式設計的陷阱

不要嘗試將負數資料畫在對數圖形上，這些資料會被忽略。

### 3.1.2 控制 $x$、$y$ 軸的繪圖範圍

在預設情況下，MATLAB 圖形的 $x$、$y$ 軸範圍足以顯示所有的輸入資料點。然而，有時候使用者只想顯示這些資料的特定部分。這可以藉由 **axis** 指令／函式來達到目的（請參考以下有關 MATLAB 指令與函式二元性的附註說明）。

表 3.1 列出 axis 指令／函式的一些格式說明，其中兩個最重要的格式用粗體來標示，它們可以讓程式設計者得到並可以修改現行圖形的座標範圍。讀者們可以在 MATLAB 的線上說明文件中，找到一個包含所有選項的完整表單。

**表 3.1** axis 函式／指令的格式說明

| 指令 | 說明 |
|---|---|
| `v = axis;` | 這個函式傳回四個元素的列向量 [xmin xmax ymin ymax]，分別代表目前圖形的顯示範圍。 |
| `axis ([xmin xmax ymin ymax]);` | 這個函式設定圖形的 $x$ 和 $y$ 軸顯示範圍。 |
| `axis auto` | 這指令恢復軸線的設定為預設值。 |
| `axis equal` | 這個指令設定兩座標軸的刻度間距相等。 |
| `axis ij` | 這指令設定圖形為矩陣軸模式（Matrix Axes mode），也就是 $i$ 軸是垂直向下為正，$j$ 軸是水平向右為正。 |
| `axis manual` | 這指令會儲存目前圖形的刻度及其顯示範圍。如果有更多的圖形藉由啟動 hold 指令繪製到相同軸線上，則這些圖形將使用既有的圖形刻度及顯示範圍。 |
| `axis normal` | 這個指令取消 axis equal 及 axis square 產生的效果。 |
| `axis square` | 這個指令使得現在的座標圈變成正方形。 |
| `axis tight` | 這指令設定軸線的範圍為資料的範圍。 |
| `axis off` | 這指令關掉所有的座標軸名稱、刻度、及背景。 |
| `axis on` | 這指令開啟所有的座標軸名稱、刻度、及背景（預設值）。 |
| `axis xy` | 這指令設定圖為卡氏座標模式（Cartesian Axes mode），也就是 $x$ 軸是水平向右為正，$y$ 軸是垂直向上為正。 |

為了示範 axis 的使用，我們令 $x$ 從 $-2\pi$ 到 $2\pi$，畫出 $f(x) = \sin x$ 的函數圖，然後限制座標的範圍為 $0 \le x \le \pi$ 以及 $0 \le y \le 1$。產生此函數圖形的程式敘述如下，其圖形如圖 3.2a 所示。

```
x = -2*pi:pi/20:2*pi;
y = sin(x);
plot(x,y);
title ('Plot of sin(x) vs x');
grid on;
```

這個圖形的座標範圍可由 axis 函式來取得。

```
» limits = axis
limits =
    -8      8     -1      1
```

這個圖形的座標範圍可藉由呼叫 axis([0 pi 0 1]) 函式來修改，執行後產生的圖形如圖 3.2b 所示。

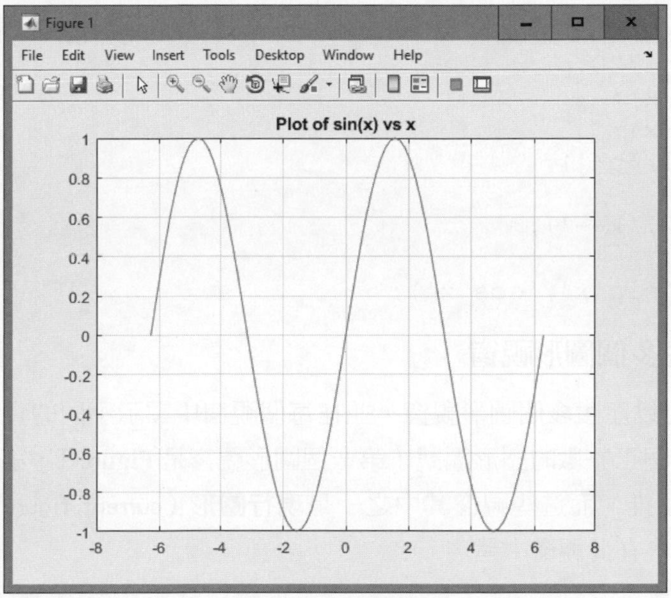


(a) sin $x$ 對 $x$ 的函數圖。

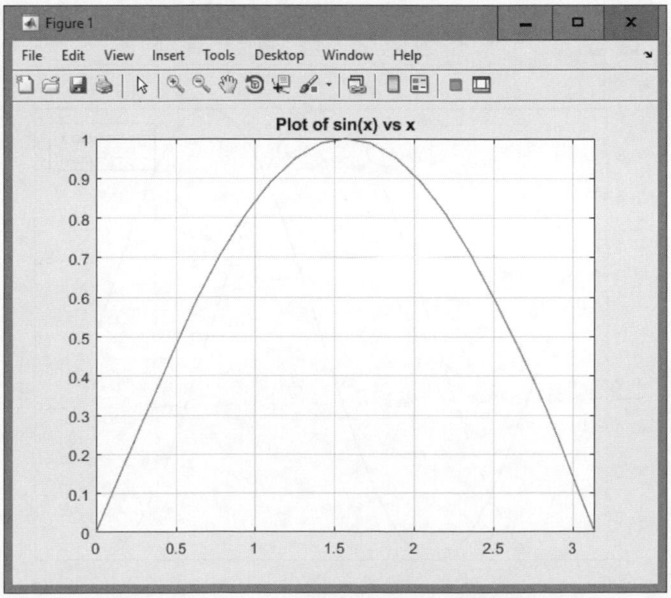


(b) [0 $\pi$ 0 1] 區間的函數局部圖形。

圖 3.2

### 3.1.3 在相同軸上繪製多個圖形

正常的情況下，每次執行 plot 指令時，都會產生一個新的圖形，同時也會遺失之前顯示在圖上的繪圖資料。使用 **hold** 指令可以改變這種情況。在使用 hold on 指令之後，所有其後所產生的圖形，都可以疊在之前的圖形上。而使用 hold off 指令，可以用來切換圖形視窗回到預設的狀態，也就是新的圖形會取代舊的圖形。

舉例來說，下列指令將會在同一個橫軸上畫出 sin *x* 及 cos *x*，如圖 3.3 所示。

```
x = -pi:pi/20:pi;
y1 = sin(x);
y2 = cos(x);
plot(x,y1,'b-');
hold on;
plot(x,y2,'k--');
hold off;
legend ('sin x','cos x');
```

### 3.1.4 產生多個圖形視窗

MATLAB 可以產生多個圖形視窗，並在每個視窗中顯示不同的資料。每個圖形視窗會被指定為一個正整數的圖形編號，第一個圖形視窗是 Figure 1，第二個圖形視窗是 Figure 2，以此類推。而這些視窗其中之一是**現行圖形（current figure）**，也就是所有新的繪圖指令將會在此視窗中呈現。

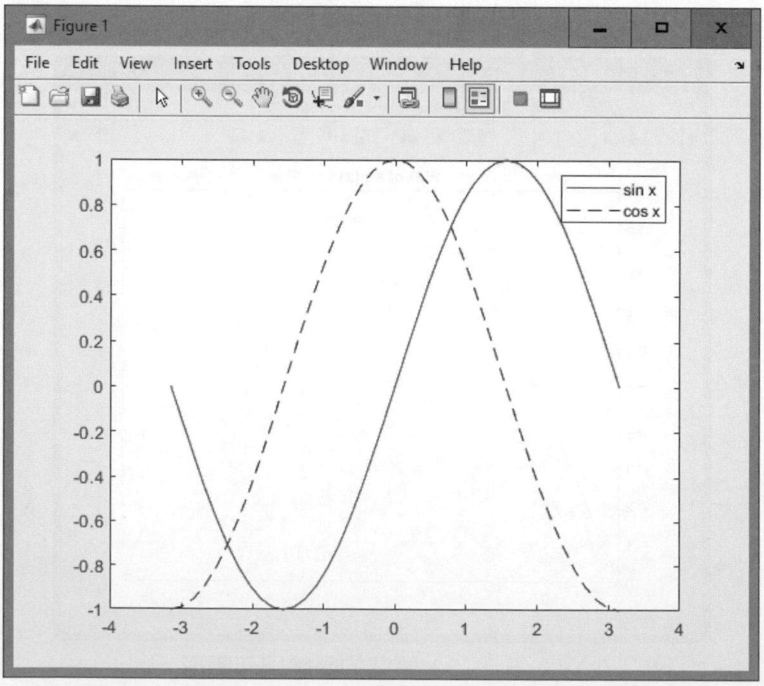


圖 3.3 使用 hold 指令，在一組軸上繪製多條曲線。

我們可以使用 **figure** 函式（**figure** function），選出一個圖形當成現行圖形。其函式格式為 “figurc(n)”，其中 n 代表圖形編號。執行這個指令後，圖形 n 就變成現行圖形，並用來在此視窗執行繪圖指令。如果圖形 n 不存在的話，則圖形 n 將被自動產生。此外，現行圖形也可以藉由滑鼠點擊某個圖形而被指定。

gcf 函式可以傳回現行圖形的握把（*handle*），MATLAB 函式可以用此握把來指定此圖形。如果需要知道現行圖形的握把時，可以在 M 檔案中使用這個函式。

下列指令用實例說明 figure 函式的使用方式，這些指令產生了兩個函數圖形，第一個圖形顯示了 $e^x$ 函數，第二個圖形則顯示了 $e^{-x}$ 函數（圖 3.4）。

```
figure(1)
x = 0:0.05:2;
y1 = exp(x);
plot(x,y1);
title(' exp(x)');
grid on;
figure(2)
y2 = exp(-x);
plot (x,y2);
title(' exp(-x)');
grid on;
```

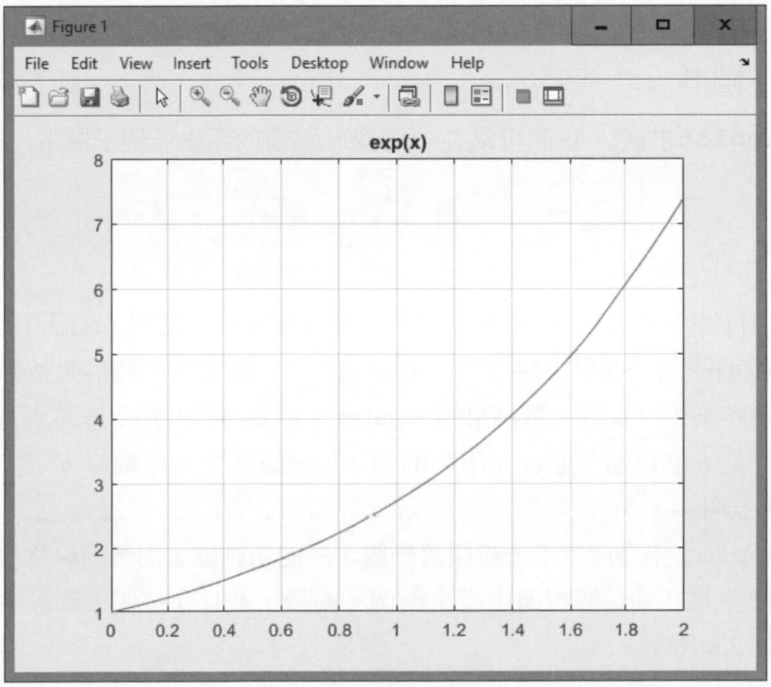


(a) 圖 1

圖 3.4 利用 figure 函式在不同圖形視窗上分別產生函數圖。

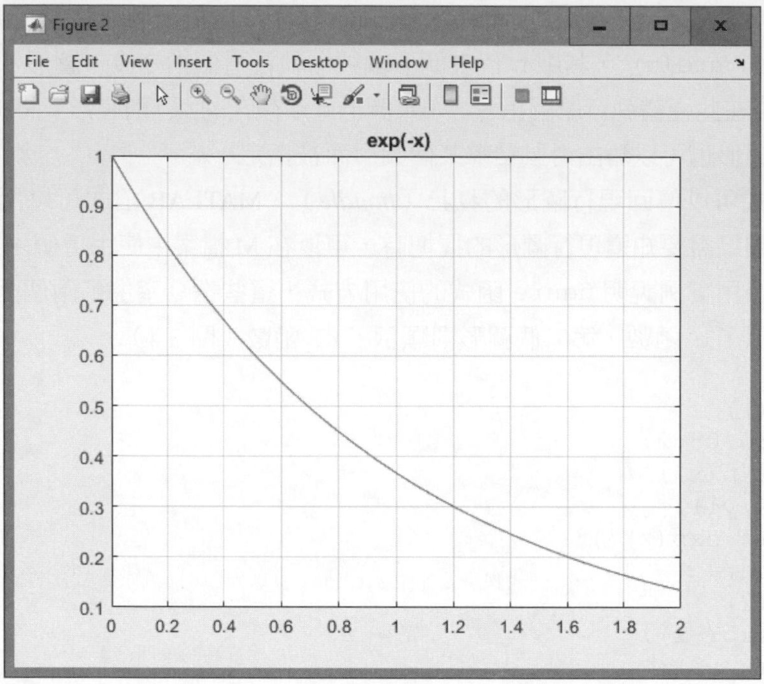


(b) 圖 2

圖 3.4（續） 利用 figure 函式在不同圖形視窗上分別產生函數圖。

### 3.1.5 子圖形

藉由 **subplot** 指令，我們可以在一個圖形視窗內產生多個子圖形。subplot 指令的形式為

```
subplot(m,n,p)
```

這個指令把現行圖形分成 m × n 個相同大小的區域，以 m 個列、n 個行的方式排列，並指定第 p 個編號的子圖形來接收所有的繪圖指令。所有的子圖形是按照由左到右、由上而下的順序來依序編號。舉例來說，subplot(2,3,4) 指令會將現行圖形視窗，分成 2 列 3 行的 6 個區域，並在左下角的第 4 個位置產生一組軸線，來接收新的繪圖資料（如圖 3.5 所示）。

如果 subplot 指令產生了一組與舊軸線矛盾的新軸線，則舊軸線會自動被刪除。

以下的指令會在同一個視窗中產生兩個子圖形，並且在每個子圖形中分別顯示繪圖結果，如圖 3.6 所示。

```
figure(1)
subplot(2,1,1)
x = -pi:pi/20:pi;
```

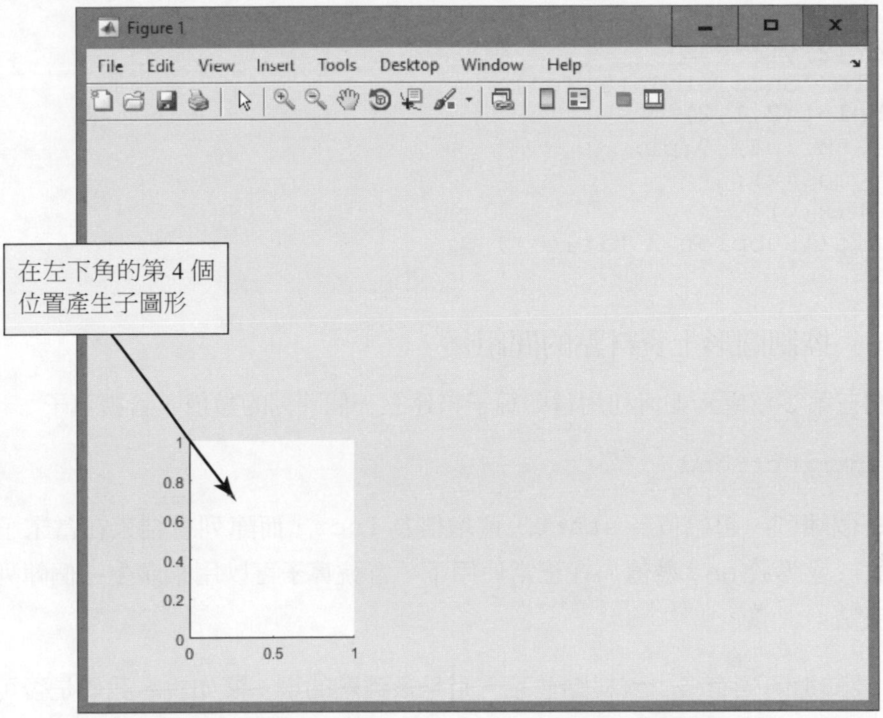


圖 3.5　subplot(2,3,4) 指令所產生的軸線。

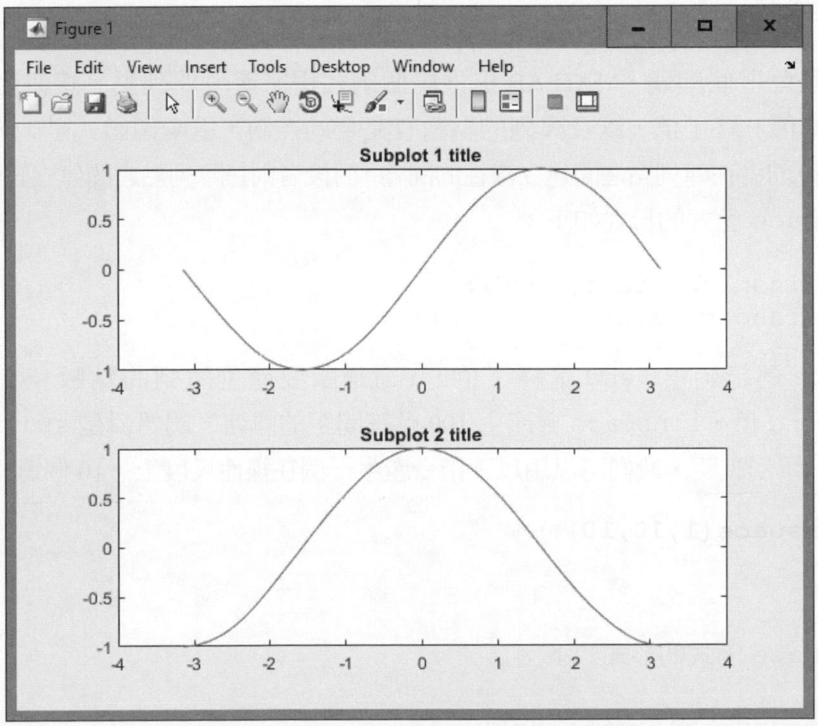


圖 3.6　具有兩個子圖形的圖形視窗。

```
y = sin(x);
plot(x,y);
title('Subplot 1 title');
subplot(2,1,2)
x = -pi:pi/20:pi;
y = cos(x);
plot(x,y);
title('Subplot 2 title');
```

### 3.1.6 控制圖形上資料點的間距

我們在第 2 章學到如何利用冒號算子來建立一個陣列的數值，冒號算子

```
start:incr:end
```

產生了一個陣列，起始值為 start，遞增值為 incr，而陣列會結束在當末了點加上遞增值大於或等於 end 數值。在正常使用下，冒號算子可以用來產生一個陣列，但它有兩個缺點：

1. 要知道陣列有多少資料點並不一定是很輕鬆的事，譬如說，我們是否可以看出由 0:pi:20 定義的陣列有多少點？
2. 由於陣列末了點的數值可能不是設定的終值，所以不能保證此設定的終值會在陣列中。

為了避免這些問題，MATLAB 提供兩個函式用來產生陣列點，讓使用者可以對陣列的起始值、終了值，以及陣列的點數有完全的控制。這兩個函式是 linspace 與 logspace，前者在陣列點之間建立線性的間隔，而後者則在陣列點之間建立對數的間隔。

linspace 函式的形式如下：

```
y = linspace(start, end);
y = linspace(start, end, n);
```

其中 start 是起始值，end 是終了值，n 則是所要產生陣列的點數。如果只指定 start 及 end 值，linspace 會產生 100 點等間距的陣列，起始值是 start，而終了值是 end。舉例說明，我們可以用以下指令產生一個在線性尺度上，10 個等間距的陣列

```
» linspace(1,10,10)
ans =
     1     2     3     4     5     6     7     8     9    10
```

logspace 函式的形式如下：

```
y = logspace(start,end);
y = logspace(start,end,n);
```

其中 start 是以 10 為底的起始次方或指數，end 是以 10 為底的終了次方（指數），n 則是所要產生陣列的點數。如果只指定 start 及 end 值，logspace 會產生 50 點在對數尺度上等間距的陣列，起始指數是 start，而終了指數是 end。舉例說明，我們可以用以下指令產生一個在對數尺度上，10 個等間距的陣列，而起始值是 1（$= 10^0$），終了值是 10（$= 10^1$）

```
» logspace(0,1,10)
ans =
    1.0000      1.2915      1.6681      2.1544      2.7826
3.5938    4.6416    5.9948    7.7426    10.0000
```

logspace 函式在產生繪在對數圖上的數據點特別有用，因為這些點在對數圖上就會平均分布。

### 例 3.1 產生線性與對數圖形

針對下列函數

$$y(x) = x^2 - 10x + 25 \tag{3.1}$$

在一個子圖形上，利用 21 個等間距的 $x$ 資料點（$0 \le x \le 10$），繪出其線性圖形；第二個子圖形上，在對數的 $x$ 軸上利用 21 個等間距的 $x$ 資料點（$10^{-1} \le x \le 10^1$），繪出半對數圖形。圖上每個代入函數計算的資料點要有標記，而且每個圖上要有標題及軸名。

**◈解答**

為了產生這兩個圖形，我們會使用 linspace 函式來計算線性 $x$ 軸上等間距的 21 點，然後使用 logspace 函式來計算對數 $x$ 軸上等間距的 21 點。接著，我們會將這些點代入 (3.1) 式求其函數值，再繪出函數曲線。以下為執行此工作的 MATLAB 程式碼。

```
%  Script file: linear_and_log_plots.m
%
%  Purpose:
%    This program plots y(x) = x^2 - 10*x + 25
%    on linear and semilogx axes.
%
%  Record of revisions:
%      Date       Programmer        Description of change
%      ====       ==========        =====================
%    01/06/18   S. J. Chapman     Original code
%
% Define variables:
%   g         -- Microphone gain constant
%   gain      -- Gain as a function of angle
%   theta     -- Angle from microphone axis (radians)

% Create a figure with two subplots
```

```
subplot(2,1,1);

% Now create the linear plot
x = linspace(0, 10, 21);
y =   x.^2 - 10*x + 25;
plot(x,y,'b-');
hold on;
plot(x,y,'ro');
title('Linear Plot');
xlabel('x');
ylabel('y');
hold off;
% Select the other subplot
subplot(2,1,2);

% Now create the logarithmic plot
x = logspace(-1, 1, 21);
y = x.^2 - 10*x + 25;
semilogx(x,y,'b-');
hold on;
semilogx(x,y,'ro');
title('Semilog x Plot');
xlabel('x');
ylabel('y');
hold off;
```

完成的圖形如圖 3.7 所示，注意兩個圖形的 $x$ 軸尺度並不相同，但兩者都有 21 個等間距的樣本點。

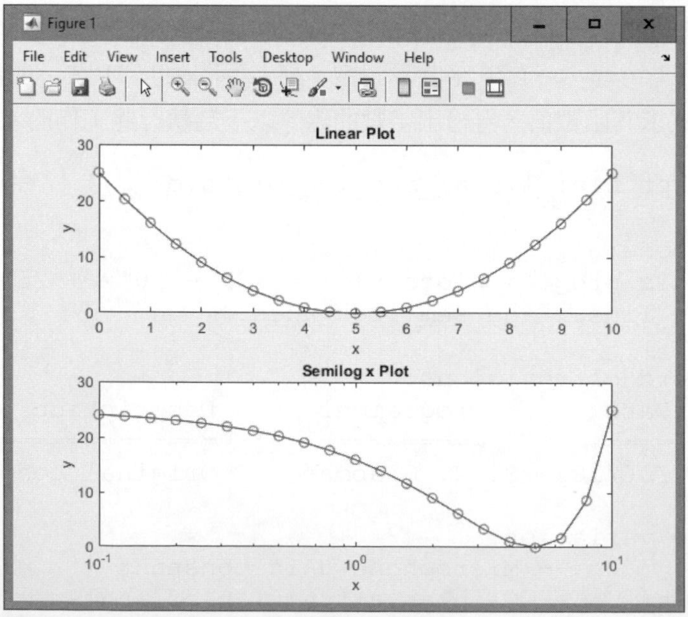


圖 3.7　繪在線性軸線與對數軸線的函數 $y(x) = x^2 - 10x + 25$。

## 3.1.7 繪製線型的進階控制

我們在第 2 章學到如何設定資料線型的顏色、樣式及標記種類。我們也可以設定四種與線型有關的性質：

- LineWidth ——設定每條線的寬度，以點為單位。
- MarkerEdgeColor ——設定標記顏色，或填滿標記的邊緣顏色。
- MarkerFaceColor ——設定填滿標記的表面顏色。
- MarkerSize ——設定標記的大小，以點為單位。

這些性質可以藉由 plot 指令以下列方式設定：

```
plot(x,y,'PropertyName',value,...)
```

舉例來說，下列指令將在資料點畫出 3 點寬的黑色實線，並包含 6 點寬的圓形標記，而每個標記具有邊緣及標記中心，如圖 3.8 所示。

```
x = 0:pi/15:4*pi;
y = exp(2*sin(x));
plot(x,y,'-ko','LineWidth',3.0,'MarkerSize',6,...
       'MarkerEdgeColor','r','MarkerFaceColor','g')
```

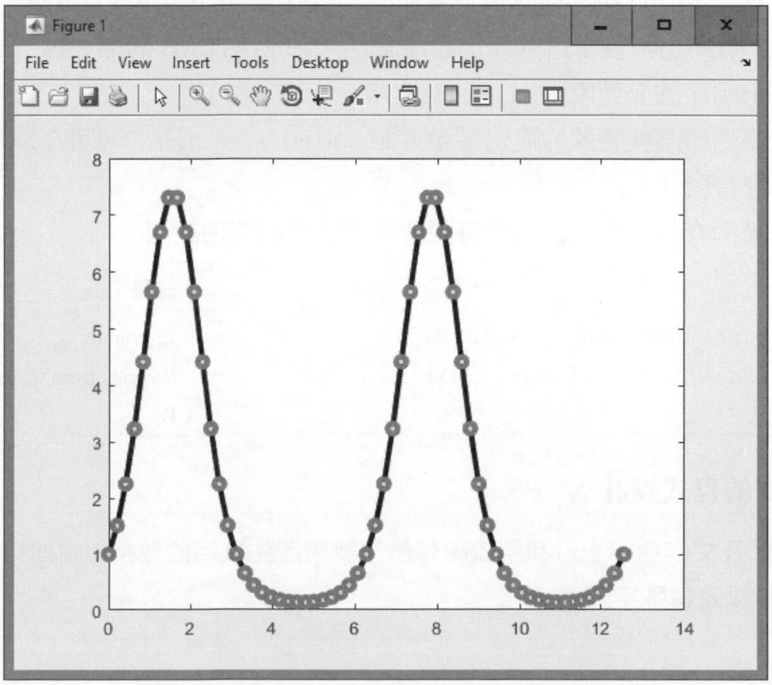


圖 3.8 示範使用線寬及標記性質的圖例。

### 3.1.8 文字字串的進階控制

MATLAB 可以對圖形內的文字字串（標題、軸名等）的格式，做進一步的控制，像是使用粗體、斜體字，或是特殊文字如希臘字或數學符號。

我們也可以使用**流線修飾符號（stream modifiers）**，來修改顯示文字的字體格式。流線修飾符號是利用一特殊順序的字母所組成，用來告訴 MATLAB 直譯器去改變文字顯示的格式。最常用到的流線修飾符號有：

- `\bf`——粗體。
- `\it`——斜體。
- `\rm`——移除流線修飾符號，恢復正常的字形。
- `\fontname{`*`fontname`*`}`——指定使用字型的名稱。
- `\fontsize{fontsize}`——指定字型大小。
- `_{xxx}`——以下標表示括號內的字元。
- `^{xxx}`——以上標表示括號內的字元。

一旦在字元字串內插入流線修飾符號後，除非在中間被取消，否則其效果將一直持續到字串的最後一個字元。任一個流線修飾符號後方，都可以加上括號 { }。如果流線修飾符號後方有括號，則只有在括號內的文字才會受到影響。

特殊的希臘文字及數學符號也可以用在文字字串中。它們需要藉由在文字字串內加上*逸出序列*（escape sequences）來產生。這些逸出順序字串如同 TeX 語言所定義的一樣，表 3.2 中列出一些常用的逸出順序實例。在 MATLAB 的線上說明文件中，可以找到所有逸出順序的完整說明。

如果需要列印某些特殊的逸出字元，如 \、{、}、_ 或是 ^，可在這些符號之前加上一個反斜線符號（\）。

以下的範例介紹一些流線修飾符號及特殊字元的使用說明。

| 字串 | 結果 |
|---|---|
| `\tau_{ind} versus \omega_{\itm}` | $\tau_{\mathrm{ind}}$ versus $\omega_m$ |
| `\theta varies from 0\circ to 90\circ` | $\theta$ varies from 0° to 90° |
| `\bf{B}_{\itS}` | $\mathbf{B}_s$ |

**良好的程式設計**

在圖形標題及文字標示上，利用流線修飾符號來產生文字的效果，諸如粗體、斜體、上標、下標以及特殊字元。

表 3.2 一些希臘文字及數學符號

| 字元序列 | 符號 | 字元序列 | 符號 | 字元序列 | 符號 |
|---|---|---|---|---|---|
| \alpha | $\alpha$ | | | \int | $\int$ |
| \beta | $\beta$ | | | \cong | $\cong$ |
| \gamma | $\gamma$ | \Gamma | $\Gamma$ | \sim | $\sim$ |
| \delta | $\delta$ | \Delta | $\Delta$ | \infty | $\infty$ |
| \epsilon | $\epsilon$ | | | \pm | $\pm$ |
| \eta | $\eta$ | | | \leq | $\leq$ |
| \theta | $\theta$ | | | \geq | $\geq$ |
| \lambda | $\lambda$ | \Lambda | $\Lambda$ | \neq | $\neq$ |
| \mu | $\mu$ | | | \propto | $\propto$ |
| \nu | $\nu$ | | | \div | $\div$ |
| \pi | $\pi$ | \Pi | $\Pi$ | \circ | $\circ$ |
| \phi | $\phi$ | | | \leftrightarrow | $\leftrightarrow$ |
| \rho | $\rho$ | | | \leftarrow | $\leftarrow$ |
| \sigma | $\sigma$ | \Sigma | $\Sigma$ | \rightarrow | $\rightarrow$ |
| \tau | $\tau$ | | | \uparrow | $\uparrow$ |
| \omega | $\omega$ | \Omega | $\Omega$ | \downarrow | $\downarrow$ |

## 例 3.2 以特殊符號標示圖形

在 $0 \le t \le 10$ s 時間範圍內，繪製指數衰變函數圖形

$$y(t) = 10e^{-t/\tau} \sin \omega t \tag{3.2}$$

其中時間常數 $\tau = 3$ s，徑向速度（radial velocity）$\omega = \pi$ rad/s。在圖形標題處標示函數方程式，並適當標示 $x$ 及 $y$ 軸。

**◈解答**

我們將用 `linspace` 函式來計算介於 0 與 10 之間 100 個等間距的樣本點，接著我們將這些點代入 (3.2) 式求其函數值，然後繪出其曲線。最後，我們將用本章的特殊符號來產生圖形的標題。

圖形標題必須包括 $y(t)$、$t/\tau$ 以及 $\omega t$ 的斜體字，而且 $t/\tau$ 必須設為上標。完成這些標示的符號字串為

```
\it{y(t)} = \it{e}^{-\it{t / \tau}} sin \it{\omegat}
```

繪製這個函數圖形的 MATLAB 程式碼列出如下：

```
%  Script file: decaying_exponential.m
%
%  Purpose:
```

```
%    This program plots the function
%    y(t) = 10*EXP(-t/tau)*SIN(omega*t)
%    on linear and semilogx axes.
%
%  Record of revisions:
%      Date          Programmer       Description of change
%      ====          ==========       =====================
%    01/06/18     S. J. Chapman     Original code
%
% Define variables:
%   tau       -- Time constant, s
%   omega     -- Radial velocity, rad/s
%   t         -- Time (s)
%   y         -- Output of function

% Declare time constant and radial velocity
tau = 3;
omega = pi;

% Now create the plot
t = linspace(0, 10, 100);
y = 10 * exp(-t./tau) .* sin(omega .* t);
plot(t,y,'b-');
title('Plot of \it{y(t)} = \it{e}^{-\it{t / \tau}} sin \it{\omegat}');
xlabel('\it{t}');
ylabel('\it{y(t)}');
grid on;
```

圖 3.9 為完成的圖形。

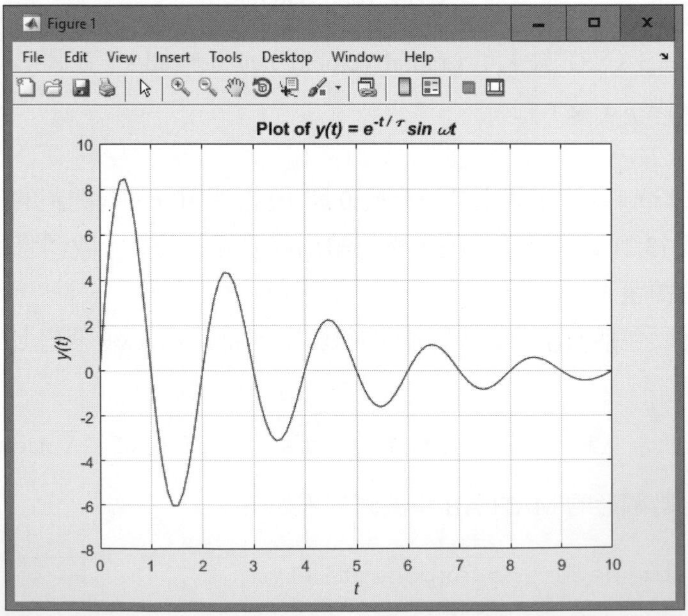


圖 3.9　$y(t) = 10e^{-t/\tau}\sin\omega t$ 之函數圖形，並利用特殊符號列出方程式於標題上。

## 3.2 極座標圖

MATLAB 包含一個特殊函式 polarplot，它能在極座標上繪圖[1]。這個函式的基本形式為

```
polarplot(theta,r)
polarplot(theta,r,LineSpec)
```

其中 theta 是弧度角的陣列（逆時針方向為正），r 為離原點的距離陣列，而 LineSpec 即是在 2.11.4 節中所定義的線條格式。

這函式對本質上為角度函數的繪圖非常有用，如下例所示。

### 例 3.3　心臟型麥克風

大部分在舞台上使用的麥克風是具有方向性的，之所以如此設計是為了加強來自麥克風前方歌手的訊號，並降低來自後方群眾所產生的噪音。像這種麥克風的增益（gain）會以角度為函數的關係式而變化，其關係式如下

$$Gain = 2g(1 + \cos\theta) \tag{3.3}$$

其中 $g$ 為與麥克風特性有關的常數，而 $\theta$ 則是麥克風的軸線對音源的角度。假設對某個特定的麥克風而言，$g$ 值是 0.5，請繪製一個以麥克風增益對音源方向角的極座標函數圖。

**◈解答**

我們必須計算麥克風對角度的增益，然後畫成極座標圖。以下是執行此工作的 MATLAB 程式碼。

```
%  Script file: microphone.m
%
%  Purpose:
%    This program plots the gain pattern of a cardioid
%    microphone.
%
%  Record of revisions:
%    Date         Engineer         Description of change
%    ====         ==========       ====================
%  01/06/18     S. J. Chapman    Original code
%
```

1　MATLAB 在 R2016a 版本增加函式 polarplot，此指令不適用於之前的版本。之前的 MATLAB 版本使用函式 polar 繪製極座標圖，但是並不推薦繼續使用。

```
% Define variables:
%   g          -- Microphone gain constant
%   gain       -- Gain as a function of angle
%   theta      -- Angle from microphone axis (radians)

% Calculate gain versus angle
g = 0.5;
theta = linspace(0,2*pi,41);
gain = 2*g*(1+cos(theta));

% Plot gain
polar (theta,gain,'r-');
title ('\bfGain versus angle \it{\theta}');
```

完成的圖形如圖 3.10 所示，因為其增益圖形像心臟的形狀，所以這類型的麥克風稱為心臟型麥克風。

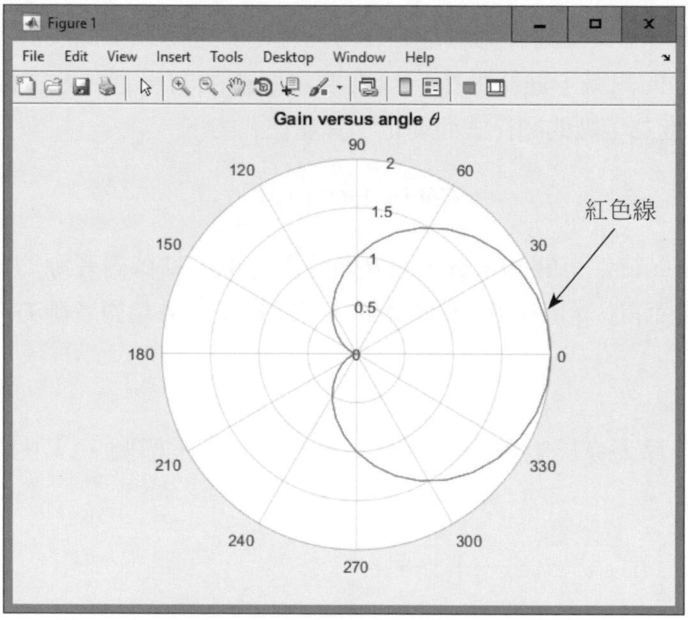


圖 3.10　心臟型麥克風的增益圖。

## 3.3 註解並儲存圖形

一旦 MATLAB 程式產生圖形之後，使用者可以藉著繪圖工具列中的使用者圖形介面（GUI）工具，編輯並註解圖形。這些工具允許使用者編輯圖形中任何物件的屬性，或是在圖形中加入註解，如圖 3.11 所示。從工具列中按下編輯按鈕（ ）後，我們就可以使用編輯工具。點擊圖形中的線條或文字，便可選擇使其進入編輯模式，而點擊兩下圖形中的線條或文字，將會打開一個屬性編輯視窗（Property Editor window），允許使用者修改該物件的任何屬性。圖 3.12 顯示使用者點選圖 3.10 的紅色線條後，將它修改成 3 個像素寬的藍色實線。

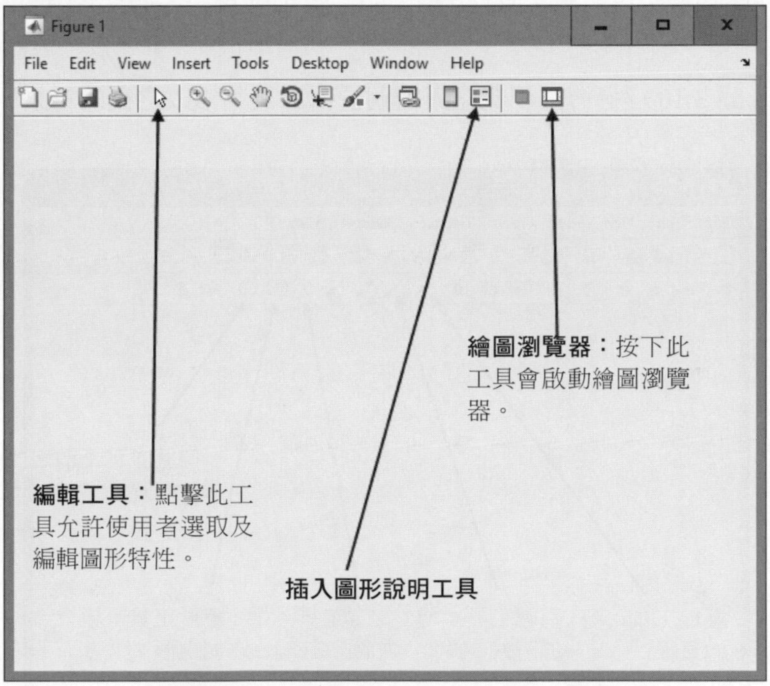


圖 3.11　在圖形工具列的編輯工具。

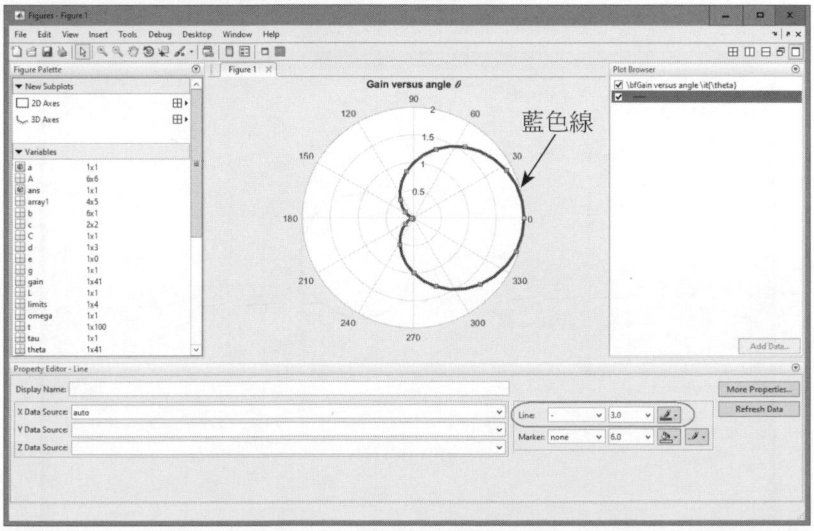


圖 3.12　使用內建於圖形工具列的編輯工具修改圖 3.10 的線條。

圖形工具列也包含了繪圖瀏覽器（Plot Browser）按鈕（ ）。按下這個按鈕，會出現繪圖瀏覽器。這個工具給予使用者對圖形的完整控制權，使用者能夠增加軸線、編輯物件特性、修改資料值，並增加線條或是文字的註解方塊。

如果繪圖編輯工具列沒有顯示在圖形視窗的話，使用者可藉由點選 “View > Plot Edit Toolbar” 選項將其啟動顯示在圖形視窗。繪圖編輯工具列允許使用者增加直線、箭號、文字、矩形及橢圓形，以加強圖形的註解說明。圖 3.13 顯示一個具有繪圖編輯工具列的圖形視窗。

圖 3.14 為圖 3.10 經過繪圖瀏覽器與繪圖編輯工具列修改之後的結果，使用者利用

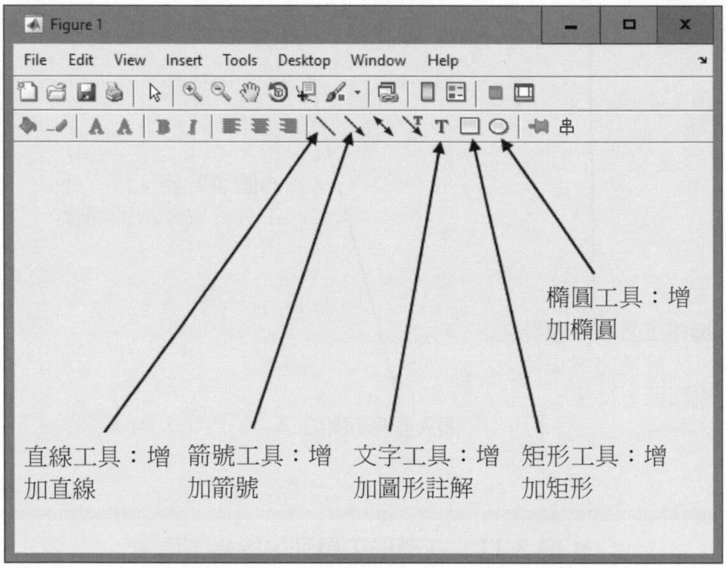


圖 3.13　顯示繪圖編輯工具列的圖形視窗。

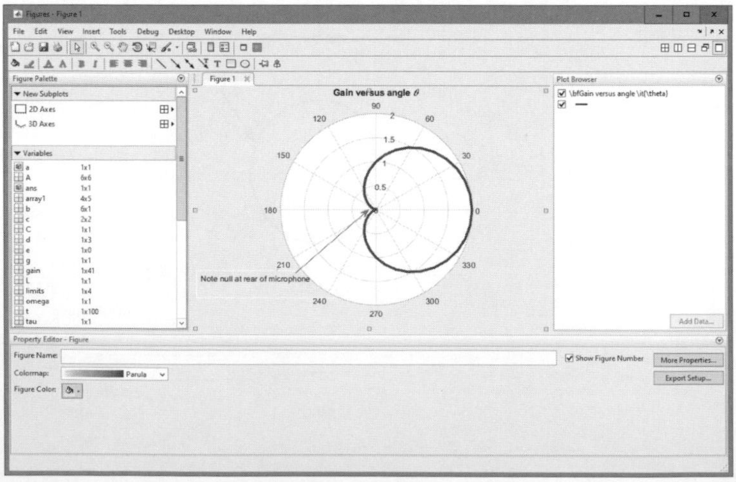


圖 3.14　使用繪圖瀏覽器後，圖 3.10 增加了一個箭號及註解。

繪圖編輯工具列上的工具，把一個箭號及註解加入原圖中。

當圖形被編輯並加上註解後，我們可以使用圖形視窗的功能表項目 “File/Save As”，儲存修改過的圖形。此圖形檔案（*.fig）包含需要用來重建原圖加上註解的所有資訊。

### 測驗 3.1

這個測驗提供一個快速的檢驗，來檢視你是否了解 3.3 節所介紹的觀念。如果你覺得這個測驗有些困難，請重新閱讀這些章節、請教授課老師，或是與同學討論。測驗解答收錄在本書的附錄 B。

1. 撰寫 MATLAB 敘述，畫出 $\sin x$ 相對於 $\cos 2x$ 的圖形，$x$ 從 0 到 $2\pi$，每次增加 $\pi/10$。資料點必須用 2 像素寬的紅色線連接，而且每個資料點用 6 像素寬的藍色圓形記號標示。
2. 使用圖形編輯工具，將前一題圖形的標記改變成黑色方塊，並在圖上增加箭號及註解，使其指向位置 $x = \pi$ 處。

寫出產生下列敘述的 MATLAB 文字字串：

3. $f(x) = \sin \theta \cos 2\phi$
4. **$\Sigma x^2$ 對 $x$ 的函數圖**

寫出下列文字字串所產生的表示式：

5. `'\tau\it_{m}'`
6. `'\bf\itx_{1}^{ 2} + x_{2}^{ 2} \rm(units: \bfm^{2}\rm)'`
7. 利用極座標圖繪製 $r = 10 \cos(3\theta)$ 的函數圖，令 $0 \le \theta \le 2\pi$ 且資料點間隔為 $0.01\pi$。
8. 在線性及 log-log 圖上，繪製 $y(x) = \dfrac{1}{2x^2}$ 函數圖，令 $0.01 \le x \le 100$。利用 `linspace` 及 `logspace` 函式來產生資料點。請問這個函數圖在 `loglog` 圖上的形狀為何？

## 3.4 額外的二維圖形類別

除了我們已經介紹過的一些二維圖形之外，MATLAB 也支援許多其他特殊的圖形。事實上，MATLAB 說明文件中，列出了超過 20 種的二維圖形！這些例子包括了**長桿圖**（stem plots）、**階梯圖**（stair plots）、**長條圖**（bar plots）、**圓餅圖**（pie plots）、**三維圓餅圖**（three-dimensional pie plots）以及**羅盤圖**（compass plots）。長桿圖是使用一個標記來標示資料值，並使用一條垂直的直線，來連接標記與 *x* 軸。**階梯圖**則是使用水平線段來標示每個資料點，而點與點間則使用垂直線段相連接，使圖形看起來像是階梯形狀。**長條圖**使用垂直長條，或是水平長條來表示每個資料點。**圓餅圖**是使用不同大小的「扇形區域」來標示資料比例的圖形。**三維圓餅圖**用於表現三維外觀的圓餅圖（像是錢幣）。最後一個是**羅盤圖**，這是一種極座標圖，它使用箭頭的樣式來表示每個資料點，並利用箭頭的長度來表示資料點數值的大小。這些圖形總結在表 3.3 中，而這些圖形的例子則呈現在圖 3.15 供讀者參考。

階梯圖、長桿圖、直條圖、橫條圖，以及羅盤圖，與 plot 函式的使用方法類似。舉例來說，下列程式碼產生如圖 3.15a 的長桿圖：

```
x = [ 1 2 3 4 5 6];
y = [ 2 6 8 7 8 5];
stem(x,y);
title('\bfExample of a Stem Plot');
xlabel('\bf\itx');
ylabel('\bf\ity');
axis([0 7 0 10]);
```

將上述程式碼中的 stem 改成 stairs、bar、barh 或是 compass，就可以畫出階梯圖、直條圖、橫條圖或是羅盤圖。有關這些圖形的詳細說明，包括任何可選擇的參數，都可以在 MATLAB 線上說明系統裡找到。

pie 與 pie3 函式的繪圖模式與之前提到的圖形不同。如果想要產生一個圓餅圖，程式設計者需要把包含畫圖資料的陣列 x 傳給函式，而 pie 函式再決定每個 x **占所有 x 的百分比例**。舉例來說，假如 x 陣列為 [1  2  3  4]，則 pie 函式將計算圓餅第一個元素 x(1) 的比例為 1/10 或是 10%，圓餅第二個元素 x(2) 的比例為 2/10 或是

### 表 3.3　額外的二維繪圖函式

| 函式 | 說明 |
|---|---|
| bar(x,y) | 產生直條圖，使用 x 值來標示每根長條，而使用 y 值來決定長條的垂直高度。 |
| barh(x,y) | 產生橫條圖，使用 x 值來標示每根長條，而使用 y 值來決定長條的水平長度。 |
| compass(x,y) | 產生極座標圖，並畫出從座標原點到資料點 $(x, y)$ 的箭頭。請注意圓形內的資料點位置，是用直角座標表示，而不是用極座標表示。 |
| pie(x)<br>pie(x,explode) | 產生圓餅圖。這函式計算每個 x 值相對於全部的比例，並依此比例畫出對等大小的扇形區域。選項陣列 explode 可以決定是否要把個別的扇形區域，與其他區域隔開顯示。 |
| pie3(x)<br>pie3(x,explode) | 產生三維圓餅圖。此函式類似 pie。 |
| stairs(x,y) | 產生階梯圖，而每個階梯的中心將落在資料點 $(x, y)$ 上。 |
| stem(x,y) | 產生長桿圖，在每個資料點 $(x, y)$ 上有個標記， 並且由該點垂直畫一條線連接到 *x* 軸上。 |

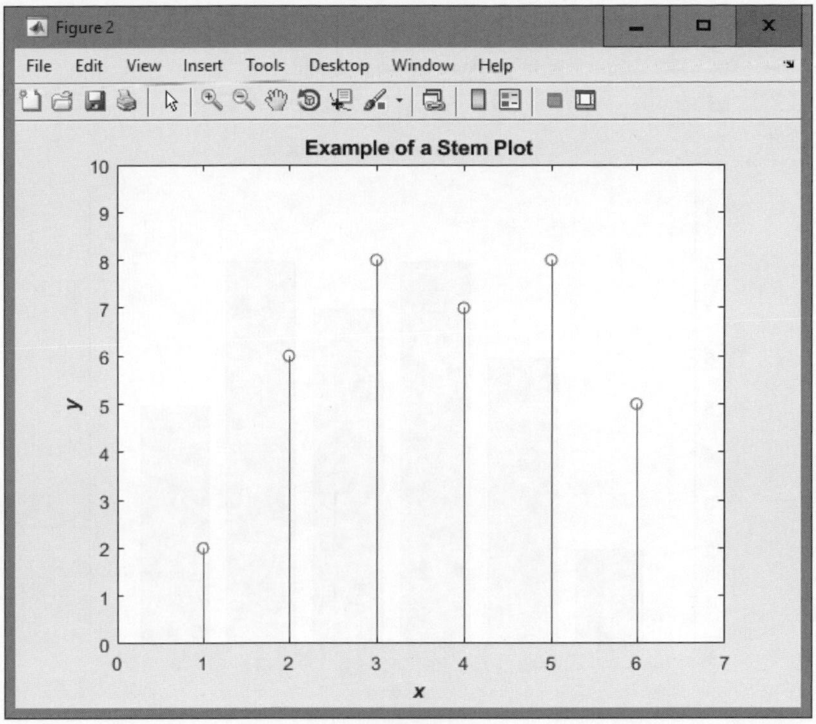


(a) 長桿圖

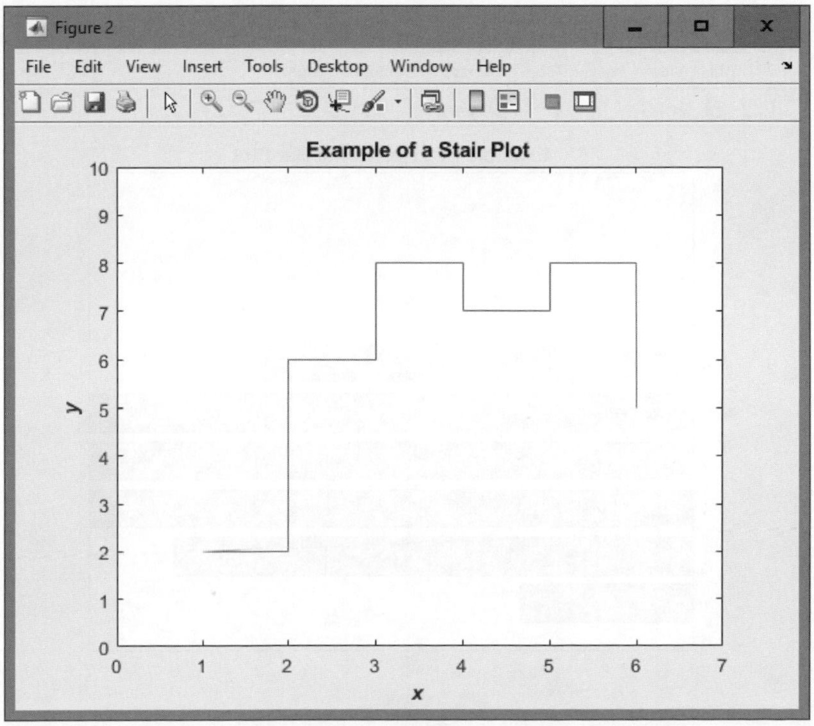


(b) 階梯圖

圖 3.15　其他的二維圖形。

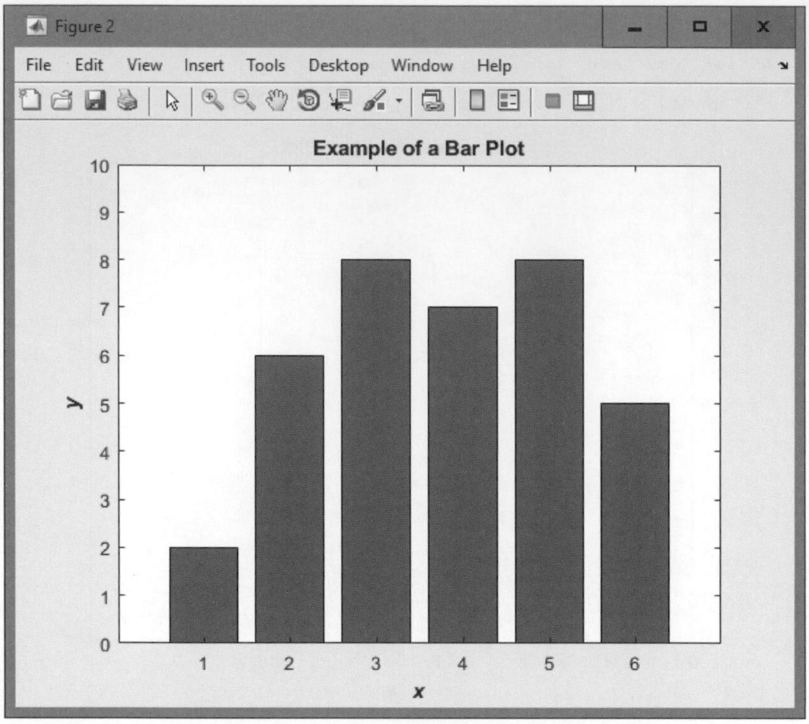


(c) 直條圖

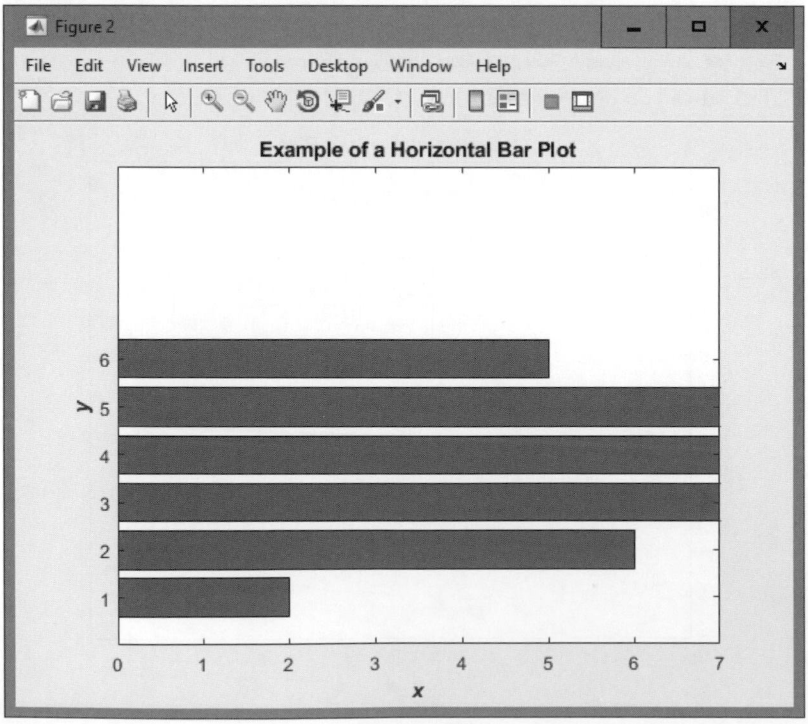


(d) 橫條圖

☙ 圖 3.15（續） 其他的二維圖形。

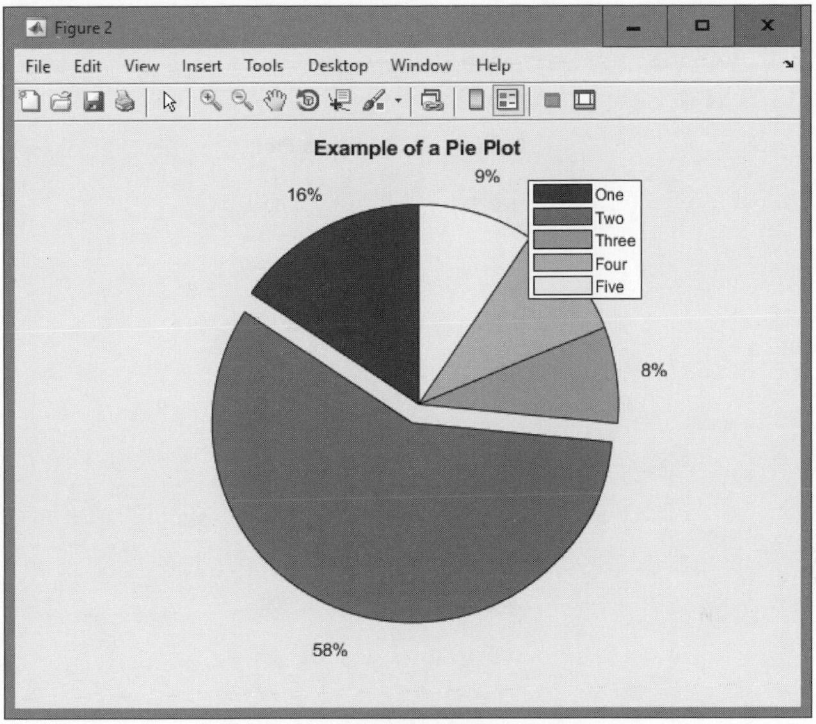


(e) 圓餅圖

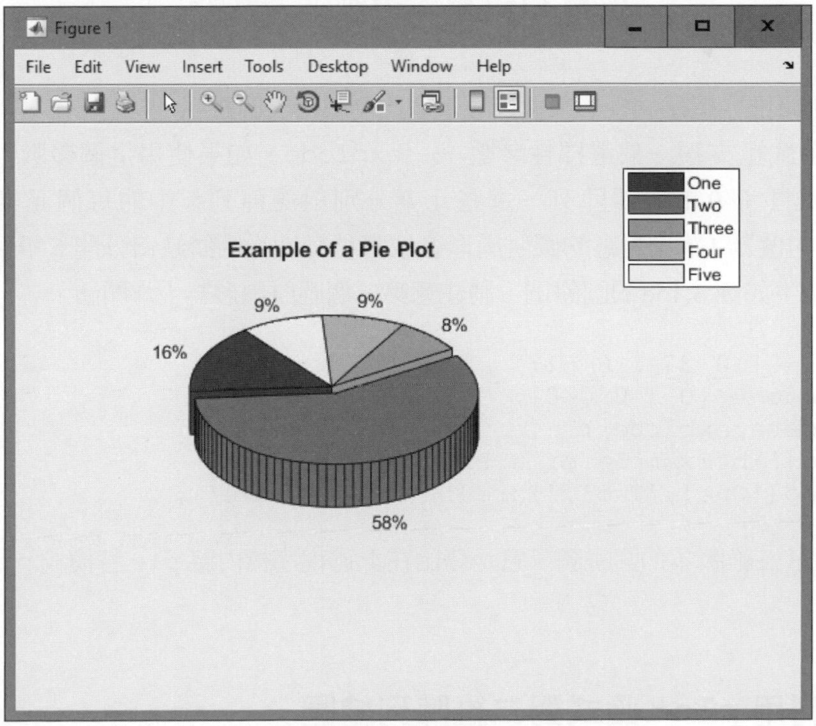


(f) 三維圓餅圖

圖 3.15（續） 其他的二維圖形。

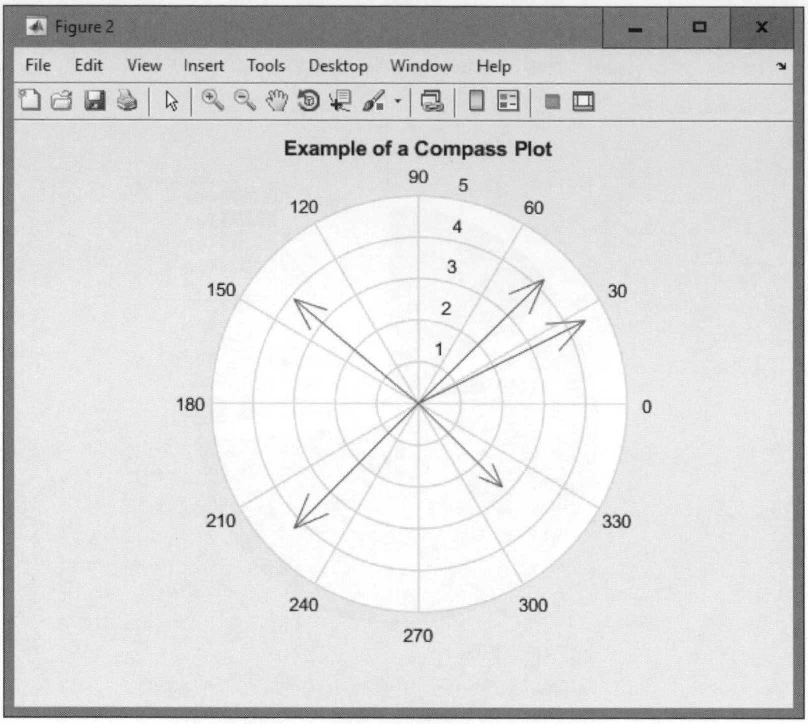


(g) 羅盤圖

圖 3.15（續） 其他的二維圖形。

20%，依此類推。這函式接下來便依照這個比例來繪製圓餅圖。

pie 函式也支援一個選擇性參數── explode。如果使用這個參數，explode 是一個包含 1 與 0 的邏輯陣列，這些元素分別對應陣列 x 中的每個元素。假設在 explode 的值為 1，則對應的圓餅扇形區域將稍微地從圓餅缺口分開。舉例來說，下面程式碼產生如圖 3.15e 的圓餅圖。請注意第二個圓餅扇形為「炸開圖」。

```
data = [10 37 5 6 6];
explode = [0 1 0 0 0];
pie(data,explode);
title('\bfExample of a Pie Plot');
legend('One','Two','Three','Four','Five');
```

圖 3.15f 顯示三維版本的圓餅圖，它是藉由在上述程序檔內將 pie 替換成 pie3 所產生的。

## 3.5 利用 plot 函式對二維陣列繪圖

在本書之前所有的範例裡，我們都是用一個向量資料，一次畫一條線。如果我們擁有的是二維陣列資料而不是向量資料，那會怎樣？結果是 MATLAB 會把二維陣列的每一行視為一條線，而且資料集合內有多少行，就會畫出多少條線。舉例而言，假設我們在一個陣列的第一行建立了函數 $f(x) = \sin x$ 的數據，第二行是 $f(x) = \cos x$，第三行是 $f(x) = \sin^2 x$，第四行是 $f(x) = \cos^2 x$，而 $x$ 點介於 0 與 10 之間，間距為 0.1。這個可用以下的敘述式來產生

```
x = 0:0.1:10;
y = zeros(length(x),4);
y(:,1) = sin(x);
y(:,2) = cos(x);
y(:,3) = sin(x).^2;
y(:,4) = cos(x).^2;
```

如果這個陣列用 `plot(x,y)` 指令繪圖，結果如圖 3.16 所示，注意 `y` 陣列的每一行已變成在圖上不同的線。

繪圖指令 `bar` 與 `barth` 也可以接受二維陣列的引數，如果提供一個陣列引數給這兩個指令，程式會在圖形上將每一行呈現不同顏色的長條圖。以下列程式碼為例，說明如何產生圖 3.17 的直條圖。

```
x = 1:5;
y = zeros(5,3);
```

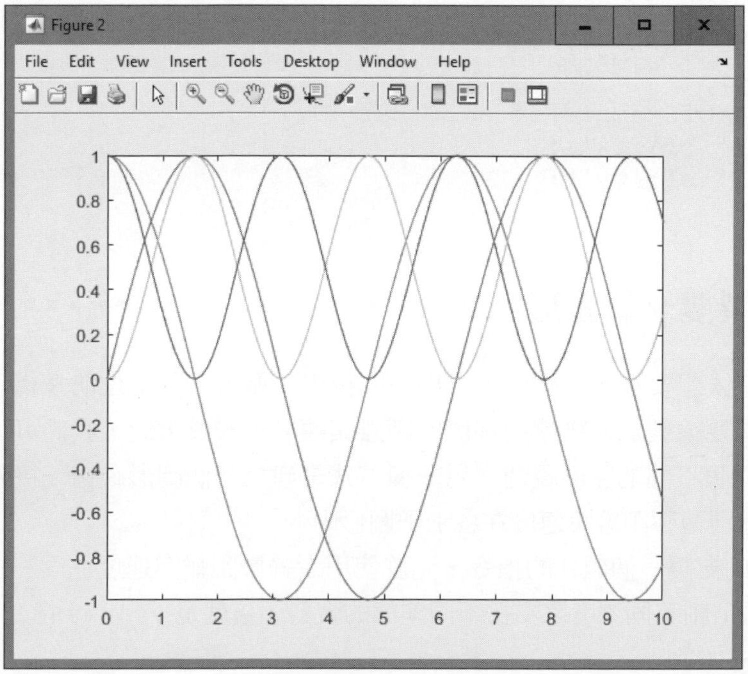


圖 3.16 對二維陣列 `y` 的繪圖結果，注意每一行是在圖上不同的線。

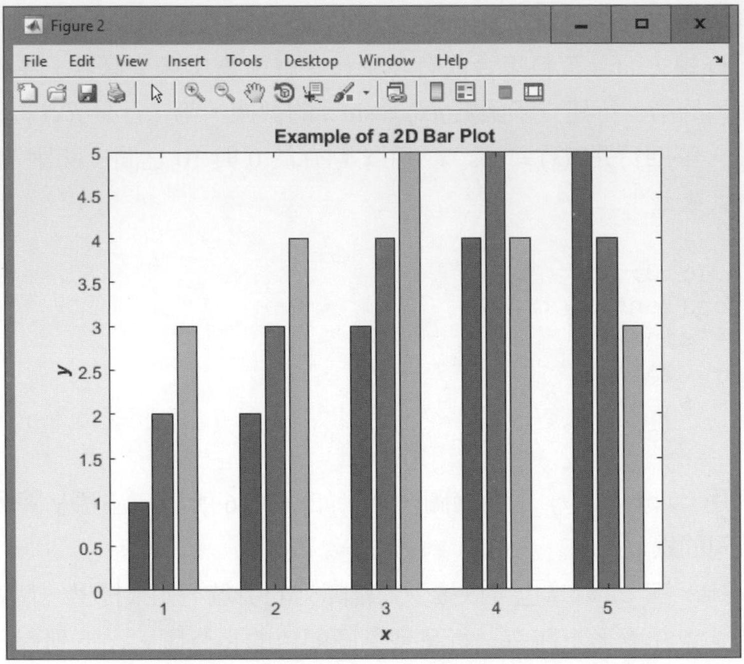


圖 3.17　由二維陣列所產生的直條圖，注意每一行代表圖上不同顏色的直條圖。

```
y(1,:) = [1 2 3];
y(2,:) = [2 3 4];
y(3,:) = [3 4 5];
y(4,:) = [4 5 4];
y(5,:) = [5 4 3];
bar(x,y);
title('\bfExample of a 2D Bar Plot');
xlabel('\bf\itx');
ylabel('\bf\ity');
```

## 3.6 繪製雙 y 軸圖形

我們有時候想要在同一圖中，畫出不同輸出範圍或不同單位的多組項目資料。例如，我們可能要繪製加速物體所經歷的距離與速度。一般來說，我們可以將位移與速度分別畫在兩個不同的圖形視窗。另一種方式是建立一個圖形視窗，接著產生兩個子圖形，然後分別繪製距離與速度在各別子圖形中。

MATLAB 支援一個額外的指令，允許使用者繪製距離與速度在同一組軸線裡，藉由左 *y* 軸與右 *y* 軸不同刻度來支援不同型態的資料，這就是 yyaxis 指令。[2]

2　從 MATLAB R2016a 版本開始增加 yyaxis 指令。在此之前 MATLAB 的版本並不起作用。雖然過去的版本有相同功能的畫圖函式 plotyy，但是不建議繼續使用。

yyaxis 指令的格式為

```
yyaxis left
yyaxis right
```

選擇繪製資料的縱軸後，yyaxis left 指令將使後續指令與左側的軸線有關聯，而且左側的軸線刻度會調整成符合該資料的範圍。同樣地，yyaxis right 指令將使後續指令與右側的軸線有關聯，且右邊的軸線刻度會調整成符合該資料的範圍。只要某一個縱軸是啟動狀態的話，所有與繪圖有關的指令，包括刻度與軸名，將會對應到現行的縱軸。

例如，假設一輛汽車在時間為零時，其初始位置為 $x_0$，初速度為 $v_0$，而且其以 $a$ 的等加速度運動。此汽車在大於零的時間所經過的位移與速度方程式如下：

$$d(t) = x_0 + v_0 t + \frac{1}{2}at^2 \tag{3.4}$$

$$v(t) = v_0 + at \tag{3.5}$$

假設 $x_0 = 10$ m、$v_0 = 5$ m/s 且 $a = 3$ m/s$^2$，畫出在 $0 \le t \le 10$ s 時間內，此汽車的距離與速度對時間的關係圖。

下面的程序檔將會產生所需要的圖形：

```
% Input data
x0 = 10;
v0 = 5;
a = 3;
% Calculate the data to plot
t = linspace(0,10);
d = x0 + v0 * t + 0.5 * a .* t.^2;
v = v0 + a * t;

% Plot the distance on the left axis
figure(1);
yyaxis left;
plot(t,d,'b-');
ylabel('\bfDistance (m)');

% Plot the velocity on the right axis
yyaxis right;
plot(t,v,'r--');
ylabel('\bfVelocity (m/s)');

% Add title and x axis
title('\bfPlot of Distance and Velocity vs time');
xlabel('\bfTime (s)')'
```

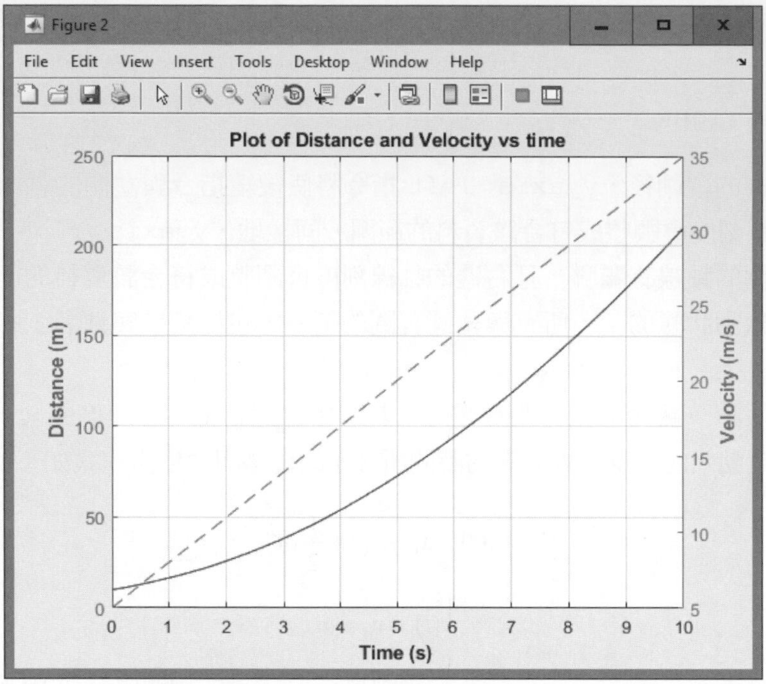


圖 3.18　汽車所經歷的距離與速度對時間的關係圖。兩張圖以不同的 $y$ 軸呈現。

```
grid on;
```

產生的圖形如圖 3.18 所示。

## 例 3.4　電機工程：低通濾波器的頻率響應

簡單的低通濾波器電路如圖 3.19 所示。此電路是由一個電阻與一個電容串聯而成，其輸出電壓 $V_0$ 與輸入電壓 $V_i$ 的比值方程式如下：

$$\frac{V_0}{V_i}=\frac{1}{1+j2\pi fRC} \tag{3.6}$$

其中 $V_i$ 是頻率為 $f$ 的正弦輸入電壓，$R$ 是電阻，單位是歐姆，$C$ 是電容，單位是法拉，而 $j$ 為 $\sqrt{-1}$。（字母 $i$ 慣例上表示為電路中的電流，所以電機工程師習慣用 $j$ 代替 $i$ 來表示 $\sqrt{-1}$）。

假設電阻 $R$ = 16 kΩ、電容 $C$ = 1 $\mu$F，畫出此濾波器在頻率範圍為 $0 \le f \le 1000$ Hz 的振幅與相位響應圖。

◈ **解答**

濾波器的振幅響應是輸出電壓振幅與輸入電壓振幅的比值，而濾波器的相位響應為輸出電壓相位與輸入電壓相位的差值。最簡單的方法來計算濾波器的振幅與相位響應是將不同的頻率代入 (3.6) 式求值。(3.6) 式的大小對頻率圖即是濾波器的振幅響應，而 (3.6) 式的角度對頻率圖則是濾波器的相位響應。

因為頻率與濾波器的振幅響應的數值變化範圍較大，所以習慣上會用對數刻度來畫這兩組數值。另一方面，相位的變化則在有限的範圍，習慣上會用線性刻度來畫濾波器的相位。因此，我們會使用 `loglog` 畫濾波器的振幅響應，用 `semilogx` 畫濾波器的相位響應，並且會將兩個響應圖以兩個子圖形呈現在一個圖形視窗內。

為了改進圖形的外觀，我們會使用流線修飾符號來產生粗體的標題與軸名。

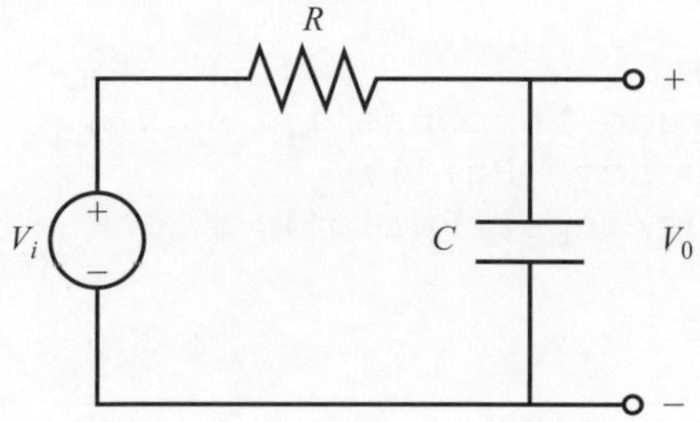


**圖 3.19　簡單的低通濾波器電路。**

下面的 MATLAB 程式碼會產生並畫出振幅與相位響應：

```
%  Script file: plot_filter.m
%
%  Purpose:
%   This program plots the amplitude and phase responses
%    of  a low-pass RC filter.
%
%  Record of revisions:
%     Date          Programmer        Description of change
%     ====          ==========        =====================
%   01/06/18      S. J. Chapman     Original code
%
% Define variables:
%   amp       -- Amplitude response
%   C         -- Capacitance (farads)
%   f         -- Frequency of input signal (Hz)
%   phase     -- Phase response
%   R         -- Resistance (ohms)
%   res       -- Vo/Vi

% Initialize R & C
R = 16000;                    % 16 k ohms
C = 1.0E-6;                   % 1 uF

% Create array of input frequencies
f = 1:2:1000;
```

```
% Calculate response
res = 1 ./ ( 1 + j*2*pi*f*R*C );

% Calculate amplitude response
amp = abs(res);

% Calculate phase response
phase = angle(res);

% Create plots
subplot(2,1,1);
loglog( f, amp );
title('\bfAmplitude Response');
xlabel('\bfFrequency (Hz)');
ylabel('\bfOutput/Input Ratio');
grid on;

subplot(2,1,2);
semilogx( f, phase );
title('\bfPhase Response');
xlabel('\bfFrequency (Hz)');
ylabel('\bfOutput-Input Phase (rad)');
grid on;
```

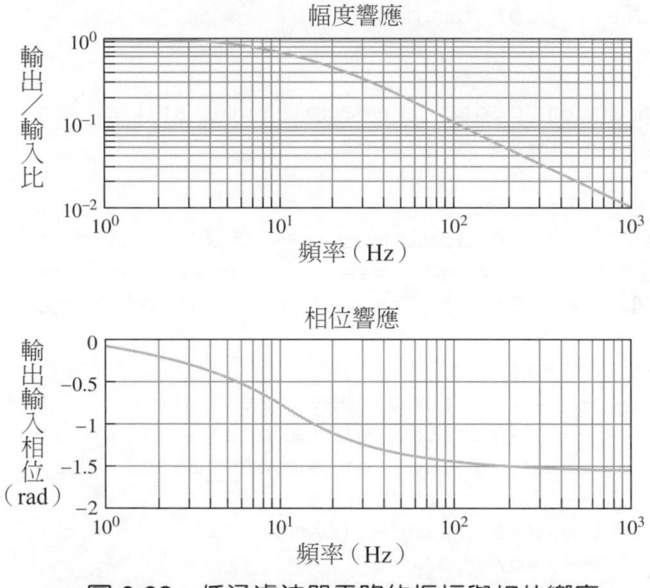


**圖 3.20　低通濾波器電路的振幅與相位響應。**

振幅與相位響應的結果顯示在圖 3.20。注意此電路被稱作低通濾波器是由於低頻訊號通過此濾波器只有輕微的衰減，而高頻訊號則會有嚴重的衰減。

## 例 3.5 熱力學：理想氣體定律

理想氣體是指所有分子之間的碰撞皆為完全彈性碰撞。這可以想像成理想氣體的分子為十分堅硬的撞球互相碰撞，而且反彈的過程不會損失動能。

這種氣體可以藉由三個參數來描述其特徵：絕對壓力 ($P$)、體積 ($V$) 與絕對溫度 ($T$)。這些理想氣體參數之間的關係即是理想氣體定律：

$$PV = nRT \tag{3.7}$$

其中 $P$ 是氣體壓力，單位是千帕（kPa），$V$ 是氣體體積，單位是公升（L），$n$ 是氣體分子數量，單位是莫耳（mol），$R$ 是通用氣體常數（8.314 L · kPa/mol · K），而 $T$ 是絕對溫度，單位是克氏溫度（K）。（注意：1 莫耳 = $6.02 \times 10^{23}$ 個分子）

假設一種理想氣體的樣本在溫度為 273 K 下包含 1 莫耳的分子，試著回答以下問題。

(a) 當該氣體壓力從 1 變化到 1000 kPa，其體積會如何變化？請在適合的軸線上繪製壓力對體積圖，並以 2 像素寬度的紅色實線繪出該曲線。

(b) 假設氣體溫度升高至 373 K，(a) 的氣體壓力變化會如何影響其體積變化？請在與 (a) 同樣的軸線上繪製壓力對體積圖，並以 2 像素寬度的藍色虛線繪出該曲線。

該圖形需要包含粗體的標題以及 $x$ 與 $y$ 的軸名，還有每條線的說明文字。

### ◈解答

我們想要畫的兩組數值都有 1000 倍的變化，一般的線性圖形不能顯示兩者明顯的差異。因此，我們以對數 – 對數刻度繪製資料。

注意我們必須在同一組軸線上繪製兩條曲線，所以必須在畫完第一條曲線後使用指令 `hold on`，接著在整張圖繪製完成後使用指令 `hold off`。我們也必須指定每條線的顏色、樣式與寬度，並且指定軸名為粗體。

下面的程式是根據壓力來計算氣體體積，並且產生適合的圖形。注意控制圖形樣式的特殊功能皆標示為粗體。

```
%  Script file: ideal_gas.m
%
%  Purpose:
%   This program plots the pressure versus volume of an
%    ideal gas.
%
%  Record of revisions:
```

```
%     Date         Programmer        Description of change
%     ====         ==========        =====================
%    01/06/18    S. J. Chapman      Original code
%
% Define variables:
%   n          -- Number of atoms (mol)
%   P          -- Pressure (kPa)
%   R          -- Ideal gas constant (L kPa/mol K)
%   T          -- Temperature (K)
%   V          -- volume (L)
% Initialize nRT
n = 1;                       % Moles of atoms
R = 8.314;                   % Ideal gas constant
T = 273;                     % Temperature (K)

% Create array of input pressures. Note that this
% array must be quite dense to catch the major
% changes in volume at low pressures.
P = 1:0.1:1000;

% Calculate volumes
V = (n * R * T) ./ P;

% Create first plot
figure(1);
loglog( P, V, 'r-', 'LineWidth', 2 );
title('\bfVolume vs Pressure in an Ideal Gas');
xlabel('\bfPressure (kPa)');
ylabel('\bfVolume (L)');
grid on;
hold on;

% Now increase temperature
T = 373;                     % Temperature (K)

% Calculate volumes
V = (n * R * T) ./ P;

% Add second line to plot
figure(1);
loglog( P, V, 'b--', 'LineWidth', 2 );
hold off;

% Add legend
legend('T = 273 K','T = 373 k');
```

體積對壓力的結果圖如圖 3.21 所示。

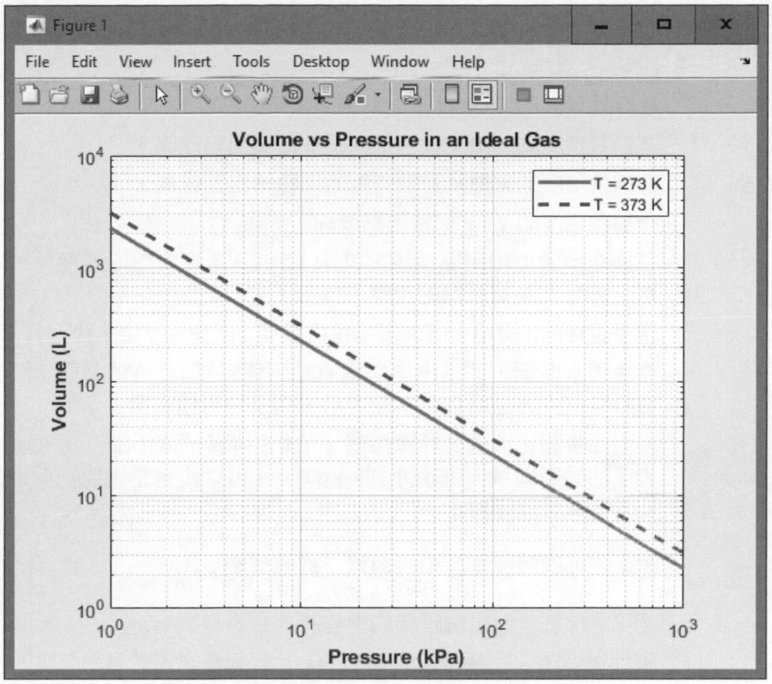


圖 3.21 理想氣體的體積對壓力圖。

## 3.7 總結

第 3 章延續了我們在第 2 章所介紹二維繪圖的知識，二維繪圖可以有許多不同的形式呈現，總括如表 3.4 所示。

`axis` 指令允許程式設計者在指定的 $x$、$y$ 座標範圍內繪圖。`hold` 指令允許後來的圖可以畫在之前的圖上，使得新的圖形元素可以一次一次地加到一個圖上。`figure` 指令允許程式設計者產生多個圖形視窗，並由程式在不同的視窗中產生多個圖形。`subplot` 指令允許程式設計者在單一圖形視窗中產生多個圖形。

另外，我們也學到如何去控制圖形中額外的特性，像是線寬、標記的顏色等等。這些性質可以在繪出資料點後，藉由設定繪圖指令中的 `'PropertyName'` 及 `'Value'` 選項來加以控制。

圖形中的文字字串，也可以使用流線修飾符號及逸出順序來加強其字型的表現。流線修飾符號允許程式設計者設定屬性，如粗體、斜體、上標、下標、字型大小及字型名稱。而逸出順序允許程式設計者，在文字字串內使用希臘文字及數學符號。

表 3.4　二維繪圖總結

| 函式 | 說明 |
|---|---|
| `plot(x,y)` | 在線性刻度的 $x$、$y$ 軸繪出點或線。 |
| `semilogx(x,y)` | 在對數刻度的 $x$ 軸及線性刻度的 $y$ 軸繪出點或線。 |
| `semilogy(x,y)` | 在線性刻度的 $x$ 軸及對數刻度的 $y$ 軸繪出點或線。 |
| `loglog(x,y)` | 在對數刻度的 $x$、$y$ 軸繪出點或線。 |
| `polar(theta,r)` | 在極座標圖上繪出點或線，其中 theta 是資料點的弧度角（逆時針方向為正），而 r 為離原點的距離。 |
| `bar(x,y)` | 產生直條圖，使用 x 值來標示每根長條，而使用 y 值來決定長條的垂直高度。 |
| `compass(x,y)` | 產生極座標圖，並畫出從座標原點到資料點 $(x, y)$ 的箭頭。請注意圖形內的資料點位置，是用直角座標表示，而不是用極座標表示。 |
| `pie(x)`<br>`pie(x,explode)` | 產生圓餅圖。這函式計算每個 x 值相對於全部的比例，並依此比例畫出對等大小的扇形區域。選項陣列 explode 可以決定是否要把個別的扇形區域，與其他區域隔開顯示。 |
| `pie3(x)`<br>`pie3(x,explode)` | 產生三維圓餅圖，此函式類似二維圓餅圖 pie。 |
| `stairs(x,y)` | 產生階梯圖，而每個階梯的中心將落在資料點 $(x, y)$ 上。 |
| `stem(x,y)` | 產生長桿圖，在每個資料點 $(x, y)$ 上有個標記，並且由該點垂直畫一條線連接到 $x$ 軸上。 |
| `yyaxis left`<br>`yyaxis Right` | 這個函式將使後續指令分別與左側或右側的軸線有關聯。 |

## 3.7.1　良好的程式設計總結

當處理 MATLAB 函式時，請遵守下列的指導原則。

1. 當決定如何畫好一張資料圖時，必須考量數據本身的類型。如果繪圖數據的大小範圍涵蓋幾個級數的話，使用對數圖形來正確地呈現數據。如果繪圖數據的大小範圍只有一個級數或更小的話，那就使用線性圖形。
2. 在圖形標題及文字標示上，利用流線修飾符號來產生文字的效果，諸如粗體、斜體、上標、下標以及特殊字元。

## 3.7.2　MATLAB 總結

以下列表為本章描述過的 MATLAB 指令與函式，並附上一段簡短的功能敘述。

**指令與函式**

| | |
|---|---|
| axis | (a) 設定資料點的 $x$、$y$ 軸繪圖範圍。<br>(b) 取得現行圖形的 $x$、$y$ 軸繪圖範圍。<br>(c) 設定其他與軸相關的特性。 |
| bar(x,y) | 產生直條圖。 |
| barth(x,y) | 產生橫條圖。 |
| compass(x,y) | 產生羅盤圖。 |
| figure | 選擇一個圖形視窗為現行圖形視窗，如果被選擇的圖形視窗不存在，則該圖形視窗會自動產生。 |
| hold | 允許多個繪圖指令在同一個圖上執行。 |
| linspace | 產生一個樣本點陣列使其在線性刻度上等間距。 |
| loglog(x,y) | 產生一個對數 – 對數圖形。 |
| logspace | 產生一個樣本點陣列使其在對數刻度上等間距。 |
| pie(x) | 產生一個圓餅圖。 |
| Pie3(x) | 產生一個三維的圓餅圖。 |
| polarplot(theta,r) | 產生一個極座標圖。 |
| semilogx(x,y) | 產生一個對數 – 線性圖。 |
| semilogy(x,y) | 產生一個線性 – 對數圖。 |
| stairs(x,y) | 產生一個階梯圖。 |
| stem(x,y) | 產生一個長桿圖。 |
| subplot | 在現行圖形視窗選擇一個子圖形，如果被選擇的子圖形不存在，則該子圖形會自動產生；如果新子圖形產生了一組與舊軸線矛盾的新軸線，則舊軸線會自動被刪除。 |

## 3.8 習題

3.1 以 2 點寬的藍色實線繪出 $y(x) = e^{-0.5x} \sin 2x$ 的函數曲線，其中 $x$ 為介於 0 與 10 之間的 100 個資料點。接著，在相同軸線上，以 3 點寬的紅色虛線繪出 $y(x) = e^{-0.5x} \sin 2x$ 的函數曲線，記得在圖上包括圖形說明、標題、軸標示及格線。

3.2 利用 MATLAB 圖形編輯工具來修改習題 3.1 的圖形，將 $y(x) = e^{-0.5x} \sin 2x$ 的函數曲線改成 1 點寬的黑色虛線。

3.3 將習題 3.1 的函數繪成對數 – 線性圖形，記得在圖上包括圖形說明、標題、軸標示及格線。

3.4 用直條圖繪出函數 $y(x) = e^{-0.5x} \sin 2x$，$x$ 在 0 與 10 之間取 100 點，記得在圖上包括圖形說明、標題、軸標示及格線。

3.5 對函數 $r(\theta) = \sin(2\theta)\cos(\theta)$，$0 \le \theta \le 2\pi$ 繪製極座標圖。

3.6 對 $-6 \le x \le 6$，繪出函數 $f(x) = x^4 - 3x^3 + 10x^2 - x - 2$。以 2 點寬的黑色實線畫其函數曲線，並在圖上加上格線。記得在圖上包括標題及軸標示，並在標題文字加上函數方程式。

3.7 在 $-2 \le x \le 8$ 之間，使用 200 個資料點，繪出函數 $f(x)=\dfrac{x^2-6x+5}{x-3}$。注意在 $x = 3$ 處有條漸近線，所以當趨近此點，函數會趨近無窮大。為了可以恰當地觀看全圖，我們必須對 $y$ 軸的範圍設限，所以使用 `axis` 指令將 $y$ 軸的範圍限制在 –10 與 10 之間。

3.8 假設喬治、山姆、貝蒂、查理以及蘇西各捐贈 \$15、\$5、\$10、\$5 以及 \$15 給一位同事的離別禮物，根據他們的捐贈建立一個圓餅圖。請問山姆的貢獻占全部費用的百分比？

3.9 在 0 與 4 之間以 0.1 為間隔，對函數 $y(x) = e^{-x} \sin x$ 以下列型態繪圖：(a) 線性圖形；(b) 對數 – 線性圖形；(c) 長桿圖；(d) 階梯圖；(e) 直條圖；(f ) 橫條圖；(g) 羅盤圖，記得在所有圖上包括標題及軸標示。

3.10 為何把上題的 $y(x) = e^{-x} \sin x$ 函數繪成線性 – 對數或對數 – 對數圖形是不合理的？

3.11 假設有一複數函數 $f(t)$ 定義為

$$f(t) = (1 + 0.25i)t - 2.0 \tag{3.8}$$

在一個圖形內，以兩個不同的子圖形分別畫出 $f$ 函數的大小及相角圖，$t$ 的區間為 0 至 4。記得提供適當的標題及軸標示。（注意：可以利用 MATLAB 的函式 `abs` 及 `phase` 分別求出此函數的大小及相位角。）

3.12 利用 `linspace` 函式在 1 至 100 區間內，建立一個 100 點的輸入樣本。然後，對函數

$$y(x) = 20 \log_{10} (2x) \tag{3.9}$$

以 `semilogx` 繪圖，並以 2 點寬的藍色實線畫出曲線，將每一資料點以紅色圓形標記。接著，利用 `logspace` 函式在 1 至 100 區間內，建立一個 100 點的輸入樣本；然後，將方程式 (3.9) 繪在 `semilogx` 圖上，並以 2 點寬的紅色實線畫出曲線，將每一資料點以黑色星號標記。相比之下，利用 `linspace` 與 `logspace` 函式對於兩條曲線資料點的間距有何差異？

3.13 **誤差槓（Error Bars）**。當繪圖的資料是來自於實驗室實際的量測記錄時，我們畫出來的數據通常是許多不同量測的*平均值*。這類型的數據有兩項重要的訊息：量測的平均值（average）以及這些量測與平均值的變異（variation）。

藉由在繪圖資料點加上*誤差槓*，我們可以在相同的圖形上傳達這兩項訊息。誤差槓是一條小垂直線段，代表在每個量測點上的變異量，而 MATLAB 的函式 `errorbar` 提供了這個繪圖功能。

從 MATLAB 文件裡查詢 `errorbar` 的說明，並學習如何使用這個指令。注意這個指令的使用有兩種形式，一種會呈現單一的誤差，而且此誤差值會畫在平

均值的上下兩邊；另一種形式則允許我們指定每點誤差的上限與下限。

假設我們要使用這個功能來繪製某一地區，每月的平均高溫（mean high temperature）以及其當月的最低溫與最高溫，而其溫度記錄可能如下表示：

當地溫度（°F）

| 月 | 每月平均高溫 | 最高溫 | 最低溫 |
|---|---|---|---|
| 1 月 | 66 | 88 | 16 |
| 2 月 | 70 | 92 | 24 |
| 3 月 | 75 | 100 | 25 |
| 4 月 | 84 | 105 | 35 |
| 5 月 | 93 | 114 | 39 |
| 6 月 | 103 | 122 | 50 |
| 7 月 | 105 | 121 | 63 |
| 8 月 | 103 | 116 | 61 |
| 9 月 | 99 | 116 | 47 |
| 10 月 | 88 | 107 | 34 |
| 11 月 | 75 | 96 | 27 |
| 12 月 | 66 | 87 | 22 |

對這個地區繪製每月的平均高溫圖，並將最低溫與最高溫以誤差槓呈現。記得適當標示圖形。

3.14 **阿基米德螺旋（The Spiral of Archimedes）**。阿基米德螺旋是一個在極座標中，根據方程式

$$r = k\theta \tag{3.10}$$

所繪出的曲線，其中 $r$ 是某一點到原點的距離，而 $\theta$ 是其相對於原點的角度，以弧度角表示。當 $k = 0.5$ 時，請在 0 至 6 的區間內，繪製阿基米德螺旋。用寬度為 3 像素的紫紅色實線來畫該曲線。記得適當標記你的圖形。

3.15 一個物體以等加速度運動所經過的距離 $x$ 與速度 $v$ 可以由方程式 (3.4) 與 (3.5) 分別計算。假設 $x_0 = 200$ m、$v_0 = 5$ m/s 且 $a = -5$ m/s$^2$。根據以下情況，繪製在 $0 \le t \le 12$ s 時間內，此物體經歷的距離與速度對時間的關係圖：

(a) 在兩個圖形視窗中分別畫出距離 $x$ 對時間與速度 $v$ 對時間的關係圖，並且包括適合的標題、軸名、圖形說明文字與格線。

(b) 在一個圖形視窗內的兩個子圖形分別畫出距離 $x$ 對時間與速度 $v$ 對時間的關係圖，並且包括適合的標題、軸名、圖形說明文字與格線。

(c) 在一組軸線中利用 `yyaxis` 函式畫出距離 $x$ 對時間與速度 $v$ 對時間的關係圖，並且包括適合的標題、軸名、圖形說明文字與格線。

3.16 **理想氣體定律**。在冬天時，一個儲氣槽裝有壓力為 200 kPa 的氣體且氣體的溫度為 0°C。當同樣的槽內氣體溫度升高到 100°C 時，其壓力為多少？繪製一個圖形顯示當溫度從 0°C 到 200°C 時，預估的槽內氣體壓力變化。

3.17 **凡得瓦方程式**。理想氣體定律描述了理想氣體的溫度、壓力與體積之間的關係為

$$PV = nRT \tag{3.7}$$

其中 $P$ 是氣體壓力，單位是千帕（kPa），$V$ 是氣體體積，單位是公升（L），$n$ 是氣體分子數量，單位是莫耳（mol），$R$ 是通用氣體常數（8.314 L · kPa/mol · K），而 T 是絕對溫度，單位是克氏溫度（K）。（注意：1 莫耳 = $6.02\times 10^{23}$ 個分子）

真實氣體並非理想氣體，因為氣體分子不是完美的彈性體——它們會稍微依附在一起。修正後的理想氣體定律稱為凡得瓦方程式，它可以用來描述真實氣體的溫度、壓力與體積之間的關係如下可以被：

$$\left(p + \frac{n^2 a}{V^2}\right)(V - nb) = nRT \tag{3.11}$$

其中 $P$ 是氣體壓力，單位是千帕（kPa），$V$ 是氣體體積，單位是公升（L），$a$ 是粒子之間的吸引力，$n$ 是氣體分子數量，單位是莫耳（mol），$b$ 是一莫耳粒子的體積，$R$ 是通用氣體常數（8.314 L · kPa/mol · K），而 $T$ 是絕對溫度，單位是克氏溫度（K）。

此方程式可以藉由求解 $P$ 而找出壓力對溫度與體積的關係。

$$P = \frac{nRT}{V - nb} - \frac{n^2 a}{V^2} \tag{3.12}$$

以二氧化碳為例，$a = 0.396$ 千帕 · 公升，$b = 0.0427$ 公升／莫耳。假設一莫耳分子的二氧化碳氣體樣本在溫度為 0°C（273 K）時，具有 30 公升的體積。回答以下問題：

(a) 根據理想氣體定律，氣體的壓力是多少？
(b) 根據凡得瓦方程式，氣體的壓力是多少？
(c) 在同一組軸線中畫出在此溫度下，根據理想氣體定律與凡得瓦方程式的壓力對體積圖。在相同溫度條件下，真實氣體的壓力比理想氣體的壓力高或低？

3.18 **天線增益圖**。接收微波信號的碟型天線增益 $G$，可以表示為角度的函數

$$G(\theta) = |\text{sinc } 4\theta| \quad -\frac{\pi}{2} \le \theta \le \frac{\pi}{2} \tag{3.13}$$

其中 $\theta$ 是與碟形天線瞄準線（boresight）的角度，單位為弧度，而 sinc $x$ = sin $x/x$。畫出此增益函數的極座標圖，並且包含有粗體的標題 **"Antenna Gain versus $\theta$"**。

3.19 **高通濾波器**。圖 3.22 是由一個電阻與一個電容所組成的簡單高通濾波器電路。輸出電壓 $V_o$ 與輸入電壓 $V_i$ 的比率方程式如下

$$\frac{V_o}{V_i}=\frac{j2\pi fRC}{1+j2\pi fRC} \tag{3.14}$$

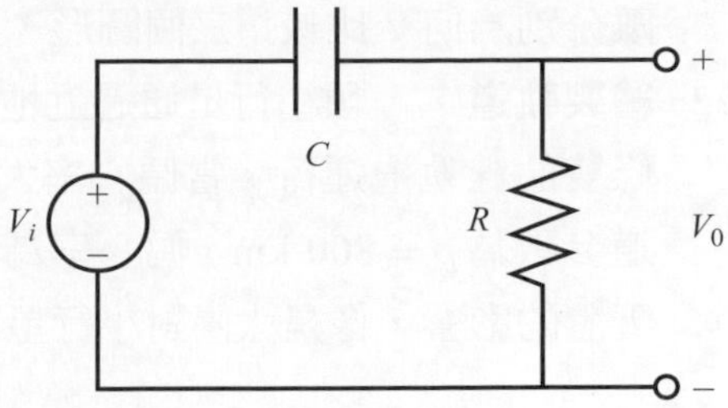


圖 3.22 一個簡單的高通濾波器電路。

假設 $R = 16\ \text{k}\Omega$、$C = 1\mu\text{F}$，計算並畫出此濾波器的振幅與相位的頻率響應。

3.20 **馬達輸出功率**。由轉動馬達所產生的輸出功率可表示為：

$$P=\tau_{\text{IND}}\,\omega_{\text{m}} \tag{3.15}$$

其中 $\tau_{\text{IND}}$ 是轉軸產生的力矩，單位為牛頓 – 米，$\omega_{\text{m}}$ 為轉軸的轉速，以弧度角／秒表示，而 $P$ 是功率，以瓦為單位表示。假設一個特定馬達轉軸的轉速為：

$$\omega_{\text{m}} = 188.5(1 - e^{-0.2t})\ \text{rad/s} \tag{3.16}$$

而轉軸力矩為：

$$\tau_{\text{IND}} = 10e^{-0.2t}\ \text{N}\cdot\text{m} \tag{3.17}$$

(a) 請在 $0 \le t \le 10$ 秒的區間內，以三個垂直對齊的子圖形繪出轉軸的力矩、轉速及所提供的功率，對時間的關係圖。請在適當的地方標示 $\tau_{\text{IND}}$ 及 $\omega_{\text{m}}$ 的符號。產生兩個顯示功率的圖形，一個是線性的刻度，而另一個則是對數的刻度，而時間都是以線性刻度表示。

(b) 在一個線性圖形中，利用 `yyaxis` 函式繪出轉軸的力矩與所提供的功率，對時間的關係圖。請在適當的地方標示 $\tau_{\text{IND}}$ 及 $P$ 的符號。

3.21 **繪製軌道**。當人造衛星繞著地球軌道運行時，其軌道將以為橢圓形軌道運行，而地球將位於橢圓的一個焦點上。人造衛星軌道以極座標表示為：

$$r=\frac{p}{1-\varepsilon\cos\theta} \tag{3.18}$$

其中 $r$ 和 $\theta$ 分別表示衛星到地球中心的距離及角度，$p$ 是指定軌道尺度大小的特定參數，而 $\varepsilon$ 代表了軌道的偏心率（eccentricity）。一個圓形軌道的偏心率 $\varepsilon$ 為 0，而橢圓軌道的離心率為 $0 \le \varepsilon < 1$。如果 $\varepsilon = 1$，人造衛星將會沿著一條拋物線軌跡。如果 $\varepsilon > 1$，人造衛星將會沿著一條雙曲線軌跡，而脫離地球的重力場。

考慮一個人造衛星，其軌道尺寸參數為 $p = 800$ km。分別畫出下列人造衛星的軌道：(a) $\varepsilon = 0$；(b) $\varepsilon = 0.25$；(c) $\varepsilon = 0.5$。請問每個軌道離地球的最長及最短距

離分別為何？比較這三個圖形，你能確定參數 $p$ 所代表的意義嗎？

3.22 **繪製軌道**。一顆小行星通過近地軌道，但是沒有被地球重力捕獲的話，會沿著一條雙曲線軌道運行。當偏心率大於 1 時，此軌道方程式表示成 (3.18) 式。假設軌道參數為 $p = 800$ km、偏心率為 $\varepsilon = 2$，畫出小行星通過地球的軌道。（忽略其他天體的影響，像是太陽對小行星軌道的影響。）

# 第 4 章 分支敘述與程式設計

在第 2 章裡，我們開發了幾個能夠運作的 MATLAB 程式。然而，這些程式只包含一連串簡單的 MATLAB 敘述，並依照固定的順序逐步執行。像這樣的程式，稱為*順序式程式*（sequential programs）。它們讀取輸入的資料、並處理資料以產生使用者期望的答案、列印結果，然後終止程式的執行。這些程式無法重複執行程式的某一片斷，而且也不能根據所輸入的資料值，選擇執行程式裡某些特定的部分。

在接下來的兩章裡，我們將介紹許多 MATLAB 敘述，允許我們去控制程式碼的執行順序。這些控制敘述（control statements）可分成兩大類別：**分支（branches）**——可以選擇執行程式碼的特定部分；以及**迴圈（loops）**——可重複執行程式碼的特定部分。分支將在本章中討論，而迴圈將會留在第 5 章再說明。

藉由分支及迴圈的使用，我們的程式將會變得更為複雜，也會更容易導致程式錯誤。為了協助初學者避免一般程式設計所犯下的錯誤，我們將根據由上而下的設計方法，介紹一種標準化的程式設計流程。我們也將介紹讀者一種常用的演算法發展工具——虛擬碼（pseudocode）。

在討論分支結構之前，我們也將學習 MATLAB 邏輯資料型態，因為分支是由邏輯值與邏輯表示式所控制的。

## 4.1 由上而下的設計方法

假設你是在產業界工作的工程師，而且需要寫出一個程式來解決某種特定的問題，請問你將如何開始呢？

當給定一個新的問題，我們常會自然而然地坐在鍵盤前開始撰寫程式，而不會「浪費」很多時間先去思考程式該如何寫。用這種天馬行空的程式設計方式來處理非常小的問題，還能偶爾僥倖成功，例如在本書中的許多例子都可以這麼做。然而，在真實的世界裡，問題通常比較龐大，程式設計者如果使用這種方法，將會絕望地陷入泥淖而無法成功。對於較大的問題，在開始寫程式碼之前，先把問題了解通徹，並決定出用來解決問題的方法，將會是非常值得的。而且總體而言，這種有條理的問題解決方式會比天馬行空的程式設計方式更有效率。

我們將在本節中介紹一個標準化的程式設計流程，然後將這個設計流程應用在之後所有主要應用程式的設計與開發。對於簡單的例子而言，這樣的過程似乎是牛刀小試。但是，當我們要解決的問題愈來愈大時，這個流程對成功的程式設計而言，將會變得愈來愈為重要。

我大學時代的一位教授常常告訴我們：「程式設計是很簡單的事，了解想要解決的問題才是困難的事。」在我進入業界開始從事大型程式的開發計畫之後，更加深刻體認到他的這種論點的重要性。我發現我的工作中最困難的部分，就是去了解我想解決的問題。一旦我真正地了解問題，就很容易把大問題細分成幾個較小而且容易處理的小問題，再利用子程式來解決這些小問題，然後一次一個地分別處理完成這些小問題。

**由上而下的設計（top-down design）**是一個設計流程，首要之務是將一個大型工作計畫分成數個較小而且較易處理的子計畫。這些子計畫也是大型計畫裡的重要部分，如果需要的話，這些小計畫也可以再細分成更小的計畫來處理。一旦大型程式被細分成不同的子程式，每個子程式便能單獨進行編寫以及測試的工作。直到各個子程式都已驗證能夠正常地運作，我們才把這些子程式組合還原成一個完整的程式。

由上而下的設計概念，是我們標準化程式設計流程的基礎。我們將詳細介紹這流程的細節，如圖 4.1 所示。這些步驟包括：

1. **清楚地描述想要解決的問題**

   程式通常被用來滿足某種認知上的需要，但這種認知上的需要，卻不見得能被需要使用程式的人表達清楚。例如，使用者可能需要一個程式，來計算線性聯立方程式的解。這樣的需求對於程式設計者來說，其實並不夠明確到使得程式設計者能設計出滿足使用者需求的程式。程式設計者必須先對想要解決的問題知道更多明確的資訊，例如：這線性聯立方程式是實數還是複數？這個程式必須處理多少數量的方程式及未知數？方程式中有沒有存在任何對稱性可以被用來簡化工作？所以程式設計者必須與提出需求的使用者會談，而且雙方必須對想要完成的目標達成明確的共識。一個對問題的明確陳述能夠防止誤會產生，並且有助於程式設計者正確地釐清他們的想法。以線性聯立方程式的求解為例，一個對問題的適當陳述應該是：

   設計並寫出一個程式，用來求解最多含有 20 個方程式及 20 個未知數的實係數線性聯立方程式。

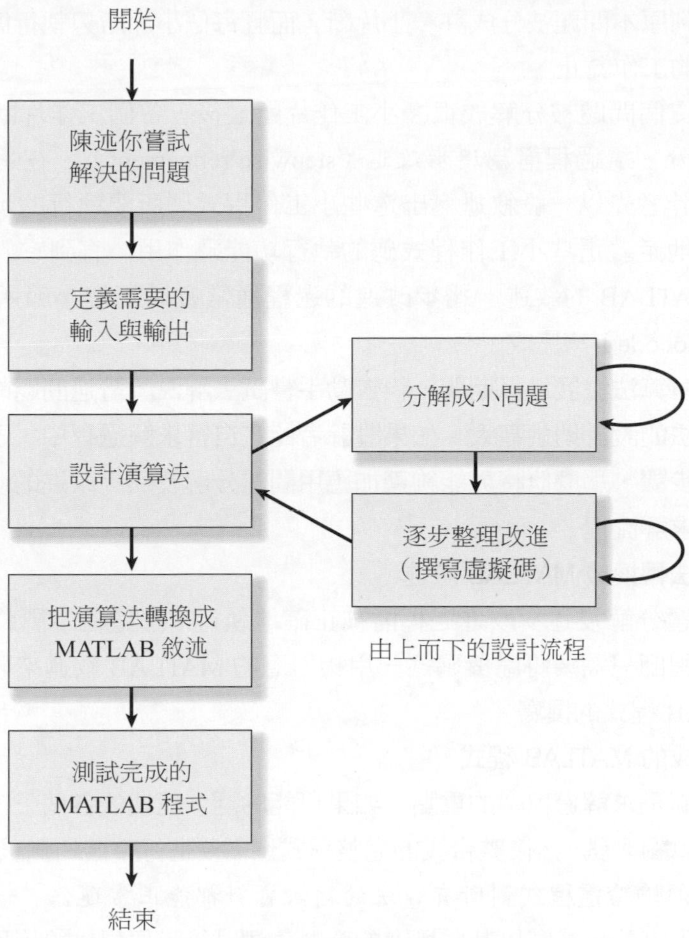


**圖 4.1　本書所使用的程式設計流程。**

2. **定義程式所需的輸入以及程式所產生的輸出**

   程式的輸入及程式的輸出必須被清楚地指定，以便新程式能夠正確地配合整體工作流程的需求。在上述例子中，求解方程式的係數可能需要以某種事先設定的方式排列，而我們的新程式也需要以這種方式來讀取。同樣地，新程式所產生的解答會在整體工作流程中被後續的程式所採用，所以其解答的輸出格式也必須依照那些程式的需求而產生。

3. **設計想要實施的演算法**

   **演算法（algorithm）**是指求解問題過程中一步步循序漸進的問題解決步驟與程序。這也是在整個程式設計流程中，由上而下設計技巧主要應用的階段。設計者首先要在求解問題裡尋找出邏輯上可分割之處，把問題劃分成許多子工作。這個過程稱為*問題分解*（decomposition）。如果子工作還是很大，設計者仍然能再分解子工作成為更小的次級工作（sub-sub-tasks）。這個過程可以一直持續，直到原本問題被分成許多小片斷，而且每個小片斷只執行簡單、清楚又容易理解的工作為止。

在這個問題被分解成很多小工作片斷之後，各個工作片斷可以進一步被整理細分，這過程稱為*逐步改進*（stepwise refinement）。在逐步改進的過程中，設計者先以一般敘述寫出這些小工作程式碼所要執行的步驟，然後愈來愈精細地定義這些小工作程式碼的執行功能及作用，直到它們能夠具體地轉換成 MATLAB 的敘述。逐步改進的過程通常會以下個小節所介紹的**虛擬碼**（**pseudocode**）來完成。

在演算法發展過程期間，親自動手嘗試去解決所遭遇問題的簡單例子，會對演算法的設計助益甚大。如果設計者能在自行求解過程中，了解求解過程所經歷的步驟，那麼他將更能夠善加應用問題分解及逐步改進的演算設計於整個問題的求解流程。

4. 把演算法轉換成 MATLAB 敘述

   如果問題分解及逐步改進過程能被正確地執行，那這個步驟將會變得非常容易。工程師只需要將虛擬碼逐一用相對應的 MATLAB 敘述來取代，即可完成 MATLAB 程式的撰寫。

5. 測試完成的 MATLAB 程式

   這個步驟是求解過程中的重點。如果可能的話，程式的各個子工作部分必須事先進行單獨測試，然後整合後的完整程式也需要進行整體的測試。測試程式時，我們必須驗證這程式對*所有合法的輸入資料都能正常運作*。一般常見的情況是，寫出來的程式僅以某些標準的資料集測試後，便提供給使用者使用，然後才發現到以不同的輸入資料集執行程式時，會產生錯誤的解答（或當機）。如果一個程式的演算法有不同的分支，我們一定要測試過所有可能的分支，以確定程式在所有可能的情況下都能正常運作。但是對非常大型的程式而言，幾乎是不可能做到全面而徹底的測試，所以有可能在正常使用多年後才發現程式的錯誤。

由於本書裡的程式大都是小程式，我們不會用上述那種大量且密集的方式來測試我們的程式。但是，我們將遵循其基本原則來測試所有的程式。

**良好的程式設計**

遵循程式設計流程的步驟，以產生可靠而且容易理解的 MATLAB 程式。

對一個大型程式設計的計畫而言，真正花在編寫程式的時間其實非常少。在布魯克（Frederick P. Brooks, Jr.）的《虛幻人月》（*The Mythical Man-Month*）[1] 一書中，他建議在規劃一個大型軟體開發計畫的時程上，1/3 的時間要花在規劃想要做什麼（步驟 1 到步驟 3），1/6 的時間花在實際編寫程式（步驟 4），而剩下的 1/2 時間，則是花在測試程式及除錯的工作上！由此可見，我們所能做最有用的事，就是致力於減少程式測試以及程式除錯所花的時間。如果我們能在計畫的初始階段，就非常小心地規劃程式設計流程，以及在撰寫程式時，應用良好的程式寫作技巧，我們就能盡可能減少程式測試及除錯的時間。良好的程式技巧可以降低程式發生錯誤的次數，而且能夠使不小心犯下的程式錯誤更容易被發現。

## 4.2 虛擬碼的使用

在程式設計流程中，你必須描述想要執行的演算法。演算法的描述，必須是一個標準的格式，能讓你及其他人容易了解，並且這些描述能幫助你將你的想法轉變成 MATLAB 的程式碼。這種我們用以描述演算法的標準形式，稱做**架構或結構（constructs or structures）**。而使用這些架構來描述的演算法，則稱為結構化演算法（structured algorithm）。當結構化演算法在一個 MATLAB 程式中被實現，此程式就稱為**結構化程式（structured program）**。

用來建構演算法的架構能以一種特別的方式來描述，稱為虛擬碼。**虛擬碼（pseudocode）**是 MATLAB 與英文的混合體。它的架構如同 MATLAB 一般，每一行代表一個特定的想法，或者是一小段程式碼，但是每一行的敘述都是英文。虛擬碼的每一行，都應該用簡單又容易理解的英文來敘述程式設計者的想法。虛擬碼對發展演算法是非常有用的，因為它的內容十分有彈性，而且容易修改。因為我們可以在沒有繪圖功能的文字編輯器上，編寫及修改虛擬碼，使得虛擬碼特別有用。

舉例來說，範例 2.3 中的演算法的虛擬碼可以寫成：

```
Prompt user to enter temperature in degrees Fahrenheit
Read temperature in degrees Fahrenheit (temp_f)
temp_k in kelvins ← (5/9) * (temp_f - 32) + 273.15
Write temperature in kelvins
```

請注意我們特別使用左箭號（←），來代替方程式中的等號（=），藉以指出該數值將會被儲存在變數中，這是為了避免使用指定符號及等號所引起的混淆。使用虛擬碼的目的，是在於將虛擬碼轉換成 MATLAB 程式碼之前，協助你有條理地組織自己的想法。

---

1 *The Mythical Man-Month, Anniversary Edition*, by Frederick P. Brooks Jr., Addison-Wesley, 1995.

## 4.3 邏輯資料型態

邏輯（logical）資料型態是一個特殊類型的資料型態，它只有兩個值：真（true）或假（false）。這兩個值是由兩個特定的函式 true 及 false 所產生的。它們也可以由兩種型態的 MATLAB 運算子所產生：關係運算子與邏輯運算子。

邏輯值是以一個位元組的空間儲存在記憶體中，因此它們比數字占用更少的記憶體空間，因為數字通常會占去 8 個位元組。

許多 MATLAB 分支構造的運算，是由邏輯變數或是邏輯表示式所控制。如果該變數或表示式的結果為真，則執行程式碼的某個部分。如果結果為假，則執行程式碼的另一個部分。

產生一個邏輯變數最簡單的方式，就是把一個邏輯值直接在指定敘述中分配給該變數。舉例來說，下列敘述

```
a1 = true;
```

將會產生一個邏輯變數 a1，其內容為邏輯值 true。如果我們使用 whos 指令檢查變數 a1，我們便能看到它具有邏輯資料型態：

```
» whos a1
Name        Size        Bytes        Class
a1          1x1             1        logical
```

不像其他如 Java、C++ 或是 Fortran 程式語言，MATLAB 可以允許在表示式中混合使用數字資料與邏輯資料。如果一個邏輯數值被用在應該是數值型態的位置，則 true 的數值將轉變成 1，而 false 的數值將變為 0，然後被當成數字使用。如果一個數字的數值被用在應該是邏輯型態的位置，則非 0 的數值將轉變成 true，而 0 則變為 false，然後被當成邏輯數值使用。

MATLAB 也可以明確地把數字的數值轉換成邏輯值，或是把邏輯值轉換成數字的數值。logical 函式可以將數字的資料轉換成邏輯資料，而 real 函式可以將邏輯資料轉換成數字的資料。

### 4.3.1 關係與邏輯運算子

關係與邏輯運算子是產生 true 或者 false 的運算子。它們是很重要的運算子，因為在某些 MATLAB 分支結構裡，它們控制了那些程式碼會或不會執行。

**關係運算子（relational operators）**是比較兩個數字，然後產生 true 或者 false 的運算子。舉例來說，a > b 是一個比較在變數 a 與 b 中數值的關係運算子，如果 a 中的數值大於 b 中的數值，則此運算子傳回 true 的結果；否則，傳回 false 的結果。

**邏輯運算子（logic operators）**是比較一個或兩個邏輯值，然後產生 true 或者 false 的運算子。舉例來說，`&&` 是一個邏輯 AND 運算子。`a && b` 比較儲存在變數 `a` 與 `b` 中的邏輯值。如果 `a` 與 `b` 兩者皆為 `true`（或非零數值），則此運算子傳回 true 的結果；否則，傳回 false 的結果。

## 4.3.2　關係運算子

**關係運算子（relational operators）**是作用在兩個數字或字串運算元的運算子，其運算結果由兩個運算元之間的關係而傳回 true（1）或 false（0）。關係運算子的一般形式是

$$a_1 \text{ op } a_2$$

其中 $a_1$ 和 $a_2$ 可以是算術式、變數或者是字串，而 op 則是表 4.1 中的一個關係運算子：

**表 4.1　關係運算子**

| 說明 | 運算子 |
| --- | --- |
| == | 等於 |
| ~= | 不等於 |
| > | 大於 |
| >= | 大於或等於 |
| < | 小於 |
| <= | 小於或等於 |

如果 $a_1$ 與 $a_2$ 之間的關係運算為真，則此運算傳回 true 的邏輯值；否則，此運算傳回 false 的邏輯值。

下表列出一些關係運算式的例子，以及它們的運算結果：

| 運算 | 結果 |
| --- | --- |
| `3 < 4` | `true (1)` |
| `3 <= 4` | `true (1)` |
| `3 == 4` | `false (0)` |
| `3 > 4` | `false (0)` |
| `4 <= 4` | `true (1)` |
| `'A' < 'B'` | `true (1)` |

因為字元是依字母順序排列，所以最後的關係運算結果為真。

關係運算子可以用來比較純量與陣列。舉例來說，如果 `a` $=\begin{bmatrix} 1 & 0 \\ -2 & 1 \end{bmatrix}$ 而 `b` $=0$，則

使用 a > b 的關係運算將會產生陣列$\begin{bmatrix}1 & 0\\0 & 1\end{bmatrix}$。關係運算子也可以用來比較兩個陣列，只要兩陣列的大小一致的話。舉例來說，如果 a = $\begin{bmatrix}1 & 0\\-2 & 1\end{bmatrix}$而 b = $\begin{bmatrix}0 & 2\\-2 & -1\end{bmatrix}$，則關係運算 a >= b ，也會產生陣列$\begin{bmatrix}1 & 0\\1 & 1\end{bmatrix}$。如果陣列的大小不一致，則會產生一個執行時的錯誤（run-time error）。

請注意因為字串是字元陣列，**關係運算子只能比較兩個具有相等長度的字串**。如果兩個字串的長度不同，這種比較關係運算將產生錯誤。我們將在第 9 章學習更通用的方法來比較字串。

相等（equivalence）關係運算子是由兩個等號所組成，而指定運算子則僅是一個等號。這是兩個完全不同的運算子，但卻是程式設計初學者常常容易混淆的運算子。符號 == 是用來傳回邏輯（0 or 1）結果的一種**比較**運算，而符號 = 是用來把等號右方表示式的數值，**指定**給等號左方的變數。初學者常犯的一個錯誤是在程式裡，錯把單一符號 = 當作比較運算子來使用。

**程式設計的陷阱**

請小心不要把相等關係運算子（==）與指定運算子（=）混淆了。

算術運算子與關係運算子的執行先後次序不一樣，只有計算完所有的算術運算子之後，才會執行關係運算子的運算。因此，下列兩個表示式會是相等的（兩者皆為真）。

```
7 + 3 < 2 + 11
(7 + 3) < (2 + 11)
```

### 4.3.3 關於 == 與 ~= 運算子的注意事項

如果被比較的兩個數值相等的話，相等運算子（==）會傳回 true 值（1）；反之，則會傳回 false 值（0）。同樣的，不相等運算子（~=）會傳回 false 值（0），如果被比較的兩個數值相等；反之，則會傳回 true 值（1）。當這兩個運算子被用來比較字串時，通常不會造成任何問題。但是當它們用來比較兩個浮點數值時，有時候卻會產生令人訝異的結果。由於電腦計算過程會產生**捨入誤差（roundoff errors）**，使得兩個原本理論上相等的數字，卻可能因為數值的些微不同，而導致了相等或不相等測試的失敗。

舉例來說，考慮下列的兩個數字，兩者結果應該都等於 0.0：

```
a = 0;
b = sin(pi);
```

理論上，這兩個數字是相同的，所以使用關係運算 a == b 應該會產生 1。然而事實上，MATLAB 的計算結果卻是：

```
» a = 0;
» b = sin(pi);
» a == b
ans =
     0
```

MATLAB 回報 a 和 b 是不同的數值，這是因為在計算 sin(pi) 所產生捨入誤差，使得 sin(pi) 的結果是 $1.2246 \times 10^{-16}$，而不是 0。由此可見，兩個理論上應該相等的數值，由於捨入誤差的影響，使得兩者有些微的差異！

為了避免捨入誤差的問題，我們必須建立一個可以判斷兩個幾乎相等數字的測試方法，而不要去比較兩個數字是否完全一致。以下的測試就可以在某個誤差範圍內判斷兩者之間是否幾乎相等：

```
» abs(a - b) < 1.0E-14
ans =
   1
```

縱使計算 b 的過程產生捨入誤差，我們仍然得到正確的結果。

**良好的程式設計**

請注意數值比較的相等性測試，因為捨入誤差可能會造成應該相等的兩個變數不能通過相等性測試。為了避免這類捨入錯誤，以預期捨入誤差範圍內的幾乎相等性測試，取代兩者之間的相等性測試。

## 4.3.4 邏輯運算子

邏輯運算子是作用在一或兩個邏輯運算元的運算子，並產生一個邏輯結果。總共有五種二元邏輯運算子：AND（& 與 &&）、OR（| 與 ||）、互斥 OR（exclusive OR, xor），以及一個一元運算子：NOT（~）。二元邏輯運算的一般形式為

$$l_1 \text{ op } l_2$$

而一元邏輯運算的一般形式為

$$\text{op } l_1$$

表 4.2 邏輯運算子

| 運算子 | 說明 |
|---|---|
| `&` | 邏輯 AND |
| `&&` | 快速求值的邏輯 AND |
| `\|` | 邏輯 OR |
| `\|\|` | 快速求值的邏輯 OR |
| `xor` | 邏輯互斥 OR（exclusive OR） |
| `~` | 邏輯 NOT |

表 4.3 邏輯運算子的真值表

| 輸入 | | and | | or | | xor | not |
|---|---|---|---|---|---|---|---|
| $l_1$ | $l_2$ | $l_1$ & $l_2$ | $l_1$ && $l_2$ | $l_1 \mid l_2$ | $l_1 \mid\mid l_2$ | xor($l_1$, $l_2$) | ~$l_1$ |
| false | false | false | false | false | false | false | true |
| false | true | false | false | true | true | true | true |
| true | false | false | false | true | true | true | false |
| true | true | true | true | true | true | false | false |

其中 $l_1$ 和 $l_2$ 是表示式或是變數，op 則是在表 4.2 中所列的邏輯運算子。

如果 $l_1$ 和 $l_2$ 間的邏輯表示關係為真，則運算結果會傳回 true（1）；其他的情形將傳回 false（0）。請注意邏輯運算子將非零數值視為 true，而將零的數值視為 false。

邏輯運算子的所有邏輯運算結果可用**真值表（truth tables）**來表示，如表 4.3 所示，真值表中包含了所有 $l_1$ 與 $l_2$ 可能組合的邏輯運算結果。

## AND 邏輯運算子

只有當兩個輸入運算元的邏輯為 true 時，AND 運算子的結果才會為 true（1）。如果其中一個運算元的邏輯為 false，或是兩個運算元的邏輯都是 false（0），則結果便為 false，如表 4.3 所示。

值得注意的是，MATLAB 的邏輯 AND 有兩種形式：&& 與 &。為什麼需要兩個 AND 的運算子？兩者又有什麼不同呢？這兩個運算子的基本差異，在於 && 支援快速求值（即部分求值），而 & 則不支援。也就是說，&& 會評估表示式 $l_1$ 的邏輯。當 $l_1$ 為 false 時，會立刻傳回 false（0）。如果 $l_1$ 為 false 時，&& 運算子將不會再去評估 $l_2$ 的邏輯，因為無論 $l_2$ 的邏輯結果是 true 或是 false，將不會再影響到最後的邏輯值為 false。相形之下，& 運算子會分別評估完 $l_1$ 和 $l_2$ 的邏輯，再傳回最後的結果。

第二個不同之處在於 && 只能適用於純量，而 & 則可支援純量或陣列，只要陣列的大小一致即可。

至於在程式中，何時該使用 &&，或者何時使用 & 呢？其實大部分的情況，不必太在意是用哪一個 AND 運算子。如果你在比較純量間的關係，而且不一定要評估 $l_2$ 的真假值，那麼就使用 `&&` 運算子。當第一個運算元為 `falsc` 的情況，這種部分求值的方式可以加快運算的速度。

有時候使用快速的計算是很重要的。舉例來說，假設我們想要測試兩個變數 `a` 與 `b` 的比例大於 10 的情況，這個測試的程式碼為：

```
x = a / b > 10.0
```

這個程式碼通常會正常地執行，但是如果當 `b` 為 0 的情況時，會造成什麼後果呢？我們將會碰到除以零的情況，因而產生 `Inf`，而不是一個數字。我們可以修改這個測試，來避免這類問題：

```
x = (b ~= 0) && (a/b > 10.0)
```

這個表示式使用了部分求值的方式，如果 `b = 0`，`a/b > 10.0` 將不會被執行，所以也就不會導致 MATLAB 產生 `Inf` 的回應。

**良好的程式設計**

如果兩個運算元的邏輯運算都必須執行，或者需要比較陣列間的關係，那麼就使用 AND 運算子 `&`。其餘的情況，可使用 AND 運算子 `&&`，因為當第一個運算元為 `false` 時，`&&` 運算子的部分求值能力，將使運算速度加快。不過在大多數的實際案例，我們還是使用 `&` 運算子居多。

## OR 邏輯運算子

只要任何一個輸入運算元的邏輯為 true，則邏輯運算子 OR 的結果便為 true（1）。如果兩個運算元的邏輯都是 false，則結果是 false（0），如表 4.3 中所列。

請注意 OR 運算子也有兩種：`||` 與 `|`。為什麼需要兩個 OR 運算子？兩者又有什麼不同呢？這兩個運算子的基本差異，在於 `||` 支援部分求值，而 `|` 則不支援。也就是說，`||` 會評估表示式 $l_1$ 的邏輯，當 $l_1$ 為 true 時，會立刻傳回 true 值。如果 $l_1$ 為 true，則 `||` 運算子不須評估 $l_2$ 邏輯式，因為無論 $l_2$ 的邏輯值為何，其邏輯結果都是 true。相形之下，`|` 運算子會分別評估完 $l_1$ 和 $l_2$ 的邏輯式，再傳回邏輯結果。

第二個不同之處在於 `||` 只能適用於純量，而 `|` 則可支援純量或陣列，只要陣列的大小一致即可。

至於在程式中，何時該使用 `||`，或者何時使用 `|` 呢？在大部分 MATLAB 程式裡，不必太在意使用 `||` 或 `|` 運算子。如果你在比較純量間的關係，不一定要評估 $l_2$ 的真假值，那麼就使用 `||` 運算子。當第一個運算元為 true 時，這種部分求值的方式會加快

運算的速度。

**良好的程式設計**

如果兩個運算元的邏輯運算都必須執行，或者需要比較陣列間的關係，那麼就使用 OR 運算子 `|`。其餘的情況，可使用 OR 運算子 `||`，因為當第一個運算元為 `true` 時，`||` 運算子的部分求值能力，將使運算速度加快。不過在大多數的實際案例，我們還是使用 `|` 運算子居多。

## XOR 邏輯運算子

唯有在一個邏輯運算元為 true，而另一個邏輯運算元為 false 的情況下，XOR 運算子的結果才是 true。如果兩個運算元都是 true 或都是 false，則 XOR 運算子結果便為 false，如表 4.3 所示。必須注意的是為了要計算 XOR 運算子的邏輯結果，兩個運算元作都需要進行邏輯評估。

XOR 運算子是被當成 MATLAB 函式來使用，下面是 XOR 運算子的例子：

```
a = 10;
b = 0;
x = xor(a, b);
```

因為 `a` 的值不為零，所以它被視為 true，而 `b` 的值為零，所以它被視為 false。因為一個邏輯值為 true，另一個邏輯運值為 false，`xor` 的運算結果為 true，所以會傳回邏輯值 1。

## NOT 邏輯運算子

NOT 運算子（~）是一個一元運算子，只需要一個運算元。如果運算元為零的話，其邏輯結果為 true（1）。如果運算元為非零的話，則結果為 false（0），如表 4.3 所示。

## 運算的先後順序

至於運算子的執行順序，邏輯運算子的執行順序會在所有的算術運算子與所有的關係運算子之後。一個表示式的運算子執行順序可整理如下：

1. 先計算所有的算術運算子，其先後順序一如之前章節的描述。
2. 由左而右計算所有的關係運算子（==、~=、>、>=、<、<=）。
3. 計算所有的 ~ 運算子。
4. 由左至右計算所有的 `&` 與 `&&` 運算子。
5. 由左至右計算所有的 `|`、`||` 與 `xor` 運算子。

如同算術運算，我們也可以用括號來改變預設的運算順序。以下為一些邏輯運算子的實例。

## 例 4.1 計算表示式

下列為變數的初始值，請計算這些表示式的結果：

```
value1 = 1
value2 = 0
value3 = 1
value4 = -10
value5 = 0
value6 = [1 2; 0 1]
```

| 表示式 | 結果 | 說明 |
|---|---|---|
| (a) `~value1` | false (0) | |
| (b) `~value3` | false (0) | 數字 1 會被視為邏輯值 true，然後再進行 NOT 運算 |
| (c) `value1 l value2` | true (1) | |
| (d) `value1 & value2` | false (0) | |
| (e) `value4 & value5` | false (0) | 當進行 AND 運算時，–10 被視為 true，而 0 被視為 false |
| (f) `~(value4 & value5)` | true (1) | 當進行 AND 運算時，–10 被視為 true，而 0 被視為 false，接著的 NOT 運算翻轉之前的運算結果 |
| (g) `value1 + value4` | –9 | |
| (h) `value1 + (~value4)` | 1 | `value4` 是非零的數字，所以被視為 true。當執行 NOT 運算時，其結果為 false（0）。接著 `value1` 加上 0，所以最後結果是 1 + 0 = 1。 |
| (i) `value3 && value6` | 不合法 | `&&` 運算子必須使用純量運算元 |
| (j) `value3 & value6` | $\begin{bmatrix}1 & 1\\0 & 1\end{bmatrix}$ | AND 運算子作用於純量與陣列運算元，陣列 `value6` 中的非零數字會被視為 true。 |

~ 運算子會在其他邏輯運算子之前先被執行，因此在上面的例 (f) 中的括號是必需的，如果沒有使用括號，(f) 中的表示式，將會以 `(~value4)& value5` 的方式來執行。

### 4.3.5 邏輯函式

MATLAB 包括許多邏輯函式，只要測試邏輯結果為真，就會傳回 `true` 值，如果測試邏輯結果為假，就會傳回 `false` 值。這些函式可以與關係及邏輯運算子一起使用來做為分支及迴圈運算的控制。

表 4.4 為幾個較常用的邏輯函式。

**表 4.4　重要的 MATLAB 邏輯函式**

| 函式 | 目的 |
|---|---|
| `false` | 傳回一個 fase（0）值。 |
| `ischar(a)` | 如果 a 是一個字元陣列，傳回 true，否則傳回 false。 |
| `iscolumn(a)` | 如果 a 是一個欄陣列，傳回 true，否則傳回 false。 |
| `isempty(a)` | 如果 a 是一個空陣列，傳回 true，否則傳回 false。 |
| `isinf(a)` | 如果 a 的值是無限大（Inf），傳回 true，否則傳回 false。 |
| `islogical(a)` | 如果 a 是一個邏輯資料形式，傳回 true，否則傳回 false。 |
| `isnan(a)` | 如果 a 的值是 NaN（不是數字），傳回 true，否則傳回 false。 |
| `isnumeric(a)` | 如果 a 的值是數字陣列，傳回 true，否則傳回 false。 |
| `isrow(a)` | 如果 a 是一個列陣列，傳回 true，否則傳回 false。 |
| `isscalar(a)` | 如果 a 是一個純數，傳回 true，否則傳回 false。 |
| `logical` | 把數字值轉換成邏輯數值：如果數值不是 0 ，轉換成 true，如果數值是 0，則轉換成 false。 |
| `true` | 傳回一個 true（1）值。 |

## ?!✓ 測驗 4.1

這個測驗提供一個快速的檢驗，檢視你是否了解 4.3 節所介紹的觀念。如果你覺得這個測驗有些困難，請重新閱讀這些章節、請教授課老師，或是與同學討論。測驗解答收錄在本書的附錄 B。

假設 a、b、c 及 d 定義如下，請計算下列的表示式。

```
a = -20;          b = 2;
c = 0;            d = 1;
```

1. `a > b`
2. `b > d`
3. `a > b && c > d`
4. `a == b`
5. `a && b > c`
6. `~~b`

假設 a、b、c 及 d 定義如下，請計算下列表示式。

$$a = 2; \qquad b = \begin{bmatrix} -1 & 3 \\ -1 & 5 \end{bmatrix};$$

$$c = \begin{bmatrix} 0 & -1 \\ 2 & 1 \end{bmatrix}; \qquad d = \begin{bmatrix} -2 & 1 & 4 \\ 0 & 1 & 0 \end{bmatrix};$$

7. `~(a > b)`
8. `a > c && b > c`
9. `c <= d`
10. `logical(d)`
11. `islogical(d)`
12. `a * b > c`
13. `a * (b > c)`

假設 a、b、c 及 d 定義如下，請解釋每個表示式的計算先後順序，並算出每個式子的結果：

```
a = 2;          b = 3;
c = 10;         d = 0;
```

14. `a*b^2 > a*c`
15. `d || b > a`
16. `(d | b) > a`

假設 a、b、c 及 d 定義如下，請計算下列的表示式。

```
a = 20;         b = -2;
c = 0;          d = 'Test';
```

17. `isinf(a/b)`
18. `isinf(a/c)`
19. `a > b && ischar(d)`
20. `isempty(c)`
21. `(~a) & b`
22. `(~a) + b`

## 4.4 分支

**分支（branches）**是一種 MATLAB 敘述，允許我們選擇想要執行的特定程式區塊（block），而跳過其他部分的程式碼。這些敘述可分成 if 架構（construct）、 switch 架構，及 try/catch 架構。

### 4.4.1 if 架構

if 架構的格式如下：

```
if control_expr_1
   Statement 1
   Statement 2      區塊 1
   ...
elseif control_expr_2
   Statement 1
   Statement 2      區塊 2
   ...
else
   Statement 1
   Statement 2      區塊 3
   ...
end
```

上述的控制表示式是一種邏輯表示式，用來控制 if 架構中的運算。如果 *control_expr_1* 為真，則程式會執行區塊 1 內的敘述，然後直接跳到 end 之後第一個可執行的敘述。否則程式會去確認 *control_expr_2* 的真假，如果 *control_expr_2* 為真，則程式會執行區塊 2 內的敘述，之後直接跳到 end 之後第一個可執行的敘述。如果所有的控制表示式值都是零，則程式則會執行最後 else 子句內的敘述。

在 if 架構中，可允許 0 個或是任意個數的 elseif 子句，但最多只能有一個 else 子句。各個子句的控制表示式，只有在它之前每個子句的控制表示式為 false（0）的情況下，才會被程式測試其邏輯值。一旦某個控制表示式被驗證為真，並執行其對應的程式碼區塊後，程式就會直接跳到 end 之後第一個可執行的敘述。如果全部的控制表示式值都是 false，則程式會去執行 else 子句內的敘述。如果沒有 else 子句，則程式將繼續執行在 end 之後的敘述，而不會執行 if 架構中的任何區塊。

請注意在這個架構裡的 MATLAB 的關鍵字 end，與我們在第 2 章所用來傳回給定下標最大值的 MATLAB 函式 end 完全不同。MATLAB 可藉由 M 檔案的上下文中所出現的字，來分辨這兩個 end 不同之處。

大多數的情況下，控制表示式會是關係運算子及邏輯運算子的某種組合。就像之前所描述的，當控制敘述式的對應條件為 true 時，關係運算子及邏輯運算子會產生 true（1）；當對應的條件為 false 時，則會產生 false（0）。當運算子的邏輯值為真，其結果為非零的邏輯值，而且會執行對應區塊的程式碼。

舉一個利用 if 架構的例子，考慮一個一元二次方程式：

$$ax^2 + bx + c = 0 \tag{4.1}$$

這個方程式的根為：

$$x = \frac{-b \pm \sqrt{b^2 - 4ac}}{2a} \tag{4.2}$$

其中 $b^2 - 4ac$ 是這個方程式的判別式。如果 $b^2 - 4ac > 0$，則方程式會有兩個相異的實數根。如果 $b^2 - 4ac = 0$，則方程式有單一重根。若 $b^2 - 4ac < 0$，則此方程式就會有兩個複數根。

假設我們要檢查一個二次方程式的判別式，並告訴使用者此二次方程式有二個複數根、二個相同的實數根或兩個不同的實數根。這架構的虛擬碼可以寫成

```
if (b^2 - 4*a*c) < 0
   Write msg that equation has two complex roots.
elseif (b^2 - 4.*a*c) == 0
   Write msg that equation has two identical real roots.
else
   Write msg that equation has two distinct real roots.
end
```

MATLAB 敘述可改寫成

```
if (b^2 - 4*a*c) < 0
   disp('This equation has two complex roots.');
elseif (b^2 - 4*a*c) == 0
   disp('This equation has two identical real roots.');
else
   disp('This equation has two distinct real roots.');
end
```

為了增加可讀性，if 架構中的程式碼區塊，通常會向後縮排三至四個空格，但實際上這也不是必要的。

### 良好的程式設計

使用 if 結構時，請記得把程式主體向後縮排三個以上的空格，以增加程式的可讀性。

我們也可以在一行中，利用逗號或分號來區隔，寫出完整的 if 架構。因此下面兩個架構是相同的：

```
if x < 0
   y = abs(x);
end
```

及

```
if x < 0; y = abs(x); end
```

然而，這只有在非常簡單的架構時，才可能如此做。

### 4.4.2 if 架構的範例

我們現在來看兩個示範使用 if 架構的例子。

**例 4.2　一元二次方程式**

試寫一個程式來求解一元二次方程式的根。

**◈ 解答**

我們將遵循本章前面所提出的程式設計步驟。

1. **敘述問題**

   寫出一個程式，求解一元二次方程式的根，包含不同的實數根，重複的實數根，以及複數根。

2. **定義輸入與輸出**

   這個程式需要輸入的是二次方程式的係數 $a$、$b$ 和 $c$：

$$ax^2 + bx + c = 0 \tag{4.1}$$

   程式的輸出將是二次方程式的根，包含不同的實數根、重複的實數根以及複數根。

3. **設計演算法**

   這項工作可以分為三個主要的部分，包括資料輸入、處理及輸出結果：

   讀取輸入資料
   計算方程式的根
   寫出方程式的根

   我們現在把上述的幾個主要工作分解成更小且更詳細的小工作。根據方程式的判別式，我們將有三種解法來計算方程式的根。所以在邏輯上，可以使用三個分支的 if 架構來執行這三種解法。其虛擬碼為：

```
Prompt the user for the coefficients a, b, and c.
Read a, b, and c
discriminant ← b^2 - 4 * a * c
if discriminant > 0
   x1 ← ( -b + sqrt(discriminant) ) / ( 2 * a )
```

```
      x2 ← ( -b - sqrt(discriminant) ) / ( 2 * a )
      Write msg that equation has two distinct real roots.
      Write out the two roots.
   elseif discriminant == 0
      x1 ← -b / ( 2 * a )
      Write msg that equation has two identical real roots.
      Write out the repeated root.
   else
      real_part ← -b / ( 2 * a )
      imag_part ← sqrt ( abs ( discriminant ) ) / ( 2 * a )
      Write msg that equation has two complex roots.
      Write out the two roots.
   End
```

4. 把演算法轉換成 MATLAB 敘述

完成的 MATLAB 程式碼顯示如下：

```
% Script file: calc_roots.m
%
% Purpose:
%     This program solves for the roots of a quadratic equation
%     of the form a*x^2 + b*x + c = 0. It calculates the answers
%     regardless of the type of roots that the equation possesses.
%
% Record of revisions:
%       Date        Programmer          Description of change
%       ====        ==========          =====================
%     01/12/18    S. J. Chapman        Original code
%
% Define variables:
%    a             -- Coefficient of x^2 term of equation
%    b             -- Coefficient of x term of equation
%    c             -- Constant term of equation
%    discriminant -- Discriminant of the equation
%    imag_part     -- Imag part of equation (for complex roots)
%    real_part     -- Real part of equation (for complex roots)
%    x1            -- First solution of equation (for real roots)
%    x2            -- Second solution of equation (for real roots)

% Prompt the user for the coefficients of the equation
disp ('This program solves for the roots of a quadratic');
disp ('equation of the form A*X^2 + B*X + C = 0.');
a = input ('Enter the coefficient A:');
b = input ('Enter the coefficient B:');
c = input ('Enter the coefficient C:');

% Calculate discriminant
discriminant = b^2 - 4 * a * c;
```

```
% Solve for the roots, depending on the value of the discriminant
if discriminant > 0 % there are two real roots, so...
    x1 = (-b + sqrt(discriminant) ) / (2 * a);
    x2 = (-b - sqrt(discriminant) ) / (2 * a);
    disp ('This equation has two real roots:');
    fprintf ('x1 = %f\n', x1);
    fprintf ('x2 = %f\n', x2);

elseif discriminant == 0 % there is one repeated root, so...

    x1 = (-b) / (2 * a);
    disp ('This equation has two identical real roots:');
    fprintf ('x1 = x2 = %f\n',x1);

else % there are complex roots, so ...

    real_part = ( -b ) / ( 2 * a );
    imag_part = sqrt ( abs ( discriminant ) ) / (2 * a);
    disp ('This equation has complex roots:');
    fprintf('x1 = %f +i %f\n', real_part, imag_part);
    fprintf('x1 = %f -i %f\n', real_part, imag_part);

end
```

5. 測試程式

接下來，我們必須使用實數的輸入資料來測試我們剛完成的程式。由於程式有三種可能的解題路徑，我們必須測試所有可能的情形，才能確定這個程式能正確地求解一元二次方程式。我們可以用下列方程式的解來驗證程式的正確性：

$x^2 + 5x + 6 = 0$ $x = -2$ 及 $x = -3$

$x^2 + 4x + 4 = 0$ $x = -2$

$x^2 + 2x + 5 = 0$ $x = -1 \pm i2$

利用以上的係數執行程式三次，其結果顯示如下（粗體表示使用者輸入的值）：

```
» calc_roots
This program solves for the roots of a quadratic
equation of the form A*X^2 + B*X + C = 0.
Enter the coefficient A: 1
Enter the coefficient B: 5
Enter the coefficient C: 6
This equation has two real roots:
x1 = -2.000000
x2 = -3.000000

» calc_roots
This program solves for the roots of a quadratic
```

```
equation of the form A*X^2 + B*X + C = 0.
Enter the coefficient A: 1
Enter the coefficient B: 4
Enter the coefficient C: 4
This equation has two identical real roots:
x1 = x2 = -2.000000
» calc_roots
This program solves for the roots of a quadratic
equation of the form A*X^2 + B*X + C = 0.
Enter the coefficient A: 1
Enter the coefficient B: 2
Enter the coefficient C: 5
This equation has complex roots:
x1 = -1.000000 +i 2.000000
x1 = -1.000000 -i 2.000000
```

在所有三個可能的測試情形，程式均解出正確的答案。

## 例 4.3 計算一個具有兩個變數的函數

試寫出一個 MATLAB 程式，對於使用者任意輸入的 $x, y$ 值，計算 $f(x, y)$ 的函數值。函數 $f(x, y)$ 定義如下：

$$f(x,y)=\begin{cases} x+y & x\geq 0 \text{ 且 } y\geq 0 \\ x+y^2 & x\geq 0 \text{ 且 } y<0 \\ x^2+y & x<0 \text{ 且 } y\geq 0 \\ x^2+y^2 & x<0 \text{ 且 } y<0 \end{cases}$$

◈ 解答

函數 $f(x, y)$ 是根據兩個獨立變數 $x, y$ 的正負號而有不同的計算方式。為了決定正確的計算方式，我們需要檢查使用者輸入 $x, y$ 值的正負號。

1. 敘述問題

   對於使用者任意輸入的 $x, y$ 值，計算 $f(x, y)$ 的函數值。

2. 定義輸入與輸出

   這個程式需要輸入的是獨立變數 $x$ 和 $y$。而程式的輸出是 $f(x, y)$ 的函數值。

3. 設計演算法

   這項工作可以分為三個主要的部分，包括資料輸入、處理及輸出結果：

```
讀取輸入的 x,y 值
計算 f(x,y) 值
寫出 f(x,y) 值
```

我們現在把上述的幾個主要工作分解得更小且更詳細的小片斷。根據 $x, y$ 的值，我們有四種算法來計算 $f(x, y)$ 的函數值。所以在邏輯上，可以使用四個分支的 if 架構來執行這四種解法。其虛擬碼為：

```
Prompt the user for the values x and y.
Read x and y
if x ≥ 0 and y ≥ 0
   fun <- x + y
elseif x ≥ 0 and y < 0
   fun <- x + y^2
elseif x < 0 and y ≥ 0
   fun <- x^2 + y
else
   fun <- x^2 + y^2
end
Write out f(x,y)
```

4. 把演算法轉換成 MATLAB 敘述

完成的 MATLAB 程式碼顯示如下：

```
% Script file: funxy.m
%
% Purpose:
%   This program solves the function f(x,y) for a
%   user-specified x and y, where f(x,y) is defined as:
%
%              ┌ x + y              x >= 0 and y >= 0
%              │ x + y^2            x >= 0 and y < 0
%     f(x,y) = │ x^2 + y            x < 0  and y >= 0
%              └ x^2 + y^2          x < 0  and y < 0
%
% Record of revisions:
%    Date          Programmer          Description of change
%    ====          ==========          =====================
%  01/12/18      S. J. Chapman         Original code
%
% Define variables:
%   x    -- First independent variable
%   y    -- Second independent variable
%   fun -- Resulting function

% Prompt the user for the values x and y
x = input ('Enter the x value: ');
y = input ('Enter the y value: ');
```

```
% Calculate the function f(x,y) based upon
% the signs of x and y.
if x >= 0 && y >= 0
   fun = x + y;
elseif x >= 0 && y < 0
   fun = x + y^2;
elseif x < 0 && y >= 0
   fun = x^2 + y;
else % x < 0 and y < 0, so
   fun = x^2 + y^2;
end

% Write the value of the function.
disp (['The value of the function is ' num2str(fun)]);
```

5. 測試程式

接下來，我們必須使用實際的輸入資料來測試我們的程式。由於程式中有四種可能的執行路徑，我們必須測試所有可能的情形，才能確定這個程式能正確地執行。為了測試這四種可能的情形，我們將用四組 $(x, y)$ 的輸入值來執行程式，即 $(x, y) = (2, 3), (2, -3), (-2, 3)$ 及 $(-2, -3)$。由自己動手計算，可以得到：

$$f(2, 3) = 2 + 3 = 5$$
$$f(2, -3) = 2 + (-3)^2 = 11$$
$$f(-2, 3) = (-2)^2 + 3 = 7$$
$$f(-2, -3) = (-2)^2 + (-3)^2 = 13$$

利用上述四組數據執行這個程式四次，可得到以下的答案：

```
» funxy
Enter the x coefficient: 2
Enter the y coefficient: 3
The value of the function is 5
» funxy
Enter the x coefficient: 2
Enter the y coefficient: -3
The value of the function is 11
» funxy
Enter the x coefficient: -2
Enter the y coefficient: 3
The value of the function is 7
» funxy
Enter the x coefficient: -2
Enter the y coefficient: -3
The value of the function is 13
```

在所有四個可能的情形下，程式都計算出正確的答案。

### 4.4.3 使用 if 架構的注意事項

if 架構是非常具有彈性的，但它必須有一個 if 敘述及一個 end 敘述。在 if 及 end 之間，它可以有任意數目的 elseif 子句，以及至多一個 else 子句。我們可以藉由這些組合，實現任何期望的分支架構。

此外，if 架構也允許**巢狀（nested）**架構。兩個巢狀 if 架構，就是其中一個 if 架構，完全在另一個 if 架構的程式區塊之內。下列的兩個 if 架構是符合規定的巢狀架構。

```
if x > 0
   ...
   if y < 0
      ...
   end
   ...
end
```

MATLAB 的直譯器通常會把一個 end 敘述與最近的 if 敘述相連結，所以上面例子中的第一個 end 敘述，將會結束 if y < 0 的敘述，而第二個 end 敘述，則是結束 if x > 0 的敘述。這在一個編寫良好的程式中能夠運作得很好，但是如果程式設計者撰寫程式不當，就容易導致直譯器產生混淆，而出現錯誤訊息。舉例來說，一個大型程式包含以下的架構：

```
...
if (test1)
  ...
  if (test2)
     ...
     if (test3)
        ...
     end
     ...
  end
  ...
end
```

這個程式包含三個 if 巢狀架構，或許裡面包含了數百行的程式碼。假設我們在編寫程式時，不小心刪除了第一個 end 敘述。在這種情況下，MATLAB 的直譯器將會直接把第二個 end 連結在最接近的 if(test3) 架構，而第三個 end 連結在中間的

if(test2) 架構。當直譯器執行到程式的尾端，它將會發現到第一個 if(test1) 的架構沒有以 end 做為結束，因此直譯器便會產生一個錯誤的訊息告訴使用者，程式裡少了一個 end 的敘述。然而直譯器並不能告知問題發生的位置，所以我們只好回頭自己搜尋整個程式，並嘗試找到問題發生的所在。

一般的演算法，通常可以藉由多重的 elseif 子句，或者巢狀 if 架構來實現。至於該使用哪一種設計，端視程式設計者個人喜好而定。

## 例 4.4　評定成績等級

假設我們想要編寫一個程式，讀取數字成績，並根據下列表格，評定成績等級：

```
95 < grade              A
86 < grade ≤ 95         B
76 < grade ≤ 86         C
66 < grade ≤ 76         D
 0 < grade ≤ 66         F
```

請利用 if 架構，依上面所列的條件來評定成績等級，(a) 使用多重 elseif 子句；(b) 使用巢狀 if 架構。

**◈解答**

(a) 使用 elseif 子句的一個可能架構為：

```
if grade > 95.0
     disp('The grade is A.');
elseif grade > 86.0
     disp('The grade is B.');
elseif grade > 76.0
     disp('The grade is C.');
elseif grade > 66.0
     disp('The grade is D.');
else
     disp('The grade is F.');
end
```

(b) 使用巢狀 if 架構設計的一個可能架構為：

```
if grade > 95.0
     disp('The grade is A.');
else
     if grade > 86.0
        disp('The grade is B.');
     else
        if grade > 76.0
           disp('The grade is C.');
```

```
            else
               if grade > 66.0
                  disp('The grade is D.');
               else
                  disp('The grade is F.');
               end
            end
         end
      end
```

從上述例子可以明顯看出，如果程式中有許多互斥的選項，使用多重 elseif 子句的 if 架構要比巢狀 if 架構簡單得多。

**良好的程式設計**

如果程式分支設計有許多互斥的選項，使用多重 elseif 子句的單一 if 架構，會比巢狀 if 架構更為簡潔。

### 4.4.4 switch 架構

switch 架構是另一種分支架構的形式。switch 架構允許程式設計者，依據一個整數值、字元或是邏輯表示式，來選擇執行某一特定的程式區塊。switch 架構的形式為：

```
switch (switch_expr)
case case_expr_1
    Statement 1
    Statement 2       } 區塊 1
    ...
case case_expr_2
    Statement 1
    Statement 2       } 區塊 2
    ...
...
otherwise
    Statement 1
    Statement 2       } 區塊 n
    ...
end
```

如果 *switch_expr* 的值等於 *case_expr_1* 的值，則程式將會執行第一個程式區塊，然後程式將跳到 switch 架構中 end 後方的第一個敘述。同樣地，如果 *switch_expr* 的值等

於 *case_expr_2* 的值，則程式將會執行第二個程式區塊，然後跳到 switch 架構中 end 後方的第一個敘述。同樣的情況也適用於架構中的其他 case。而 otherwise 的程式區塊並不是必須的。如果 otherwise 的程式區塊存在的話，唯有在 *switch_expr* 內的值超出其他所有 case 的範圍時，這區塊的程式碼才會被執行。如果 otherwise 的程式區塊不存在，而且 *switch_expr* 的值也超出其他所有 case 的範圍，則程式不會執行 switch 架構內的任何程式碼。這種架構的虛擬碼，看起來十分接近它所對應的 MATLAB 程式碼。

如果 *switch_expr* 中的許多值都會執行相同區塊的程式碼，則這些值可以用括號包含在一個區塊中，如下面的例子所示。如果 switch 表示式的值有任一個情形和 case 表示式的值相符，就會執行那個 case 區塊的程式碼。

```
switch (switch_expr)
case {case_expr_1, case_expr_2, case_expr_3}
    Statement 1
    Statement 2        } 區塊 1
    ...
otherwise
    Statement 1
    Statement 2        } 區塊 n
    ...
end
```

*switch_expr* 與各個 *case_expr* 的值可以是數值、字串或是邏輯值。這些表示式必須經由計算變成數字純量值、邏輯純量值或是單一字元陣列。

請注意 switch 架構中最多只能執行一個程式碼區塊。在某個程式碼區塊被執行之後，程式將跳到 switch 架構中 end 後方的第一個敘述。各別狀況（case）中的狀況表示式應為*互斥*的，如此才可以藉由 switch 表示式的值選到所對應的狀況。所以如果 switch 表示式的值，對應到不只一個 case 表示式的值，*則程式只會執行這些 case 中第一個區塊的程式碼*。

讓我們來看一個 switch 架構的例子。以下敘述將決定從 1 到 10 之間的整數是奇數還是偶數，然後再列印出適當的訊息。這程式將會使用一連串的值當作 case 的值，而且會使用到 otherwise 的程式區塊。

```
switch (value)
case {1,3,5,7,9}
   disp('The value is odd.');
case {2,4,6,8,10}
   disp('The value is even.');
otherwise
   disp('The value is out of range.');
end
```

**良好的程式設計**

運用 switch 架構以單一輸入表示式來選擇互斥的選項。

## 4.4.5 try/catch 架構

try/catch 架構是一種特殊形式的分支架構，被設計用來捕捉程式執行時的錯誤。一般來說，當 MATLAB 程式執行時遇到錯誤，程式便會中斷執行。而 try/catch 架構卻可以改變 MATLAB 遇到錯誤時的預設中斷行為。如果在架構中 try 區塊的敘述有錯誤發生，MATLAB 程式並不會中斷，而是去執行在 catch 區塊的程式碼，並且讓程式繼續執行。這個架構允許程式設計者在程式內處理錯誤，而不會導致程式停止執行。

try/catch 架構的一般形式是：

```
try
    Statement 1
    Statement 2        } Try 區塊
    ...
catch
    Statement 1
    Statement 2        } Catch 區塊
    ...
end
```

當程式執行到 try/catch 架構時，程式將會去執行 try 區塊中的敘述，如果沒有錯誤發生，程式將會跳過 catch 區塊中的敘述，並繼續執行此架構 end 之後的第一個敘述。反之，如果在 try 區塊中有錯誤發生，程式將停止執行 try 區塊中的敘述，並且立即去執行 catch 區塊中的敘述。

catch 的敘述可以有一個 ME 引數的選項，ME 代表一個 MException（MATLAB exception，MATLAB 異常）物件。在執行 try 區塊中的敘述期間，當發生異常狀況時，就會產生一個 ME 物件。此 ME 物件會具體說明錯誤發生的地方，並包括一些細節像是異常類型（ME.identifier）、錯誤訊息（ME.message）、錯誤原因（ME.cause）及堆疊（ME.stack）。這些資訊可以顯示給使用者參考，或者程式設計者可以利用這些資訊，嘗試讓程式從異常狀況中復原並繼續進行。

下面是一個包含 try/catch 架構的例子。這個程式產生一個陣列，並要求使用者指定陣列中需要顯示的元素。使用者將被要求提供一個陣列下標數字，然後程式便會顯示其對應的陣列元素。在這個程式中，try 區塊內的敘述一定會被執行。而在 catch 區塊中的敘述，只有在 try 區塊發生錯誤時，才會被執行。如果使用者指定一個非法的下標，則程式執行將轉移至 catch 區塊，然後 ME 物件將包含解釋發生錯誤的資訊。在這個簡單的程式，這些資訊只是回應在指令視窗。在更複雜的程式，這些資訊可以用來讓程式從異常狀況中復原。

```
% Test try/catch

% Initialize array
a = [ 1 -3 2 5];
try
    % Try to display an element
    index = input('Enter subscript of element to display:');
    disp(['a(' int2str(index) ')=' num2str(a(index))]);

catch ME

    % If we get here, an error occurred. Display the error.
    ME
    stack = ME.stack
end
```

當這個程式以合法下標執行時，其結果為：

```
» test_try_catch
Enter subscript of element to display: 3
a(3) = 2
```

當這個程式以非法下標執行時，其結果為：

```
» test_try_catch
Enter subscript of element to display: 9
ME =
  MException with properties:

    identifier: 'MATLAB:badsubscript'
       message: 'Attempted to access a(9); index out of bounds
       because numel(a)=4.'
         cause: {}
         stack: [1x1 struct]
stack =
    file: 'C:\Data\book\matlab\6e\chap4\test_try_catch.m'
    name: 'test_try_catch'
    line: 10
```

**良好的程式設計**

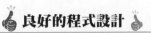

運用 try/catch 架構抓住執行時的錯誤，使得程式可以從容地順利復原。

## 測驗 4.2

這個測驗提供一個快速的檢驗，檢視你是否了解 4.4 節所介紹的觀念。如果你覺得這個測驗有些困難，請重新閱讀這些章節、請教授課老師，或是與同學討論。測驗解答收錄在本書的附錄 B。

請寫出能夠執行下列作用的 MATLAB 敘述：

1. 如果 x 大於或等於零，就計算 x 的平方根，指定給變數 sqrt_x，並列印程式結果。如果 x 小於 0，就列印一個關於平方根函數引數的錯誤訊息，並設定 sqrt_x 為零。
2. 變數 fun 被用來計算 numerator/denominator。如果 denominator 的絕對值小於 1.0E – 300，就印出 “Divide by 0 error” 的訊息。其他的情形，請計算並列印變數 fun 的值。
3. 第一個 100 英哩租車的費用，是每英哩 \$1.00，而接下來的 200 英哩，租車費用變成每英哩 \$0.80，而超過 300 英哩之後，租車費用變成每英哩 \$0.70。請寫出 MATLAB 敘述，用來計算某個特定租車里程的總費用，以及每英哩的平均花費（儲存在變數 distance 裡）。

請檢查下面的 MATLAB 敘述。請問這些是正確的敘述嗎？如果是正確的，程式將輸出什麼結果？如果是不正確的，錯誤發生在什麼地方？

4.
```
if volts > 125
   disp('WARNING: High voltage on line.');
if volts < 105
   disp('WARNING: Low voltage on line.');
else
   disp('Line voltage is within tolerances.');
end
```

5.
```
color = 'yellow';
switch (color)
case 'red',
     disp('Stop now!');
case 'yellow',
     disp('Prepare to stop.');
case 'green',
     disp('Proceed through intersection.');
otherwise,
     disp('Illegal color encountered.');
end
```

6.
```
if temperature > 37
     disp('Human body temperature exceeded.');
```

```
elseif temperature > 100
     disp('Boiling point of water exceeded.');
end
```

## 例 4.5 交通號誌

一個交通號誌控制著十字路口的交通，此交通燈號的工作週期為兩分鐘。一個週期開始的 56 秒內，東西向道路的燈號為綠色；56 到 60 秒之間，東西向道路的燈號為黃色；接著從 60 到 120 秒，東西向道路的燈號為紅色。另一方面，一個週期開始的 60 秒內，南北向道路的燈號為紅色；60 到 116 秒之間，南北向道路的燈號為綠色；接著從 116 到 120 秒，南北向道路的燈號為黃色。

撰寫一個程式提示使用者輸入時間。如果時間小於 0 秒或是超過 120 秒，程式將會印出 "time out of bounds（超出時間範圍）" 的訊息，否則將會顯示各個燈號在輸入時間的正確顏色。

◈ **解答**

燈號顏色與時間的關係整理在以下表格：

| 時間 | 東西向道路 | 南北向道路 |
|---|---|---|
| 0–56 秒 | 綠色 | 紅色 |
| 56–60 秒 | 黃色 | 紅色 |
| 60–116 秒 | 紅色 | 綠色 |
| 116–120 秒 | 紅色 | 黃色 |

我們可以藉由 if/elseif/else/end 架構實現此選擇過程，每個子句對應一組時間範圍。注意我們必須包括小於 0 或大於 120 秒的狀況，並且顯示適當的錯誤訊息。

1. **敘述問題**

   撰寫在特定時間下，可以顯示南北與東西向交通號誌顏色的程式。

2. **定義輸入與輸出**

   此程式的輸入為想要的時間 $t$，程式的輸出將會是每個方向的交通號誌顏色。

3. **設計演算法**

   此工作可以依其作用分成三個部分，分別為輸入、處理與輸出：

```
Read the input time t
Calculate light status from the table of data
Write out light status
```

4. **把演算法轉換成 MATLAB 敘述**

   根據輸入時間而回應出適當燈號狀態的 MATLAB 程式碼如下：

```
% Script file: traffic_light.m
%
% Purpose:
% This program plot calculates the color of traffic
% lights as a function of time.
%
% Record of revisions:
%     Date        Programmer         Description of change
%     ====        ==========         =====================
%    01/12/18    S. J. Chapman       Original code
%
% Define variables:
%   time -- Time in seconds

% Prompt the user for the time.
time = input('Enter the time in seconds: ');

% Calculate thet status of the lights and tell the user
if time < 0
   disp(['ERROR: time out of bounds!']);
elseif time <= 56
   disp(['East-West road light is Green']);
   disp(['North-South road light is Red']);
elseif time <= 60
   disp(['East-West road light is Yellow']);
   disp(['North-South road light is Red']);
elseif time <= 116
   disp(['East-West road light is Red']);
   disp(['North-South road light is Green']);
elseif time <= 120
   disp(['East-West road light is Red']);
   disp(['North-South road light is Yellow']);
else
   disp(['ERROR: time out of bounds!']);
end
```

5. 測試程式

當程式以符合規定與不符合規定的時間輸入時，其執行結果如下：

```
» traffic_light
Enter the time in seconds: -5
ERROR: time out of bounds!
» traffic_light
Enter the time in seconds: 12
East-West road light is Green
North-South road light is Red
» traffic_light
Enter the time in seconds: 57
East-West road light is Yellow
```

```
North-South road light is Red
» traffic_light
Enter the time in seconds: 80
East-West road light is Red
North-South road light is Green
» traffic_light
Enter the time in seconds: 116
East-West road light is Red
North-South road light is Green
» traffic_light
Enter the time in seconds: 118
East-West road light is Red
North-South road light is Yellow
» traffic_light
Enter the time in seconds: 121
ERROR: time out of bounds!
```

燈號的選擇結果與表格的資料相符，所以此程式運作正常。

注意在例 4.5 中，當時間為 116 秒時，東西向燈號是紅色，而南北向燈號為綠色。將此結果與表格比較後，我們發現這就是一個**邊緣狀況**（**edge case**）。當燈號在 116 秒改變時，燈號在此瞬間的確切狀態並未定義在輸入資訊中。在例 4.5 中，我們選擇在每個時間間隔都包含此間隔內的最大值。在分析問題時，工程師為邊緣狀況定義適合的行為是非常重要的事。很多時候，工程師撰寫的程式可以在多數情況下正常運作，但是卻因為邊緣狀況的處理不當，導致在某些不尋常情況下失敗，這是設計程式時，考慮邊緣狀況下的程式行為，並且在驗證程式運作是否正常時，測試這些邊緣狀況，都是極為重要的事情。

**程式設計的陷阱**

設計程式時，務必考慮在邊緣狀況下程式要有適當的行為表現；當測試程式時，也要驗證在邊緣狀況下程式也要有適當的行為表現。

## 4.5 再論 MATLAB 程式除錯

編寫包含分支及迴圈的程式，要比編寫簡單且照順序執行的程式更容易犯錯。甚至在經過完整的程式設計程序之後，無論程式的大小，也很難保證此程式能在第一次執行時，能得到完全正確的結果。假設我們已經建立一個程式並進行測試，卻發現輸出結果是錯誤的。那我們該如何進行程式偵錯及除錯的工作呢？

一旦程式包括了迴圈及分支結構，找出錯誤的最好方式就是使用整合在 MATLAB 的編輯器中的符號除錯器（symbolic debugger）。

在 MATLAB 指令視窗裡的 “Open” 功能表（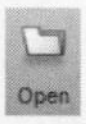
Open
），選擇你想要除錯的檔案，即可啟動除錯器。當開啟檔案後，檔案將被載入編輯器內，而且程式碼會自動依 MATLAB 語法而賦予不同的顏色。MATLAB 註解在檔案裡是以綠色標示，變數及數字以黑色標示，字元字串以紫紅色標示，而 MATLAB 的關鍵字則是以藍色標示。圖 4.2 顯示一個編輯／除錯視窗中的範例 `calc_roots.m`。

假如我們想要知道，當程式執行時，到底發生了什麼事，我們可以用滑鼠在有興趣的程式行點擊左邊的水平折線，以設定一個或多個**中斷點（breakpoints）**。完成中斷

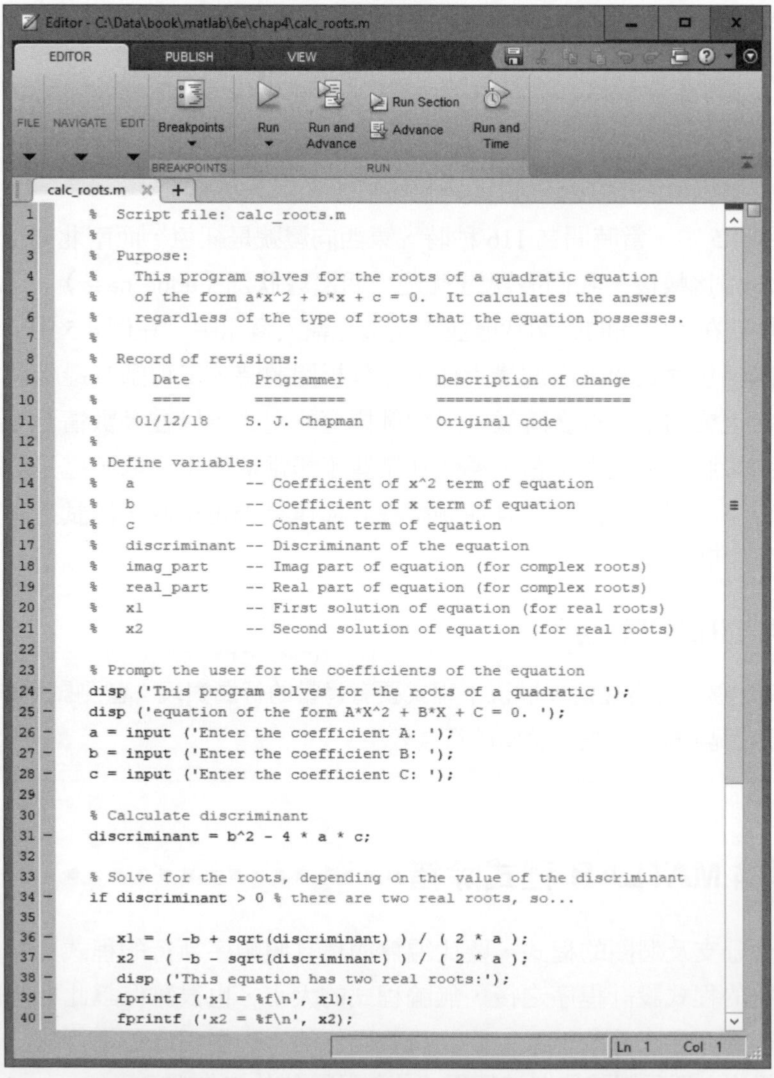
Editor - C:\Data\book\matlab\6e\chap4\calc_roots.m
EDITOR
PUBLISH
VIEW
FILE
NAVIGATE
EDIT
Breakpoints
Run
Run and Advance
Run Section
Advance
Run and Time
BREAKPOINTS
RUN
calc_roots.m
% Script file: calc_roots.m
%
% Purpose:
%   This program solves for the roots of a quadratic equation
%   of the form a*x^2 + b*x + c = 0. It calculates the answers
%   regardless of the type of roots that the equation possesses.
%
% Record of revisions:
%     Date        Programmer          Description of change
%     ====        ==========          =====================
%   01/12/18    S. J. Chapman        Original code
%
% Define variables:
%   a             -- Coefficient of x^2 term of equation
%   b             -- Coefficient of x term of equation
%   c             -- Constant term of equation
%   discriminant -- Discriminant of the equation
%   imag_part     -- Imag part of equation (for complex roots)
%   real_part     -- Real part of equation (for complex roots)
%   x1            -- First solution of equation (for real roots)
%   x2            -- Second solution of equation (for real roots)
% Prompt the user for the coefficients of the equation
disp ('This program solves for the roots of a quadratic ');
disp ('equation of the form A*X^2 + B*X + C = 0. ');
a = input ('Enter the coefficient A: ');
b = input ('Enter the coefficient B: ');
c = input ('Enter the coefficient C: ');
% Calculate discriminant
discriminant = b^2 - 4 * a * c;
% Solve for the roots, depending on the value of the discriminant
if discriminant > 0 % there are two real roots, so...
x1 = ( -b + sqrt(discriminant) ) / ( 2 * a );
x2 = ( -b - sqrt(discriminant) ) / ( 2 * a );
disp ('This equation has two real roots:');
fprintf ('x1 = %f\n', x1);
fprintf ('x2 = %f\n', x2);
Ln 1
Col 1

**圖 4.2　載入 MATLAB 程式的編輯／除錯視窗。**

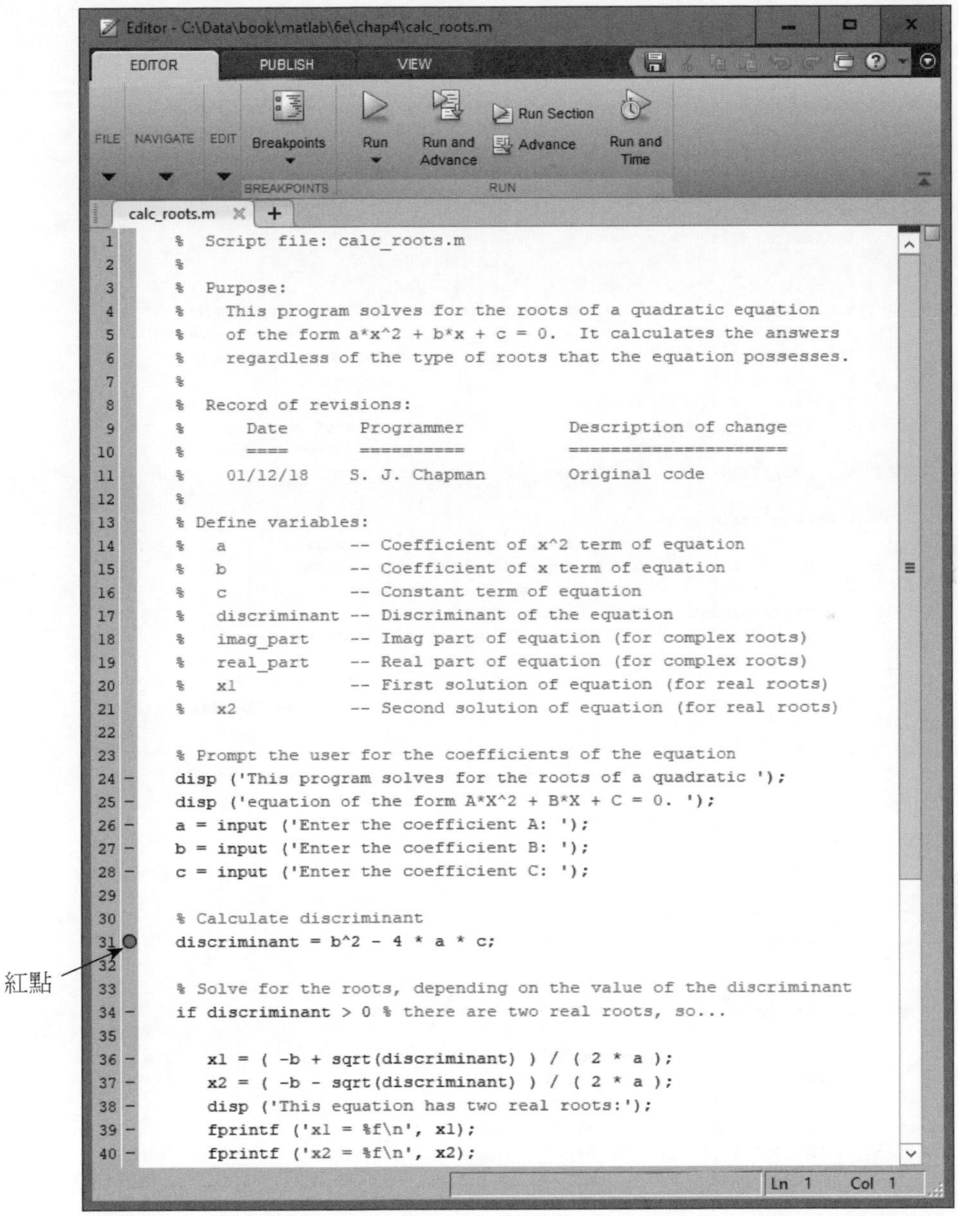
Editor - C:\Data\book\matlab\6e\chap4\calc_roots.m
EDITOR
PUBLISH
VIEW
FILE
NAVIGATE
EDIT
Breakpoints
Run
Run and Advance
Run Section
Advance
Run and Time
BREAKPOINTS
RUN
calc_roots.m
% Script file: calc_roots.m
%
% Purpose:
% This program solves for the roots of a quadratic equation
% of the form a*x^2 + b*x + c = 0. It calculates the answers
% regardless of the type of roots that the equation possesses.
%
% Record of revisions:
% Date Programmer Description of change
% ==== ========== =====================
% 01/12/18 S. J. Chapman Original code
%
% Define variables:
% a -- Coefficient of x^2 term of equation
% b -- Coefficient of x term of equation
% c -- Constant term of equation
% discriminant -- Discriminant of the equation
% imag_part -- Imag part of equation (for complex roots)
% real_part -- Real part of equation (for complex roots)
% x1 -- First solution of equation (for real roots)
% x2 -- Second solution of equation (for real roots)
% Prompt the user for the coefficients of the equation
disp ('This program solves for the roots of a quadratic ');
disp ('equation of the form A*X^2 + B*X + C = 0. ');
a = input ('Enter the coefficient A: ');
b = input ('Enter the coefficient B: ');
c = input ('Enter the coefficient C: ');
% Calculate discriminant
discriminant = b^2 - 4 * a * c;
% Solve for the roots, depending on the value of the discriminant
if discriminant > 0 % there are two real roots, so...
x1 = ( -b + sqrt(discriminant) ) / ( 2 * a );
x2 = ( -b - sqrt(discriminant) ) / ( 2 * a );
disp ('This equation has two real roots:');
fprintf ('x1 = %f\n', x1);
fprintf ('x2 = %f\n', x2);
Ln 1 Col 1
紅點

圖 4.3 設定中斷點後的視窗。注意紅點出現在標示中斷點程式行的左邊。

點設定後，會在該程式行左方標示紅點，如圖 4.3 所示。

完成中斷點的設定後，可在指令視窗鍵入 `calc_roots` 執行程式。而程式將持續執行，直到第一個中斷點才會停止。在除錯過程中，該程式行旁會出現一個綠色箭號，如圖 4.4 所示。到達中斷點後，程式設計者可以在指令視窗中鍵入任何變數的名稱或者在工作區瀏覽器檢視變數值，以便在工作區內檢視並修改變數值。當程式設計者對該中斷點的程式執行結果感到滿意時，他們可以藉由重複按下 F10，逐行執行每行程式，

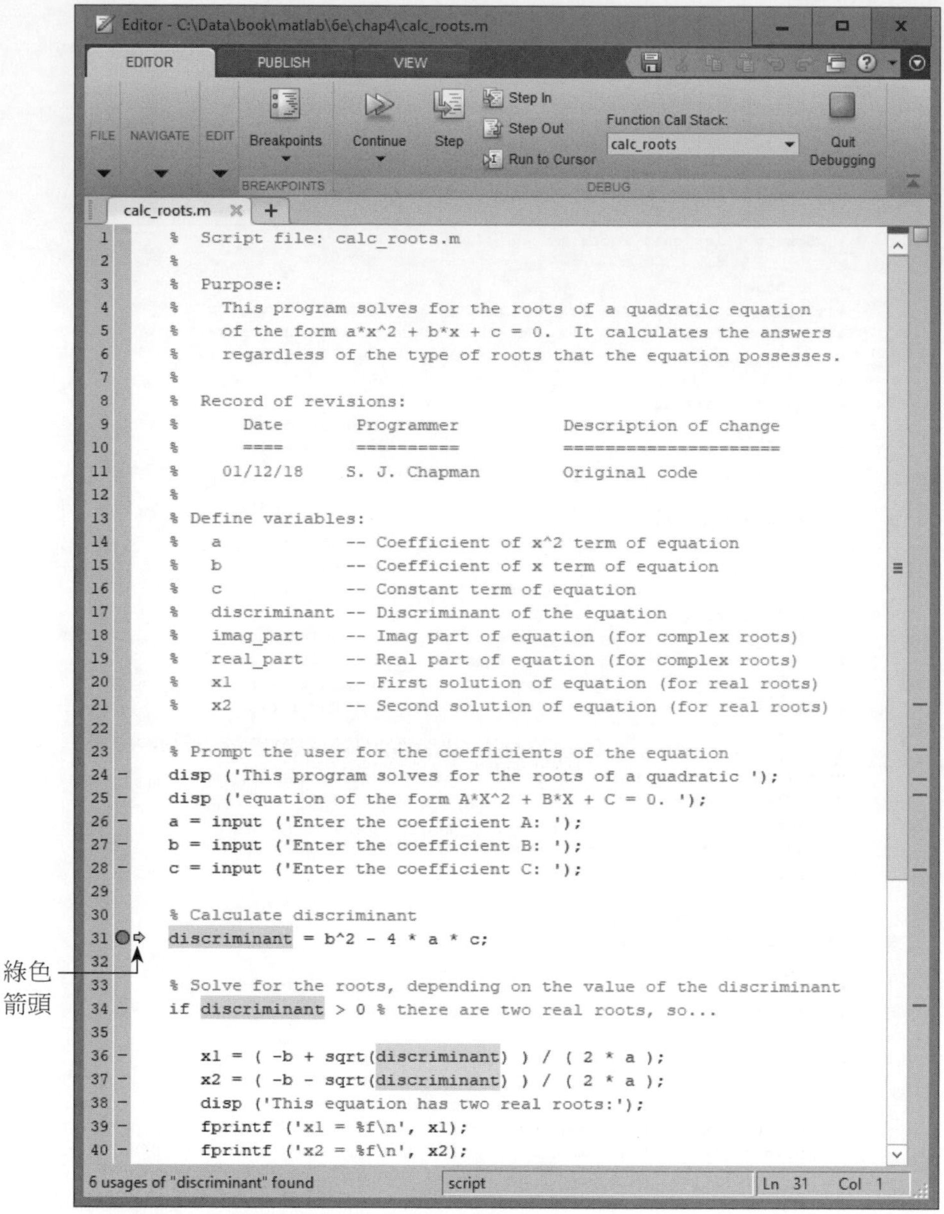


圖 4.4　在除錯過程間，有一個綠色的箭頭會出現在目前的程式行旁邊。

或者在工具列上點擊 Step 工具（Step）。另一種方式是程式設計者可以藉由按下 F5，或者點擊 Continue 工具（Continue）使程式執行到下一個中斷點。經由 MATLAB 除錯器，我們能夠在程式的任何地方，檢視任何變數的數值。

當我們找到程式錯誤後，我們可以使用編輯器去修改 MATLAB 程式，並將程式儲存到磁碟裡。請注意當程式以新檔名被儲存之後，所有的中斷點將會遺失；如果想要繼續進行除錯，我們必須重新設定這些中斷點。這個除錯過程將一直重複直到程式不再有錯誤為止。

另外還有兩個非常重要的除錯器功能，分別為**條件式中斷點（conditional breakpoint）**與 “Pause on Errors” 功能。條件式中斷點是只有當某些條件成立時，程式碼才會停止的中斷點。舉例來說，條件式中斷點可以用在 for 迴圈內，使得迴圈執行到第 200 次才停止執行。假如有一種程式錯誤只有在迴圈執行許多次後才會出現，那麼這種功能就會變成非常重要的除錯工具。在除錯期間，我們可以修改停止執行程式的條件，也可以啟用或是關閉條件式中斷點的功能。條件式中斷點是藉由對中斷點點擊右鍵，選擇 “Set/Modify Condition” 選項來產生（圖 4.5a）。接著，會出現一個彈出式視窗，允許使用者設定停止條件（圖 4.5b）。如果已經設好條件中斷點，中斷點的顏色會從紅色改變成黃色（圖 4.5c）。

如果使用者選取執行按鈕下的向下箭頭（圖 4.5d），則會出現除錯器的第二個功

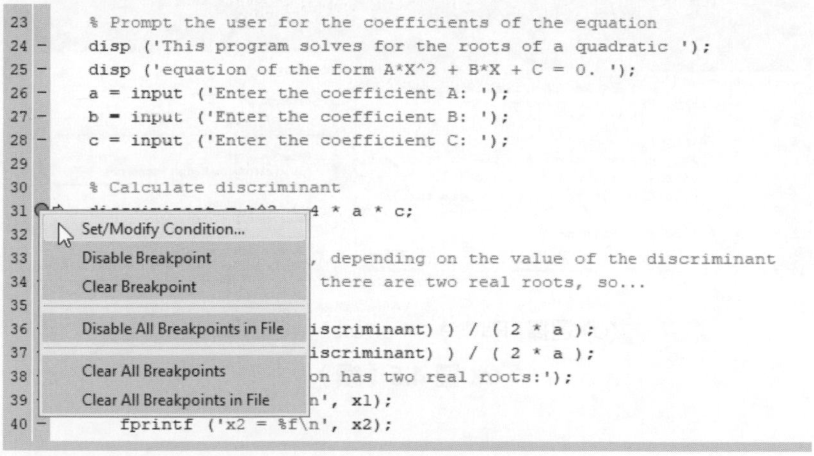


(a) 設定條件式中斷點。

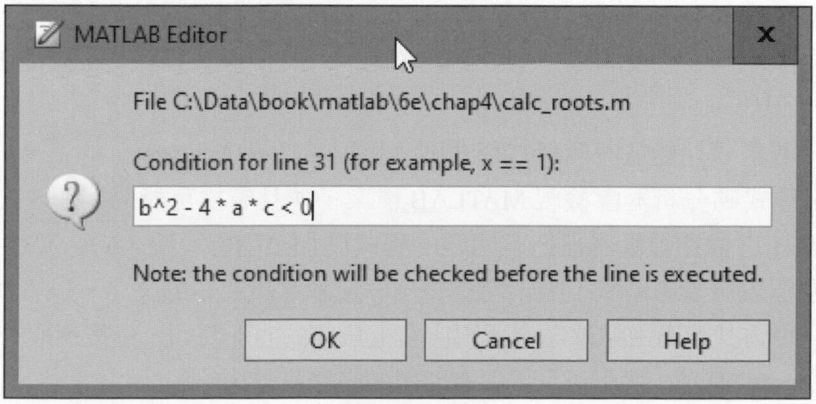


(b) 定義停止條件。

圖 4.5

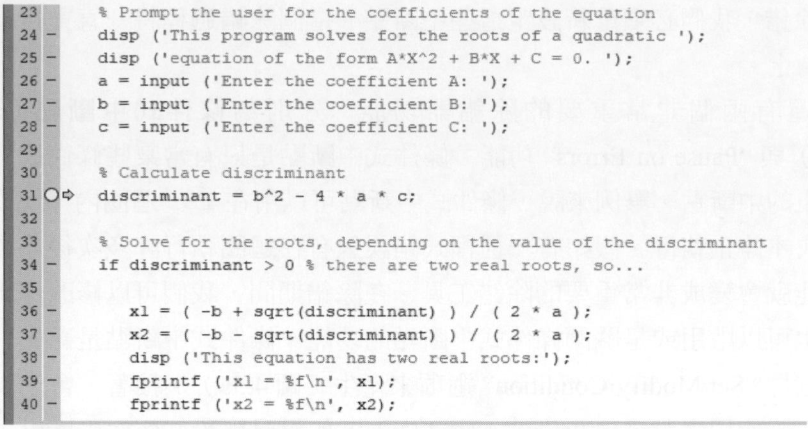
% Prompt the user for the coefficients of the equation
disp ('This program solves for the roots of a quadratic ');
disp ('equation of the form A*X^2 + B*X + C = 0. ');
a = input ('Enter the coefficient A: ');
b = input ('Enter the coefficient B: ');
c = input ('Enter the coefficient C: ');
% Calculate discriminant
discriminant = b^2 - 4 * a * c;
% Solve for the roots, depending on the value of the discriminant
if discriminant > 0 % there are two real roots, so...
x1 = ( -b + sqrt(discriminant) ) / ( 2 * a );
x2 = ( -b - sqrt(discriminant) ) / ( 2 * a );
disp ('This equation has two real roots:');
fprintf ('x1 = %f\n', x1);
fprintf ('x2 = %f\n', x2);

(c) 如果是條件式中斷點，它的顏色會轉變成黃色。

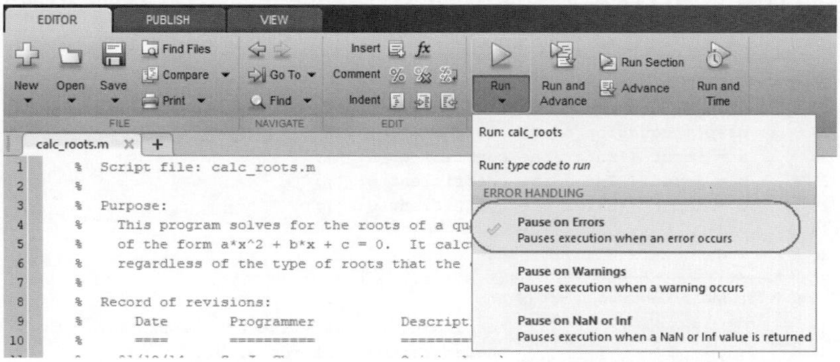


(d) 選擇 "Pause on errors" 偵錯選項。

☙ 圖 4.5（續）

能，"Pause on Errors"。如果一個程式錯誤導致程式停止回應或產生警告訊息，程式開發者可以選取 "Pause on Errors" 或者 "Pause on Warnings" 選項，然後執行程式。而程式會執行到錯誤或警告發生的地方，並停在該處，以方便程式設計者檢查變數值，找出造成錯誤的原因。

最後一個重要功能是一個稱為程式碼分析器（Code Analyzer）的工具（以前稱為 M-Lint）。程式碼分析器會檢視 MATLAB 檔案，並且尋找可能的問題。如果它發現了一個問題，它會在編輯器裡把有問題的程式碼加上陰影（圖 4.6）。如果程式開發者將滑鼠游標置於陰影區域上方，將會彈出一段敘述該問題的文字，以方便此問題被修改。另一種方式可藉由點擊編輯器視窗右上角落的向下箭頭，然後選取 "Show Code Analyzer Report" 選項，就可以呈現所有問題的完整報告。

程式碼分析器是一個極為有用的工具，可用來找出 MATLAB 程式碼中的錯誤、不良用法或是廢棄的功能等等，甚至還包括找出定義過但從未使用的變數。只要任何程

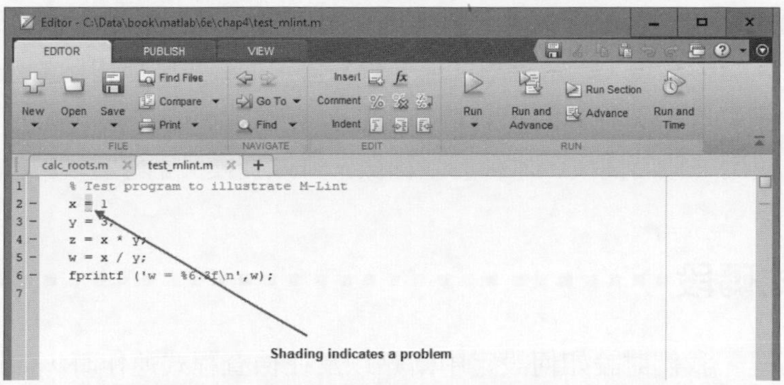


(a) 在編輯／偵錯視窗內有陰影的地方表示該處有問題。

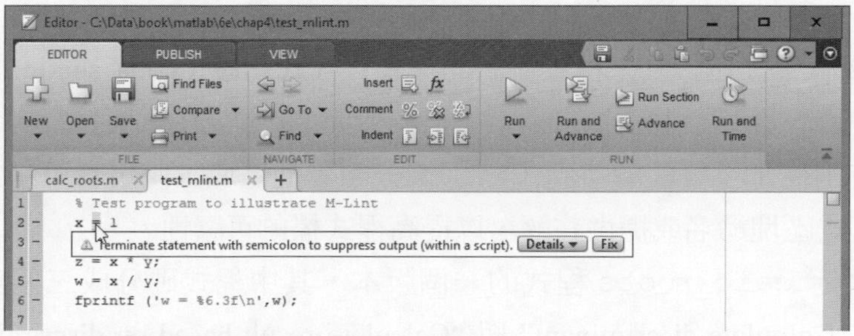


(b) 將滑鼠游標置於陰影區域，會彈出一段敘述該問題的文字。

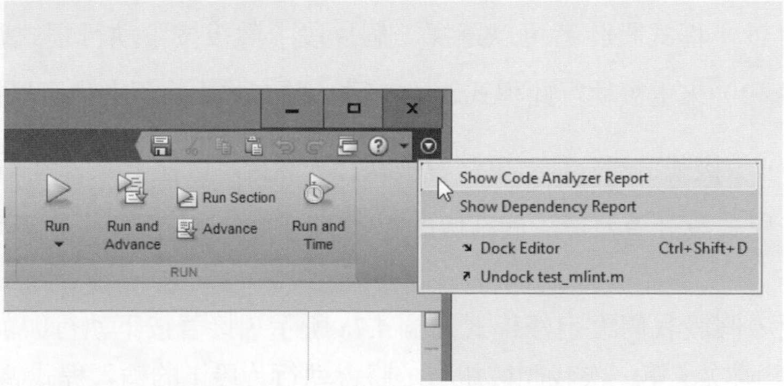


(c) 藉由點擊編輯器視窗右上角落的向下箭頭，然後選取 "Show Code Analyzer Report" 選項，可產生一份完整的程式碼分析報告。

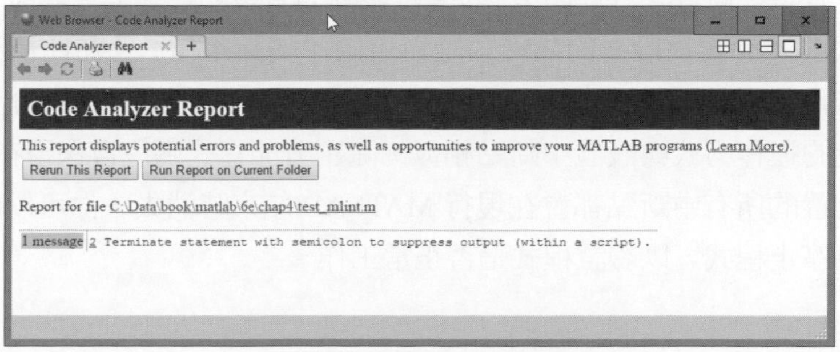


(d) 一個程式碼分析報告實例。

圖 4.6 使用程式碼分析器。

序檔載入編輯／除錯視窗，程式碼分析器即針對這些檔案自動執行程式碼分析，並將有問題的地方以陰影呈現。請留意程式碼分析報告，並修正它所提示的任何問題。

最後，當測試與偵錯程式時，請特別小心分支程式碼的邊緣狀況，因為它們會導致只有在程式使用一段時間後，才會發生細微、難以捉摸又不好發現的錯誤。

## 4.6 程式碼段

在前一節裡，我們討論如何設定中斷點以及在檢查程式運作時，如何從一個中斷點執行至下個中斷點。此機制可以在程式執行時，檢視每一個指令行或每組指令的結果。

MATLAB 有另一個機制來檢查測試的程式：**程式碼段（code section）**。程式碼段是 MATLAB 編輯／除錯視窗的一個程式區塊，可以被獨立測試與執行。每一區塊藉由在程式行的首兩欄加上雙註解字元（`%%`）來分開其他區塊，使用者可在此程式行的剩餘部分為此程式區塊命名或提供註解，以提高程式檔的可讀性。

圖 4.7a 顯示 `calc_roots` 程式的一個版本，其中程式碼分成三個部分，分別為 "Input data"、"Calculate discriminant" 與 "Calculate result based on discriminant"。如果程式設計者以滑鼠按下其中一個程式碼段，它會變成一個啟動狀態的片段，而且呈現為黃色的背景。程式設計者可以選擇一個片段，然後按下執行程式碼片段的按鈕（）來重複執行此程式碼段。另一種方式，使用者也可以按下執行與前進按鈕（），接著這部分程式碼將會被執行，然後將會在下一個程式碼段前停止。這個做法允許程式設計者執行一個區塊的程式碼，並在進行到下一個區塊前確認執行結果。

舉例來說，假設我們設定好程式如圖 4.7a 所示，接著按下執行與前進（Run and Advance）按鈕兩次。第一次我們按鈕時，將會執行片段 1 的輸入程式碼，接著片段 2 將會被顏色突顯。此時，我們可以在執行其餘程式前，確認片段 1 的結果是否正確。第二次我們按鈕時，將會執行片段 2，接著片段 3 將會被顏色突顯。此時，我們可以在執行其餘程式前，確認片段 2 的判別式是否正確（如圖 4.7b）。在此情況下，我們看到判別式的結果為正數，所以片段 3 的程式碼將會執行 `if` 架構的第一分支。

程式碼段的運作方式與設立中斷點相似，除了分開程式碼段會保留在 MATLAB 之間，而我們設置的所有中斷點都會在現行 MATLAB 結束時消失。你可以用任何一個技巧在執行途中停止程式，以驗證程式是否正常工作。

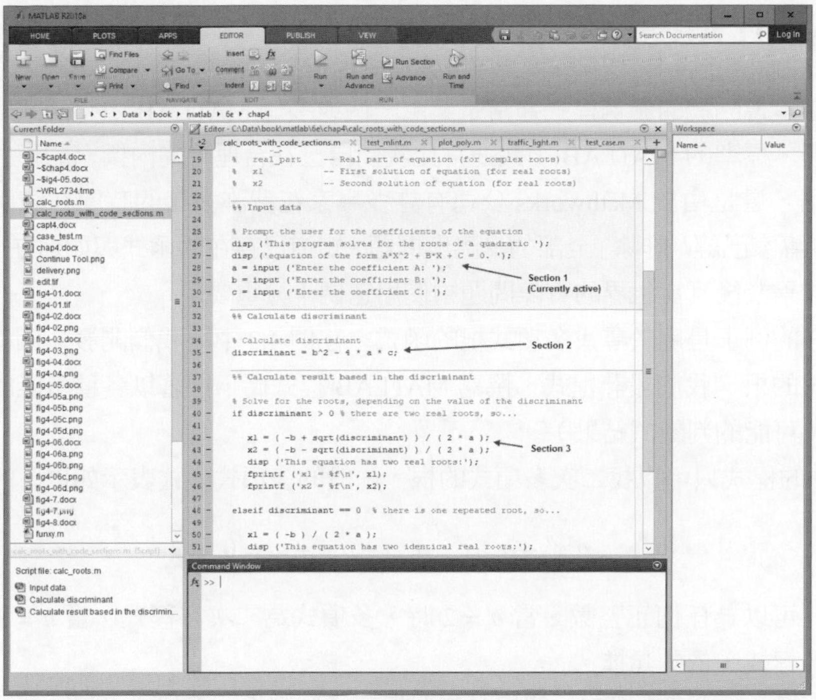


(a) 一個程式可以藉由 %% 開始的程式行分成不同的程式區塊。現行選擇的程式區塊會呈現黃色背景。

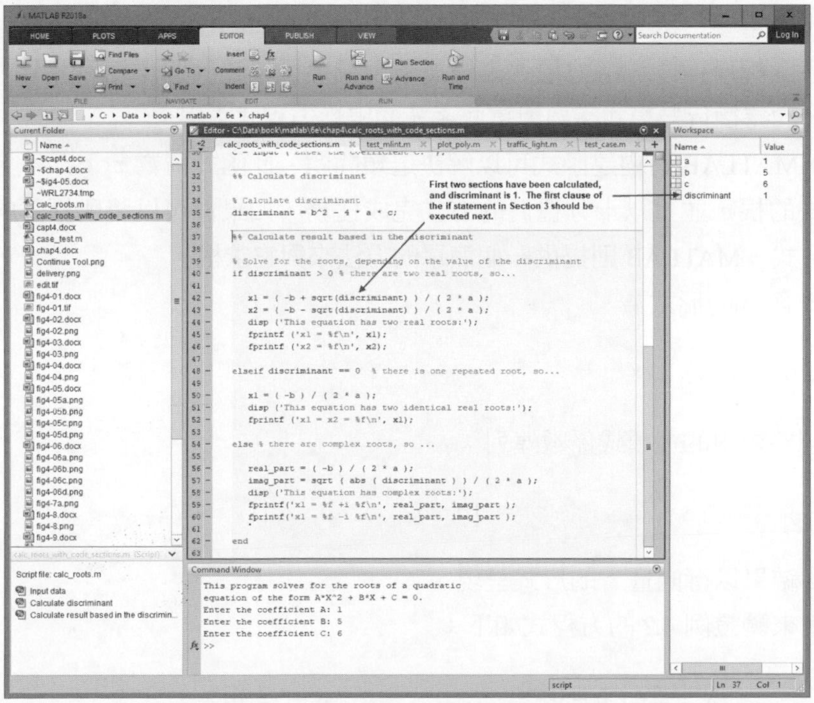


(b) 按下 "Run and Advance" 兩次後，程式已經執行前面兩個區塊，且當執行停止時，片段 3 會被強調。使用者可以在進入片段 3 之前，檢驗目前程式碼計算的資料是否正確。

**圖 4.7**　使用程式碼節。

## 4.7 MATLAB 應用：多項式的根

我們在本書開發的範例程式通常是藉由一個或多個 MATLAB 內建函式解決通用問題中的特例。標準的 MATLAB 函式通常比我們自己在合理時間內撰寫的程式更為通用與強健耐用，這是由於 Mathworks 公司有許多專家花費許多年的時間在鑽研這些演算法，而這些專家已經「排除」全部的臭蟲與問題。知道已存在的函式與如何在先進科學、工程課程或畢業後真實世界的實際問題中使用它們十分重要。

一個好的例子是用於尋找多項式根的函式。在例 4.2 中，我們開發一個程式可以解二次方程式的根。我們設計程式、撰寫 MATLAB 程式碼，接著以各種可能的輸出範例來測試它（可能的判斷式結果）。

例 4.2 的程式只可以找二次多項式的根。一般的多項式形式表示如以下的方程式：

$$a_n x^n + a_{n-1} x^{n-1} + ... + a_1 x + a_0 = 0 \tag{4.3}$$

其中 $n$ 可以為任何正整數。當 $n = 2$ 時，多項式為二次方程式。當 $n = 3$ 時，多項式為三次方程式，依此類推。

一般而言，$n$ 次多項式有 $n$ 個根，每個根可能為實根、重根或虛根。任意次的多項式根沒有簡單的解析解，所以多項式求根是一個困難的問題。求多項式根在不同的工程領域中十分重要，因為某些多項式的根會對應到結構的振動模態以及類似的真實問題。在許多工程應用中，用方程式來描述電力或機械系統的運作相對容易，但是實際上找到系統的特徵行為模式需要對這些系統的線性方程式求根。[2]

當然，MATLAB 有內建函式可以解決這類問題。此函式稱為 `roots`，它可以求解任何多項式的根，並且以十分穩健的方式完成任務。如果你可以將所探討的系統行為表示為多項式，MATLAB 則提供一個簡單的方法來對它求根。

`roots` 函式的形式為

```
r = roots(p)
```

其中 `p` 是想要求根的多項式係數陣列：

$$p = [a_n \; a_{n-1} \; ... \; a_1 \; a_0]$$

多項式根的結果以行向量 `r` 的形式呈現。

我們用來驗證例 4.2 的方程式如下：

$$x^2 + 5x + 6 = 0 \qquad\qquad x = -2 \text{ 和 } x = -3$$

---

2　這些根被稱為系統的特徵值。如果你不曾在你的工程生涯聽過這個名詞，你將來一定會聽到的！

$x^2 + 4x + 4 = 0$ $\qquad$ $x = -2$

$x^2 + 2x + 5 = 0$ $\qquad$ $x = -1 \pm i2$

我們可以利用函式 roots 來求得這些方程式的根：

```
» p = [1 5 6];
» r = roots(p)
r =
    -3.0000
    -2.0000
» p = [1 4 4];
» r = roots(p)
r =
    -2
    -2
» p = [1 2 5];
» r = roots(p)
r =
    -1.0000 + 2.0000i
    -1.0000 - 2.0000i
```

這些答案與之前手算以及程式 calc_roots 的計算結果相同。

MATLAB 也有一個函式 poly，可以從列舉多項式的根來建立多項式的係數。poly 函式的形式為

```
p = roots(r)
```

其中 r 是多項式根的行向量，p 是該多項式係數的陣列。這就是 roots 的反函式：roots 求得給定多項式的根，而 poly 可以求得給定根的多項式。

舉例來說，

```
» r = [-2; -2];
» p = poly(r)
p =
     1     4     4
```

## 例 4.6 對多項式求根

找出四階多項式的根

$$y(x) = x^4 + 2x^3 + x^2 - 8x - 20 = 0 \qquad (4.4)$$

繪製此函數圖形來表示多項式的實根為實際上函數與 $x$ 軸的交點。

◈解答

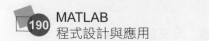

此函數的根可以被求解如下：

```
» p = [1 2 1 -8 -20];
» r = roots(p)
r =
    2.0000
   -1.0000 + 2.0000i
   -1.0000 - 2.0000i
   -2.0000
```

此多項式的實根為 –2 與 2，其函數圖形可以利用以下程序檔繪製：

```
x = [-3:0.05:3];
y = x.^4 + 2*x.^3 + x.^2 - 8*x -20;
plot(x,y)
grid on;
xlabel('\bf\itx');
ylabel('\bf\ity');
title('\bfPlot of Polynomial')
```

函數圖形如圖 4.8 所示。正如計算結果一樣，多項式根出現在 –2 與 2。

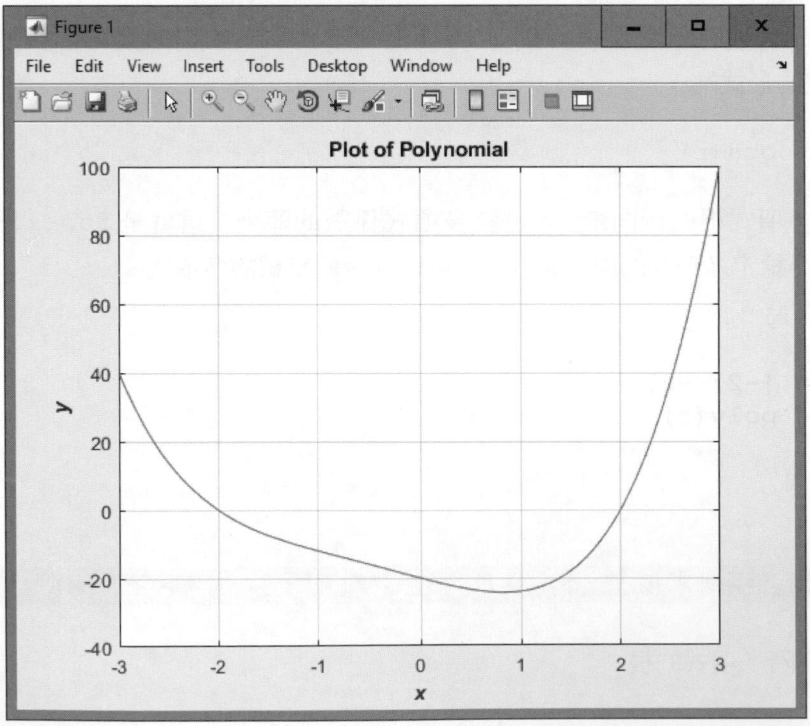


圖 4.8　多項式 $y(x) = x^4 + 2x^3 + x^2 - 8x - 20 = 0$ 的函數圖形。

## 4.8 總結

在第 4 章裡，我們介紹了一些基本類型的 MATLAB 分支架構，並學會了關係和邏輯的運算。分支的主要類型是具有彈性的 if 架構。它可以依使用者需要，形成許多 elseif 子句，而達到所期望的測試。此外，if 架構能形成巢狀結構，以產生更複雜的測試條件。第二種類型是 switch 架構，它可以藉著使用控制表示式，在彼此互斥的條件中選擇。

第三種類型是 try/catch 架構，它負責在程式執行的過程中處理錯誤，而不會導致程式停止執行。catch 子句可以有一個 ME 異常狀況物件的選項，用來提供錯誤發生時的訊息。

MATLAB 的符號除錯器及相關的工具，像是程式碼分析器，可使除錯 MATLAB 的程式碼變得更為簡單。你應該花些時間去熟悉這些工具的使用。

### 4.8.1 良好的程式設計總結

當需要用到分支及迴圈架構時，請遵守下列的指導原則。如果能堅守這些原則，你的程式將會減少出錯的機會，更容易進行除錯，而且也更容易被別人所了解。

1. 遵循程式設計流程的步驟，以產生可靠而且容易理解的 MATLAB 程式。
2. 請注意數值比較的相等性測試，因為捨入誤差可能會造成應該相等的兩個變數不能通過相等性測試。為了避免這類捨入錯誤，以預期捨入誤差範圍內的幾乎相等性測試，取代兩者之間的相等性測試。
3. 如果兩個運算元的邏輯運算都必須執行，或者需要比較陣列間的關係，那麼就使用 AND 運算子 &。其餘的情況，可使用 AND 運算子 &&，因為當第一個運算元為 false 時，&& 運算子的部分求值能力，將使運算速度加快。不過在大多數的實際案例，我們還是使用 & 運算子居多。
4. 如果兩個運算元的邏輯運算都必須執行，或者需要比較陣列間的關係，那麼就使用 OR 運算子 |。其餘的情況，可使用 OR 運算子 ||，因為當第一個運算元為 true 時，|| 運算子的部分求值能力，將使運算速度加快。不過在大多數的實際案例，我們還是使用 | 運算子居多。
5. 使用 if、switch 及 try/catch 結構時，請記得把程式區塊向後縮排，以增加程式的可讀性。
6. 如果程式分支設計有許多互斥的選項，使用多重 elseif 子句的單一 if 架構，會比巢狀 if 架構更為簡潔。
7. 運用 switch 架構以單一輸入表示式來選擇互斥的選項。
8. 運用 try/catch 架構抓住執行時的錯誤，使得程式可以從容地順利復原。

### 4.8.2 MATLAB 總結

以下列表為本章描述過的 MATLAB 指令及函式，並附上一段簡短的功能敘述。

| 指令與函式 | |
|---|---|
| `if` 架構 | 如果某個特定條件符合，執行一段敘述式。 |
| `ischar(a)` | 如果 a 是字元陣列，傳回 1，否則傳回 0。 |
| `isempty(a)` | 如果 a 是空陣列，傳回 1，否則傳回 0。 |
| `isinf(a)` | 如果 a 是無限大（`Inf`），傳回 1，否則傳回 0。 |
| `isnan(a)` | 如果 a 是 `NaN`（不是數字），傳回 1，否則傳回 0。 |
| `isnumeric(a)` | 如果 a 是數字陣列，傳回 1，否則傳回 0。 |
| `logical` | 轉換數字資料變成邏輯資料，非零值為 `true`，而 0 變成 `false`。 |
| `poly` | 將一個以列舉多項式根的表示方式轉換成以多項式係數的表示方式。 |
| `root` | 計算多項式的根，其中多項式以其係數表示。 |
| `switch` 架構 | 從單一表示式的結果，在一組彼此互斥的選擇中決定執行某個符合條件的敘述式。 |
| `try/catch` 架構 | 用來找出錯誤的特殊架構。它在 `try` 區塊內執行程式架構。如果發生錯誤時，程式將立刻停止，並轉到 `catch` 架構內執行。 |

## 4.9 習題

4.1 請評估下列 MATLAB 表示式的真偽：

(a) `5 >= 5.5`

(b) `34 < 34`

(c) `xor(17 - pi < 15, pi < 3)`

(d) `true > false`

(e) `~~(35 / 17) == (35 / 17)`

(f) `(7 <= 8) == (3 / 2 == 1)`

(g) `17.5 && (3.3 > 2.)`

4.2 一個正切函數定義為 $\tan\theta = \sin\theta/\cos\theta$。只要 $\cos\theta$ 的值不要太接近 0 的話，這個表示式可以用來計算正切函數（如果 $\cos\theta$ 為 0 的話，$\tan\theta$ 所產生的結果將會是一個非數字的值 `Inf`）。假設 $\theta$ 是以角度表示，試寫出 MATLAB 的程式，只要 $\cos\theta$ 的值需大於或等於 $10^{-20}$，就計算 $\tan\theta$，如果 $\cos\theta$ 的值小於 $10^{-20}$，則產生錯誤訊息。

4.3 下列敘述是用來警告使用者在口腔溫度計中讀到危險的高溫讀數（以華氏溫度表示）。請問這些敘述是否正確？如果不正確，請寫出哪裡有誤，並改正錯誤。

```
if temp < 97.5
   disp('Temperature below normal');
```

```
elseif temp > 97.5
   disp('Temperature normal');
elseif temp > 99.5
   disp('Temperature slightly high');
elseif temp > 103.0
   disp('Temperature dangerously high');
end
```

4.4 對於快速運送服務的包裹運送費用而言，起始的 2 磅為 \$15.00，而之後超過 2 磅的部分，每磅為 \$5.00。如果包裹重量超過 70 磅，則加收超重附加費用 \$15.00。包裹重量超過 100 磅將不提供運送的服務。請寫出一個程式，讀取包裹的磅重，並計算傳送包裹所需的費用，請務必處理超重包裹的情況。

4.5 在範例 4.3 中，我們寫了一個程式給任意兩個指定的 $x, y$ 值，計算函數的值，函數依下列定義：

$$f(x,y)=\begin{cases} x+y & x\ge 0 \text{ 且 } y\ge 0 \\ x+y^2 & x\ge 0 \text{ 且 } y<0 \\ x^2+y & x<0 \text{ 且 } y\ge 0 \\ x^2+y^2 & x<0 \text{ 且 } y<0 \end{cases} \tag{4.5}$$

而此問題使用四個程式碼區塊的單一 `if` 架構，來解決所有可能的 $x$ 及 $y$ 的組合。請利用巢狀 `if` 架構重寫 `funxy` 程式，其中外部的架構計算 $x$ 值，而內部的架構計算 $y$ 值。

4.6 請寫出一個 MATLAB 的程式，對於使用者任意輸入的 $x$ 值，計算函數：

$$y(x)=\ln\frac{1}{1-x} \tag{4.6}$$

其中 $x$ 是一個數字，而且 $x < 1.0$（請注意 ln 是自然對數的意思，也就是對數的基底是 $e$）。請使用 `if` 架構來驗證傳給程式的值是合法的。也就是如果 $x$ 的值是合法的，就計算 $y(x)$。如果是不合法的，就輸出適當的錯誤訊息並離開程式。

4.7 請寫一個程式，允許使用者輸入一週天數的字串（'Sunday', 'Monday', 'Tuesday' 等），考慮星期日為一週的第一天，而星期六是一週的最後一天，使用 `switch` 架構，把該字串轉換成對應的數字，並輸出對應的數字結果。此外，請注意你的程式能處理非法的日期名稱輸入！（注意：使用 `input` 函式的 `'s'` 選項，以便輸入的內容被當成字串處理。）

4.8 假設一位學生在登記的期間選修課程。學生必須要在有限的選項裡選擇課程：English（英文），History（歷史），Astronomy（天文學），或是 Literature（文學）。

建構一個 MATLAB 程式，提示學生可以選擇的情況、讀入其選擇、並使用這個選擇當作 `switch` 架構的 switch 表示式。請注意這裡仍然需要處理無效的輸入情形。

4.9 假設一個多項式方程式有下列 6 個根：$-6$、$-2$、$1+i\sqrt{2}$、$1-i\sqrt{2}$、2 及 6。找出此多項式的係數。

4.10 找出下列多項式方程式的根

$$y(x) = x^6 - x^5 - 6x^4 + 14x^3 - 12x^2 \tag{4.7}$$

畫出此函數圖形，比較圖中所觀察的根與計算出的根。另外，在複數平面上畫出根的位置。

4.11 **所得稅**。本書的作者現在住在澳洲。澳州是一個非常適合人住的地方，但也是高稅率的國家。在 2009 年，澳州的每個公民及居民需要付出的所得稅如下：

| 需納稅的收入（澳幣） | 應納稅金 |
|---|---|
| \$0–\$6,000 | 不用納稅 |
| \$6,001–\$34,000 | 超過 \$6,000，每 \$1 需繳 15¢ |
| \$34,001–\$80,000 | \$4,200，超過 \$34,000 的部分，每 \$1 再加收 30¢ |
| \$80,001–\$180,000 | \$18,000，超過 \$80,000 的部分，每 \$1 再加收 40¢ |
| 超過 \$180,000 | \$58,000，超過 \$180,000 的部分，每 \$1 再加收 45¢ |

此外，每個納稅人均需繳納收入的 1.5%，做為國家醫療健保稅。請寫出一個程式，根據這份資料計算一個納稅人需要繳納多少所得稅？此程式由使用者輸入其總收入金額，然後計算其所應繳納的所得稅額，國家醫療健保稅額，以及個人總共所需支付的稅額。

4.12 **所得稅**。2002 年，澳洲的每個公民及居民需要付出的所得稅如下：

| 需納稅的收入（澳幣） | 應納稅金 |
|---|---|
| \$0–\$6,000 | 不用納稅 |
| \$6,001–\$20,000 | 超過 \$6,000，每 \$1 需繳 17¢ |
| \$20,001–\$50,000 | \$2,380，超過 \$20,000 的部分，每 \$1 再加收 30¢ |
| \$50,001–\$60,000 | \$11,380，超過 \$50,000 的部分，每 \$1 再加收 42¢ |
| 超過 \$60,000 | \$15,580，超過 \$60,000 的部分，每 \$1 再加收 47¢ |

此外，每個納稅人均需繳納收入的 1.5%，做為國家醫療健保稅。請寫出一個程式，根據此題與習題 4.11 的資料，計算一個納稅人在一個給定的總收入金額，他在 2009 年所需繳納的所得稅比 2002 年他所需繳納的所得稅少了多少。

4.13 **折射**。當光線從折射率的區域，進入折射率的區域時，光線會彎曲（如圖 4.9）。其彎曲的角度，可由*斯乃爾定律*（Snell's Law）所決定：

$$n_1 \sin \theta_1 = n_2 \sin \theta_2 \qquad (4.8)$$

其中 $\theta_1$ 是光在第一個區域的入射角，而 $\theta_2$ 是光在第二個區域的入射角。由斯乃爾定律可知，如果區域 1 的入射角 $\theta_1$，以及折射率 $n_1$ 及 $n_2$ 為已知，則我們將可以預測區域 2 的入射角為：

$$\theta_2 = \sin^{-1}\left(\frac{n_1}{n_2}\sin \theta_1\right) \qquad (4.9)$$

請寫一個程式，如果給定區域 1 的入射角 $\theta_1$，以及折射率 $n_1$ 及 $n_2$，計算區域 2 的入射角是多少？（注意：如果 $n_1 > n_2$，對於某些角度 $\theta_1$ 來說，因為 $\left(\frac{n_1}{n_2}\sin \theta_1\right)$ 的絕對值將會大於 1，使得 (4.9) 式沒有實數解。當這情況發生時，所有的光線將被反射回區域 1 內，而不會進入區域 2。你的程式必須要能夠分辨，並適當處理這種情形。）

程式也應該產生一張平面圖來顯示入射的光線、兩個區域的邊界，以及光線在邊界另一邊被折射的情形。

以下列兩個情況來測試你的程式：

(a) $n_1 = 1.0$，$n_2 = 1.7$，$\theta_1 = 45$ 度。(b) $n_1 = 1.7$，$n_2 = 1.0$，$\theta_1 = 45$ 度。

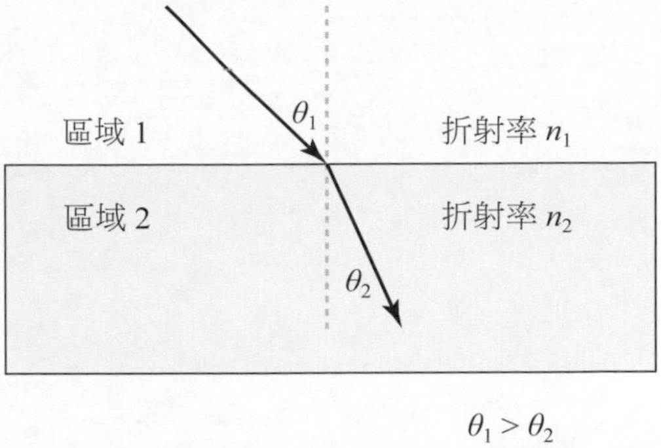


(a) 如果一個光線從一個低折射率的區域進入到高折射率的區域，光線會向垂直方向彎折

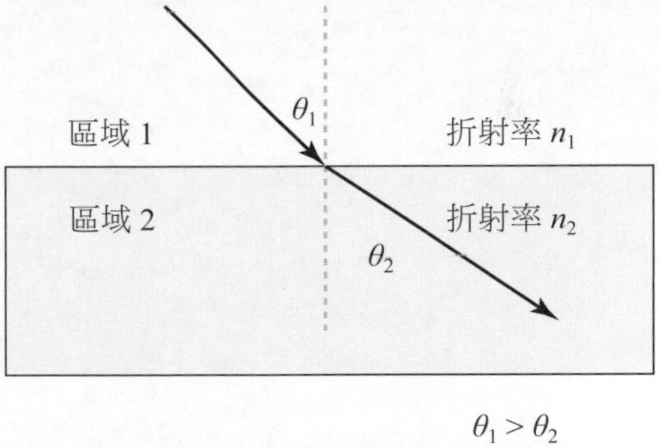


(b) 如果光線從高折射率的區域進入到低折射率的區域，則光線會朝遠離垂直方向彎曲

**圖 4.9 當光線從一種介質到另外一種介質時會被彎曲。**

4.14 我們在第 2 章看到，`load` 指令可以用來將資料從 MAT 檔載入 MATLAB 工作區。撰寫一段程式碼，提示使用者輸入所要載入檔案的檔名，然後從此檔案載入資料。如果指定的檔案無法開啟的話，此程式碼必須在 `try/catch` 架構內，以捕捉並顯示錯誤。利用載入合法及非法的 MAT 檔，測試你的程序檔。

# 第 5 章 迴圈與向量優化

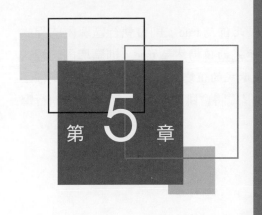

**迴圈**（loops）是一種 MATLAB 架構，允許我們重複執行一連串的敘述。兩個基本的迴圈架構為：**while 迴圈**及 **for 迴圈**。這兩種迴圈最主要的不同處在於如何控制其重複性。while 迴圈中的程式碼，是以一個不確定的次數重複執行，直到滿足某種使用者所設定的條件為止。相較之下，在 for 迴圈開始之前，我們便已知道其重複執行的次數，所以 for 迴圈的程式碼是以一個確定的次數重複執行。

**向量優化**（vectorization）是另一種更快速的方式用來執行如同許多 MATALB for 迴圈一樣的功能。在介紹迴圈後，本章將呈現如何以向量化程式碼取代許多 for 迴圈，以提升執行速度。

使用迴圈的 MATLAB 程式通常會處理大量數據，因此這些程式需要一個有效率的方式來讀取進行處理的數據。本章介紹 textread 函式，使得從硬碟讀取大量數據集的工作變得簡單而有效率。

## 5.1 while 迴圈

**while 迴圈**（**while** loops）是一個重複執行的敘述區塊，只要滿足某些條件，此程式區塊將以一個不確定的次數重複執行，直到這些條件不滿足後，才結束迴圈，故其執行次數並非固定。while 迴圈的一般形式如下：

```
while expression
   ...
   ...   } 程式碼區塊
   ...
end
```

while 迴圈的控制表示式，會產生邏輯值。如果此值為 true，則會執行區塊內的程式碼，而控制權將會再回到 while 敘述。如果表示式的值仍然為 true，則區塊內的程式碼將會再次被執行。這個過程將會持續，直到表示式的值變為 false 為止。當控制權回到 while 敘述，而此時表示式的值為 false，則程式將會跳出 while 架構，而執行緊接在 end 之後的敘述。

對應 while 迴圈的虛擬碼是：

```
while expr
   ...
   ...
   ...
end
```

接下來我們將利用 while 迴圈，寫一個有關統計分析的程式範例。

### 例 5.1　統計分析

在科學及工程領域中，處理計算大量數字是很常見的事，而這些數字通常是從我們有興趣的某些特性所量測而來的。以本課程的第一次測驗分數為例，這個測驗中的每個分數，都代表某個學生目前為止在這個課程內的學習程度。

除了個別分數量測結果外，有時候我們反而想要利用少數資料的分析結果，概略描述所有資料的分布狀況。例如這些數字的平均數（或稱算術平均數）及標準差是常用的兩個指標。一組數字的平均數的定義是：

$$\bar{x} = \frac{1}{N}\sum_{i=1}^{N} x_i \tag{5.1}$$

其中 $x_i$ 是 $N$ 個樣本中的第 $i$ 個樣本。如果所有的輸入值存在於陣列中，則這些輸入值的平均值，可以利用 MATLAB 的 mean 函式來計算得到。而一組數字的標準差定義如下：

$$s = \sqrt{\frac{N\sum_{i=1}^{N} x_i^2 - \left(\sum_{i=1}^{N} x_i\right)^2}{N(N-1)}} \tag{5.2}$$

標準差是量測大量數據散布情形的一項指標。標準差如果愈大，代表在資料中的量測點散布得愈廣泛（愈不集中）。

請寫出一個演算法能讀取一組測量值，並計算這些輸入值的平均數及標準差。

◈解答

這個程式將必須能夠讀取一組任意數字的測量值，並且計算這些輸入值的平均數及標準差。在開始計算之前，我們將使用 while 迴圈來累積這些輸入測量值。

當所有測量值都已經被輸入，我們必須使用某種方法來告訴程式已經沒有資料要輸入。在這裡，我們假設所有的輸入測量值均為正數或零，然後使用一個負值來當做一個指標，用來表示後面已經沒有資料要輸入了。如果我們輸入一個負值到程式裡，這個程式將會停止輸入測量值，並開始計算所有資料的平均數及標準差。

1. 敘述問題

   因為我們假設輸入數字必須為正數或零，這個問題的適當陳述是：計算一組資料的平均數及標準差，假設所有的測量值均為正數或零，並且假設我們事先不知道這一組資料總共會包含多少測量值。這一組資料將會使用一個負值做為資料輸入的最後標記。

2. 定義輸入與輸出

   這個程式的輸入是一組不知道總數的正數或零值，而程式的輸出則是列出輸入資料的平均數及標準差。此外，我們將列出輸入資料的總點數，畢竟這對檢查資料是否正確被讀取，是一個有用的數字。

3. 設計演算法

   這個程式將會分成三個主要的執行步驟：

   收集輸入資料
   計算平均數及標準差
   輸出平均數、標準差及資料點數

   程式的第一個主要步驟是累加輸入的資料值，我們將提示使用者輸入數字。當輸入數字後，我們必須記錄輸入數字的總數，並將所輸入的數字及其平方，分別與之前輸入資料值總和以及平方和相加，以計算出更新後之資料值總和與平方和。所需步驟的虛擬碼如下所示：

```
將 n, sum_x, 及 sum_x2 初始化為 0
提示使用者輸入需要的第一個值
讀取第一個 x 值
while x > = 0
   n ← n + 1
   sum_x ← sum_x + x
   sum_x2 ← sum_x2 + x^2
   提示使用者輸入下一個數字
   讀取下一個 x 值
end
```

請注意我們必須在 while 迴圈開始之前，讀取第一個數值，使得 while 迴圈第一次執行時有數值進行測試。

接下來，我們需要計算平均數及標準差。這個步驟的虛擬碼就是 MATLAB 版的 (5.1) 式與 (5.2) 式。

```
x_bar ← sum_x / n
std_dev ← sqrt((n*sum_x2 - sum_x^2) / (n*(n-1)))
```

最後我們需要輸出結果。

```
輸出平均值 x_bar
輸出標準差 std_dev
輸出資料點總數 n
```

4. 把演算法轉換成 MATLAB 敘述

完成的 MATLAB 程式碼如下：

```
%  Script file: stats_1.m
%
%  Purpose:
%    To calculate mean and the standard deviation of
%    an input data set containing an arbitrary number
%    of input values.
%
%  Record of revisions:
%      Date           Programmer        Description of change
%      ====           ==========        =====================
%    01/24/18       S. J. Chapman    Original code
%
% Define variables:
%   n        -- The number of input samples
%   std_dev -- The standard deviation of the input samples
%   sum_x    -- The sum of the input values
%   sum_x2   -- The sum of the squares of the input values
%   x        -- An input data value
%   xbar     -- The average of the input samples

% Initialize sums.
n = 0; sum_x = 0; sum_x2 = 0;

% Read in first value
x = input('Enter first value: ');

% While Loop to read input values.
while x >= 0
```

```
   % Accumulate sums:
   n      = n + 1;
   sum_x  = sum_x + x;
   sum_x2 = sum_x2 + x^2;

   % Read in next value
   x = input('Enter next value:  ');

end

% Calculate the mean and standard deviation
x_bar = sum_x / n;
std_dev = sqrt( (n * sum_x2 - sum_x^2) / (n * (n-1)) );

% Tell user.
fprintf('The mean of this data set is: %f\n', x_bar);
fprintf('The standard deviation is:    %f\n', std_dev);
fprintf('The number of data points is: %f\n', n);
```

5. 測試程式

為了測試這個程式，我們將以一筆簡單的資料，親手計算答案，並且與程式得到的結果做個比較。如果我們使用 3、4、5 三個輸入值，則它們的平均數及標準差是：

$$\bar{x} = \frac{1}{N}\sum_{i=1}^{N} x_i = \frac{1}{3}(12) = 4 \tag{5.1}$$

$$s = \sqrt{\frac{N\sum_{i=1}^{N} x_i^{\,2} - \left(\sum_{i=1}^{N} x_i\right)^2}{N(N-1)}} = 1 \tag{5.2}$$

把以上的資料值輸入到程式中，程式的結果如下：

```
» stats_1
Enter first value: 3
Enter next value: 4
Enter next value: 5
Enter next value: -1
The mean of this data set is: 4.000000
The standard deviation is:    1.000000
The number of data points is: 3.000000
```

這個程式提供了正確的答案。

在上面的例子中，我們並沒有完全遵守設計流程。這種疏忽已經讓程式存在一個致命的缺點。你有發現到嗎？

這個疏忽在於**我們沒有使用所有可能形式的輸入值，來完整地測試此程式**。請再看一次這個範例，如果我們沒有輸入數字或只輸入一個數字，我們將會在上述方程式中出現除以零的錯誤！這將會產生除以零的警告訊息，而且輸出值會是 NaN。我們需要修改這個程式，以偵測這個問題，並且告訴使用者發生的問題，然後優雅地終止程式。

修改過的新版本程式 stats_2，顯示如下。在新程式裡，我們會在執行計算之前，先確定是否有足夠的輸入值以供計算。如果輸入值不夠的話，程式將會輸出一個提示錯誤來源的錯誤訊息，並且停止執行程式。請自行測試修改過的程式。

```
%  Script file: stats_2.m
%
%  Purpose:
%    To calculate mean and the standard deviation of
%    an input data set containing an arbitrary number
%    of input values.
%
%  Record of revisions:
%     Date        Programmer        Description of change
%     ====        ==========        =====================
%    01/24/18   S. J. Chapman     Original code
% 1. 01/24/18   S. J. Chapman     Correct divide-by-0 error if
%                                 0 or 1 input values given.
%
% Define variables:
%   n       -- The number of input samples
%   std_dev -- The standard deviation of the input samples
%   sum_x   -- The sum of the input values
%   sum_x2  -- The sum of the squares of the input values
%   x       -- An input data value
%   xbar    -- The average of the input samples

% Initialize sums.
n = 0; sum_x = 0; sum_x2 = 0;

% Read in first value
x = input('Enter first value: ');

% While Loop to read input values.
while x >= 0

   % Accumulate sums.
   n      = n + 1;
   sum_x  = sum_x + x;
```

```
   sum_x2 = sum_x2 + x^2;

   % Read in next value
   x = input('Enter next value:  ');

end

% Check to see if we have enough input data.
if n < 2 % Insufficient information
   disp('At least 2 values must be entered!');

else % There is enough information, so
     % calculate the mean and standard deviation

     x_bar = sum_x / n;
     std_dev = sqrt((n * sum_x2 - sum_x^2)/(n *(n-1)));

     % Tell user.
     fprintf('The mean of this data set is: %f\n', x_bar);
     fprintf('The standard deviation is:    %f\n', std_dev);
     fprintf('The number of data points is: %f\n', n);
end
```

請注意如果所有的輸入值是以向量方式儲存，只要把資料向量傳到 MATLAB 內建的函式 mean 及 std，就可得到平均值及標準差。你將在本章的習題中，使用標準的 MATLAB 函式計算平均值及標準差。

## 5.2 for 迴圈

**for 迴圈（for loop）**是一種可執行程式區塊特定次數的迴圈。for 迴圈的形式如下：

```
for index = expr
    ...  ┐
    ...  ├ 迴圈本體
    ...  ┘
end
```

其中 index 是迴圈變數〔或稱為**迴圈指標（loop index）**〕，*expr* 是迴圈控制表示式。*expr* 的執行結果是一個陣列，而 for 迴圈的 index 變數會由 *expr* 所產生陣列的第一行數值變化到最末行數值。每當一行數值存進 index 變數，迴圈主體程式便被執行一次。迴圈控制表示式的語法通常使用向量快捷記號形式 first:incr:last。

在 for 敘述與 end 敘述間的敘述，是迴圈的本體。這些敘述在每次 for 迴圈的指標傳遞時，都會重複執行一次。for 的迴圈架構如下所示：

1. 在迴圈開始時，MATLAB 藉由執行控制表示式，產生一個陣列。
2. 第一次經過迴圈時，程式會將該陣列的第一行數值，指定分配給迴圈變數 index，然後程式執行迴圈主體的敘述。
3. 在迴圈主體敘述執行過後，程式再將此陣列的下一行數值，分配指定給迴圈變數 index，然後程式再一次執行迴圈主體的敘述。
4. 只要此陣列仍有後續的行數值，重複執行第 3 個步驟。

接下來，讓我們來看看一些 for 迴圈的例子。首先，考慮下面的範例：

```
for ii = 1:10
   Statement 1
   ...
   Statement n
end
```

在此迴圈內，控制指標是變數 ii[1]。此例中，控制表示式產生一個 $1 \times 10$ 的陣列，接著 Statement 1 到 Statement n 將會連續執行 10 次。第一次迴圈指標 ii 等於 1，第二次等於 2，依此類推。在最後一次執行迴圈敘述時，迴圈指標等於 10。當第 10 次迴圈結束後，控制權將回到 for 敘述，但此時控制表示式所產生的陣列已沒有後續的行數值，所以程式將會執行緊接在 end 敘述之後的敘述。請注意，在迴圈結束執行後，迴圈指標值 ii 依然是 10。

考慮第二個例子：

```
for ii = 1:2:10
   Statement 1
   ...
   Statement n
end
```

在上面例子中，控制表示式產生一個 $1 \times 5$ 的陣列，接著 Statement 1 到 Statement n 將會連續執行 5 次。第一次迴圈指標 ii 等於 1，第二次等於 3，依此類推。在第 5 次也就是最後一次執行迴圈敘述時，迴圈指標等於 9。當第 5 次迴圈結束後，控制權將回到 for 敘述，但此時控制表示式所產生的陣列已沒有後續的行數值，所以程式將會執行緊接在 end 敘述之後的敘述。在迴圈結束執行後，迴圈指標值 ii 仍然是 9。

---

1 習慣上，程式設計者在大多數程式語言裡會用簡單的變數名稱，像是 i 或 j，做為迴圈指標。然而，MATLAB 已預先定義變數 i 與 j 為數值 $\sqrt{-1}$。因為這個定義，本書的例題使用 ii 與 jj 當做迴圈指標。

考慮第三個例子：

```
for ii = [5 9 7]
   Statement 1
   ...
   Statement n
end
```

此例的控制表示式將產生一個 1 × 3 的陣列，接著 Statement 1 到 Statement n 將會連續執行 3 次。第一次迴圈指標 `ii` 等於 5，第二次等於 9，而最後一次為 7。在迴圈結束執行後，迴圈指標 `ii` 仍會等於 7。

最後，考慮下面的例子：

```
for ii = [1 2 3;4 5 6]
   Statement 1
   ...
   Statement n
end
```

本例的控制表示式產生一個 2 × 3 的陣列，所以 Statement 1 到 Statement n 將會執行 3 次。第一次迴圈指標 `ii` 等於行向量 $\begin{bmatrix}1\\4\end{bmatrix}$，第二次等於行向量 $\begin{bmatrix}2\\5\end{bmatrix}$，而第三次等於行向量 $\begin{bmatrix}3\\6\end{bmatrix}$。在迴圈結束執行後，迴圈指標 `ii` 仍會等於行向量 $\begin{bmatrix}3\\6\end{bmatrix}$。這個範例說明了，迴圈指標也可以是一個向量。

對應到 `for` 迴圈的虛擬碼，就像迴圈本體一樣：

```
for index = expression
   Statement 1
   ...
   Statement n
end
```

## 例 5.2 階乘函數

為了說明 `for` 迴圈的運作，我們將使用 `for` 迴圈計算階乘函數（factorial function）。階乘函數的定義如下：

$$n! = \begin{cases} 1 & n = 0 \\ n \times (n-1) \times (n-2) \times \cdots \times 2 \times 1 & n > 0 \end{cases} \tag{5.3}$$

對於一正數 N 而言，MATLAB 計算 N 階乘的程式碼為：

```
n_factorial = 1
for ii = 1:n
   n_factorial = n_factorial * ii;
end
```

假設我們想要計算 5! 的數值。如果 n 等於 5，則 for 迴圈的控制表示式為列向量 [1 2 3 4 5]，而迴圈變數 ii 在執行這 5 次連續迴圈時，將分別為 1、2、3、4、5。所以，n_factorial 的最後結果將是 $1 \times 2 \times 3 \times 4 \times 5 = 120$。

## 例 5.3 計算某年的第幾天

某年的第幾天是指從年初開始到當日所經過的天數。對平年來說，其範圍為 1 到 365 天，而對閏年而言，其範圍是 1 到 366 天。請寫一個 MATLAB 程式，可接受某年某月某一天的輸入，然後計算出相對於當年的第幾天。

**◈解答**

要決定該日期為某年的第幾天，程式需要計算輸入月份之前每個月的天數總和，然後加上當月已經過的天數。我們將使用 for 迴圈計算天數總和。因為每個月的天數不一樣，我們必須決定每個月用來加總的正確天數。我們將使用 switch 架構，來決定每個月的確切天數。

因為閏年時，須增加一天到該年的 2 月（2 月 29 日）。為了能正確計算一年的天數無誤，我們必須確定該年是否為閏年。在公曆（Gregorian calendar）裡，閏年是由下列規則所決定：

1. 西元年能被 400 除盡，便是閏年。
2. 西元年能被 100 除盡，但不能被 400 除盡者，不是閏年。
3. 西元年能被 4 除盡，但不能被 100 除盡者，是閏年。
4. 其他西元年，皆不是閏年。

我們會用 mod（模數）函式，來決定輸入的西元年是否符合上述 4 點規則。mod 函式會傳回兩個數值相除後的餘數，舉例來說，mod（9, 4）會傳回 1，因為 9 除以 4 的餘數是 1。如果 mod(year,4) 的結果為零，我們就知道這個 year 能被 4 整除。同樣地，如果 mod(year,400) 的結果為零，則這個 year 可以被 400 整除。

計算某年天數的程式如下。此程式利用 switch 架構決定每個月的天數，然後累計輸入月份前的天數總和。

```
%  Script file: doy.m
%
%  Purpose:
%    This program calculates the day of year corresponding
%    to a specified date. It illustrates the use of switch and
%    for constructs.
%
%  Record of revisions:
%      Date       Programmer          Description of change
%      ====       ==========          =====================
%    01/27/18    S. J. Chapman        Original code
%
% Define variables:
%   day          -- Day (dd)
%   day_of_year -- Day of year
%   ii           -- Loop index
%   leap_day     -- Extra day for leap year
%   month        -- Month (mm)
%   year         -- Year (yyyy)

% Get day, month, and year to convert
disp('This program calculates the day of year given the');
disp('specified date.');
month = input('Enter specified month (1-12):');
day   = input('Enter specified day(1-31):    ');
year  = input('Enter specified year(yyyy):   ');

% Check for leap year, and add extra day if necessary
if mod(year,400) == 0
   leap_day = 1;        % Years divisible by 400 are leap years
elseif mod(year,100) == 0
   leap_day = 0;        % Other centuries are not leap years
elseif mod(year,4) == 0
   leap_day = 1;        % Otherwise every 4th year is a leap year
else
   leap_day = 0;        % Other years are not leap years
end

% Calculate day of year by adding current day to the
% days in previous months.
day_of_year = day;
for ii = 1:month-1

   % Add days in months from January to last month
   switch (ii)
   case {1,3,5,7,8,10,12},
      day_of_year = day_of_year + 31;
   case {4,6,9,11},
      day_of_year = day_of_year + 30;
```

```
   case 2,
      day_of_year = day_of_year + 28 + leap_day;
   end

end

% Tell user
fprintf('The date %2d/%2d/%4d is day of year %d.\n', ...
         month, day, year, day_of_year);
```

我們將根據下列已知的結果，來測試此程式：

1. 1999 年不是閏年，所以 1 月 1 日是該年的第 1 天，12 月 31 日則是第 365 天。
2. 2000 年是閏年，1 月 1 日是該年的第 1 天，12 月 31 日則是第 366 天。
3. 2001 年不是閏年，3 月 1 日是該年的第 60 天（31 + 28 + 1 = 60）。

如果這程式執行這五次測試條件，其結果會是：

```
» doy
This program calculates the day of year given the
specified date.
Enter specified month (1-12): 1
Enter specified day(1-31):    1
Enter specified year(yyyy):   1999
The date 1/ 1/1999 is day of year 1.
» doy
This program calculates the day of year given the
specified date.
Enter specified month (1-12): 12
Enter specified day(1-31):    31
Enter specified year(yyyy):   1999
The date 12/31/1999 is day of year 365.
» doy
This program calculates the day of year given the
specified date.
Enter specified month (1-12): 1
Enter specified day(1-31):    1
Enter specified year(yyyy):   2000
The date 1/ 1/2000 is day of year 1.
» doy
This program calculates the day of year given the
specified date.
Enter specified month (1-12): 12
Enter specified day(1-31):    31
Enter specified year(yyyy):   2000
The date 12/31/2000 is day of year 366.
» doy
```

```
This program calculates the day of year given the
specified date.
Enter specified month (1-12): 3
Enter specified day(1-31):    1
Enter specified year(yyyy):   2001
The date 3/ 1/2001 is day of year 60.
```

此程式對五個測試資料，皆計算出正確答案。

## 例 5.4 統計分析

執行一個演算法，可以用來讀取一組測量結果，並計算輸入資料的平均值及標準差，在資料中的任何數值可以是正數、負數或是零。

**◈解答**

這個程式必須可以讀取任意數字的測量值，並計算這些測量值的平均值及標準差。每個測量值可以是正數、負數或是零。

既然我們這次不能使用資料值當做旗標，我們可以要求使用者關於輸入資料的數目，並使用 for 迴圈來讀取這些數值。下面這個修改過的程式允許使用者輸入任意數值。請自行驗證這個程式，並找出下列 5 個輸入值的平均值及標準差：3, –1, 0, 1 及 –2。

```
%  Script file: stats_3.m
%
%  Purpose:
%    To calculate mean and the standard deviation of
%    an input data set, where each input value can be
%    positive, negative, or zero.
%
%  Record of revisions:
%      Date         Programmer            Description of change
%      ====         ==========            =====================
%    01/27/18    S. J. Chapman          Original code
%
% Define variables:
%   ii       -- Loop index
%   n        -- The number of input samples
%   std_dev -- The standard deviation of the input samples
%   sum_x    -- The sum of the input values
%   sum_x2   -- The sum of the squares of the input values
%   x        -- An input data value
%   xbar     -- The average of the input samples
```

```
% Initialize sums.
sum_x = 0; sum_x2 = 0;

% Get the number of points to input.
n = input('Enter number of points:');

% Check to see if we have enough input data.
if n < 2   % Insufficient data

  disp ('At least 2 values must be entered.');

else % we will have enough data, so let's get it.

   % Loop to read input values.
   for ii = 1:n

     % Read in next value
     x = input('Enter value: ');

     % Accumulate sums.
     sum_x  = sum_x + x;
     sum_x2 = sum_x2 + x^2;

   end

   % Now calculate statistics.
   x_bar = sum_x / n;
   std_dev = sqrt((n * sum_x2 - sum_x^2) / (n * (n-1)));

   % Tell user.
   fprintf('The mean of this data set is: %f\n', x_bar);
   fprintf('The standard deviation is:    %f\n', std_dev);
   fprintf('The number of data points is: %f\n', n);

end
```

### 5.2.1 重要細節

既然我們已看過 for 迴圈運作的例子，我們需要檢查某些需要注意的重要細節，以正確地使用 for 迴圈。

1. 縮排迴圈的程式本體

for 迴圈的程式本體在程式裡縮排並不是必要的，即使每個敘述都是從第一個欄位開始，MATLAB 仍能辨認出迴圈的格式。雖然如此，for 迴圈的程式本體在程式中縮排，可大幅增加其程式的可讀性，所以你應該在程式中縮排迴圈的程式本體。

**良好的程式設計**

使用 for 迴圈時，將程式主體部分向後縮排 3 個以上的空格，以增加程式碼的可讀性。

2. 不能在迴圈的程式本體中修改到迴圈指標

   在 for 迴圈的程式本體內，*絕對不可以在任何地方修改到迴圈指標*。因為指標變數在迴圈裡通常被當成計數的工具使用，而修改迴圈指標可能會導致錯誤，或是產生難以找到的錯誤。以下的例子是用來初始化陣列的元素值，但敘述“ii = 5”不小心放在迴圈的程式本體中，結果，只有 a(5) 被初始化，而且被錯誤地指定原本應該代入 a(1)，a(2) 等的值。

```
for ii = 1:10
   ...
   ii = 5;     % Error!
   ...
   a(ii) = <calculation>
end
```

**良好的程式設計**

絕不可在迴圈的程式本體中，修改到迴圈指標的值。

3. 預先配置陣列

   我們在第 2 章學到，藉著指定數值給較高順序的陣列元素，我們可以擴展現有的陣列。舉例來說，下面的敘述：

```
arr = 1:4;
```

   會定義一個包含 [1 2 3 4] 的 4 元素陣列。如果執行敘述：

```
arr(8) = 6;
```

   原陣列將自動擴展成具有 8 個元素 [1 2 3 4 0 0 0 6] 的陣列。然而不幸的是，每次陣列擴展時，MATLAB 就必須 (1) 產生一個新陣列，(2) 複製舊陣列內容到較長的新陣列中，(3) 增加新的值到陣列中，然後 (4) 刪除舊陣列。這過程對長陣列而言是非常耗時的。

當一個 for 迴圈把值儲存在之前未定義的陣列中，則每次迴圈被執行時，迴圈會強迫 MATLAB 經歷一次這種流程[2]。從另一方面來看，如果陣列在迴圈開始執行之前，就**預先配置（preallocate）**其所需的最大空間，當程式執行時，就不需要經過複製的過程，因而使得程式碼能執行得更快速。以下的程式碼顯示如何在迴圈開始執行之前，就預先配置一個陣列：

```
square = zeros(1,100);
for ii = 1:100
   square(ii) = ii^2;
end
```

**良好的程式設計**

在執行迴圈之前，預先配置空間給所有在迴圈中使用到的陣列。這將大幅增加迴圈的執行速度。

### 5.2.2 向量優化：另一種較快速迴圈的選擇

許多迴圈是用來對一個陣列內的元素，進行一再重複相同的計算。以下列程式片段為例，利用 for 迴圈計算 1 至 100 之間所有整數的平方、平方根及立方根。

```
for ii = 1:100
   square(ii) = ii^2;
   square_root(ii) = ii^(1/2);
   cube_root(ii) = ii^(1/3);
end
```

在這裡，迴圈執行了 100 次，而且在每次迴圈週期內，每個輸出陣列的某一個值都會被計算。

針對這類型的運算，MATLAB 提供了另一種較快速的選擇，稱為**向量優化（vectorization）**。MATLAB 可以在單一敘述內完成一個陣列裡所有元素的計算，而不必執行每個敘述 100 次。因為 MATLAB 本體的設計方式，此單一敘述可以執行的比迴圈更加快速，而且得到完全相同的計算結果。

---

2 實際上，對於較新版的 MATLAB，此敘述不再完全正確。舊版本 MATLAB 的行為表現與本段落所描述的完全一致，每次陣列增加一個元素時，都必須重新配置與複製該陣列。然而，新版本的 MATLAB 在擴展陣列時，會配置更多的元素，使得重新配置與複製不必經常發生。這種新的行為意味著隨著 MATLAB 陣列的增加，舊版 MATLAB 造成的時間浪費就大幅減少了，而其代價是在陣列尾端配置了一些可能不會用到的記憶體。

為了對預先配置策略改進執行效能有感，我撰寫了一個簡單的程序檔，在 for 迴圈中藉由指定一個陣列，使其元素從 1 增加到 100,000，且每次增量為 1。此程式在我的電腦的 MATLAB R2007a 執行時間為 55 秒，而在此電腦的 MATLAB R2018a 執行時間為 0.02 秒！如果在 R2018a 中預先配置陣列，此程式執行所花費的時間為 0.002 秒。可見預先配置仍然有提高執行速度的效果，但是不像舊版 MATLAB 那樣有顯著提升的效果。

舉例而言，下列程式碼利用向量優化執行上述迴圈相同的計算。首先，我們將指標向量置於一陣列，然後只執行每個運算一次，意即在在單一敘述內完成所有 100 個元素的計算。

```
ii = 1:100;
square = ii.^2;
square_root = ii.^(1/2);
cube_root = ii.^(1/3);
```

即使這兩種計算都產生相同的答案，但它們的計算過程是不一樣的。for 迴圈版本的計算，可能比向量化版本的計算慢了 15 倍以上！這是因為在每次迴圈的過程裡，for 迴圈內的敘述必須經過 MATLAB 直譯[3]，才執行一次。所以實際上，MATLAB 必須直譯，並執行 300 行不同的程式碼。相形之下，在向量化的情況下，MATLAB 只須直譯並執行 4 行程式碼。因為 MATLAB 是設計用來執行向量化敘述的工具，也因此在向量模式下，顯得特別有效率。

在 MATLAB 程式中，使用向量化的敘述來取代迴圈的過程，稱為向量優化，它可以大幅改善很多 MATLAB 程式的執行效率。

**良好的程式設計**

如果程式計算可以使用 for 迴圈或是向量來執行，那就使用向量計算，這將大幅提升程式的計算速度。

### 5.2.3 MATLAB 動態編譯器

MATLAB 在 6.5 之後的版本，增加了動態（Just-in-Time, JIT）編譯器的工具。動態編譯器會在程式執行前檢查程式碼，而且如果可能的話，會在執行程式碼之前先編譯它。既然 MATLAB 程式碼是被編譯的，而非被直譯的，程式執行的速度幾乎與向量優化一樣快。動態編譯器有時候也可以大幅提升 for 迴圈的執行速度。

當動態編譯器能夠運作時，它會是一個很好的工具，因為它不需要程式設計者採取任何動作，就可以加快迴圈的執行速度。然而動態編譯器卻有一些限制，詳細說明可參閱 MATLAB 文件。動態編譯器的限制與 MATLAB 的不同版本而有所差異，較新版的程式限制較少。[4]

---

3 請參閱下節有關 MATLAB 動態編譯器。

4 Mathworks 公司拒絕透露動態編譯器能夠運作與不能夠運作的狀況清單，他們說因為這些狀況複雜，而且與不同版本的 MATLAB 而有所不同。他們建議：執行你的迴圈程式，並且計時來檢視是否因使用動態編譯器而加快執行速度！好消息是隨著每次新版本的發表，動態編譯器能夠在愈來愈多的狀況下，正確地運作；但很難說未來會發生什麼事。

**良好的程式設計**

不要依賴動態編譯器來加速你的程式碼，因為動態編譯器有許多限制，而且這些限制因你所使用的 MATLAB 版本而有所差異。程式設計者藉由向量優化的方式，通常能比動態編譯器做得更好。

## 例 5.5 比較迴圈與向量

為了比較迴圈與向量的執行速度，執行下列三組計算，並且記錄所需的運算時間：

1. 不事先初始化陣列，以 for 迴圈計算 1 至 10000 每個整數的平方。
2. 以 for 迴圈計算 1 至 10000 每個整數的平方，先使用 zero 函式預先配置一個陣列，然後逐行執行平方的計算（這將啟動動態編譯器的編譯功能）。
3. 利用向量計算 1 至 10,000 每個整數的平方。

**◈解答**

這程式必須使用上述三個條件，計算 1 至 10,000 每個整數的平方，並記錄每個情況所需的計算時間。MATLAB 函式 tic 與 toc 可用來進行計時功能。tic 函式將歸零內建的時間計數器，而 toc 函式將傳回從上次呼叫 tic 函式到目前所經過的時間。

因為許多電腦內建時鐘的時間解析度不夠精細，我們需要多次執行每組運算，以得到合理的平均時間。

以下的 MATLAB 程式是用以比較三種計算方式的處理速度：

```
%  Script file: timings.m
%
%  Purpose:
%    This program calculates the time required to
%    calculate the squares of all integers from 1 to
%    10,000 in three different ways:
%    1.  Using a for loop with an uninitialized output
%        array.
%    2.  Using a for loop with a pre-allocated output
%        array and the JIT compiler.
%    3.  Using vectors.
%
%  Record of revisions:
%      Date         Programmer           Description of change
%      ====         ==========           =====================
%    01/29/18    S. J. Chapman          Original code
%
% Define variables:
%   ii, jj       -- Loop index
%   average1     -- Average time for calculation 1
```

```
%   average2      -- Average time for calculation 2
%   average3      -- Average time for calculation 3
%   maxcount      -- Number of times to loop calculation
%   square        -- Array of squares

% Perform calculation with an uninitialized array
% "square". This calculation is averaged over 1000
% loops.
maxcount = 1000;              % Number of repetitions
tic;                          % Start timer
for jj = 1:maxcount
   clear square               % Clear output array
   for ii = 1:10000
      square(ii) = ii^2;      % Calculate square
   end
end
average1 = (toc)/maxcount;    % Calculate average time

% Perform calculation with a pre-allocated array
% "square".  This calculation is averaged over 1000
% loops.
maxcount = 1000;              % Number of repetitions
tic;                          % Start timer
for jj = 1:maxcount
   clear square               % Clear output array
   square = zeros(1,10000);   % Pre-initialize array
   for ii = 1:10000
      square(ii) = ii^2;      % Calculate square
   end
end
average2 = (toc)/maxcount;    % Calculate average time

% Perform calculation with vectors. This calculation
% averaged over 1000 executions.
maxcount = 1000;              % Number of repetitions
tic;                          % Start timer
for jj = 1:maxcount
   clear square               % Clear output array
   ii = 1:10000;              % Set up vector
   square = ii.^2;            % Calculate square
end
average3 = (toc)/maxcount;    % Calculate average time

% Display results
fprintf('Loop / uninitialized array        = %8.5f\n', average1);
fprintf('Loop / initialized array / JIT    = %8.5f\n', average2);
fprintf('Vectorized                        = %8.5f\n', average3);
```

當這個程式在電腦上的 MATLAB 2018a 版執行時，其結果如下：

```
» timings
Loop / uninitialized array         = 0.00111
Loop / initialized array / JIT     = 0.00011
Vectorized                         = 0.00005
```

沒有初始化陣列的迴圈，比起執行動態編譯器的迴圈或使用向量優化的迴圈，要慢十倍以上。使用向量優化的迴圈是計算最快的方法，但如果動態編譯器能在迴圈中運作，你不需要任何動作，即可得到程式的最大加速效能！正如此例所呈現的，在設計迴圈時，如果動態編譯器能夠運作，或是在迴圈內使用向量優化計算，會在 MATLAB 程式的執行速度上，造成難以置信的差異。

程式碼分析器的程式檢查工具可以幫我們找出，未被初值化陣列在程式中所造成執行速度緩慢的問題。舉例來說，如果對 `timings.m` 程式使用程式碼分析器的程式檢查工具，它會找出程式中未被初值化的陣列，並輸出一個警告訊息（圖 5.1）。

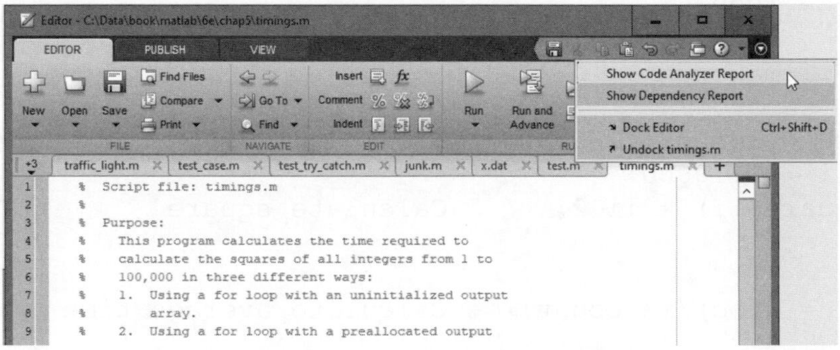

(a)

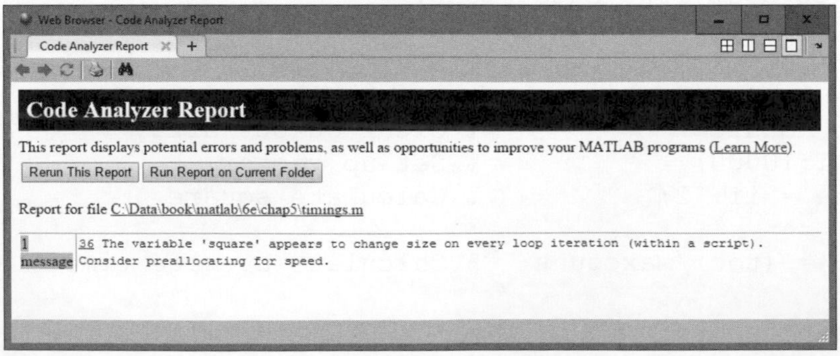

(b)

圖 5.1　程式碼分析器的程式檢查工具可以找出一些造成 MATLAB 迴圈執行緩慢的問題。

### 5.2.4 break 與 continue 敘述

MATLAB 有兩個額外的敘述，可以用來控制 while 迴圈與 for 迴圈的運作：break 與 continue 敘述。break 敘述會停止迴圈內的執行，並將程式的控制權轉移到緊接在迴圈 end 之後的下一個敘述，而 continue 敘述則是停止目前迴圈的執行，而把程式的控制權傳回迴圈的最上層。

如果 break 敘述在迴圈的程式本體內執行，則迴圈將會停止執行，接著控制權將轉移到迴圈之後第一個可執行的敘述。在 for 迴圈中有 break 敘述的例子如下：

```
for ii = 1:5
   if ii == 3
      break;
   end
   fprintf('ii = %d\n',ii);
end
disp(['End of loop!']);
```

程式的執行結果如下：

```
» test_break
ii = 1
ii = 2
End of loop!
```

請注意當迴圈疊代到 ii 等於 3 時，迴圈執行了 break 敘述，此時的控制權，轉換到迴圈後第一個可執行的敘述，而沒有執行 fprintf 敘述。

如果 continue 敘述在迴圈的程式本體內執行，則會停止目前迴圈的執行，而將程式的控制權傳回迴圈的最上層。for 迴圈中的控制變數，將會讀取下一個數值，而繼續執行迴圈內的敘述。在 for 迴圈中有 continue 敘述的例子如下：

```
for ii = 1:5
   if ii == 3
      continue;
   end
   fprintf('ii = %d\n',ii);
end
disp(['End of loop!']);
```

這個程式的執行結果如下：

```
» test_continue
ii = 1
ii = 2
ii = 4
ii = 5
```

```
End of loop!
```

注意當迴圈疊代到 ii 等於 3 時，迴圈執行了 continue 敘述，此時的控制權，傳回到迴圈的最上層，而沒有執行 fprintf 敘述。

break 敘述與 continue 敘述都能在 while 迴圈與 for 迴圈內運作。

### 5.2.5 巢狀迴圈

如果一個迴圈內有另一個迴圈，這兩個迴圈就稱為**巢狀迴圈**（nested loops）。下面的例子顯示兩個巢狀 for 迴圈，用來計算並輸出兩個整數的乘積。

```
for ii = 1:3
   for jj = 1:3
      product = ii * jj;
      fprintf('%d * %d = %d\n',ii,jj,product);
   end
end
```

此例中，外層的 for 迴圈指定數值 1 給指標變數 ii，然後再執行內層的 for 迴圈。內層的 for 迴圈一共執行 3 次，其指標變數 jj 分別為 1、2、3。當內層的 for 迴圈全部執行過後，外層 for 迴圈將指定數值 2 給指標變數 ii，然後內層 for 迴圈將再執行 3 次。這樣的過程一直重複，直到外層的 for 迴圈執行了 3 次才會停止，而最後的結果為：

```
1 * 1 = 1
1 * 2 = 2
1 * 3 = 3
2 * 1 = 2
2 * 2 = 4
2 * 3 = 6
3 * 1 = 3
3 * 2 = 6
3 * 3 = 9
```

請注意在外層 for 迴圈變數指標增加前，內層 for 迴圈已完整執行過 3 次。

當 MATLAB 執行遇到 end 敘述時，會把這個 end 與目前最內層的開放結構相連結。所以，上面例子中的第一個 end 敘述，將會關閉“for jj = 1:3”迴圈，而第二個 end 敘述，則關閉“for ii = 1:3”迴圈。如果在巢狀迴圈內，某個 end 敘述在某處不小心被刪除，就會產生很難察覺的錯誤。

如果 for 迴圈為巢狀結構，它們應該擁有獨立的指標變數。如果它們有相同的指標變數名稱，則內層迴圈的變數，將會直接修改外層迴圈的指標變數值。

如果 break 或 continue 敘述在巢狀迴圈內出現，則這些敘述與包含它們的最內層迴圈有關聯。舉個例子來說，考慮下面的程式：

```
for ii = 1:3
   for jj = 1:3
      if jj == 3
         break;
      end
      product = ii * jj;
      fprintf('%d * %d = %d\n',ii,jj,product);
   end
   fprintf('End of inner loop\n');
end
fprintf('End of outer loop\n');
```

如果內層迴圈計數器 jj 等於 3，則程式會執行 break 敘述。這將使程式離開最內層的迴圈，並輸出 "End of inner loop"，而外層迴圈會把變數指標值增加 1，接著重新執行內層的迴圈。最後的輸出結果是：

```
1 * 1 = 1
1 * 2 = 2
End of inner loop
2 * 1 = 2
2 * 2 = 4
End of inner loop
3 * 1 = 3
3 * 2 = 6
End of inner loop
End of outer loop
```

## 5.3 邏輯陣列與向量優化

我們在第 4 章學習了邏輯資料型態，邏輯資料可以有兩種值：true（1）或是 false（0），而關係與邏輯算子的運算結果會產生邏輯資料的純量與陣列。

學例來說，考慮下面的敘述：

```
a = [1 2 3; 4 5 6; 7 8 9];
b = a > 5;
```

這些敘述產生兩個陣列 a 與 b，其中陣列 a 是一個雙精度（double）陣列，其值為 $\begin{bmatrix}1 & 2 & 3\\4 & 5 & 6\\7 & 8 & 9\end{bmatrix}$，而陣列 b 是一個 logical 陣列，其值為 $\begin{bmatrix}0 & 0 & 0\\0 & 0 & 1\\1 & 1 & 1\end{bmatrix}$。如果我們執行 whos 指令，可以得到以下結果：

```
» whos
  Name      Size      Bytes    Class     Attributes
  a         3x3          72    double
  b         3x3           9    logical
```

邏輯陣列有個非常重要的特性——它們可以當做算術運算的**遮罩**（mask），遮罩陣列是一個可以用來選擇其他陣列的元素，做為算術運算的元素。指定的運算會作用在選擇的元素上，而不會作用在其餘未被選擇的元素上。

舉例來說，假設陣列 a 與陣列 b 如同上面的定義。則敘述 a(b)= sqrt(a(b))，只會取 a 陣列中特定元素的平方根值。這些特定元素是相對於邏輯陣列 b 中為 true 的元素，至於 a 陣列其餘的元素（相對於邏輯陣列 b 中為 false 的元素）則維持不變。

```
» a(b) = sqrt(a(b))
a =
    1.0000    2.0000    3.0000
    4.0000    5.0000    2.4495
    2.6458    2.8284    3.0000
```

這是一個非常快速而聰明的方式來執行陣列子集的運算，因其不需使用任何的迴圈或分支結構。

下面的兩個程式碼片段，都會在陣列中對大於 5 的元素取平分根值，但是使用向量化的方法，比使用迴圈的方法要快速得多。

```
for ii = 1:size(a,1)
   for jj = 1:size(a,2)
      if a(ii,jj) > 5
         a(ii,jj) = sqrt(a(ii,jj));
      end
   end
end
b = a > 5;
a(b) = sqrt(a(b));
```

### 5.3.1 使用邏輯陣列產生等效的 if/else 架構

利用邏輯陣列也可以在 for 迴圈裡，實現等效的 if/else 架構。我們可以使用邏輯陣列當做遮罩陣列，以選擇陣列中元素執行運算。當然我們也可以對其他未被選擇的元素，僅在遮罩陣列前面加上 not(~) 運算子，就可以進行不同運算子的計算。舉例來說，假設我們想對二維陣列中大於 5 的元素取平分根值，並對陣列中其他元素取平方值。利用迴圈與分支運算的程式碼如下：

```
for ii = 1:size(a,1)
   for jj = 1:size(a,2)
```

```
      if a(ii,jj) > 5
         a(ii,jj) = sqrt(a(ii,jj));
      else
         a(ii,jj) = a(ii,jj)^2;
      end
   end
end
```

對此運算的向量化程式碼為：

```
b = a > 5;
a(b) = sqrt(a(b));
a(~b) = a(~b).^2;
```

顯然向量化程式碼比起使用迴圈與分支架構的版本要快上許多。

### ?! 測驗 5.1

這個測驗提供一個快速檢驗，檢視你是否了解 5.1 節至 5.3 節所介紹的觀念。如果你覺得這個測驗有些困難，請重新閱讀這些章節、請教授課老師，或是與同學討論。測驗解答收錄在本書的附錄 B。

檢查以下的 for 迴圈，並決定出每個 for 迴圈將執行多少次：

1. `for index = 7:10`
2. `for jj = 7:-1:10`
3. `for index = 1:10:10`
4. `for ii = -10:3:-7`
5. `for kk = [0 5 ; 3 3]`

檢查以下的 for 迴圈，並決定迴圈結束時 ires 的數值。

6.
```
ires = 0;
for index = 1:10
   ires = ires + 1;
end
```

7.
```
ires = 0;
for index = 1:10
   ires = ires + index;
end
```

8.
```
ires = 0;
for index1 = 1:10
   for index2 = index1:10
      if index2 = = 6
```

```
            break;
         end
         ires = ires + 1;
      end
   end
```

9.
```
   ires = 0;
   for index1 = 1:10
      for index2 = index1:10
         if index2 = = 6
            continue;
         end
         ires = ires + 1;
      end
   end
```

10. 寫出 MATLAB 敘述，計算下列函數：

$$f(t)=\begin{cases}\sin t & \text{使得 } \sin t>0 \text{ 的所有 } t\\ 0 & \text{其他}\end{cases}$$

在 $-6\pi \le t \le 6\pi$ 的區間內，以 $\pi/10$ 為間隔計算函數值。請用兩種方式計算，使用迴圈與分支架構，以及使用向量化的程式碼。

## 5.4 MATLAB 效能分析器

MATLAB 效能分析器（MATLAB Profiler）可以用來找出程式中耗費最多執行時間的部分。效能分析器可以找出潛在的麻煩區域，藉由將這些區域進行程式碼最佳化，可大幅增加整體程式的執行速度。

在工具列的 Home 欄標中，點選 Code 群組的 “Run and Time”（ Run and Time ）工具，可啟動 MATLAB 效能分析器，並開啟效能分析器視窗。此視窗有一欄位包含待測效能的程式名稱，以及一個啟動效能分析的按鈕[5]（圖 5.2）。

效能分析程序執行完後，一份效能分析報告會顯示被測程式中各個函式所耗費的執行時間（圖 5.3a）。點選任何被測的函式，會顯示在此函式中每一行敘述所耗費時間的詳細測試結果（圖 5.3b）。程式設計者可利用這些資訊，找出程式中耗費最多執行時間的區域，然後想辦法使用向量優化以及類似的技巧改善程式的執行速度。舉例來說，效能分析器會因為迴圈不能被動態編譯器處理，而突顯出執行緩慢的迴圈。

一般而言，待測程式必須能正常執行之後，才進行程式的效能分析。否則，在程式不能正常前進行效能分析，只是徒勞無功浪費時間的做法。

---

5　在 Editor 欄標中，點選 “Run and Time” 工具可以自動分析目前 M 檔案之效能。

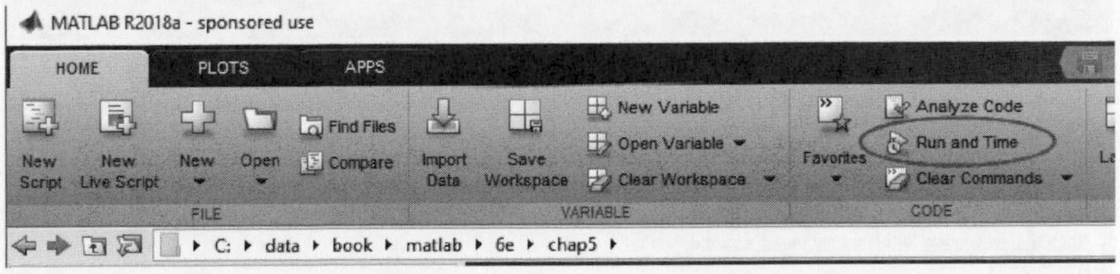


(a) 在 MATLAB 工作桌面中，點選 "Run and Time" 選項啟動 MATLAB 效能分析器。

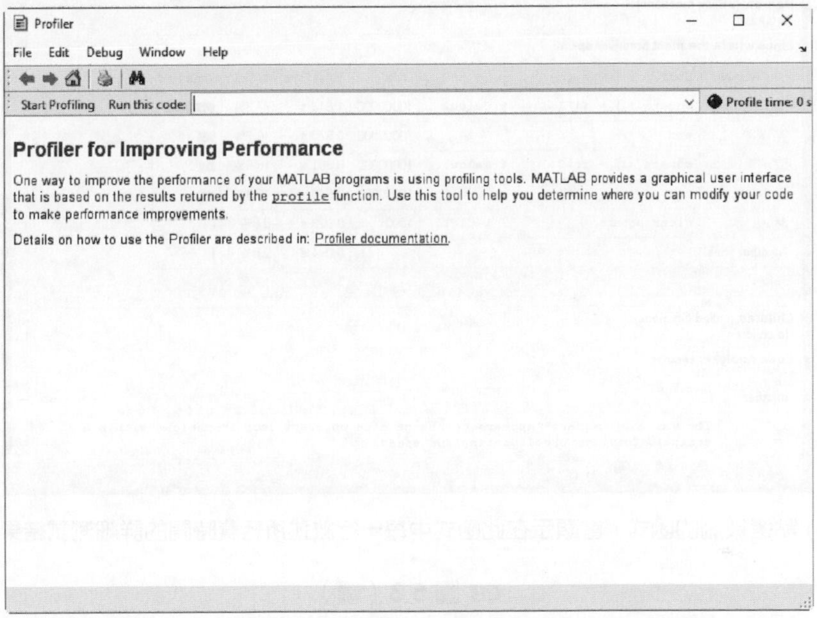


(b) 效能分析器視窗有一欄位用來鍵入待測效能的程式名稱以及一個啟動效能分析的按鈕。

**圖 5.2**

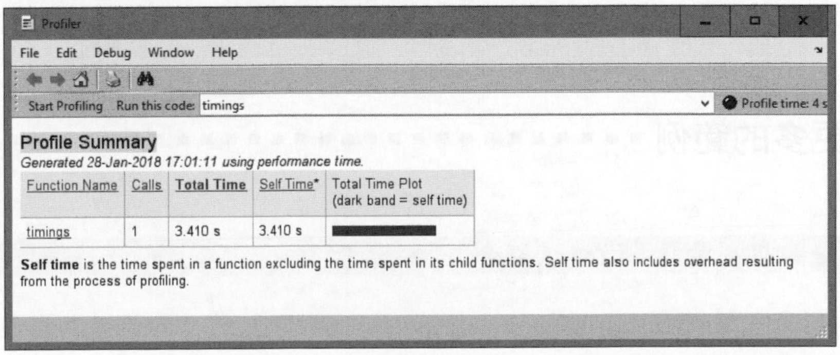


(a) 一份效能分析報告顯示被測程式中各個函式所耗費的執行時間。

**圖 5.3**

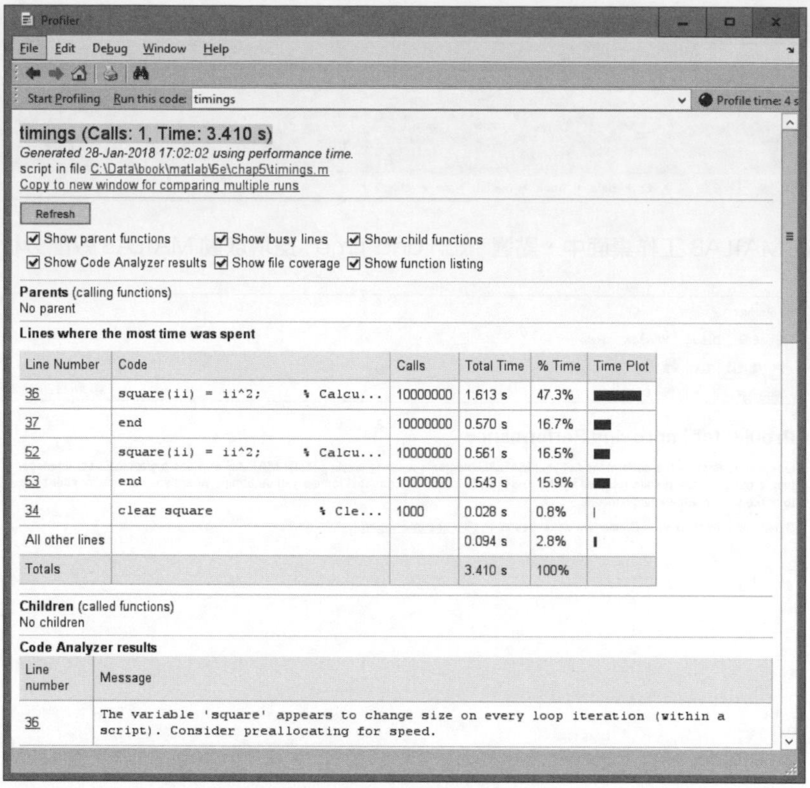


(b) 點選被測的函式，會顯示在此函式中每一行敘述所耗費時間的詳細測試結果。

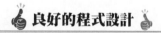

**圖 5.3（續）**

**良好的程式設計**

使用 MATLAB 效能分析器找出程式中耗費最多 CPU 時間的部分，將這些部分最佳化可大幅增加整體程式的執行速度。

## 5.5 更多的範例

### 例 5.6 對雜訊測量結果做線性擬合

在等重力場的作用下，物體落下的速度方程式為

$$v(t) = at + v_0 \tag{5.4}$$

其中 $v(t)$ 是時間 $t$ 時的物體速度，而 $a$ 是重力加速度，$v_0$ 是時間為 0 時的初始速度。如

果我們對落下物體的速度與時間作圖，$(v, t)$ 量測點應該會沿著一條直線變化。然而，如果我們試圖在實驗室量測物體的速度與時間變化的關係，我們的量測結果將不會落在一條直線。實驗結果也許很接近這條直線，但絕不會完美地沿著一條直線變化。為什麼會這樣呢？因為我們不可能做出完美的實驗量測。在我們進行實驗量測時，總是有一些量測雜訊影響到實驗的結果。

在科學與工程的實驗量測，常常有很多類似這樣的雜訊資料，所以我們希望估算出「最近似」的直線結果。像這樣的方法稱為**線性迴歸法**（linear regression）。若給定一組沿著直線變化的雜訊量測結果 $(x, y)$，我們該如何找出這條直線方程式

$$y = mx + b \tag{5.5}$$

使得它與量測結果的誤差最小呢？如果我們能決定迴歸係數 $m$ 與 $b$，我們便能藉由方程式 (5.5)，對任意給定的 $x$ 值，預測所對應的 $y$ 值。

一個用來找尋迴歸係數 $m$ 與 $b$ 的標準方法，稱為**最小平方法**（method of least squares）。這方法之所以稱為「最小平方」，是因為它會計算出 $y = mx + b$ 之估算方程式，使得觀察 $y$ 值與預估 $y$ 值間的誤差平方總和為最小。最小平方近似線的斜率為：

$$m = \frac{(\sum xy) - (\sum x)\bar{y}}{(\sum x^2) - (\sum x)\bar{x}} \tag{5.6}$$

而最小平方近似線與 $y$ 軸的截距為：

$$b = \bar{y} - m\bar{x} \tag{5.7}$$

其中

$\sum x$ 為 $x$ 值的總和

$\sum x^2$ 為 $x$ 值平方的總和

$\sum xy$ 為產生對應 $x$ 與 $y$ 值的乘積總和

$\bar{x}$ 為 $x$ 的平均值

$\bar{y}$ 為 $y$ 的平均值

對給定的雜訊量測資料點 $(x, y)$，請寫出一個能計算其最小平方近似直線的斜率 $m$，及其 $y$ 軸截距 $b$ 的程式，這些資料點可從鍵盤讀取，而每個資料點及計算產生的最小平方近似直線都要畫出來。

◈ **解答**

1. **敘述問題**

   針對任意數目的 $(x, y)$ 輸入資料，計算其最小平方近似直線的斜率 $m$ 與截距 $b$。輸入資料 $(x, y)$ 須從鍵盤讀取，並畫出輸入資料點及其最小平方近似直線。

2. **定義輸入與輸出**

這個程式要求輸入的是要讀取的資料點數，與所對應的資料點 $(x, y)$。

此程式的輸出則是最小平方近似直線的斜率與截距，輸入資料點數，並畫出這些輸入資料點，與近似直線。

3. 設計演算法

這個程式可以分為六個主要步驟：

取得輸入資料點的個數
讀取輸入統計值
計算所需的統計值
計算斜率及截距
輸出斜率及截距
畫出輸入資料點及其近似直線

程式的第一個主要步驟，是利用 input 函式提示使用者輸入資料點的數目。接著，我們以 for 迴圈裡的 input 函式一次讀取一組 $(x, y)$ 資料點。每一組的輸入值將被放在陣列（[x y]）內，然後被函式傳回呼叫程式。請注意本例使用 for 迴圈較為適合，因為我們已事先知道迴圈執行的次數。

這些步驟的虛擬碼顯示如下：

```
Print message describing purpose of the program
n_points ← input('Enter number of [x y] pairs:');
for ii = 1:n_points
   temp ← input('Enter [x y] pair:');
   x(ii) ← temp(1)
   y(ii) ← temp(2)
end
```

其次，我們必須累積計算所需的統計值。這些統計值是總和 $\sum x$、$\sum y$、$\sum x^2$ 及 $\sum xy$。這些步驟的虛擬碼是：

```
Clear the variables sum_x, sum_y, sum_x2, and sum_y2
for ii = 1:n_points
   sum_x ← sum_x + x(ii)
   sum_y ← sum_y + y(ii)
   sum_x2 ← sum_x2 + x(ii)^2
   sum_xy ← sum_xy + x(ii)*y(ii)
end
```

接下來，我們必須計算最小平方近似直線的斜率及截距。此步驟的虛擬碼是 MATLAB 版本的 (5.6) 與 (5.7) 式。

```
x_bar ← sum_x / n_points
y_bar ← sum_y / n_points
```

```
slope ← (sum_xy-sum_x * y_bar)/(sum_x2 - sum_x * x_bar)
y_int ← y_bar - slope * x_bar
```

最後，我們必須輸出並畫出結果。輸入資料點必須以圓形標記顯示，不需要用直線連接，而所產生的近似直線，必須以 2 點寬的實線表示。為了畫出完整的圖形，我們先畫出資料點，設定 hold on，接著再繪出近似直線，然後設定 hold off，最後再增加標題及註解。

4. 把演算法轉換成 MATLAB 敘述

最後產生的 MATLAB 程式顯示如下：

```
%
%  Purpose:
%    To perform a least-squares fit of an input data set
%    to a straight line and print out the resulting slope
%    and intercept values. The input data for this fit
%    comes from a user-specified input data file.
%
%  Record of revisions:
%      Date       programmer          Description of change
%      ====       ==========          =====================
%    01/30/18    S. J. Chapman        Original code
%
% Define variables:
%   ii          -- Loop index
%   n_points    -- Number in input [x y] points
%   slope       -- Slope of the line
%   sum_x       -- Sum of all input x values
%   sum_x2      -- Sum of all input x values squared
%   sum_xy      -- Sum of all input x*y values
%   sum_y       -- Sum of all input y values
%   temp        -- Variable to read user input
%   x           -- Array of x values
%   x_bar       -- Average x value
%   y           -- Array of y values
%   y_bar       -- Average y value
%   y_int       -- y-axis intercept of the line

disp('This program performs a least-squares fit of an');
disp('input data set to a straight line.');
n_points = input('Enter the number of input [x y] points:');

% Read the input data
for ii = 1:n_points
   temp = input('Enter [x y] pair:');
   x(ii) = temp(1);
   y(ii) = temp(2);
end
```

```
% Accumulate statistics
sum_x = 0;
sum_y = 0;
sum_x2 = 0;
sum_xy = 0;
for ii = 1:n_points
   sum_x = sum_x + x(ii);
   sum_y = sum_y + y(ii);
   sum_x2 = sum_x2 + x(ii)^2;
   sum_xy = sum_xy 1 x(ii) * y(ii);
end

% Now calculate the slope and intercept.
x_bar = sum_x / n_points;
y_bar = sum_y / n_points;
slope = (sum_xy - sum_x * y_bar) / (sum_x2 - sum_x * x_bar);
y_int = y_bar - slope * x_bar;

% Tell user.
disp('Regression coefficients for the least-squares line:');
fprintf(' Slope (m)       = %8.3f\n', slope);
fprintf(' Intercept (b) = %8.3f\n', y_int);
fprintf(' No. of points = %8d\n', n_points);

% Plot the data points as blue circles with no
% connecting lines.
plot(x,y,'bo');
hold on;

% Create the fitted line
xmin = min(x);
xmax = max(x);
ymin = slope * xmin + y_int;
ymax = slope * xmax + y_int;

% Plot a solid red line with no markers
plot([xmin xmax],[ymin ymax],'r-','LineWidth',2);
hold off;

% Add a title and legend
title ('\bfLeast-Squares Fit');
xlabel('\bf\itx');
ylabel('\bf\ity');
legend('Input data','Fitted line');
grid on
```

5. **測試程式**

為了測試這個程式，我們將使用簡單的資料組來測試。舉例來說，如果輸入的

資料組內每個點實際上皆沿著直線分布，則點與點之間的直線斜率及截距，應該就是最小平方近似線的斜率及截距。例如以下的資料組

```
[1.1 1.1]
[2.2 2.2]
[3.3 3.3]
[4.4 4.4]
[5.5 5.5]
[6.6 6.6]
[7.7 7.7]
```

應該會產生 1.0 的斜率與 0.0 的截距。如果我們用這些資料執行這個程式，結果為：

```
» lsqfit
This program performs a least-squares fit of an
input data set to a straight line.
Enter the number of input [x y] points: 7
Enter [x y] pair: [1.1 1.1]
Enter [x y] pair: [2.2 2.2]
Enter [x y] pair: [3.3 3.3]
Enter [x y] pair: [4.4 4.4]
Enter [x y] pair: [5.5 5.5]
Enter [x y] pair: [6.6 6.6]
Enter [x y] pair: [7.7 7.7]
Regression coefficients for the least-squares line:
  Slope (m)       =    1.000
  Intercept (b)  =    0.000
  No. of points =        7
```

現在讓我們增加一些雜訊在量測資料上，把原來的資料組改為：

```
[1.1 1.01]
[2.2 2.30]
[3.3 3.05]
[4.4 4.28]
[5.5 5.75]
[6.6 6.48]
[7.7 7.84]
```

如果我們以這些數值測試程式，結果為：

```
» lsqfit
This program performs a least-squares fit of an
input data set to a straight line.
Enter the number of input [x y] points: 7
Enter [x y] pair: [1.1 1.01]
Enter [x y] pair: [2.2 2.30]
Enter [x y] pair: [3.3 3.05]
```

```
Enter [x y] pair: [4.4 4.28]
Enter [x y] pair: [5.5 5.75]
Enter [x y] pair: [6.6 6.48]
Enter [x y] pair: [7.7 7.84]
Regression coefficients for the least-squares line:
  Slope (m)        =  1.024
  Intercept (b) = -0.120
  No. of points =       7
```

如果我們動手計算答案，將會發現這個程式對我們的兩組測試資料，提供了正確的答案，圖 5.4 顯示了最小平方近似線，以及含有雜訊的資料點。

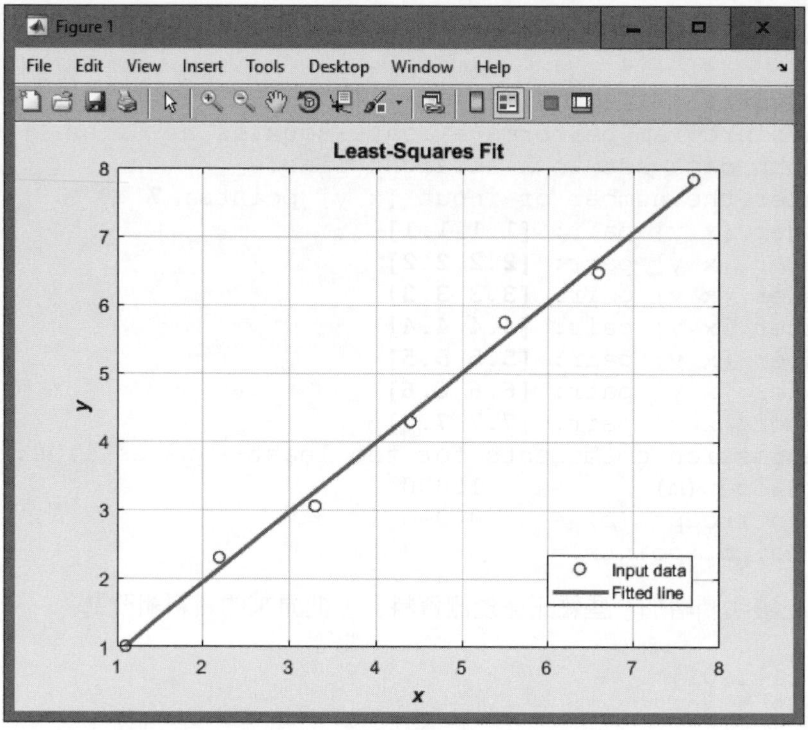


☙ 圖 5.4　最小平方近似線與含有雜訊的資料點。

這個例子使用了許多第 3 章介紹的繪圖功能，它使用了 hold 指令，允許同一座標軸上繪製多重圖形，LineWidth 的屬性設定了最小平方近似線，並使用逸出序列造成粗體字的標題，以及粗斜體字的座標軸名稱。

## 例 5.7　物理學——球的飛行

如果我們忽略空氣摩擦及地球彎曲的表面，將一顆球從地面拋向空中，則其將依

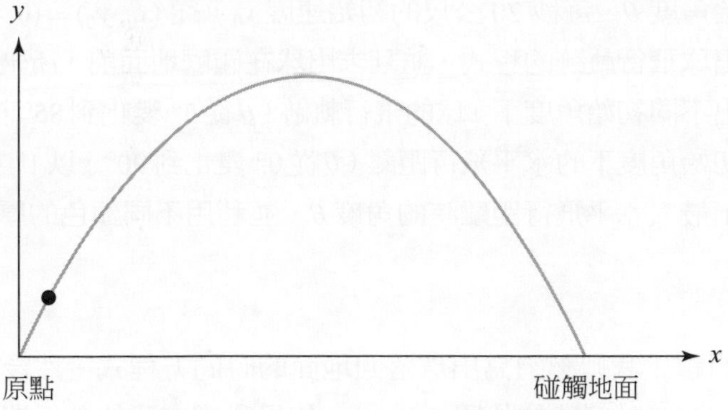


(a) 當球向上拋出，它會沿著一條拋物線軌跡運動。

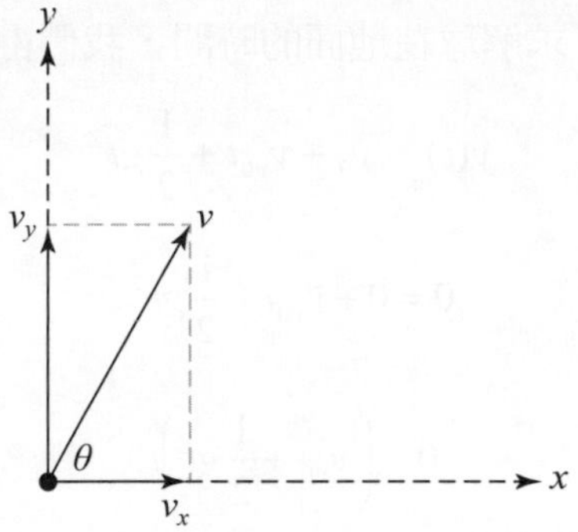


(b) 速度向量 $v$ 之水平與垂直分量，$\theta$ 為 $v$ 與水平面的夾角。

**圖 5.5**

拋物線的軌跡飛行（如圖 5.5a）。在任何時間 $t$，球的高度 $y(t)$ 可由方程式 (5.8) 求出：

$$y(t) = y_0 + v_{y0}t + \frac{1}{2}gt^2 \tag{5.8}$$

其中 $y_0$ 為物體在地面上的初始高度，$v_{y0}$ 為物體的初始垂直速度，而 $g$ 為地球重力加速度。當球被拋到空中時，其飛行的水平距離可由方程式 (5.9) 以時間的函數表示為

$$x(t) = x_0 + v_{x0}t \tag{5.9}$$

其中 $x_0$ 是球在地面的初始水平位置，而 $v_{x0}$ 為球的初始水平速度。

如果將球以相對於地面的角度 $\theta$ 與初始速度 $v_0$ 拋出，則其初始速度的水平分量及垂直分量分別為

$$v_{x0} = v_0 \cos\theta \tag{5.10}$$

$$v_{y0} = v_0 \sin\theta \tag{5.11}$$

假設球以初始角度 $\theta$、每秒 20 公尺的初始速度 $v_0$，從 $(x_0, y_0) = (0, 0)$ 的位置拋出。請寫出一個能畫出球飛行軌跡的程式，並且求出球在碰觸地面前，所飛行的水平距離。這個程式必須繪出不同初始角度下，球的飛行軌跡（$\theta$ 從 5° 變化到 85°，以 10° 為增量）；也必須計算不同初始角度下的水平飛行距離（$\theta$ 從 0° 變化到 90°，以 1° 為增量）。最後，這個程式必須求出最大水平飛行距離時的角度 $\theta$，並利用不同顏色的厚實線來畫出此角度 $\theta$ 的飛行軌道。

**◈ 解答**

要解決這個問題，我們必須寫出球落回地面的時間方程式。然後，我們可以利用方程式 (5.8) 至 (5.11)，計算球的位置 $(x_0, y_0)$。如果我們在球的飛行期間，計算不同時刻球的位置，則這些位置點便可以用來繪出球的飛行軌跡。

利用方程式 (5.8) 可以計算出球被拋出後，在空中飛行的時間。請注意，球是從地面 $y(0) = 0$ 的位置開始飛行，求解球在地面的時間，我們得到：

$$y(t) = y_0 + v_{y0}t + \frac{1}{2}gt^2 \tag{5.8}$$

$$0 = 0 + v_{y0}t + \frac{1}{2}gt^2$$

$$0 = \left(v_{y0} + \frac{1}{2}gt\right)t$$

因此球在地面的時間解有兩個，分別是 $t_1 = 0$（當我們開始拋球時），以及

$$t_2 = -\frac{2v_{y0}}{g} \tag{5.12}$$

從問題的敘述中，我們知道初始速度 $v_0$ 為 20 m/s，而球會以 0° 到 90°、每 1° 為一個間隔的角度被拋出。另外，地球的重力加速度為 –9.81 m/s$^2$。

現在就利用我們的設計流程來解決這個問題。

1. **敘述問題**

   這個問題的陳述如下：假設沒有空氣阻力，一顆球以初始速度 20m/s、地面夾角 $\theta$ 向上拋出，請計算球被拋出後的水平飛行距離。分別計算 $\theta$ 角從 0° 到 90°，每 1° 為增量的所有水平飛行距離。並找出最大水平飛行距離的角度 $\theta$。並以每 10° 為增量，繪出 $\theta$ 角從 5° 到 85° 變化的飛行軌跡，另以不同顏色的厚實線，繪出最大水平距離的飛行軌跡。

2. **定義輸入與輸出**

   如同以上的定義，我們不需輸入任何值。我們從問題敘述中已得知 $v_0$ 與 $\theta$ 的值。程式的輸出包括一個表格顯示每個角度 $\theta$ 的水平飛行距離、最大水平距離的角

度 $\theta$，並繪出特定角度的飛行軌跡。

3. 設計演算法

這個程式可分成下列幾個主要的步驟：

計算球的水平飛行距離 $\theta$ 變化從 0° 到 90°
輸出水平飛行距離
找出最大水平飛行距離 並輸出結果
畫出不同 $\theta$ 角的飛行軌跡 其中 $\theta$ 從 5° 變化到 85°
畫出最大水平距離的飛行軌跡

我們已知道將會重複使用固定次數的迴圈，所以使用 for 迴圈是比較適當的做法。我們接下來將演算法中每個主要的步驟，各自寫成一段虛擬碼。

要從球的各個角度裡找出可能的最大水平飛行距離，首先要由方程式 (5.10) 與 (5.11) 計算初始水平速度與垂直速度，然後由方程式 (5.12) 求出球回到地面的時間，最後再由方程式 (5.8) 計算球的水平飛行距離。這些步驟的虛擬碼會詳細顯示如下。要注意的是在使用三角函數前，必須把所有角度轉換成弧度表示。

```
Create and initialize an array to hold ranges
for ii = 1:91
   theta ← ii - 1
   vxo ← vo * cos(theta*conv)
   vyo ← vo * sin(theta*conv)
   max_time ← -2 * vyo / g
   range(ii) ← vxo * max_time
end
```

接下來，要輸出水平飛行距離結果，其虛擬碼為：

```
Write heading
for ii = 1:91
   theta ← ii - 1
   print theta and range
end
```

max 函式可用來找出最大水平飛行距離，也可以同時傳回最大值，以及最大值對應的位置。此步驟的虛擬碼為：

```
[maxrange index] ← max(range)
Print out maximum range and angle (=index-1)
```

我們將使用巢狀迴圈 for 來計算並畫出軌道。為了要讓所有的圖形顯示在螢幕上，我們在畫完第一條軌跡後，且在畫出其他軌跡前，先設定 hold on，而在畫出最後一條軌跡後，再設為 hold off。為了執行這個計算，我們將每條軌跡分成 21 個時間間隔，並對每個時間間隔分別找出球的 $x$ 與 $y$ 座標。然後再畫出這些 $(x, y)$ 的座標。這個步驟的虛擬碼為：

```
for ii = 5:10:85

  % Get velocities and max time for this angle
  theta ← ii - 1
  vxo ← vo * cos(theta*conv)
  vyo ← vo * sin(theta*conv)
  max_time ← -2 * vyo / g

  Initialize x and y arrays
  for jj = 1:21
      time ← (jj-1) * max_time/20
      x(time) ← vxo * time
      y(time) ← vyo * time + 0.5 * g * time^2
   end
   plot(x,y) with thin green lines
   Set "hold on" after first plot
end
Add titles and axis labels
```

最後，我們再利用不同顏色的厚實線來畫出最大水平距離的飛行軌跡。

```
vxo ← vo * cos(max_angle*conv)
vyo ← vo * sin(max_angle*conv)
max_time ← -2 * vyo / g

Initialize x and y arrays
for jj = 1:21
   time ← (jj-1) * max_time/20
   x(jj) ← vxo * time
   y(jj) ← vyo * time + 0.5 * g * time^2
end
plot(x,y) with a thick red line
hold off
```

4. 把演算法轉換成 MATLAB 敘述

最後產生的 MATLAB 程式顯示如下。

```
%  Script file: ball.m
%
%  Purpose:
%    This program calculates the distance traveled by a ball
%    thrown at a specified angle "theta" and a specified
%    velocity "vo" from a point on the surface of the Earth,
%    ignoring air friction and the Earth's curvature. It
%    calculates the angle yielding maximum range, and also
```

```
%    plots selected trajectories.
%
%  Record of revisions:
%       Date       programmer            Description of change
%       ====       ==========            =====================
%     01/30/18    S. J. Chapman          Original code
%
% Define variables:
%   conv          -- Degrees to radians conv factor
%   g             -- Accel. due to gravity (m/s^2)
%   ii, jj        -- Loop index
%   index         -- Location of maximum range in array
%   maxangle      -- Angle that gives maximum range (deg)
%   maxrange      -- Maximum range (m)
%   range         -- Range for a particular angle (m)
%   time          -- Time (s)
%   theta         -- Initial angle (deg)
%   traj_time     -- Total trajectory time (s)
%   vo            -- Initial velocity (m/s)
%   vxo           -- X-component of initial velocity (m/s)
%   vyo           -- Y-component of initial velocity (m/s)
%   x             -- X-position of ball (m)
%   y             -- Y-position of ball (m)

%  Constants
conv = pi / 180;       % Degrees-to-radians conversion factor
g = -9.81;             % Accel. due to gravity
vo = 20;               % Initial velocity

%Create an array to hold ranges
range = zeros(1,91);

% Calculate maximum ranges
for ii = 1:91
   theta = ii -1;
   vxo = vo * cos(theta*conv);
   vyo = vo * sin(theta*conv);
   max_time = -2 * vyo / g;
   range(ii) = vxo * max_time;
end

% Write out table of ranges
fprintf ('Range versus angle theta:\n');
for ii = 1:91
   theta = ii -1;
   fprintf(' %2d    %8.4f\n',theta, range(ii));
end
```

```
% Calculate the maximum range and angle
[maxrange index] = max(range);
maxangle = index - 1;
fprintf ('\nMax range is %8.4f at %2d degrees.\n',...
         maxrange, maxangle);

% Now plot the trajectories
for ii = 5:10:85

   % Get velocities and max time for this angle
   theta = ii;
   vxo = vo * cos(theta*conv);
   vyo = vo * sin(theta*conv);
   max_time = -2 * vyo / g;

   % Calculate the (x,y) positions
   x = zeros(1,21);
   y = zeros(1,21);
   for jj = 1:21
      time = (jj-1) * max_time/20;
      x(jj) = vxo * time;
      y(jj) = vyo * time + 0.5 * g * time^2;
   end
   plot(x,y,'b');
   if ii == 5
      hold on;
   end
end

% Add titles and axis labels
title ('\bfTrajectory of Ball vs Initial Angle \theta');
xlabel ('\bf\itx \rm\bf(meters)');
ylabel ('\bf\ity \rm\bf(meters)');
axis ([0 45 0 25]);
grid on;

% Now plot the max range trajectory
vxo = vo * cos(maxangle*conv);
vyo = vo * sin(maxangle*conv);
max_time = -2 * vyo / g;

% Calculate the (x,y) positions
x = zeros(1,21);
y = zeros(1,21);
for jj = 1:21
   time = (jj-1) * max_time/20;
   x(jj) = vxo * time;
   y(jj) = vyo * time + 0.5 * g * time^2;
end
```

```
plot(x,y,'r','LineWidth',3.0);
hold off
```

由物理學教科書可以找出在水平面的重力加速度為 9.81 m/s$^2$，方向指向下方。

5. 測試程式

為了要測試這個程式，我們先對一些角度計算出結果，然後再與程式的輸出結果比較

| $\theta$ | $v_{x0} = v_0 \cos\theta$ | $v_{y0} = v_0 \sin\theta$ | $t_2 = -\frac{2v_{y0}}{g}$ | $x = v_{x0}\, t_2$ |
|---|---|---|---|---|
| 0° | 20 m/s | 0 m/s | 0 s | 0 m |
| 5° | 19.92 m/s | 1.74 m/s | 0.355 s | 7.08 m |
| 40° | 15.32 m/s | 12.86 m/s | 2.621 s | 40.15 m |
| 45° | 14.14 m/s | 14.14 m/s | 2.883 s | 40.77 m |

當這個 ball 程式執行完畢後，將會產生 91 行的角度及水平距離的列表。為了節省空間，我們僅列出部分列表提供參考。

```
» ball
Range versus angle theta:
   0  0.0000
   1  1.4230
   2  2.8443
   3  4.2621
   4  5.6747
   5  7.0805
...
  40 40.1553
  41 40.3779
  42 40.5514
  43 40.6754
  44 40.7499
  45 40.7747
  46 40.7499
  47 40.6754
  48 40.5514
  49 40.3779
  50 40.1553
...
  85  7.0805
  86  5.6747
  87  4.2621
  88  2.8443
  89  1.4230
  90  0.0000

Max range is 40.7747 at 45 degrees.
```

產生的圖形如圖 5.6 所示，程式的輸出結果符合我們之前手算的結果，並準確到 4 位精確數。請注意最大水平距離發生在拋射角為 45° 的情況。

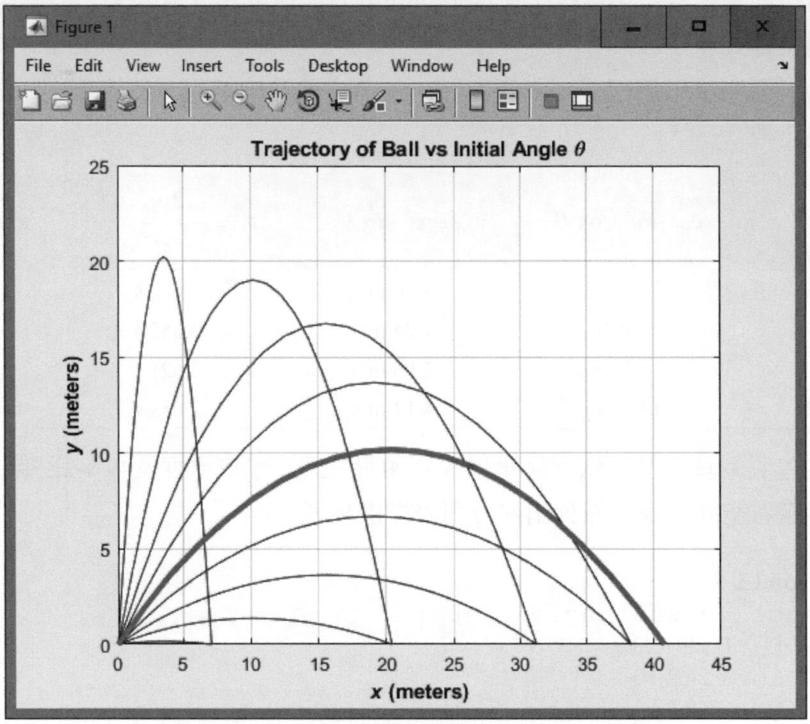


圖 5.6　不同初始角度下，球的飛行軌跡。

這個例子使用了一些第 3 章介紹過的繪圖功能。`axis` 指令設定顯示的資料範圍，`hold` 指令將多重繪圖顯示在相同的座標軸上，`LineWidth` 特性設定了對應最大水平距離的軌跡線寬，逸出序列產生所需要的標題及 $x$ 軸、$y$ 軸的名稱。

然而，這個程式並不是效率最好的一種寫法，因為我們可以用向量化敘述來取代程式裡的許多迴圈。習題 5.11 將會要求你重寫並改進 `ball.m` 程式。

## 5.6 textread 函式

在例題 5.6 的最小平方擬合問題，我們必須從鍵盤輸入每組 $(x, y)$ 資料點，然後將它們包含在一個陣列內。但是如果我們需要輸入大量數據到一個程式的話，這將是一個冗長的過程，所以我們需要一個更好的方式來載入資料到程式裡。大量數據幾乎都是儲存在檔案裡，所以我們真正需要的是如何使用一個簡易的方法從一個檔案讀取資料。MATLAB 的 `textread` 函式提供了這個功能。

textread 函式可以讀取將資料排成一欄一欄格式的 ASCII 檔案（每欄的資料可以是不同的類型），並將每欄的內容分別儲存在不同的輸出陣列。對於輸入其他應用程式所產生的大量資料，這是非常有用的函式。

textread 函式的形式為

```
[a,b,c,...] = textread(filename,format,n)
```

其中 filename 是所要開啟檔案的名稱，format 是敘述每欄資料類型的字串，而 n 則是讀取資料的列個數（如果沒有指定 n，函式將會讀取全部檔案的內容）。這個格式字串包含與 fprintf 函式相同類型的格式敘述。請注意輸出引數的個數必須符合讀取資料的欄位數目。

舉例來說，假設 test_input.dat 檔案包含下列資料：

```
James    Jones  O+  3.51    22    Yes
Sally    Smith  A+  3.28    23    No
```

這檔案的前三欄是字元資料，接著兩欄是數字資料，而最後一欄是字元資料。使用下列函式可以將這筆資料讀入一連串的陣列中：

```
[first,last,blood,gpa,age,answer] = ...
textread('test_input.dat','%s %s %s %f %d %s')
```

請注意每一欄的格式敘述，%s 是對應字元資料，而 %f 與 %d 是分別對應浮點及整數資料。字元資料是儲存在一個單元陣列（cell array），而數字資料都會儲存在一個雙精度陣列。

執行這個指令的結果為：

```
» [first,last,blood,gpa,age,answer] = ...
      textread('test_input.dat','%s %s %s %f %d %s')
first =
    'James'
    'Sally'
last =
    'Jones'
    'Smith'
blood =
    'O+'
    'A+'
gpa =
    3.5100
    3.2800
age =
    42
```

```
    28
answer =
     'Yes'
     'No'
```

如果我們不想讀取某些欄位的資料，這個函式也能跳過所選定的欄位，其做法是在相對應的格式敘述內加上一個星號（如：%*s）。下列的敘述只會從檔案中讀取名字、姓氏及 gpa：

```
» [first,last,gpa] = ...
            textread('test_input.dat','%s %s %*s %f %*d %*s')

first =
    'James'
    'Sally'
last =
    'Jones'
    'Smith'
gpa =
    3.5100
    3.2800
```

textread 函式比 load 指令更為有用且更具有彈性。load 指令假設輸入檔案內的所有資料都是單一型態——它不能支援不同欄位為不同型態資料的功能。此外，load 指令會把所有的資料儲存在一個陣列內。相較之下，textread 函式允許每欄的資料存放在不同的變數裡，這對處理混合類型的欄位資料非常方便。

textread 函式擁有許多附加的選項，可以增加它的使用彈性。請參考 MATLAB 的線上文件，以了解這些選項的操作細節。

## 5.7 MATLAB 應用：統計函式

在例 5.1 與例 5.4 中，我們計算資料組的平均值與標準差。範例程式會讀取鍵盤輸入的資料，接著藉由 (5.1) 及 (5.2) 式計算出平均值與標準差。

MATLAB 有優異的函式來計算資料的平均值與標準差：mean 與 std。mean 函式藉由 (5.1) 式計算資料組的算術平均數，而 std 函式藉由 (5.2) 式 [6] 計算資料組的標準差。不像前一個例題，這些函式需要所有的資料以陣列的形式輸入函式。這些內建的 MATLAB 函式非常有效率，當需要撰寫 MATLAB 程式來計算資料的平均值或標準差時，應該使用它們。

mean 與 std 函式會根據給定的資料類型會有不同的表現。如果資料是行向量或

6　還有另一個定義的標準差，但是該函式預設是用式 (5.2) 的定義。

列向量，則函式計算資料的算術平均數與標準差如下：

```
» a = [1 2 3 4 5 6 7 8 9];
a =
     1     2     3     4     5     6     7     8     9
» mean(a)
ans =
     5
» mean(a')
ans =
     5
»
» std(a)
ans =
    2.7386
» std(a')
ans =
    2.7386
```

然而，如果資料是一個二維矩陣，此函式將會分別計算各行的平均值與標準差：

```
» a = [1 2 3; 4 5 6; 7 8 9];
a =
     1     2     3
     4     5     6
     7     8     9

» mean(a)
ans =
     4     5     6

» std(a)
ans =
     3     3     3
```

mean 函式還有一個可選的第二參數 *dim*，用於指定採取平均的方向。如果數值為 1，則會對行向量做平均值。如果數值為 2，則會對列向量做平均值：

```
» mean(a,2)
ans =
     2
     5
     8
```

中位數是資料組的另一種常見量測值。中位數是資料組正中間的數值。為了計算中位數，將資料以遞增次序排列，接著回傳資料正中間的數值。如果資料組的元素數量為偶數，則正中間沒有數值，則會回傳最靠近中間的兩個元素的平均值。舉例而言，

```
» x = [7 4 2 1 3 6 5]
x =
     7      4      2      1      3      6      5
» median(x)
ans =
     4
» y = [1 6 2 5 3 4]
y =
     1      6      2      5      3      4
» median(y)
ans =
    3.5000
```

## 例 5.8 統計分析

執行一個演算法，讀取一組量測資料，接著運用 MATLAB 既有的函式 mean、median 與 std 來計算資料組的平均值、中位數與標準差。

**◈解答**

在此程式中，我們必須分配一個向量以儲存全部數值，然後呼叫 mean 與 std 以計算此輸入向量。最終的 MATLAB 程式如下：

```
%  Script file: stats_4.m
%
%  Purpose:
%    To calculate mean, median, and standard deviation of
%    an input data set, using the standard MATLAB
%    functions mean and std.
%
%  Record of revisions:
%      Date         Engineer          Description of change
%      ====        ==========         =====================
%    01/27/18    S. J. Chapman      Original code
%
% Define variables:
%   ii       -- Loop index
%   med      -- Median of the input samples
%   n        -- The number of input samples
%   std_dev -- The standard deviation of the input samples
%   sum_x    -- The sum of the input values
%   sum_x2   -- The sum of the squares of the input values
%   x        -- An input data value
%   xbar     -- The average of the input samples

% Get the number of points to input.
n = input('Enter number of points: ');
```

```
% Check to see if we have enough input data.
if n < 2 % Insufficient data

  disp ('At least 2 values must be entered.');

else % we will have enough data, so let's get it.

  % Allocate the input data array
  x = zeros(1,n);

  % Loop to read input values.
  for ii = 1:n

    % Read in next value
    x(ii) = input('Enter value: ');

  end

  % Now calculate statistics.
  x_bar = mean(x);
  med = median(x);
  std_dev = std(x);

  % Tell user.
  fprintf('The mean of this data set is:   %f\n', x_bar);
  fprintf('The median of this data set is: %f\n', med);
  fprintf('The standard deviation is:      %f\n', std_dev);
  fprintf('The number of data points is:   %f\n', n);

end
```

我們將會輸入與之前相同的數值來測試程式。

```
» stats_4
Enter number of points: 3
Enter value: 3
Enter value: 4
Enter value: 5
The mean of this data set is:   4.000000
The median of this data set is: 4.000000
The standard deviation is:      1.000000
The number of data points is:   3.000000
```

程式提供我們測試資料組的正確答案，這與之前例題中的答案相同。

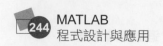

## 5.8 MATLAB 應用：曲線擬合與內插法

例 5.6 介紹一個演算法可以計算最小平方近似直線。這是一般通稱為**曲線擬合**問題的一個範例，曲線擬合是指如何在某種意義下導出「最配合」雜訊量測資料的一條平滑曲線。然後此平滑曲線藉由內插來估算任何給定點的資料數值。

有許多方法可以對雜訊量測資料得到一條配合的平滑曲線，而 MATLAB 內建函式支援大部分的方法。我們現在要探討兩種 MATLAB 支援的曲線擬合演算法：通用的最小平方擬合與三次樣條曲線擬合。另外，我們將會介紹標準的 MATLAB 曲線擬合的使用者圖形介面（GUI）。

### 5.8.1 通用的最小平方擬合

MATLAB 有標準的函式可以使用一個多項式來進行最小平方曲線擬合。函式 `polyfit` 以一個 $n$ 次多項式計算資料組的最小平方擬合：

$$p(x) = a_n x^n + a_{n-1} x^{n-1} + \ldots + a_1 x + a_0 \tag{5.13}$$

其中 $n$ 可以是任何大於或等於 1 的數值。注意當 $n = 1$ 時，此多項式即是斜率為 $a_1$，且 $y$ 截距為 $a_0$ 的線性方程式。換句話說，如果 $n = 1$，此通用方程式進行的最小平方擬合計算，會與例 5.8 相同。如果 $n = 2$，資料將以拋物線擬合。如果 $n = 3$，則以三次方程式擬合資料，更高次的資料擬合依此類推。

此函式的形式為

```
p = polyfit(x,y,n)
```

`p` 是多項式係數的陣列、`x` 與 `y` 為 $x$ 與 $y$ 樣本點的向量，而 `n` 為擬合曲線的多項式次數。

一旦多項式係數的陣列計算完成，可以使用函式 `polyval` 對此多項式求值。函式 `polyval` 的形式為：

```
y1 = polyval(p,x1)
```

`p` 是多項式係數的陣列、`x1` 為帶入多項式計算的 $x$ 資料點向量，而 `y1` 為計算結果的向量。

這種利用已知資料點來估算資料點之間數值的處理方法，稱為**內插法**（interpolation）。

**例 5.9　對雜訊測量數據進行線性擬合**

撰寫一個程式以 MATLAB 函式 `polyfit`，計算給定的雜訊量測資料點 $(x, y)$ 的最小平方擬合直線的斜率 *m* 與 *y* 軸截距 *b*。資料點從鍵盤輸入，而各別的資料點與最小平方擬合直線以圖形呈現。

**◈解答**

一個運用 polyfit 計算最小平方擬合的程式如下：

```
%
%  Purpose:
%    To perform a least-squares fit of an input data set
%    to a straight line using polyfit, and print out the
%    resulting slope and intercept values. The input data
%    for this fit comes from a user-specified input data file.
%
%  Record of revisions:
%      Date           Engineer              Description of change
%      ====          ==========             =====================
%    01/28/18       S. J. Chapman           Original code
%
% Define variables:
%   ii          -- Loop index
%   n_points    -- Number in input [x y] points
%   slope       -- Slope of the line
%   temp        -- Variable to read user input
%   x           -- Array of x values
%   x1          -- Array of x values to evaluate the line at
%   y           -- Array of y values
%   y1          -- Array of evaluated results
%   y_int       -- y-axis intercept of the line

disp('This program performs a least-squares fit of an ');
disp('input data set to a straight line.');
n_points = input('Enter the number of input [x y] points: ');

% Allocate the input data arrays
x = zeros(1,n_points);
y = zeros(1,n_points);

% Read the input data
for ii = 1:n_points
   temp = input('Enter [x y] pair: ');
   x(ii) = temp(1);
   y(ii) = temp(2);
end

% Perform the fit
p = polyfit(x,y,1);
slope = p(1);
y_int = p(2);
```

```
% Tell user.
disp('Regression coefficients for the least-squares line:');
fprintf(' Slope (m) = %8.3f\n', slope);
fprintf(' Intercept (b) = %8.3f\n', y_int);
fprintf(' No. of points = %8d\n', n_points);

% Plot the data points as blue circles with no
% connecting lines.
plot(x,y,'bo');
hold on;

% Create the fitted line
x1(1) = min(x);
x1(2) = max(x);
y1 = polyval(p,x1);

% Plot a solid red line with no markers
plot(x1,y1,'r-','LineWidth',2);
hold off;

% Add a title and legend
title ('\bfLeast-Squares Fit');
xlabel('\bf\itx');
ylabel('\bf\ity');
legend('Input data','Fitted line');
grid on
```

我們會用前一個最小平方擬合例題相同的資料組來測試此程式。

```
» lsqfit2
This program performs a least-squares fit of an
input data set to a straight line.
Enter the number of input [x y] points: 7
Enter [x y] pair: [1.1 1.1]
Enter [x y] pair: [2.2 2.2]
Enter [x y] pair: [3.3 3.3]
Enter [x y] pair: [4.4 4.4]
Enter [x y] pair: [5.5 5.5]
Enter [x y] pair: [6.6 6.6]
Enter [x y] pair: [7.7 7.7]
Regression coefficients for the least-squares line:
  Slope (m)      =    1.000
  Intercept (b) =    0.000
  No. of points =        7

» lsqfit2
This program performs a least-squares fit of an
input data set to a straight line.
Enter the number of input [x y] points: 7
```

```
Enter [x y] pair: [1.1 1.01]
Enter [x y] pair: [2.2 2.30]
Enter [x y] pair: [3.3 3.05]
Enter [x y] pair: [4.4 4.28]
Enter [x y] pair: [5.5 5.75]
Enter [x y] pair: [6.6 6.48]
Enter [x y] pair: [7.7 7.84]
Regression coefficients for the least-squares line:
  Slope (m)       = 1.024
  Intercept (b) = -0.120
  No. of points = 7
```

此答案與前一例題產生的答案相同。

## 例 5.10 從雜訊量測資料導出交流發電機的磁化曲線

交流發電機產生三相電力以供給家庭與工廠。一個交流發電機基本上是一個定子內部有一個旋轉的電磁鐵，而此定子具有三相繞線組，如圖 5.7 所示。旋轉磁場會在定子繞線產生電壓，因而提供電力給動力系統。發電機產生的電壓是電磁鐵中磁通量的函數，而磁通量是由纏繞在其周圍的繞線組（或稱為**磁場繞組**）產生。當磁場繞組內的電流愈大，產生的磁通量就愈大。對於小的場電流，此關係通常為線性。然而電磁鐵在某個電流值會飽和，亦即場電流雖然繼續增加，但是磁通量僅微幅增加。

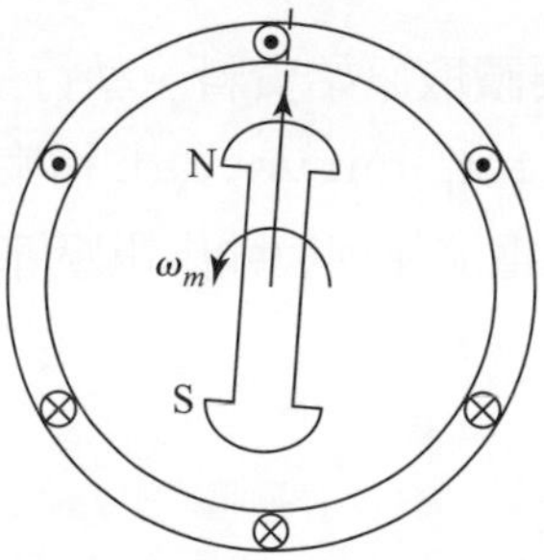


**圖 5.7 交流發電機基本上是在三相繞線組裡的一個旋轉電磁鐵。**

**磁化曲線**（magnetization curve）是無負載發電機的輸出電壓與輸入電磁鐵的場電流之間的關係圖。輸出電壓隨著磁通量增加而線性增加，但是由於電磁鐵中的磁通量飽和之故，使得在高場電流下，磁通量的增加較慢。磁化曲線是發電機非常重要的特性，通常是在發電機製造完成後，藉由實驗量測獲得。

圖 5.8 顯示在實驗室量測的一個磁化曲線範例 `magnetization_curve.dat`。注

意這些數據是具有雜訊的資料，因此這些雜訊必須以某種方式被平滑化，以取得最後的磁化曲線。

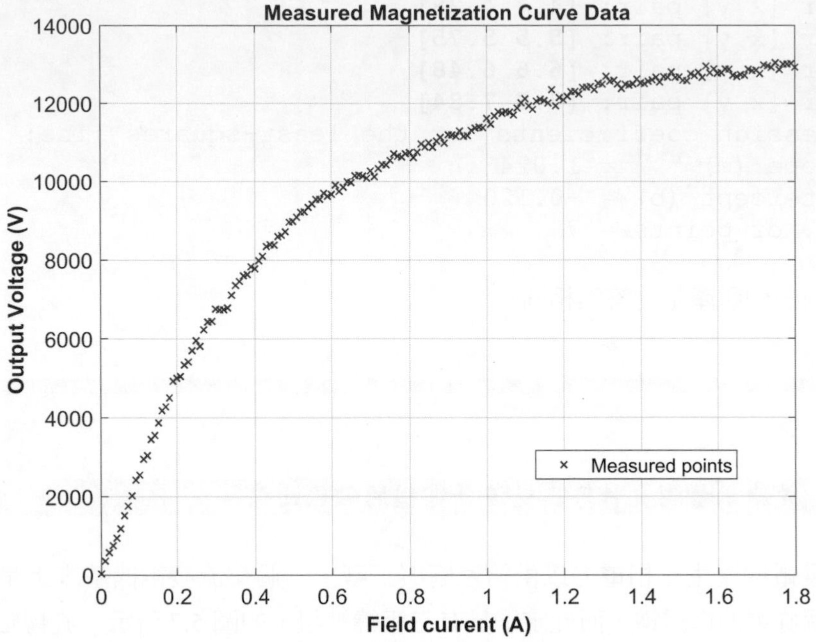


圖 5.8　實驗室量測的磁化曲線。

運用 MATLAB 函式 polyfit，以二次、三次與四次多項式來擬合磁化曲線的數據。繪製多項式與原始數據的圖形，並且比較各個擬合結果的品質。

**◈解答**

想要求解此問題，我們需要讀取原始資料、執行三種擬合方式，並且繪製原始資料與擬合的結果。Magnetization_curve.dat 檔案裡面的資料可以利用指令 load 讀取，其中兩欄數據可以分成場電流陣列與輸出電壓陣列。

```
%  Script file: lsqfit3.m
%
%  Purpose:
%    To perform a least-squares fit of an input data set
%    to a second, third, and fourth-order using polyfit,
%    and plot the resulting fitted lines. The input data
%    for this fit is measured magnetization data from
%    a generator.
%
%  Record of revisions:
%      Date         Programmer           Description of change
%      ====         ==========           =====================
%    01/28/18     S. J. Chapman          Original code
%
```

```
% Define variables:
%   if1          -- Array of field current values
%   p2           -- Second order polynomial coefficients
%   p3           -- Third order polynomial coefficients
%   p4           -- Fourth order polynomial coefficients
%   vout         -- Array of measured voltages
%   x            -- Array of x values
%   x1           -- Array of x values to evaluate the line at
%   y            -- Array of y values
%   y2           -- Array of evaluated results for p2
%   y3           -- Array of evaluated results for p3
%   y4           -- Array of evaluated results for p4

% Read the input data
[if1, vout] = textread('magnetization_curve.dat','%f %f');

% Perform the fits
p2 = polyfit(if1,vout,2);
p3 = polyfit(if1,vout,3);
p4 = polyfit(if1,vout,4);

% Get several points on each line for plotting
x1 = min(if1):0.1:max(if1);
y2 = polyval(p2,x1);
y3 = polyval(p3,x1);
y4 = polyval(p4,x1);

% Plot the data points as blue crosses with no
% connecting lines.
figure(1);
plot(if1,vout,'x','Linewidth',1);
hold on;

% Plot the three fitted lines
plot(x1,y2,'r--','LineWidth',2);
plot(x1,y3,'m--','LineWidth',2);
plot(x1,y4,'k-.','LineWidth',2);

% Add a title and legend
title ('\bfLeast-Squares Fit');
xlabel('\bf\itx');
ylabel('\bf\ity');
legend('Input data','2nd-order fit','3rd-order fit','4th-order fit');
grid on
hold off;
```

程式執行的結果如圖 5.9 所示，我們可看出愈高次的多項式擬合曲線，其與輸入資料的趨勢匹配度更為接近。

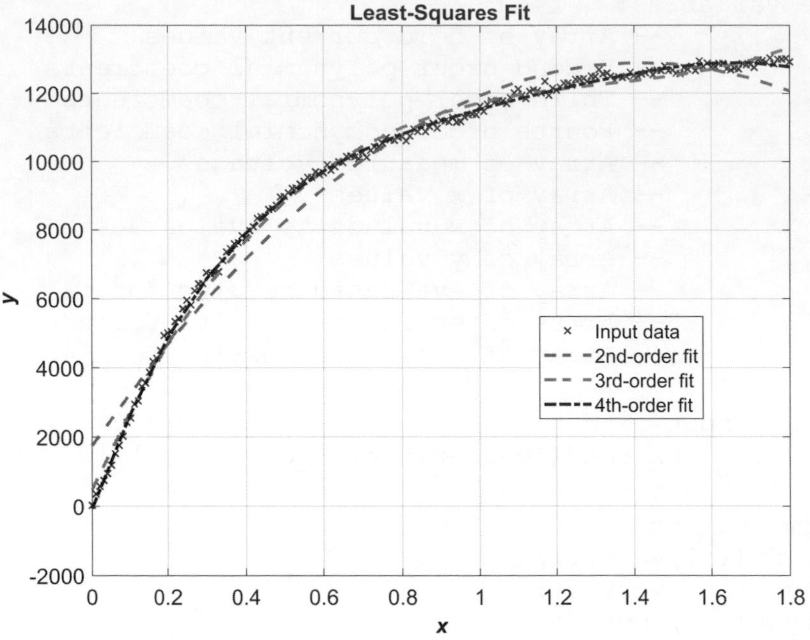


圖 5.9 磁化曲線以二次、三次與四次多項式擬合量測資料。

## 5.8.2 三次樣條函數內插

一個樣條函數（spline）是由一連串分段多項式組成的函數，亦即在不同區域以不同多項式計算的函數。一個三次樣條函數（cubic spline）是由多個三次多項式組成的樣條函數。樣條函數通常採用三次多項式，因為三次多項式的係數可藉由三個資料點求得。因此之故，欲擬合某個特定區域的多項式，可藉由選取此區域的中心點加上相鄰兩邊的資料點來求得此多項式。

圖 5.10 闡示了樣條函數擬合的概念。此圖上的圓點為函數 $y(x) = \sin x$ 在 $x = 1, 2, \ldots, 8$ 的函數值。虛線顯示了為 $x = 2$、3、4 資料點擬合所建立的三次多項式。注意該多項式在 $x$ 介於 2.5 與 3.5 之間，與資料點的趨勢匹配程度非常好。實線顯示了為 $x = 3$、4、5 資料點擬合所建立的三次多項式。注意該多項式在 $x$ 介於 3.5 與 4.5 之間，與資料點的趨勢匹配程度極為吻合。最後，鏈線顯示了為 $x = 4$、5、6 資料點擬合所建立的三次多項式。注意該多項式在 $x$ 介於 4.5 與 5.5 之間，與資料點的趨勢匹配程度極佳。

這個例子引出了三次樣條函數內插的概念。以下為三次樣條函數內插的步驟：

1. **樣條函數擬合**

   在原始資料中，分成三個點的連續集合（例如 1-3、2-4、3-5 等），然後針對

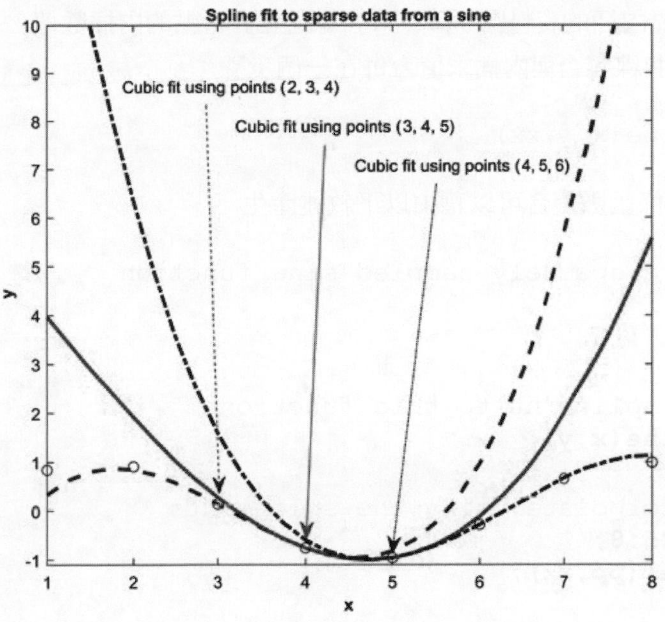


圖 5.10 分別將三點資料組的樣本與一連串分段三次擬合曲線進行比較。

每個集合進行三次多項式擬合。如果原始資料有 $n$ 個點，則將有 $n-2$ 個三次多項式。

2. 運用三次方程式進行內插

針對給定的資料點，使用最接近的三次多項式進行內插。假設我們想要找在 4.3 的函數值，我們會對擬合資料點 3、4、5 的多項式以 4.3 求其值。同樣地，如果我們想要找在 2.8 的函數值，我們會對擬合資料點 2、3、4 的多項式以 2.8 求其值。

圖 5.11 顯示藉由三次樣條函數擬合原始正弦函數的八個樣本點的曲線，可看出所得的曲線是對此正弦波非常合理的近似曲線。

MATLAB 的樣條函數擬合是使用 spline 函式，而執行三次樣條多項式內插是運用 ppval 函式。

函式 spline 的形式如下

```
pp = spline(x,y)
```

其中資料點 $(x, y)$ 陣列是原始函數的樣本，而 pp 為擬合的三次多項式。ppval 內插的形式如下

```
yy = ppval(pp,xx)
```

其中陣列 xx 為要內插的資料點，陣列 yy 為這些資料點的內插數值。另外還有一個快捷函式，可以將曲線擬合與內插求值合併在一個步驟：

```
yy = spline(x,y,xx)
```

圖 5.11 的樣條函數擬合可以藉由以下敘述產生。

```
% Create a sparsely sampled sine function
x = 1:8;
y = sin(x);

% Now do spline fit to this function
pp = spline(x,y);

% Now interpolate using the spline fits
xx = 1:.25:8;
yy = ppval(pp,xx);

% Plot the original points and the spline fit
figure(1)
plot(x,y,'o');
```

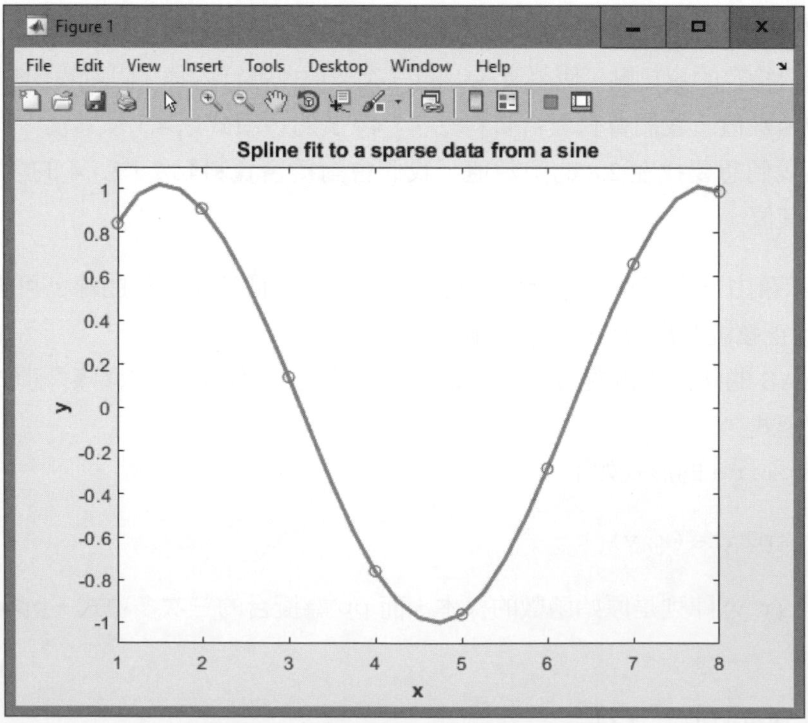


圖 5.11　樣條函數擬合稀疏的資料集。

```
hold on;
plot(xx,yy,'m-','LineWidth',2)
xlabel('\bfx');
ylabel('\bfy');
title('\bfSpline fit to a sparse data from a sine');
set(gca,'YLim',[-1.1 1.1]);
hold off;
```

樣條函數擬合通常會在資料集的端點有一些問題。因為在資料端點外沒有三個資料點可以用於擬合，所以會使用最接近的擬合曲線。但這可能導致資料端點附近的斜率是不正確的。為了避免此問題，函式 spline 允許我們在資料的開始與結束兩個端點指定斜率。如果被送到 spline 函式的陣列 y 比陣列 x 多兩個數值，則陣列 y 中的第一個數值將被視為函式在第一點的斜率，而陣列 y 中的最後一個數值將被視為函式在最後一點的斜率。

## 例 5.11　三次樣條函數內插

對以下函數在 $x = -2\pi$ 與 $2\pi$ 之間，以 $\pi/2$ 為間隔，進行取樣，接著對該取樣資料進行三次樣條函數擬合。

$$y(x) = \cos x \tag{5.14}$$

以為 $0.01\pi$ 間隔，從 $-2\pi$ 到 $2\pi$，計算及繪製三次樣條函數點，以測試擬合的結果，然後將擬合資料與原始資料進行比較。樣條函數擬合曲線與原始函數之間有何差異？針對 $x$，繪製擬合曲線與原函數的誤差。

◈**解答**

執行擬合與顯示計算結果的程式如下：

```
%
%  Purpose:
%    To perform a spline fit of sampled data set, and to
%    compare the quality of the fits with the original
%    data set.
%
%  Record of revisions:
%      Date        Engineer              Description of change
%      ====        ==========            =====================
%    01/28/18    S. J. Chapman         Original code
%
% Define variables:
%   x            -- Array of x values in orig sample
%   xx           -- Array of x values to interpolate data
%   y            -- Array of samples
```

```
%   yerr          -- Error between original and fitted fn
%   yy            -- Interpolated data points

% Sample the original function
x = (-2:0.5:2)*pi;
y = cos(x);

% Now do the spline fit
pp = spline(x,y);
xx = (-2:0.01:2)*pi;
yy = ppval(pp,xx);

% Plot the original function and the resulting fit;
figure(1);
plot(xx,cos(xx),'b-','Linewidth',2);
hold on;
plot(x,y,'bo');
plot(xx,yy,'k--','Linewidth',2);
title ('\bfSpline fit');
xlabel('\bf\itx');
ylabel('\bf\ity');
legend('Original function','Sample points','Fitted line');
grid on;
hold off;

% Compare the fitted function to the original
yerr = cos(xx) - yy;

% Plot the error vs x
figure(2);
plot(xx,yerr,'b-','Linewidth',2);
title ('\bfError between original function and fitted line');
xlabel('\bf\itx');
ylabel('\bf\ity');
set(gca,'YLim',[-1 1]);
grid on;
```

結果如圖 5.12 所示。原始曲線與擬合數值之間的誤差很小。

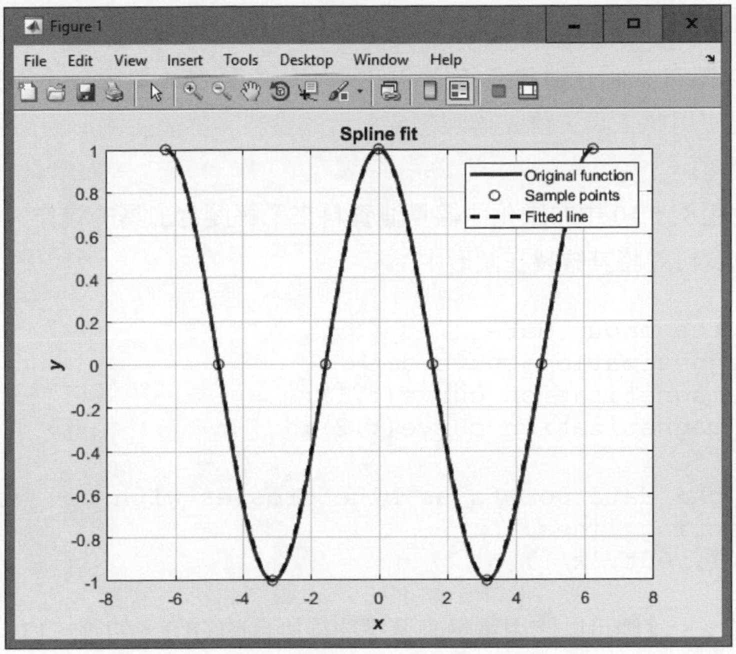


(a) 原始函數與樣條函數擬合數據的比較。

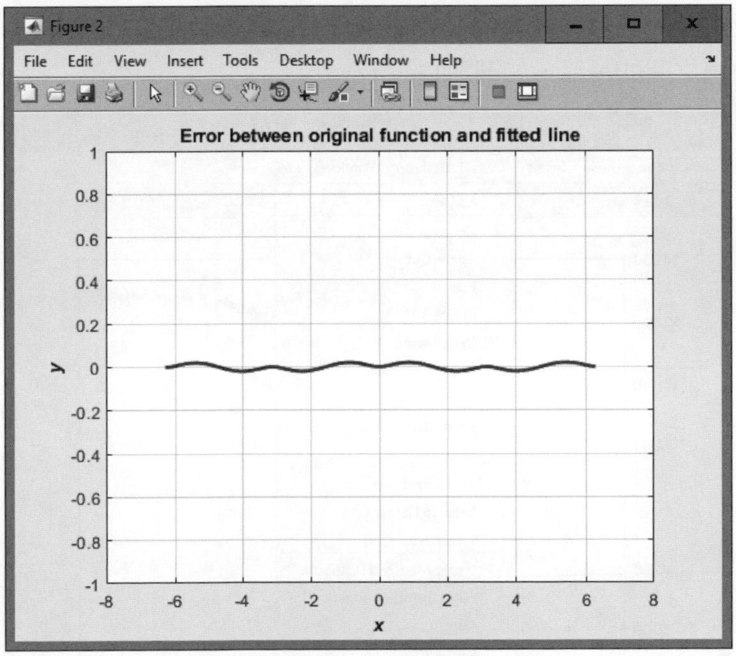


(b) 原始函數與擬合曲線之間的誤差。

圖 5.12

## 5.8.3 互動式曲線擬合工具

MATLAB 還有一個互動式曲線擬合工具，允許從 GUI 執行最小平方擬合與樣條函數內插。要使用此工具，首先繪製想要擬合的資料，然後從圖形視窗中點選 Tools > Basic Fitting 選項。

讓我們使用例 5.10 中的磁化曲線量測資料來了解擬合工具的運作。我們可以利用以下指令讀取資料並將其繪製在圖形中：

```
% Read the input data
load magnetization_curve.dat
if1  = magnetization_curve(:,1);
vout = magnetization_curve(:,2);

% Plot the data points as blue crosses with no
% connecting lines.
plot(if1,vout,'x');
```

圖形繪製完成後，我們可以使用選項來選擇曲線擬合的 GUI，如圖 5.13a 所示。出現的 GUI 如圖 5.13b 所示，可以使用右箭頭將其展開，以顯示執行擬合的係數以及擬合後與原數據的差值。例如，圖 5.13c 顯示了選擇三次多項式擬合後的 GUI，而圖 5.13d 呈現了在同一軸上繪製的原始資料與擬合曲線。它也可以繪製殘差（residuals），亦即原始資料與擬合曲線之間的差異，如圖 5.13e 所示。

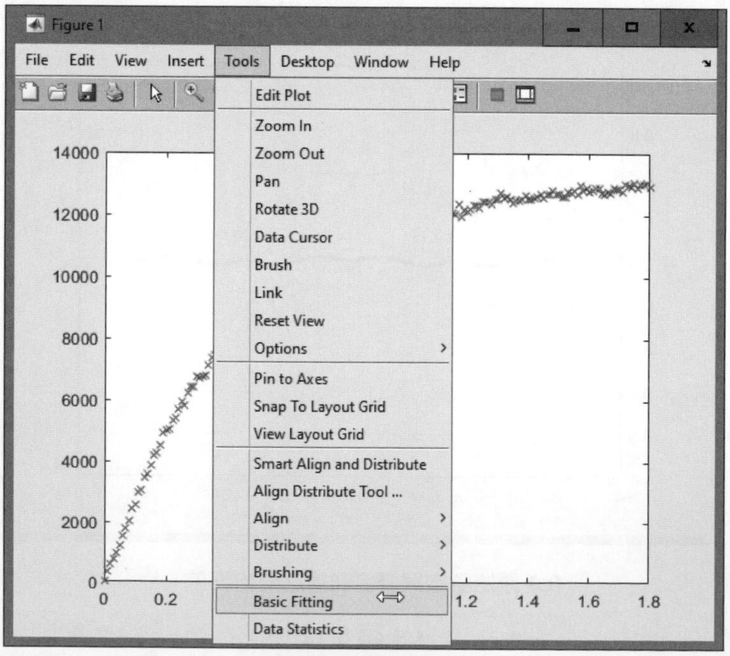


(a) 選擇曲線擬合的 GUI。

圖 5.13

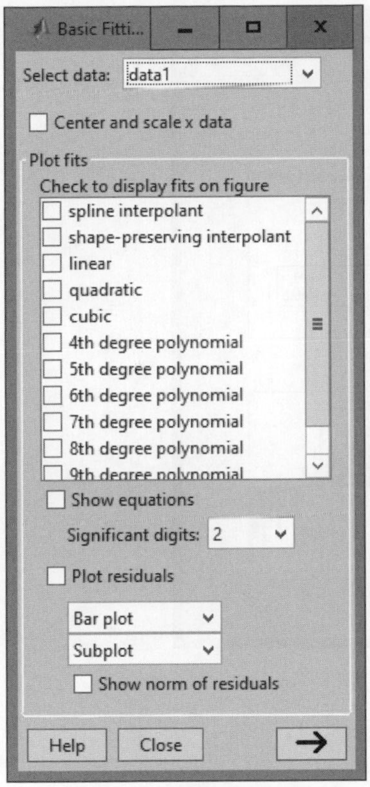


(b) 曲線擬合的 GUI。

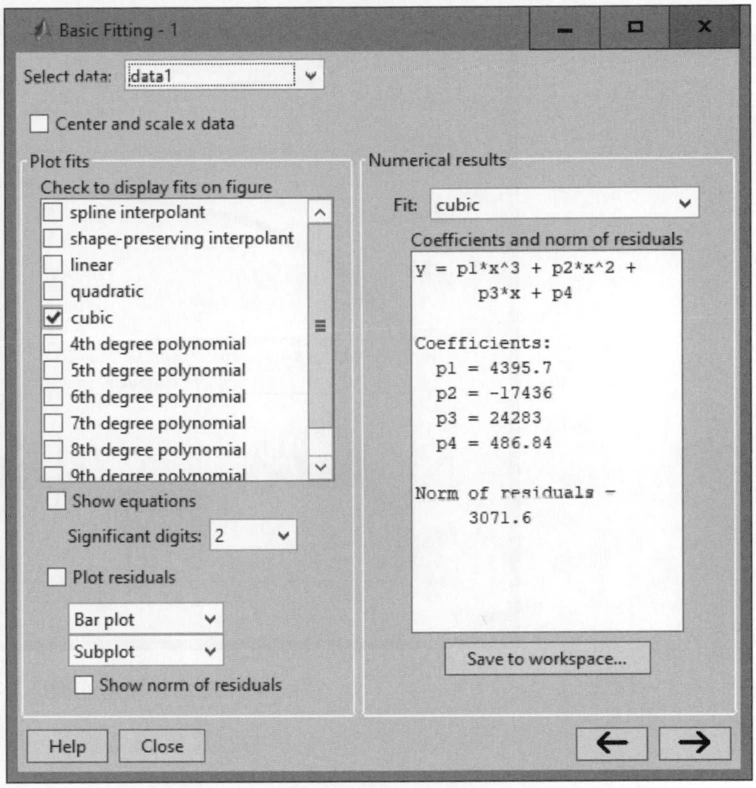


(c) 在擴展與選擇三次多項式擬合後的曲線擬合 GUI。

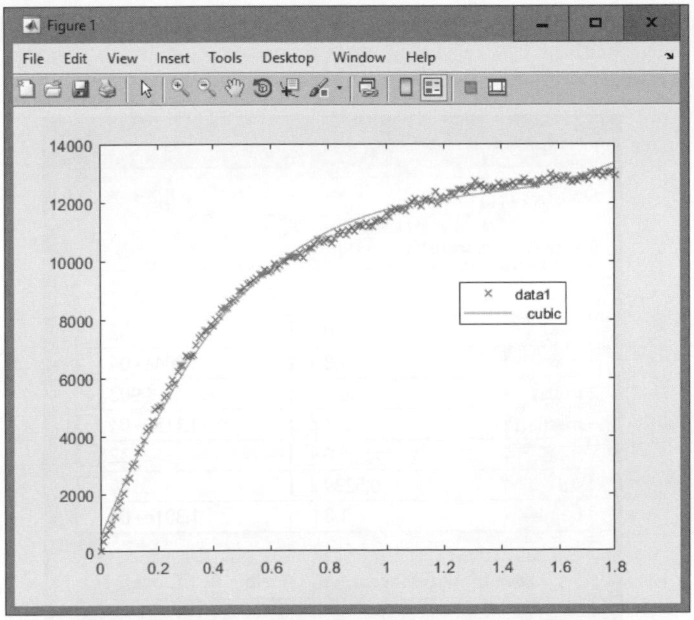


(d) 原始數據與擬合曲線繪製在相同軸上。

圖 5.13（續）

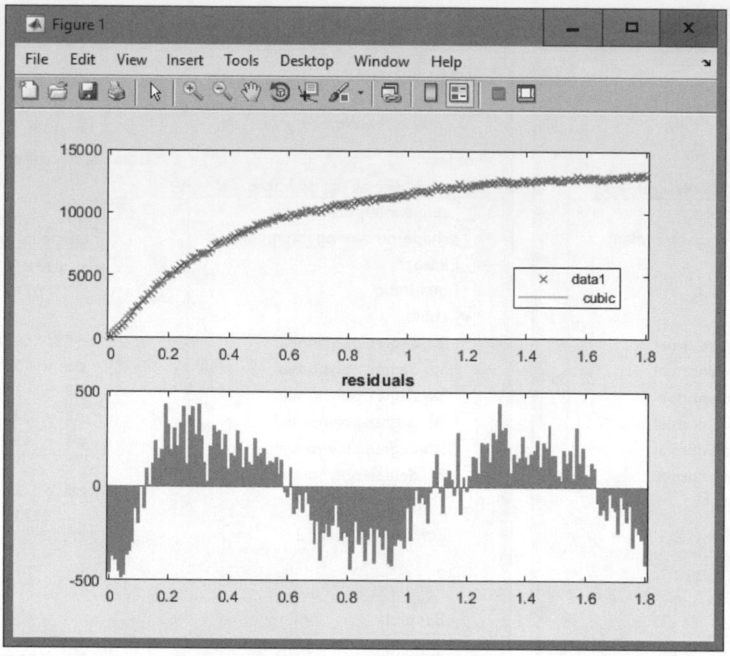


(e) 顯示擬合後殘差的圖形。

**☙ 圖 5.13（續）**

除了基本的擬合工具外，你還可以在圖形視窗中點選 Tools > Data Statistics 選項開啟互動式統計工具。資料統計 GUI 執行一些統計計算，譬如平均值、標準差與中位數等，而這些計算結果可以藉由在 GUI 上勾選適合的對話框，加入圖形中，如圖 5.14 所示。

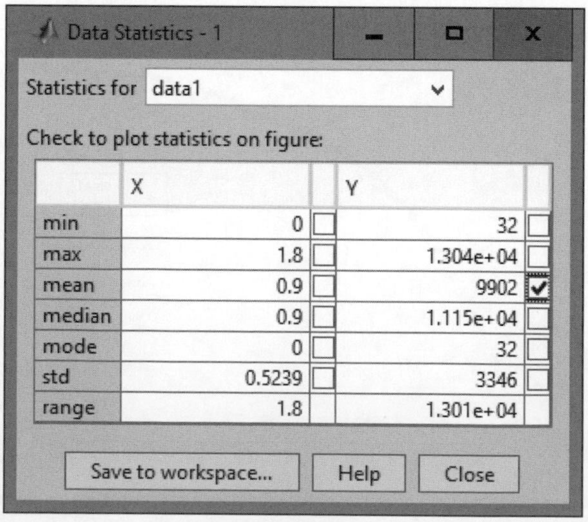


(a) 資料統計 GUI。

**☙ 圖 5.14**

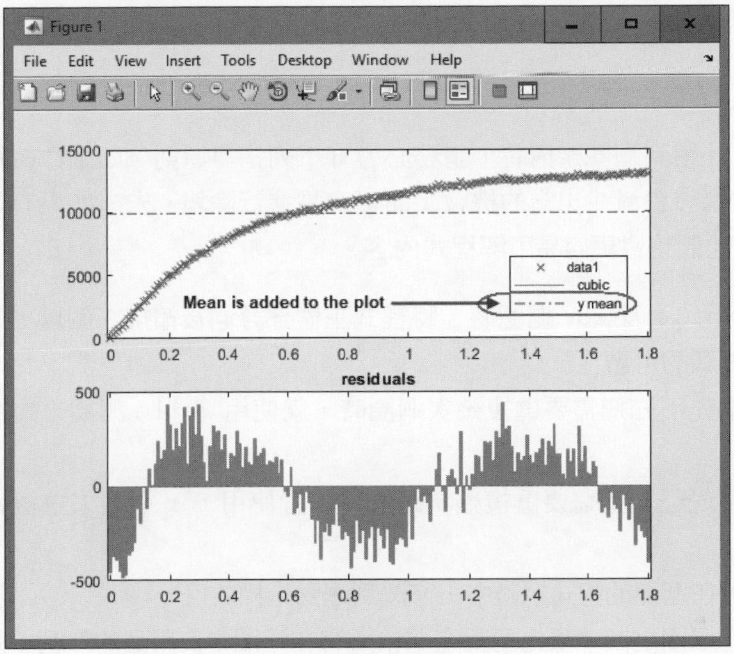


(b) 圖形說明中加入選擇的統計值。

圖 5.14

## 5.9 總結

MATLAB 有兩種基本型態的迴圈，分別是 while 迴圈與 for 迴圈。while 迴圈是用在事先不知道迴圈會重複幾次的程式碼片段。而 for 迴圈則是用在事先已經知道迴圈會重複幾次的程式碼片段。我們可在任何時刻使用 break 敘述，退出執行任一種型態的迴圈。

一個 for 迴圈通常可以被向量優化程式碼取代，向量優化程式碼可以在單一敘述內執行一個 for 迴圈相同的計算。因為 MATLAB 本體的設計方式，向量優化程式碼的執行速度遠快於迴圈，所以可能的話，以向量優化程式碼取代迴圈是值得做的事。

MATLAB 動態編譯器在某些情況下，也可以加速迴圈的執行，但其可以運作的狀況因 MATLAB 版本而異。如果動態編譯器能夠運作的話，程式執行的速度幾乎與向量優化敘述一樣快。

textread 函式可以用來讀取 ASCII 檔案裡所選定的欄位資料，進入 MATLAB 程式處理。這個函式具有很大的彈性，使得它可以輕易地讀取其他程式所產生的輸出檔案。

內建函式 mean 與 std 用來計算資料的算術平均數與標準差。內建函式 polyfit 與 polyval 是用來執行以最小平方擬合任意次的多項式，而內建函式 spline 與

ppval 是用來執行樣條函數擬合，已進行稀疏資料集的內插。

### 5.9.1 良好的程式設計總結

當程式設計用到迴圈架構時，請務必遵守下列指導原則。如果你持續遵從這些原則，你的程式碼將會減少出錯的機會，而更容易進行除錯。未來如果有其他人需要用到你的程式，他們也會更容易了解程式內容。

1. 使用 while 及 for 迴圈時，將程式主體部分向後縮排 3 個以上的空格，以增加程式碼的可讀性。
2. 當你事先不知道需要重複幾次迴圈時，就使用 while 迴圈來重複執行程式碼片段。
3. 當你事先已知道需要重複幾次迴圈時，就使用 for 迴圈來重複執行程式碼片段。
4. 絕不可在迴圈的程式本體中，修改到迴圈指標的值。
5. 在執行迴圈之前，預先配置空間給所有在迴圈中使用到的陣列。這將大幅增加迴圈的執行速度。
6. 如果程式計算可以使用 for 迴圈或是向量來執行，那就使用向量計算，這將大幅提升程式的計算速度。
7. 不要依賴動態編譯器來加速你的程式碼。因為動態編譯器有許多限制，而且這些限制跟你所使用的 MATLAB 版本而有所差異。程式設計者藉由向量優化的方式，通常能比動態編譯器做得更好。
8. 使用 MATLAB 效能分析器找出程式中耗費最多 CPU 時間的部分，將這些部分最佳化可大幅增加整體程式的執行速度。

### 5.9.2 MATLAB 總結

下面的列表總結所有在本章中描述過的 MATLAB 指令及函式，並附加一段簡短的敘述，以供讀者參考。

| 指令與函式 | |
|---|---|
| break | 停止迴圈的執行，並把程式控制權轉移到迴圈末端後的第一個敘述。 |
| continue | 停止迴圈的執行，並把程式控制權轉移到迴圈的開頭，以繼續執行迴圈的下個迭代（iteration）。 |
| factorial | 計算階乘函數。 |
| for 迴圈 | 以固定次數重複執行迴圈內的程式區塊。 |
| mean | 計算資料集的算術平均數。 |
| median | 計算資料集的中位數。 |

| | |
|---|---|
| `polyfit` | 對一個多項式計算最小平方擬合。 |
| `polyval` | 針對使用者指定的資料點陣列求其多項式值。 |
| `ppval` | 針對使用者指定的資料點陣列求其樣條函數值。 |
| `spline` | 對資料集執行三次樣條函數擬合。 |
| `std` | 計算資料集的標準差。 |
| `textread` | 從一個 ASCII 檔案讀取資料到一個或更多的輸入變數。 |
| `toc` | 傳回從上次呼叫 `tic` 到現在所經歷的時間。 |
| `while` 迴圈 | 重複地執行迴圈內的程式區塊，直到其迴圈測試條件變為 0（false）。 |

## 5.10 習題

5.1 試寫出所需的 MATLAB 敘述來計算下面的 $y(t)$：

$$y(t)=\begin{cases}-3t^2-4 & t\geq 0\\ 3t^2-4 & t<0\end{cases} \tag{5.15}$$

其中 $-9\leq t\leq 9$，且每個 $t$ 的間隔為 0.5。使用迴圈及分支架構執行計算。

5.2 使用向量優化的方式修改習題 5.1 的敘述。

5.3 寫出 MATLAB 敘述，計算並輸出在 0 到 50 之間所有偶數的平方。產生一個包含這些偶數及其平方值的表格，並在每一欄前加上適當的標題。

5.4 撰寫一個 M 檔案計算 $y(x)=x^2-4x+5$ 的值，其中 $x$ 值介於 $-1$ 到 3 之間，每個 $x$ 的間隔為 0.1。請分別使用 `for` 迴圈及向量優化法計算這個結果。使用 3 點寬的紅色虛線來表示你的圖形結果。

5.5 寫出一個 M 檔案計算範例 5.2 中所定義的階乘函數 n!。請務必處理 0! 的特別情況。如果 n 的值為負數或非整數，也要顯示錯誤訊息。

5.6 請觀察下列 `for` 的敘述，並決定迴圈執行的次數：

(a) `for ii = -32768:32767`

(b) `for ii = 32768:32767`

(c) `for kk = 2:4:3`

(d) `for jj = ones(5,5)`

5.7 觀察下列 `for` 的敘述，並決定在每個迴圈結束後，`ires` 的值是多少？迴圈執行了幾次？

(a)
```
ires = 0;
for index = -12:12
   ires = ires + 1;
end
```

(b)
```
ires = 0;
for index = 10:-2:1
   if index == 6
      continue;
   end
   ires = ires + index;
end
```
(c)
```
ires = 0;
for index = 10:-2:1
   if index == 6
      break;
   end
   ires = ires + index;
end
```
(d)
```
ires = 0;
for index1 = 10:-2:1
   for index2 = 2:2:index1
      if index2 == 6
         break
      end
      ires = ires + index2;
   end
end
```

5.8 觀察下列 while 的敘述，並決定在每個迴圈結束後，ires 的值是多少？迴圈執行了幾次？

(a)
```
ires = 1;
while mod(ires,16) ~= 0
   ires = ires + 1;
end
```
(b)
```
ires = 2;
while ires <= 100
   ires = ires^2;
end
```
(c)
```
ires = 2;
while ires > 100
```

```
    ires = ires^2;
end
```

5.9 當下列這些敘述執行後，arr1 的陣列內容為何？

(a)
```
arr1 = [1 2 3 4 5; 6 7 8 9 10; 11 12 13 14 15];
mask = mod(arr1,2) == 0;
arr1(mask) = -arr1(mask);
```

(b)
```
arr1 = [1 2 3 4; 5 6 7 8; 9 10 11 12];
arr2 = arr1 <= 5;
arr1(arr2) = 0;
arr1(~arr2) = arr1(~arr2).^2;
```

5.10 一個邏輯陣列在向量運算中如何當成邏輯遮罩陣列使用？

5.11 修改範例 5.7 的 `ball` 程式，將內層 `for` 迴圈改成向量優化的方法來計算。

5.12 修改範例 5.7 的 `ball` 程式，以讀取在特定地點的重力所產生的加速度，以及在該加速度影響下，所能飛行的最大水平距離。修改程式後，以加速度為 –9.8 m/s$^2$、–9.7 m/s$^2$，和 –9.6 m/s$^2$ 的值來執行這個程式。球的飛行距離隨著重力加速度的減少，會出現什麼變化？拋擲球的最佳角度 $\theta$ 隨著重力加速度的減少，又出現了什麼變化？

5.13 修改範例 5.7 的 `ball` 程式，以讀取球被拋出時的初始速度。修改程式後，用初始速度為 10 m/s、20 m/s 及 30 m/s 的值來執行這個程式。球的飛行距離隨著初始速度 $v_0$ 的增加，會出現什麼變化？拋擲球的最佳角度 $\theta$ 隨著初始速度的增加，又會出現什麼變化？

5.14 範例 5.6 中的 `lsqfit` 程式，要求使用者在輸入資料值之前，先輸入資料的數目。請修改程式使用一個 `while` 迴圈，以便能讀取任意數目的資料值，而當使用者未輸入任何值，而直接點擊 Enter 鍵時，便停止讀取任何資料。使用範例 5.6 中的兩個資料組，測試你的程式〔提示：當使用者未輸入任何值，而直接點擊 Enter 鍵時，`input` 函式將傳回一個空陣列（`[]`）。你可以使用 `isempty` 函式來測試是否讀取到一個空陣列，以停止程式讀取資料〕。

5.15 修改範例 5.6 的 `lsqfit` 程式，從一個檔名為 `input1.dat` 的 ASCII 檔案中讀取輸入值。此檔案的資料以列的方式來排列，而每一列皆有一對 $(x, y)$ 值，其表示方式如下：

```
1.1   2.2
2.2   3.3
...
```

使用 `load` 函式來讀取輸入資料，並利用範例 5.6 中的兩個資料組，測試你的程式。

5.16 修改範例 5.6 的 `lsqfit` 程式，從一個使用者任意輸入的 ASCII 檔案中讀取輸入值。此檔案的資料以列的方式來排列，而每一列皆有一對 $(x, y)$ 值，其表示方式如下：

```
1.1  2.2
2.2  3.3
...
```

使用 `textread` 函式來讀取輸入資料，並利用範例 5.6 中的兩個資料組，測試你的程式。

5.17 **階乘函數。**MATLAB 有一個名為 `factorial` 的標準函式，用來計算階乘函數。利用 MATLAB 線上協助系統檢視 `factorial` 的用法，然後使用範例 5.2 的程式以及 `factorial` 函式，計算 5!、10! 與 15!。比較兩種計算的結果。

5.18 **高次最小平方多項式擬合。**函式 `polyfit` 允許對一個輸入資料集以任意次多項式擬合。撰寫一個程式可以從 ASCII 檔案讀取輸入數值，並且可以對此資料集用直線與拋物線擬合。該程式必須同時繪製輸入資料與兩條擬合曲線。

使用 `input2.dat` 檔案裡的資料來測試程式，該檔案可以在本書的網站上取得。一次與二次多項式擬合對於此測試資料集，何者有較好的表現？為什麼？

5.19 **移動平均濾波器。**把具有雜訊資料平順化的另一種方式是使用移動平均濾波器（running average filter）。對於在移動平均濾波器的每一樣本點而言，程式會檢視以該待測樣本點為中心的 $n$ 個樣本點子集合，然後以這些 $n$ 個樣本點的平均值取代該樣本點。（注意：對於靠近資料集合起始與尾端的樣本點，在移動平均濾波器使用較小數目的樣本點，但一定要在待測樣本點的兩邊使用相同數目的資料點。）

撰寫一個程式，允許使用者指定輸入資料集的檔名，以及在濾波器中所要平均的樣本點數目，然後對這些資料進行移動平均計算。完成運算後，程式必須對原始資料以及經移動平均平順化的曲線繪圖。

使用資料檔案 `input3.dat` 來測試你的程式。

5.20 **中值濾波器。**把具有雜訊資料平順化的另一種方式是使用中值濾波器（median filter）。對於在中值濾波器的每一樣本點而言，程式會檢視以該待測樣本點為中心的 $n$ 個樣本點子集合，然後以這些 $n$ 個樣本點的中值取代該樣本點。（注意：對於靠近資料集合起始與尾端的樣本點，在中值濾波器使用較小數目的樣本點，但一定要在待測樣本點的兩邊使用相同數目的資料點。）對於處理資料集合中包含一些與相鄰資料點差異極大且孤立又離奇的資料點而言，這種型態的濾波器非常有用。

撰寫一個程式，允許使用者指定輸入資料集的檔名，以及在濾波器中使用的樣本點數目，然後對這些資料進行中值計算。完成運算後，程式必須對原始資料以及經中值濾波平順化的曲線繪圖。

使用資料檔案 input3.dat 來測試你的程式。對這個資料集而言，比較中值濾波器與移動平均濾波器，何者的效能較佳？為什麼？

5.21 **殘差**。殘差是原始資料點與特定擬合曲線的差值。圖形上殘差的平均測量通常是以均方根計算如下：

$$殘差 = \sqrt{\frac{1}{N}\sum_{i=1}^{N}(y_i - \overline{y}_i)^2} \tag{5.16}$$

其中 $y_i$ 為第 $i$ 筆資料數值，而 $\overline{y}_i$ 為擬合多項式在第 $i$ 筆資料的函數值。一般而言，殘差愈低，代表擬合曲線與原始資料的匹配程度愈好。同樣地，如果擬合結果無偏差（unbiased），代表曲線擬合的更好，這意味著擬合曲線下的原始資料值大約與其上方一樣多。修改例 5.18 的程式，在單獨的圖軸上計算並顯示圖形中的殘差，平均殘差的計算如 (5.16) 式。使用 input2.dat 檔案中的資料計算並繪製殘差，比較一次與二次多項式擬合的殘差。哪一個多項式擬合對於此測試資料集有較好的表現？為什麼？

5.22 **傅立葉級數**。傅立葉級數（Fourier series）是將一個週期性函數以一個正弦與餘弦函數的無窮級數來表示，而弦波的頻率由匹配週期性函數的基本頻率，以及其整數倍所組成。舉例來說，考慮一個週期為 $L$ 的方波函數，其振幅在 $0 - L/2$ 之間為 1，在 $L/2 - L$ 之間為 −1，而在 $L - 3L/2$ 之間為 1，然後依此類推（見圖 5.15）。這個函數可以用傅立葉級數表示成

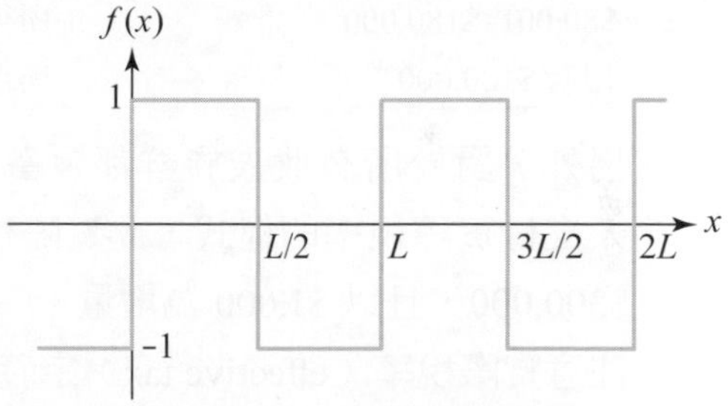


圖 5.15 一個方波波形。

$$f(x) = \sum_{n=1,3,5,\ldots}^{n} \frac{1}{n}\sin\left(\frac{n\pi x}{L}\right) \tag{5.17}$$

令 $L = 1$，繪出原始方波函數，然後分別以 (5.17) 式的 3、5、10 項級數計算並繪出此方波之近似函數。

5.23 範例 5.3 的 doy 程式，能從指定輸入的月、日、年計算出其為一年中的第幾天。原來的程式並沒有能力檢查使用者所輸入的資料是否合法，而且也會接受無意義的月份及年份，並代以計算因而產生無意義的結果。請修改這個程式，使得在執行計算前，須先檢查使用者的輸入值是否合理。如果輸入值是不合理的，程式應告訴使用者為何不合理，並停止程式。年份應該為一個大於零的數字，月份應為

介於 1 到 12 之間的數字，而日數必須介於 1 與該月份最大天數間的數字。使用 `switch` 架構，執行對日期合理性的檢查。

5.24 請寫一個 MATLAB 程式計算函數：

$$y(x) = \ln \frac{1}{1-x} \tag{5.18}$$

其中 $x$ 是使用者輸入的任意數值，ln 是自然對數（其對數的底為 $e$）。請寫出一個使用 `while` 迴圈的程式，使得程式能對任何輸入程式的合理 $x$ 值重複計算這個函數。如果輸入一個不合理的 $x$ 值，便停止程式的執行（任何大於或等於 1 的 $x$ 皆為不合理的數值）。

5.25 **交通號誌**。修改例 4.5 中所開發的交通號誌程式，以產生每個方向交通燈號顏色的表格，燈號顏色是時間 $t$ 的函數，$t$ 以 1 秒為間隔，且 $0 \le t < 120$ s。

5.26 2009 年，各別澳洲公民與居民付的所得稅如下：

| **課稅所得 ( 單位為澳幣 $)** | **對此收入的徵稅** |
|---|---|
| \$0–\$6,000 | 無 |
| \$6,000–34,000 | 所得超過 \$6000，則每 \$1 課徵 15¢ |
| \$34,001–\$80,000 | 所得超過 \$34,000，則每 \$4,200 課徵 30¢ |
| \$80,001–\$180,000 | 所得超過 \$80,000，則每 \$18,000 課徵 40¢ |
| 超過 \$180,000 | 所得超過 \$180,000，則每 \$58,000 課徵 45¢ |

另外，對於所有收入族群都會徵收 1.5% 的醫療保險稅。撰寫一個可以繪製個人支付實際稅率的程式，此實際稅率是以課稅所得為函數，而課稅所得從 \$0 到 \$300,000，且以 \$1,000 為增量。

注意實際稅率（effective tax）定義為

$$\text{實際稅率} = \frac{\text{實際繳納的稅款}}{\text{實際應稅收入}} \times 100\% \tag{5.19}$$

5.27 **費布那西數（Fibonacci Numbers）**。第 $n$ 個費布那西數，可由下列的遞迴關係式推導得出：

$$\begin{aligned} f(1) &= 1 \\ f(2) &= 2 \\ f(n) &= f(n-1) + f(n-2) \end{aligned} \tag{5.20}$$

因此，$f(3) = f(2) + f(1) = 2 + 1 = 3$，並依此類推後面的數字。對 $n > 2$ 而言，其中 $n$ 由使用者輸入，請寫出一個 M 檔案，計算並輸出費布那西數。請使用 `while` 迴圈執行計算。

5.28 **通過二極體的電流**。通過二極體（圖 5.16）的電流方程式為：

$$i_D = I_0\left(e^{\frac{qv_D}{kT}} - 1\right) \qquad (5.21)$$

其中 $i_D$ = 流過二極體的電流，以安培表示。

$v_D$ = 跨在二極體兩端的電壓，以伏特表示。

$I_0$ = 二極體的漏電流，以安培表示。

$q$ = 電子電荷，$1.602 \times 10^{-19}$ 庫侖。

$k$ = 波茲曼常數，$1.38 \times 10^{-23}$ 焦耳 /K。

$T$ = 溫度，以 K 表示。

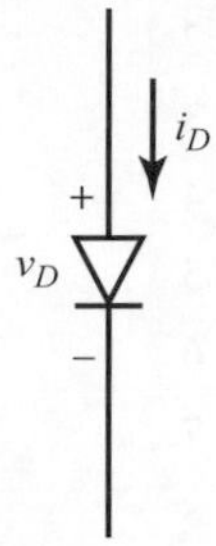

圖 5.16 二極體。

二極體的漏電流 $I_0$ 為 2.0 $\mu$A。請寫出一個程式，計算流經兩極體的電流，電壓從 –1.0 V 到 + 0.6 V，以 0.1 V 為增量變化。 針對溫度 75°F、100°F 及 125°F，重複這些計算過程。將電流對所施加的電壓作圖，並使用三條不同顏色的曲線代表不同的溫度。

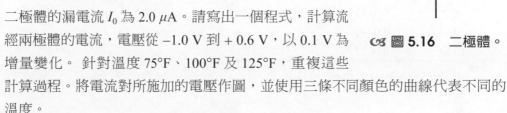

5.29 **纜繩上的張力。**一個 100 公斤的物體，懸吊在一根 2 公尺長、可忽略重量的剛性橫桿末端，如圖 5.17 所示。這根橫桿以轉軸連接在牆上，並且被附在牆上高處的 2 公尺長纜繩支撐著。纜繩上的張力可表示成：

$$T = \frac{W \cdot lc \cdot lp}{d\sqrt{lp^2 - d^2}} \qquad (5.22)$$

其中 $T$ 是纜繩的張力，$W$ 是物體重量，$lc$ 是纜繩的長度，$lp$ 是桿子的長度，而 $d$ 是纜繩沿著橫桿到轉軸的距離。請寫出一個程式，決定纜繩到轉軸的距離 $d$，使得纜繩的張力為最小。為了能找出纜繩的最小張力，程式必須從 0.3 公尺到 1.8 公尺之間，每 0.1 公尺為間隔，計算出纜繩的張力，並且能找出最小纜繩張力時的距離。此外，這個程式必須畫出纜繩張力對距離 $d$ 的函數圖，並加上適當的標題和軸名。

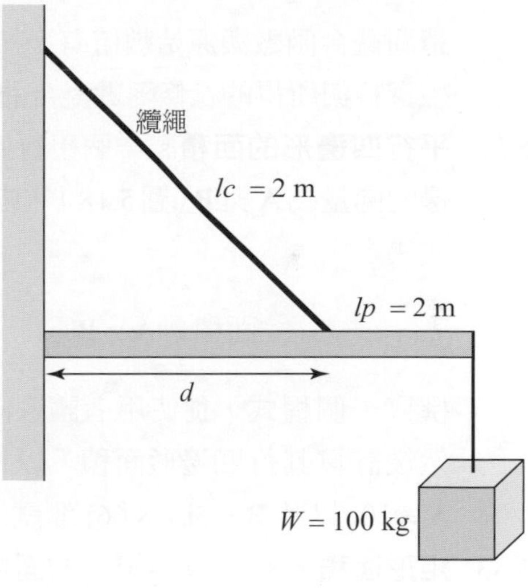

圖 5.17 一個 100 公斤重的物體懸吊在被纜繩支撐的剛性橫桿上。

5.30 修改習題 5.29 的程式，來決定纜繩張力對纜繩到轉軸的距離 $d$ 的靈敏度。具體地決定出，使得纜繩張力保持在最小值 10% 內的 $d$ 值範圍。

5.31 用三次樣條函數擬合以下數據，在 $0 \le t \le 10$ 範圍內繪製所擬合的函數。

| $t$ | $y(t)$ |
|---|---|
| 0 | 0 |
| 1 | 0.5104 |
| 2 | 0.3345 |
| 3 | 0.0315 |
| 4 | –0.1024 |
| 5 | –0.0787 |
| 6 | –0.0139 |
| 7 | 0.0198 |
| 8 | 0.0181 |
| 9 | 0.0046 |
| 10 | –0.0037 |

這些數據源於以下函數

$$y(t) = e^{-0.5t}\sin t \tag{5.23}$$

請問擬合函數與原始數值有多接近？在相同的軸上繪製這兩條曲線，並且比較原始資料與所得的樣條函數擬合曲線。

5.32 **平行四邊形的面積。**一個平行四邊形相鄰兩邊的向量為 **A** 與 **B**（圖 5.18），其面積由 (5.24) 式決定。

$$面積 = |\mathbf{A}\times\mathbf{B}| \tag{5.24}$$

撰寫一個程式，從使用者讀取向量 **A** 與 **B**，然後計算其行四邊形面積。以相鄰兩邊向量 $\mathbf{A} = 10\hat{\mathbf{i}}$ 以及 $\mathbf{B} = 5\hat{\mathbf{i}} + 8.66\hat{\mathbf{j}}$ 測試你的程式。

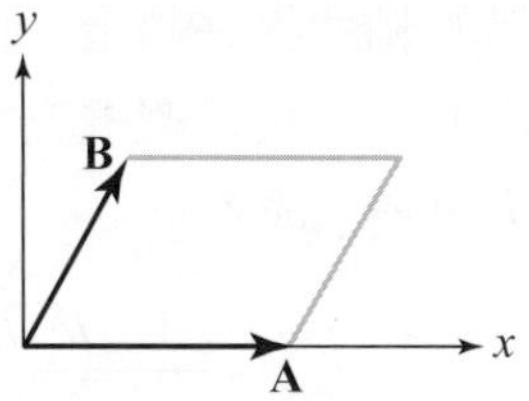

**圖 5.18　一個平行四邊形。**

5.33 **矩形面積。**圖 5.19 中矩形的面積可由 (5.25) 式決定，而其邊長則由 (5.26) 式決定。

$$面積 = W\times H \tag{5.25}$$

$$邊長 = 2W + 2H \tag{5.26}$$

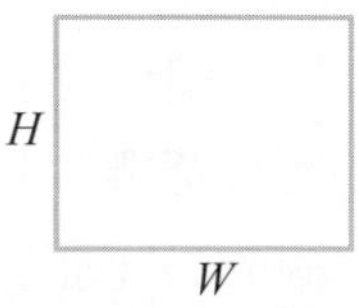

**圖 5.19　一個矩形。**

假設一個矩形的總邊長被限制為 10，寫一個程式，當其寬度由最小的可能值變化到最大的可能值，計算並繪出其對應的矩形面積。請問在矩形面積最大化時，其寬度為何？

5.34 **細菌生長。**假設生化學家進行一個實驗，測量某種細菌在不同培養基裡進行無性生殖的速率。實驗顯示在培養基 A 裡，細菌每 60 分鐘會複製一次；而在培養基 B 裡，細菌每 90 分鐘複製一次。假設實驗開始時，在每個培養基裡只有一個細菌存在。請寫出一個程式，計算並畫出從開始到 24 小時，每隔 3 個小時為間隔，在每個培養基裡的細菌數量對時間的函數圖。請畫出兩個圖形，一個以線性 $xy$ 圖形表示，另一個則以線性－對數圖（`semilogy`）表示。經過 24 小時之後，比較這兩種培養基內的細菌數量。

5.35 **分貝**。程式設計者測量兩個功率間的比值，經常以分貝或是 dB 來表示，其方程式為

$$dB = 10 \log_{10} \frac{P_2}{P_1} \tag{5.27}$$

其中 $P_2$ 是被測量的功率，$P_1$ 是參考功率。假設參考功率 $P_1$ 為 1 瓦，請寫出一個程式，對應功率從 1 到 25 瓦，每 1.0 瓦一個間隔，計算其分貝值。在對數－線性座標軸上畫出分貝對功率的曲線。

5.36 **幾何平均數**。一組的數字 $x_1$ 到 $x_n$ 的幾何平均數（geometric mean），定義為所有數字乘積的 $n$ 次方根：

$$\text{幾何平均數} = \sqrt[n]{x_1 x_2 x_3 \cdots x_n} \tag{5.28}$$

請寫出一個 MATLAB 程式，可以接受任意數目的輸入值，並計算這些數字的算術平均數，及幾何平均數。使用 `while` 迴圈以得到輸入值，當使用者輸入一個負數時，便停止程式繼續接受輸入值。藉著計算 10、5、2 及 5 這四個數字的算術平均數及幾何平均數，測試你的程式是否正確。

5.37 **RMS 平均數**。均方根（root-mean-square, rms）平均數是另一種計算一組數字平均值的方法。一串數字的均方根平均數，是這些數字的平方取算術平均數，再取平方根：

$$\text{rms 平均數} = \sqrt{\frac{1}{N}\sum_{i=1}^{N} x_i^{\,2}} \tag{5.29}$$

請寫出一個 MATLAB 程式，可接受使用者輸入任意數目的正數，並計算這些正數的均方根平均數。提示使用者輸入數值，並使用 `for` 迴圈來讀取這些數值。藉著計算 10、5、2 及 5 這四個數字的均方根平均數，測試你的程式是否正確。

5.38 **調和平均數**。調和平均數（harmonic mean）也是另一種計算一組數字平均的方法。一組數字的調和平均數，可由下式計算：

$$\text{調和平均數} = \frac{N}{\dfrac{1}{x_1} + \dfrac{1}{x_2} + \cdots + \dfrac{1}{x_n}} \tag{5.30}$$

請寫出一個 MATLAB 程式，可接受使用者輸入任意數目的正數，並計算這些正

數的調和平均數。使用任何你想要的方法來讀取這些輸入值。藉著計算 10、5、2 及 5 這四個數字的調和平均數，測試你的程式是否正確。

5.39 請寫一個程式，能計算一組數字的算術平均數（即平均值）、幾何平均數、均方根平均數，以及調和平均數。使用任何你想要的方法來讀取這些輸入值。比較下列幾組數字的這些平均數：

(a) 5, 5, 5, 5, 5, 5, 5

(b) 5, 4, 5, 5, 3, 4, 6

(c) 5, 1, 5, 8, 4, 1, 8

(d) 1, 2, 3, 4, 5, 6, 7

5.40 **平均無故障時間（Mean Time Between Failure）計算**。通常我們評估電子設備的可靠度，是使用平均無故障時間（MTBF）來測度，其中 MTBF 是在設備發生故障前的平均運作時間。一個大型系統內包含了許多電子設備，我們通常會決定各個元件的 MTBF，再從各個元件的 MTBF 來計算整個系統的 MTBF。假設系統的結構如圖 5.20 所示，整個系統能運作，必須每個元件也能運作，所以整個系統的 MTBF 可以計算如下：

$$\text{MTBF}_{\text{sys}} = \frac{1}{\dfrac{1}{\text{MTBF}_1} + \dfrac{1}{\text{MTBF}_2} + \cdots + \dfrac{1}{\text{MTBF}_n}} \tag{5.31}$$

請寫出一個程式，可讀出系統裡的元件數目，以及各元件的 MTBF，最後並計算出整個系統的 MTBF。為了測試你的程式，請計算包含天線子系統（MTBF = 2000 小時）、發射器（MTBF = 800 小時）、接收器（MTBF = 3000 小時）與電腦（MTBF = 5000 小時）雷達系統的 MTBF。

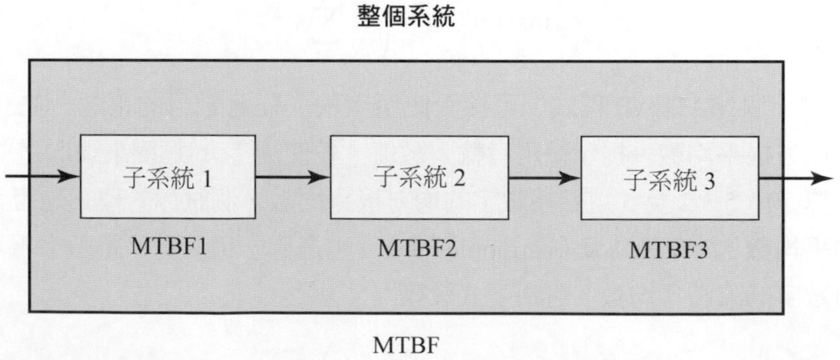


圖 5.20　一個電子系統包含三個子系統與已知的 MTBFs。

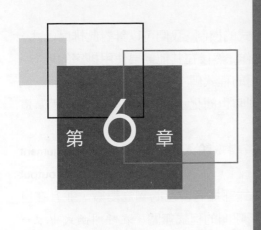

# 第 6 章 基本的使用者定義函式

我們在第 4 章學習到良好程式設計的重要性。我們所使用的基本技巧，是**由上而下的設計（top-down design）**方法。由上而下的設計需要程式設計者從敘述問題，以及定義出問題所需要的輸入輸出開始著手。接下來，以條列大綱的方式，描述解決問題的演算法，並將演算法依照邏輯上可分割之處，再細分成數個子區塊稱為子任務（sub-tasks）。然後，程式設計者可能會需要再細分每個子任務，直到每個更次級的子任務能夠利用簡單而容易了解的方法來處理。最後，這些最次級的小任務區塊，才會被程式設計者轉換成 MATLAB 的程式碼。

雖然我們已經在之前的範例程式裡，遵循這套設計流程，但其結果仍有些微的限制，因為我們需要將每個子任務最後產生的MATLAB 程式碼，結合成單一的大型程式。在將這些區塊結合成單一程式之前，我們沒有辦法編碼、驗證並單獨測試每個子任務。

值得慶幸的是， MATLAB 擁有一個特殊的機制，設計用來使得所有子任務在結合成完整的大型程式之前，可以輕易地針對個別子任務進行獨立的編輯、開發及除錯的工作。我們可以把每個子任務當成一個單獨的**函式（function）**來編輯，而且每個函式可以獨立於程式中所有其他子任務之外，單獨地進行測試與除錯。

良好設計的函式，可大幅減少在發展大型程式專案時所花費的時間與精力，這些效益包括了：

1. **個別測試子任務**。每個子任務能夠被寫成獨立的單元。子任務在結合成為更大的程式之前，能個別分開地接受測試，以確定它能正常地執行。這個步驟即為**單元測試（unit testing）**。這個步驟在整個程式尚未被完整建構前，即可能消除主要的問題來源。
2. **程式碼能重複使用**。在很多的情況裡，我們需要在程式的不同地方，使用相同的子任務。舉例來說，我們需要在某個程式或是在其他的程式裡，執行很多次不規則數字由小到大的排序工作。有了函式的機制，我們可以針對此排序函式，進行獨立的設計、編碼、測試及除錯的工作，然後在其他需要使用排序的地方，重複使用這個函式。像這樣能夠重複使用的程式碼主要有兩個好處：它能夠減少整個程式開發所需要的時間與心力，同時也簡化了程式的除錯工作，因為這個排序函式只需要執行一次除錯程序。

3. **避免無心的犯錯**。函式從擁有一連串資料〔**輸入引數清單**（input argument list）〕的程式中，接收所需的輸入資料，並經由**輸出引數清單**（output argument list）傳回結果給程式。每個函式都擁有自己的獨立變數，並且在自己的工作區內執行，與其他的函式以及所呼叫的程式無關。*在呼叫函式中唯一可以被函式看見的變數，只有這些輸入引數，而函式中唯一能被呼叫程式看見的變數，也只有輸出引數。*這是一個非常重要的特性，因為在某個函式內不小心犯下的程式錯誤，只會影響到此函式內的變數，而不會像沒有函式的大型程式，會影響到整個程式工作區內所有變數的嚴重後果。

一個大型程式在編寫完成並公開流通之後，仍然必須進行維護程式的工作。程式的維護包含了修正原有的錯誤，加上可能需要修改程式，以處理一些之前未預期的全新狀況。在通常情況下，維護程式的工程師不會是原始程式設計者。在設計不佳的程式裡，工程師常因為修改某個區域內的程式碼，而不小心對程式內其他完全不同區域，產生不小心的錯誤。這種情況的發生，主要是因為變數名稱在程式的不同地方被重複地使用。當工程師在某些區域更改變數值時，這些變數值卻在程式其他區域，不經意地被程式拿來使用。

設計良好的函式，使用**資料隱藏**（data hiding）的方式，可以將這個問題發生的機率減到最少。資料隱藏的方式使得主程式中的變數，對於函式而言，是看不見的（除了那些在輸入引數中的變數之外），而且主程式的變數，也不會因函式內所發生的任何事件而被無預警地修改。也因為如此，函式內變數的錯誤或改變，都不會意外地導致程式其他部分產生無心的錯誤。

**良好的程式設計**

盡可能將大型程式的開發工作分解成個別的函式子任務，這樣便能受益於個別程式組件的測試、重複使用以及避免無心錯誤，所帶來的明顯好處。

## 6.1 MATLAB 函式介紹

到目前為止，我們在本書中介紹過的 M 檔案，都是**程序檔案**（script files）。程序檔只是把一整個 MATLAB 敘述，全部存放在檔案中。當執行程序檔時，其結果就如同把所有的指令，直接鍵入指令視窗一樣。程序檔會使用到指令視窗的工作區，所以在程序檔開始之前，使用者曾定義的任何變數，對於程序檔而言，仍是存在的，而在程序檔停止執行之後，任何由程序檔所產生的變數，也都會繼續存留在工作區內。程序檔不需要輸入引數，也不會傳回結果，但卻能透過工作區內其他程序檔留下的變數而互相影響。

相比之下，**MATLAB 函式（MATLAB function）**也算是一種特殊類型的 M 檔案，可在自己專屬的工作區內執行。它藉由**輸入引數清單**接受輸入資料，並經由**輸出引數清單**傳回計算結果給呼叫的程式。MATLAB 函式的一般形式為：

```
function [outarg1, outarg2, ...] = fname(inarg1, inarg2, ...)
% H1 comment line
% Other comment lines
...
(Executable code)
...
(return)
(end)
```

function 敘述標示了函式的起點。它指明了函式名稱，以及輸入與輸出引數清單。輸入引數清單列在函數名稱後的括號內，而輸出引數清單則顯示在等號左邊的方括號內（如果只有一個輸出引數，可以省略括號）。

一般的 MATLAB 函式，必須使用與函式完全相同的名稱（包含大小寫）來儲存檔案，並加上檔案延伸名“.m”。舉例來說，如果一個函式命名為 My_fun，則該函式應該被存在名為 My_fun.m 的檔案中。

輸入引數清單是一連串的名稱，用以列出呼叫程式要傳到函式的數值，這些名稱被稱為**虛擬引數（dummy arguments）**，當函式被呼叫時，它們可供存放從呼叫程式傳來的實際值。同樣地，當函式完成執行時，輸出引數清單可供存放傳回給呼叫程式的一整串虛擬引數。

藉著在表示式裡呼叫一個函式，再加上**實際引數（actual arguments）**，就可以執行這個函式。直接在指令視窗裡鍵入函式的名稱，或是在程序檔及其他函式裡引入這個函式的名稱，都可以呼叫使用這個函式。在呼叫程式裡的函式名稱必須與函式名稱完全相同（包含大小寫）[1]。當函式被呼叫時，第一個實際引數的數值會取代第一個虛擬引數，並依此類推，每個實際引數的數值都會取代其對應的虛擬引數。

函式從第一行開始執行，而當出現 return 敘述、end 敘述或者是到達函式的尾端時，函式便會停止執行。也因為到達函式的尾端，函式便會停止執行，所以 return

1 舉例來說，假設函式已用 My_Fun 的名稱宣告，並存放在 My_Fun.m 的檔案裡，則這個函式必須用 My_Fun 的名稱來呼叫，而不是用 my_fun，或是用 MY_FUN。如果大小寫不相同，MATLAB 將會尋找最相似的函式，並且詢問你是否要執行該函式。

敘述對大部分函式來說，並沒有實質上的必要性，這也是 return 敘述很少被使用的原因。每個輸出引數必須出現在函式內的指定敘述式左邊至少一次以上，才能儲存內容。當函式執行完成時，儲存在輸出引數中的值就會傳回呼叫程式，而被使用在後續的計算上。

用來結束函式執行的 end 敘述，是 MATLAB 7.0 一個新的特色。它並不是必須的，除非在檔案內有包含巢狀函式（於第 7 章介紹）。我們將不會使用 end 敘述來結束函式，除非實際上需要，你將很少在本書的函式內看到 end 敘述的使用。

函式的第一列註解具有其特殊的意義。在函式敘述之後的第一列註解，稱為 **H1 註解行（H1 comment line）**。它必須只包含一行註解文字，用以表明整個函式的目的。此行文字的特別意義，是讓 MATLAB 藉由 lookfor 指令搜尋並顯示此函式用途。其餘從 H1 行到第一個空白行或第一個可執行敘述之間的註解文字，可藉由 help 指令來顯示。這些註解文字應該包含如何使用此函數的概略描述。

舉一個使用者定義函式的簡單例子，dist2 函式用來計算在直角座標系中，點 $(x_1, y_1)$ 與點 $(x_2, y_2)$ 之間的距離。

```
function distance = dist2 (x1, y1, x2, y2)
%DIST2 Calculate the distance between two points
% Function DIST2 calculates the distance between
% two points (x1,y1) and (x2,y2) in a Cartesian
% coordinate system.
%
% Calling sequence:
%    distance = dist2(x1, y1, x2, y2)

% Define variables:
%   x1       -- x-position of point 1
%   y1       -- y-position of point 1
%   x2       -- x-position of point 2
%   y2       -- y-position of point 2
%   distance -- Distance between points

%  Record of revisions:
%     Date       Programmer          Description of change
%     ====       ==========          =====================
%    02/01/18   S. J. Chapman       Original code

% Calculate distance.
distance = sqrt((x2-x1).^2 + (y2-y1).^2);
```

這個函式具有 4 個輸入引數，與 1 個輸出引數。下面是一個使用這個函式的簡單程序檔。

```
%  Script file: test_dist2.m
%
%  Purpose:
%    This program tests function dist2.
%
%  Record of revisions:
%      Date        Programmer          Description of change
%      ====        ==========          =====================
%    02/01/18    S. J. Chapman         Original code
%
% Define variables:
%   ax     -- x-position of point a
%   ay     -- y-position of point a
%   bx     -- x-position of point b
%   by     -- y-position of point b
%   result -- Distance between the points

% Get input data.
disp('Calculate the distance between two points:');
ax = input('Enter x value of point a:   ');
ay = input('Enter y value of point a:   ');
bx = input('Enter x value of point b:   ');
by = input('Enter y value of point b:   ');

% Evaluate function
result = dist2 (ax, ay, bx, by);

% Write out result.
fprintf('The distance between points a and b is %f\n',result);
```

這個程序檔執行的結果為：

```
» test_dist2
Calculate the distance between two points:
Enter x value of point a: 1
Enter y value of point a: 1
Enter x value of point b: 4
Enter y value of point b: 5
The distance between points a and b is 5.000000
```

由簡單的手動計算可驗證這些結果是正確的。

dist2 函式也支援 MATLAB 求助說明子系統。如果我們鍵入 “help dist2”，其結果為：

```
» help dist2
DIST2 Calculate the distance between two points
    Function DIST2 calculates the distance between
```

```
two points (x1,y1) and (x2,y2) in a Cartesian
coordinate system.

Calling sequence:
 res = dist2(x1, y1, x2, y2)
```

同樣地，鍵入“lookfor distance”也會產生：

```
» lookfor distance
dist2          - Calculate the distance between two points
turningdis     - Find the turning distance of two polyshapes
```

為了觀察函式在執行前、執行中及執行後，MATLAB 工作區的變化，我們在 MATLAB 除錯器內，載入 dist2 函式以及 test_dist2 程序檔，並在呼叫函式前、呼叫函式中及呼叫函式後的地方，設定中斷點，如圖 6.1 所示。當程式停止在呼叫函式前的中斷點時，工作區的顯示如圖 6.2a。請注意變數 ax、ay、bx、by 出現在工作區，

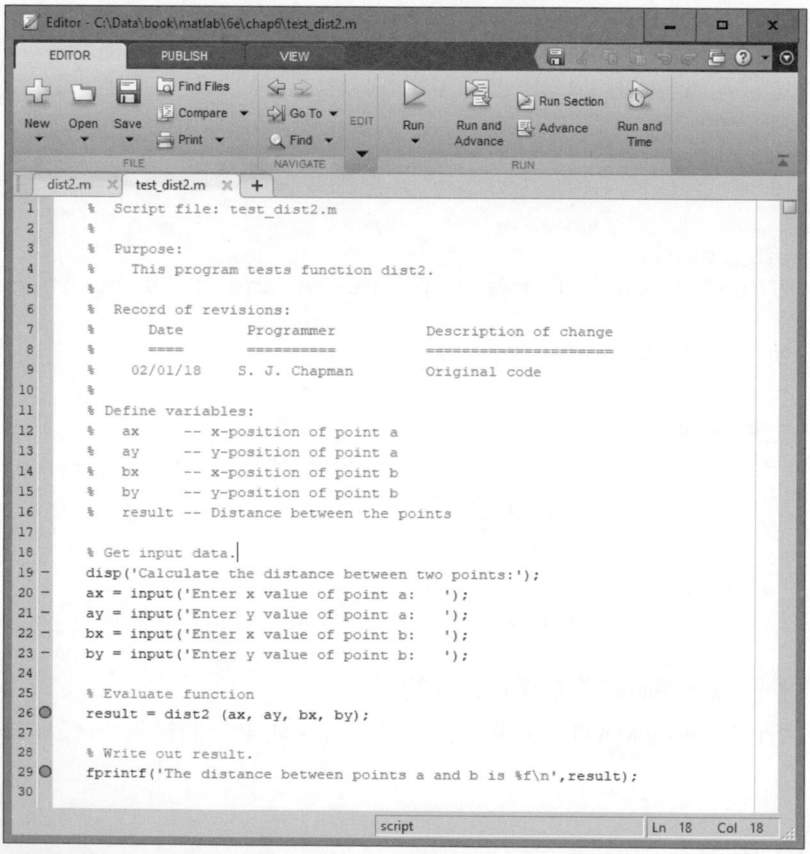


**圖 6.1　M 檔案 test_dist2 及 dist2 函式被載入除錯器內，並在呼叫函式前、中、後設定中斷點。**

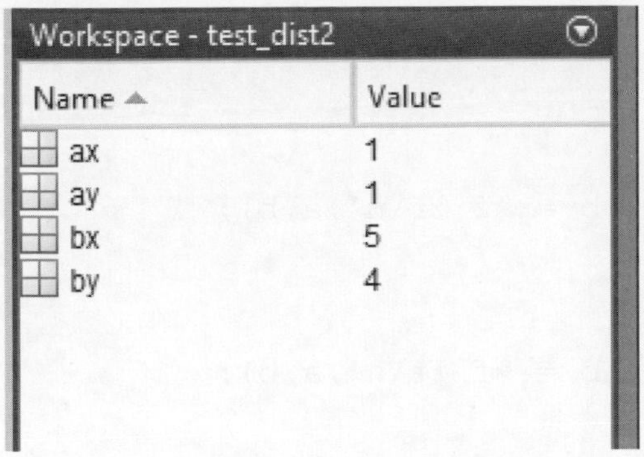


(a) 在函式呼叫之前的工作區。

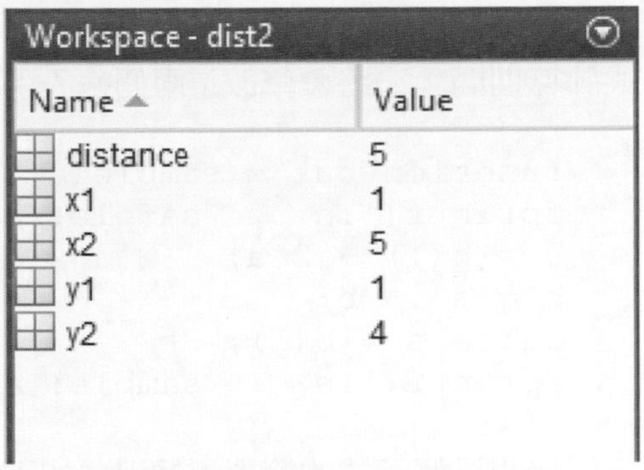


(b) 在函式呼叫期間的工作區。

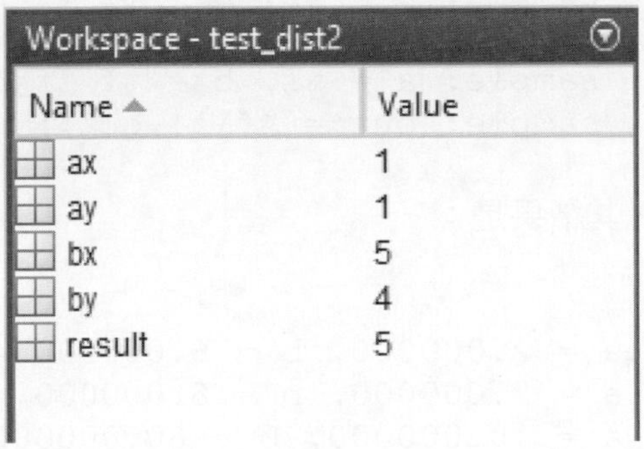


(c) 在函式呼叫之後的工作區。

**圖 6.2**

而其數值是由我們鍵入的數值所定義。當程式停止在呼叫函式內的中斷點時，函式工作區是有作用的，如圖 6.2b 所示。請注意變數 `x1`、`x2`、`y1`、`y2` 與 `distance`，出現在函式工作區，而且在呼叫程式 M 檔案定義的變數並未出現。當程式停止在呼叫函式後的中斷點時，工作區的顯示如圖 6.2c。此時原來的變數又出現了，並加上另一變數 `result`，儲存從函式傳回的計算結果。這些圖形顯示函式工作區，與呼叫的 M 檔案工作區並不相同。

## 6.2 MATLAB 的變數傳遞方式：按值傳遞

MATLAB 程式使用**按值傳遞（pass-by-value）**的方式，進行程式與函式間的溝通。當程式呼叫函式時，MATLAB 便複製實際引數，並傳遞這些實際引數的備份提供函式使用。這種複製行為是有非常重要的意義，這意味著即使函式更改了輸入引數值，也不會影響到呼叫程式的原始資料。這種特點可防止在函式中因產生某個錯誤，而無意間修改到呼叫程式的原始變數值。

按值傳遞的特性可用以下的函式實例說明。此函式有兩個輸入引數：a 與 b。在程式計算期間，它將會修改這兩個輸入引數。

```
function out = sample(a, b)
fprintf('In      sample: a = %f, b = %f %f\n',a,b);
a = b(1) + 2*a;
b = a .* b;
out = a + b(1);
fprintf('In      sample: a = %f, b = %f %f\n',a,b);
```

一個呼叫這個函式的簡單測試程式如下：

```
a = 2; b = [6 4];
fprintf('Before sample: a = %f, b = %f %f\n',a,b);
out = sample(a,b);
fprintf('After  sample: a = %f, b = %f %f\n',a,b);
fprintf('After  sample: out = %f\n',out);
```

當這個程式被執行以後，其結果是：

```
» test_sample
Before sample: a = 2.000000, b = 6.000000 4.000000
In     sample: a = 2.000000, b = 6.000000 4.000000
In     sample: a = 10.000000, b = 60.000000 40.000000
After  sample: a = 2.000000, b = 6.000000 4.000000
After  sample: out = 70.000000
```

請注意 a 與 b 在函式 sample 內同時被更改了，但這些改變並沒有影響到呼叫程式內的數值。

C 語言的使用者應該對這種按值傳遞的使用感到熟悉，因為 C 語言使用這種方式把純量值傳遞給函式。然而 C 語言並不使用按值傳遞的方法傳遞陣列值，因此如果在 C 語言函式中，不小心修改到虛擬陣列的值，將會在呼叫程式中產生不良的後果。MATLAB 藉著對純量與陣列應用按值傳遞的設計，來改進這類可能的缺失 。[2]

## 例 6.1　直角座標與極座標的轉換

在平面上一點 $P$ 的位置，可以由直角座標 $(x, y)$，或是極座標 $(r, \theta)$ 來表示，如圖 6.3

2　在 MATLAB 裡的引數傳遞，實際上比我們所提到的要更為複雜。如同前面所提到的，使用按值傳遞相關的複製行為，將耗費很多時間，但卻能避免對程式非預期不良影響。事實上 MATLAB 同時採取了這兩種方式的優點；它先去分析每個函式裡的每個引數，並決定函式是否會修改引數，如果函式會修改引數，則 MATLAB 便複製這個引數。如果函式不會修改引數，則 MATLAB 在呼叫程式中便指向真正的引數。這樣的設計可以避免修改到呼叫程式的變數值，同時也能兼顧程式執行速度的提升。

中所示。這兩個座標間的轉換關係式為：

$$x = r\cos\theta \tag{6.1}$$

$$y = r\sin\theta \tag{6.2}$$

$$r = \sqrt{x^2 + y^2} \tag{6.3}$$

$$\theta = \tan^{-1}\frac{y}{x} \tag{6.4}$$

請寫出兩個函式 `rect2polar` 及 `polar2rect`，除了把直角座標轉換成極座標，也可以把極座標轉換成直角座標，其中角度 $\theta$ 以度數表示。

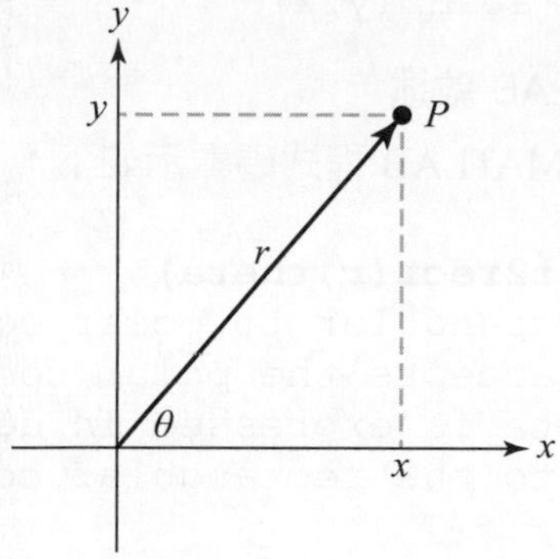


圖 6.3　在平面上的一點 $P$ 的位置，可由直角座標 $(x, y)$，或是極座標 $(r, \theta)$ 所決定。

◈ 解答

我們將使用標準的問題解決流程，來產生這些函數。請注意 MATLAB 的三角函數是使用弧度計算，因此我們必須把度數轉成弧度代入三角函數，然後再把反三角函數計算的角度從弧度轉成度數來表示。度數與弧度間的轉換關係式為：

$$180° = \pi \text{ 弧度} \tag{6.5}$$

1. 敘述問題

這個問題可以簡潔敘述為：

> 寫出一個函式，將平面上一個以直角座標表示的位置，轉換成對應的極座標，並以度數表示角度 $\theta$。另一方面，再將平面上一個以極座標表示（角度 $\theta$ 以度數表示）的位置，轉換成對應的直角座標。

2. 定義輸入與輸出

`rect2polar` 函式的輸入值是一點的直角座標 $(x, y)$，而此函式的輸出，則是該點的極座標 $(r, \theta)$。`polar2rect` 函式的輸入值是一點的極座標 $(r, \theta)$。而此

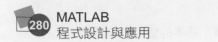

函式的輸出，則是該點的直角座標 $(x, y)$。

3. **設計演算法**

這些函式非常簡單，所以我們能夠直接寫出它們的虛擬碼。polar2rect 函式的虛擬碼為：

```
x ← r * cos(theta * pi/180)
y ← r * sin(theta * pi/180)
```

rect2polar 函式的虛擬碼將使用到能在平面的四個象限執行的 atan2 函式（你可以利用 MATLAB 的說明瀏覽器，來查詢這個函數的使用方法）。

```
r ← sqrt(x.^2 + y.^2)
theta ← 180/pi * atan2(y,x)
```

4. **把演算法轉換成 MATLAB 敘述**

polar2rect 函式的 MATLAB 程式碼顯示如下：

```
function [x, y] = polar2rect(r,theta)
%POLAR2RECT Convert rectangular to polar coordinates
% Function POLAR2RECT accepts the polar coordinates
% (r,theta), where theta is expressed in degrees,
% and converts them into the rectangular coordinates
% (x,y).
%
% Calling sequence:
%   [x, y] = polar2rect(r,theta)
% Define variables:
%   r        -- Length of polar vector
%   theta    -- Angle of vector in degrees
%   x        -- x-position of point
%   y        -- y-position of point

% Record of revisions:
%     Date        Programmer          Description of change
%     ====        ==========          =====================
%   02/01/18    S. J. Chapman         Original code

x = r * cos(theta * pi/180);
y = r * sin(theta * pi/180);
```

rect2polar 函式的 MATLAB 程式碼顯示如下：

```
function [r, theta] = rect2polar(x,y)
%RECT2POLAR Convert rectangular to polar coordinates
% Function RECT2POLAR accepts the rectangular coordinates
% (x,y) and converts them into the polar coordinates
% (r,theta), where theta is expressed in degrees.
```

```
%
% Calling sequence:
%   [r, theta] = rect2polar(x,y)

% Define variables:
%   r        -- Length of polar vector
%   theta    -- Angle of vector in degrees
%   x        -- x-position of point
%   y        -- y-position of point

%  Record of revisions:
%      Date         Programmer            Description of change
%      ====         ==========            =====================
%    02/01/18     S. J. Chapman          Original code

r = sqrt (x.^2 + y .^2);
theta = 180/pi * atan2(y,x);
```

請注意這些函式都加上了說明文字，所以它們能在 MATLAB 的說明子系統中使用，我們也可以使用 lookfor 指令來查詢這些函式的說明。

5. 測試程式

為了測試這些函式，我們將在 MATLAB 的指令視窗直接執行這些函式。我們將使用在中學已熟悉的 3-4-5 直角三角形來測試它們（此三角形內最小角度約為 36.87°）。我們也將在直角座標的四個象限內分別測試這些函式，以確保正確的座標轉換。

```
» [r, theta] = rect2polar(4,3)
r =
     5
theta =
   36.8699
» [r, theta] = rect2polar(-4,3)
r =
     5
theta =
  143.1301
» [r, theta] = rect2polar(-4,-3)
r =
     5
theta =
 -143.1301
» [r, theta] = rect2polar(4,-3)
r =
     5
theta =
  -36.8699
```

```
» [x, y] = polar2rect(5,36.8699)
x =
    4.0000
y =
    3.0000
» [x, y] = polar2rect(5,143.1301)
x =
   -4.0000
y =
    3.0000
» [x, y] = polar2rect(5,-143.1301)
x =
   -4.0000
y =
   -3.0000
» [x, y] = polar2rect(5,-36.8699)
x =
    4.0000
y =
   -3.0000
»
```

這些函式在平面的所有象限內，都能正確地執行座標轉換功能。

## 例 6.2 資料排序

在很多科學與工程的應用領域，常需要輸入一組隨機的資料，並以遞增順序（從小到大），或遞減順序（從大到小）來排列這組亂數資料。舉例來說，假設你是一位動物學家，從事一大群動物的研究工作，並想要找出這群動物中體積最大的前百分之五。處理這個問題最直接的方法，就是把這群動物依遞增順序來排列其體積大小，並選取排列結果的前百分之五即可。

將這些資料依遞增順序或遞減順序來排列，看起來似乎是件很簡單的工作。畢竟，我們經常需要處理這一類的事情。對我們來說，把資料（10, 3, 6, 4, 9）排序成為（3, 4, 6, 9, 10）應該是件簡單的事情，我們要如何開始做呢？首先我們需要搜尋輸入的資料清單（10, 3, 6, 4, 9），並從清單中找到最小值（3），然後再搜尋剩下的輸入資料清單（10, 6, 4, 9），以找出下一個最小值（4），並依此類推，直到完成清單內所有數字的排序。

實際上，排序可能是件非常困難的工作。當需要排列的資料數目增加時，執行簡單排序，所需要花費的時間也會急遽增加，這是因為我們每排序一次數值，便需要再搜尋輸入資料清單一次。對於非常大量的資料集合來說，這種技術所花費時間太長，而顯得有些不切實際。更糟糕的是，如果電腦的記憶體沒有足夠的容量來處理這些數字，我們又該使用什麼方式來排序這些資料？如何開發有效率的排序方法處理大筆資料集合，是目前活躍的研究領域，而且其本身也是一門專業的課程。

我們在這個例子將限制自己使用最簡單的演算法，說明資料排序的概念。最簡單的演算法稱為**選擇排序法（selection sort）**。這是上述數字序列排序演算，應用到電腦程式設計的實例。選擇排序法的基本邏輯推演為：

1. 搜尋需要排序的數字清單，以找出這群數字中的最小值。並將找到的最小值與數列的第一個數值交換位置，使得這個最小值排在數列的第一順位。假設在數列的第一順位已經是最小值，就不執行交換位置的動作。
2. 搜尋數列中位置 2 到數列的最後一個數字，以找出整個數列中的次小值。並將找到的次小值與數列的第二個數字交換位置，使次小值能排在數列的第二順位。假設數列的第二順位已經是次小值，就不執行交換位置的動作。
3. 搜尋數列中位置 3 到數列的最後一個數字，以找出整個數列中第三小的值。並將找到的第三小的值與數列的第三個數字交換位置，使第三小值能排在數列的第三順位。假設在數列的第三順位已經是第三小的值，就不執行交換位置的動作。
4. 重複這個步驟，直到在數列中倒數第二個位置已處理完畢。當數列中的倒數第二個位置已經被比較排序後，整個排序工作就算大功告成了。

請注意如果我們需要排序 N 個數字，這種排序法將需要進行 N – 1 次的資料搜尋，以完成整個資料的排序。

整個選擇排序過程，可用圖 6.4 加以說明。因為資料清單裡有 5 個數值需要排序，我們將搜尋整個資料 4 次。第一次搜尋整筆資料，找出最小值為 3，所以將 3 與位置 1 的 10 交換位置。第二次搜尋位置 2 到位置 5 的資料，發現最小值為 4，因此將 4 與位置 2 的 10 交換位置。第三次搜尋位置 3 到位置 5 的資料，發現最小值為 6，而最小值 6 已在位置 3，所以不進行交換的動作。最後，第四次搜尋位置 4 到位置 5 的最小值，發現最小值為 9，因此將 9 與位置 4 的 10 交換位置，這樣便完成了整筆資料的排序。

**程式設計的陷阱**

選擇排序法是最容易理解的排序演算法，但在計算上卻不是很有效率的方法。它絕不能用於大量資料集合的排序（譬如說超過 1000 個資料值）。多年來，電腦科學家已經發展出更有效率的排序演算法。MATLAB 的內建函式 `sort` 及 `sortrows` 是兩個非常有效率的排序函式，可應用於處理實際的排序問題。

我們現在將開發一個程式，用來從指令視窗內讀取一組資料集，並把這些資料依遞增的順序排列，最後再顯示這組被排序過的資料集合。排序的工作將由單獨的使用者定義函式來完成。

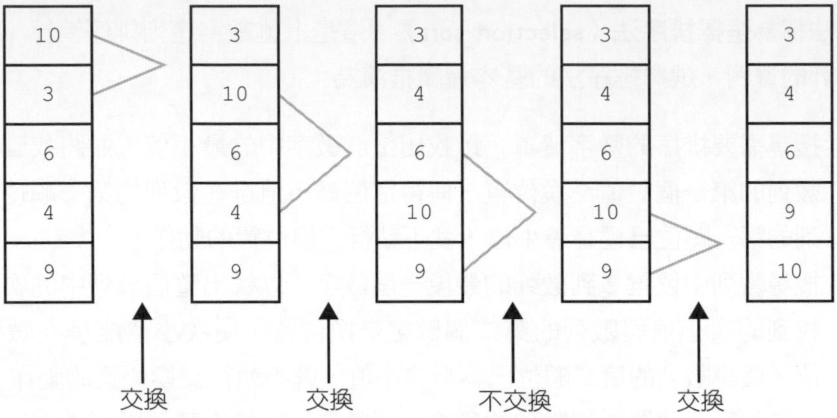


圖 6.4 選擇排序法的說明範例。

◈解答

這個程式必須要求使用者輸入資料，排序資料，並輸出被排序過的資料。這個問題的設計流程可條列如下：

1. 敘述問題

   我們還沒有定義排序資料的類型為何。如果資料是屬於數值型態，則問題可以敘述如下：

   > 發展一個程式，可以從指令視窗中讀取任意數量的數值型輸入值，使用單獨的排序函式，依遞增的順序排列這組資料，並把排序完成的資料輸出到指令視窗內。

2. 定義輸入與輸出

   這個程式的輸入，是使用者鍵入到指令視窗中的數值型資料。而程式的輸出，則是輸出到指令視窗內排序完成的資料值。

3. 設計演算法

   這個程式可以被分解成三個主要步驟：

   將輸入資料值存到一個陣列內
   將資料依遞增的順序來排列
   輸出排序完成的資料值

第一個主要步驟是讀取資料。我們必須提示使用者輸入整個資料的數量，然後再讀取資料值。既然我們已經知道需要讀取多少筆輸入資料，就適合使用 for 迴圈來讀取這些資料。詳細的虛擬碼顯示如下：

```
Prompt user for the number of data values
Read the number of data values
Preallocate an input array
for ii = 1:number of values
   Prompt for next value
   Read value
end
```

接下來我們需要使用單獨的函式來排序這些資料。我們將需要搜尋整個資料 nvals-1 回，以找到每次剩餘數值中的最小值。我們將使用一個指標，用以標示每次搜尋的最小值在數列中的位置。除非該次搜尋數列的第一個元素已經是最小值，否則就把最小值與該次搜尋數列的第一個元素交換。詳細的虛擬碼顯示如下：

```
for ii = 1:nvals-1

   % Find the minimum value in a(ii) through a(nvals)
   iptr ← ii
   for jj = ii+1 to nvals
      if a(jj) < a(iptr)
         iptr ← jj
      end
   end
   % iptr now points to the min value, so swap a(iptr)
   % with a(ii) if iptr ~= ii.
   if ii ~= iptr
      temp ← a(ii)
      a(ii) ← a(iptr)
      a(iptr) ← temp
   end
end
```

最後的步驟便是輸出被排序的資料。這個步驟的虛擬碼不需要再進一步細分成更小的部分。而最後的虛擬碼便是結合這三個步驟，讀取、排序並輸出結果。

4. **把演算法轉換成 MATLAB 敘述**

以下是選擇排序函式的 MATLAB 程式碼：

```
function out = ssort(a)
%SSORT Selection sort data in ascending order
% Function SSORT sorts a numeric data set into
% ascending order. Note that the selection sort
% is relatively inefficient. DO NOT USE THIS
```

```
% FUNCTION FOR LARGE DATA SETS. Use MATLAB's
% "sort" function instead.

% Define variables:
%   a          -- Input array to sort
%   ii         -- Index variable
%   iptr       -- Pointer to min value
%   jj         -- Index variable
%   nvals      -- Number of values in "a"
%   out        -- Sorted output array
%   temp       -- Temp variable for swapping

%  Record of revisions:
%      Date        Programmer           Description of change
%      ====        ==========           =====================
%    02/02/18    S. J. Chapman          Original code

% Get the length of the array to sort
nvals = length(a);

% Sort the input array
for ii = 1:nvals-1

   % Find the minimum value in a(ii) through a(n)
   iptr = ii;
   for jj = ii+1:nvals
      if a(jj) < a(iptr)
         iptr = jj;
      end
   end

   % iptr now points to the minimum value, so swap a(iptr)
   % with a(ii) if ii ~= iptr.
   if ii ~= iptr
      temp    = a(ii);
      a(ii)   = a(iptr);
      a(iptr) = temp;
   end
end

% Pass data back to caller
out = a;
```

呼叫選擇排序函式的程式如下：

```
%  Script file: test_ssort.m
%
%  Purpose:
```

```
%   To read in an input data set, sort it into ascending
%   order using the selection sort algorithm, and to
%   write the sorted data to the Command Window. This
%   program calls function "ssort" to do the actual
%   sorting.
%
% Record of revisions:
%      Date        Programmer          Description of change
%      ====        ==========          =====================
%    02/02/18    S. J. Chapman         Original code
%
% Define variables:
%   array  -- Input data array
%   ii     -- Index variable
%   nvals  -- Number of input values
%   sorted -- Sorted data array

% Prompt for the number of values in the data set
nvals = input('Enter number of values to sort: ');

% Preallocate array
array = zeros(1,nvals);
% Get input values
for ii = 1:nvals

   % Prompt for next value
   string = ['Enter value ' int2str(ii) ': '];
   array(ii) = input(string);

end

% Now sort the data
sorted = ssort(array);

% Display the sorted result.
fprintf('\nSorted data:\n');
for ii = 1:nvals
   fprintf(' %8.4f\n',sorted(ii));
end
```

5. 測試程式

為了測試這個程式，我們將產生一組輸入資料來執行這個程式。這組資料應該同時包含正數與負數，以及最少兩個相同的數值，以確定程式是否能在這些條件下正常運作。

```
» test_ssort
Enter number of values to sort: 6
```

```
Enter value 1: -5
Enter value 2: 4
Enter value 3: -2
Enter value 4: 3
Enter value 5: -2
Enter value 6: 0

Sorted data:
  -5.0000
  -2.0000
  -2.0000
   0.0000
   3.0000
   4.0000
```

程式對我們提供的測試資料，做出了正確的答案。請注意這個程式對正數、負數及重複的數字皆能順利排序。

## 6.3 選擇性引數

許多 MATLAB 函式都支援選擇性的輸入引數及輸出引數。舉例來說，我們已介紹過呼叫函式 plot，使用了最少 2 個、最多 7 個的輸入引數。另一方面，max 函式也提供了 1 個或 2 個輸出引數。如果只有 1 個輸出引數，則 max 函式將傳回陣列的最大值。如果有 2 個輸出引數，則 max 傳回陣列的最大值，以及該最大值在陣列中的位置。到底 MATLAB 函式是如何知道有多少的輸入引數及輸出引數？而它們又是如何調整函式的運作，來對應不同數目的輸入引數及輸出引數？

MATLAB 中有 8 個特別的函式，能被 MATLAB 其他的函式用來取得有關選擇性引數的資訊，以及提供使用引數所產生的錯誤訊息。本章介紹其中的 6 個函式如下：

- nargin——傳回用來呼叫函式的實際輸入引數數目。
- nargout ——傳回用來呼叫函式的實際輸出引數數目。
- nargchk——假如用來呼叫函式的引數太少或是太多，這個函式將傳回一個標準的錯誤訊息。
- error ——當引數產生的錯誤是嚴重的（fatal）情況下，顯示此錯誤訊息，並停止產生錯誤函式的執行。
- warning——當引數產生的錯誤並不嚴重，而函式可以繼續執行的情況下，顯示警告訊息，並繼續執行函式。

- inputname ——傳回對應輸入引數清單特定次序的實際變數名稱。

當 nargin 函式與 nargout 函式在使用者定義函式內被呼叫時，這兩個函式將會傳回呼叫使用者定義函式所使用的實際輸入及輸出引數的數目。

假設程式呼叫一個函式，使用了太少或太多的引數，則 narginchk 函式將會產生一個標準錯誤訊息的字串，其語法如下：

```
narginchk(min_args,max_args);
```

其中 min_args 是引數的最小數目，而 max_args 是引數的最大數目。假使引數的數目不在可接受的範圍內，函式會產生一個標準的錯誤訊息。假使引數的數目在可接受的範圍內，則函式將會繼續執行，並且不會產生錯誤訊息。

error 函式是用來顯示錯誤訊息，並停止造成錯誤的使用者定義函式的一種標準做法。此函式的語法為 error('msg')，其中 msg 是包含了錯誤訊息的字元字串。當 error 函式被啟動時，它會暫停目前執行的函式，並把控制權交回給鍵盤，同時在指令視窗內顯示錯誤的訊息。如果訊息字串是空字串，則 error 函式不會有任何動作，並繼續程式的執行。

warning 函式是一種顯示警告訊息的標準方法，它會告知使用者發生問題的函式名稱，以及程式發生問題的位置，但程式仍繼續執行而不會中斷。此函式的語法為 warning('msg')，其中 msg 是包含警告訊息的字元字串。當 warning 函式被啟動時，它會在指令視窗內顯示警告訊息，並列出發生問題的函式名稱，與發生警告訊息的程式行位置。如果訊息字串是空字串，則 warning 函式不會有任何動作。無論字串是否為空字串，程式仍會繼續執行。

當呼叫一個函式時，inputname 函式會傳回所使用的真實引數名稱，其語法如下：

```
name = inputname(argno);
```

其中 argno 是引數的排列次序。如果引數是個變數，則函式會傳回變數名稱。假如引數是一個表示式，則會傳回一個空字串。舉例來說，考慮下列的函式：

```
function myfun(x,y,z)
name = inputname(2);
disp(['The second argument is named ' name]);
```

呼叫這個函式的結果為：

```
» myfun(dog,cat)
The second argument is named cat
» myfun(1,2+cat)
The second argument is named
```

inputname 函式對顯示警告及錯誤訊息的引數名稱非常有用。

## 例 6.3　使用選擇性引數

我們將舉例說明選擇性引數的使用，這裡將產生一個函式，可以接受輸入直角座標 $(x, y)$，並轉換成等效的極座標，也就是距離 $r$ 與 $\theta$ 角，其中 $\theta$ 需以角度表示。然而，如果只有輸入一個引數，則函式將會假設 $y$ 值為 0，並繼續完成轉換的計算。正常的情況，函式將傳回距離與角度兩個數值，但如果呼叫此函式的敘述式只有一個輸出引數，它將只會傳回距離值。這個函式顯示如下：

```
function [mag, angle] = polar_value(x,y)
%POLAR_VALUE Converts (x,y) to (r,theta)
% Function POLAR_VALUE converts an input (x,y)
% value into (r,theta), with theta in degrees.
% It illustrates the use of optional arguments.

% Define variables:
%   angle     -- Angle in degrees
%   msg       -- Error message
%   mag       -- Magnitude
%   x         -- Input x value
%   y         -- Input y value (optional)
%  Record of revisions:
%      Date        Programmer           Description of change
%      ====        ==========           =====================
%    02/03/18    S. J. Chapman         Original code

% Check for a legal number of input arguments.
narginchk(1,2);

% If the y argument is missing, set it to 0.
if nargin < 2
   y = 0;
end

% Check for (0,0) input arguments, and print out
% a warning message.
if x == 0 & y == 0
   msg = 'Both x any y are zero: angle is meaningless!';
   warning(msg);
end

% Now calculate the magnitude.
mag = sqrt(x.^2 + y.^2);
```

```
% If the second output argument is present, calculate
% angle in degrees.
if nargout == 2
   angle = atan2(y,x) * 180/pi;
end
```

我們將在指令視窗以不同的引數重複呼叫此函式，來測試這個函式的執行狀況。首先，我們將使用過少或過多的引數，來嘗試呼叫這個函式。

```
» [mag angle] = polar_value
Error using polar_value
Not enough input arguments.
» [mag angle] = polar_value(1,-1,1)
Error using polar_value
Too many input arguments.
```

這函式對於這兩種情況，都能提供正確的錯誤訊息。接下來，我們將嘗試使用一到二個輸入引數，來呼叫這個函式。

```
» [mag angle] = polar_value(1)
mag =
      1
angle =
      0
» [mag angle] = polar_value(1,-1)
mag =
            1.4142
angle =
   -45
```

此函式對於這兩種情況，皆能提供正確的答案。接下來，我們將使用一到兩個輸出引數，來嘗試呼叫這個函式。

```
» mag = polar_value(1,-1)
mag =
    1.4142
» [mag angle] = polar_value(1,-1)
mag =
    1.4142
angle =
       -45
```

這函式對於這兩種情況，也提供了正確的答案。最後我們令 $x$ 與 $y$ 皆為零，來嘗試呼叫這個函式。

```
» [mag angle] = polar_value(0,0)
```

```
Warning: Both x any y are zero: angle is meaningless!
> In d:\book\matlab\chap6\polar_value.m at line 32
mag =
     0
angle =
     0
```

在這種情況下，函式雖然顯示了警告訊息，但程式仍然繼續執行。

請注意 MATLAB 函式可能被宣告成擁有比實際輸出引數更多個輸出引數，這並不算是一種錯誤。這函式並不是真的需要藉著檢查 nargout，以確定是否存在輸出引數。舉個例子來說，考慮下面的函式：

```
function [z1, z2] = junk(x,y)
z1 = x + y;
z2 = x - y;
end % function junk
```

這個函式可以成功地用一個或兩個輸出引數呼叫：

```
» a = junk(2,1)
a =
     3
» [a b] = junk(2,1)
a =
     3
b =
     1
```

在函式中檢查 nargout 的理由，是為了避免程式無意義的計算工作。如果一個計算結果最終是要被丟棄的，那為什麼要費工夫去計算這個結果？只要程式能減少一些無意義的計算，就能加速程式的執行速度。

## ?! 測驗 6.1

這個測驗提供一個快速的檢驗，檢視你是否了解 6.1 節至 6.3 節所介紹的觀念。如果你覺得這個測驗有些困難，請重新閱讀這些章節、請教授課老師，或是與同學討論。測驗解答收錄在本書的附錄 B。

1. 程序檔與函式的差別是什麼？
2. 如何在使用者定義函式中使用 help 指令？

3. 函式中的 H1 註解列，其意義為何？
4. 什麼是按值傳遞的設計？它如何協助設計良好的程式？
5. 如何設計 MATLAB 函式，使其擁有選擇性引數？

對於問題 6 與問題 7，請決定呼叫函式的方法是否正確。如果有錯誤，請說明錯誤的原因。

6. `out = test1(6);`

```
function res = test1(x,y)
res = sqrt(x.^2 + y.^2);
```

7. `out = test2(12);`

```
function res = test2(x,y)
narginchk(1,2);
if nargin == 2
   res = sqrt(x.^2 + y.^2);
else
   res = x;
end
```

## 6.4 使用共用記憶體分享資料

程式之間藉著使用引數清單來呼叫函式，以交換彼此間的資料。當函式被呼叫時，每個真實的引數將被複製，然後這些被複製的資料才被函式所使用。

除了引數清單之外，MATLAB 函式也能在工作區內使用共用記憶體，以交換彼此間的資料。**共用記憶體（global memory）**是一種特別型態的記憶體，能在任何工作區內存取。如果一個變數在函式中被宣告為全域變數，則這個變數將被存放在共用記憶體內，而不是在局部的工作區。如果相同的變數在另一個函式也被宣告為全域變數，則這個變數也將對應到與第一個函式中**相同變數的記憶體位址**。所有宣告相同全域變數的每個程序檔或函式，都會存取相同的資料值。所以，**共用記憶體可以用來分享函式間的資料**。

全域變數是藉由 **global 敘述（global statement）**來產生，其敘述形式如下：

```
global var1 var2 var3 ...
```

其中 *var1*、*var2*、*var3* 等是存放在共用記憶體內的變數。一般慣例，全域變數會以大寫字母命名，但實際上這並不是必需的。

**良好的程式設計**

以大寫字母宣告全域（global）變數，使其容易與區域（local）變數區別。

每個全域變數在函式內第一次使用前，必須先宣告其為全域變數。如果在局部工作區產生一個變數後才宣告其為全域變數，將會產生錯誤[3]。為了避免這種錯誤，我們通常在函式中的使用說明與第一個可執行的敘述式之間，宣告所有的全域變數。

**良好的程式設計**

在使用到全域變數的函式中，於使用說明與第一個可執行的敘述式之間，宣告所有的全域變數。

全域變數對於分享函式間的大量資料特別有用，因為每次函式被呼叫時，就不需要複製整個資料集合。但是使用全域變數的缺點，就是這些使用共用記憶體的函式只能適用於特定的資料集合。一個藉由輸入引數交換資料的函式，可以簡單地利用不同引數的呼叫而重複使用該函式。但使用共用記憶體交換資料的函式，必須針對不同的資料集而修改函式，使其適用於不同的資料集合。

使用全域變數的另一個優點是，可以在一群相關的函式間分享資料，而這些資料對於其他呼叫這些函式的程式而言，是看不見的隱藏資料。

**良好的程式設計**

你可使用共用記憶體，在程式的函式之間傳遞大量資料。

## 例 6.4　亂數產生器

在真實的世界裡，我們很難進行一個完美的量測，因為實際的量測總會摻雜著量測的雜訊。對控制系統設計來說，譬如飛機、煉油廠、核子反應爐等真實的系統，量測雜訊是控制系統設計中的重要考慮因素。一個良好的工程設計，必須考慮量測誤差的問題，避免這些量測雜訊導致系統的不當操作（不能有飛機失事、煉油廠爆炸或是核子反應爐熔化的狀況發生！）。

大部分的工程設計，會在系統建造之前，先用數值模擬去測試系統的運作情形。

3　如果在函式之中定義了一個變數之後，才宣告這個變數為全域變數，MATLAB 會出現一個警告訊息，並把區域變數改成共用的變數值。你應該改變這個作法，因為未來版本的 MATLAB 將不允許這種情況發生。

這些模擬包括建立系統行為的數學模型，並提供這些數學模型模擬的輸入資料。如果這些數學模型對模擬的輸入資料反應正確，我們才能有合理的把握，實際設計的系統也會對真實的輸入資料做出同樣正確的反應。

為了模擬系統真實的操作環境，提供給模型的輸入資料必須含有模擬的量測雜訊，而這些模擬的輸入資料只是把一組亂數加在理想的輸入資料上。這種由**亂數產生器**（random number generator）所產生的亂數，常常用來模擬實際的量測雜訊。

當每次呼叫亂數產生器的函式時，亂數產生器都會傳回不同而且明顯為亂數的值。這些亂數事實上是從某種確定性演算法（deterministic algorithm）所計算而來，它們只是看起來像是隨機出現而已 [4]。然而只要用來產生亂數的演算法夠複雜，對模擬的使用來說，這些數字便能算是隨機出現的亂數。

一個簡單的亂數產生器演算法 [5] 是藉由模數函式（modulo function）處理大數字時所引起的不可預測性來產生亂數。記得在第 2 章學過的模數函式 mod 會傳回兩個整數相除的餘數。考慮下列方程式：

$$n_{i+1} = \mathrm{mod}(8121 n_i + 28411,\ 134456) \tag{6.6}$$

假設 $n_i$ 是一個非負整數，因為模數函式的關係，$n_{i+1}$ 將會是一個介於 0 至 134455 之間的數字。接下來，$n_{i+1}$ 可以輸入到方程式裡，產生 $n_{i+2}$ 的數字，而 $n_{i+2}$ 也是介於 0 至 134455。這過程可以一直重複下去，以產生一連串介於 [0, 134455] 範圍內的數字。如果我們事先不知道 8121、28411 以及 134456 這些數字，我們便不可能去猜出 $n$ 值產生的順序。此外，對產生的結果來說，每個產生的數字出現在序列的機率是相等的（或是均勻分布）。因為這些性質，方程式 (6.6) 可當做一個產生均勻分布亂數的簡易基本演算法則。

我們現在將使用方程式 (6.6) 來設計一個亂數產生器，以輸出在 [0.0, 1.0) 範圍的實數。[6]

**◈ 解答**

我們將編寫一個函式，每次呼叫函式時，都會產生一個在 $0 \le \text{ran} \le 1.0$ 範圍的實數。這個亂數將由下列方程式產生：

$$\text{ran}_i = \frac{n_i}{134456} \tag{6.7}$$

其中 $n_i$ 是由 (6.7) 式所產生介於 0 到 134455 間的數字。

---

4 因為這個緣故，有人稱這些函式為虛擬亂數產生器（pseudorandom number generators）。

5 這個演算法改寫自 1986 年劍橋大學出版，由 Press, Flannery, Teukolsky 和 Vetterling 所著的 *Numerical Recipes: The Art of Scientific Programming* 中的第 7 章。

6 [0.0, 1.0) 代表亂數值介於 0.0 至 1.0 之間，可以等於 0.0，但不等於 1.0。

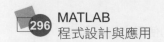

這個由方程式 (6.6) 與 (6.7) 所產生的特定序列，與初始值 $n_0$（稱為種子）的設定有很大的關係。我們必須提供使用者一個設定 $n_0$ 的方法，使得每次執行程式時，都會產生不同的序列。

1. 敘述問題

根據方程式 (6.6) 與 (6.7)，編寫一個 random0 函式，使其能夠產生並傳回包含一個或多個均勻分布亂數序列的陣列 ran，而且 $0 \le$ ran $< 1.0$。這個函式必須有一個或兩個輸入引數（m, n），用以設定傳回的陣列大小。如果只有一個輸入引數 m，函式會產生一個大小為 m × m 的方形陣列。如果有兩個輸入引數，則函式會產生一個大小為 m × n 的陣列。亂數種子的初始值 $n_0$ 將由呼叫函式 seed 來指定。

2. 定義輸入與輸出

這問題中有兩個函式：seed 及 random0。seed 函式的輸入值是一個整數，用來當做亂數序列的初始值，此函式不需要輸出。random0 函式的輸入值是一個或兩個整數，用來指定產生的亂數陣列大小。假設只有提供一個引數 m，函式會產生大小為 m × m 的方形陣列。假設提供了兩個引數 m 與 n，則函式會產生大小為 n × m 的陣列。random0 函式的輸出為一個陣列，其元素值為介於 [0.0, 1.0) 範圍內的亂數。

3. 設計演算法

random0 函式的虛擬碼如下：

```
function ran = random0 ( m, n )
Check for valid arguments
Set n ← m if not supplied
Create output array with "zeros" function
for ii = 1:number of rows
   for jj = 1:number of columns
      ISEED ← mod (8121 * ISEED + 28411, 134456)
      ran(ii,jj) ← iseed / 134456
   end
end
```

其中 ISEED 為一全域變數，其數值被存放在共用記憶體中。而 seed 函式的虛擬碼可簡單描述如下：

```
function seed (new_seed)
new_seed ← round(new_seed)
ISEED ← abs(new_seed)
```

使用 round 函式是為了避免使用者輸入一個非整數值，而使用絕對值函數是為了避免使用者輸入一個負數值。使用者事先並不需要知道只有正整數才是合法的亂數種子。

全域變數 ISEED 將被存放在共用記憶體中，也因此它能被這兩個函式所存取。

4. 把演算法轉換成 MATLAB 敘述

random0 函式顯示如下：

```
function ran = random0(m,n)
%RANDOM0 Generate uniform random numbers in [0,1)
% Function RANDOM0 generates an array of uniform
% random numbers in the range [0,1). The usage
% is:
%
% random0(m)     -- Generate an m x m array
% random0(m,n)   -- Generate an m x n array

% Define variables:
%   ii        -- Index variable
%   ISEED     -- Random number seed (global)
%   jj        -- Index variable
%   m         -- Number of columns
%   n         -- Number of rows
%   ran       -- Output array
%
%  Record of revisions:
%      Date       Programmer          Description of change
%      ====       ==========          =====================
%    02/04/18    S. J. Chapman        Original code

% Declare global values
global ISEED              % Seed for random number generator

% Check for a legal number of input arguments.
narginchk(1,2);

% If the n argument is missing, set it to m.
if nargin < 2
   n = m;
end

% Initialize the output array
ran = zeros(m,n);

% Now calculate random values
for ii = 1:m
   for jj = 1:n
      ISEED = mod(8121*ISEED + 28411, 134456);
      ran(ii,jj) = ISEED / 134456;
```

```
   end
end
```

seed 函式顯示如下：

```
function seed(new_seed)
%SEED Set new seed for function RANDOM0
% Function SEED sets a new seed for function
% RANDOM0. The new seed should be a positive
% integer.

% Define variables:
%   ISEED    -- Random number seed (global)
%   new_seed -- New seed
%  Record of revisions:
%      Date       Programmer           Description of change
%      ====       ==========           =====================
%    02/04/18    S. J. Chapman         Original code
%
% Declare global values
global ISEED              % Seed for random number generator

% Check for a legal number of input arguments.
nargchk(1,1);

% Save seed
new_seed = round(new_seed);
ISEED = abs(new_seed);
```

5. **測試程式**

根據統計學分析的結果，假設由這些函式所產生的亂數序列，確實均勻分布在 $0 \le$ ran $< 1.0$ 範圍內的數字，則其平均值應該接近 0.5，而標準差也應該接近 $\frac{1}{\sqrt{12}}$。

此外，假設我們在介於 0 和 1 的範圍，劃分成幾個相同大小的區間，則落入這些區間的亂數個數應大致相同。**直方圖（histogram）**可用來畫出這些區間的亂數個數。MATLAB 的 histogram 函式將從輸入資料中產生並畫出一張直方圖，而我們將使用這個直方圖，來驗證由 random0 函式所產生的亂數分布。

為了測試這些函式的結果，我們將執行以下的測試條件：

1. 呼叫 seed 函式，並設定 new_seed 等於 1024。
2. 呼叫 random0(4) 函式以查看輸出是否為隨機。
3. 呼叫 random0(4) 函式以確定每次的結果都不一樣。
4. 再次呼叫 seed 函式，並設定 new_seed 等於 1024。

5. 呼叫 random0(4) 以查看結果是否與（2）的結果相同。這是為了驗證 seed 函式是否被正確地重新設定。
6. 呼叫 random0(2,3) 以驗證兩個輸入引數是否被正確地使用。
7. 呼叫 random0(1,100000) 並使用 MATLAB 函數 mean 和 std，來計算產生資料的平均值及標準差。比較這些結果是否接近 0.5 及 $\frac{1}{\sqrt{12}}$。
8. 從（7）所得的資料，產生一張直方圖，以驗證在每個區間是否落下大約相等數目的亂數。

我們將執行這些測試，以確認我們之前所預期的結果。

```
» seed(1024)
» random0(4)
ans =
    0.0598    1.0000    0.0905    0.2060
    0.2620    0.6432    0.6325    0.8392
    0.6278    0.5463    0.7551    0.4554
    0.3177    0.9105    0.1289    0.6230
» random0(4)
ans =
    0.2266    0.3858    0.5876    0.7880
    0.8415    0.9287    0.9855    0.1314
    0.0982    0.6585    0.0543    0.4256
    0.2387    0.7153    0.2606    0.8922
» seed(1024)
» random0(4)
ans =
    0.0598    1.0000    0.0905    0.2060
    0.2620    0.6432    0.6325    0.8392
    0.6278    0.5463    0.7551    0.4554
    0.3177    0.9105    0.1289    0.6230
» random0(2,3)
ans =
    0.2266    0.3858    0.5876
    0.7880    0.8415    0.9287
» edit random
» mean(arr)
ans =
    0.5001
» std(arr)
ans =
    0.2887
» histogram(arr,10)
» title('\bfHistogram of the Output of random0');
» xlabel('Bin');
» ylabel('Count');
```

這些測試結果看起來相當合理，所以函式似乎可以正常工作。這些亂數資料的平均值為 0.5001，與理論值的 0.5000 非常接近，而亂數資料的標準差為 0.2887，在顯示的位數上也與理論值一致。圖 6.5 的直方圖顯示了亂數的分布也概略地平均分布在各個區間內。

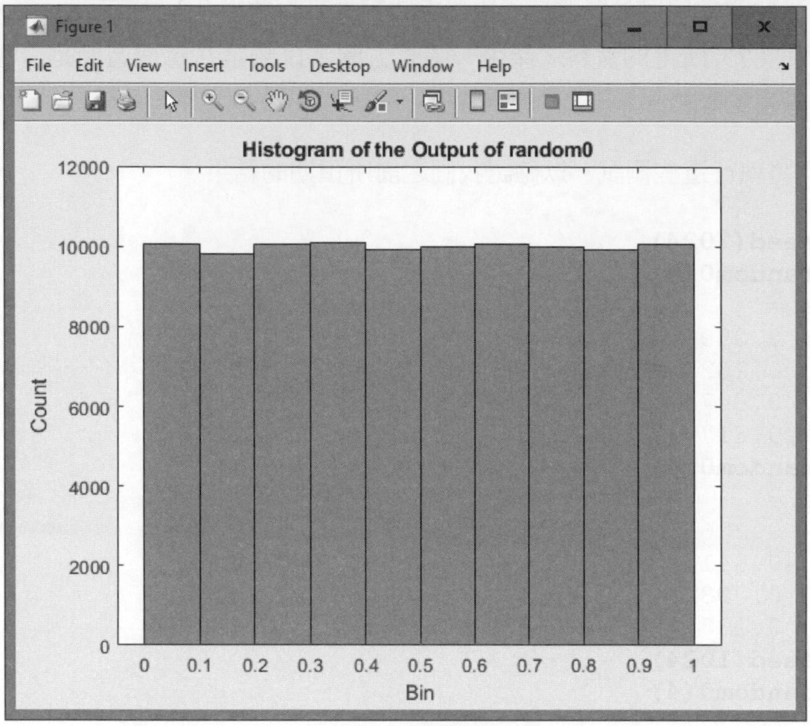


**圖 6.5** `random0` 函式輸出資料的長方圖。

## 6.5 函式呼叫間的資料保存

當一個函式執行完成後，由該函式所產生的特定工作區會被消除，所以函式內區域變數的內容也會全部消失。當下一次呼叫這個函式時，便會產生新的工作區，而函式的所有區域變數也會回復變為預設值。這種行為模式通常是我們所期望的，因為這能保證我們每次呼叫 MATLAB 函式時，其函式表現具有重複性。

有時候保存一些函式呼叫間的局部函式資訊，會是很有用的。舉例來說，我們可能會設計一個計數器，計算函式曾經被呼叫過幾次。如果每當函式結束時，計數器的內容就消失，則此計數器的計數將永遠不會再超過 1！

MATLAB 具有一個特別的機制，允許函式呼叫之間的區域變數可以保存下來。**續存記憶體**（persistent memory）是一種特別類型的記憶體，只允許在函式內存取，而在函數呼叫之間，其值保持不變。

續存變數可由 **`persistent` 敘述式**（**`persistent`** statement）來宣告，其敘述的形式是：

```
persistent var1 var2 var3 ...
```

其中 *var1*、*var2*、*var3* 等是保存在續存記憶體裡的變數。

**良好的程式設計**

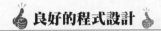

在函式呼叫之間，使用續存記憶體來保存函式中區域變數的值。

## 例 6.5　移動平均值

有時候我們需要在連續輸入資料時，計算這些輸入數字的動態統計資料。內建的 MATLAB 函式 `mean` 及 `std` 可以達到這個要求，但是我們必須在每一次鍵入新資料值後，傳送整組新的資料以重新計算結果。另一個更好的計算方式是撰寫一個特別的函式，在函式呼叫間，追蹤變動中的數值總和，而且只需要考慮最新的數字，便能計算最新的平均值與標準差。

一組數字的平均值或算術平均數之定義如下：

$$\bar{x} = \frac{1}{N}\sum_{i=1}^{N} x_i \tag{6.8}$$

其中 $x_i$ 是 $N$ 個樣本中的第 $i$ 個樣本值，而其標準差定義如下：

$$s = \sqrt{\frac{N\sum_{i=1}^{N} {x_i}^2 - \left(\sum_{i=1}^{N} x_i\right)^2}{N(N-1)}} \tag{6.9}$$

標準差是測量資料散布情形的一項指標；標準差愈大，代表一組資料的資料值散布愈廣。如果我們可以追蹤資料個數 $N$，資料值總和 $\sum x$，以及資料的平方總和 $\sum x^2$，則我們可以在任何時間從方程式 (6.8) 和 (6.9)，計算平均值與標準差。

請寫出一個函式，當輸入資料時，就計算其移動平均值以及標準差。

**◈ 解答**

函式必須能一次輸入一個數值，並同步計算資料個數 $N$、$\sum x$ 及 $\sum x^2$ 的移動總和，以便用來計算移動平均值及標準差。此函式也需要把移動總和統計值，儲存在續存記憶體，使得這些值能在函式呼叫之間保存。最後，還需要一個機制用來重新設定移動總和統計值。

1. 敘述問題

   產生一個函式，當輸入一個新的數值時，即時計算該組資料的動態平均值及標準差。這個函式也必須應使用者的需要，重新設定動態總和統計值。

2. 定義輸入與輸出

   函式有兩種類型的輸入值：

   1. 使用字元字串 'reset' 重新設定動態總和統計值為零。
   2. 輸入資料集合裡的數值，每呼叫函式一次，便顯示一個數值。

   函式的輸出，是提供給這個函式資料的平均值與標準差。

3. 設計演算法

   這個函式可以分成四個主要步驟：

   檢查合法的引數個數
   檢查 'reset' 並重新設定總和值
   否則，增加新的數值到動態總和值
   　　如果有足夠多的資料計算並傳回動態平均值與標準差
   　　如果資料不夠的話就傳回零

   這些步驟的詳細虛擬碼為：

```
Check for a legal number of arguments
if x == 'reset'
   n ← 0
   sum_x ← 0
   sum_x2 ← 0
else
   n ← n + 1
   sum_x ← sum_x + x
   sum_x2 ← sum_x2 + x^2
end
% Calculate ave and sd
if n == 0
   ave ← 0
   std ← 0
elseif n == 1
   ave ← sum_x
   std ← 0
else
```

```
    ave ← sum_x / n
    std ← sqrt((n*sum_x2 - sum_x^2) / (n*(n-1)))
 end
```

4. 把演算法轉換成 MATLAB 敘述

最後的 MATLAB 函式顯示如下：

```
function [ave, std] = runstats(x)
%RUNSTATS Generate running ave / std deviation
% Function RUNSTATS generates a running average
% and standard deviation of a data set. The
% values x must be passed to this function one
% at a time. A call to RUNSTATS with the argument
% 'reset' will reset the running sums.

% Define variables:
%   ave      -- Running average
%   n        -- Number of data values
%   std      -- Running standard deviation
%   sum_x    -- Running sum of data values
%   sum_x2   -- Running sum of data values squared
%   x        -- Input value
%
%  Record of revisions:
%      Date        Programmer          Description of change
%      ====        ==========          =====================
%    02/05/18    S. J. Chapman       Original code

% Declare persistent values
persistent n                % Number of input values
persistent sum_x            % Running sum of values
persistent sum_x2           % Running sum of values squared

% Check for a legal number of input arguments.
narginchk(1,1);

% If the argument is 'reset', reset the running sums.
if x == 'reset'
   n = 0;
   sum_x = 0;
   sum_x2 = 0;
else
   n = n + 1;
   sum_x = sum_x + x;
   sum_x2 = sum_x2 + x^2;
end

% Calculate ave and sd
```

```
if n == 0
   ave = 0;
   std = 0;
elseif n == 1
   ave = sum_x;
   std = 0;
else
   ave = sum_x / n;
   std = sqrt((n*sum_x2 - sum_x^2) / (n*(n-1)));
end
```

5. 測試程式

為了測試這個函式，我們必須產生一個程序檔，來重新設定 runstats 函式、讀取輸入值、呼叫 runstats 函式、顯示移動統計值。我們編寫了一個適合的程序檔如下：

```
%  Script file: test_runstats.m
%
%  Purpose:
%    To read in an input data set and calculate the
%    running statistics on the data set as the values
%    are read in. The running stats will be written
%    to the Command Window.
%
%  Record of revisions:
%      Date       Programmer           Description of change
%      ====       ==========           =====================
%    02/05/18    S. J. Chapman         Original code
%
% Define variables:
%   array  -- Input data array
%   ave    -- Running average
%   std    -- Running standard deviation
%   ii     -- Index variable
%   nvals  -- Number of input values
%   std    -- Running standard deviation

% First reset running sums
[ave std] = runstats('reset');

% Prompt for the number of values in the data set
nvals = input('Enter number of values in data set: ');

% Get input values
for ii = 1:nvals

   % Prompt for next value
```

```
    string = ['Enter value ' int2str(ii) ': '];
    x = input(string);
    % Get running statistics
    [ave std] = runstats(x);

    % Display running statistics
    fprintf('Average = %8.4f; Std dev = %8.4f\n',ave,std);

end
```

為了測試這個函式，我們將手動計算一組五個數字的移動統計值，並且比較手算值與程式計算值是否相同。假設這組資料為下列五個輸入值：

3., 2., 3., 4., 2.8

則手動計算的移動統計結果是：

| Value | $n$ | $\sum x$ | $\sum x^2$ | Average | Std_dev |
|---|---|---|---|---|---|
| 3.0 | 1 | 3.0 | 9.0 | 3.00 | 0.000 |
| 2.0 | 2 | 5.0 | 13.0 | 2.50 | 0.707 |
| 3.0 | 3 | 8.0 | 22.0 | 2.67 | 0.577 |
| 4.0 | 4 | 12.0 | 38.0 | 3.00 | 0.816 |
| 2.8 | 5 | 14.8 | 45.84 | 2.96 | 0.713 |

對於此筆輸入資料，測試程式的輸出為：

```
» test_runstats
Enter number of values in data set: 5
Enter value 1:  3
Average =   3.0000; Std dev =   0.0000
Enter value 2:  2
Average =   2.5000; Std dev =   0.7071
Enter value 3:  3
Average =   2.6667; Std dev =   0.5774
Enter value 4:  4
Average =   3.0000; Std dev =   0.8165
Enter value 5:  2.8
Average =   2.9600; Std dev =   0.7127
```

所以程式結果與手動計算結果的小數點準確位數是一致的。

## 6.6 MATLAB 內建函式：排序函式

MATLAB 內建兩個非常有效率的資料排序函式，它們的執行速度遠比我們在範例 6.2 所撰寫的排序函式快速，而且隨著資料集數量的增加，其速度的差異更是急遽地增加，因此要使用這些排序函式，而不是使用範例 6.2 的排序函式。

sort 函式可將一組資料排序成遞增或遞減順序。如果這組資料是一個行或列向量，整組資料會進行排序。如果這組資料是一個二維矩陣，則矩陣的行向量會被分別排序。

sort 函式的常見形式為

```
res = sort(a);              % 排成遞增順序
res = sort(a,'ascend');     % 排成遞增順序
res = sort(a,'descend');    % 排成遞減順序
```

如果 a 是一個向量，整組資料會依照特定的順序進行排序。舉例來說：

```
» a = [1 4 5 2 8];
» sort(a)
ans =
     1     2     4     5     8
» sort(a,'ascend')
ans =
     1     2     4     5     8
» sort(a,'descend')
ans =
     8     5     4     2     1
```

如果 b 是一個矩陣，則資料會依矩陣的行向量被分別排序。舉例來說：

```
» b = [1 5 2; 9 7 3; 8 4 6]
b =
     1     5     2
     9     7     3
     8     4     6
» sort(b)
ans =
     1     4     2
     8     5     3
     9     7     6
```

sortrows 函式將一個矩陣的資料依照某一或某些特定欄位的資料進行遞增或遞減排序。

sortrows 函式的常見形式為

```
res = sortrows(a);      % 第 1 欄資料排成遞增順序
res = sortrows(a,n);    % 第 n 欄資料排成遞增順序
res = sortrows(a,-n);   % 第 n 欄資料排成遞減順序
```

sortrows 函式也可以對一個欄位以上的資料進行排序。舉例來說，下列敘述式

```
res = sortrows(a,[m n]);
```

會針對第 m 欄的列資料排序，如果在第 m 欄的資料有兩列以上的資料數值相同，則進一步依照第 n 欄相對應的列資料排序。

舉例來說，假設 b 是一個定義如下列程式片段的矩陣，則 sortrows(b) 將第 1 欄資料排成遞增順序；而 sortrows(b,[2 3]) 將根據第 2 欄資料排成遞增順序，因為第 2 欄的資料有兩列數值相同，其順序則依第 3 欄相對應的列資料排序。

```
» b = [1 7 2; 9 7 3; 8 4 6]
b =
     1     7     2
     9     7     3
     8     4     6
» sortrows(b)
ans =
     1     7     2
     8     4     6
     9     7     3
» sortrows(b,[2 3])
ans =
     8     4     6
     1     7     2
     9     7     3
```

## 6.7 MATLAB 內建函式：亂數函式

MATLAB 內建兩個標準的函式，用來產生不同分布形式的亂數。它們是

- rand—在 [0,1) 區間內產生均勻分布的亂數
- randn—產生標準常態分布的亂數

這兩個函式都比之前我們所寫的亂數函式，更為快速而且更為「隨機」。如果你真的需要在程式裡使用亂數，務必使用這兩個函式。

對均勻分布亂數而言，每一個在 [0,1) 區間的數值都有相同出現的機率。對比之下，常態分布數值的出現機率是一個典型的「鐘形曲線」，而最可能出現的是以 0.0 為中心且在一個標準差（standard deviation）內的數值。

函式 rand 與 randn 呼叫順序如下：

- rand()—產生單一亂數
- rand(n)—產生一個 $n \times n$ 亂數陣列
- rand(m,n)—產生一個 $m \times n$ 亂數陣列

## 6.8 總結

第 6 章介紹了使用者定義函式。函式是一種特別型態的 M 檔案，它可以藉由輸入引數來接收資料，也可以透過輸出引數傳回結果。每一個函式都有自己獨立的工作區。每一個正常的函式應該寫在獨立的檔案內，並使用函式的名稱當作檔名，而且字母的大小寫也要相同。

在指令視窗鍵入或是在其他的 M 檔案裡寫入一些函式的名稱，就可以呼叫這些函式。呼叫函式所用的名字，應該要與函式名稱的字母大小寫完全相同。引數是使用按值傳遞的方式傳給函式，意即 MATLAB 會複製每個引數，並把複製的內容傳給函式。這個複製的行為非常重要，因為這使得函式能自由地修改輸入引數，而不會影響到呼叫函式中的真實引數。

MATLAB 函式可以支援輸入與輸出引數個數變動的功能。nargin 函式傳回在函數呼叫中，實際使用的輸入引數個數，而 nargout 函式則會傳回在函數呼叫中，實際使用的輸出引數個數。

資料可以利用共用記憶體，以達到在 MATLAB 函式間共享資料的目的。我們可以使用 global 敘述來宣告變數為全域變數。只要變數宣告為全域變數，便可以在所有的函式中共用這個變數。一般程式撰寫的慣例，會以全部大寫的字母，表示全域變數的名稱。

將資料存在續存記憶體裡，使得在函式呼叫之間可以保存函式的內部資料。利用 persistent 敘述可完成續存變數的宣告。

### 6.8.1 良好的程式設計總結

當需要使用 MATLAB 函式時必須遵守下列指導原則。

1. 如果可能的話，將大型程式工作分成數個較小卻容易了解的函式。
2. 以大寫字母宣告全域（global）變數，使其容易與區域（local）變數區別。
3. 在使用到全域變數的函式中，於使用說明與第一個可執行的敘述式之間，宣告所有的全域變數。
4. 你可使用共用記憶體，在程式的函式之間傳遞大量資料。
5. 在函式呼叫之間，使用續存記憶體來保存函式中區域變數的值。

### 6.8.2 MATLAB 總結

以下列表總結本章所有描述過的 MATLAB 指令及函式，並附加一段簡短的敘述，以供讀者參考。

| 指令與函式 | |
|---|---|
| error | 顯示錯誤的訊息，並中斷執行產生錯誤函式的執行。這個函式是用在當引數產生錯誤是嚴重的（fatal）情況。 |
| global | 宣告全域變數。 |
| narginchk | 假如用來呼叫函式的引數太少或是太多，這個函式將傳回一個標準的錯誤訊息。 |
| nargin | 傳回用來呼叫函式的實際輸入引數數目。 |
| nargout | 傳回用來呼叫函式的實際輸出引數數目。 |
| persistent | 宣告續存變數 |
| rand | 產生均勻分布的亂數值。 |
| randn | 產生常態分布的亂數值。 |
| return | 停止正在執行的函式，並回到呼叫函式。 |
| sort | 將資料依遞增或遞減順序排列。 |
| sortrows | 根據所指定的欄位將一個矩陣的列資料依遞增或遞減順序排列。 |
| warning | 顯示警告的訊息，並繼續執行函式。這個函式是被用在當引數的錯誤並不嚴重，而函式的執行可以繼續的情況。 |

## 6.9 習題

6.1 程序檔與函式有什麼不同？

6.2 當呼叫函式時，資料是如何從呼叫函式傳給這個函式，而計算結果是如何從函式傳回呼叫函式？

6.3 MATLAB 函式使用按值傳遞方法，此法有何優缺點？

6.4 修改在本章所發展的選擇排序函式，讓函式能夠接受第 2 個選擇性引數，這個引數可以是 'up' 或是 'down'。如果引數是 'up'，對資料做遞增排序；如果引數是 'down'，對資料做遞減排序；如果沒有輸入引數，則預設對資料做遞增排序（請確定對不合法的輸入引數做處理，並記得在你的函式中加上適當的說明資訊）。

6.5 MATLAB 函式 sin、cos 與 tan 的輸入單位為弧度，而函式 asin、acos、atan 與 atan2 的輸出單位也是弧度。寫出一套新的三角函式 sin_d、cos_d 等，使得其輸入與輸出單位皆為角度而非弧度。記得測試你的函式。（注意：MATLAB 的近來版本已有內建函式 sind、cosd 等，可以接受輸入的單位是角度而非弧度。你可以用你的函式以及相對應的內建函式，以相同的輸入求值，來驗證你的函式是否正常運作。）

6.6 寫一個 `f_to_c` 函式，接受華氏溫度，然後傳回攝氏溫度。溫度轉換方程式為

$$T(\text{in°C}) = \frac{5}{9}[T(\text{in°F}) - 32.0] \tag{6.10}$$

6.7 寫一個 `c_to_f` 函式，接受攝氏溫度，然後傳回華氏溫度。溫度轉換方程式為

$$T(\text{in°F}) = \frac{9}{5}T(\text{in°C}) + 32 \tag{6.11}$$

用實例說明，此函式是習題 6.6 函式的反函式，換言之，用實例說明 `c_to_f(f_to_c(temp))` 表示式的執行結果是原來的溫度 `temp`。

6.8 **階乘函數**。階乘函數的定義如下

$$n! = \begin{cases} 1 & n = 0 \\ n \times (n-1) \times (n-2) \times \ldots \times 2 \times 1 & n > 0 \end{cases} \tag{6.12}$$

其中 $n$ 為 0 或正整數。撰寫一個 `factorial` 函式，計算階乘函數。該函式應檢查輸入引數的正確數量，倘若太多或太少引數，則會出現錯誤訊息。函式還應檢查輸入為一個非負整數，如果數值不正確，則產生錯誤訊息。

6.9 一個具有三個頂點 $(x_1, y_1)$、$(x_2, y_2)$ 與 $(x_3, y_3)$ 的三角形（見圖 6.6），其面積可表示成

$$A = \frac{1}{2}\begin{vmatrix} x_1 & x_2 & x_3 \\ y_1 & y_2 & y_3 \\ 1 & 1 & 1 \end{vmatrix} \tag{6.13}$$

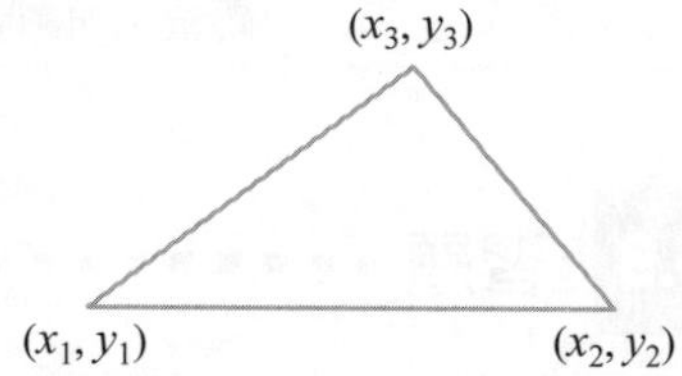


**圖 6.6 一個具有三個頂點 $(x_1, y_1)$、$(x_2, y_2)$ 與 $(x_3, y_3)$ 的三角形。**

其中 | | 是行列式值運算。如果三個頂點排成反時鐘次序，傳回的面積是正數；如果三點排成順時鐘次序，則傳回的面積是負數。這個行列式值經由手動計算可得到下列方程式

$$A = \frac{1}{2}[x_1(y_2 - y_3) - x_2(y_1 - y_3) + x_3(y_1 - y_2)] \tag{6.14}$$

撰寫一個函式 `area2d`，在給定三個頂點下，利用 (6.14) 式計算一個三角形的面積。然後藉由計算三個頂點 (0, 0)、(5, 0) 與 (15,10) 的三角形面積，來測試你的函式。

6.10 利用方程式 (6.13)，撰寫一個新的函式 `area2d_1` 計算三角形面積。產生如下的矩陣，

$$\text{arr} = \begin{bmatrix} x_1 & x_2 & x_3 \\ y_1 & y_2 & y_3 \\ 1 & 1 & 1 \end{bmatrix} \tag{6.15}$$

然後用 `det()` 函式計算 `arr` 矩陣的行列式值。證明新的函式與習題 6.9 產生的函式結果相同。

6.11 一個多邊形面積可拆解成一序列的三角形面積，如圖 6.7 所示。如果這是 $n$ 邊多邊形，則可分成 $n-2$ 個三角形。寫一個函式，計算多邊形的邊長以及其包圍的面積。利用前一個習題的函式 `area2d` 來計算多邊形的面積。撰寫一個程式，接受一個多邊形排序的端點清單，然後呼叫你的函式傳回多邊形的邊長與面積。接著藉由計算以(0, 0)、(9, 0)、(8, 9)、(2, 10)與(–4, 5)為端點多邊形的邊長與面積，來測試你的函式。

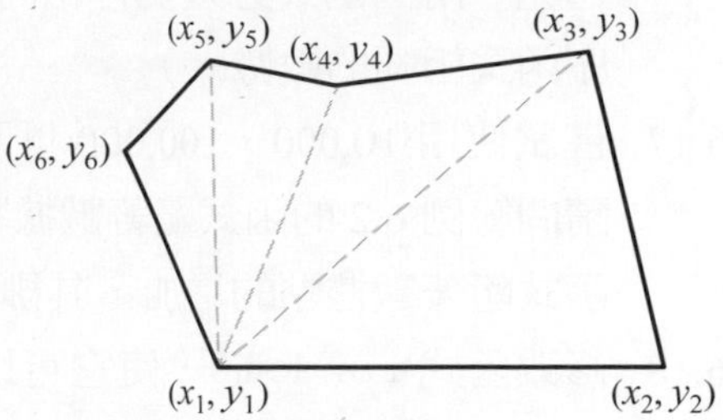


**圖 6.7　一個任意多邊形可拆解成一序列的三角形，如果是 $n$ 邊的多邊形，則可分成 $n-2$ 個三角形。**

6.12 **傳輸線的電感**。一個單相雙線式傳輸線每公尺的電感可以表示成下列方程式，

$$L = \frac{\mu_0}{\pi}\left[\frac{1}{4} + \ln\left(\frac{D}{r}\right)\right] \tag{6.16}$$

其中 $L$ 是以 H（亨利）為單位的每公尺傳輸線電感值，$\mu_0 = 4\pi \times 10^{-7}$ H/m 是自由空間的導磁率，$D$ 是兩個導線之間的距離，而 $r$ 是每條導線的半徑。寫出一個計算一條傳輸線總電感量的函式，而其輸入引數為其長度（單位 km）、兩個導線的距離，以及每條導線的直徑。利用這個函式來計算一條長度 120 km 傳輸線的電感，而導線的半徑 $r = 2.5$ cm 且兩個導線之間的距離 $D = 2.0$ m。

6.13 根據 (6.16) 式，如果傳輸線的導線半徑增加的話，傳輸線的電感會增加或減少？如果傳輸線的每條導線直徑加倍的話，則此傳輸線的電感會改變多少？

6.14 **傳輸線的電容**。一個單相雙線式傳輸線每公尺的電容可以表示成下列方程式，

$$C = \frac{\pi\varepsilon}{\ln\left(\frac{D-r}{r}\right)} \tag{6.17}$$

其中 $C$ 是以 F（法拉）為單位的每公尺傳輸線電容值，$\varepsilon_0 = 8.85 \times 10^{-12}$ F/m 是自由空間的電容率，$D$ 是兩個導線之間的距離，而 $r$ 是每條導線的半徑。寫出一個計算一條傳輸線總電容量的函式，而其輸入引數為其長度（單位 km）、兩個導線的距離，以及每條導線的直徑。利用這個函式來計算一條長度 120 km 傳輸線的電容，而導線的半徑 $r = 2.5$ cm 且兩個導線之間的距離 $D = 2.0$ m。

6.15 當兩條導線的距離增加時，傳輸線的電感與電容會如何變化？

6.16 利用 `random0` 函式產生一組 100,000 個亂數。將這組數據排序兩次，先以範例 6.2

的 ssort 函式排序，再以 MATLAB 內建函式 sort 排序。使用 tic 與 toc 對兩個排序函式計時，請問兩個排序函式的執行時間比較為何？（注意：為了公平起見，兩個函式必須要有相同的數據集。請務必複製原始陣列，然後提供兩個排序函式相同的數據。）

6.17 嘗試使用 10,000、100,000 以及 200,000 個數據點在習題 6.16 的兩個排序函式。請問範例 6.2 的函式隨著數據點的增加，其排序時間如何增加？而 MATLAB 內建函式隨著數據點的增加，其排序時間如何增加？請問哪一個函式較有效率？

6.18 修改函式 random0，使它可以接收 0、1 或 2 個呼叫引數。如果函式沒有呼叫引數，應該傳回一個亂數值；如果有 1 個或 2 個呼叫引數，它應該產生與之前相同的結果。

6.19 目前所寫的 random0 函式，如果沒有先呼叫 seed 函式，將會產生錯誤。修改 random0 函式，使得如果沒有呼叫 seed 函式，它也能有個預設種子可使程式運作正常。

6.20 **骰子模擬。**能夠模擬丟出一個公平的骰子，是很有用的一件事。試寫出一個 MATLAB 函式 dice，以模擬丟出一個公平的骰子。藉著每次呼叫函式時，傳回一個 1 到 6 的整數值（提示：呼叫 random0 以產生一個亂數，把 random0 產生的數字分成 6 個相等大小的區間，並傳回這亂數落在某個區間時的區間號碼）。

6.21 **道路交通密度。**random0 函式可以產生一個均勻分布在範圍 [0.0, 1.0) 間的亂數值。如果每個事件發生的機率都相等，此函式將非常適合模擬這些隨機發生的事件。然而，在很多情況下，這些事件發生的機率並不會相等，而對這樣的事件使用均勻分布的情況來進行模擬，其實並不是很適當。

舉例來說，交通工程人員去追蹤在某段時間間隔 $t$ 內，在某個指定地點，所通過車子的總數量。他們發現，在時間間隔內，$k$ 輛車子通過的機率，可以由下面方程式得到：

$$P(k,t) = e^{-\lambda t}\frac{(\lambda t)^k}{k!} \quad t \ge 0,\ \lambda > 0 \text{ 且 } k = 0, 1, 2, \ldots \tag{6.18}$$

這種機率分布稱為帕松分布（Poisson distribution）。在許多的科學及工程學應用領域裡，都可以觀察到這種分布情形。舉例來說，在某個時間間隔 $t$ 內，打電話到總機的次數 $k$，或者是在某個液體體積 $t$，所含有的細菌數目 $k$，以及在某個時間間隔 $t$ 內，一個複雜的系統發生的錯誤次數 $k$，其機率發生的分布情形，皆屬於帕松分布。

請撰寫一個函式，對任何的 $k$、$t$ 及 $\lambda$，計算帕松分布。以下列數據測試你的函式，對高速公路來說，給定 $\lambda$ 是每分鐘 1.5，計算在 1 分鐘內，通過高速公路某處的車子數目為 0, 1, 2, ..., 5 輛車的機率。畫出 $t = 1$ 及 $\lambda = 1.5$ 時的帕松分布圖形。

6.22 請寫出三個 MATLAB 函式，分別計算雙曲正弦、餘弦和正切函數：

$$\sinh(x) = \frac{e^x - e^{-x}}{2} \qquad \cosh(x) = \frac{e^x + e^{-x}}{2} \qquad \tanh(x) = \frac{e^x - e^{-x}}{e^x + e^{-x}}$$

使用你的函數畫出雙曲正弦、餘弦和正切函數圖形。

6.23 比較習題 6.22 產生的函式與內建函式 `sinh`、`cosh` 與 `tanh` 的結果。

6.24 針對習題 5.19 的數據，寫出一個 MATLAB 函式來進行其移動平均濾波器。使用習題 5.19 相同的數據，測試你的函式。

6.25 針對習題 5.20 的數據，寫出一個 MATLAB 函式來進行其中值濾波器。使用習題 5.20 相同的數據，測試你的函式。

6.26 **伴隨排序。**我們通常對一個陣列 `arr1` 做遞增排序時，另一個陣列 `arr2` 也會同時伴隨著 `arr1` 陣列一起改變排序。在這種情形下，當 `arr1` 陣列中的某個元素與其他元素交換位置時，`arr2` 陣列所對應到的元素也會伴隨著一起交換。而當排序完成後，`arr1` 陣列是遞增排序，但 `arr2` 陣列裡的元素仍然跟 `arr1` 陣列的某個原先對應的元素排在一起。舉例來說，假設我們有下面兩個陣列：

| Element | arr1 | arr2 |
| --- | --- | --- |
| 1. | 6. | 1. |
| 2. | 1. | 0. |
| 3. | 2. | 10. |

當針對 `arr1` 陣列排序並伴隨著 `arr2` 陣列時，這兩個陣列的內容會變成：

| Element | arr1 | arr2 |
| --- | --- | --- |
| 1. | 1. | 0. |
| 2. | 2. | 10. |
| 3. | 6. | 1. |

試寫出一個函式，對某個實數陣列伴隨著另一個陣列做遞增排序。測試你的函式，使用下面兩個包含 9 個元素的陣列：

```
a = [1, 11, -6, 17, -23, 0, 5,  1, -1];
b = [31, 101, 36, -17,  0, 10, -8, -1, -1];
```

6.27 習題 6.26 的伴隨排序函式是內建函式 `sortrows` 的一個特例，而其排序的資料是具有兩行的矩陣。建立一個包含前一個習題 `a` 與 `b` 兩個行向量的矩陣 `c`，然後使用 `sortrows` 對資料排序。請問排完序的數據跟習題 6.26 的結果比較為何？

6.28 比較 `sortrows` 函式與習題 6.26 產生的伴隨排序函式，兩者間的效能。為了測試這個結果，請建立兩個一樣大小的 10,000 × 2 元素陣列，裡面包含亂數值。並利用這兩個函式去對陣列中的第一欄伴隨著第二欄做排序。請利用 `tic` 及 `toc`

函式，來分別算出這兩個排序函式所花費的執行時間。請問你的函式執行速度與標準函式 sortrows 的執行速度比起來相差多少？

6.29 圖 6.8 顯示了 2 艘船行駛在海洋上，船 1 在座標 $(x_1, y_1)$，沿著方向角 $\theta_1$ 行駛，船 2 在座標 $(x_2, y_2)$，沿著方向角 $\theta_2$ 行駛。假設船 1 在雷達上距離 $r_1$ 及夾角 $\phi_1$ 發現某個目標。試寫出一個 MATLAB 函式，以計算出船 2 看到這個目標的距離 $r_2$ 及夾角 $\phi_2$。

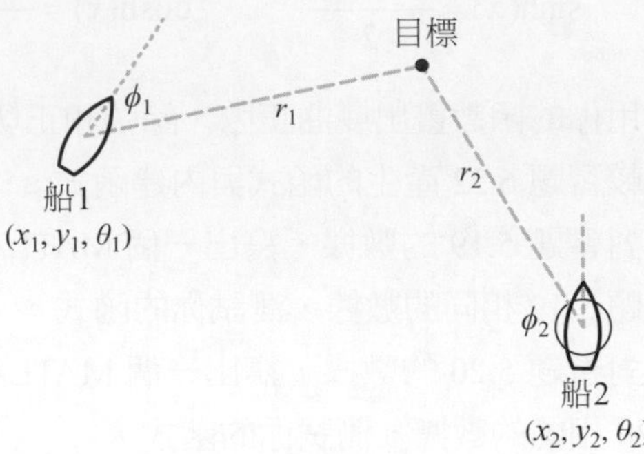


**圖 6.8　兩艘船的位置分別在 $(x_1, y_1)$ 和 $(x_2, y_2)$。船 1 正沿著方向角 $\theta_1$ 行駛，而船 2 則是沿著方向角 $\theta_2$ 行駛。**

6.30 **最小平方線性擬合**。請寫出一個函數，計算一個輸入資料集合的最小平方近似線斜率 $m$ 與截距 $b$。利用兩個陣列 x, y，把輸入資料點 $(x, y)$ 傳給函數（在前一章的範例 5.6，已提供最小平方近似線斜率與截距的方程式）請利用測試程式與下面的 20 點輸入資料，測試你的函式：

測試最小平方配合函數的測試資料

| No. | x | y | No. | x | y |
|---|---|---|---|---|---|
| 1 | −4.91 | −8.18 | 11 | −0.94 | 0.21 |
| 2 | −3.84 | −7.49 | 12 | 0.59 | 1.73 |
| 3 | −2.41 | −7.11 | 13 | 0.69 | 3.96 |
| 4 | −2.62 | −6.15 | 14 | 3.04 | 4.26 |
| 5 | −3.78 | −6.62 | 15 | 1.01 | 6.75 |
| 6 | −0.52 | −3.30 | 16 | 3.60 | 6.67 |
| 7 | −1.83 | −2.05 | 17 | 4.53 | 7.70 |
| 8 | −2.01 | −2.83 | 18 | 6.13 | 7.31 |
| 9 | 0.28 | −1.16 | 19 | 4.43 | 9.05 |
| 10 | 1.08 | 0.52 | 20 | 4.12 | 10.95 |

6.31 **最小平方擬合的相關係數**。請寫出一個函數，計算一個輸入資料集合的最小平方近似線斜率 $m$ 與截距 $b$，以及擬合直線的相關係數。利用兩個陣列 x, y，把輸入資料點 $(x, y)$ 傳給函式。在前一章的範例 5.6，已提供最小平方近似線斜率與截距的方程式，而相關係數的方程式為：

$$r = \frac{n(\sum xy) - (\sum x)(\sum y)}{\sqrt{[(n\sum x^2) - (\sum x)^2][(n\sum y^2) - (\sum y)^2]}} \tag{6.19}$$

其中，

$\sum x$ 是 $x$ 的總和

$\sum y$ 是 $y$ 的總和

$\sum x_2$ 是 $x$ 平方的總和

$\sum y_2$ 是 $y$ 平方的總和

$\sum xy$ 是 $x$ 和 $y$ 的乘積總和

$n$ 是資料的點數

請使用測試程式，以及前一題的 20 點輸入資料，測試你的函式。

6.32 利用 random0 函式，寫出一個 random1 函式，以產生在 [–1, 1) 區間均勻分布的亂數。藉由計算並顯示 20 個亂數樣本點，測試你的程式。

6.33 **高斯（常態）分布。** random0 函式會傳回 [0, 1) 範圍間均勻分布的亂數值，意即當呼叫函式時，任何給定的數值在此範圍內出現的機率是相同的。高斯分布是另一種類型的隨機分布，其亂數分布如圖 6.9 所示的古典鐘形曲線。如果高斯分布平均值為 0.0，而且標準差為 1.0 時，稱為標準化常態分布。在標準化常態分布下，任何給定值發生的機率為：

$$p(x)=\frac{1}{\sqrt{2\pi}}e^{-x^2/2} \tag{6.20}$$

只要依照以下的步驟，我們可以取 [–1, 1) 範圍內所產生均勻分布的亂數值，產生標準化常態分布的亂數：

1. 從 [–1, 1) 範圍內選擇兩個均勻分布的隨機變數 $x_1$ 與 $x_2$，使得 $x_1^2+x_2^2<1$。為了產生這兩個變數，先從範圍 [–1, 1) 內選擇兩個均勻分布的隨機變數，並確定其平方和是否小於 1。如果是，則使用這兩個變數，如果不是，重試一次。
2. 經過下式運算的 $y_1$ 和 $y_2$，便是常態分布的隨機變數。

$$y_1=\sqrt{\frac{-2\ln r}{r}}x_1 \tag{6.21}$$

$$y_2=\sqrt{\frac{-2\ln r}{r}}x_2 \tag{6.22}$$

其中，

$$r=x_1^2+x_2^2 \tag{6.23}$$

請寫出一個函式，在每次呼叫函式時，都會傳回常態分布的亂數值。產生 1000 個亂數值來測試你的函式，

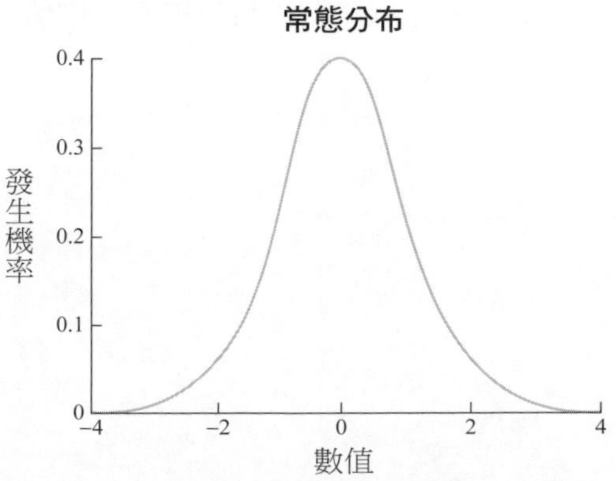


圖 6.9　常態分布圖。

計算其標準差，並產生這分布的直方圖。你所計算出的標準差是否很接近 1.0 ？

6.34 將習題 6.33 所撰寫的函式產生的高斯分布函數，與內建的 MATLAB 函數 `randn` 進行比較。利用這兩個函式分別產生 100,000 個元素的陣列，並對每個陣列的數值分布繪製 21 個區間的直方圖。比較這兩個陣列分布的差異？

6.35 **重力**。在兩個物體質量 $m_1$ 與 $m_2$ 間的重力 $F$，可由下面的等式決定：

$$F = \frac{G m_1 m_2}{r^2} \tag{6.24}$$

其中 $G$ 是重力常數 ($6.672 \times 10^{-11}$ N-m$^2$/kg$^2$)，$m_1$ 與 $m_2$ 分別是物體的質量，其單位為公斤，而 $r$ 是兩個物體間的距離。請寫出一個函式，如果給定物體的質量以及相隔的距離，計算出這兩個物體間的重力。藉由計算地球上空衛星所受的重力，來測試你的函式，假設其質量為 800 kg，軌道高度 38,000 km（地球質量為 $6.98 \times 10^{24}$ kg）。

6.36 **雷利分布**。許多實際問題都會發現到另一種亂數分布——雷利分布。雷利分布的亂數值，可對常態分布下的兩個亂數平方和取平方根得到。換句話說，要產生雷利分布的亂數值 $r$，先要取得兩個常態分布下的亂數值（$n_1$ 與 $n_2$），然後再依下式計算：

$$r = \sqrt{n_1^{\,2} + n_2^{\,2}} \tag{6.25}$$

(a) 產生一個函式 `rayleigh(n,m)`，可以傳回一個雷利分布的 `n × m` 亂數陣列，若只有提供一個引數給 `[rayleigh(n)]`，傳回一個雷利分布的 `n × n` 亂數陣列。請小心處理你函式的輸入引數個數，並為 MATLAB 說明系統編寫這函式適當的說明。

(b) 藉著產生 20,000 個雷利分布的亂數值，來測試你的函式，並繪製此分布的直方圖。這個分布看起來像什麼？

(c) 請計算這個雷利分布的平均值與標準差。

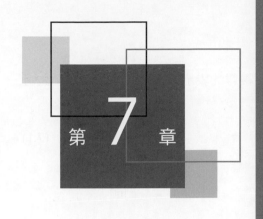

# 第 7 章 使用者定義函式的進階功能

我們在第 6 章介紹使用者定義函式的基本特色，本章將繼續其進階功能的探討。

## 7.1 含函式的函式

**含函式的函式**（function function）是 MATLAB 對輸入引數包含其他函式名稱的函式一個頗為笨拙的叫法，而這些傳入的函式會在含函式的函式執行過程中，被呼叫來使用。

這些函式傳入含函式的函式可以藉由以下兩種方式之一指定：

1. 想要執行函式的*名稱*可使用字元字串的形式傳入。舉例來說，餘弦函數可以藉由字串 `'cos'` 傳入函式的函式。如此處理的話，則該函式名稱必須在 MATLAB 搜尋路徑上找得到。
2. 可以為函式產生一個**函式握把**，並藉此將此函式握把傳入含函式的函式。我們將在 7.2 節看到如何產生函式握把，並將其傳入含函式的函式。

當函式名稱或函式握把傳入含函式的函式時，它可以在含函式的函式的運作過程中執行。舉例來說，MATLAB 有一個含函式的函式 `fzero`。這個函式可以在使用者指定的數值範圍內，找出傳入函式的零點。譬如 `fzero('cos',[0 pi])` 的敘述式，將找出在 0 到 $\pi$ 之間，`cos(x)` 函式的零點。當這個敘述式被執行時，其結果是：

```
» fzero('cos',[0 pi])
ans =
    1.5708
```

這個數值大約是 $\frac{\pi}{2}$，當然不出所料，$\sin\frac{\pi}{2}=0$。

含函式的函式還可以接受字元字串中，有更複雜的表示式。例如，fzero 函式可以找到以下函數的零點。

$$f(x) = e^x - 2 \tag{7.1}$$

執行結果如下：

```
» fzero('exp(x)-2',[0 1])
ans =
    0.6931
```

圖 7.1 是此函數的圖形。我們可以看見 0.6931 的確是函數值為零的點。

表 7.1 裡列出了常用的 MATLAB 含函式的函式。請輸入 help fun_name 學習如何使用這些函式。

我們可以使用 feval 函式產生使用者定義的含函式的函式。feval 函式會針對在字元字串中所具名的函式，使用其設定的呼叫引數求值。舉例來說，以下程式碼使用 feval 函式在 $x = \pi/4$ 處，計算函數 $\cos x$：

```
function_name= 'cos' ;
res = feval(function_name,pi/4)
res =
    0.7071
```

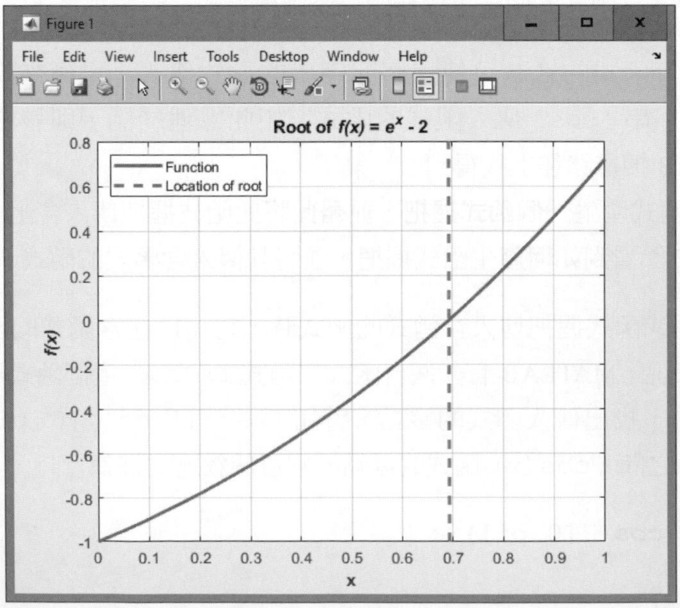


圖 7.1　fzero 函式在 0 與 1 之間找到函數 $f(x) = e^x-2$ 的零點。

表 7.1 常用的 MATLAB 含函式的函式

| 函式 | 說明 |
|---|---|
| `feval` | 以呼叫引數的方式傳入函式，並在特定輸入值下計算其函式值 |
| `fminbnd` | 對只含一個變數的函式最小化 |
| `fzero` | 找出只含一個變數函式之零點 |
| `integral` | 以數值方式對一個函式求其積分 |
| `fplot` | 根據函式名稱繪製其二維圖形 |
| `fplot3` | 根據函式名稱繪製其三維圖形 |

## 例 7.1 產生一個含函式的函式

在特定的數值區間，產生一個含函式的函式，用來畫出任一個 MATLAB 單一變數的函式圖形，其中要執行的函式名稱以字元字串的形式傳入。

◈解答

這個函式需要兩個輸入引數，第一個引數包含被畫出圖形的函式名稱，而第二個引數則為兩個元素的向量，用來表示函式圖形的範圍。我們將使用 `feval` 函式來計算在特定點的輸入函數。

1. 敘述問題

   產生一個函式，在兩個使用者指定的數值範圍內，畫出任一個單一變數的 MATLAB 函式圖形。

2. 定義輸入與輸出

   這個函式需要有兩個輸入引數：

   (1) 包含函式名稱的字元字串。

   (2) 包含函式定義範圍的兩元素向量。

   此函式的輸出是第一個引數所指定的函式圖形，而其繪製範圍則由第二個引數所指定的點決定。

3. 設計演算法

   這個函式可以分成四個主要步驟：

   檢查合法的引數個數
   檢查第二個引數是否擁有兩個元素
   在初始點與結束點之間，計算函式的數值
   繪圖並標示函數圖形

   這些步驟的詳細虛擬碼為：

```
x ←  linspace(xlim(1),xlim(2))
```

```
y ← feval(fun,x)
plot(x,y)
title(['\bfPlot of function ' fun '(x)'])
xlabel('\bfx')
ylabel(['\bf' fun '(x)'])
```

4. 把演算法轉換成 MATLAB 敘述

最後的 MATLAB 函式顯示如下：

```
function quickplot(fun,xlim)
%QUICKPLOT Generate quick plot of a function
% Function QUICKPLOT generates a quick plot
% of a function contained in a external m-file,
% between user-specified x limits. The name of
% the function to execute is passed in as a
% character array.

% Define variables:
%   fun       -- Name of function to plot in a char string
%   msg       -- Error message
%   x         -- X-values to plot
%   y         -- Y-values to plot
%   xlim      -- Plot x limits
%
%  Record of revisions:
%     Date        Programmer        Description of change
%     ====        ==========        =====================
%   02/07/18    S. J. Chapman     Original code

% Check for a legal number of input arguments.
msg = narginchk(2,2);
error(msg);

% Check the second argument to see if it has two
% elements. Note that this double test allows the
% argument to be either a row or a column vector.
if ( size(xlim,1) == 1 && size(xlim,2) == 2 ) | ...
   ( size(xlim,1) == 2 && size(xlim,2) == 1 )

   % Ok--continue processing.
   n_steps = 100;
   x =  linspace(xlim(1),xlim(2));
   y = zeros(size(x));

   for ii = 1:length(x)
      y(ii) = feval(h,x(ii));
   end

   plot(x,y);
   title(['\bfPlot of function ' fun '(x)']);
   xlabel('\bfx');
```

```
    ylabel(['\bf' fun '(x)']);
else
    % Else wrong number of elements in xlim.
    error('Incorrect number of elements in xlim.');
end
```

5. 測試程式

要測試這個函式，我們必須使用正確與不正確的引數來呼叫這個函式，以此證明它是否可以處理正確及錯誤的輸入。測試結果顯示如下：

```
» quickplot('sin')
??? Error using ==> quickplot
Not enough input arguments.

» quickplot('sin',[-2*pi 2*pi],3)
??? Error using ==> quickplot
Too many input arguments.

» quickplot('sin',-2*pi)
??? Error using ==> quickplot
Incorrect number of elements in xlim.

» quickplot('sin',[-2*pi 2*pi])
```

最後的函式呼叫是正確的，並成功地產生圖 7.2。

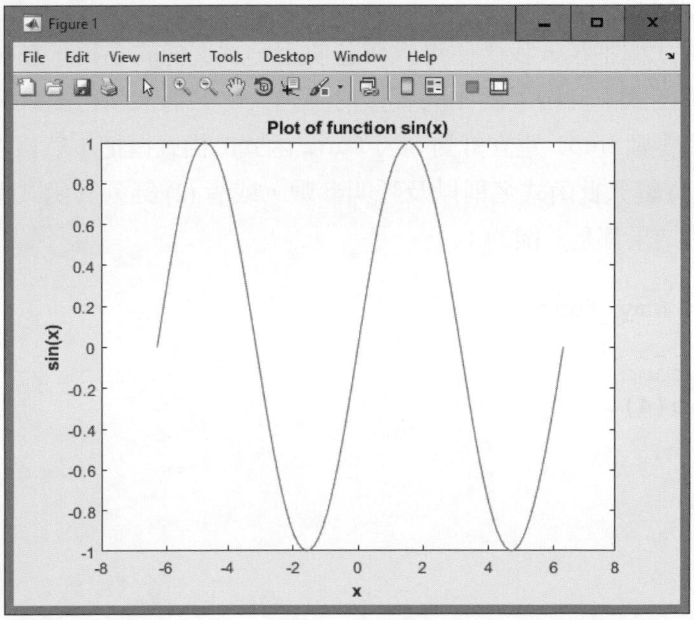


圖 7.2 由 quickplot 函式產生的 sin $x$ 函數圖。

## 7.2 函式握把

**函式握把（function handle）**是 MATLAB 的一種資料類型，它可以保存用來引用一個函式所需要的資訊。當你產生一個函式握把時，MATLAB 會取得所有關於該函式於後續執行時所需的資訊。一旦函式握把產生之後，它便可以用來隨時執行該函式。

函式握把可以用來將一個函式的資訊以呼叫引數的方式傳遞至另一個函式，而接受此函式握把的函式可以使用它來執行該握把指向的函式。這在實用上非常方便，因為一位工程師可以產生一個可以與許多可能的輸入函式一起運作的函式。

MATLAB 提供兩種方法來產生函式握把：使用 @ 運算子，或者 str2func 函式。使用 @ 運算子來產生函式握把時，只需要將運算子放在函式名稱前面就可以了。而使用 str2func 函式時，必須將函式的名稱當成輸入引數的字串，來呼叫這個函式。舉例來說，假設 my_func 函式如下定義：

```
function res = my_func(x)
res = x.^2 - 2*x + 1;
```

則下列任一程式碼，皆可為 my_func 函式產生函式握把：

```
hndl = @my_func
hndl = str2func('my_func');
```

一旦產生函式握把後，我們便可以藉著使用函式握把的名稱，在後面加上呼叫參數，來執行這個函式。其結果就如同直接使用函式的名稱來執行函式一樣。在以下的例子，我們利用變數 hndl 建立針對 my_func 函式的函式握把，然後這個函式的執行方式可以使用 (1) 鍵入此函式名稱以及呼叫參數，或者 (2) 鍵入其函式握把以及呼叫參數。兩者產生的結果都是一樣的：

```
» hndl = @my_func
hndl =
    @my_func
» my_Func(4)
ans =
     9
» hndl(4)
ans =
     9
```

注意，如果一個函式沒有呼叫參數的話，則函式握把後面必須加上一個空的圓括號。以下程式碼產生一個 MATLAB 函式 randn 的握把，然後使用該握把呼叫沒有引數的函式：

```
» h1 = @randn;
» h1()
ans =
   -0.4326
```

表 7.2 處理函式握把的 MATLAB 函式

| 函式 | 說明 |
|---|---|
| @ | 產生函式握把。 |
| feval | 使用函式握把來求取函式的數值。 |
| func2str | 找回一個函式握把之函式名稱。 |
| functions | 由函式握把找回其各種資訊，並以結構形式傳回資料。 |
| str2func | 從特定的字串產生一個函式握把。 |

在一個函式握把產生之後，它在工作區的資料類型，便為「函式握把」：

```
» whos
Name    Size    Bytes   Class              Attributes

ans      1x1        8   double
h1       1x1       16   function_handle
hndl     1x1       16   function_handle
```

藉由使用 func2str 函式，我們可以從一個函式握把中找回該函式的名稱。

```
» func2str(hndl)
ans =
my_func
```

當我們想要在一個使用函式握把的函式裡產生敘述性資訊、錯誤訊息或標示時，func2str 的功能就會非常有用。

表 7.2 為一些常用於函式握把的 MATLAB 函式。

此外，表 7.1 列舉的標準 MATLAB 含函式的函式可以跟以字元字串或函式握把指定的函式一起使用。

## 例 7.2 將函式握把傳入含函式的函式

設計一個含函式的函式，該函式將在指定的起始值與終值之間，繪製任何 MATLAB 單一變數函式的圖形。要繪製的函式必須以函式握把方式傳入。

**◈解答**

此函式有兩個引數，第一個為欲繪製函式的握把，而第二個包含要繪製數值範圍的二元素向量。我們將使用 feval 函式計算特定資料點的輸入函式握把。

1. **敘述問題**

設計一個函式，用來繪製在兩個使用者指定的數值範圍之間，任何 MATLAB 單一變數的函式圖形。

2. **定義輸入與輸出**

這個函式需要兩個輸入：

(1) 引用欲繪製函式的函式握把。

(2) 包含要繪製的起始值與終值的二元素向量。

此函式的輸出是第一個引數所指定的函式，而且是在第二個引數所指定點之間的圖形。

3. **設計演算法**

這個函式可以分為四個主要步驟：

檢查引數是否有合法數量
檢查第二個引數是否有兩個元素
計算起始點與終點之間的函式值
繪製並標示函式圖形

計算與繪圖步驟的詳細虛擬碼為：

```
x ← linspace(xlim(1),xlim(2))
y ← feval(fun,x)
plot(x,y)
title(['\bfPlot of function ' fun '(x)'])
xlabel('\bfx')
ylabel(['\bf' fun '(x)'])
```

4. **把演算法轉換成 MATLAB 敘述**

最終的 MATLAB 函式顯示如下：

```
function quickplot2(h,xlim)
%QUICKPLOT2 Generate quick plot of a function
% Function QUICKPLOT2 generates a quick plot
% of a function contained in an external m-file,
% between user-specified x limits. The function
% to plot is passed to quickplot2 as a function
% handle.

% Define variables:
%   h         -- Handle of function to plot
%   msg       -- Error message
%   x         -- X-values to plot
%   y         -- Y-values to plot
%   xlim      -- Plot x limits
```

```
%
%  Record of revisions:
%      Date        Programmer       Description of change
%      ====        ==========       =====================
%    02/07/18    S. J. Chapman    Original code

% Check for a legal number of input arguments.
msg = narginchk(2,2);

% Check the second argument to see if it has two
% elements. Note that this double test allows the
% argument to be either a row or a column vector.
if ( size(xlim,1) == 1 && size(xlim,2) == 2 ) | ...
   ( size(xlim,1) == 2 && size(xlim,2) == 1 )

   % Ok--continue processing.
   n_steps = 100;
   x = linspace(xlim(1), xlim(2));
   y = zeros(size(x));

   for ii = 1:length(x)
      y(ii) = feval(h,x(ii));
   end

   plot(x,y);
   title(['\bfPlot of function ' func2str(h) '(x)']);
   xlabel('\bfx');
   ylabel(['\bf' func2str(h) '(x)']);

else
   % Else wrong number of elements in xlim.
   error('Incorrect number of elements in xlim.');
end
```

5. 測試程式

為了測試這個函式，我們將使用指向內建與使用者自定義 MATLAB 函式的函式握把來呼叫它，同時使用正確及不正確數量的引數來測試。我們先產生使用者定義的函式 myFunc.m 來計算二次多項式：

```
function res = my Func(x)
res = x.^2 - 2*x + 1;
```

接下來，我們建立指向內建函式 sin 與使用者自定義函式 myFunc 的函式握把：

```
h1 = @sin
h2 = @myFunc
```

我們現在將使用正確與不正確的引數數量，以及每個函式握把來呼叫函式 quickplot2。測試結果如下：

```
» quickplot2(h1)
??? Error using ==> quickplot
Not enough input arguments.

» quickplot2(h1,[-2*pi 2*pi],3)
??? Error using ==> quickplot
Too many input arguments.

» quickplot2(h1,-2*pi)
??? Error using ==> quickplot
Incorrect number of elements in xlim.

» quickplot2(h1,[-2*pi 2*pi])

» quickplot2(h2,[0 4])
```

最後兩次呼叫是正確的，它們產生的圖形如圖 7.3。

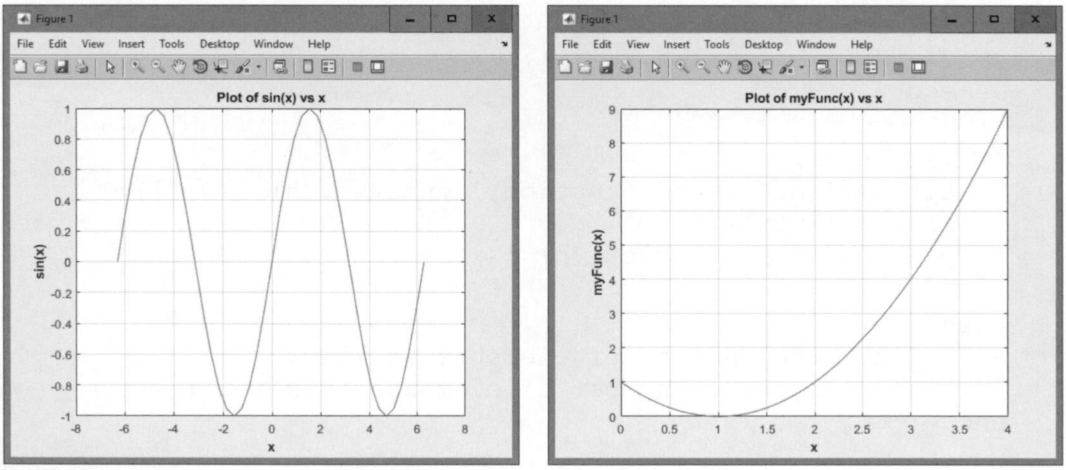


(a) 使用 plotfunc 函式產生從 $-2\pi$ 變化到 $2\pi$ 的 $\sin x$ 函數圖形。

(b) 使用 plotfunc 函式繪製從 0 到 4 之間的 myFunc(x) 函式圖形。

**圖 7.3**

## 7.3 函式 eval 與 feval

含函式的函式運作的關鍵，是 eval 與 feval 這兩個特別的 MATLAB 函式。eval 函式會針對一個字元字串求值，如同這個字串的指令被鍵入指令視窗一樣；而

feval 函式則會針對一個具名的函式在特定輸入值上求值。

由於 eval 函式對字元字串求值，正如同此字串在指令視窗鍵入一樣。這個函式提供 MATLAB 函式一個方法，使其可以在程式執行中建構可執行的敘述式。eval 函式的形式是：

```
eval(string)
```

舉例來說，敘述式 x=eval('sin(pi/4)') 將會產生結果：

```
» x = eval('sin(pi/4)')
x =
    0.7071
```

以下是一個使用 eval 函式來建構並計算一個字元字串的例子：

```
x = 1;
str = ['exp(' num2str(x) ') -1'];
res = eval(str);
```

在這種情況下，str 包含了字元字串 'exp(1)-1'，而 eval 函式計算其值，得到結果為 1.7183。

feval 函式會針對一個定義在 M 檔案中的函式，在特定輸入值下計算其函式值。feval 函式的一般形式為：

```
feval(fun,value)
```

其中 fun 可以是包含函式名稱的字元字串，也可以是指向函式的函式握把。舉例來說，表示式 $\sin\left(\frac{\pi}{4}\right)$ 可以用以下程式碼求值：

```
» x = feval('sin',pi/4)
x =
    0.7071
```

或者

```
» h = @sin;
» x = feval(h,pi/4)
x =
    0.7071
```

# 7.4 局部函式、專用函式與巢狀函式

MATLAB 包含了幾種特別類型的函式，與我們之前學到的函式有所不同。一般的函式可以被任何其他的函式呼叫，只要它們是在同一個目錄或資料夾裡，或在任何一個 MATLAB 路徑下的目錄即可。

函式的**作用域（scope）**，是定義成函式在 MATLAB 內可以被呼叫的範圍。一般 MATLAB 函式的作用域，是現行工作目錄（current working directory）。如果函式位於 MATLAB 路徑的目錄裡，則函式的作用域可延伸到所有在程式中的 MATLAB 函式，因為當它們尋找某個特定名稱的函式時，都會搜尋 MATLAB 的路徑。

相形之下，本節所討論的其他類型函式，其作用域比起一般函式的作用域或多或少受到更多的限制。

## 7.4.1 局部函式

我們可以在單一函式檔案裡放置一個以上的函式，最上層的函式是**主要函式（primary function）**，而在它下層的其他函式便稱為**局部函式（local function）**[1]。主要函式必須與檔案名稱相同，而局部函式看起來就跟一般的函式一樣，可是它們只能被同一檔案內的其他函式所呼叫。換句話說，局部函式的作用域是在相同檔案內的其他函式（請參考圖 7.4）。

局部函式通常被當成主要函式的計算「工具」使用。舉例來說，在以下程式碼中顯示的檔案 mystats.m，包含了一個主要函式 mystats 及兩個局部函式 mean 與 median。mystats 函式是一般的 MATLAB 函式，所以它可以被相同目錄下的其他 MATLAB 函式所呼叫。如果此檔案是在 MATLAB 搜尋路徑下的目錄，它也可以被任何其他的 MATLAB 函式所呼叫，甚至這些函式不是在相同的目錄裡。相對而言，mean 與 median 函式的作用域被限制在相同檔案裡的其他函式；也就是說，mystats 函式可以呼叫它們，它們也能彼此呼叫對方，但是在檔案外的其他函式就不能呼叫它們。 它們是「工具」函式，用來處理 mystats 函式某個部分的工作。

```
function [avg, med] = mystats(u)
%Mystats Find mean and median with internal functions.
% Function Mystats calculates the average and median
% of a data set using local functions.

n = length(u);
avg = mean(u,n);
med = median(u,n);
```

1 現行首選的 MATLAB 用法是將這些函式稱為局部函式。不過在早期的 MATLAB 版本中，它們被稱為「子函式」(subfunctions)。你可能會在工作場合中聽到這個術語。

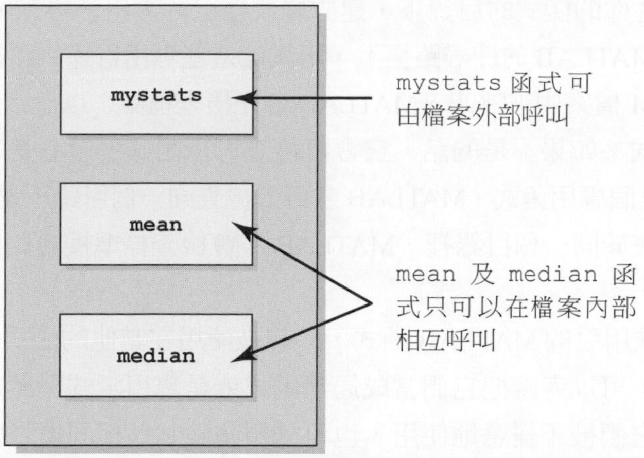
mystats
mean
median
mystats 函式可由檔案外部呼叫
mean 及 median 函式只可以在檔案內部相互呼叫

圖 7.4 在檔案裡的第一個函式被稱為主要函式，它必須與檔案名稱相同，而且它可以在檔案以外被呼叫。在檔案裡其他的函式是局部函式；它們只能在檔案裡相互呼叫。

```
function a = mean(v,n)
% Subfunction to calculate average.
a = sum(v)/n;

function m = median(v,n)
% Subfunction to calculate median.
w = sort(v);
if rem(n,2) == 1
   m = w((n+1)/2);
else
   m = (w(n/2)+w(n/2+1))/2;
end
```

### 7.4.2 專用函式

**專用函式**（private function）是置於子目錄下的函式，而且此子目錄擁有特別名稱 private。它們只能被 private 目錄，或是上層目錄的其他函式所看見。換句話說，這些函數的作用域受限於某個專用的目錄，或是包含這個函式的上層目錄。

舉例來說，假設目錄 testing 是在 MATLAB 搜尋路徑上，而 testing 的子目錄，稱為 private，包含了只有在目錄 testing 中的函式才能呼叫的一些函式。因為專用函式在上一層目錄外是看不到的，它們的函式名稱可以使用與其他目錄中相同的函式名稱。如果你想要建立屬於你專用的特殊函式，而又要保留在另一個目錄下的原始函式，這樣的做法會是很有幫助的。因為 MATLAB 會先去搜尋專用函式，再去尋找 M 檔案的標準函式，也就是 MATLAB 會先找到專用函式 test.m，才會找到非專用函式 test.m。

你可以在包含你的函式的目錄下，建立屬於自己的專用子目錄，稱為 private。但是記得不要在 MATLAB 的搜尋路徑上，再增加這些專用目錄的路徑。

當一函式從 M 檔案中被呼叫，MATLAB 會先檢查檔案，以確定這個函式是否為同檔案裡的局部函式。如果不是的話，它會再檢查專用函式，看看是否有相同名稱的函式。如果它不是一個專用函式，MATLAB 會再去檢查同一個目錄下是否有相同的函式。如果它並沒有存在於同一個目錄裡，MATLAB 才會檢查標準搜尋路徑，以找出此函式的位置。

如果你有特殊用途的 MATLAB 函式，只想被使用在其他的函式上，而不想直接被使用者呼叫使用，可以考慮把它們當成局部函式或是專用函式隱藏起來。將函式隱藏起來，可以預防它們被不經意地使用，也可以預防與其他相同檔名的公用函式發生衝突。

**良好的程式設計**

使用局部函式或專用函式來隱藏不應被使用者直接呼叫的函式。

為了說明專用函式的作用，我們將設計一個名為 test_sin.m 的簡單函式。此函式接受單一引數，並且回傳該引數的正弦值。

```
function res = test_sin(x)
res = sin(x)
end
```

如果我們將這個函式放在現行工作目錄，則呼叫此函式的結果就如預期：

```
» test_sin(pi/2)
ans =
     1
» test_sin(pi)
ans =
   1.2246e-16
```

現在讓我們在現行工作目錄裡，產生一個命名為 private 的子目錄，並且將以下函式 sin.m 放入其中：

```
function res = sin(x)
res = 9;
end
```

當我們執行 test_sin 函式，執行結果是：

```
» test_sin(pi/2)
ans =
     9
» test_sin(pi)
ans =
     9
```

當執行 test_sin 函式時，專用函式 sin.m 會比內建函式 sin.m 先被找到，並且在 test_sin 函式內被用來計算 sin $x$。

**程式設計的陷阱**

如果專用函式與 MATLAB 內建函式名稱相同時，請小心。在目錄中擁有 private 目錄的函式將使用專用函式而不是同名的 MATLAB 內建函式。這會導致難以發現的錯誤。

### 7.4.3 巢狀函式

**巢狀函式**（nested function）是定義為一種完全存在於另一個函式〔稱為**宿主函式**（host function）〕本體內的函式。它們只能被所嵌入的宿主函式，或是在同個宿主函式內的其他同階層巢狀函式所看見。

一個巢狀函式可以存取在其函式內部的任何變數，以及在宿主函式裡的任何變數（請參考圖 7.5）。換言之，在宿主函式裡宣告的變數，其作用域包括宿主函式以及在宿主函式內的任何巢狀函式。唯一的例外就是當巢狀函式內的變數名稱，與宿主函式的變數名稱相同時，宿主函式裡的變數是不能被存取的。

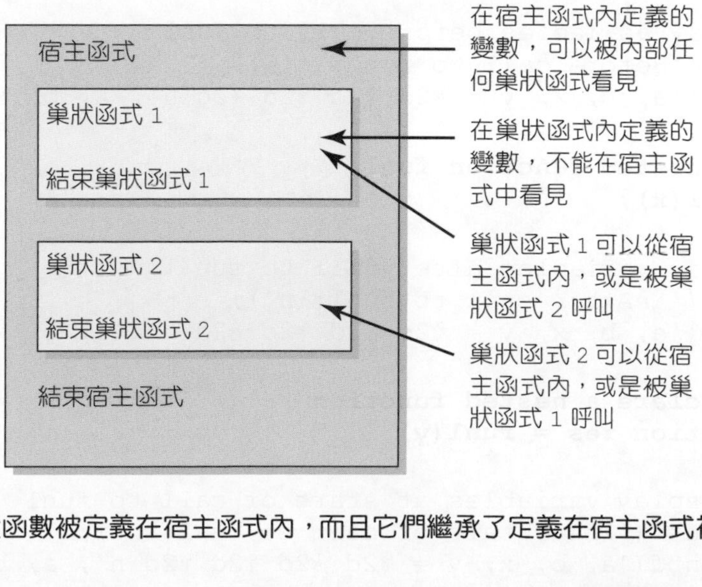


圖 7.5　巢狀函數被定義在宿主函式內，而且它們繼承了定義在宿主函式裡的所有變數。

請注意，如果一個檔案擁有一個或多個巢狀函式時，每一個在檔案裡的函式都必須使用一個 end 敘述來結束函式。這是唯一需要在函式結束時，加上 end 敘述的時機——而其他種類的函式則由設計人員選擇是否增加 end 敘述。

**程式設計的陷阱**

如果檔案中擁有一個或多個巢狀函式時，每一個在檔案裡的函式都必須使用一個 end 敘述來結束函式。在這種情況下，如果忽略 end 敘述，將產生一個錯誤。

以下的程式介紹在巢狀函式裡變數的使用方法。它包含了一個宿主函式 test_nested_1，以及一個巢狀函式 fun1。當程式啟動時，會對宿主函式裡的變數值 a、b、x 與 y 進行初始化，並顯示出這些初始值。接著程式便呼叫 fun1 函式。因為 fun1 是巢狀函式，它會直接繼承宿主函式的所有變數 a、b 與 x。請注意 fun1 並沒有繼承 y 這個變數，這是因為它含有一個區域變數用 y 來命名。當 fun1 執行結束後顯示這些變數值時，我們可以看見 a 已經增加 1（因為指定敘述式），而 y 被設定為 5。當執行權回到宿主函式時，a 繼續增加 1，代表在宿主函式裡的變數 a，與在巢狀函式裡的變數 a 是完全相同的。此外，y 恢復變成 9，這是因為在宿主函式裡的變數 y，與巢狀函式裡的變數 y，並不是相同的變數。

```
function res = test_nested_1

% This is the top level function.
% Define some variables.
a = 1; b = 2; x = 0; y = 9;

% Display variables before call to fun1
fprintf('Before call to fun1:\n');
fprintf('a, b, x, y = %2d %2d %2d %2d\n', a, b, x, y);

% Call nested function fun1
x = fun1(x);

% Display variables after call to fun1
fprintf('\nAfter call to fun1:\n');
fprintf('a, b, x, y = %2d %2d %2d %2d\n', a, b, x, y);

   % Declare a nested function
   function res = fun1(y)

   % Display variables at start of call to fun1
   fprintf('\nAt start of call to fun1:\n');
   fprintf('a, b, x, y = %2d %2d %2d %2d\n', a, b, x, y);
```

```
    y = y + 5;
    a = a + 1;
    res = y;

    % Display variables at end of call to fun1
    fprintf('\nAt end of call to fun1:\n');
    fprintf('a, b, x, y = %2d %2d %2d %2d\n', a, b, x, y);

    end % function fun1

end % function test_nested_1
```

執行此程式的結果為：

```
» test_nested_1
Before call to fun1:
a, b, x, y = 1 2 0 9

At start of call to fun1:
a, b, x, y = 1 2 0 0

At end of call to fun1:
a, b, x, y = 2 2 0 5

After call to fun1:
a, b, x, y = 2 2 5 9
```

就像局部函式一樣，巢狀函式可以用來在宿主函式內，執行某些特殊用途的計算功能。

**良好的程式設計**

使用局部函式、專用函式或是巢狀函式來隱藏特殊用途的計算，使得它們不能被其他函式所存取。將這些函式隱藏起來，可以預防它們被不經意地使用，也可以預防與其他相同檔名的函式發生衝突。

### 7.4.4 函式計算的順序

在一個龐大的程式裡，它們可能是由許多相同名稱的函式（局部函式、專用函式、巢狀函式與公用函式）所組成。當以指定的名稱呼叫一個函式時，我們怎麼知道會是哪一個版本的函式被執行呢？

答案是 MATLAB 會以特定的順序找出函數：

1. 首先，MATLAB 會檢查是否有這個名稱的巢狀函式。如果有的話，則會執行這個函式。

2. MATLAB 會檢查是否有這個名稱的局部函式。如果有的話，則會執行這個函式。
3. MATLAB 會檢查是否有這個名稱的專用函式。如果有的話，則會執行這個函式。
4. MATLAB 會檢查在現行的工作目錄下是否有這個名稱的函式，如果有的話，則會執行這個函式。
5. MATLAB 會在搜尋路徑上檢查是否有這個名稱的函式。在搜尋路徑上找到了第一個符合名稱的函式後，MATLAB 將會停止搜尋並執行此函式。

### 7.4.5 函式握把與巢狀函式

當 MATLAB 呼叫一般的函式時，便會產生一個特定的工作區，來包含此函式的變數。而在函式執行結束後，此工作區就會被清除。除了標示為 persistent 的數值外，所有在函式工作區的資料將會被刪除。如果再次執行此函式，則會產生另一個全新的工作區。

相較之下，當一個宿主函式為其巢狀函式產生一個握把，並將此握把傳回給呼叫程式時，便會產生這宿主函式的工作區，*此工作區將持續存在直到函式握把被清除為止*。因為巢狀函式能直接存取宿主函式的變數，MATLAB 就必須保存宿主函式的資料，以隨時提供給巢狀函式使用。這意味著*我們可以在函式呼叫使用之間儲存資料*。

這個觀念將在下面的函式中介紹。當執行 count_calls 函式時，它將設定區域變數 current_count 為使用者指定的初始計數值，然後產生並傳回函式握把給巢狀函式 increment_count。當使用該函式握把呼叫 increment_count 函式時，該計數將增加 1，並傳回新的數值。

```
function fhandle = count_calls(initial_value)

% Save initial value in a local variable
% in the host function.
current_count = initial_value;

% Create and return a function handle to the
% nested function below.
fhandle = @increment_count;

   % Define a nested function to increment counter
   function count = increment_count
   current_count = current_count + 1;
   count = current_count;
   end % function increment_count
```

```
end % function count_calls
```

執行此程式的結果顯示如下。每呼叫函式握把一次，計數值便增加 1：

```
» fh = count_calls(4);
» fh()
ans =
     5
» fh()
ans =
     6
» fh()
ans =
     7
```

更重要的是，為函式產生的每個函式握把，都有其獨立的工作區。如果我們為某個函式產生兩個不同的握把，則每個握把都會有自己的局部資料，而且每個資料彼此互不相關。所以，我們可以藉著不同的握把來呼叫函式，而分別增加其對應的計數值。

```
» fh1 = count_calls(4);
» fh2 = count_calls(20);
» fh1()
ans =
     5
» fh1()
ans =
     6
» fh2()
ans =
    21
» fh1()
ans =
     7
```

你可以利用這個特點，在同一個程式內執行多重計數器，而且彼此之間不會互相影響。

### 7.4.6 函式握把的重要性

無論使用函式名稱或是函式握把，都可以用來執行大部分的函式。然而，函式握把比函式名稱在執行函式上具有更多的好處。這些好處包括：

1. **可將函式的存取資訊傳遞給其他的函式**。如同我們在前面小節所見，你可以把函式握把當成函式呼叫中的引數，傳遞給另一個函式，使得接收函式握把的函式，可以經由該握把而呼叫此函式。你可以從另一個函式中執行函式握把，**即使該握把的函式不在執行函式的作用域內**。這是因為函式握把擁有該執行函式的完整敘述，因此呼叫函式不需要再去尋找執行函式的資訊。

2. **增進須重複運算的效能**。當你產生一個函式握把時，MATLAB 會執行對函式的搜尋，並把函式的存取資訊儲存在函式握把之內。一旦函式握把定義完成之後，你便能一再地使用這個函式握把，而不需要再去搜尋這個函式。這將使得函式的執行速度更為快速。
3. **允許局部函式（子函式）與專用函式更廣泛的存取範圍**。所有的 MATLAB 函式都有其特定的作用域。只有函式作用域內的其他 MATLAB 實體程式能察覺到這個函式，但並無法被函式作用域外的 MATLAB 程式所察覺。你可以從函式作用域內的另一個函式，直接呼叫這個函式，但卻不能從函式作用域外的另一個函式，來呼叫這個函式。局部函式、專用函式與巢狀函式對其他的 MATLAB 函式而言，都有其侷限的作用域範圍。你只能從定義在相同 M 檔案裡的其他函式，來啟動局部函式。你也只能從專用函式的上一層目錄內的函式，來啟動專用函式。對巢狀函式而言，你也只能從其宿主函式內，或是其他在相同層次的巢狀函式內，來啟動這個巢狀函式。然而，當你產生一個具有侷限作用域函式的握把時，這函式握把已經在 MATLAB 環境中的任何位置，儲存了所有需要執行這個函式的相關資訊。如果你產生了定義在 M 檔案裡局部函式的握把，你便可以把這個函式握把傳遞給 M 檔案外的程式碼，並在這個局部函式的作用域之外，使用這個局部函式。函式握把的作用，同樣適用於專用函式及巢狀函式。
4. **包含更多函式在同一 M 檔案裡以方便函式檔案的管理**。你能使用函式握把來減少包含所需函式 M 檔案的個數。把一群函式放在相同的 M 檔案裡，會造成把這些函式定義成局部函式的問題，因而減少這些函式的作用範圍。使用函式握把來存取這些局部函式，將可去除作用域的限制。這將使你能隨意群聚函式在同一個檔案裡，減少所需要處理的 M 檔案個數。

## 7.5 應用實例：求解常微分方程式

函式握把一個很重要的應用實例，是設計用來求解常微分方程式的 MATLAB 函式。

*微分方程式*是一個包含變數與其一階或多階導數的方程式。如果一階導數是方程式中最高階導數，此方程式稱為一階微分方程式。一階微分方程式可以表示成以下形式

$$\frac{dy(t)}{dt} + ay(t) = u(t) \tag{7.2}$$

其中 $\frac{dy(t)}{dt}$ 是函數 $y(t)$ 的導數，而 $u(t)$ 是某種時間的關係式。

如果此方程式對 $\frac{dy(t)}{dt}$ 求解，計算結果為

$$\frac{dy(t)}{dt} = ay(t) + u(t) \tag{7.3}$$

針對各種不同的條件，MATLAB 擁有很多求解微分方程式的函式，而其中最常用的函式為 ode45。此函式使用 Runge-Kutta(4,5) 積分演算法求解下列形式的一階常微分方程式[2]：

$$y' = f(t, y) \tag{7.4}$$

此函式可針對很多不同的輸入條件，以及很多類型的方程式，得到很好的結果。

ode45 函式的呼叫方式為

```
[t,y] = ode45(odefun_handle,tspan,y0,options)
```

其中的呼叫參數定義如下：

| | |
|---|---|
| odefun_handle | 計算微分方程式導數 $y'$ 函式握把。 |
| tspan | 積分時間的向量，若是二元素向量 [t0 tend]，則代表積分的起始與終了時間。積分運算子從初始時間 t0 的初始條件積分到終了時間 tend。若此陣列為多於二個元素的向量，則積分運算子傳回此陣列特定時間點上微分方程式的數值。 |
| y0 | 變數在起始時間 t0 的初始條件。 |
| options | 改變積分預設性質的選項參數結構（本書將不使用此參數）。 |

而輸出結果為

| | |
|---|---|
| t | 微分方程式的時間點行向量。 |
| y | 微分方程式解的陣列，y 的每一列包含所有變數在 t 相同列上時間點的微分方程式解。 |

ode45 函式也適用於求解一階聯立常微分方程式組，包括 $y_1$、$y_2$ 等應變數的向量。

為了更了解此函式的使用，我們將嘗試幾個微分方程式的範例。首先，考慮一個簡單的線性非時變微分方程式

$$\frac{dy}{dt} + 2y = 0 \tag{7.5}$$

其初始條件 $y(0) = 1$。為了使用 ode45 求解此微分方程式，(7.5) 式的導數可表示成：

2　這些符號 $\frac{dy(t)}{dt}$、$y'(t)$ 與 $\dot{y}(t)$，皆代表同樣的意義：函數 $y(t)$ 的一階導數。

$$\frac{dy}{dt} = -2y \tag{7.6}$$

此導數可寫成 MATLAB 程式如下：

```
function yprime = fun1(t,y)
yprime = -2 * y;
```

ode45 函式可用來求解 (7.6) 式的 $y(t)$。

```
%  Script file: ode45_test1.m
%
%  Purpose:
%    This program solves a differential equation of the
%    form dy/dt + 2 * y = 0, with the initial condition
%    y(0) = 1.
%
%  Record of revisions:
%      Date       Programmer          Description of change
%      ====       ==========          =====================
%    03/15/18    S. J. Chapman        Original code
%
% Define variables:
%   fun_handle -- Handle to function that defines the derivative
%   tspan      -- Duration to solve equation for
%   y0         -- Initial condition for equation
%   t          -- Array of solution times
%   y          -- Array of solution values

% Get a handle to the function that defines the
% derivative.
fun_handle = @fun1;

% Solve the equation over the period 0 to 5 seconds
tspan = [0 5];

% Set the initial conditions
y0 = 1;

% Call the differential equation solver.
[t,y] = ode45(fun_handle,tspan,y0);

% Plot the result
figure(1);
plot(t,y,'b-','LineWidth',2);
grid on;
title('\bfSolution of Differential Equation');
xlabel('\bfTime (s)');
```

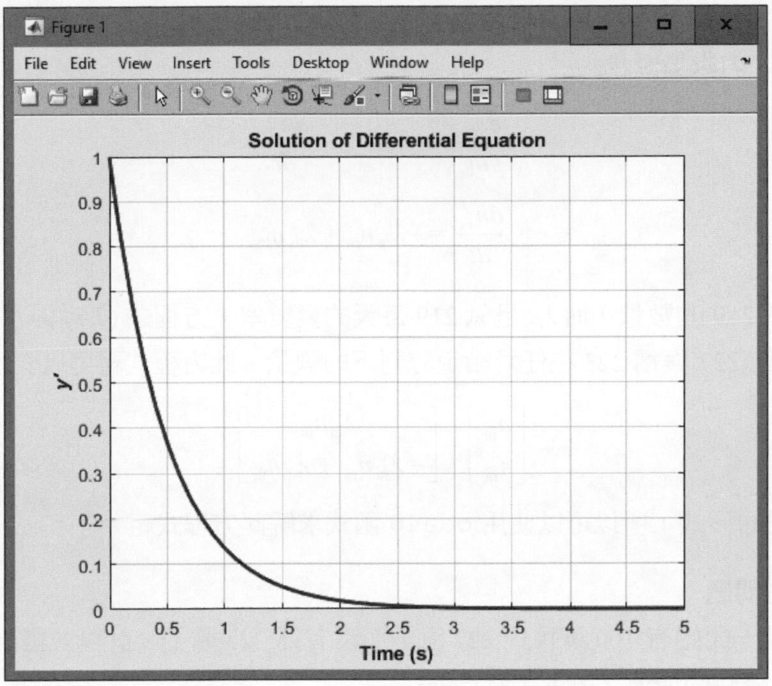


圖 7.6　在初始條件 $y(0) = 1$ 下，微分方程式 $dy/dt + 2y = 0$ 的解。

```
ylabel('\bf\ity''');
```

執行此程序檔的結果如圖 7.6 所示。這類的指數衰減正是一階線性微分方程式解所預期的結果。

注意 ode45 還可以解聯立微分方程式組，只要方程式組可以表示成如 (7.4) 式的格式。以下範例使用函式來解兩個聯立一階微分方程式。

## 例 7.3　放射性衰變鏈

放射性同位素釷（thorium）227 衰變成鐳（radium）223 的半衰期為 18.68 天，而鐳 223 衰變成氡（radon）219 的半衰期為 11.43 天。釷 227 的放射性衰變常數為 $\lambda_{th}$ = 0.03710638/day，而氡的放射性衰變常數為 $\lambda_{ra}$ = 0.0606428/day。假設一開始有 100 萬顆釷 227 原子，計算並畫出隨時間演變之釷 227 與鐳 223 數量。

**◈解答**

在任意時刻，釷 227 的衰減率等於釷 227 的數量乘以其放射性衰變常數

$$\frac{dn_{th}}{dt} = -\lambda_{th} n_{th} \tag{7.7}$$

其中 $n_{th}$ 是釷 227 的數量，而 $\lambda_{th}$ 是釷 227 每天的衰變率。鐳 223 的衰減率等於鐳 223

的數量乘以其放射性衰變常數。然而，鐳 223 的數量又會因釷 227 的衰減而增加，所以全體鐳 223 的數量變化為

$$\frac{dn_{\text{ra}}}{dt} = -\lambda_{\text{ra}} n_{\text{ra}} - \frac{dn_{\text{th}}}{dt}$$

$$\frac{dn_{\text{ra}}}{dt} = -\lambda_{\text{ra}} n_{\text{ra}} + \lambda_{\text{th}} n_{\text{th}} \tag{7.8}$$

其中 $n_{\text{ra}}$ 是氡 219 的數量，而 $\lambda_{\text{ra}}$ 是氡 219 每天的衰變率。方程式 (7.7) 與 (7.8) 必須同時求解以決定釷 227 與鐳 223 在任意給定時刻下的數量。此方程式組可以表示成

$$\begin{bmatrix} n'_{\text{th}} \\ n'_{\text{ra}} \end{bmatrix} = \begin{bmatrix} -\lambda_{\text{th}} n_{\text{th}} \\ -\lambda_{\text{ra}} n_{\text{ra}} + \lambda_{\text{th}} n_{\text{th}} \end{bmatrix} \tag{7.9}$$

其為 (7.4) 式的形式，所以可以使用 ode45 函式求解此方程式組。

1. **敘述問題**

   假設一開始有 100 萬顆釷 227 原子而沒有鐳 223 原子，計算並畫出釷 227 與鐳 223 隨時間演變之數量。

2. **定義輸入與輸出**

   此程式不需輸入，而程式輸出是釷 227 與鐳 223 隨時間演變之數量圖形。

3. **設計演算法**

   此程式可以分解成三個主要步驟：

   產生一個描述釷 227 與鐳 223 數量變化率的函式
   利用 ode45 求解微分方程式
   繪出釷 227 與鐳 223 隨時間演變之數量圖形

   第一個主要步驟是利用方程式 (7.9) 決定釷 227 與鐳 223 數量的變化率，此函式的虛擬碼為

```
function yprime = decay1(t,y)
yprime(1) = -lambda_th * y(1);
yprime(2) = -lambda_ra * y(2) + lambda_th * y(1);
```

   接著，我們必須設定初始條件，以及積分時間，然後呼叫 ode45 求解微分方程式。詳細的虛擬碼為

```
% Get a function handle.
fun_handle = @decay1;

% Solve the equation over the period 0 to 100 days
tspan = [0 100];
```

```
% Set the initial conditions
y0(1) = 1000000;          % Atoms of thorium 227
y0(2) = 0;                % Atoms of radium 223

% Call the differential equation solver.
[t,y] = ode45(fun_handle,tspan,y0);
```

最後步驟是繪製計算結果。每一項結果出現在輸出陣列 y 的對應行，所以 y(:,1) 將包含釷 227 的數量，而 y(:,2) 將包含鐳 223 的數量。

4. 把演算法轉換成 MATLAB 敘述

此問題的 MATLAB 程式碼顯示如下：

```
%  Script file: calc_decay.m
%
%  Purpose:
%    This program calculates the amount of thorium 227 and
%    radium 223 left as a function of time, given an inital
%    concentration of 100000 atoms of thorium 227 and no
%    atoms of radium 223.
%
%  Record of revisions:
%      Date       Programmer          Description of change
%      ====       ==========          =====================
%    03/15/18    S. J. Chapman        Original code
%
% Define variables:
%   fun_handle -- Handle to function that defines the derivative
%   tspan      -- Duration to solve equation for
%   yo         -- Initial condition for equation
%   t          -- Array of solution times
%   y          -- Array of solution values

% Get a handle to the function that defines the derivative.
odefun_handle = @decay1;

% Solve the equation over the period 0 to 100 days
tspan = [0 100];

% Set the initial conditions
y0(1) = 1000000; % Atoms of thorium 227
y0(2) = 0;       % Atoms of radium 223

% Call the differential equation solver.
[t,y] = ode45(odefun_handle,tspan,y0);

% Plot the result
figure(1);
plot(t,y(:,1),'b-','LineWidth',2);
```

```
hold on;
plot(t,y(:,2),'k--','LineWidth',2);
title('\bfAmount of thorium 227 and radium 223 vs Time');
xlabel('\bfTime (days)');
ylabel('\bfNumber of Atoms');
legend('thorium 227','radium 223');
grid on;
hold off;
```

計算放射性原子數量變化率的函式為

```
function yprime = decay1(t,y)
%DECAY1 Calculates the decay rates of thorium 227 and radium
223.
% Function DECAY1 Calculates the rates of change of thorium 227
% and radium 223 (yprime) for a given current concentration y.

% Define variables:
%   t          -- Time (in days)
%   y          -- Vector of current concentrations
%
%  Record of revisions:
%      Date       Programmer            Description of change
%      ====       ==========            =====================
%    03/15/18    S. J. Chapman          Original code

% Set decay constants.
lambda_th = 0.03710636;
lambda_ra = 0.0606428;

% Calculate rates of decay
yprime = zeros(2,1);
yprime(1) = -lambda_th * y(1);
yprime(2) = -lambda_ra * y(2) + lambda_th * y(1);
```

5. 測試程式

程式執行的結果如圖 7.7 所示，這些結果看起來相當合理。釷 227 的數量一開始很高，然後以指數形式衰減，其半衰期約為 18 天。鐳 223 的起始數量為零，接著由於釷 227 的衰變而迅速上升，然後又由於釷 227 的衰變速率減緩而開始衰退。

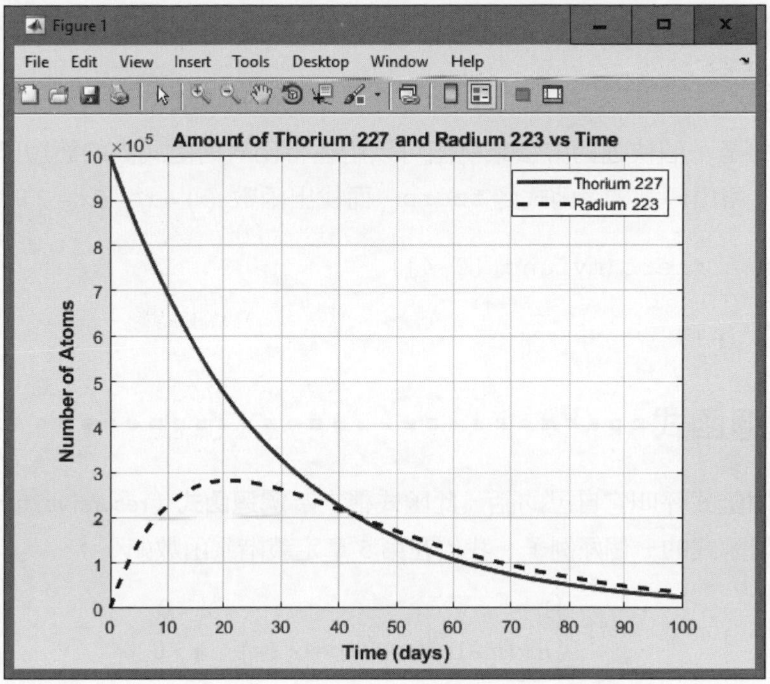


圖 7.7　釷 227 與鐳 223 的放射性衰變時間圖。

## 7.6 匿名函式

匿名函式（anonymous function）是一個「沒有名稱」的函式[3]，它是用單一行 MATLAB 敘述所宣告的函式，而且會回傳一個函式握把，然後可以用此握把來執行此函式。匿名函式的一般形式為

```
fhandle = @ (arglist) expr
```

其中 fhandle 是一個函式握把用來引用此函式，arglist 是一個呼叫變數的清單，而 expr 是一個包含引數清單且用來計算函數值的表示式。舉例來說，我們可以建立以下的函式來計算 $f(x) = x^2 - 2x - 2$ 表示式：

```
myfunc = @ (x) x.^2 - 2*x - 2
```

接著這個函式可以用函式握把被呼叫。譬如，我們可以計算 $f(2)$ 如下：

3　這是英文字「匿名」（anonymous）的意思！

```
» myfunc(2)
ans =
    -2
```

匿名函式是一個快速的方法來寫出可以用在含函式的函式內的簡短函式。舉例來說，我們可以藉由傳遞匿名函式到 fzero，而找出函數 $f(x) = x^2 - 2x - 2$ 的根：

```
» root = fzero(myfunc,[0 4])
root =
    2.7321
```

## 7.7 遞迴函式

如果一個函式呼叫它自己的話，此函式稱之為**遞迴函式**（**recursive function**）。階乘函數是遞迴函式的一個好例子。我們在第 5 章定義階乘函數如下：

$$n! = \begin{cases} 1 & n = 0 \\ n \times (n-1) \times (n-2) \times \cdots \times 2 \times 1 & n > 0 \end{cases} \tag{7.10}$$

此函式也可以寫成

$$n! = \begin{cases} 1 & n = 0 \\ (n-1)! & n > 0 \end{cases} \tag{7.11}$$

其中階乘函數的值是利用階乘函數本身所定義的。MATLAB 函式是設計成可以是遞迴形式的運算，所以 (7.11) 式可以直接用 MATLAB 來實現。

### 例 7.4 階乘函數

為了說明遞迴函式的運作，我們將使用 (7.11) 式的定義來實現階乘函數。計算一正整數 n 的階乘函數，其 MATLAB 程式碼如下：

```
function result = fact(n)
%FACT Calculate the factorial function
% Function FACT calculates the factorial function
% by recursively calling itself.

% Define variables:
% n -- Non-negative integer input
%
% Record of revisions:
%   Date       Programmer       Description of change
%   ====       ==========       =====================
% 02/07/18   S. J. Chapman     Original code
```

```
% Check for a legal number of input arguments.
msg = nargchk(1,1,nargin);
error(msg);

% Calculate function
if n == 0
   result = 1;
else
   result = n * fact(n-1);
end
```

當執行該程序，結果符合預期。

```
» fact(5)
ans =
    120
» fact(0)
ans =
    1
```

## 7.8 繪製函數圖形

在所有先前的圖形中，我們需要先產生資料的陣列，然後再傳遞這些陣列到繪圖函式。MATLAB 也有一個函式，可直接繪出函數圖形，而不需產生繪圖過程的資料陣列。這個函式是 fplot。

fplot 函式可以使用下列其中一種形式。

```
fplot(fun);
fplot(fun, [xmin xmax]);
fplot(fun, [xmin xmax], LineSpec);
fplot(fun, [xmin xmax], LineSpec, 'PropertyName', 'Value');
fplot(funx, funy, [tmin tmax]);
```

fun 引數可以是一個函式握把指向待求值的函數表示式[4]。選擇性參數 [xmin xmax] 指定函數的繪圖範圍，如果沒有此參數的話，繪圖的範圍為 –5 至 5。選擇性參數 LineSpec 則指定呈現函數所用的線條顏色、線條樣式，以及標記形式。LineSpec 的值與 plot 函式相同。這函式還可以接受一個或多個 'PropertyName',

4 fplot 函式還可以接受字元字串指定要畫的函式，但是此功能已經棄用，並且會在未來的 MATLAB 版本中移除。

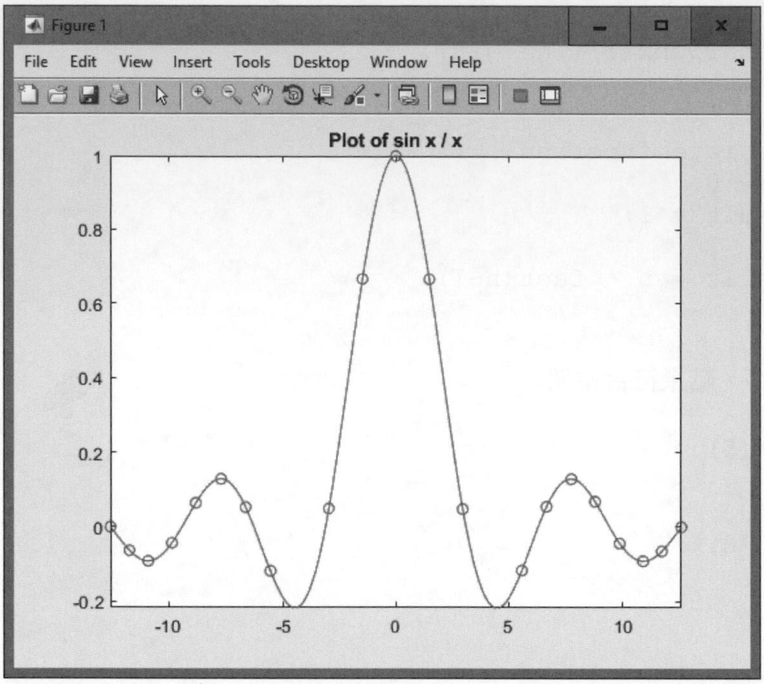


圖 7.8　以 fplot 函式畫出函數 $f(x) = \sin x/x$ 的圖形。

'Value' 的性質名稱與其對應數值，用來指定其他線條規格，例如 'LineWidth', 2。

例如，下列 MATLAB 敘述式在 $-4\pi$ 至 $4\pi$ 之間，畫出函數 $f(x) = \sin x/x$ 的圖形。LineSpec 參數設定繪製的線為實心線，而且資料點是以圓形標記。這些敘述式先產生一個代表方程式的匿名函式，接著將函式握把傳入 fplot。這些敘述式的輸出結果如圖 7.8 所示。

```
fun = @(x) sin(x) ./ x;
fplot(fun,[-4*pi 4*pi],'-or');
title('Plot of sin x / x');
grid on;
```

**良好的程式設計**

直接使用 fplot 函式畫出函數圖，而不需產生繪圖資料陣列。

## 7.9 直方圖

直方圖（或柱狀圖）可以顯示在資料集合中數值分布的情形。為了產生直方圖，資料集合的數值範圍會被分成若干個等寬的區間，而落入每個區間的資料值個數也會被分別計數。然後這些資料的個數，便被畫成對應區間編號的函數圖形。

標準的 MATLAB 直方圖函式是 histogram，其形式如下：

```
histogram(y)
histogram(y,nbins)
histogram(y,edges)
histogram('BinEdges',edges,'BinCounts',counts)
```

此函式的第一個形式產生並畫出一個直方圖，其資料分類區間為等寬區間，而區間個數則由 MATLAB 根據輸入資料而自動決定；相對而言，第二個形式產生並畫出一個具有 nbins 個數等寬區間的直方圖。函式的第三個形式允許使用者在陣列 edge 中，指定相鄰區間的邊緣數值。histogram 函式產生的直方圖，具有 $n$ 個資料區間與 $n+1$ 個邊緣。第 $i$ 個區間將包含在 edge 陣列中第 $i$ 與 $(i+1)$ 個數值之間所有樣本的個數。

histogram 函式的最後一個形式允許使用者以預先計算的區間邊緣與相對應的區間樣本個數來繪製直方圖。當輸入資料已完成區間資料分類時，可以使用此選項。

舉例來說，下列敘述產生一個含有 10,000 個高斯分布的亂數資料集合，並使用 15 個等寬的區間，來產生這些資料的直方圖，如圖 7.9 所示。

```
y = randn(10000,1);
histogram(y,15);
```

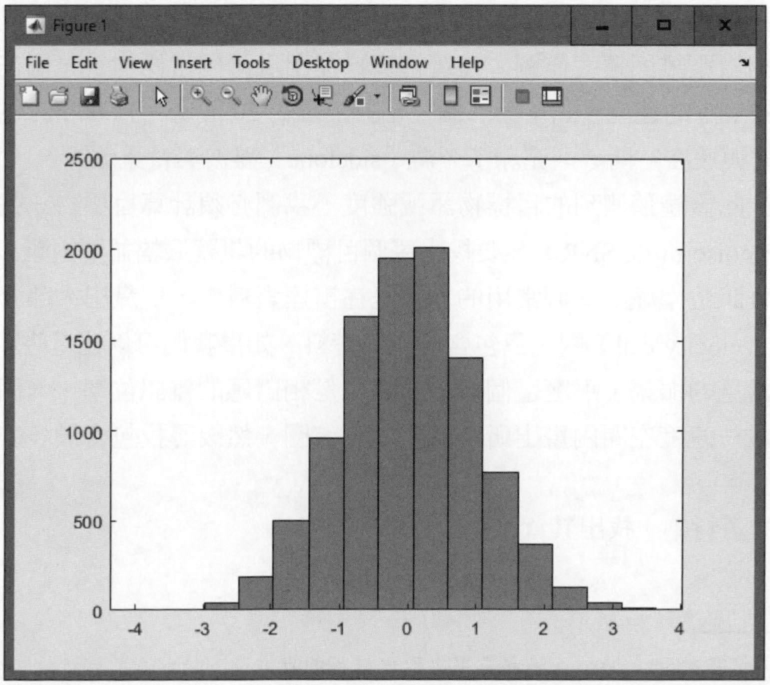


圖 7.9　直方圖。

MATLAB 還包含一個 histcounts 函式，可以將資料收集至分類區間，但是並不實際畫出圖形。

```
[counts, edges] = histcounts(y)
[counts, edges] = histcounts(y, nbins)
[counts, edges] = histcounts(y, edges)
```

其中輸入引數與 histogram 的引數有相同的含義。陣列 counts 為落在每個區間的樣本個數，而陣列 edges 是分類區間之間的邊緣值。[5]

histcounts 函式可以用來收集直方圖的資訊，以提供進一步的處理。實際上，我們可以同時收集直方圖資訊，也可以使用以下兩個敘述式繪製它：

```
[counts, edges] = histcounts(y)
histogram('BinEdges',edges,'BinCounts',counts)
```

MATLAB 也包含一個 polarhistogram 函式，可在軸向座標裡產生並畫出直方圖。這對顯示角度資料的分布是很有用的函式。你將在本章的習題中，使用這個函式作圖。

## 例 7.5　雷達目標偵測訊號處理

有一些現代雷達使用同調脈波積分（coherent integration）技術來決定偵測目標物的距離與速度。圖 7.10 顯示這種雷達在一段積分時間的雷達資料輸出，圖形是振幅（毫瓦分貝）對相對距離與速度作圖。在這組資料裡出現兩個目標物，一個在相對距離約 0 m 處，以 80 m/s 的速度移動；第二個在相對距離約 20 m 處，以 60 m/s 的速度移動。在其餘的距離與速度空間，則充滿了旁瓣（sidelobe）雜波與背景雜訊。

為了估計此雷達偵測到的目標物訊號強度，我們必須計算目標物訊號的訊號雜訊比（signal to noise ratio, SNR）。要找出每個目標物的訊號振幅並不困難，但是要如何決定背景的雜訊位準呢？一個常用的方法是在雷達資料中，辨識出大部分的距離—速度胞（range–velocity cell）內，只包含雜訊的資料。如果我們可以在這些距離—速度胞內，找出最常見的振幅，那麼這個振幅應該就是相對應的雜訊位準。一個好的處理方式，是在距離—速度空間內畫出所有資料的直方圖，然後尋找包含最多的資料數的振幅區間。

在此雷達資料中，找出其背景雜訊位準。

---

5　histogram 與 histcounts 函式是用來取代較舊的直方圖 hist 函式。hist 函式並不推薦在新版 MATLAB 程式碼中使用。主要的差別在於 histogram 函式使用區間邊緣數值陣列，然而 hist 函式則是使用區間中心數值陣列。你很有可能在現存的 MATLAB 程式中看過 hist 函式。

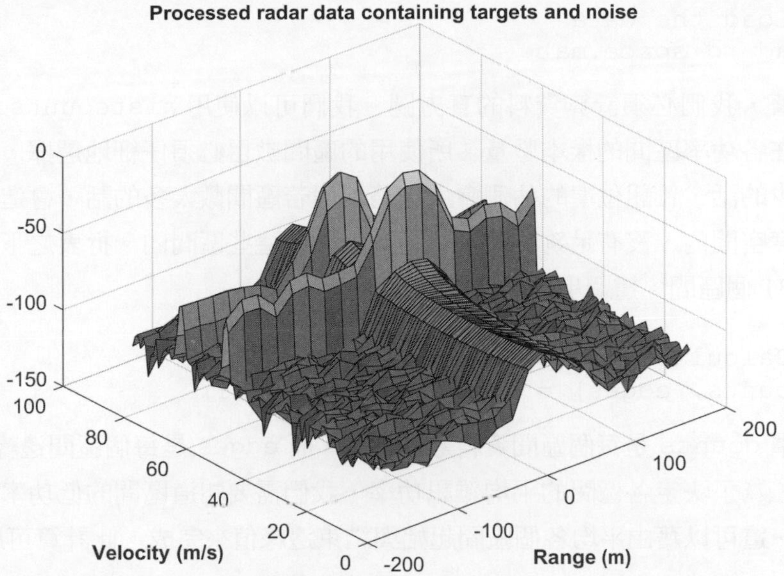


圖 7.10 包含兩個目標物與背景雜訊的距離與速度空間資料。

◈解答

1. 敘述問題

   在一個給定的雷達距離－速度資料裡，找出其背景雜訊位準，並且跟使用者報告此數值。

2. 定義輸入與輸出

   此問題的輸入是一個儲存在 `rd_space.mat` 檔案的雷達資料樣本，此 MAT 檔包含一個名為 `range` 的距離資料向量，一個名為 `velocity` 的速度資料向量，以及一個名為 `amp` 的功率值（以 dBm[6] 為單位）陣列。此程式的輸出是在資料樣本直方圖內，具有最多資料數的功率區間，此功率應該就是相對應的雜訊位準。

3. 設計演算法

   這個工作可以分成四個主要部分：

   讀取資料集合
   計算資料的直方圖
   找出資料集合內的峰值區間
   向使用者報告資料集合的雜訊位準

   第一步是讀取資料的簡單工作，其虛擬碼為：

6 以 1mW 為參考功率的功率比值，以分貝表示。我們在習題 2.24 學會如何計算以 dBm 為單位的功率比值。

```
% Load the data
load rd_space.mat
```

接著，我們必須計算資料的直方圖。我們可以使用 histcounts 函式來計算落在各功率區間的樣本數量。所使用的區間數目必須仔細地選擇，假若區間數太少的話，雜訊位準的估測會太粗略；假若區間數太多的話，會造成在距離與速度空間內，沒有足夠的資料來適當地填入這些區間內。折衷之下，我們將嘗試 31 個區間。這個步驟的虛擬碼是：

```
% Calculate histogram
[counts, edges] = histcounts(amp, 31)
```

其中 counts 是每個區間資料數的陣列，而 edges 是每個區間邊緣值的陣列。

為了決定各區間的平均雜訊功率，我們需要知道區間的低功率與高功率邊緣。這可以藉由平均各個區間起始與結束邊緣值來完成。此計算可以 for 迴圈執行。

```
p_bin = zeros(size(counts));
for ii = 1:length(p_bin)-1
   p_bin(ii) = (edges(ii) + edges(ii+1)) / 2;
end
```

現在，我們必須在輸出陣列 counts 內找出具有最大樣本個數的區間。最好的處理方式是使用 MATLAB 的 max 函式，它會傳回一個陣列裡的最大值（以及可選的最大值位置）。使用 MATLAB 的線上協助系統來檢視此函式。我們需要的函式形式為：

```
[max_val, max_loc] = max(array)
```

其中 max_val 是陣列裡的最大值，而 max_loc 是最大值的陣列下標。一旦知道最大功率的位置，則那個區間的訊號強度就可以藉由檢查 p_bin 陣列的位置 max_loc 而找出來。這個步驟的虛擬碼是：

```
% Get location of peak
[max_val, max_loc] = max(counts)

% Get the power level of that bin
noise_power = p_bin(max_loc)
```

最後是告知使用者。這是簡易的工作。

```
Tell user.
```

4. 把演算法轉換成 MATLAB 敘述

最後的程式碼 MATLAB 如下所示。

```
%  Script file: radar_noise_level.m
%
%  Purpose:
%    This program calculates the background noise level
%    in a buffer of radar data.
%
%  Record of revisions:
%      Date       Programmer          Description of change
%      ====       ==========          =====================
%    02/15/18     S. J. Chapman       Original code
%
% Define variables:
%   amp           -- Power level in each cell
%   counts        -- Array containing the number of samples
%                    in each bin
%   edges         -- Array containing the power levels marking
%                    the boundaries between the bins
%   noise_power   -- Power level of bin with peak noise
%   p_bin         -- Average power level in each bin

% Load the data
load rd_space.mat

% Calculate histogram
[counts, edges] = histcounts(amp, 31);

% Calculate the average power level of each bin
p_bin = zeros(size(counts));
for ii = 1:length(p_bin)-1
   p_bin(ii) = (edges(ii) + edges(ii+1)) / 2;
end

% Get the location of peak
[max_val, max_loc] = max(counts);

% Get the power level of that bin
noise_power = p_bin(max_loc);

% Tell user
fprintf('The noise level in the buffer is %6.2f dBm.\n', noise_power);
```

5. 測試程式

接著，我們必須測試此程式。

```
» radar_noise_level
The noise level in the buffer is -102.20 dBm.
```

為了驗證這個答案，我們可以使用沒有輸出引數的方式呼叫 histogram，畫出資料的直方圖。

```
histogram('BinEdges',edges,'BinCounts',counts);
xlabel('\bfPower (dBm)');
ylabel('\bfCount');
title('\bfHistogram of Cell Amplitudes');
```

圖 7.11 的繪圖結果顯示，目標物的訊號功率看起來大約 –20 dBm，而雜訊功率大約為 –105 dBm，所以這個程式似乎可以正確運作。

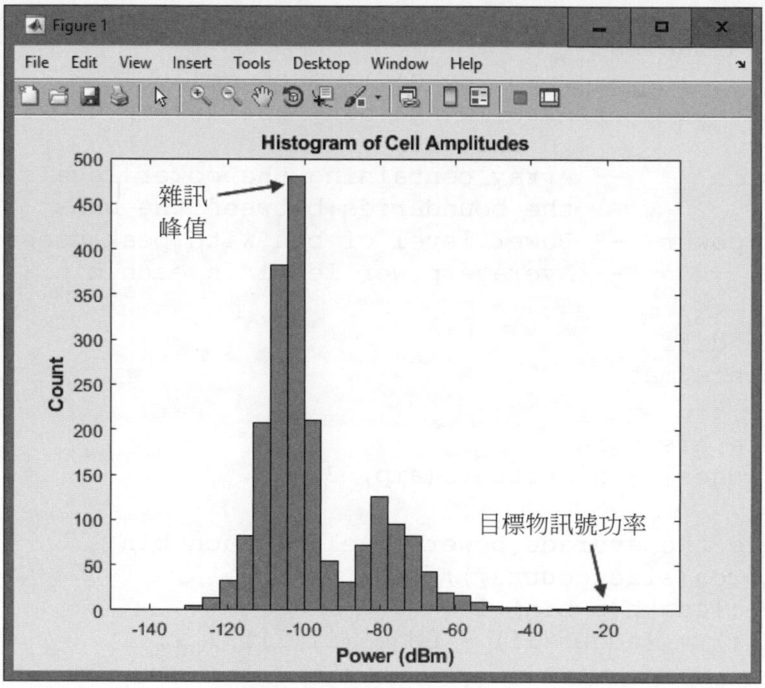


圖 7.11　顯示背景雜訊功率與偵測目標物功率的直方圖。

## 測驗 7.1

這個測驗提供一個快速的檢驗，檢視你是否了解 7.1 節至 7.9 節所介紹的觀念。如果你覺得這個測驗有些困難，請重新閱讀這些章節、請教授課老師，或是與同學討論。測驗解答收錄在本書的附錄 B。

1. 什麼是函式握把？如何產生一個函式握把？如何利用函式握把呼叫一個函式？
2. 什麼是局部函式？它與一般函式有何差異？
3. 作用域 “scope” 是什麼意思？

4. 什麼是專用函式？它與一般函式有何差異？
5. 什麼是巢狀函式？在宿主函式裡的變數，其作用域為何？
6. MATLAB 是以何種特定的順序找出一個函數來執行？
7. 假設一個函式定義如下，則以 myfun(@cosh) 表示式呼叫此函式，它會傳回什麼結果？

```
function res = myfun(x)
res = func2str(x);
end
```

## 7.10 範例應用：數值積分

函數 $f(x)$ 的定積分可以理解為函數曲線下起始點與終點之間的總面積。圖 7.12a 顯示函數 $f(x)$ 的圖形，這條曲線下點 $x_1$ 與 $x_2$ 之間的面積等於函數 $f(x)$ 在 $x_1$ 與 $x_2$ 之間對 $x$ 的定積分。藉由數值方法計算定積分稱為**數值積分法**。我們如何找到此面積呢？

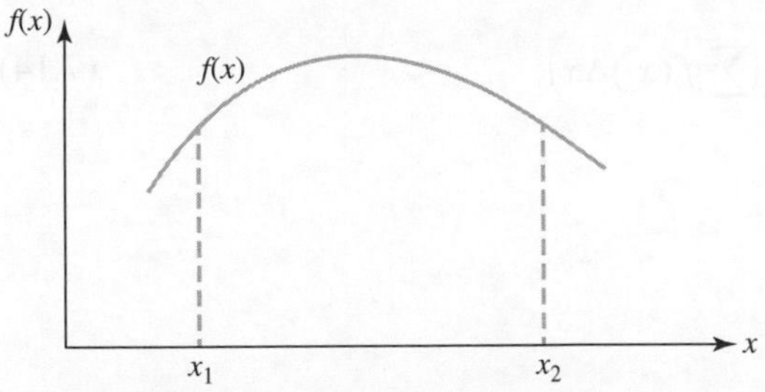


(a) $f(x)$ 對 $x$ 的關係圖。這條曲線下點 $x_1$ 與 $x_2$ 之間的面積等於 $\int_{x_1}^{x_2} f(x)dx$。

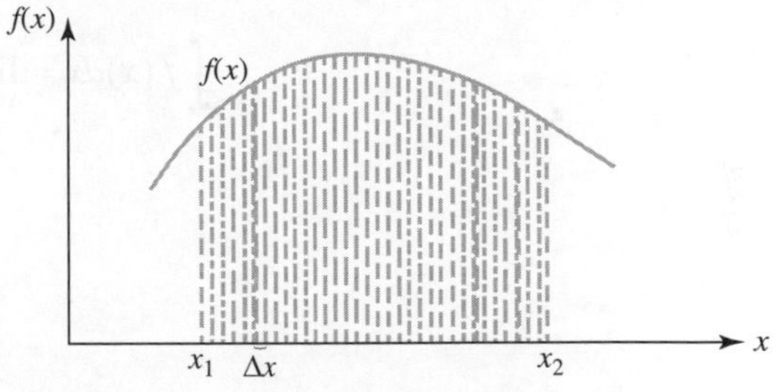


(b) 點 $x_1$ 與 $x_2$ 之間曲線下的面積被分割成許多小矩形。

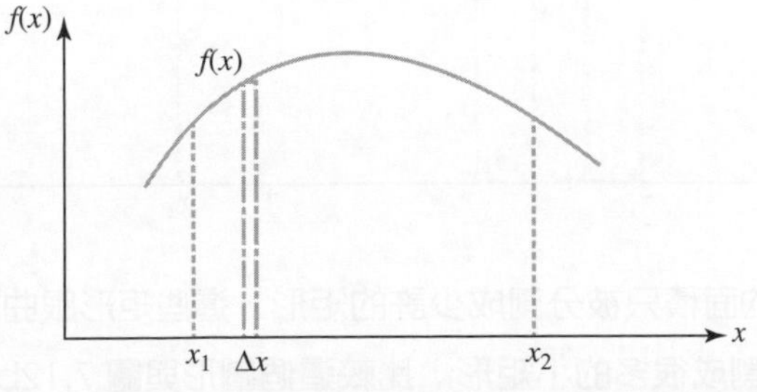


(c) 每個矩形的寬為 $\Delta x$、高為 $f(x_i)$，其中 $x_i$ 是矩形 $i$ 的中心點。此矩形的面積是 $A_i = f(x_i)\ dx$。

圖 7.12

我們通常並不知道任意形狀曲線下的面積。然而，我們知道矩形的面積等於矩形的長度乘以它的寬度：

$$面積 = 長度 \times 寬度 \tag{7.12}$$

假設我們用一系列小矩形充滿 $x_1$ 與 $x_2$ 之間整個曲線下的面積，然後加總每個矩形的面積。矩形面積的總和將會是曲線 $f(x)$ 下面積的估計值。

圖 7.12b 顯示曲線下的面積充滿了許多小矩形，每個矩形的寬度為 $\Delta x$、長度為 $f(x_i)$，其中 $x_i$ 是矩形沿著 $x$ 軸的位置。將這些矩形的面積加總得到曲線下面積的近似方程式：

$$A \approx \sum_{x_1}^{x_2} f(x)\Delta x \tag{7.13}$$

因為矩形與想要近似的曲線形狀不完全匹配，所以方程式 (7.13) 計算的面積只是近似值。然而，曲線下的面積分割的矩形愈多，得到與曲線配合的結果就愈好（比較圖 7.12b 與圖 7.13）。如果我們使用無限多個無限細的矩形，我們可以精準地計算曲線下面積。實際上，這就是積分的定義！所以，積分可視為 (7.13) 式所得到總和的極限，也就是當 $\Delta x$ 非常小，而且矩形數量非常大的極限狀況。

$$\int f(x)dx = \lim_{\Delta x \to 0}\left(\sum f(x_i)\Delta x\right) \tag{7.14}$$

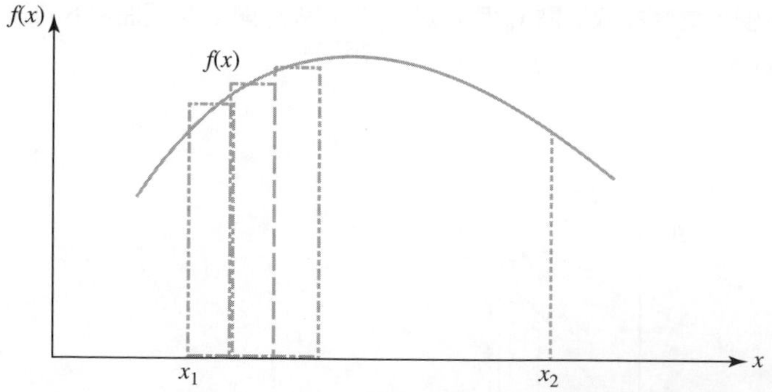


☙ 圖 7.13　當曲線下的面積只被分割成少許的矩形，這些矩形跟曲線的形狀配合程度遠不如當曲線下的面積被分割成很多的小矩形，比較這個圖形與圖 7.12b。

## 例 7.6 數值積分

撰寫一個含函式的函式來找出在兩點 $x_1$ 與 $x_2$ 之間，函數 $f(x)$ 曲線下所定義的面積（或按照微積分的說法，寫一個函數來計算兩點 $x_1$ 與 $x_2$ 之間函數 $f(x)$ 的定積分）。積分函式允許使用者指定要積分的函數 $f(x)$，以及做為呼叫引數的間距大小 $\Delta x$。函數 $f(x)$ 將會以函式握把傳入。

**◈解答**

此函式應將曲線下面積分成 $N$ 個矩形，每個矩形的寬為 $\Delta x$，高為 $f(x_c)$ ( 其中 $x_c$ 是矩形中心的 $x$ 值 )。然後此函式會加總所有矩形的面積，並回傳結果。矩形的數量 $N$ 計算如下

$$N = \frac{x_2 - x_1}{\Delta x} \tag{7.15}$$

$N$ 的數值應四捨五入至下一個整數，並且必要時應調整 $\Delta x$ 的數值。

1. 敘述問題

   撰寫一個子程式計算在兩點 $x_1$ 與 $x_2$ 之間 $f(x)$ 曲線下的面積（對 $f(x)$ 積分），其中 $x_1 < x_2$，使用矩形來近似曲線下的面積。

2. 定義輸入與輸出

   此函式的輸入為

   (a) 要積分的函數 $f(x)$。此函數將會以函式握把傳入。
   (b) 在 $x_1$ 上的積分起始值。
   (c) 在 $x_2$ 上的積分終值。
   (d) 間距大小 $\Delta x$。

   此函式的輸出為曲線下的面積。

3. 設計演算法

   此函式可以分為三個主要步驟；

   ```
   檢查是否 x1 < x2
   計算要使用的矩形數量
   將矩形的面積相加
   ```

   程式的第一步是檢查 $x_1 < x_2$。如果不是，則必須顯示錯誤訊息。第二步是藉由 (7.15) 式計算要使用的矩形數量。第三步是計算每個矩形面積，並且加總所有面積。這些步驟的詳細虛擬碼如下

```
if x1 >= x2
    Display error message
else
    area ← 0.
    n ← floor( (x2-x1) / dx + 1. )
    dx ← (x2-x1) / (n-1)
    for ii = 1 to n
        xstart ← x1 + (i-1) * dx
        height ← fun( xstart + dx/2. )
        area ← area + width * height
    end
end
```

注意矩形 ii 的起始位置 xstart 可以藉由積分的起始位置加上 ii-1 倍的 dx 找到，因為 ii-1 矩形在矩形 ii 之前。每個矩形的寬度為 dx。最後，矩形的高度是在矩形中心點所計算的函數值。

4. 把演算法轉換成 MATLAB 敘述

產生的 MATLAB 函式顯示如下。

```
function area = integrate(fun, x1, x2, dx)
%
%  Purpose:
%    This program calculates the definite integral of a
%    specified function between user-defined limits.
%
%  Record of revisions:
%      Date         Programmer          Description of change
%      ====         ==========          =====================
%    02/16/18     S. J. Chapman        Original code
%
% Calling arguments
%   fun        -- handle of function to integrate
%   x1         -- starting point
%   x2         -- ending point
%   dx         -- step size
%   area       -- area under curve

% Define local variables:
%   ii         -- loop index
%   height     -- height of current rectangle
%   n          -- number of rectangles to use
%   xstart     -- starting position of current rectangle

% Check for a proper number of arguments
narginchk(3,3);

% Check that x1 < x2
```

```
if x1 >= x2
   error('x2 must be >= x1');

else

   % Perform integration
   area = 0;

   % Get number of rectangles
   n = floor( (x2 - x1) / dx + 1 );

   % Adjust dx to fit the number of rectangles
   dx = (x2 - x1) / (n - 1);

   % Sum the areas
   for ii = 1:n

      xstart = x1 + (ii-1) * dx;
      height = fun(xstart + dx/2);
      area   = area + dx * height;
   end
end
```

5. 測試程式

為了測試此程式，我們嘗試找出以下函數在 0 與 1 之間曲線下的面積。

$$f(x) = x^2 \tag{7.16}$$

此函數在這些積分上下限的定積分為

$$\int_{x_1}^{x_2} x^2 dx = \frac{1}{3}x^3\Big|_0^1 = \frac{1}{3} \tag{7.17}$$

所以正確的面積為 0.33333。

相比於正確答案，數值估計的品質量將取決於使用的間距大小 $\Delta x$。為了突顯這一點，首先為匿名函式建立一個函式握把

```
» fun = @ (x) x.^2;
```

當這個函數被積分時，結果為

```
» integrate(fun,0,1,.1)
ans =
    0.4428
» integrate(fun,0,1,.01)
ans =
    0.3434
```

```
» integrate(fun,0,1,.001)
ans =
    0.3343
» integrate(fun,0,1,.0001)
ans =
    0.3334
```

注意當矩形愈小時，此函式愈準確地趨近曲線下的實際面積。

MATLAB 有一個執行數值積分的內建函式稱為 integral。這與我們的積分函式 integrate 很像，但是它會根據積分函數的斜率自動調整間距大小 $\Delta x$。integral 函式的形式為

```
area = integral(fun, x1, x2);
```

其中 fun 為函式握把，而 x1 與 x2 為積分的上下限。如果我們使用 integral 來計算函數 $f(x) = x^2$ 在 $x = 0$ 與 $x = 1$ 積分上下限的定積分，其結果為：

```
» integral(fun,0,1)
ans =
    0.3333
```

## 7.11 總結

我們在第 7 章說明使用者定義函式的進階功能。

含函式的函式是 MATLAB 對輸入引數包含其他函式名稱的函式，而這些傳入的函式會在含函式的函式執行過程中，被呼叫來使用。

函式握把是一種特殊的資料類型，它保存用來引用一個函式所需要的資訊。使用 @ 運算子或 str2func 函式，可以產生函式握把，藉由在函式握把名稱後面加上圓括號及所需的引數，即可使用函式握把。局部函式是置於單一函式檔案內的其他函式，它們只能被同一檔案內的其他函式所呼叫。專用函式是置於名為 private 特殊子目錄下的函式，它們只能被上層目錄的其他函式所呼叫。局部函式與專用函式可以用來限制 MATLAB 函式的存取。

匿名函式是沒有名稱的函式，它們是用單一行 MATLAB 敘述所宣告的函式，並且藉由它們的函式握把來呼叫這些函式。

fplot 函式是含函式的函式，它們可以直接繪出使用者定義的函數圖形，而不需要先產生繪圖過程的資料陣列。

直方圖是用來顯示在一個資料集合中，落入一連串區間資料個數的圖形。

### 7.11.1 良好的程式設計總結

使用 MATLAB 函式時，請遵守下列程式設計原則：

1. 使用局部函式或專用函式來隱藏特殊用途的計算，使得它們不能被其他函式所存取。將這些函式隱藏起來，可以預防它們被不經意地使用，也可以預防與其他相同檔名的函式發生衝突。
2. 直接使用 `fplot` 函式畫出函數圖，而不需產生繪圖資料陣列。

### 7.11.2 MATLAB 總結

以下的列表總結所有本章描述過的 MATLAB 指令及函式，並附加簡短的敘述以供讀者參考。

| 指令與函式 | |
|---|---|
| `@` | 產生一個函式握把（或是一個匿名函式）。 |
| `eval` | 針對一個字元字串求值，如同這個字串的指令被鍵入指令視窗一樣。 |
| `feval` | 針對一個定義在 M 檔案中的函式 $f(x)$，計算其 $x$ 之函式值。 |
| `fminbnd` | 對只含一個變數的函式最小化。 |
| `fplot` | 藉由函式握把來繪製指定函式的二維圖形。 |
| `fplot3` | 藉由函式握把來繪製指定函式的三維圖形。 |
| `functions` | 取得一個函式握把的詳盡資訊。 |
| `func2str` | 由給定的函式握把，取得函式的名稱。 |
| `fzero` | 找出只含一個變數函式之零點。 |
| `global` | 宣告全域變數。 |
| `histcounts` | 計算並回傳的一組數據的直方圖分類資料，並不畫圖。 |
| `histogram` | 計算並繪製一組數據集的直方圖。 |
| `inputname` | 傳回對應某個特定引數數字的實際變數名稱。 |
| `integral` | 對一個函數求其數值積分。 |
| `nargchk` | 假如用來呼叫函式的引數太少或是太多，這個函式將傳回一個標準的錯誤訊息。 |
| `nargin` | 傳回用來呼叫函式的實際輸入引數數目。 |
| `nargout` | 傳回用來呼叫函式的實際輸出引數數目。 |
| `ode45` | 使用 Runge-Kutta(4,5) 積分演算法求解常微分方程式。 |
| `polarhistogram` | 計算並畫出一組資料的極座標直方圖 |
| `str2func` | 為一個以字串引數命名的函式，產生一個函式握把。 |

## 7.12 習題

7.1 利用 `random0` 函式撰寫一個函式，使得該函式產生在 [–1.0, 1.0) 範圍間的亂數值。將 `random0` 函式做為新函式的局部函式。

7.2 利用 `random0` 函式撰寫一個函式，使得該函式產生在 [`low`, `high`) 範圍間的亂數值，其中 `low` 和 `high` 如同呼叫引數般傳遞。將 `random0` 函式做為新函式的專用函式。

7.3 請寫出一個 MATLAB 函式 `hyperbolic`，計算定義在習題 6.22 的雙曲正弦、餘弦和正切函數。函式必須有 2 個輸入引數，第 1 個引數為字串，包含函數名稱 `'sinh'`、`'cosh'` 或 `'tanh'`，而第 2 個引數是計算函數用的 $x$ 值。這個檔案應該包含 3 個局部函式 `sinh1`、`cosh1` 及 `tanh1`，來執行實際的運算，而且主函式必須根據字串值，呼叫適當的局部函式（**注意**：函式須處理引數個數不正確的情況，對於不合法的字串也能處理。對於這兩種情況，函式應該產生錯誤的訊息）。

7.4 寫出一個程式，產生 3 個匿名函式表示 3 個函數 $f(x) = 10 \cos x$，$g(x) = 5 \sin x$，以及 $h(a,b) = \sqrt{a^2 + b^2}$，並在 $-10 \le x \le 10$，畫出 $h(f(x), g(x))$ 圖形。

7.5 在 $0.1 \le x \le 10.0$，使用 `fplot` 函式畫出 $f(x) = 1/\sqrt{x}$ 函數圖形。

7.6 **對只含一個變數的函式最小化。**`fminbnd` 函式可以在使用者定義的區間內，對只含一個變數的函式最小化。使用 MATLAB 的說明瀏覽系統檢視此函式的細節，然後在 (0.5, 1.5) 區間內，找出函數 $y(x) = x^4 - 3x^2 + 2x$ 的最小值。使用匿名函式來表示 $y(x)$。

7.7 在 (–2, 2) 區間內，畫出 $y(x) = x^4 - 3x^2 + 2x$ 的函數圖形。然後使用 `fminbnd` 函式找出其在 (–1.5, 0.5) 區間內的最小值。請問此函式是否真的找出此區間內的最小值？請問這裡發生了什麼事？

7.8 **直方圖。**以內建的 MATLAB 高斯亂數產生器 `randn` 函式，建立一個 100,000 樣本點的陣列，接著在 21 個區間內畫出這些樣本點的直方圖。

7.9 **玫瑰圖。**以內建的 MATLAB 高斯亂數產生器 `randn` 函式，建立一個 100,000 樣本點的陣列。在 MATLAB 的說明瀏覽系統查詢 `polarhistogram` 函式，並在 21 個區間內畫出這些樣本點的玫瑰圖。

7.10 **三維線圖。**`fplot3` 函式是一個含函式的函式設計來用產生點 $(x, y, t)$ 的三維線圖，其中 $x$ 與 $y$ 為 $t$ 的函數。將函數 $x(t)$ 與 $y(t)$ 以函式握把傳入 `fplot3`。使用此函式在 $0 \le t \le 6\pi$ 之間，對以下函數產生三維線圖：

$$\begin{aligned} x(t) &= \sin t \\ y(t) &= \cos t \end{aligned} \tag{7.18}$$

確定在完成圖形上提供標題、軸名與格線。建立函數 $x(t)$ 與 $y(t)$ 為個別的函式，並且以函式握把傳入 `fplot3` 來繪圖。

7.11 **三維線圖**。重複習題 7.10，但是這次以匿名函式來產生函數 $x(t)$ 與 $y(t)$，然後以函式握把傳入 `fplot3` 來繪圖。

7.12 **函數最小值與最大值**。請寫出一個函式，以找出在某個範圍內，一個任意函數 $f(x)$ 的最大值與最小值。被計算的函數應該當成一個呼叫引數傳給函式。這個函式必須擁有下列幾個輸入引數：

`first_value` ——欲搜尋的第一個 $x$ 值
`last_value` ——欲搜尋的最後一個 $x$ 值
`num_steps` ——欲搜尋的步驟數目
`func` ——欲搜尋的函數名稱

這函式應該有下列幾個輸出引數：

`xmin` ——找到函數最小值時的 $x$ 值
`min_value` ——找到 $f(x)$ 的最小值
`xmax` ——找到函數最大值時的 $x$ 值
`max_value` ——找到 $f(x)$ 的最大值

請確定檢查函式有合法個數的輸入引數，並能夠適當地支援 MATLAB 的 `help` 及 `lookfor` 指令。

7.13 請寫出一個程式，測試前一題你所編寫的函式。這個測試程式必須將使用者定義函式 $f(x) = x^3 - 5x^2 + 5x + 2$ 傳給含函式的函式，並且在 $-1 \le x \le 3$ 範圍內分為 200 個等分，找出函數的最小值與最大值，並列印其最小值與最大值。

7.14 請寫出一個程式，使用 `fzero` 函式找出函數 $f(x) = \cos^2 x - 0.25$ 在 0 與 $2\pi$ 之間的零點。在此區間內畫出函數圖形，證明 `fzero` 得到了正確值。

7.15 寫出一個程式在 $-2\pi$ 與 $2\pi$ 之間，以 $\pi/10$ 為間距計算 $f(x) = \tan^2 x + x - 2$ 之函數值，並畫出其結果。為你的函式建立一個函式握把，並利用 `feval` 函式在這些設定點上計算你的函式值。

7.16 針對範例 7.5 在距離—速度空間裡的每個雷達目標物，寫出一個程式報告其距離、速度、訊號振幅，以及訊號雜訊比。

7.17 **函數的導函數**。連續函數 $f(x)$ 的導函數定義如下：

$$\frac{d}{dx} f(x) = \lim_{\Delta x \to 0} \frac{f(x + \Delta x) - f(x)}{\Delta x} \tag{7.19}$$

對一個取樣的函數而言，這個定義變成：

$$f'(x_i) = \frac{f(x_{i+1}) - f(x_i)}{\Delta x} \tag{7.20}$$

其中$\Delta x = x_{i+1} - x_i$。假設 vect 向量包含一個函數在每間隔 dx 的 nsamp 個取樣值，請寫出一個函式，從 (7.20) 式計算這個向量的導函數。這函式必須檢查並確定 dx 大於 0，以避免出現除以零的錯誤。

為了測試函式，你必須產生一組已知其導函數的資料集合，並將函式計算的結果，與這個已知的正確答案比較。測試函數可以選擇 sin $x$。從微積分課本中，我們知道 $\frac{d}{dx}(\sin x) = \cos x$。請產生一個具有 100 個 sin $x$ 函數值的向量，由 $x = 0$ 開始，且$\Delta x$ 的大小為 0.05。然後使用你的函式取這個向量的導數值，並把函式計算的結果，與已知的正確答案比較。請問你的函式所計算出來的導數值與正確的答案有多接近？

7.18 **導數中的雜訊**。我們將探討輸入雜訊對數值導數品質的影響。首先，如同上一題，產生一個具有 100 個 sin $x$ 值的向量，從 $x = 0$ 開始，$\Delta x = 0.05$。接下來，使用 random0 函式產生一些微小的雜訊，其最大振幅為 ± 0.02，並將此雜訊加到剛產生的輸入向量內。圖 7.14 顯示一個弦波受雜訊污染的例子。請注意，因為 sin $x$ 的最大值為 1，所以這雜訊的峰值只有輸入訊號峰值的 2%。現在利用你在上一題所產生的導函數函式，對這個函數取導數值。請問你產生的導數結果與理論值相差多少？

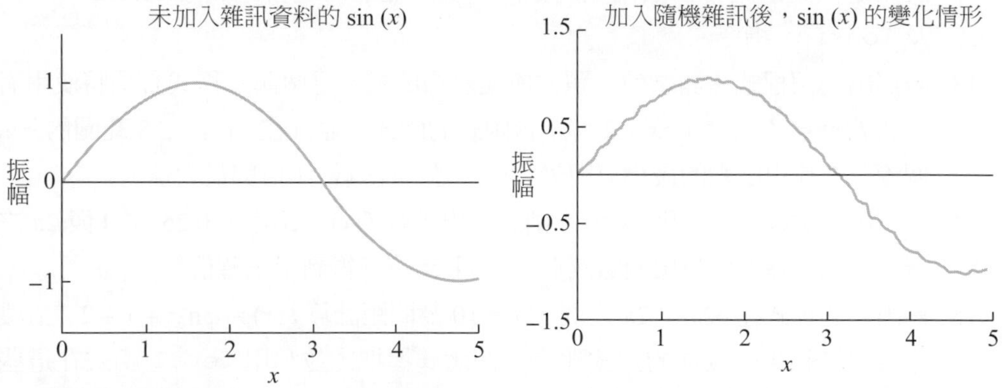


(a) 未加入雜訊資料時，sin $x$ 對 $x$ 的函數圖　　(b) 加入最大振幅 2% 的隨機雜訊後，sin $x$ 對 $x$ 的函數圖

**圖 7.14**

7.19 **函式的導數**。設計一個含函式的函式，利用方程式 (7.20) 計算在點 $x_0$ 上輸入函數 $f(x)$ 的導數。此函式必須接受三個引數：計算函數的函式握把、帶入函數的 $x_0$ 值以及在方程式 (7.20) 中使用的間距大小 $\Delta x$。藉由在 0 到 4 之間，以 100 個 $x_0$ 數值時，計算函數 $f(x) = x^2$ 的導數來測試此函式。繪製函數與其導數在同一軸座標上，並附上適當的標題、軸名與圖形說明。

7.20 計算並繪製一個函數的近似導數

$$y(t) = 2 - 2e^{-0.2t}\cos t \tag{7.21}$$

在 $0 \le t \le 20$ 之間，使用間距大小為 0.5、0.1、0.05、0.01、0.005 與 0.001。用習題 7.19 撰寫的函式來計算導數。計算每個間距大小的近似答案與正確答案之間的誤差。請問誤差如何隨間距大小而改變呢？（注意：方程式 (7.21) 正確的導數為 $y'(t) = 0.4e^{-0.2t} + 2e^{-0.2t}\sin t$。）

7.21 在 $-10 \le x \le 10$ 範圍內，計算以下函數的導數，並且繪製函數與其導數在同一組座標軸上。

(a) $y(x) = x^3 - x + 2$　　(b) $y(x) = -x^2 + 2x - 1$

(c) $y(x) = \begin{cases} 0 & x < 0 \\ \sin x & x \ge 0 \end{cases}$

7.22 計算函數 $y(t) = 2 - 2e^{-0.2t}\cos t$ 介於 $t = 0$ 與 $t = 5$ 兩點間的面積。

7.23 建立一個匿名函式來求值表示式 $y(t) = 2e^{-0.4x}\cos x - 0.1$，並在 0 與 8 之間以 `fzero` 找出此函數的根。

7.24 範例 7.4 的階乘函數並沒有檢查以確認輸入值是非負的整數。修改此函數以執行此檢查步驟，如果一個非法數值以呼叫引數被傳入時，顯示一個錯誤訊息。

7.25 **費布那西數（Fibonacci Numbers）**。如果一個函式呼叫它自己的話，此函式稱為遞迴函式。MATLAB 函式是設計成可以允許遞迴形式的運算。為了測試此功能，請寫出一個 MATLAB 函式來推導出費布那西數。第 $n$ 個費布那西數定義如下：

$$F_n = \begin{cases} F_{n-1} + F_{n-2} & n > 1 \\ 1 & n = 1 \\ 0 & n = 0 \end{cases} \tag{7.22}$$

其中 $n$ 是非負的整數。這個函式應該檢查以確認只有單一引數 $n$，而且 $n$ 是非負的整數；如果不是的話，利用 `error` 函式產生一個錯誤訊息。如果輸入引數是一個非負的整數，這個函式應該利用 (7.22) 式計算 $F_n$ 值。分別以 $n = 1$、$n = 5$ 與 $n = 10$ 計算費布那西數來測試你的函式。

7.26 計算以下函數的面積

$$y(x) = \begin{cases} 0 & t < 0 \\ 2 - 2e^{-0.2t}\cos t & t \ge 0 \end{cases} \tag{7.23}$$

$t$ 介於 0 與 $t_{end}$ 之間。以 0.1 的間距，從 0 到 10 變動 $t_{end}$，並且計算每個間距的面積。繪製面積對 $t_{end}$ 的曲線。此圖形會顯示方程式 (7.23) 對時間的積分。

7.27 **生日問題**。如果有 $n$ 個人在一個房間內，則其中 2 人以上同一天生日的可能性有多少？這是可以利用模擬來找到答案的問題。請寫出一個函式，計算在 $n$ 個人中，2 人以上同一天生日的可能性，其中 $n$ 是一個呼叫引數（提示：函式必須產生一個大小為 $n$ 的陣列，並從 1 到 365 隨機產生 $n$ 個生日，然後再檢查這個生日是否有相同的情況。函式應該執行這個實驗至少 5000 次，然後計算出 2 人以上同一天生日的比例）。請寫出一個測試程式，計算並列印在 $n = 2, 3, ..., 40$ 的情況時，有 2 人以上同一天生日的機率。

7.28 在 $0 \le t \le 6$ 之間，求解並繪製以下一階微分方程式。

(a) $\dot{x} + 5x = u(t)$　　(b) $\dot{x} - 0.5x = u(t)$

假設時間為零的初始條件：$x_0 = \dot{x}_0 = 0$。注意函數 $u(t)$ 是單位步階函數，其定義如下：

$$u(t) = \begin{cases} 0 & t < 0 \\ 1 & t \ge 0 \end{cases} \tag{7.24}$$

這些微分方程式是當一階電力或機械系統被步階函數激發時，可能響應的範例，所以它們被稱作步階響應。比較這兩個系統的步階響應？

7.29 **固定錯誤警報率（Constant False Alarm Rate, CFAR）**。一個簡化的雷達接收器電路如圖 7.15a 所示。當一個訊號被接收器接收後，它包含了從目標傳回的資訊以及熱雜訊。在接收器偵測完成之後，我們想要從背景熱雜訊中，挑出我們想要接收的目標。這可以藉著設定某個門檻位準，當訊號超過這門檻位準時，我們便可認為已經偵測到某個目標。不幸的是，即使是目標不存在，偶爾也會發生接收器雜訊超過所設定的門檻位準。如果這情況發生了，我們便可能錯誤認定雜訊尖波為一個目標，因而產生一個錯誤的警報。這個偵測門檻位準必須盡可能設定愈小愈好，使我們可以偵測到微小的目標，但也不能設定得太低，以致接收到很多錯誤的警報。

經由錄影偵測之後，在接收器所接收到的熱雜訊，會呈現雷利分布的情形。圖 7.15b 所顯示為 100 個雷利分布的雜訊樣本，其平均振幅為 10 伏特。請注意當門檻位準設定高達 26 伏特時，仍有一個超過它的錯誤警報。圖 7.15c 為這些雜訊樣本的機率分布。

偵測門檻位準通常設定為平均雜訊程度的數倍，所以如果雜訊位準變動了，這偵測門檻位準也會隨之變動，使其不易發生錯誤的假警報。這就是所謂的**固定錯誤警報率**（CFAR）偵測。偵測門檻位準通常以分貝表示。而分貝及伏特數的門檻位準關係為：

$$\text{門檻值（伏特）平均雜訊位準（伏特）} \times 10^{\frac{dB}{20}} \tag{7.25}$$

或者是，

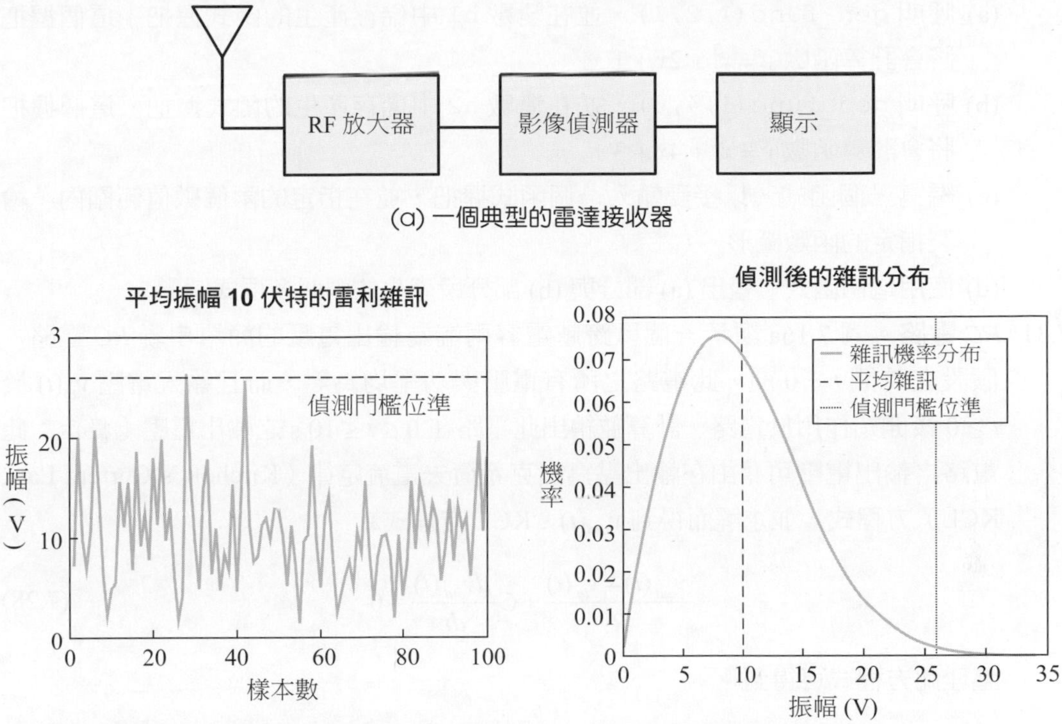


(a) 一個典型的雷達接收器

(b) 從偵測器輸出平均為 10 伏特的熱雜訊，這雜訊偶爾會超過偵測門檻位準

(c) 偵測器輸出雜訊的機率分布圖

圖 7.15

$$dB = 20\log_{10}\left(\frac{\text{門檻值（伏特）}}{\text{平均雜訊位準（伏特）}}\right) \tag{7.26}$$

對給定偵測門檻位準的錯誤警報率可計算如下：

$$P_{fa} = \frac{\text{錯誤警報數}}{\text{總樣本數}} \tag{7.27}$$

請寫出一個程式，產生 1,000,000 個雷利分布的隨機雜訊，其平均振幅為 10 伏特，並計算當偵測門檻位準為在平均雜訊程度之上的 5, 6, 7, 8, 9, 10, 11, 12 和 13 分貝的錯誤警報率。請問在哪個情況下，其錯誤警報率將會達到 $10^{-4}$？

7.30 **函數產生器**。編寫一個巢狀函式，用來計算多項式 $y = ax^2 + bx + c$。宿主函式 `gen_func` 必須有三個呼叫引數 `a`、`b` 與 `c`，以分別初始化多項式的係數。這函式也必須對巢狀函式 `eval_func` 產生並傳回一個函式握把。對於給定的 `x` 值，巢狀函式 `eval_func(x)` 必須使用儲存在宿主函式中的 `a`、`b` 和 `c` 值，計算出對應的 `y` 值。這實際上是一個函數產生器，因為每個 `a`、`b`、`c` 值的組合即產生一個函式握把，可以用來求出該特定多項式的值。接著再執行下列步驟：

(a) 呼叫 `gen_func(1,2,1)`，並在變數 `h1` 中儲存產生的函式握把。這個握把將會計算函數 $y = x^2 + 2x + 1$。

(b) 呼叫 `gen_func(1,4,3)`，並在變數 `h2` 中儲存產生的函式握把。這個握把將會計算函數 $y = x^2 + 4x + 3$。

(c) 編寫一個函式，以接受輸入一個函式握把，並在指定的兩個數值範圍內，繪製指定的函數圖形。

(d) 使用這個函式，畫出 (a) 部分與 (b) 部分所產生的兩個多項式圖形。

7.31 ***RC* 電路**。圖 7.16a 顯示一個以跨越電容兩端為輸出電壓的簡單串聯 *RC* 電路。假設在時間 $t = 0$ 前，此電路之所有電壓與功率均為零，而且輸入電壓 $v_{in}(t)$ 於 $t \geq 0$ 後開始作用於電路。計算並繪出此電路在 $0 \leq t \leq 10$ s 之輸出電壓〔提示：此電路之輸出電壓可藉由在輸出點寫出克希荷夫電流定律（Kirchoff 's Current Law, KCL）方程式，並求解而得到 $v_{out}(t)$。KCL 方程式為

$$\frac{v_{out}(t) - v_{in}(t)}{R} + C\frac{dv_{out}(t)}{dt} = 0 \tag{7.28}$$

整理此方程式可得到

$$\frac{dv_{out}(t)}{dt} + \frac{1}{RC} v_{out}(t) = \frac{1}{RC} v_{in}(t) \tag{7.29}$$

求解此微分方程式可得到 $v_{out}(t)$〕。

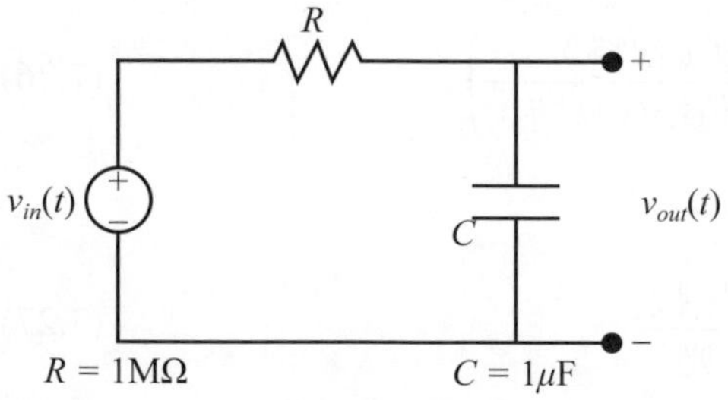


(a) 簡單的串聯 *RC* 電路

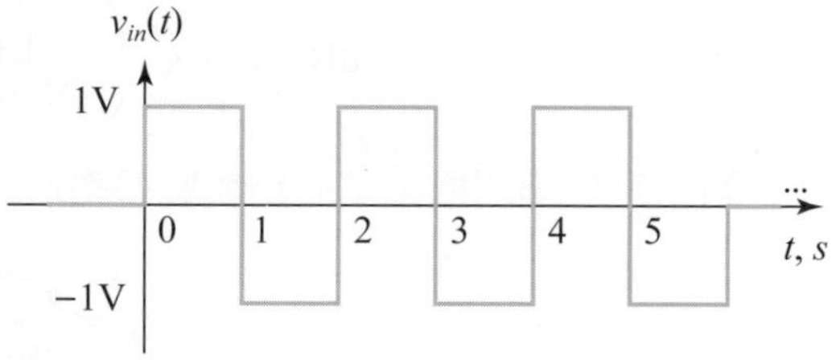


(b) 此電路輸入電壓之時間關係圖（注意在時間 $t = 0$ 之前與時間 $t = 6$ s 之後，輸入電壓均為 0。）

**圖 7.16**

7.32 計算並繪出下列微分方程式的輸出：

$$\frac{dv(t)}{dt} + v(t) = \begin{cases} t & 0 \leq t \leq 5 \\ 0 & 其他 \end{cases} \tag{7.30}$$

第 8 章

# 複數與其他繪圖型態

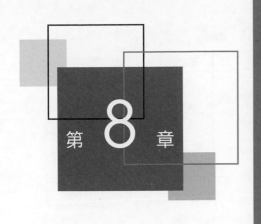

我們將在本章學習如何處理複數，以及在 MATLAB 一些其他的繪圖型態。

## 8.1 複數資料

**複數**（complex numbers）是包含實數及虛數的一種數字。複數被廣泛地使用在許多科學及工程領域裡。舉例來說，在電機工程領域，複數被用來表示交流電壓、電流以及阻抗（impedance），而大多數描述電機與機械系統行為的微分方程式，也都會產生複數型態的解。也因為複數的使用是如此廣泛，工程師必須深入了解複數的使用及其處理方法，才能順利解決問題。

複數的一般形式為：

$$c = a + bi \tag{8.1}$$

其中 $c$ 是一個複數，$a$ 與 $b$ 都是實數，而 $i$ 等於 $\sqrt{-1}$。數字 $a$ 稱為複數 $c$ 的**實部**，而數字 $b$ 則是複數 $c$ 的**虛部**。由於複數包含兩個數字成分，所以可以表示成平面上的一點（如圖 8.1 所示）。複數平面的水平軸是實軸，垂直軸則是虛軸，所以任意複數 $a + bi$ 可以表示成實軸為 $a$ 單位，而虛軸為 $b$ 單位的一點。用這種方法所描述的複數座標，稱為**直角座標**。

複數也可以表示成一個具有長度為 $z$ 以及角度為 $\theta$ 的向量，其中 $\theta$ 是在複數平面上從原點到 $P$ 點的直線與正實軸的逆時鐘方向夾角（如圖 8.2 所示）。用此種方法描述的複數座標，則稱為**極座標**：

$$c = a + bi = z\angle\theta \tag{8.2}$$

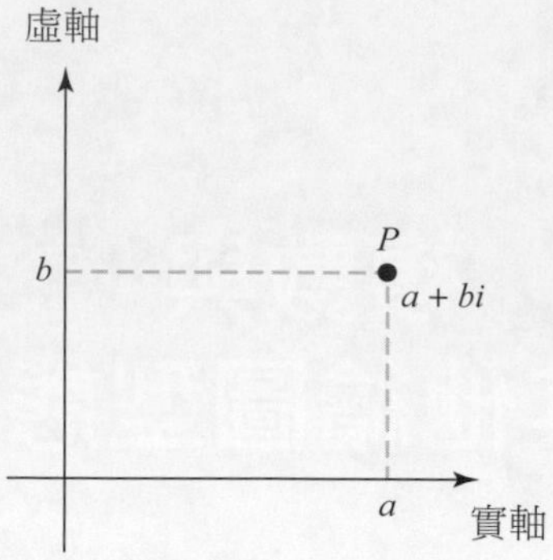


圖 8.1　直角座標中的複數表示。

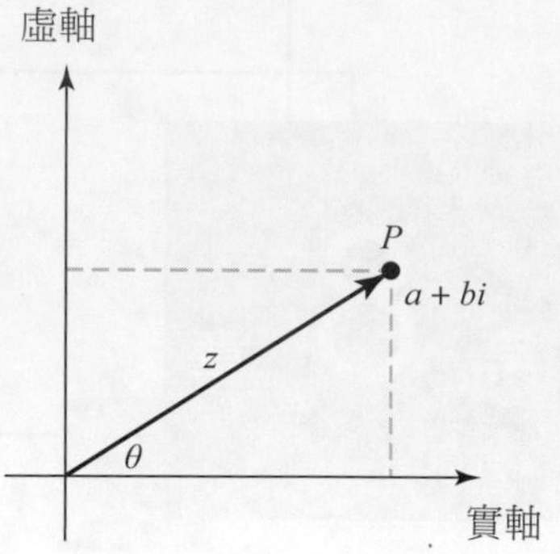


圖 8.2　極座標中的複數表示。

其中直角座標 $a$、$b$ 與極座標 $z$、$\theta$ 間的關係式為：

$$a = z\cos\theta \tag{8.3}$$

$$b = z\sin\theta \tag{8.4}$$

$$z = \sqrt{a^2 + b^2} \tag{8.5}$$

$$\theta = \tan^{-1}\frac{b}{a} \tag{8.6}$$

MATLAB 使用直角座標表示複數數值。每個複數都由一對實數 $(a, b)$ 來表示。第一個數字（$a$）表示複數的實部，而第二個數字（$b$）則表示複數的虛部。

假設複數 $c_1$ 與 $c_2$ 分別被定義為 $c_1 = a_1 + b_1 i$ 及 $c_2 = a_2 + b_2 i$，則複數間的加法、減法、乘法及除法，分別定義如下：

$$c_1 + c_2 = (a_1 + a_2) + (b_1 + b_2)i \tag{8.7}$$

$$c_1 - c_2 = (a_1 - a_2) + (b_1 - b_2)i \tag{8.8}$$

$$c_1 \times c_2 = (a_1a_2 - b_1b_2) + (a_1b_2 + b_1a_2)i \tag{8.9}$$

$$\frac{c_1}{c_2} = \frac{a_1a_2 + b_1b_2}{a_2^2 + b_2^2} + \frac{b_1a_2 - a_1b_2}{a_2^2 + b_2^2}\,i \tag{8.10}$$

當兩個複數出現在一個二元運算時，MATLAB 會遵循這些複數運算法則，處理兩個複數之間的加法、減法、乘法與除法運算。

### 8.1.1　複數變數

當複數值被指定給某個變數名稱時，將會自動產生一個複數變數。使用內建值 `i` 或 `j` 來產生複數值，是最簡單的一種方式，這兩個值在 MATLAB 中都被預設為 $\sqrt{-1}$。舉例來說，下面敘述式將會儲存複數 $4 + i3$ 給變數 `c1`：

```
» c1 = 4 + i*3
c1 =
    4.0000 + 3.0000i
```

或是我們可以直接在數字的虛數部分之後，加上一個 i 或 j 來指定這個複數的虛數部分：

```
» c1 = 4 + 3i
c1 =
    4.0000 + 3.0000i
```

isreal 函式可以用來檢查某個陣列，是一個實數陣列還是一個複數陣列。如果陣列裡任何一個元素含有虛數部分，則這個陣列便是一個複數陣列，因此 isreal(array) 將會傳回結果 0。

### 8.1.2 在複數間使用關係運算子

我們可以使用關係運算子 ==，來比較兩個複數是否相等，或是使用關係運算子 ~=，來比較兩個複數是否不相等。這兩個運算子都可以產生預期的結果。舉例來說，如果 $c_1 = 4 + i3$，且 $c_2 = 4 - i3$，則使用關係運算子 c1==c2，將會產生結果 0，而 c1~=c2，則會產生結果 1。

然而，當複數使用 >、<、>=、<= 這些關係運算子來比較複數間的關係時，運算子只會比較複數的實數部分而已，所以不會產生預期的結果。舉例來說，如果 $c_1 = 4 + i3$，$c_2 = 3 + i8$，則關係運算子 c1>c2 將會產生 true 值 (1)，即使 c1 的絕對值比 c2 的絕對值小。

如果你需要使用這些關係運算子來比較兩複數間的關係，可能會需要比較兩複數的絕對值大小，而不是比較兩複數間實部的大小。複數的絕對值大小，可以用內建函式 abs（參閱 8.1.3 節），或由方程式 (8.5) 求出：

$$|c| = \sqrt{a^2 + b^2} \tag{8.5}$$

如果我們比較上述定義的 $c_1$ 與 $c_2$ 兩複數絕對值大小時，我們發現結果將會比較合理：當 $c_2$ 的絕對值大小比 $c_1$ 大時，abs(c1)>abs(c2) 將會產生一個邏輯結果 0。

**程式設計的陷阱**

小心使用複數間的關係運算。關係運算子 >、>=、< 與 <= 只會比較複數的實數部分。如果你需要在複數間使用這些關係運算子，較合理的關係運算是比較複數的絕對值大小，而不是比較複數實數部分的大小。

### 8.1.3 複數函式

MATLAB 包含了許多支援複數運算的函式。這些函式可以分成三種類別：

1. **型態轉換函式**。這些函式可將資料從複數資料型態轉為雙精度（double）資料型態。real 函式直接將複數的實數部分轉成 double 資料型態。而 imag 函式則將複數的虛數部分轉變為一個實數。
2. **絕對值與角度函式**。這些函式可將複數轉換為極座標表示。abs(c) 函式利用下式來計算複數的絕對值：

$$abs(c) = \sqrt{a^2 + b^2}$$

其中 $c = a + bi$。而 angle(c) 函式則會在 $-\pi \leq \theta \leq \pi$ 的區間內計算複數的角度：

```
angle(c) = atan2(imag(c),real(c))
```

3. **數學函數**。大多數的基本數學函數皆定義了複數。這些函數包含了指數函數、對數函數、三角函數，以及平方根函數。MATLAB 的 sin、cos、log、sqrt 等函式也可以處理複數資料型態，如同處理實數資料型態一般。

有些內建的函式也支援複數運算，都列在表 8.1 供讀者參考。

**表 8.1　一些支援複數資料型態的函式**

| 函式 | 描述 |
|---|---|
| conj(c) | 計算數字 c 的共軛複數。如果 $c = a + bi$，則 $c = a - bi$。 |
| real(c) | 傳回複數 c 的實數部分。 |
| imag(c) | 傳回複數 c 的虛數部分。 |
| isreal(c) | 如果陣列 c 的元素沒有虛數成分，則傳回 true 值 (1)。因此，如果 c 是複數陣列，~isreal(c) 將會傳回 true 值 (1)。 |
| abs(c) | 傳回複數 c 的絕對值大小。 |
| angle(c) | 由 atan2(imag(c),real(c)) 的式子，計算並傳回複數 c 的角度。 |

**例 8.1　重新探索一元二次方程式**

複數的使用，通常可以簡化解決問題所需要的計算。舉例來說，當我們在求解範例 4.2 的一元二次方程式時，從頭到尾須取決於判別式的正負號，將整個流程分成三個獨立的部分計算。如果我們可以使用複數，便可以直接顯示出負數的平方根，而大幅簡化計算過程。

請寫出一個程式，求解一元二次方程式的根，不論根的資料型態為何。使用複數變數可避免因判別式的正負值，而使用分支結構。

◈解答

1. 敘述問題

   請寫出一個程式，求解一元二次方程式的根，無論是相異的實數根、重複的實數根，或是複數根，不需要再測試判別式的正負值。

2. 定義輸入與輸出

   這個一元二次方程式，所需要輸入的是方程式係數 $a$、$b$ 及 $c$：

$$ax^2 + bx + c = 0 \tag{8.11}$$

   而程式的輸出結果則是這個一元二次方程式的根，無論它們是相異的實數根、重複的實數根，或是複數根。

3. 描述演算法

   這個工作主要可以分為三個部分，分別為輸入、處理以及輸出。

   讀取輸入資料
   計算方程式的根
   輸出方程式的根

   我們現在把三個部分，再細分成若干較小而詳細的片斷。在這演算法，判別式的值對程式的運作完全沒有關係。所產生的虛擬碼如下所示：

```
Prompt the user for the coefficients a, b, and c.
Read a, b, and c
discriminant ← b^2 - 4 * a * c
   x1 ← ( -b + sqrt(discriminant) ) / ( 2 * a )
   x2 ← ( -b - sqrt(discriminant) ) / ( 2 * a )
   Print 'The roots of this equation are: '
   Print 'x1 = ', real(x1), ' +i ', imag(x1)
   Print 'x2 = ', real(x2), ' +i ', imag(x2)
```

4. 把演算法轉換成 MATLAB 敘述

   最後產生的 MATLAB 程式碼如下：

```
%  Script file: calc_roots2.m
%
%  Purpose:
%    This program solves for the roots of a quadratic equation
%    of the form a*x^2 + b*x + c = 0. It calculates the answers
%    regardless of the type of roots that the equation possesses.
%
%  Record of revisions:
%      Date        Programmer          Description of change
%      ====        ==========          =====================
%    02/16/18    S. J. Chapman         Original code
```

```
%
% Define variables:
%   a             -- Coefficient of x^2 term of equation
%   b             -- Coefficient of x term of equation
%   c             -- Constant term of equation
%   discriminant -- Discriminant of the equation
%   x1            -- First solution of equation
%   x2            -- Second solution of equation

% Prompt the user for the coefficients of the equation
disp ('This program solves for the roots of a quadratic ');
disp ('equation of the form A*X^2 + B*X + C = 0. ');
a = input ('Enter the coefficient A: ');
b = input ('Enter the coefficient B: ');
c = input ('Enter the coefficient C: ');

% Calculate discriminant
discriminant = b^2 - 4 * a * c;

% Solve for the roots
x1 = ( -b + sqrt(discriminant) ) / ( 2 * a );
x2 = ( -b - sqrt(discriminant) ) / ( 2 * a );

% Display results
disp ('The roots of this equation are:');
fprintf ('x1 = (%f) +i (%f)\n', real(x1), imag(x1));
fprintf ('x2 = (%f) +i (%f)\n', real(x2), imag(x2));
```

5. 測試程式

接下來，我們必須輸入實數資料測試這個程式。我們將分別使用判別式大於 0，小於 0 或等於 0 的情況，來測試這個程式對於所有的情況是否能正常運作。從方程式 (4.2) 中，我們可以驗證下面所列的方程式的根為：

$$x^2 + 5x + 6 = 0 \qquad x = -2, -3$$
$$x^2 + 4x + 4 = 0 \qquad x = -2$$
$$x^2 + 2x + 5 = 0 \qquad x = -1 \pm 2i$$

把這些方程式係數代入程式，我們可以得到下列結果：

```
» calc_roots2
This program solves for the roots of a quadratic
equation of the form A*X^2 + B*X + C = 0.
Enter the coefficient A: 1
Enter the coefficient B: 5
Enter the coefficient C: 6
The roots of this equation are:
```

```
x1 = (-2.000000) +i (0.000000)
x2 = (-3.000000) +i (0.000000)
» calc_roots2
This program solves for the roots of a quadratic
equation of the form A*X^2 + B*X + C = 0.
Enter the coefficient A: 1
Enter the coefficient B: 4
Enter the coefficient C: 4
The roots of this equation are:
x1 = (-2.000000) +i (0.000000)
x2 = (-2.000000) +i (0.000000)
» calc_roots2
This program solves for the roots of a quadratic
equation of the form A*X^2 + B*X + C = 0.
Enter the coefficient A: 1
Enter the coefficient B: 2
Enter the coefficient C: 5
The roots of this equation are:
x1 = (-1.000000) +i (2.000000)
x2 = (-1.000000) +i (-2.000000)
```

這個程式對我們所提供的三種測試情況，都能產生正確的答案。請注意這個程式，比起範例 4.2 裡求解二次方程式的根要簡潔得多。這表示複數資料型態能大幅簡化我們的程式。

## 例 8.2　串聯 $RC$ 電路

圖 8.3 是一個以 100 伏特交流電源驅動的電阻與電容串聯電路。

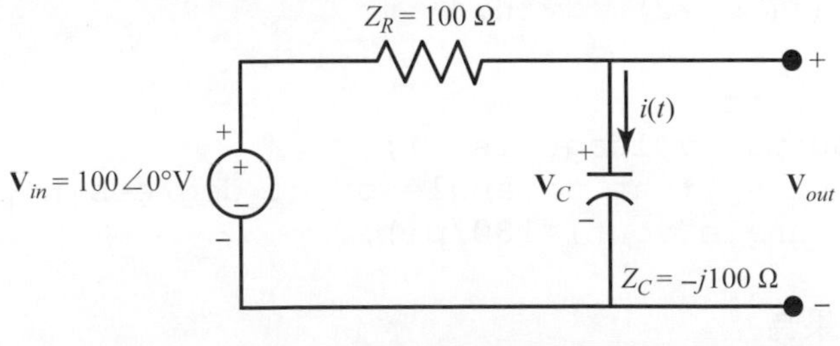


圖 8.3　以交流電源驅動的電阻與電容串聯電路。

這個電路的輸出電壓可以從分壓定律決定：

$$\mathbf{V}_{out} = \frac{Z_2}{Z_1 + Z_2}\mathbf{V}_{in} \tag{8.12}$$

其中 $\mathbf{V}_{in}$ 是輸入電壓，$Z_1 = Z_R$ 是電阻的阻抗，而 $Z_2 = Z_C$ 是電容的阻抗。如果 $\mathbf{V}_{in} =$

$100\angle 0°V$，$Z_R = 100\ \Omega$，$Z_C = -j100\ \Omega$，則輸出電壓 $\mathbf{V}_{out}$ 是多少？

**◈解答**

為了求得輸出電壓的大小，我們必須以極座標方式計算這個電路的輸出電壓。以直角座標表示的輸出電壓可由 (8.12) 式計算，然後輸出電壓的大小可由 (8.5) 式求出。執行這些計算的程式碼為

```
% Script file: voltage_divider.m
%
% Purpose:
%   This program calculates the output voltage across an
%    AC voltage divider circuit.
%
% Record of revisions:
%     Date        Programmer        Description of change
%     ====        ==========        =====================
%   02/17/18    S. J. Chapman      Original code
%
% Define variables:
%   vin          -- Input voltage
%   vout         -- Output voltage across z2
%   z1           -- Impedance of first element
%   z2           -- Impedance of second element

% Prompt the user for the coefficients of the equation
disp ('This program calculates the output voltage across
a voltage divider. ');
vin = input ('Enter input voltage: ');
z1  = input ('Enter z1: ');
z2  = input ('Enter z2: ');

% Calculate the output voltage
vout = z2 / (z1 + z2) * vin;

% Display results
disp ('The output voltage is:');
fprintf ('vout = %f at an angle of %f degrees\n',...
  abs(vout), angle(vout)*180/pi);
```

此程式執行的結果為

```
» This program calculates the output voltage across a
voltage divider.
Enter input voltage: 100
Enter z1: 100
Enter z2: -100j
The output voltage is:
vout = 70.710678 at an angle of -45.000000 degrees
```

此程式使用複數計算此 *RC* 串聯電路的輸出電壓。

## 8.1.4 複數資料的圖形

複數資料包含了實數部分與虛數部分，而在 MATLAB 裡，複數資料的圖形與實數資料的圖形會有些微的不同。舉例來說，考慮下面的函數：

$$y(t) = e^{-0.2t}(\cos t + i \sin t) \tag{8.13}$$

如果這個函數使用一般的 plot 指令來繪圖，則 MATLAB 將只會畫出其實數部分的圖形，其虛數部分將會被忽略。下列的敘述將產生如圖 8.4 的圖形，並且出現忽略虛數部分資料的警告訊息。

```
t = 0:pi/20:4*pi;
y = exp(-0.2*t).*(cos(t)+i*sin(t));
plot(t,y,'LineWidth',2);
title('\bfPlot of Complex Function vs Time');
xlabel('\bf\itt');
ylabel('\bf\ity(t)');
```

如果想要同時畫出函式的實數部分跟虛數部分，則使用者會有幾種選擇。其中一

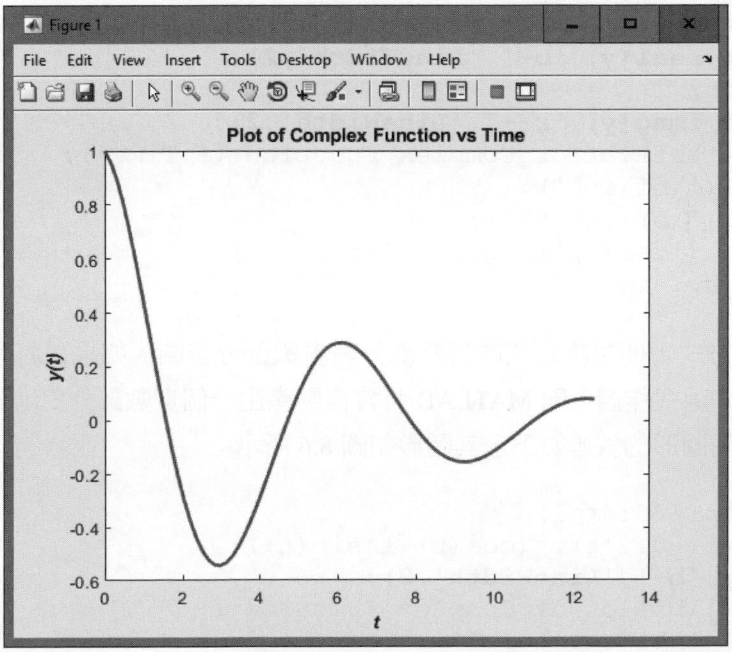


圖 8.4 使用 plot(t, y) 指令畫圖，其中 $y(t) = e^{-0.2t}(\cos t + i \sin t)$。

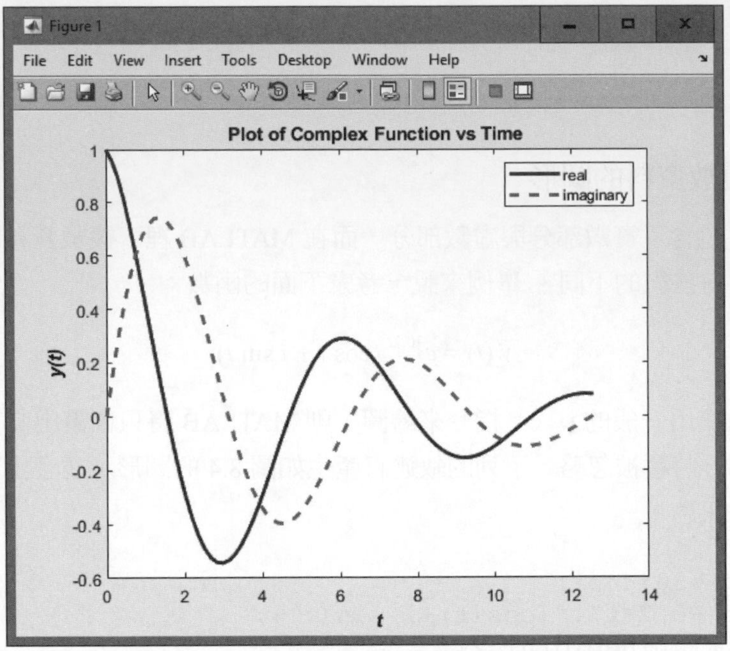


圖 8.5　$y(t)$ 的實部與虛部相對於時間的圖形。

種方式便是使用下面的敘述，將實數部分與虛數部分，分別以時間為函數，畫在相同的座標軸上（如圖 8.5 所示）。

```
t = 0:pi/20:4*pi;
y = exp(-0.2*t).*(cos(t)+i*sin(t));
plot(t,real(y),'b-','LineWidth',2);
hold on;
plot(t,imag(y),'r--','LineWidth',2);
title('\bfPlot of Complex Function vs Time');
xlabel('\bf\itt');
ylabel('\bf\ity(t)');
legend ('real','imaginary');
hold off;
```

另一種方式，便是將函式的實數部分對虛數部分作圖。如果只將單一的複數引數提供給 plot 函式作圖，則 MATLAB 將會自動產生一個實數部分對虛數部分作圖的結果。產生這個圖形的敘述如下，其圖形如圖 8.6 所示：

```
t = 0:pi/20:4*pi;
y = exp(-0.2*t).*(cos(t)+i*sin(t));
plot(y,'b-','LineWidth',2);
title('\bfPlot of Complex Function');
xlabel('\bfReal Part');
ylabel('\bfImaginary Part');
```

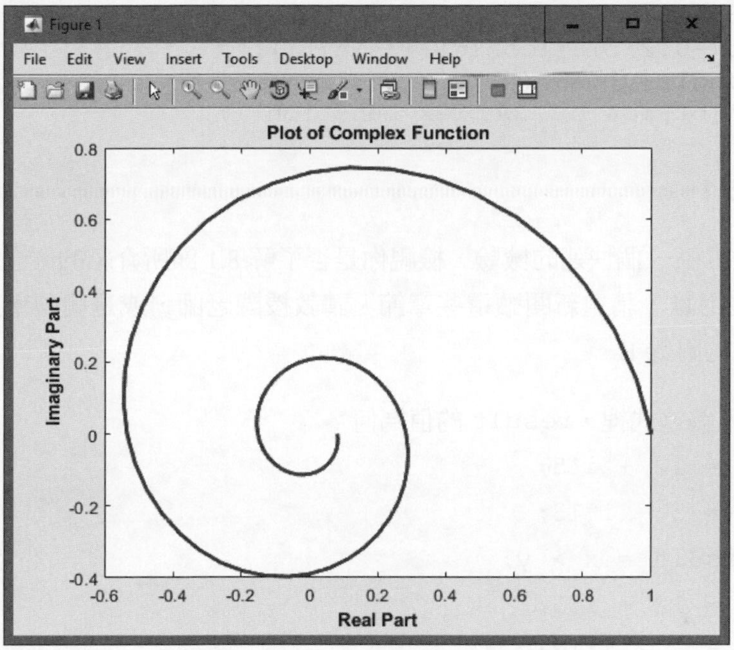


圖 8.6　$y(t)$ 的實部對虛部作圖。

最後一種方式，便是將函式畫在極座標平面上，將複數的絕對值大小對其角度作圖。產生這個圖形的敘述如下，其圖形結果如圖 8.7 所示。

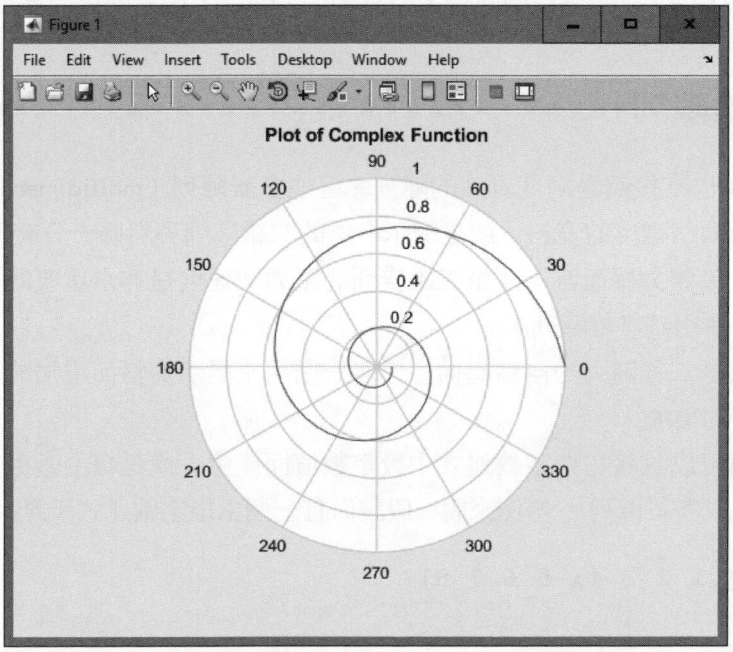


圖 8.7　$y(t)$ 的絕對值大小對角度作極座標圖。

```
t = 0:pi/20:4*pi;
y = exp(-0.2*t).*(cos(t)+i*sin(t));
polar(angle(y),abs(y));
title('\bfPlot of Complex Function');
```

### 測驗 8.1

這個測驗提供一個快速的檢驗，檢視你是否了解 8.1 節所介紹的觀念。如果你覺得這個測驗有些困難，請重新閱讀這些章節、請教授課老師，或是與同學討論。測驗解答收錄在本書的附錄 B。

1. 在下列敘述式裡，`result` 的值為何？
   (a) `x = 12 + i*5;`
   `y = 5 - i*13;`
   `result = x > y;`
   (b) `x = 12 + i*5;`
   `y = 5 - i*13;`
   `result = abs(x) > abs(y);`
   (c) `x = 12 + i*5;`
   `y = 5 - i*13;`
   `result = real(x) - imag(y);`
2. 假設 `array` 是一個複數陣列，則 `plot(array)` 函式執行結果為何？

## 8.2 多維陣列

MATLAB 也支援超過兩個維度的陣列。這些**多維陣列**（**multidimensional arrays**）對於顯示超過兩個維度的資料，或是顯示多重的二維陣列資料將十分有用。 例如，對空氣動力學及流體力學而言，測量三維空間的壓力與速度是非常重要的。這些領域自然而然地需要使用到多維陣列。

多維陣列是二維陣列的自然延伸。任何一個用來標示資料而增加的下標，都代表一個空間維度的增加。

多維陣列可以直接在指定敘述式中設定數值而產生，或是藉由產生一維或二維陣列的函式來形成多維陣列。 舉例來說，假設你有一個由指定敘述式所產生的二維陣列：

```
» a = [ 1 2 3 4; 5 6 7 8]
a =
           1     2     3     4
           5     6     7     8
```

這是一個 2 × 4 的陣列，需要兩個下標來標定每個元素的位置。這個陣列可使用下列的敘述式，延伸成為一個 2 × 4 × 3 的三維空間陣列：

```
» a(:,:,2) = [  9 10 11 12; 13 14 15 16];
» a(:,:,3) = [ 17 18 19 20; 21 22 23 24]
a(:,:,1) =
       1       2       3       4
       5       6       7       8
a(:,:,2) =
       9      10      11      12
      13      14      15      16
a(:,:,3) =
      17      18      19      20
      21      22      23      24
```

這個多維陣列元素的位置，可以使用陣列名稱，再加上 3 個下標來標定，並可以利用冒號運算子來代表資料子集。舉例來說，a(2,2,2) 的值為：

```
» a(2,2,2)
ans =
    14
```

而且 a(1,1,:) 的向量為

```
» a(1,1,:)
ans(:,:,1) =
     1
ans(:,:,2) =
     9
ans(:,:,3) =
    17
```

多維陣列也可以使用與二維陣列相同的函式產生，例如：

```
» b = ones(4,4,2)
b(:,:,1) =
     1     1     1     1
     1     1     1     1
     1     1     1     1
     1     1     1     1
b(:,:,2) =
     1     1     1     1
     1     1     1     1
     1     1     1     1
     1     1     1     1

» c = randn(2,2,3)
c(:,:,1) =
```

```
        -0.4326     0.1253
        -1.6656     0.2877
c(:,:,2) =
        -1.1465     1.1892
         1.1909    -0.0376
c(:,:,3) =
         0.3273    -0.1867
         0.1746     0.7258
```

ndims 函式可用來取得多維陣列的維度，而 size 函式則可用來取得陣列的大小：

```
» ndims(c)
ans =
         3
» size(c)
ans =
         2      2      3
```

如果你需要使用多維陣列來編寫程式，請參考 MATLAB 使用者指南或線上說明文件，裡面有提到多維陣列在 MATLAB 函式的使用方法。

**良好的程式設計**

使用多維陣列來解決本質即為多變量的問題，如空體動力學及流體力學。

## 8.3 MATLAB 的圖形廊道

MATLAB 包含眾多種類的二維與三維圖形，它們可以為使用者提供有用且有效的方式來顯示不同類型的資料。本章剩下的部分展示了許多可以在程式中顯示數據的圖形。

圖形分為兩個主要類別：二維圖形與三維圖形。二維圖形是用來呈現當一組數據是另一個獨立變數的函數。例如，以下方程式

$$y(x) = x^2 - 6x + 9 \tag{8.14}$$

其中變數 $y$ 為獨立變數 $x$ 的函數。此圖形通常顯示 $(x, y)$ 資料點在某種形式的矩形軸上。

極座標是以角度 $\theta$ 為獨立變數的一種特殊二維座標圖形型態。例如，以下方程式

$$\rho(\theta) = 1 + \cos\theta \tag{8.15}$$

其中變數 $\rho$ 為獨立變數 $\theta$ 的函數。此類圖形通常以極座標形式顯示資料點 $(\theta, \rho)$。

三維圖形是同時畫出三個變數的圖形，例如 $(x, y, z)$。這些種類的圖形可用於顯示兩種型態的資料：

1. 兩個變數都是另一個相同獨立變數的函數，而你想強調這個獨立變數的重要性。在此情形下，我們可以在三維空間繪製 $x$ 與 $y$ 相對於時間的圖形。

$$x = f_1(t)$$
$$y = f_2(t) \tag{8.16}$$
$$z = t$$

2. 某個單一變數為另兩個獨立變數的函數。

在此情形下，我們可以在三維空間繪製 $z$ 相對於 $x$ 與 $y$ 的圖形。

$$z = f(x, y) \tag{8.17}$$

我們將在接下來的章節中看到二維與三維圖形的範例。

表 8.2 至表 8.6 列舉了一些常用的 MATLAB 圖形。這些表格是用來幫助你快速選擇合適的圖形種類以符合你的需求。表格的各個欄位分別為產生圖形的函式名稱、圖形的簡短說明、在本書中出現的章節或習題，以及一個樣本圖形。

注意這些表格並沒有涵蓋所有的圖形，查閱線上 MATLAB 文件去找尋其他專業的圖形。

最常見的 MATLAB 二維與三維的曲線圖形列在表 8.2。這些圖形是用來顯示一或多條的線形數據。

**表 8.2　精選的曲線圖形**

| 函式 | 說明 | 章節 | 圖形 |
|---|---|---|---|
| `plot` | 資料點 $(x, y)$ 的曲線圖形 | 2.11 | 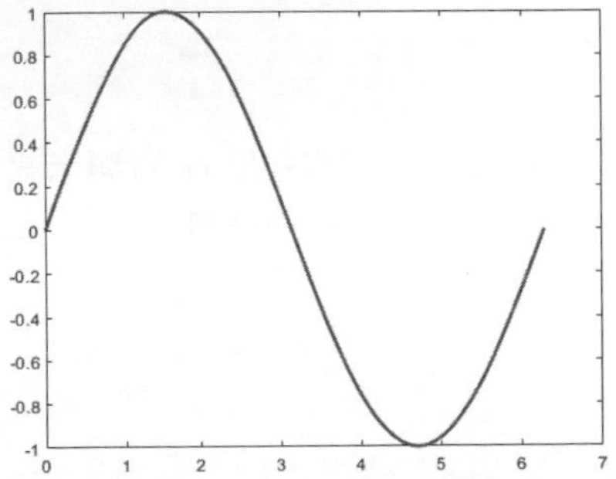 |
| `plot3` | 資料點 $(x, y, z)$ 的曲線圖形 | 8.4.1 | 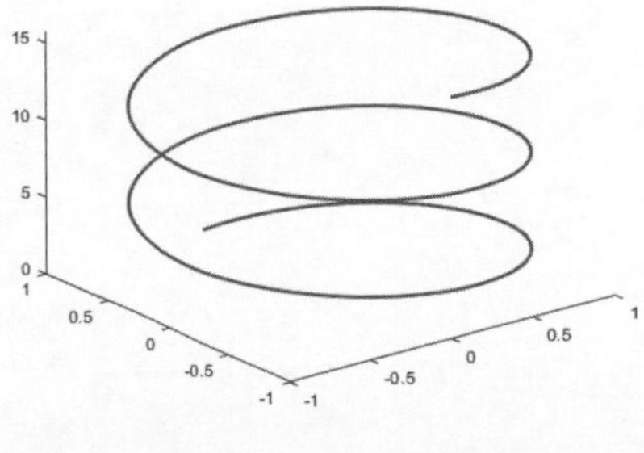 |

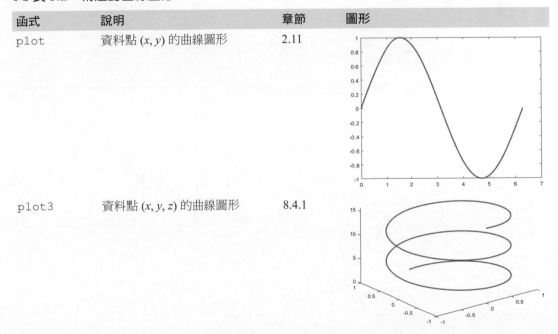

## 表 8.2　精選的曲線圖形（續）

| 函式 | 說明 | 章節 | 圖形 |
|---|---|---|---|
| `semilogx` | 資料點 $(x, y)$ 在 $x$ 為對數座標的曲線圖形 | 3.1.1 | 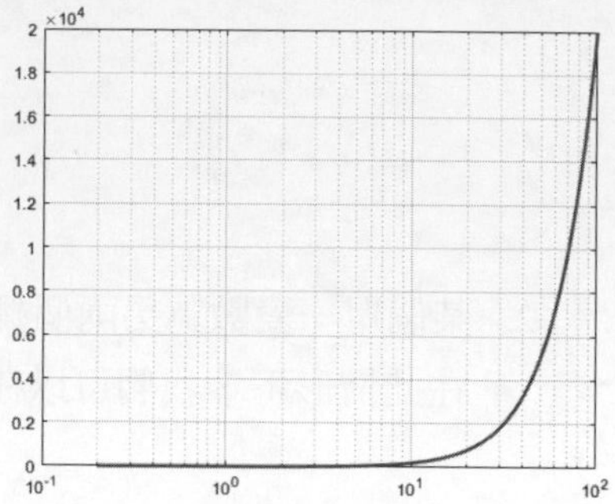 |
| `semilogy` | 資料點 $(x, y)$ 在 $y$ 為對數座標的曲線圖形 | 3.1.1 | 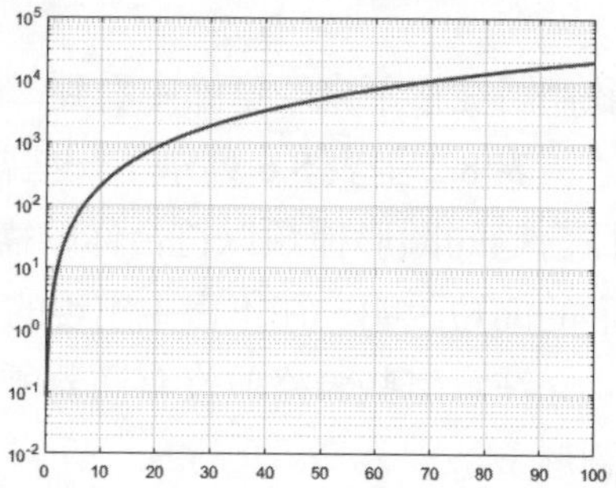 |
| `loglog` | 資料點 $(x, y)$ 在 $x$ 與 $y$ 軸皆為對數座標的曲線圖形 | 3.1.1 | 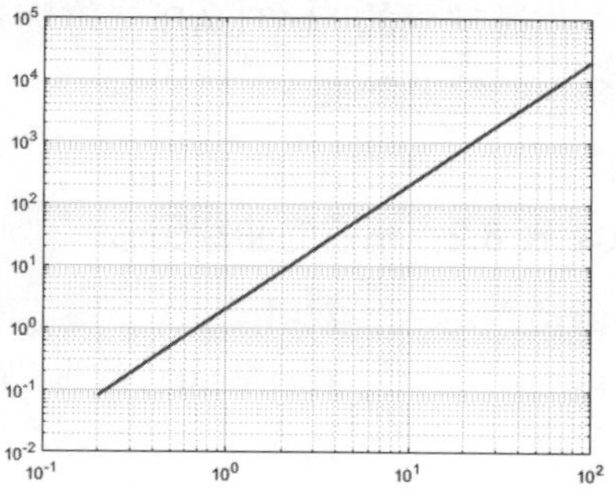 |
| `errorbar` | 資料點 $(x, y)$ 顯示誤差長條圖的曲線圖形 | 習題 3.13 | 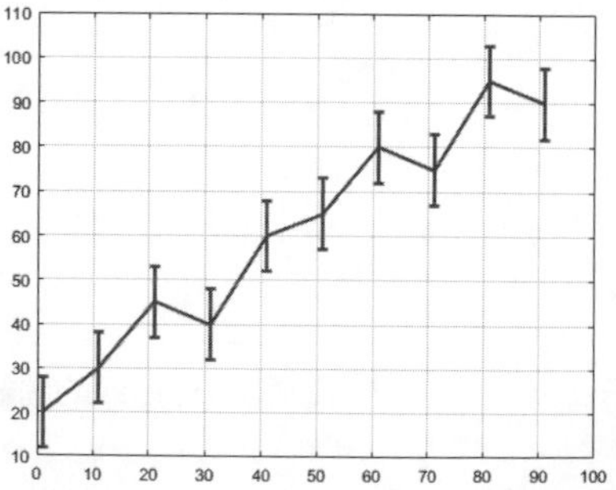 |

### 表 8.2 精選的曲線圖形（續）

| 函式 | 說明 | 章節 | 圖形 |
| --- | --- | --- | --- |
| `fplot` | 藉由函式握把傳入函式繪製的二維曲線圖形 | 7.8 | 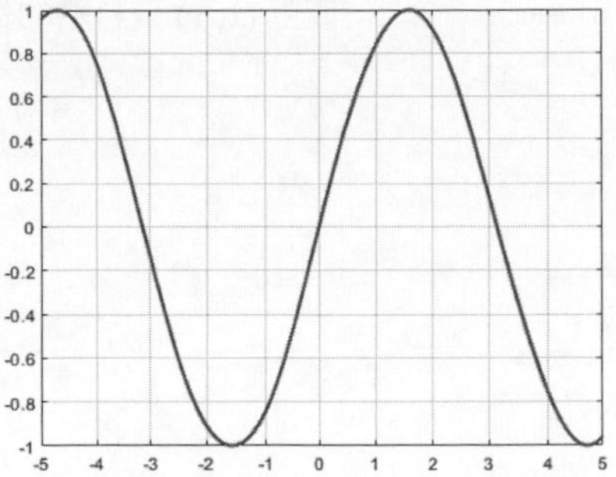 |
| `fplot3` | 藉由函式握把傳入函式繪製的三維曲線圖形 | 8.4.3 | 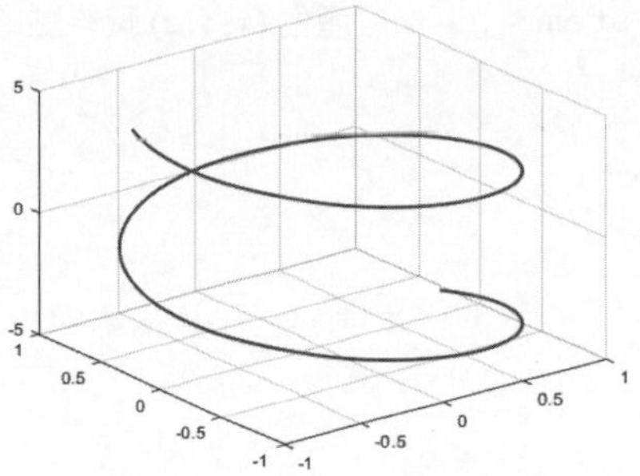 |
| `fimplicit` | 在使用者定義的區間上繪製形式為 $f(x, y) = 0$ 的隱函數 | 8.4.4 | 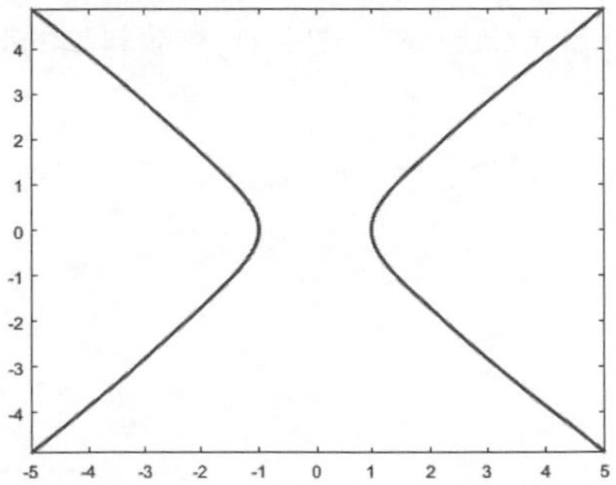 |

最常見的離散數據圖形列在表 8.3。這些圖形用於顯示包含 $(x, y)$ 或 $(x, y, z)$ 的離散資料點。

### 表 8.3 離散資料圖形

| 函式 | 說明 | 章節 | 圖形 |
| --- | --- | --- | --- |
| `stairs` | 產生 $(x, y)$ 資料點的階梯圖 | 3.4 | 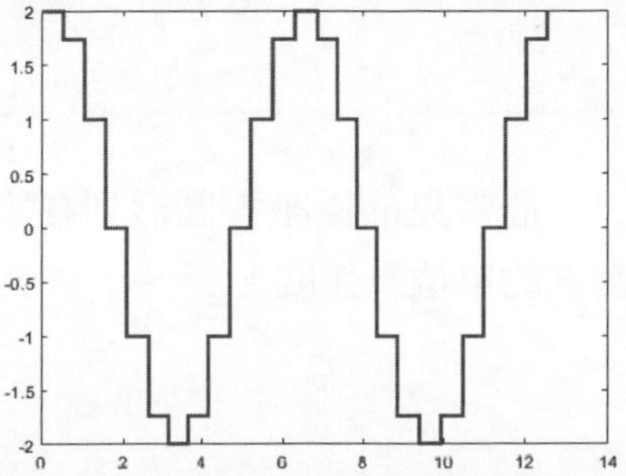 |

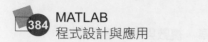

**表 8.3 離散資料圖形（續）**

| 函式 | 說明 | 章節 | 圖形 |
|---|---|---|---|
| `stem` | 產生 $(x, y)$ 資料點的長桿圖 | 3.4 | 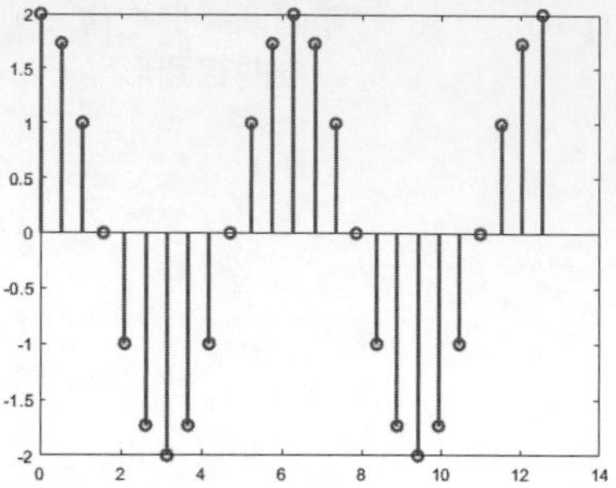 |
| `stem3` | 產生 $(x, y, z)$ 資料點的長桿圖 | 8.5.1 | 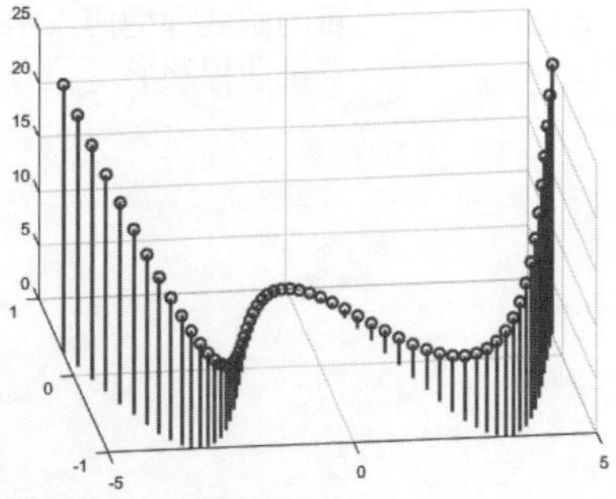 |
| `scatter` | 產生 $(x, y)$ 資料點的散佈圖 | 8.5.2 | 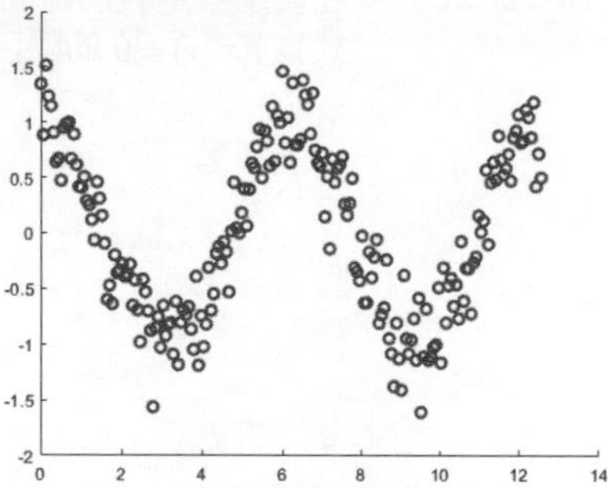 |
| `scatter3` | 產生 $(x, y, z)$ 資料點的散佈圖 | 8.5.3 | 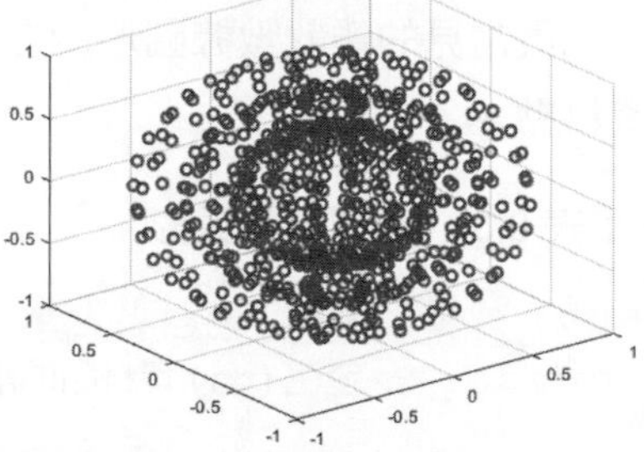 |

最常見的極座標圖形列在表 8.4。這些圖形用於顯示極座標資料點 $(\theta, \rho)$，其中角度 $\theta$ 的單位為弧度。

**表 8.4 極座標圖形**

| 函式 | 說明 | 章節 | 圖形 |
|---|---|---|---|
| `polarplot` | 在極座標中繪製一條曲線，極座標資料的輸入形式為 (theta,rho)，其中 theta 以弧度表示。 | 3.2<br>8.6 | 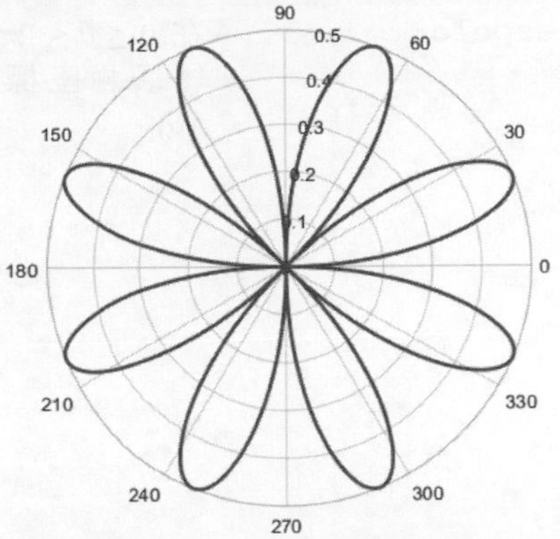  |
| `polarhistogram` | 在極座標中產生直方圖。 | 習題 7.9<br>8.6 | 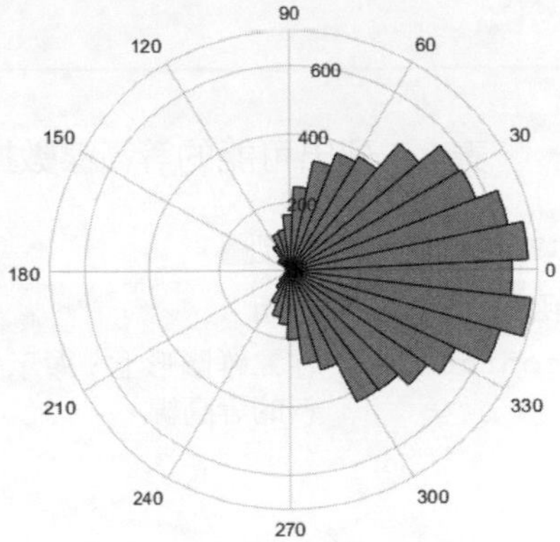  |
| `polarscatter` | 在極座標上產生散佈圖。 | 8.6 | 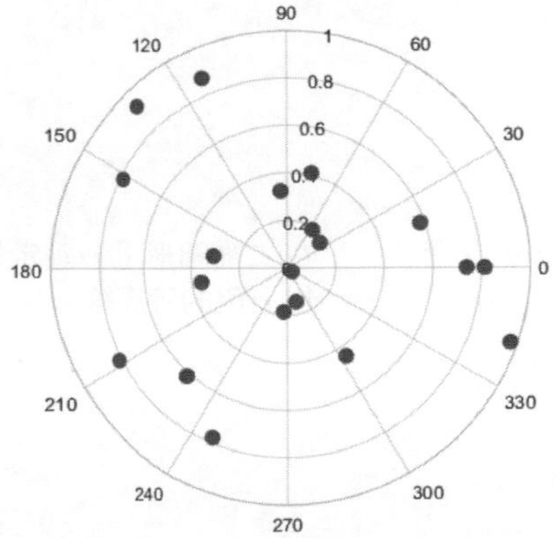  |
| `compass` | 以從原點射出箭頭形式繪製極座標資料。 | 8.6.1 | 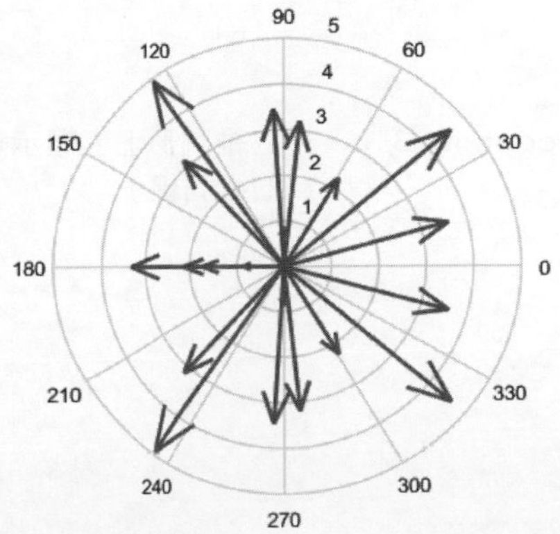  |

表 8.4　極座標圖形（續）

| 函式 | 說明 | 章節 | 圖形 |
| --- | --- | --- | --- |
| ezpolar | 在 $0 \le \theta \le 2\pi$ 之間，繪製極座標函數 $\rho = f(\theta)$。 | 8.6.2 | 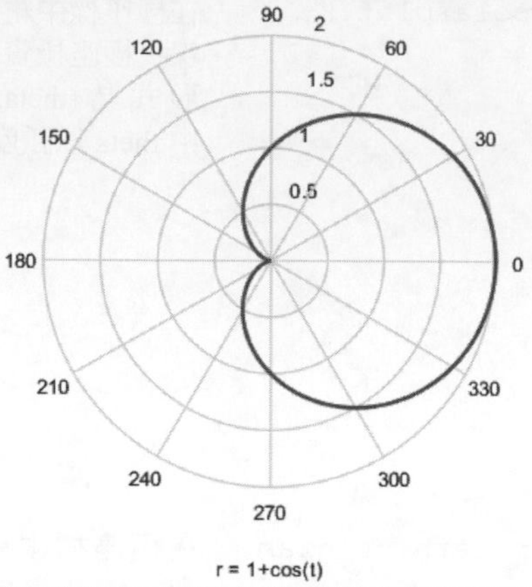 |

表 8.5 列出可能的等高線數據圖。

表 8.5　等高線圖

| 函式 | 說明 | 章節 | 圖形 |
| --- | --- | --- | --- |
| contour | 在二維圖形上，顯示矩陣中資料的等高線。 | 8.7.1 | 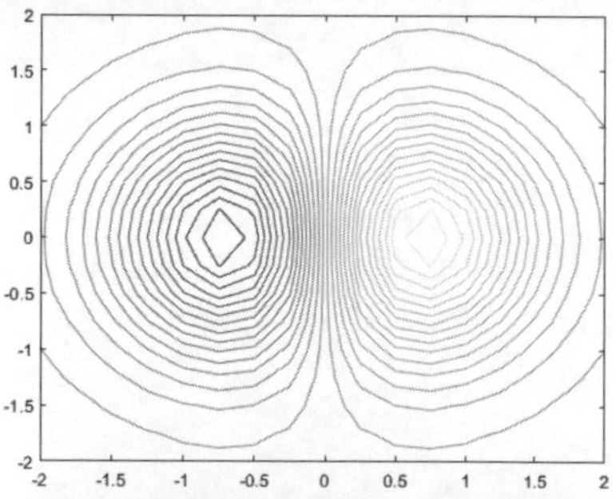 |
| contourf | 在二維圖形上，顯示矩陣中資料上色的等高線。 | 8.7.2 | 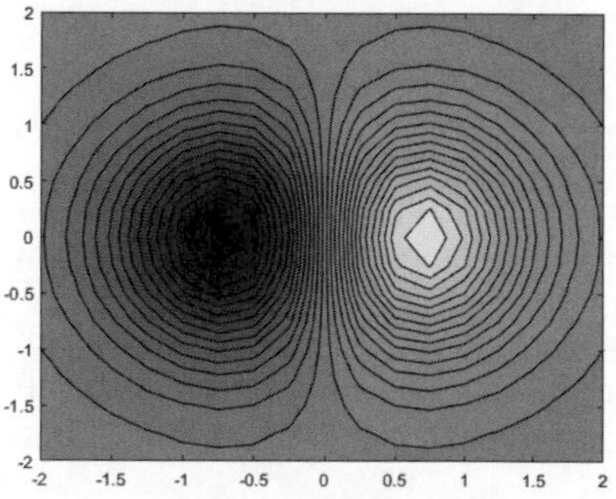 |
| contour3 | 在三維圖形上，顯示矩陣中資料的等高線。 | 8.7.3 | 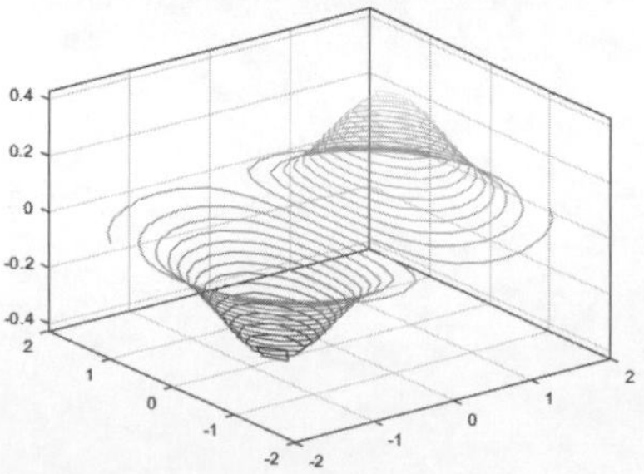 |

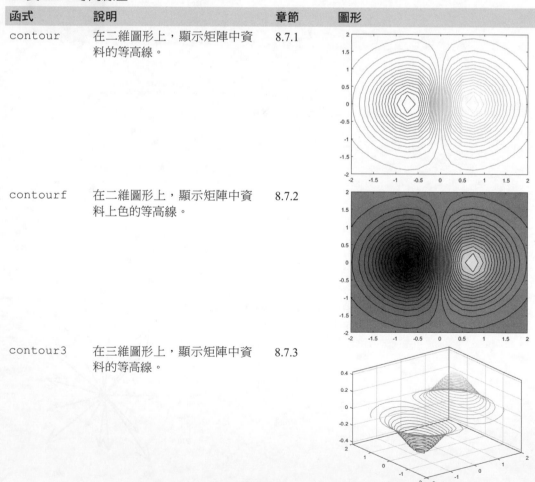

### 表 8.5　等高線圖（續）

| 函式 | 說明 | 章節 | 圖形 |
|---|---|---|---|
| fcontour | 繪製 $z = f(x, y)$ 函數的等高線，其中函數 $f$ 為傳入 fcontour 的函式握把。 | 8.7.4 | 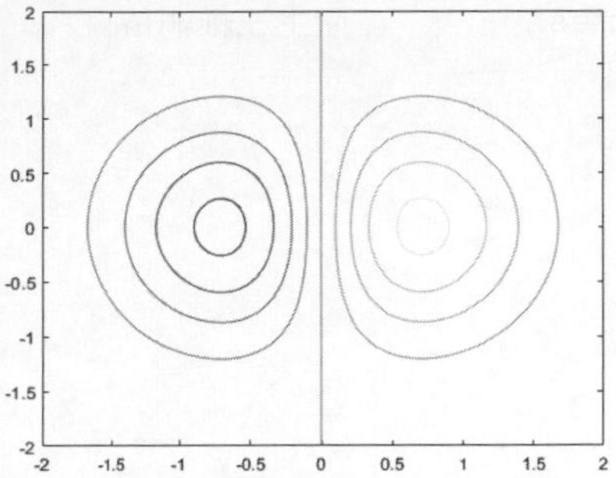 |

曲面與網格圖被用於呈現三維資料，其中數值是兩個獨立變數的函數：$z = f(x, y)$。表 8.6 列出可能的曲面與網格圖。

### 表 8.6　曲面與網格圖

| 函式 | 說明 | 章節 | 圖形 |
|---|---|---|---|
| surf | 產生三維曲面圖。 | 8.8 | 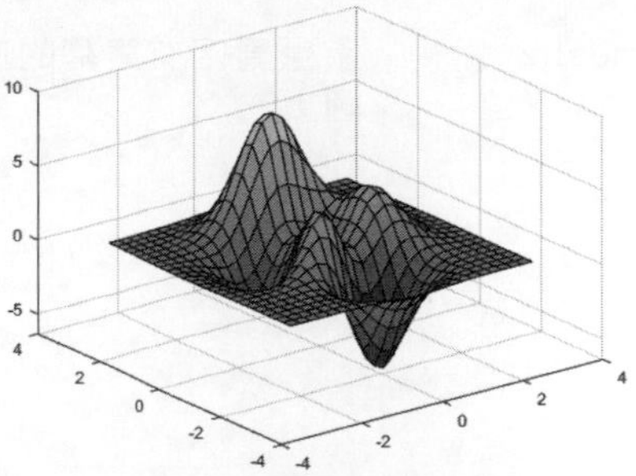 |
| surfc | 在顯示對應等高線圖的底圖上，產生三維曲面圖。 | 8.8 | 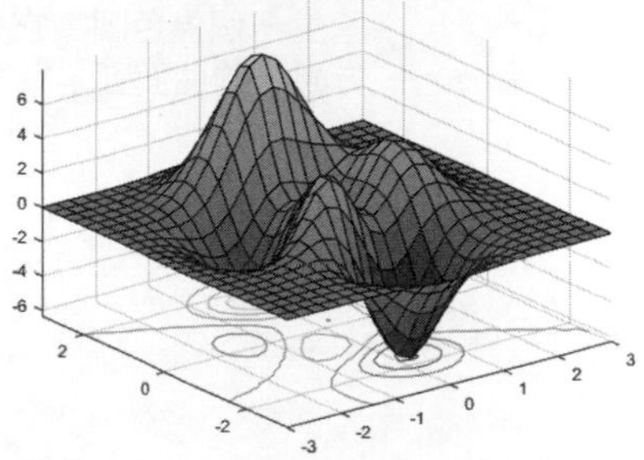 |
| surfl | 產生有燈光效果的三維曲面圖。 | 8.8 | 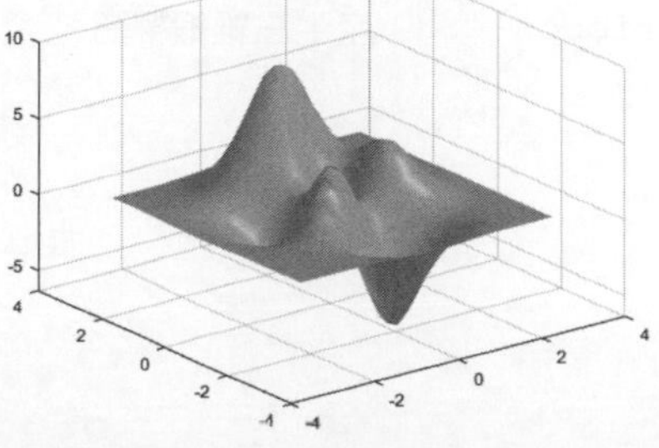 |

## 表 8.6 曲面與網格圖（續）

| 函式 | 說明 | 章節 | 圖形 |
|---|---|---|---|
| `mesh` | 產生三維網格圖。 | 8.8 | 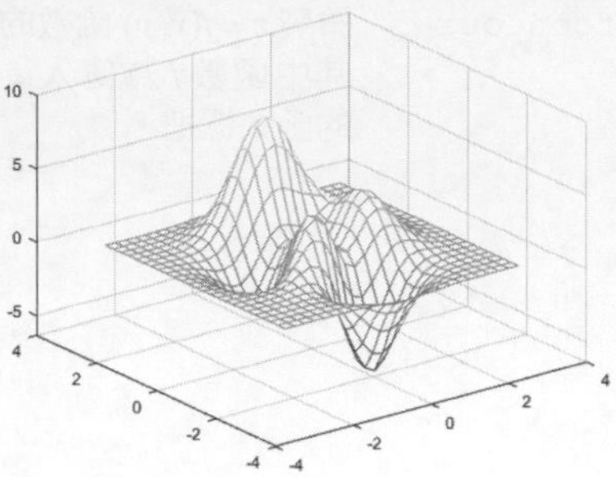 |
| `meshc` | 在顯示對應等高線圖的底圖上，產生三維網格圖。 | 8.8 | 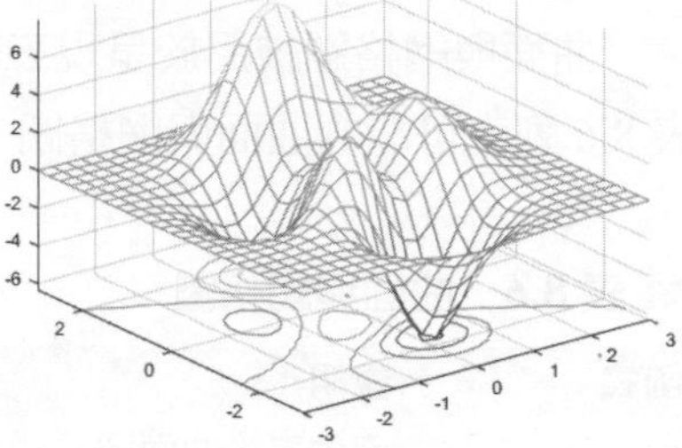 |
| `meshz` | 產生周圍有簾幕的三維網格圖。 | 8.8 | 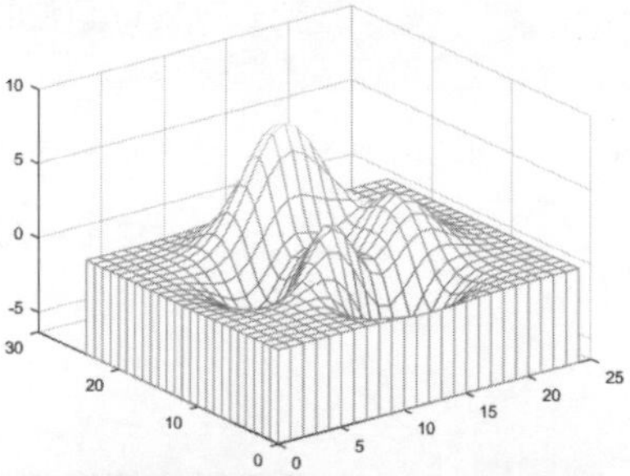 |
| `pcolor` | 產生一個偽色圖，它是一個上方視角的曲面圖。 | 8.8.4 | 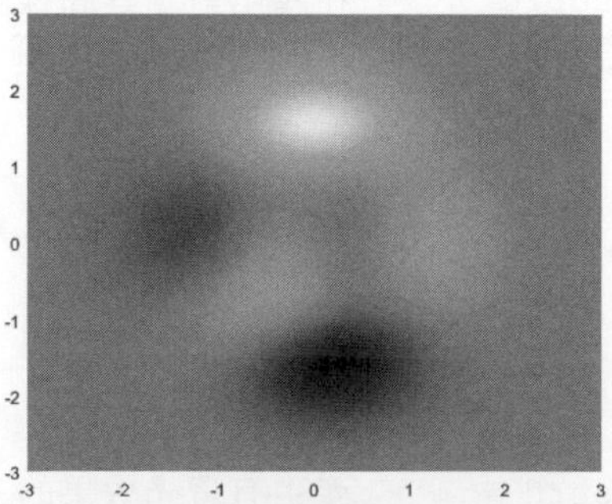 |
| `ribbon` | 產生三維緞帶圖。 | 8.8.3 | 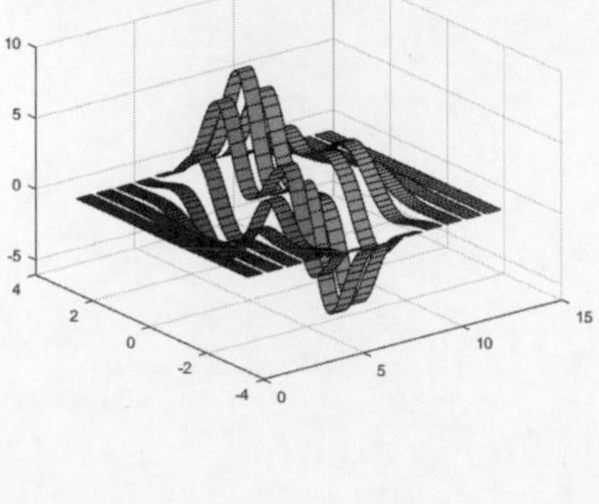 |

### 表 8.6　曲面與網格圖（續）

| 函式 | 說明 | 章節 | 圖形 |
|---|---|---|---|
| `waterfall` | 產生列方向有簾幕，而行方向沒有簾幕的三維網格圖。 | 8.8 | 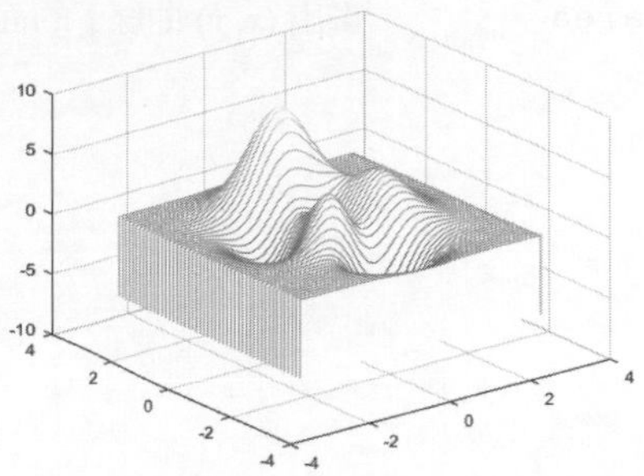 |
| `fmesh` | 繪製 $z = f(x, y)$ 函數的網格圖，其中函數 $f$ 為傳入 `fmesh` 的函式握把。 | 8.8.5 | 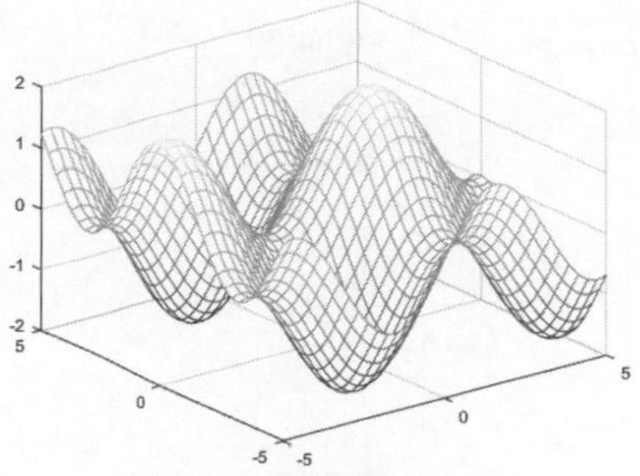 |
| `fsurf` | 繪製 $z = f(x, y)$ 函數的曲面圖，其中函數 $f$ 為傳入 `fsurf` 的函式握把。 | 8.8.5 | 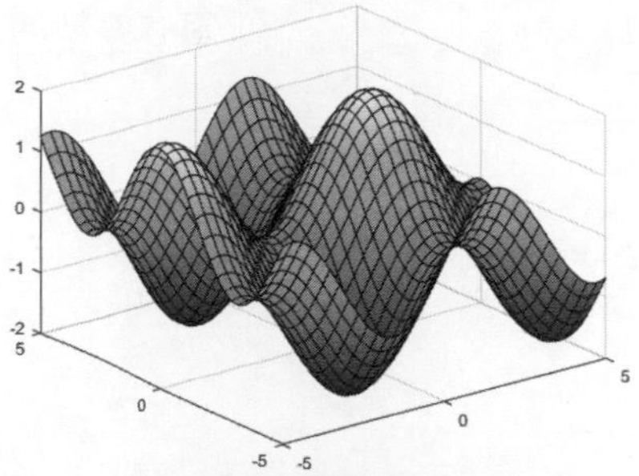 |
| `fimplicit3` | 在使用者定義區間繪製形式為 $f(x, y, z) = 0$ 的隱函數。 | 8.8.6 | 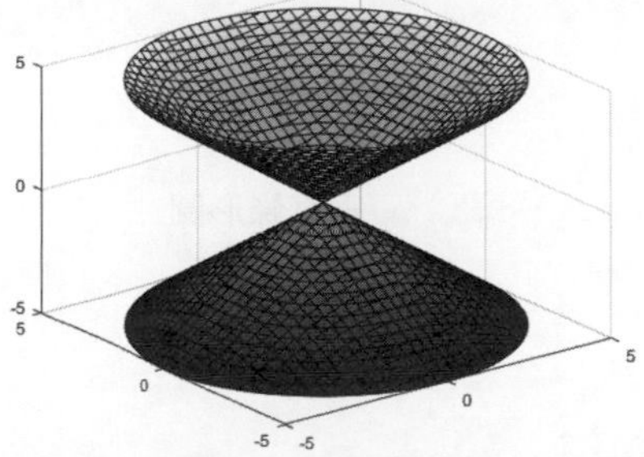 |

表 8.7 列出其他的圓餅圖、條形圖與直方圖。

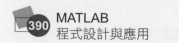

**表 8.7　MATLAB 圓餅圖、條形圖與直方圖**

| 函式 | 說明 | 章節 | 圖形 |
|---|---|---|---|
| `area` | 畫出 $(x, y)$ 曲線下的面積圖 | 8.9.1 | 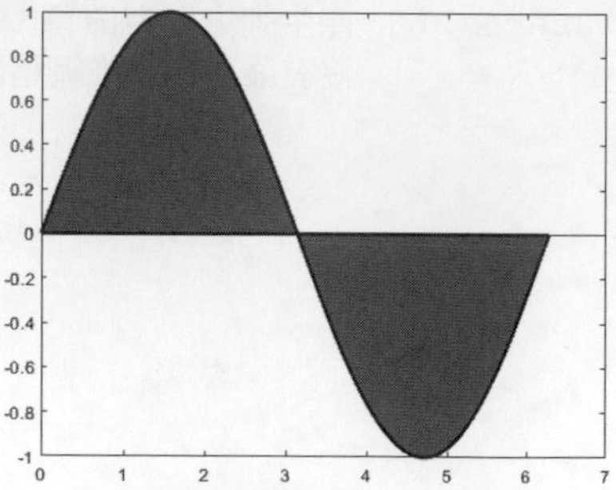  |
| `pie` | 圓餅圖 | 3.4 | 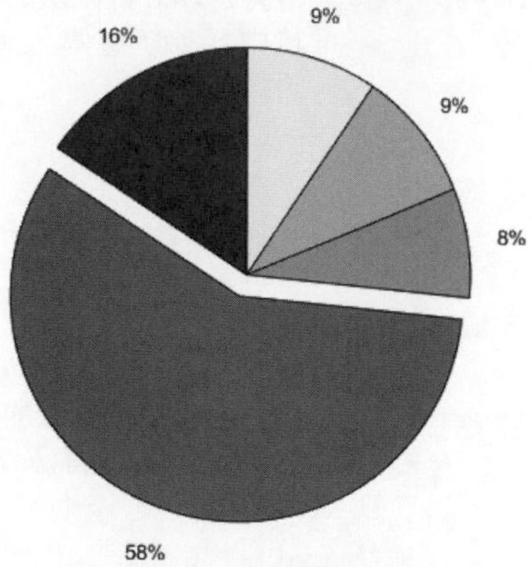  |
| `pie3` | 三維圓餅圖 | 3.4 | 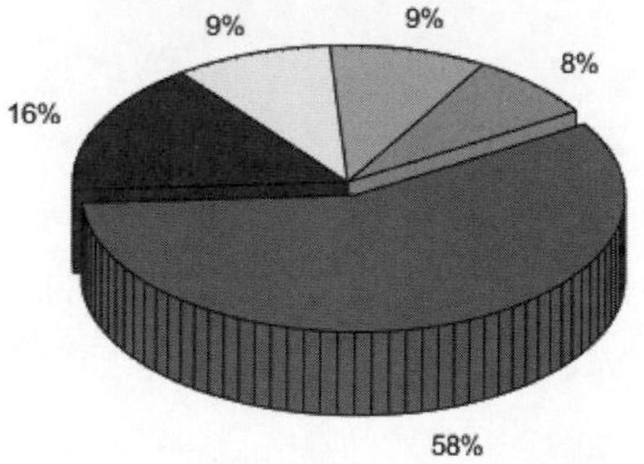  |
| `bar` | 垂直條形圖 | 3.4<br>8.9.2 | 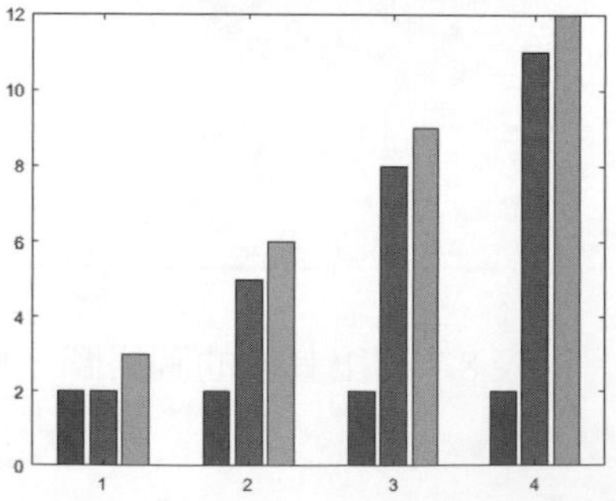  |

ↈ 表 8.7　MATLAB 圓餅圖、條形圖與直方圖（續）

| 函式 | 說明 | 章節 | 圖形 |
|---|---|---|---|
| `barh` | 水平條形圖 | 3.4<br>8.9.2 | 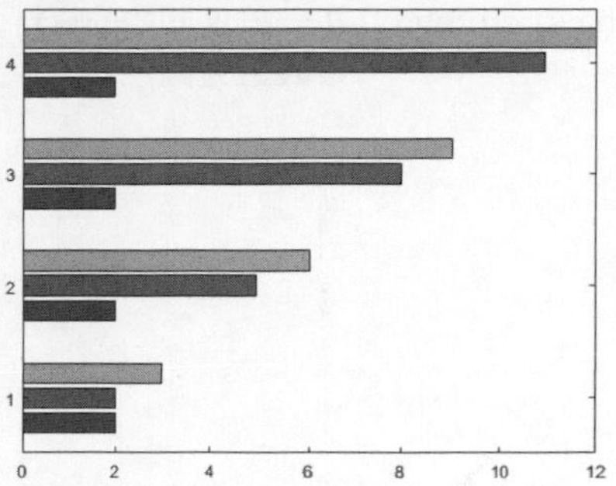  |
| `bar3` | 三維垂直條形圖 | 8.9.2 | 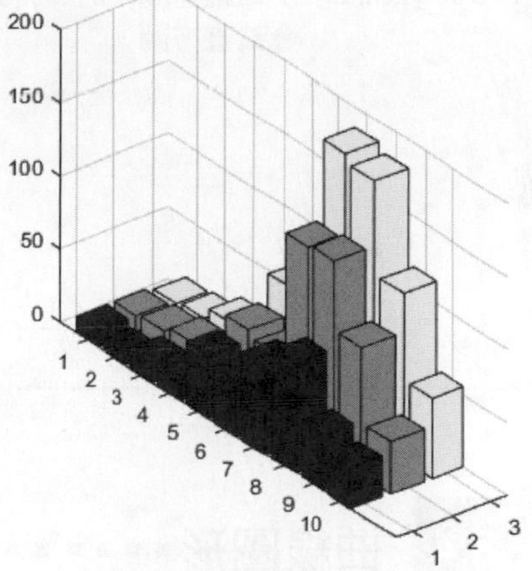  |
| `bar3h` | 三維水平條形圖 | 8.9.2 | 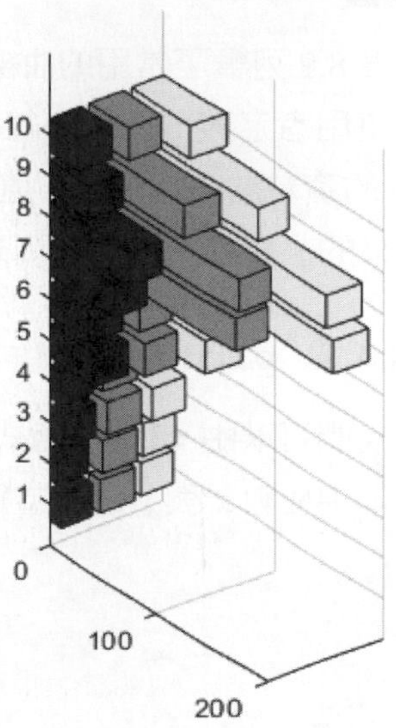  |

表 8.7 MATLAB 圓餅圖、條形圖與直方圖（續）

| 函式 | 說明 | 章節 | 圖形 |
|---|---|---|---|
| histogram | 在一維區間中的資料分類，並繪製直方圖。 | 7.9 | 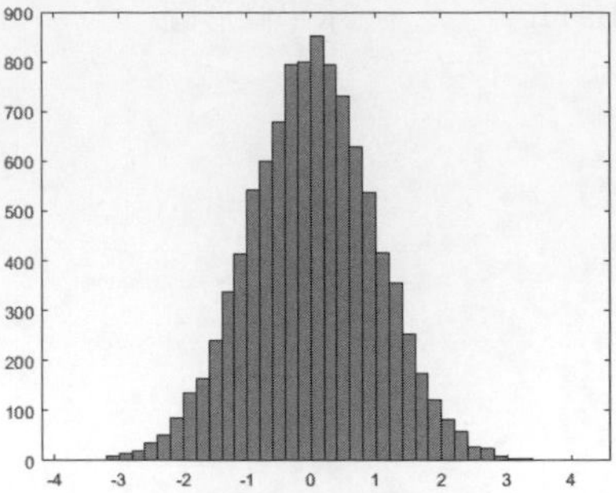 |
| histogram2 | 在二維區間中的資料分類，並繪製直方圖。 | 8.9.3 | 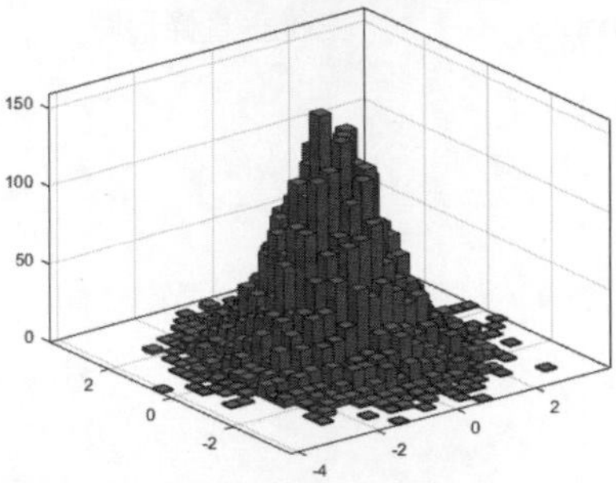 |

## 8.4 曲線圖形

表 8.2 列舉了常用的曲線圖形。曲線圖形被設計來繪製一或多個數據曲線，每條曲線有使用者定義的顏色、線的格式與標誌等。根據不同的函數，曲線可以指定為陣列 $(x, y)$ 的資料點，或給定 $x$ 值的 $y$ 值函數 $y = f(x)$。大多數的圖形已經在本文中討論過，接下來的小節將敘述三個尚未介紹的曲線圖形：plot3、fplot3 與 fimplicit。

### 8.4.1 plot3 函式

我們可以由 plot3 函式，來產生所需要的三維曲線圖形。此函式可以繪製三維曲線，其中變數 $x$ 與 $y$ 通常為獨立變數 $t$ 的函數。

$$\begin{aligned} x &= f_1(t) \\ y &= f_2(t) \\ z &= t \end{aligned} \tag{8.18}$$

除了每個資料點須使用 $x$、$y$、$z$ 來表示之外，這個函式的使用方法就像二維函式 plot 一樣。這函式的最簡單形式為：

```
plot3(x,y,z);
```

其中 x、y、z 是含有資料點位置且大小相同的陣列。plot3 函式與 plot 一樣，可允許使用者改變線寬大小、線條樣式，以及線條顏色，而且你將可以利用前面章節學到的知識，直接使用這個函式。

以三維曲線圖為例，考慮下列的函數：

$$
\begin{aligned}
x(t) &= e^{-0.2t}\cos 2t \\
y(t) &= e^{-0.2t}\sin 2t \\
z(t) &= t
\end{aligned}
\tag{8.19}
$$

這兩個函數可以表示一個二維力學系統的阻尼振盪，其中 $x$、$y$ 表示在任何給定時間 $t$ 之系統位置。請注意 $x$、$y$ 都是獨立變數 $t$ 的函數。

我們可以產生一系列的 $(x, y)$ 資料點，並使用二維函式 plot，畫出資料點（如圖 8.8a 所示）。但如此做法將不能在圖形上，清楚地顯示時間對系統行為的重要性。下列的敘述將會產生一個二維的圖形來顯示物體的位置，其結果為圖 8.8a。從這個圖形中，我們不能辨別物體的振盪衰減速度。

```
t = 0:0.1:10;
x = exp(-0.2*t) .* cos(2*t);
y = exp(-0.2*t) .* sin(2*t);
plot(x,y,'LineWidth',2);
title('\bfTwo-Dimensional Line Plot');
xlabel('\bfx');
ylabel('\bfy');
grid on;
```

除了二維圖形外，我們可以使用 plot3 函式來顯示物體的二維位置對時間變化的資訊。下面的敘述將產生一個方程式 (8.19) 的三維空間圖形：

```
t = 0:0.1:10;
x = exp(-0.2*t) .* cos(2*t);
y = exp(-0.2*t) .* sin(2*t);
plot3(x,y,t,'LineWidth',2);
title('\bfThree-Dimensional Line Plot');
xlabel('\bfx');
ylabel('\bfy');
zlabel('\bftime');
grid on;
```

產生的圖形如圖 8.8b 所示。請注意這個圖形強調了兩變數 $x$、$y$ 的時間相關性。

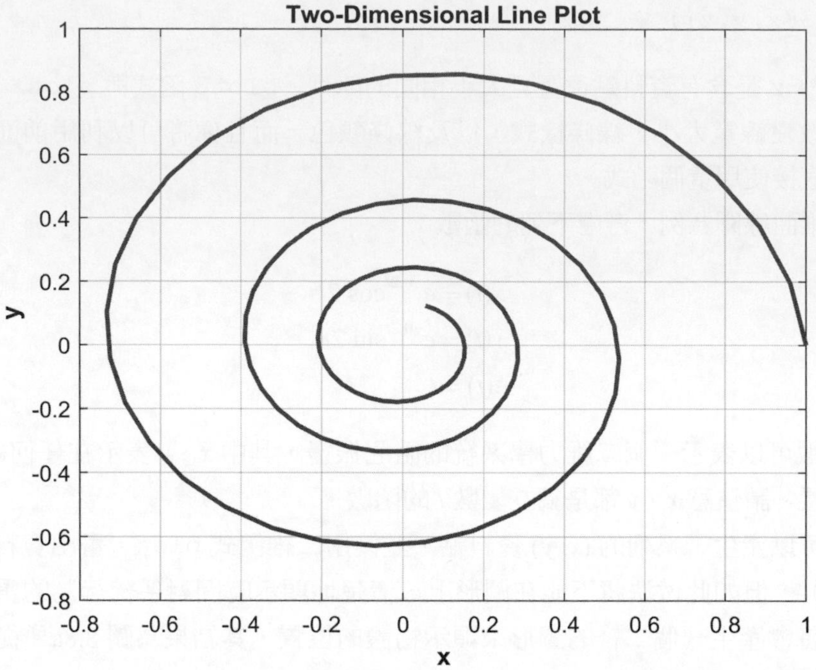


(a) 使用二維平面圖來顯示一機械系統在 $(x, y)$ 空間中的運動情形。這張圖無法顯示系統對時間變化的資訊

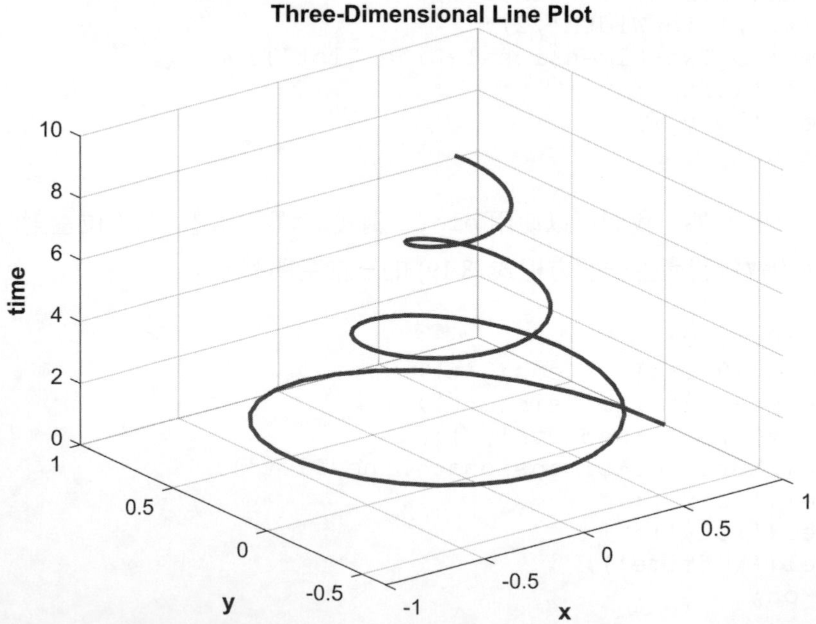


(b) 使用 `plot3` 函式產生的三維曲線圖來顯示一機械系統在空間中隨時間變化的運動情形，這張圖清楚地顯示系統對時間變化的資訊。

圖 8.8

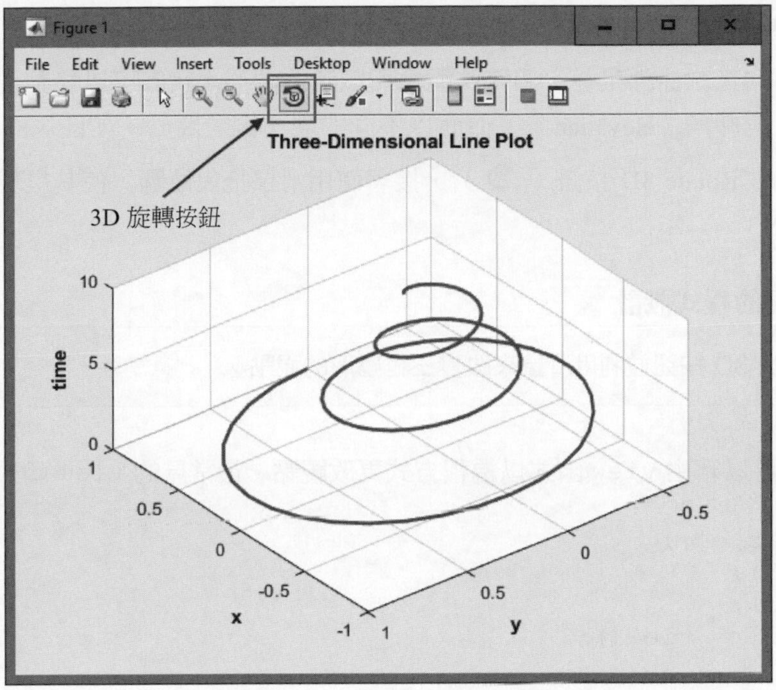


(c) 使用 Rotate 3D 按鈕旋轉視點。

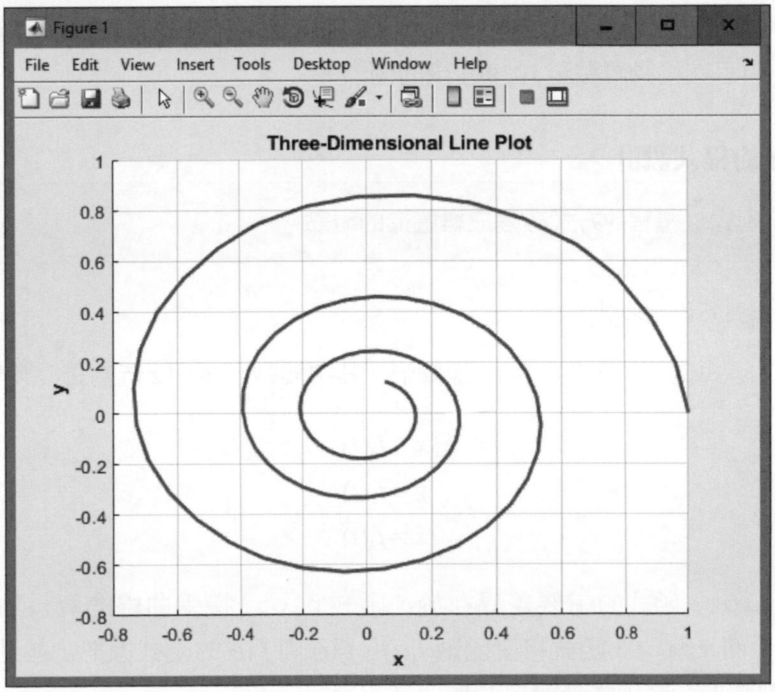


(d) 輸入 `view(0, 90)` 指令後的圖形。

圖 8.8（續）

### 8.4.2 改變三維圖形的視角

圖 8.8b 的三維曲線是從一個特殊視角所顯示的圖形。我們可以移動視點的方位角（azimuth）與仰角（elevation），從而以不同的視角觀看圖形。如圖 8.8c 所示，點選圖形工具列的 Rotate 3D 按鈕（ ），接著使用滑鼠拖曳原圖，使其呈現不同視角的圖形。

**良好的程式設計**

使用 Rotate 3D 按鈕並利用滑鼠來改變三維圖形的視點。

我們也可以藉由 `view` 函式以編程方式更改視點。最常見的 `view` 函式形式為

```
view(az,el);
view(2);
view(3);
[az,el] = view();
```

第一個 `view` 的敘述式設定視點為 (az, el)，其中 az 與 el 的單位為度。第二個形式設定視點為預設的二維視角，也就是 az = 0° 及 el = 90°。第三個形式設定視點為預設的三維視角，az = –37.5° 及 el = 30°。最後一個 `view` 函式的形式會回傳目前視點的 az 與 el。

圖 8.8d 顯示在移動視點至 (0, 90) 後的圖形。

**良好的程式設計**

使用 `view` 函式以編程的方式改變三維圖形的視點。

### 8.4.3 `fplot3` 函式

`fplot3` 函式也可以產生三維曲線圖形，其中變數 $x$、$y$ 與 $z$ 皆為獨立變數 $t$ 的函數。

$$
\begin{aligned}
x &= f_1(t) \\
y &= f_2(t) \qquad (8.20) \\
z &= f_3(t)
\end{aligned}
$$

`plot3` 與 `fplot3` 函式的主要差異在於，函式 `plot3` 接受曲線的資料點為 $x$、$y$ 與 $z$ 向量的形式，而 `fplot3` 函式接受函數 $f_1(t)$、$f_2(t)$ 與 $f_3(t)$ 的函式握把，並且在某一範圍的 $t$ 值內繪製圖形。該函式最簡單的形式為

```
fplot3(funx,funy,funz,tinterval);
```

其中 funx、funy 與 funz 是函式握把，而 tinterval 是指定要繪製時間間隔的二元素陣列。fplot3 函式支援通常的線的大小、線的格式與顏色選項。

考慮以下函數當作三維曲線圖形的範例：

$$
\begin{aligned}
x(t) &= e^{-0.2t}\cos 2t \\
y(t) &= e^{-0.2t}\sin 2t \\
z(t) &= t
\end{aligned}
\tag{8.19}
$$

這些函數可以表示在二維空間中，機械系統的衰減震盪，所以 $x$ 與 $y$ 同時表示任何時間的系統位置。注意 $x$、$y$ 與 $z$ 皆為獨立變數 $t$ 的函數。

以下敘述式使用 fplot3 函式，產生 (8.19) 式的三維圖形。

```
xt = @(t) exp(-0.2*t) .* cos(2*t);
yt = @(t) exp(-0.2*t) .* sin(2*t);
zt = @(t) t;
fplot3(xt,yt,zt,[0 10],'LineWidth',2);
title('\bfThree-Dimensional Line Plot');
xlabel('\bfx');
ylabel('\bfy');
zlabel('\bftime');
grid on;
```

圖 8.9 顯示繪製的圖形。

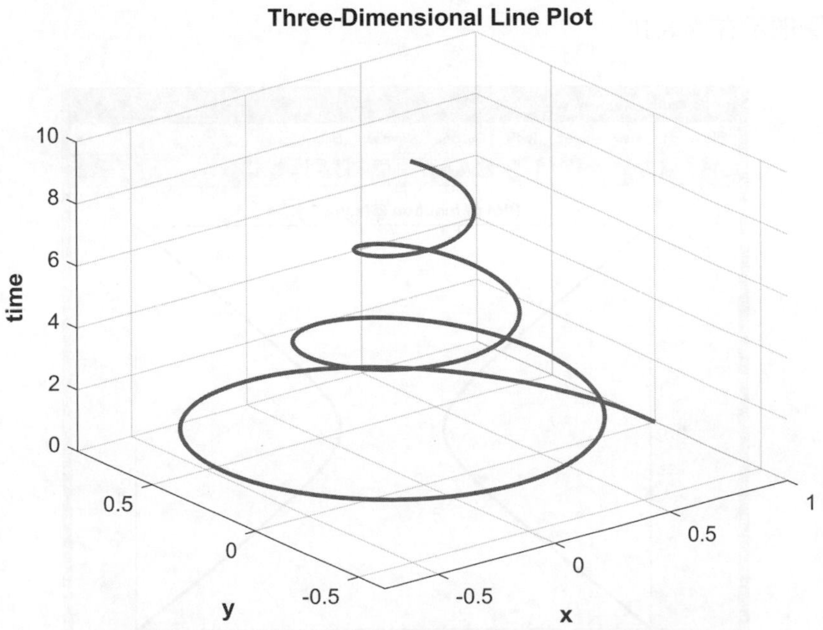


圖 8.9 使用 fplot3 函式產生的三維曲線圖形。

### 8.4.4 fimplicit 函式

表 8.2 定義的全部二維曲線圖形，除了 fimplicit 函式外，都已經介紹過了。

fimplicit 函式繪製形式為 $f(x, y) = 0$ 的隱函數，它使用函式握把（首選）或字元字串傳入 fimplicit 函式，並且在使用者指定的 $x$ 值範圍內繪製函數。

```
fimplicit(f,interval,LineSpec,Name,Value...);
```

其中 f 為欲繪製的函式握把，而 interval 是繪製函數的 $x$ 值範圍。線條格式 LineSpec 與線型性質－數值對（Name, Values pairs）與一般 plot 函式相同。

考慮以下函數，當作使用 fimplicit 函式的例子：

$$f(x, y) = x^2 - y^2 - 1 = 0 \tag{8.21}$$

我們可以藉由以下表示式產生此函數的函式握把：

```
f = @(x,y) x .^2 - y .^2 - 1;
```

然後可以使用以下指令，繪製由函數 $f(x, y) = 0$ 指定寬度為 2 像素的藍色實線。

```
fimplicit(f, [-5 5], 'b-', 'LineWidth', 2);
title(['\bfPlot of function ' func2str(f)]);
xlabel('\bfx');
ylabel('\bfy');
```

完成圖顯示在圖 8.10。

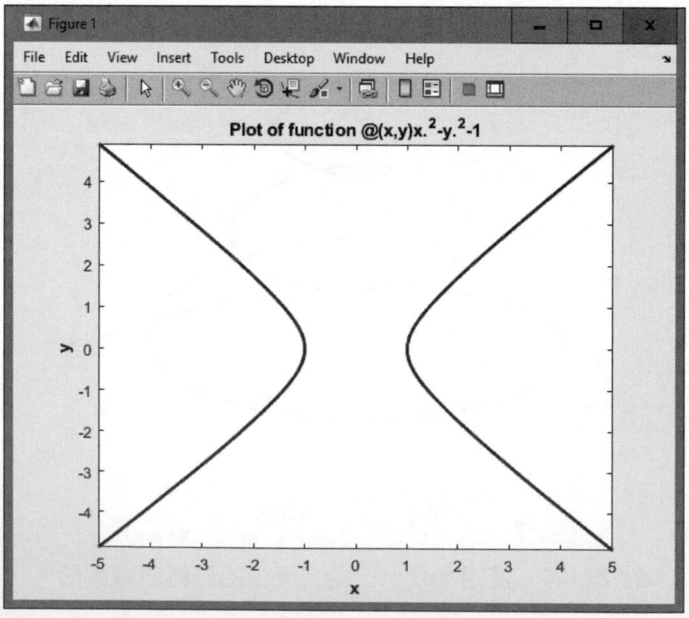


圖 8.10　藉由 fimplicit 函式繪製函數 $f(x, y) = x^2 - y^2 - 1 = 0$。

## 8.5 離散資料圖形

表 8.3 列出常見的離散圖形。離散資料圖形與曲線圖形不同處在於，離散資料呈現的數據只在特定點有效，而非連續的曲線上。這些離散資料可能是真實世界過程隨時間變化的取樣（例如，某個位置一天中每小時的溫度），也可能是部分或完全隨機的樣本。樣本資料是單一獨立變數的函數，像是時間，通常使用 plot 函式（沒有曲線連結資料點）、stairs 函式或 stem 函式來呈現。

離散資料也可以藉由散佈圖顯示（有時稱作泡泡圖）。在散佈圖中，每個 $(x, y)$ 或 $(x, y, z)$ 資料點是由一個標記（預設為圓圈）表示。每個標記的大小也可以各自變化。散佈圖是使用 scatter 或 scatter3 函式所建立的。

stairs 與 stem 圖形已經在 3.4 節介紹過。做為快速回顧，以下程式檔使用 plot、stairs 與 stem 函式，在資料點 $t = 0{:}0.5{:}10$ 處，產生函數 $y = \cos t$ 的圖形。完成圖形顯示在圖 8.11。

```
t = 0:0.5:10;
y = cos(t);

figure(1);
```

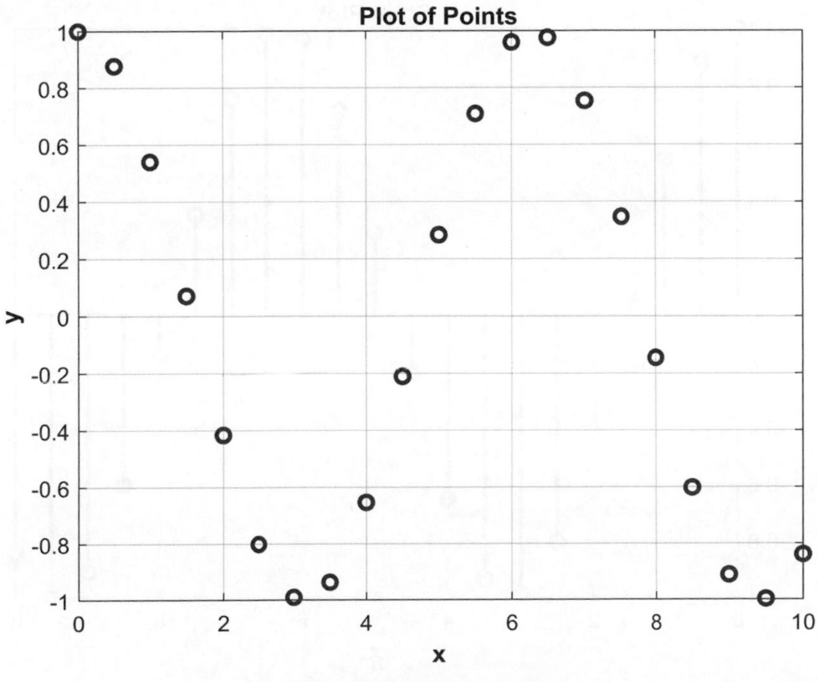


(a) 使用 plot 函式產生資料點圖。

圖 8.11

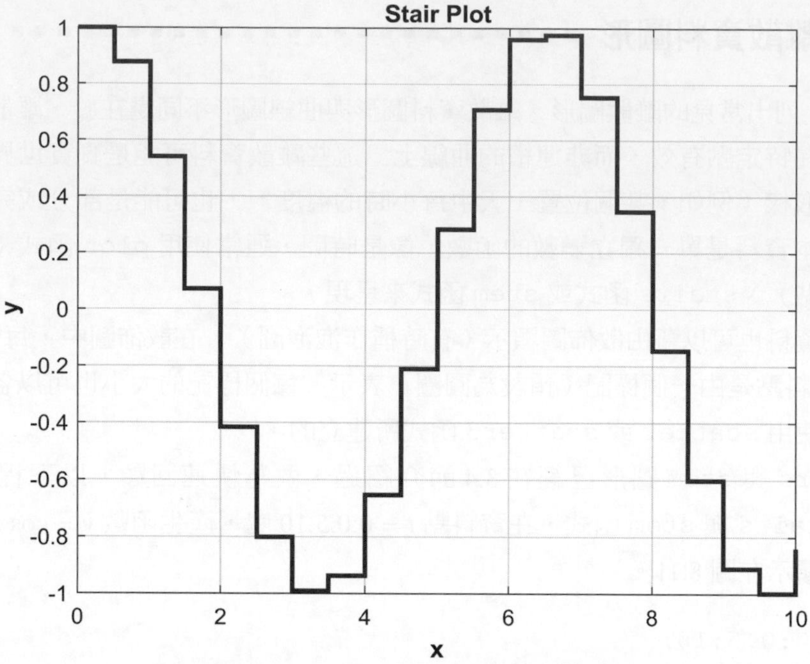


(b) 使用 stairs 函式產生階梯圖。

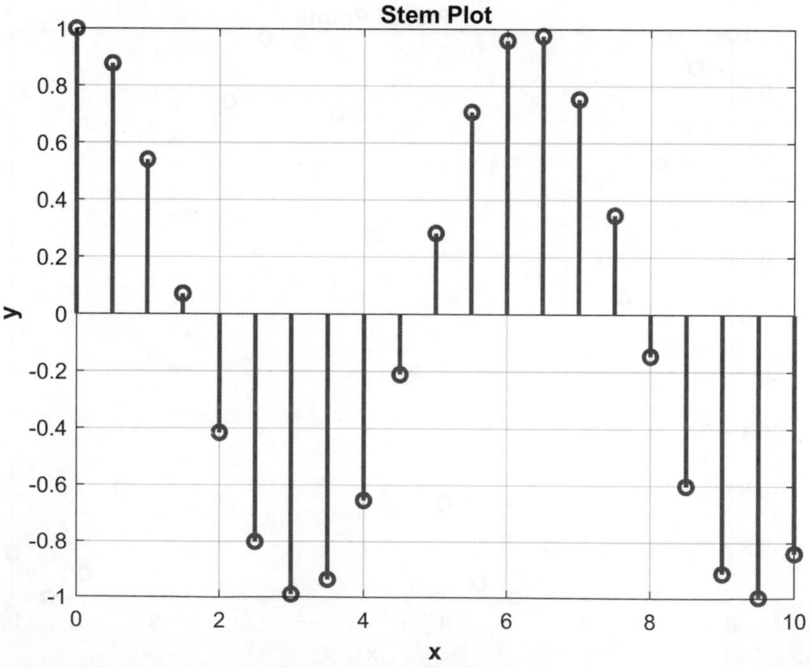


(c) 使用 stem 函式產生長桿圖。

圖 8.11（續）

```
plot(t,y,'bo','LineWidth',2);
title('\bfPlot of Points');
xlabel('\bfx');
ylabel('\bfy');
zlabel('\bftime');
grid on;

figure(2);
stairs(t,y,'b','LineWidth',2);
title('\bfStair Plot');
xlabel('\bfx');
ylabel('\bfy');
zlabel('\bftime');
grid on;

figure(3);
stem(t,y,'LineWidth',2);
title('\bfStem Plot');
xlabel('\bfx');
ylabel('\bfy');
zlabel('\bftime');
grid on;
```

其餘離散資料圖形會在之後的小節描述。

## 8.5.1 stem3 函式

stem3 函式產生長桿圖，顯示的高度 $z$ 為兩個不同變數 $x$ 與 $y$ 的函數。高度 $z$ 可以從以下形式的方程式計算

$$z_i = f(x_i, y_i) \tag{8.22}$$

stem3 函式的形式為

```
stem3(x,y,z);
```

其中 x、y 與 z 是相等大小的陣列，包含想要繪製的資料點位置。stem3 函式支援全部與 plot 函式一樣的線條大小、線條格式與顏色的選項，所以使用者可以利用之前章節獲得的知識，立即使用此函式。

考慮以下函數當作使用 stem3 函式的範例：

$$\begin{aligned} x &= \cos t \\ y &= \sin t \\ z &= |x - y| \end{aligned} \tag{8.23}$$

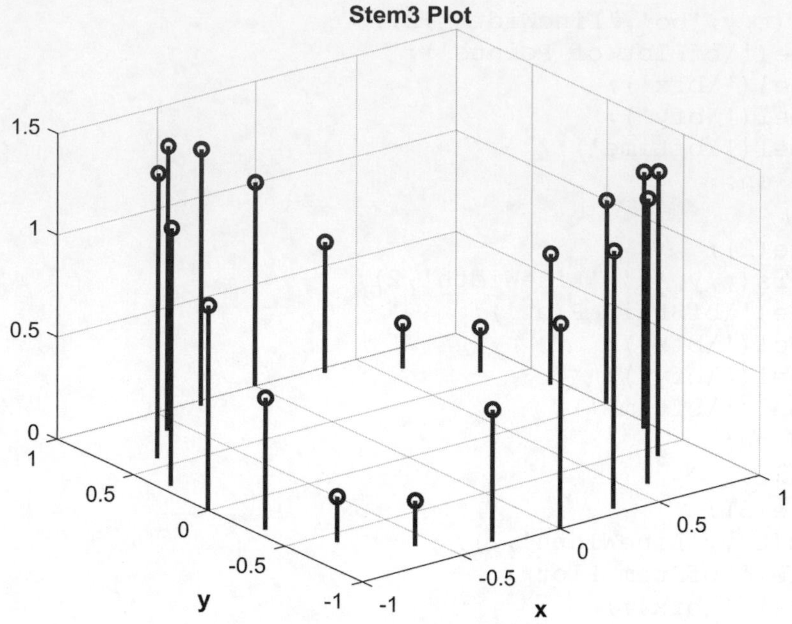


圖 8.12 stem3 的圖形。

以下程式碼產生此函數的三維長桿圖。

```
t = 0:pi/10:2*pi;
x = cos(t);
y = sin(t);
z = abs(x - y);

figure(1);
stem3(x,y,z,'bo','LineWidth',2);
title('\bfStem3 Plot');
xlabel('\bfx');
ylabel('\bfy');
zlabel('\bfz');
```

執行結果如圖 8.12 所示。

## 8.5.2 scatter 函式

scatter 函式產生二維散佈圖（或泡泡圖）。資料的每個 $(x, y)$ 點是由圖形上的圓圈表示。一些 scatter 函式常見的形式為

```
scatter(x,y);
scatter(x,y,sz);
scatter(x,y,sz,c);
scatter(__,'filled');
```

```
scatter(__,mkr);
scatter(__,Name,Value);
```

其中 x 與 y 是同等大小的陣列，包含欲畫的資料點位置，sz 是繪製的圓圈大小，而 c 是圓圈的顏色。sz 與 c 的數值可以是單一數字，在這狀況下所有圓圈的大小都一樣；或者它們也可以是與 x 跟 y 相同大小的陣列，在這狀況下每個圓圈可以有它自己的大小跟顏色。

此函式也支援 'filled' 選項來填滿圓圈的顏色，而 mkr 可以利用標準 MATLAB 繪圖符號（'o'、'd' 與 'x' 等）選擇標記的形狀。最後，使用者可以指定任意的線型 Name、Value 對。例如，'LineWidth', 2 將以 2 像素線寬，畫出每個標記形狀的輪廓。

為了建立 scatter 函式的例子，我們產生一組數據，令 $x$ 為介於 0 到 $4\pi$ 之間線性分佈的數值，而 $y$ 是 $x$ 的正弦函數加上一個標準差為 0.2 的高斯亂數：

```
x = linspace(0,4*pi,200);
y = sin(x) + 0.2*randn(size(x));
```

使用以下敘述式，可以將這組數據利用預設標記形狀（圓圈）、顏色與大小繪製在散佈圖上：

```
scatter(x,y);
title('\bfDefault Scatter Plot');
xlabel('\bfx');
ylabel('\bfy');
```

執行結果如圖 8.13a 所示。

一個具有填色的菱形散佈圖版本，可以用以下敘述式產生：

```
scatter(x,y,'filled','d');
title('\bffilled Diamond Scatter Plot');
xlabel('\bfx');
ylabel('\bfy');
```

完成圖如圖 8.13b 所示。

一個具有不同大小圓圈的散佈圖版本，可以用以下敘述式產生：

```
sz = linspace(1,50,200);
scatter(x,y,sz);
title('\bfVariable Size Scatter Plot');
xlabel('\bfx');
ylabel('\bfy');
```

完成圖如圖 8.13c 所示。

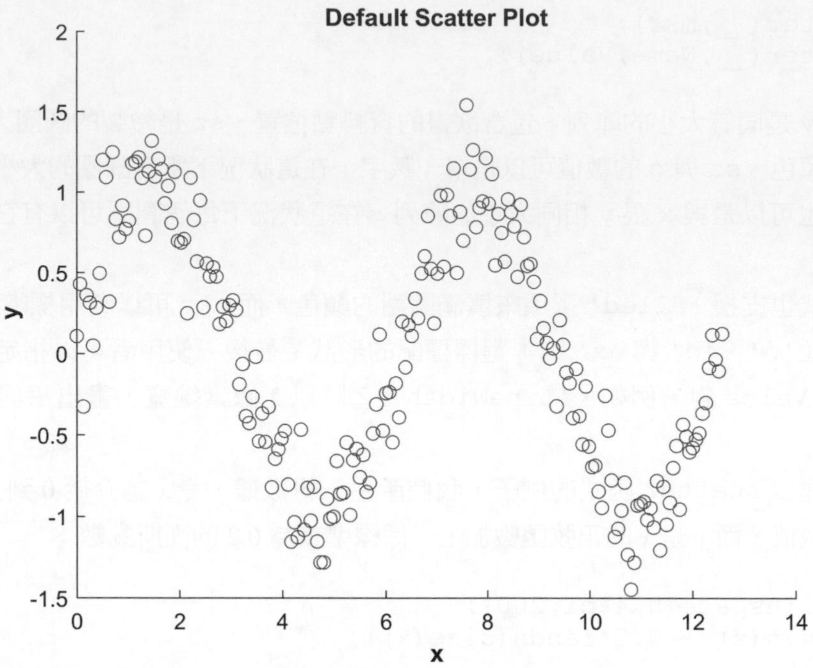


(a) 預設選項的散佈圖。

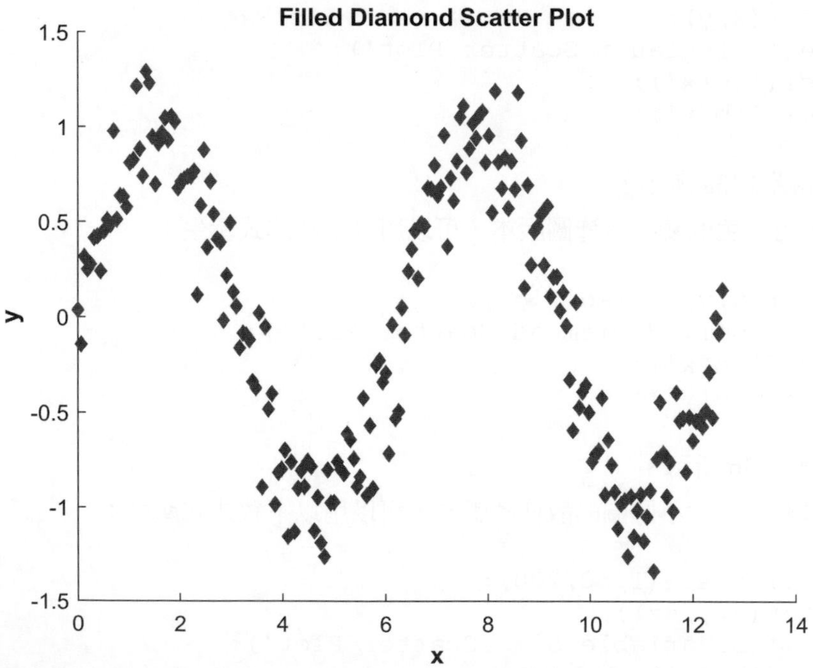


(b) 具有填色的菱形散佈圖。

☙ 圖 8.13

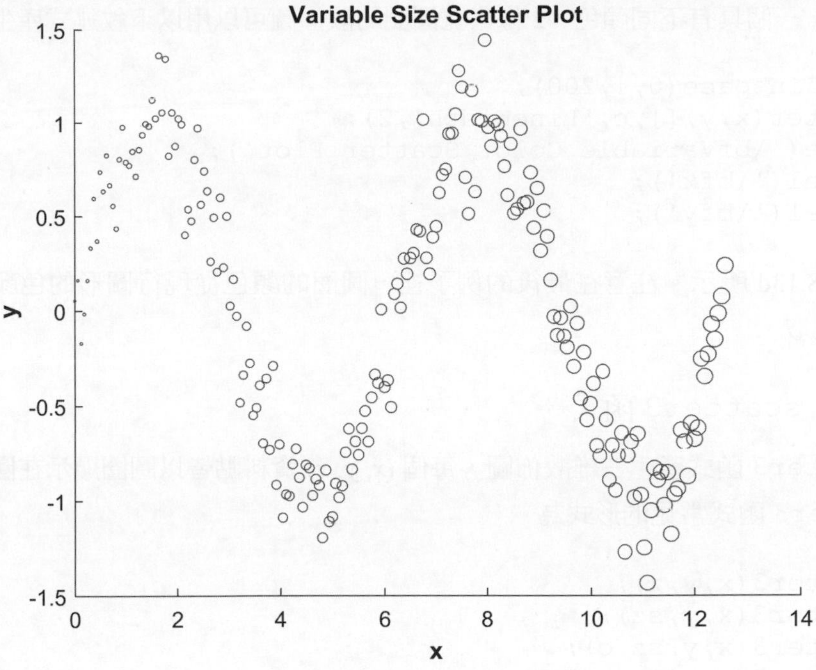


(c) 具有不同形狀大小的散佈圖。

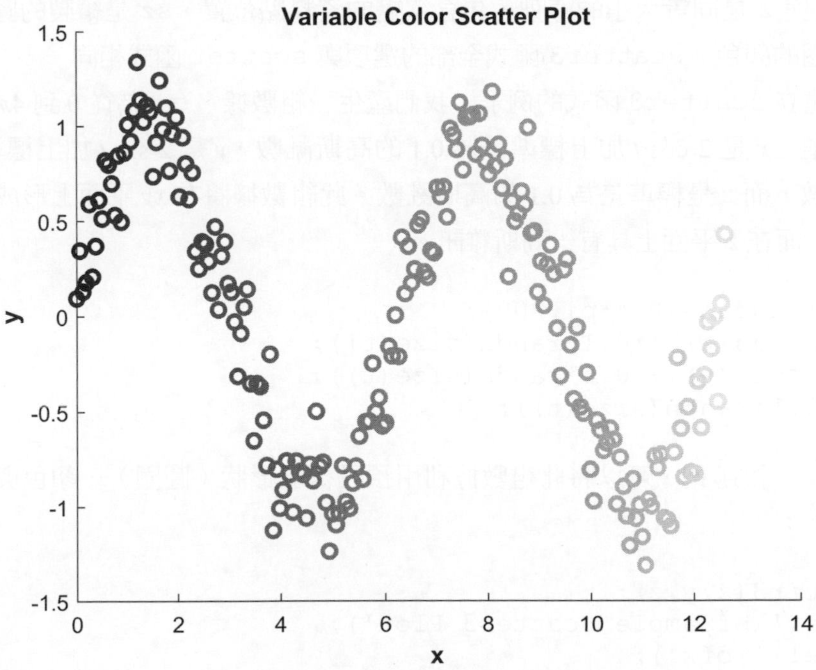


(d) 具有不同顏色的散佈圖。

圖 8.13（續）

最終，一個具有不同顏色、2 像素寬圓圈的散佈圖可以用以下敘述式產生：

```
c = linspace(0,1,200);
scatter(x,y,[],c,'LineWidth',2);
title('\bfVariable Color Scatter Plot');
xlabel('\bfx');
ylabel('\bfy');
```

結果如圖 8.13d 所示。注意在最後的例子裡，圓圈的顏色從現行圖形的色顏圖（color map）中選取。

### 8.5.3 scatter3 函式

scatter3 函式產生三維散佈圖，每個 $(x, y, z)$ 資料點皆以圓圈顯示在圖形上。一些 scatter3 函式常見的形式為

```
scatter3(x,y,z);
scatter3(x,y,sz);
scatter3(x,y,sz,c);
scatter3(__,'filled');
scatter3(__,mkr);
scatter3(__,Name,Value);
```

其中 x、y 與 z 是同等大小的陣列，包含欲畫的資料點位置，sz 是繪製的圓圈大小，而 c 是圓圈的顏色。scatter3 函式全部的選項與 scatter 函式相同。

為了建立 scatter3 函式的例子，我們產生一組數據，令 $t$ 為從 0 到 $4\pi$ 之間線性分佈的數值，$x$ 是 $2 \cos t$ 加上標準差為 0.1 的高斯亂數，$y$ 是 $2 \sin t$ 加上標準差為 0.1 的高斯亂數，而 $z$ 是標準差為 0.1 的高斯亂數。此組數據將在 $xy$ 平面上形成一個具有雜訊的圓，而在 $z$ 平面上具有一高斯雜訊。

```
t = linspace(0,4*pi,200);
x = 2*cos(t) + 0.1*randn(size(t));
y = 2*sin(t) + 0.1*randn(size(t));
z = 0.1*randn(size(t));
```

使用以下敘述式，可以將此組數據利用預設標記形狀（圓圈）、顏色與大小繪製在散佈圖上：

```
scatter3(x,y,z);
title('\bfSample Scatter3 Plot');
xlabel('\bfx');
ylabel('\bfy');
zlabel('\bfz');
```

完成圖形如圖 8.14 所示。

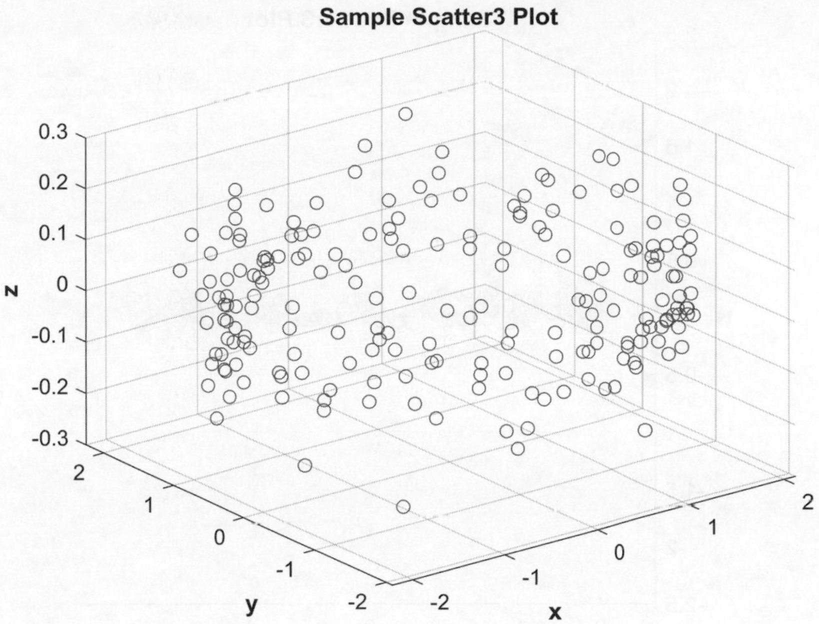


(a) 以 scatter3 產生三維散佈圖。

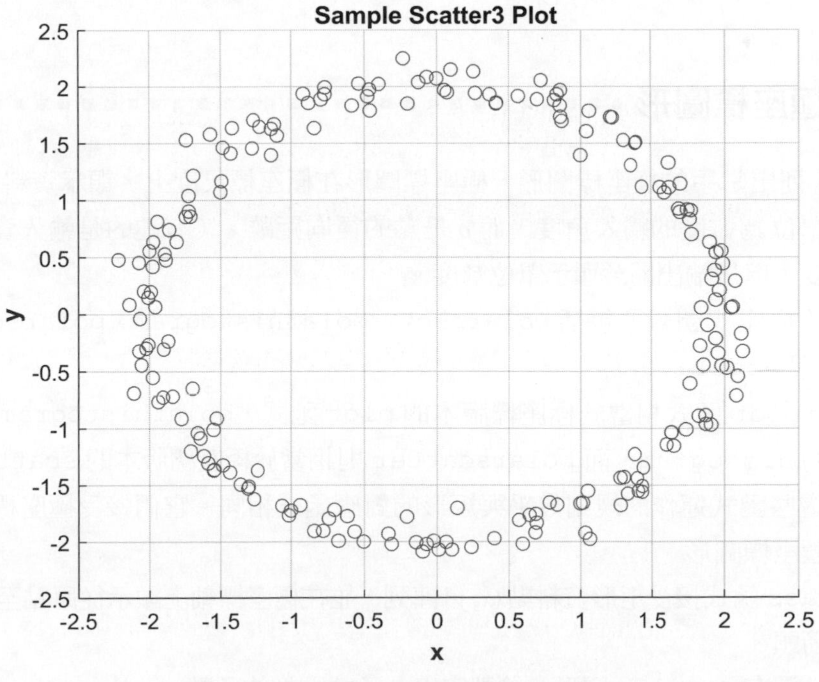


(b) $xy$ 平面視圖顯示數據落在一個粗略的圓上。

圖 8.14

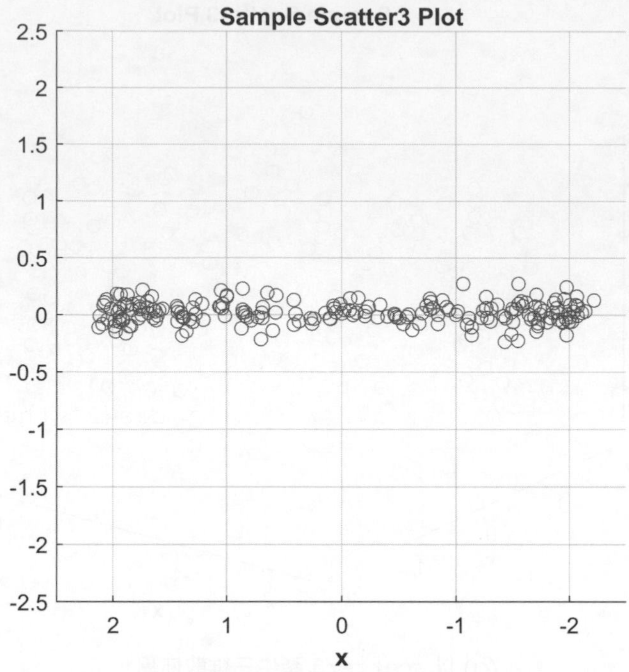


(c) $xz$ 平面視圖顯示數據在 $z$ 方向隨機分布。

圖 8.14

## 8.6 極座標圖形

表 8.4 列出常用的極座標圖形。極座標圖形在極座標尺度上，顯示資料點 $(\theta, \rho)$，其中 $\theta$ 是單位為弧度的輸入角度，而 $\rho$ 是點的徑向距離。（有趣的是輸入資料 $\theta$ 單位必須是弧度，但是輸出圖形顯示單位為度。）

可用的極座標圖類型包括 `polarplot`、`polarhistogram`、`polarscatter`、`compass` 與 `ezpolar`。

`polarplot` 函式相當於極座標版本的 `plot` 函式，`polarhistogram` 相當於極座標版本的 `histogram`，而 `polarscatter` 則相當於極座標版本的 `scatter`。極座標版本的這些函式運作的規則幾乎與矩形的對應函式相同。它們接受極座標資料點陣列並產生極座標圖形。

`compass` 函式接受矩形資料點 $(x, y)$ 陣列，並在極座標軸上顯示從原點至每個 $(x, y)$ 資料點的箭頭。

最後，還有 `ezpolar` 圖形，繪製定義為函式握把的函數。

因為我們已經介紹矩形版本的圖形，我們將不會花太多時間定義它們。基本上，它們使用與矩形對應函式相同的引數，除了 `x` 與 `y` 數值被 `theta` 與 `rho` 取代之外。

呼叫 polarplot 函式基本上與呼叫 plot 函式相同，除了它不接受 LineSpec('r- -') 字串之外。取而代之的是，顏色與線條形式必須在分別的 Color 與 LineStyle 屬性中指定。使用 polarplot 函式來繪製以下方程式

$$\rho = \sin(2\theta)\cos(2\theta) \tag{8.24}$$

令線寬為 3 像素，線條為紅色虛線，則程式碼顯示如下，而執行結果如圖 8.15a 所示。

```
theta = 0:0.01:2*pi;
rho = sin(2*theta).*cos(2*theta);
polarplot(theta,rho,'Color','r','LineStyle','--','LineWidth',3);
title('\bfPlot of \rho = sin(2*\theta)* cos(2*\theta)');
```

產生 polarhistogram 圖形的樣本程式碼如下，而結果如圖 8.15b 所示。此圖形顯示隨機常態分佈取樣的 10,000 個樣本所形成的極座標直方圖。

```
theta = 0:0.01:2*pi;
theta = randn(1,10000);
polarhistogram(theta);
title('\bfSample Polarhistogram Plot');
```

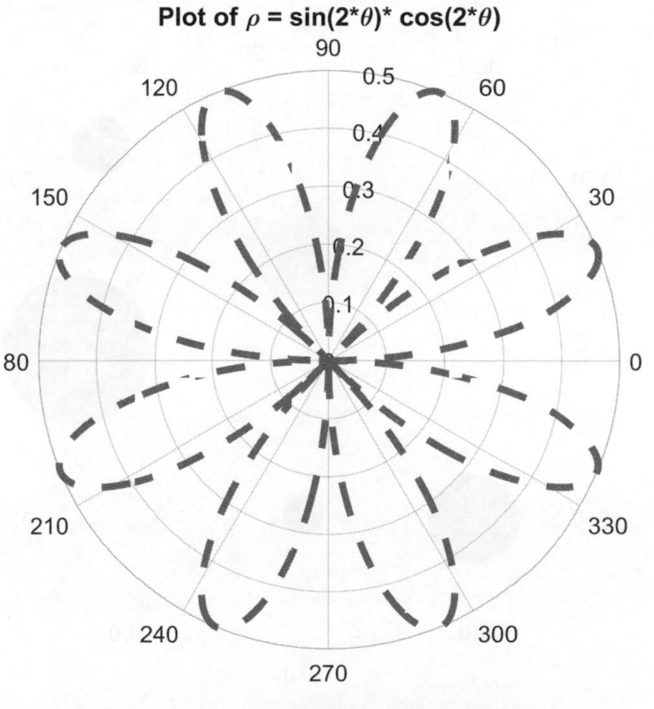


(a) 由 polarplot 產生的樣本極座標圖形。

圖 8.15

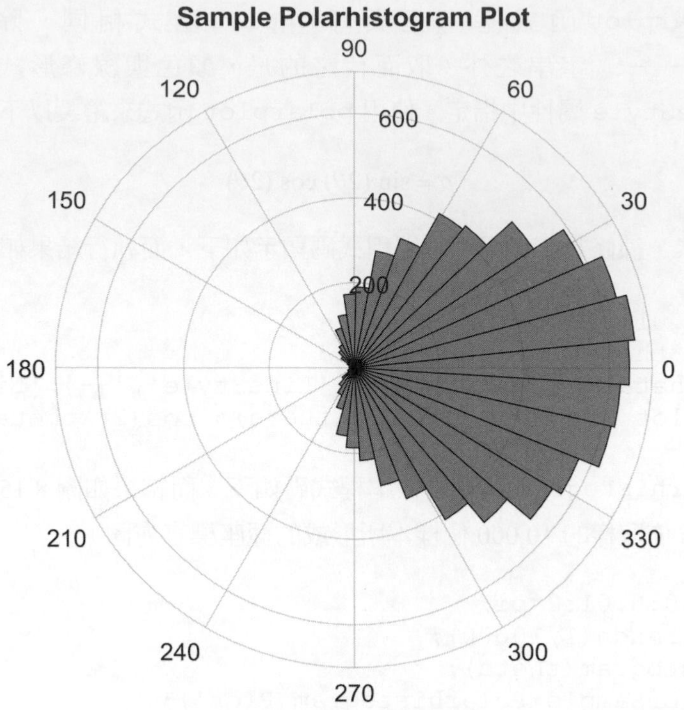


(b) 樣本的極座標直方圖。

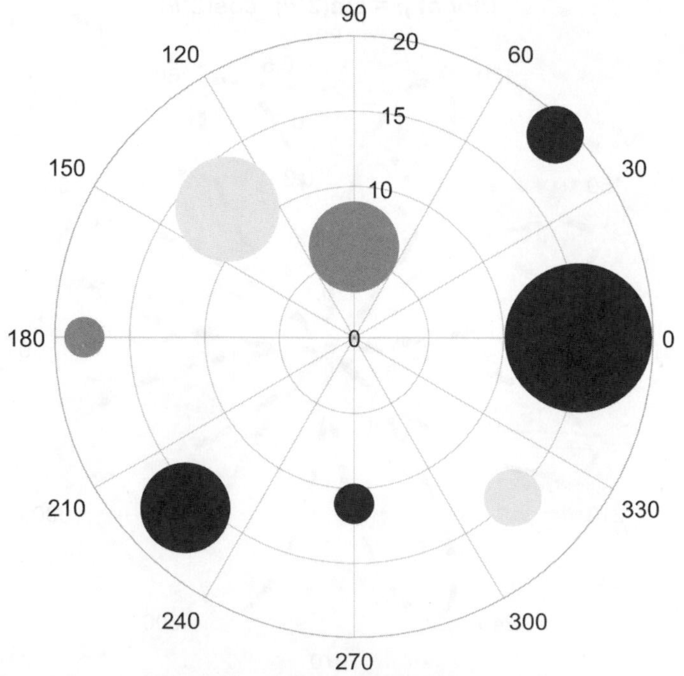


(c) 樣本的極座標散佈圖。

圖 8.15（續）

產生 polarscatter 圖形的樣本程式碼表示如下，而完成圖如圖 8.15c 所示。此圖形顯示在極座標軸上分布的資料點，其大小與顏色隨資料點而變化。

```
theta = pi/4:pi/4:2*pi;
rho = [19 6 12 18 16 11 15 15];
sz = [600 1500 2000 300 1500 300 600 4000];
c = [1 2 3 2 1 1 3 1];
polarscatter(theta,rho,sz,c,'filled');
```

### 8.6.1 compass 函式

compass 函式產生一個羅盤圖，圖上的 $(x, y)$ 資料點是呈現在極座標圖上，而且每個資料點表示的方式是從座標原點畫到 $(x, y)$ 資料點的箭頭。注意不像其他極座標圖，這個函式使用直角座標 $(x, y)$ 資料。

產生 compass 圖形的樣本程式碼如下，而完成圖如圖 8.16 所示。此圖形顯示在極座標上的一組 $(x, y)$ 箭頭。

```
x = [20 5 -40 -20 0  40];
y = [20 -40 5 10 -30 20];
compass(x,y);
title('\bfSample Compass Plot');
```

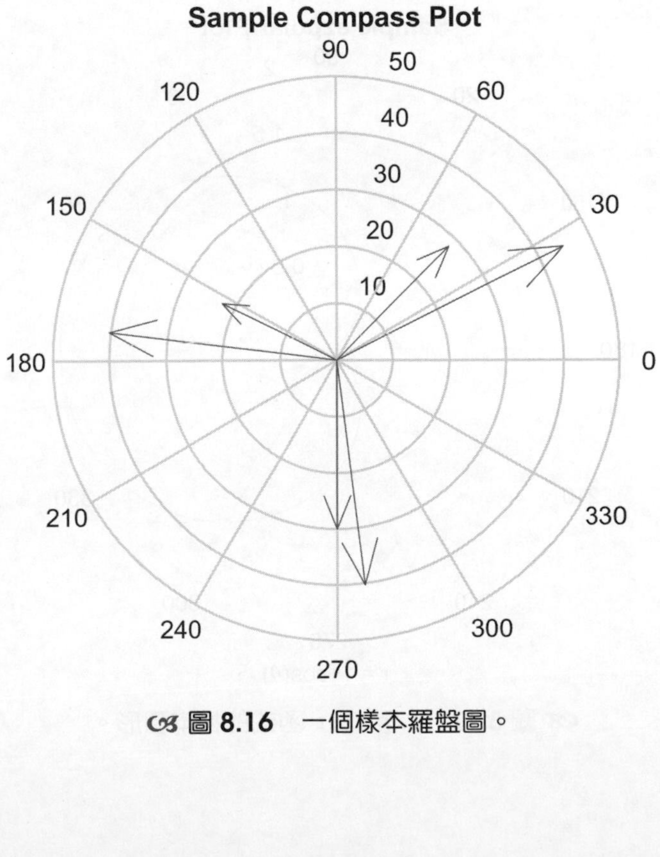


圖 8.16 一個樣本羅盤圖。

## 8.6.2 ezpolar 函式

ezpolar 函式產生以下函數的極座標圖形

$$\rho = f(\theta) \tag{8.25}$$

其中 $\theta$ 的單位為弧度。函數通常透過函式握把傳入 ezpolar，但也可以用字元字串的方式傳入。此函式最簡單的形式為

```
ezpolar(hndl);
ezpolar(hndl,[a b]);
```

其中 hndl 是要畫的函式握把，而 [a b] 是欲畫的 theta 範圍（單位為弧度）。

考慮以下函數當作 ezpolar 圖形的例子：

$$\rho = 1 + \cos\theta \tag{8.26}$$

下面的敘述式將產生方程式 (8.26) 的極座標圖形：

```
% Anonymous function
h = @(theta) 1 + cos(theta);

ezpolar(h,[0 2*pi]);
title('\bfSample ezpolar Plot');
```

完成圖如圖 8.17 所示。注意繪製的輸出角度單位為度，儘管輸入必須以弧度為單位。

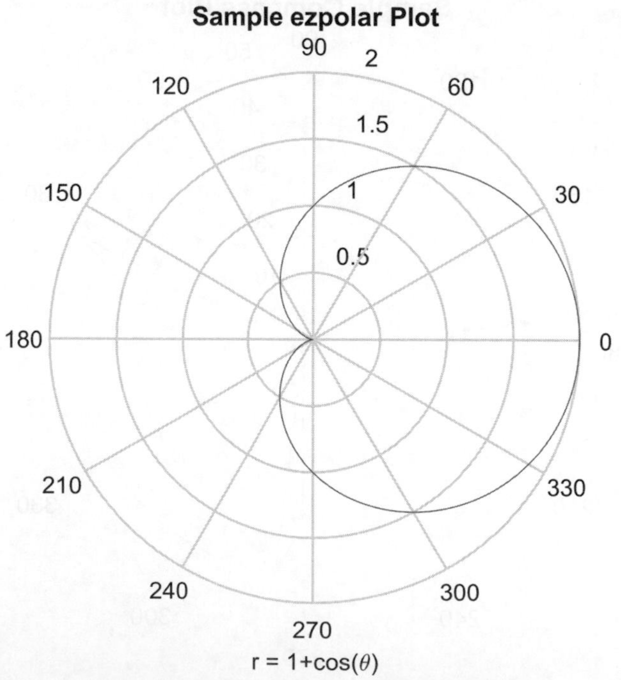


圖 8.17 ezpolar 函式的樣本圖形。

## 8.7 等高線圖

表 8.5 列出 MATLAB 等高線圖的種類。這些圖形被用來在 $(x, y)$ 圖形上，繪製定值 $z$ 的曲線。典型的例子便是等高線地圖，也就是將等高線繪製在地圖上。

MATLAB 支援四種等高線圖。contour 函式在二維圖形畫出等高線。contourf 函式在二維圖形繪製等高線，並且用代表這些點高度的顏色填滿線之間的空間。contour3 函式在三維圖形繪製等高線。最後，fcontour 函式在二維圖形畫出等高線，而輸入是函式握把。

### 8.7.1 contour 函式

contour 函式產生矩陣 $z$ 中資料的等高線圖。contour 函式通常的形式為

```
contour(z);
contour(z,n);
contour(z,v);
contour(x,y,z);
contour(x,y,z,n);
contour(x,y,z,v);
contour(__,LineSpec);
contour(__,Name,Value);
```

其中 z 是一個包含要得到等高線資料的矩陣。如果有變數 n，它會指定產生等高線的數量。如果有陣列 v，它會包含一個數值陣列（按升序排列）用來指定產生等高線的高度。

如果有 x 與 y，它們必須是單調遞增的向量，並且與 z 的行及列長度相同。[1] 跟矩陣 z 相關的 x 與 y 數值是被這些數值定義的。

注意此函式也支援標準 MATLAB 的線條格式 LineSpec(b--) 與線型 Name-Value 對語法。

我們將由內建的 MATLAB 函式 peaks，產生等高線的資料，來做為使用函式 contour 的例子。以下程式碼使用 8 條 2 像素寬藍色的等高線，產生此函數的等高線圖。

```
z = peaks(99);
contour(z,8,'LineWidth',2);
title('\bfContour Plot of the Function "peaks"');
```

完成圖顯示在圖 8.18a。

我們也可以運用 'ShowText' 屬性對每條等高線標上數值。

1 還有一個使用 x 與 y 矩陣的方法。這會涵蓋在 8.8 節的曲面與網格圖中討論。

```
z = peaks(99);
contour(z,8,'LineWidth',2,'ShowText','on');
title('\bfContour Plot of the Function "peaks"');
```

完成圖顯示在圖 8.18b。

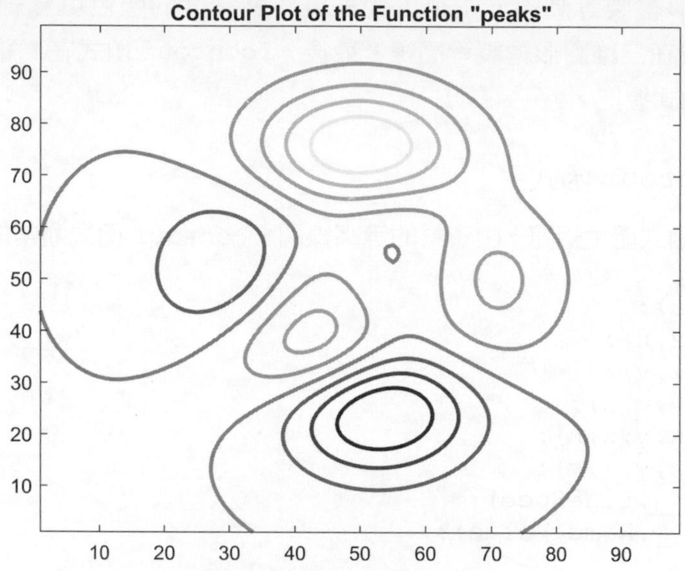


(a) 一個 peaks 函式的等高線圖。

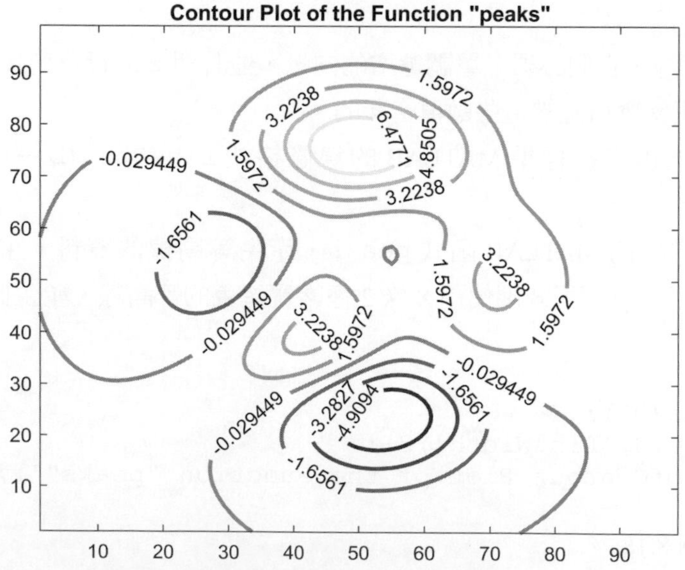


(b) 具有等高線標記的等高線圖。

圖 8.18

### 8.7.2 contourf 函式

contourf 函式類似於 contour 函式，除了等高線之間的空間填滿顏色外。contourf 函式的選項與 contour 函式相同。

做為使用 contourf 函式的例子，我們由內建的 MATLAB 函式 peaks 產生等高線圖的資料。以下程式碼使用 8 條 2 像素寬藍色的等高線，產生此函數的等高線圖。

```
z = peaks(99);
contourf(z,8,'LineWidth',2);
title('\bfContour Plot of the Function "peaks"');
```

完成圖顯示在圖 8.19。

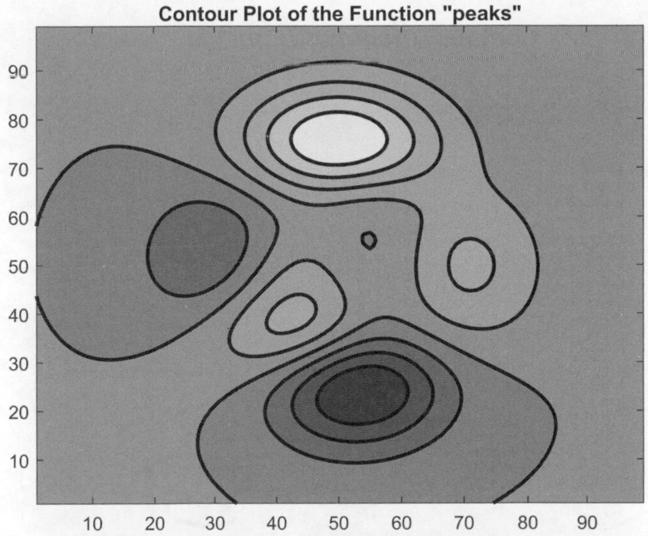


(a)

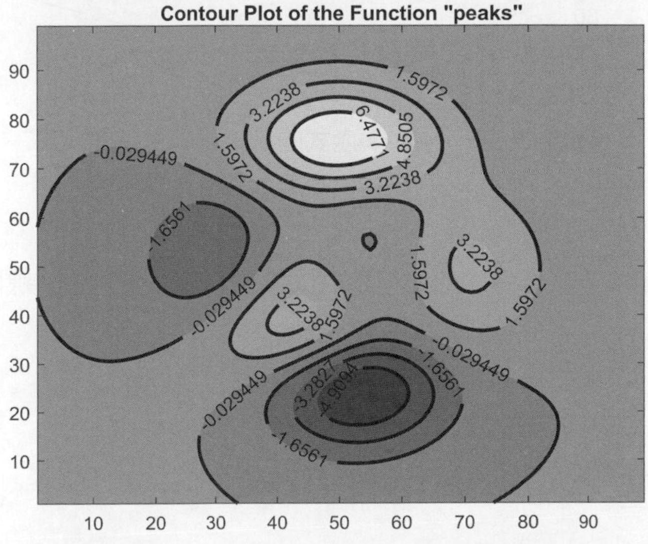


(b)

圖 8.19 peaks 函式的 contourf 圖形。

### 8.7.3 contour3 函式

contour3 函式類似於 contour 函式，除了等高線是畫在三維圖形外。contour3 函式的選項與 contour 函式相同。

做為使用 contour3 函式的例子，我們由內建的 MATLAB 函式 peaks，產生等高線圖的資料。以下程式碼使用 8 條 2 像素寬藍色的等高線產生此函數的等高線圖。

```
z = peaks(99);
contour3(z,8,'LineWidth',2);
title('\bfContour3 Plot of the Function "peaks"');
```

完成圖顯示在圖 8.20。

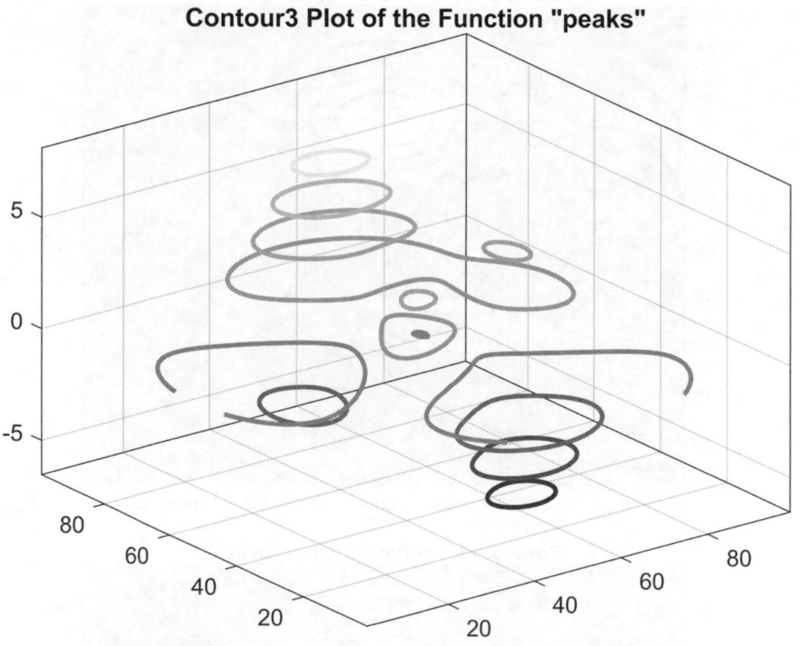


**圖 8.20** peaks 函式的 contour3 圖形。

### 8.7.4 fcontour 函式

fcontour 函式是藉由外部函式指定的欲繪製資料來產生等高線圖。contour 函式常見的形式為

```
fcontour(f);
fcontour(f,xyinterval);
fcontour(__,LineSpec);
fcontour(__,Name,Value);
```

其中 f 是要畫出等高線圖的函式握把。如果有 xyinterval，它會指定要繪製的 $x$ 與

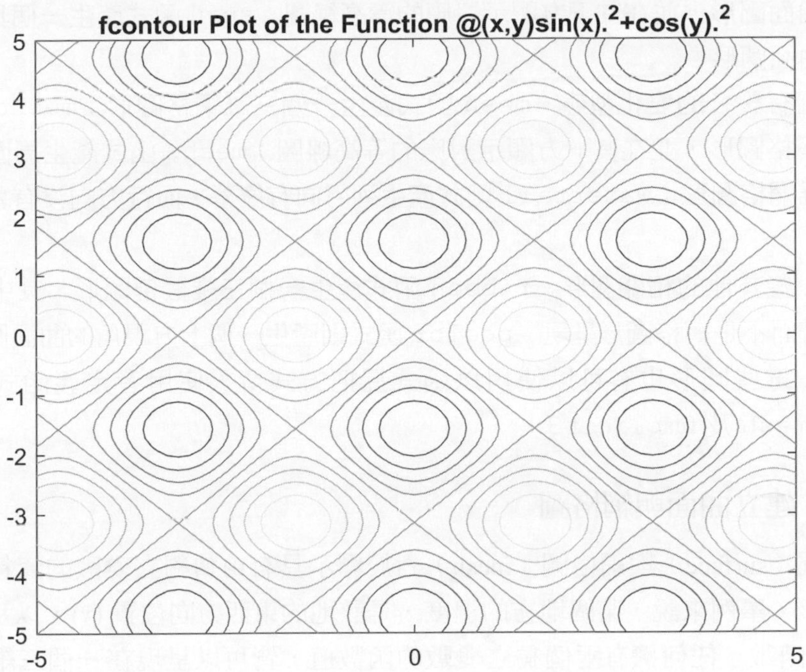


圖 8.21　函數 $z = \sin^2 x + \cos^2 y$ 的 fcontour 圖形。

$y$ 值範圍。如果 $x$ 與 $y$ 範圍相同，此向量採用 [min max] 的形式，表示 $x$ 與 $y$ 採用相同的數值範圍。如果 $x$ 與 $y$ 範圍不同，此向量採用 [xmin xmax ymin ymax] 的形式。

我們產生以下函數的等高線，做為使用 fcontour 函式的例子。

$$z = \sin^2 x + \cos^2 y \tag{8.27}$$

以下程式碼產生此函數的等高線圖。

```
f = @(x,y) sin(x).^2 + cos(y).^2;
fcontour (f);
title(['\bffcontour Plot of the Function' func2str(f)]);
```

完成圖顯示於圖 8.21。

## 8.8 曲面與網格圖

表 8.6 列出不同類型的曲面與網格圖形。曲面圖是一個曲面的三維實體表面圖形，而網格圖則是一個曲面的三維線圖形。這兩種型態的圖形非常類似，所以基本上都有相同的呼叫順序。

曲面圖有許多的變化型態。surf 函式產生一個三維曲面圖形；surfc 函式產生一個三維曲面圖形，並在其下方顯示對應的等高線圖；surfl 函式產生一個具有燈光效果的三維曲面圖形。

網格圖有許多的變化型態。mesh 函式產生一個三維網格圖形；meshc 函式產生一個三維網格圖形，並在其下方顯示對應的等高線圖；meshz 函式產生周圍有簾幕或臺座的三維網格圖形；waterfall 函式產生列方向有簾幕，而行方向沒有幕簾的三維網格圖形。

還有一些其他的相關圖形。ribbon 函式產生一個三維緞帶圖形，其中資料是以平行的緞帶而不是網格圖形呈現。pcolor 函式則產生一個上方視角的曲面圖形。

最後，這些圖形也有可以使用以函式握把方式傳入使用者定義函式的版本：fsurf、fmesh 及 fimplicit3。

## 8.8.1 建立曲面與網格圖

曲面圖（surface）與網格圖（mesh）對於顯示具有兩個獨立變數的資料，是非常有用的圖形。舉例來說，某個地方的溫度，是該地的東西方向位置 $(x)$，以及南北方向位置 $(y)$ 的函數。任何擁有兩個獨立變數的函數值，皆可以呈現在一個三維曲面圖或網格圖。這種函數同樣適用於其他的三維繪圖型態：surf、surfc、surfl、mesh、meshc、meshz，和 waterfall。

為了能使用這些函式畫出三維資料值，使用者必須先建立三個同樣大小的陣列，這三個陣列必須包含所有想描繪點的 $x$、$y$、$z$ 值。每個陣列的行數目必須等於描繪點 $x$ 的個數，而每個陣列的列數目必須等於描繪點 $y$ 的個數。第一個陣列必須包含每個描繪點 $(x, y, z)$ 的 $x$ 值，第二個陣列必須包含每個描繪點 $(x, y, z)$ 的 $y$ 值，而第三個陣列必須包含每個描繪點 $(x, y, z)$ 的 $z$ 值。

為了更清楚說明起見，假設我們要在 $x = 1, 2, 3$ 以及 $y = 1, 2, 3, 4$ 點上繪製下列函數圖形

$$z(x, y) = \sqrt{x^2 + y^2} \tag{8.28}$$

注意 $x$ 有 3 個值而 $y$ 有 4 個值，所以我們必須計算並且繪出總共 $3 \times 4 = 12$ 個 $z$ 的數值。這些數據點必須整理成 3 行（$x$ 數值的數目）以及 4 列（$y$ 數值的數目）。陣列 1 必須包含每一計算點的 $x$ 值，而且在一個給定的行上，所有點的數值均相同。所以陣列 1 是：

$$\text{arr1} = \begin{bmatrix} 1 & 2 & 3 \\ 1 & 2 & 3 \\ 1 & 2 & 3 \\ 1 & 2 & 3 \end{bmatrix}$$

陣列 2 必須包含每一計算點的 $y$ 值，而且在一個給定的列上，所有點的數值均相同。

所以陣列 2 是：

$$\text{arr } 2 = \begin{bmatrix} 1 & 1 & 1 \\ 2 & 2 & 2 \\ 3 & 3 & 3 \\ 4 & 4 & 4 \end{bmatrix}$$

陣列 3 必須包含根據所提供 $(x, y)$ 值所對應的 $z$ 值，而這些 $z$ 值可由 (8.28) 式計算出來。

$$\text{arr3} = \begin{bmatrix} 1.4142 & 2.2361 & 3.1623 \\ 2.2361 & 2.8284 & 3.6056 \\ 3.1624 & 3.6056 & 4.2426 \\ 4.1231 & 4.4721 & 5.0000 \end{bmatrix}$$

接著函數圖形可以使用 surf 函式繪出

```
surf(arr1,arr2,arr3);
```

完成的圖形如圖 8.22a 所示。

注意：這個曲面圖每一個曲面片段的顏色是不一樣的，而且片段之間使用黑色線條。藉由送出 shading interp 指令，我們可以改變曲面片段為連續變化而非單一的顏色。完成圖如圖 8.22b 所示。

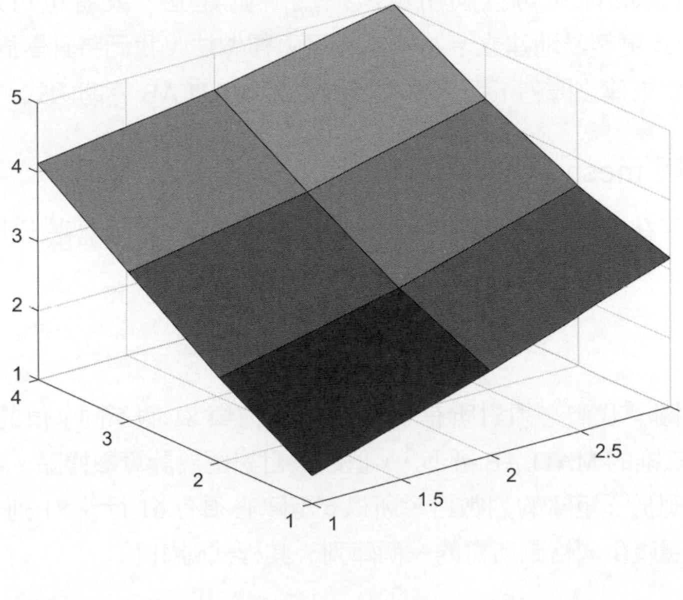


(a) 函數 $z(x, y) = \sqrt{x^2 + y^2}$ 在 $x = 1, 2, 3$ 與 $y = 1, 2, 3, 4$ 所繪製的曲面圖。

圖 8.22

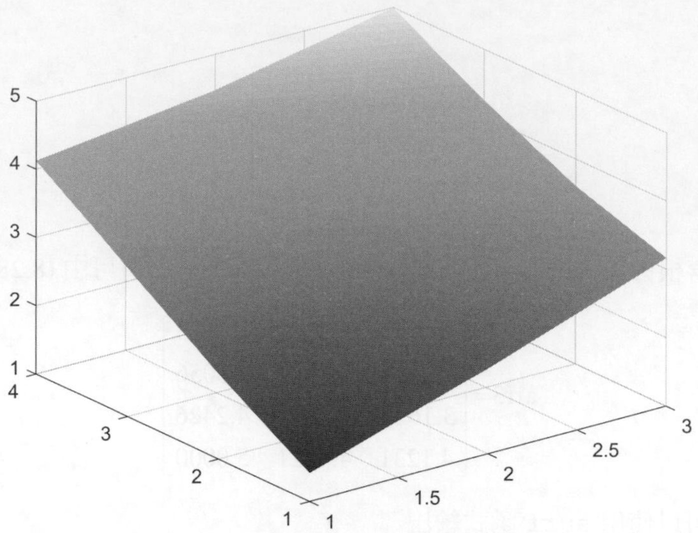


(b) 使用 shading interp 指令後的圖形。

圖 8.22（續）

**良好的程式設計**

利用 shading interp 指令，使得曲面圖或網格圖上為連續變化的顏色。

三維圖形所需的陣列可以利用巢狀迴圈手動建立，或者也可以藉由內建的 MATLAB 協助函式更輕易地建立。為了示範這兩種做法，我們將針對同樣的函數繪圖兩次，一次用迴圈來建立陣列，而另一次用內建的 MATLAB 協助函式。

## 手動建立 surf 與 mesh 圖形陣列

假設我們希望在 $-4 \le x \le 4$ 及 $-3 \le y \le 3$ 區間內，以 0.1 間隔畫出下列函數的網格圖

$$z(x, y) = e^{-0.5[x^2 + 0.5(x - y)^2]} \tag{8.29}$$

為了繪出此函數圖，我們必須對所有 61 個不同 $x$ 值與 81 個不同 $y$ 值的組合，計算其對應的 $z$ 值。在三維的 MATLAB 圖形，$x$ 值的數目對應於計算數據點 $z$ 矩陣的行數目，而 $y$ 值的數目對應於 $z$ 矩陣的列數目，所以 $z$ 矩陣必須有 61 行 × 81 列，總共 4941 個數值。以巢狀迴圈產生網格圖所需的三個陣列，其程式碼如下：

```
% Get x and y values to calculate
x = -4:0.1:4;
y = -3:0.1:3;
```

```
% Pre-allocate the arrays for speed
arr1 = zeros(length(y),length(x));
arr2 = zeros(length(y),length(x));
arr3 = zeros(length(y),length(x));

% Populate the arrays
for jj = 1:length(x)
   for ii = 1:length(y)
      arr1(ii,jj) = x(jj); % x value in columns
      arr2(ii,jj) = y(ii); % y value in rows
      arr3(ii,jj) = ...
       exp(-0.5*(arr1(ii,jj)^2+0.5*(arr1(ii,jj)-arr2(ii,jj))^2));
   end
end

% Plot the data
figure(1);
mesh(arr1, arr2, arr3);
title('\bfMesh Plot');
xlabel('\bfx');
ylabel('\bfy');
zlabel('\bfz');
```

完成的圖如圖 8.23 所示。

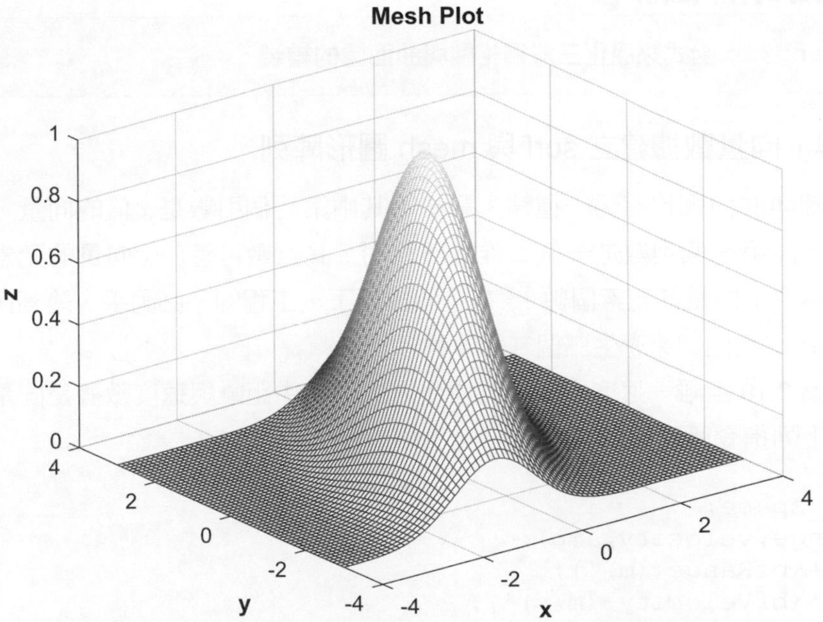


圖 8.23　函數 $z(x, y) = e^{-0.5[x^2 + 0.5(x-y)^2]}$ 的網格圖。

## 利用 meshgrid 建立 surf 與 mesh 圖形陣列

MATLAB 函式 meshgrid 可以用來產生這些圖形所需的 x、y 陣列，這使得三維曲面圖的繪製變得容易多了。meshgrid 函式的形式如下：

```
[arr1,arr2] = meshgrid(xstart:xinc:xend, ystart:yinc:yend);
```

其中 xstart:xinc:xend 指定了包含在網點（grid）中的 $x$ 值，而 ystart:yinc:yend 則指定了包含在網點中的 $y$ 值。

如果要產生一張圖形，我們將使用 meshgrid 來產生對應 $x$、$y$ 值的陣列，然後計算繪圖函數的座標 $(x, y)$。最後，我們呼叫 mesh 或 surf 函式來產生所需要的圖形。

如果我們使用 meshgrid，它會比產生圖 8.23 的三維網格圖更簡易。

```
[arr1,arr2] = meshgrid(-4:0.1:4,-3:0.1:3);
arr3 = exp(-0.5*(arr1.^2+0.5*(arr1-arr2).^2));
mesh(arr1, arr2, arr3);
title('\bfMesh Plot');
xlabel('\bfx');
ylabel('\bfy');
zlabel('\bfz');
```

藉由在 mesh 函式代入適當的函數也可以產生曲面圖與等高線圖。

**良好的程式設計**

使用 meshgrid 函式來簡化三維網格圖與曲面圖的繪製。

## 使用 $x$ 與 $y$ 向量數據建立 surf 與 mesh 圖形陣列

網格圖與曲面圖也有另一種輸入語法，其中第一個引數是 $x$ 值的向量，第二個引數是 $y$ 值，而第三個引數是一個二維數據陣列，其行數目等於 $x$ 向量的元素個數，而其列數目等於 $y$ 向量的元素個數。[2] 在這個情況下，工程師不必動手，繪圖函式會內部呼叫 meshgrid 函式來產生三個二維陣列。

這是圖 7.10 距離一速度空間圖的產生方式，其中距離與速度數據是向量資料，而此圖是由下列指令所建立的：

```
load rd_space;
surf(range,velocity,amp);
xlabel('\bfRange (m)');
ylabel('\bfVelocity (m/s)');
zlabel('\bfAmplitude (dBm)');
title('\bfProcessed radar data containing targets and noise');
```

2 請注意，$x$ 與行的數目有關，而 $y$ 與列的數目有關。這與一個陣列元素被定址的順序相反。

### 8.8.2 利用曲面圖與網格圖建立三維物件

曲面圖與網格圖可以用來建立封閉物件的圖形，譬如一個球體。為了達成這個目的，我們必須定義一組代表整個物件表面的資料點，然後以 surf 或 mesh 函式繪出這些點。不論其方位角（azimuth angle）$\theta$ 與仰角（elevation angle）$\phi$ 為何，一個球體可以定義成離中心一個給定距離 $r$ 所有點的軌跡。其極座標的方程式為

$$r = a \tag{8.30}$$

其中 $a$ 是任何正數。在直角座標，球體表面的點可由下列方程式定義[3]

$$\begin{aligned} x &= r\cos\phi\cos\theta \\ y &= r\cos\phi\sin\theta \\ z &= r\sin\phi \end{aligned} \tag{8.31}$$

其中半徑 $r$ 是一個常數，仰角 $\phi$ 為介於 $-\pi/2$ 與 $\pi/2$ 之間，而方位角 $\theta$ 則介於 $-\pi$ 與 $\pi$ 之間。一個繪製球體的程式如下：

```
%  Script file: sphere1.m
%
%  Purpose:
%   This program plots the sphere using the surf function.
%
%  Record of revisions:
%      Date       Engineer          Description of change
%      ====      ==========         =====================
%    06/02/18   S. J. Chapman      Original code
%
% Define variables:
%   n          -- Number of points in az and el to plot
%   r          -- Radius of sphere
%   phi        -- meshgrid list of elevation values
%   theta      -- meshgrid list of azimuth values
%   x          -- Array of x point to plot
%   y          -- Array of y point to plot
%   z          -- Array of z point to plot

% Define the number of angles on the sphere to plot
% points at
n = 20;

% Calculate the points on the surface of the sphere
r = 1;
```

3 如同習題 2.16 所看到的，也有將極座標轉換成直角座標的方程式。

```
theta = linspace(-pi,pi,n);
phi = linspace(-pi/2,pi/2,n);
[theta,phi] = meshgrid(theta,phi);

% Convert to (x,y,z) values
x = r * cos(phi) .* cos(theta);
y = r * cos(phi) .* sin(theta);
z = r * sin(phi);

% Plot the sphere
figure(1)
surf (x,y,z);
title ('\bfSphere');
```

完成的圖形如圖 8.24 所示。

在目前座標軸上，物件表面的透明度可由 alpha 函式控制。alpha 函式的形式為

```
alpha(value);
```

其中 value 為介於 0 與 1 之間的數字。如果此值為 0，所有表面是透明的；如果此值為 1，所有表面是不透明的；對其他數值而言，則物件表面是部分透明的。舉例來說，圖 8.25 的球體物件，其 alpha 值選為 0.5，因此我們現在可以看穿球體的外表面，進而看到球體的背面。

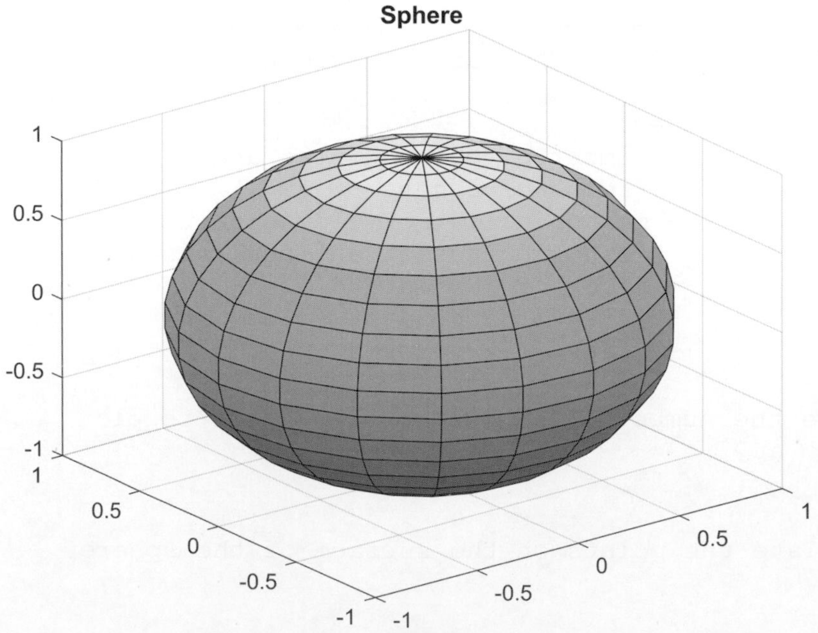


圖 8.24　一個球體的三維圖形。

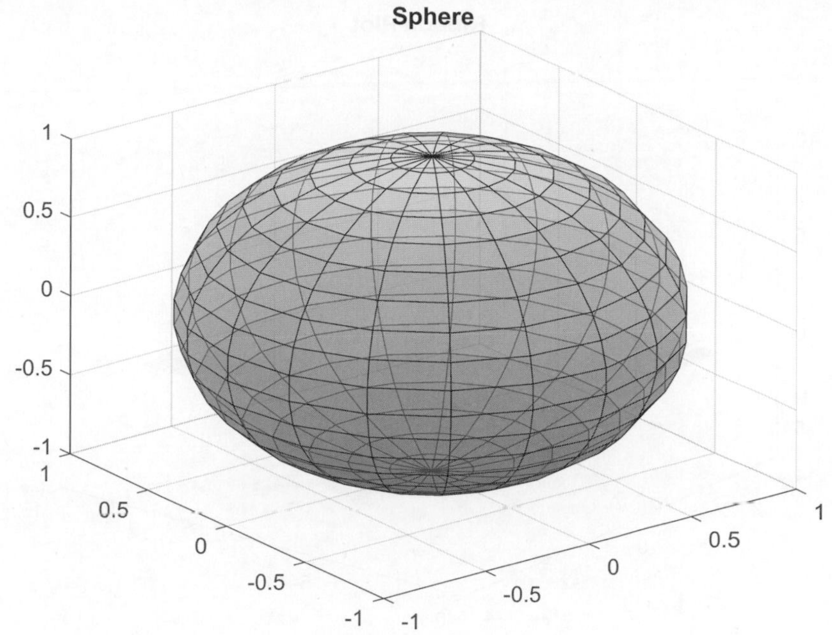


圖 8.25 以 alpha 值 0.5 所建立的部分透明球體。

### 8.8.3 緞帶圖

ribbon 函式繪製一個在 y 位置上 z 數據的三維緞帶圖形。ribbon 函式的常見形式為

```
ribbon(y,z);
ribbon(y,z,width);
```

其中 y 包含緞帶的位置，而 z 包含畫在緞帶上的數值。

我們利用 peaks 函式來建立一個緞帶圖的例子。

```
[x,y] = meshgrid(-3:.5:3,-3:.1:3);
z = peaks(x,y);

ribbon(y,z);
title('\bfRibbon Plot');
```

完成圖如圖 8.26 所示。

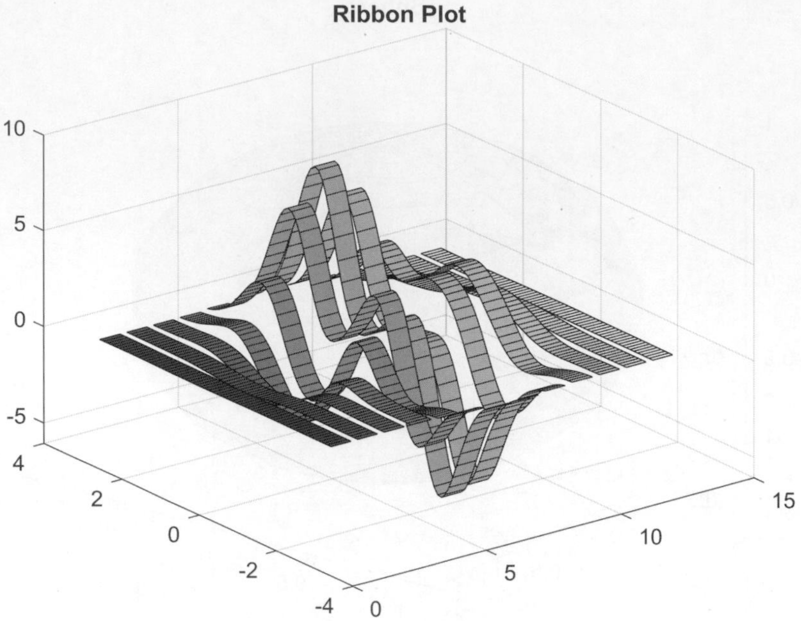


圖 8.26 緞帶圖。

## 8.8.4 pcolor 函式

pcolor 函式產生一個偽色圖（pseudocolor plot），它是一個上方視角的曲面圖。它就像是數據點是用 surf 函式繪製，然後藉由 view(0,90) 指令，將視角調整為由上往下的視角。例如，考慮這個函數

$$z = \sqrt{x^2 + \left(\frac{y}{2}\right)^2} \tag{8.32}$$

此函數可以在 [–4, 4] 區間，利用 surf 函式繪製其曲面圖，程式碼如下：

```
[x,y] = meshgrid(-4:0.1:4,-4:0.1:4);
z = sqrt(x.^2 + (y/2).^2);
surf(x,y,z);
title('\bfSurf Plot');
xlabel('\bfx');
ylabel('\bfy');
zlabel('\bfz');
```

完成圖如 8.27a 所示。 如果視角變成 (0, 90)，則此圖形是由上方視角觀看（參閱圖 8.27b）。

這個函數可以使用 pcolor 函式繪製如下：

```
[x,y] = meshgrid(-4:0.1:4,-4:0.1:4);
```

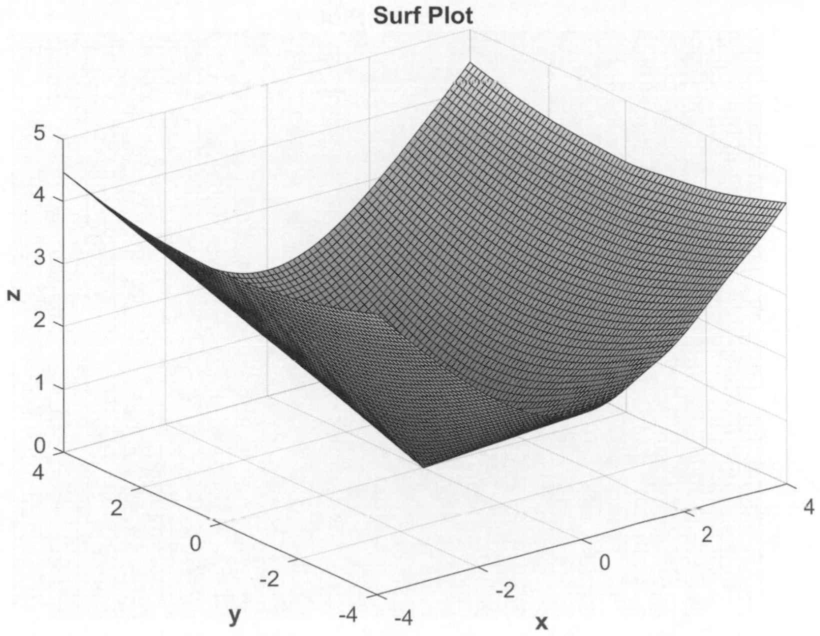


(a) 函數 $z=\sqrt{x^2+\left(\frac{y}{2}\right)^2}$ 在 $-4 \le x \le 4$ 及 $-4 \le y \le 4$ 區間內的曲面圖。

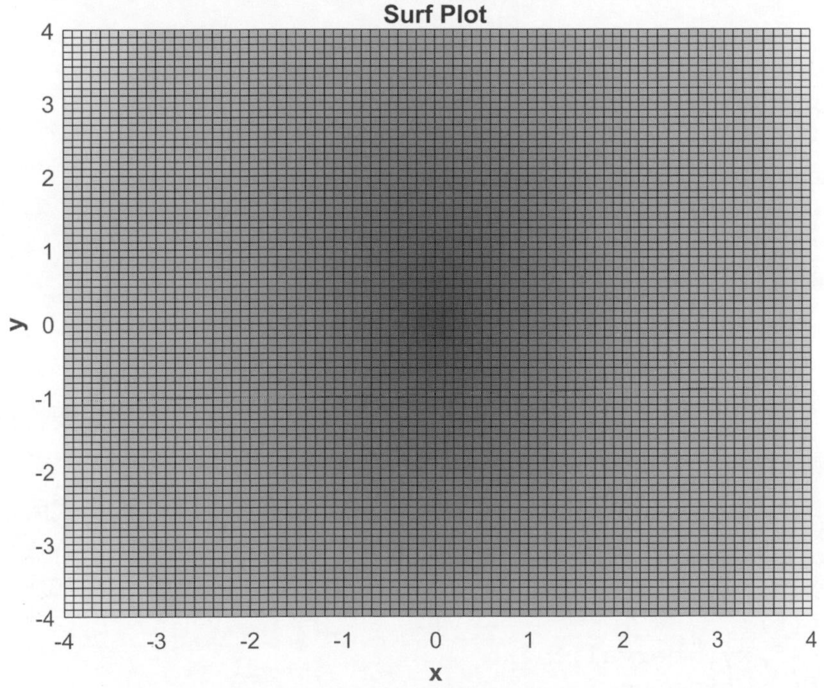


(b) 相同的圖形，但將視角移至上方。

☙ 圖 8.27

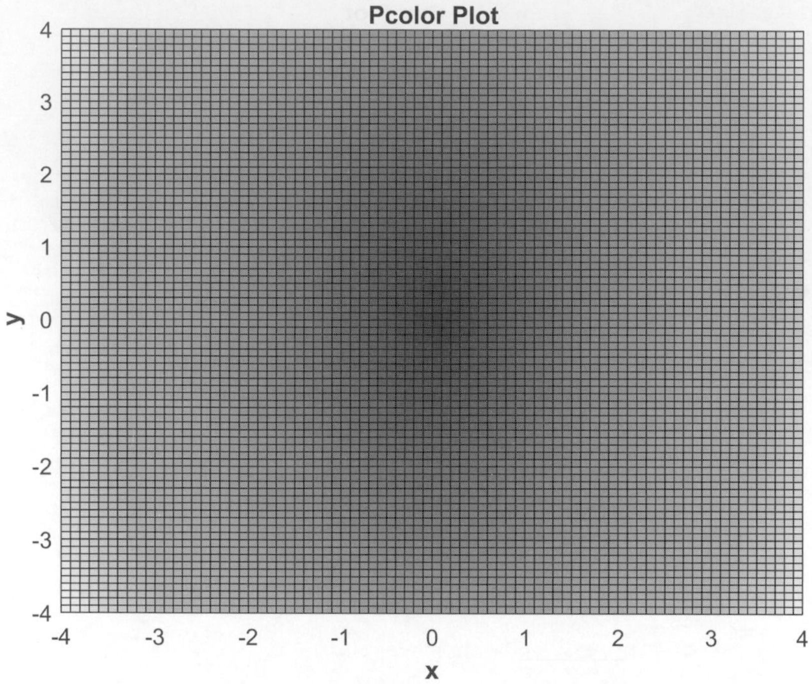


(c) 與 (b) 圖完全相同的 pcolor 圖形。

圖 8.27（續）

```
z = sqrt(x.^2 + (y/2).^2);
pcolor(x, y, z);
title('\bfPcolor Plot');
xlabel('\bfx');
ylabel('\bfy');
```

完成圖形如圖 8.27c 所示，此圖與上方視角的曲面圖完全相同。

### 8.8.5 fsurf 與 fmesh 函式

fsurf 與 fmesh 函式是 surf 與 mesh 函式接受函式握把來定義要繪製數據的版本。在這兩種情況下，該函數繪製的 $x$ 與 $y$ 值範圍是由使用者指定的。

fsurf 函式建立一個曲面圖，而其要繪製的資料點是由外在的函式所設定的。常見的 fsurf 函式形式是

```
fsurf(f);
fsurf(f,xyinterval);
fsurf(__,LineSpec);
fsurf(__,Name,Value);
```

其中 f 是要畫出曲面圖的函式握把。如果有 xyinterval，它會指定要繪製的 $x$

與 $y$ 值範圍。如果 $x$ 與 $y$ 範圍相同，此向量採用 [min max] 的形式，表示 $x$ 與 $y$ 採用相同的數值範圍。如果 $x$ 與 $y$ 範圍不同，此向量採用 [xmin xmax ymin ymax] 的形式。

我們產生以下函數的曲面圖，做為使用 fsurf 函式的例子。

$$z = e^{-(|x| + |y|)} \tag{8.33}$$

以下程式碼產生此函數的曲面圖。

```
f = @(x,y) exp(-(abs(x)+abs(y)));

fsurf(f,[-2 2]);
title(['\bffsurf Plot of the Function ' func2str(f)]);
```

完成圖顯示在圖 8.28a。

fmesh 函式的用法類似。以下程式碼產生這個函數的網格圖。

```
f = @(x,y) exp(-(abs(x)+abs(y)));

fmesh(f,[-2 2]);
title(['\bffmesh Plot of the Function ' func2str(f)]);
```

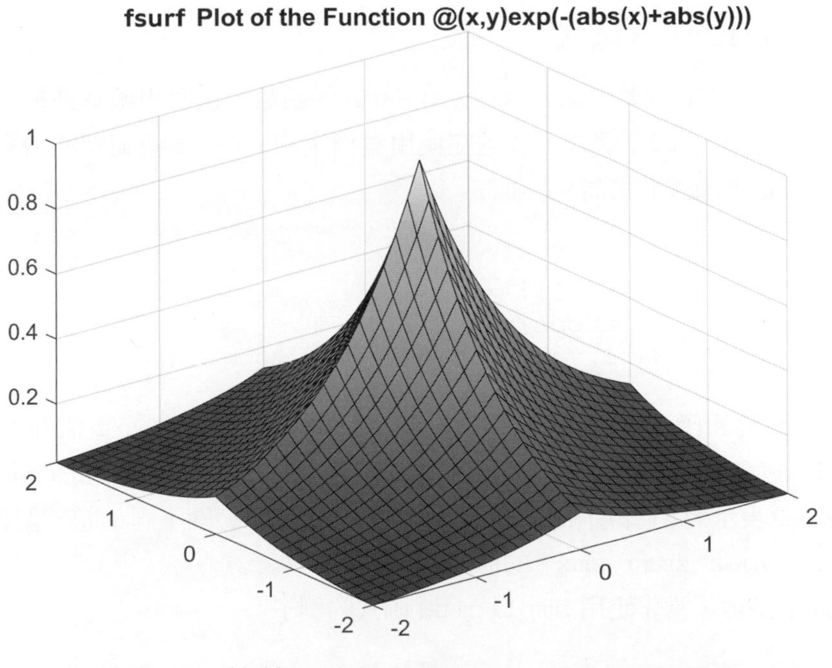


(a) 函數 $z = e^{-(|x| + |y|)}$ 在 $-2 \le x \le 2$ 及 $-2 \le y \le 2$ 區間內的曲面圖。

圖 8.28

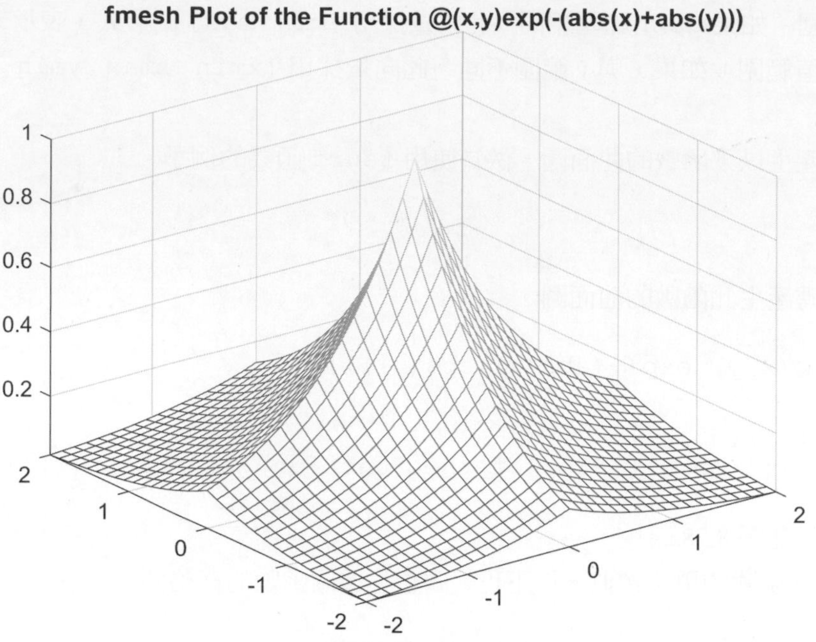


(b) 此函數的網格圖。

**圖 8.28（續）**

完成圖顯示在圖 8.28b。

## 8.8.6 fimplicit3 函式

fimplicit3 函式繪製形式為 $f(x, y, z) = 0$ 的隱函數，它使用函式握把（首選）或字元字串傳入 fimplicit 函式，並且在使用者指定的 $x$、$y$、$z$ 值範圍內繪製函數。常見的 fimplicit3 函式形式為

```
fimplicit3(f);
fimplicit3(f,interval);
fimplicit3(__,LineSpec);
fimplicit3(__,Name,Value);
```

其中 f 為欲繪製的函式握把，而 interval 是繪製函數的 $x$、$y$、$z$ 值範圍。如果有 interval，它會指定要繪製的 $x$、$y$、$z$ 值範圍。如果 $x$ 與 $y$ 範圍相同，此向量採用 [min max] 的形式，表示 $x$ 與 $y$ 採用相同的數值範圍。如果 $x$ 與 $y$ 範圍不同，此向量採用 [xmin xmax ymin ymax zmin zmx] 的形式。

考慮以下函數，當作使用 fimplicit3 函式的例子：

$$x^2 + y^2 - z^2 = 0 \tag{8.34}$$

以下程式碼產生此函數的曲面圖。

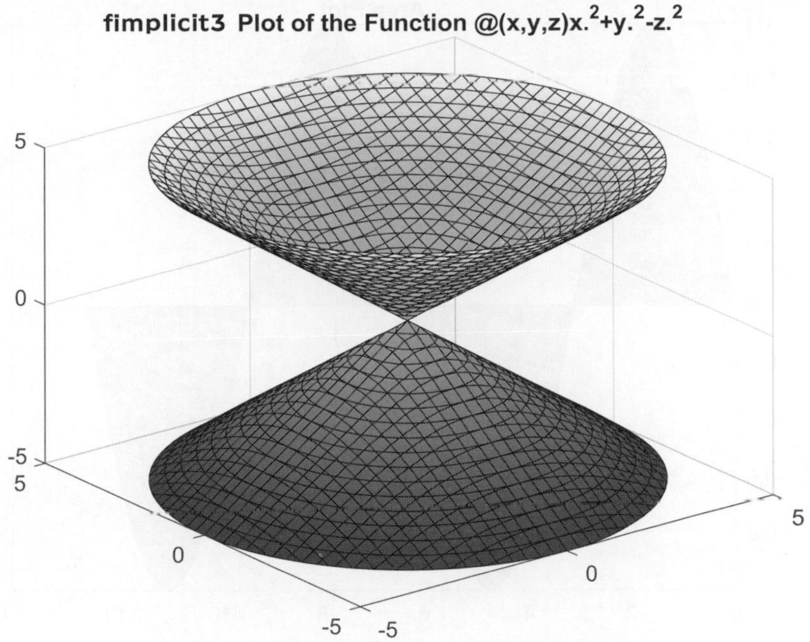


圖 8.29 函數 $x^2+y^2-z^2=0$ 在 $-4 \le x \le 4$ 及 $-4 \le y \le 4$ 區間內的 fimplicit3 圖形。

```
f = @(x,y,z) x.^2 + y.^2 - z.^2;

fimplicit3(f);
title(['\bffimplicit3 Plot of the Function ' func2str(f)]);
```

完成圖顯示在圖 8.29。

## 8.9 圓餅圖、條形圖與直方圖

表 8.7 收集了各式各樣不適合之前依邏輯分類的圖形，這裡描述的圖形型態包括要畫出曲線下面積的面積圖形、圓餅圖、條形圖與直方圖。

圓餅圖與條形圖已經在第 3 章介紹過，二維直方圖也在第 7 章討論過。我們將在這一節重新探討條形圖來描述之前沒有介紹的功能。

### 8.9.1 area 函式

area 函式畫出曲線下面積的圖形，其常見的形式為

```
area(x,y);
area(x,y,basevalue);
area(x,y,Name,Value);
```

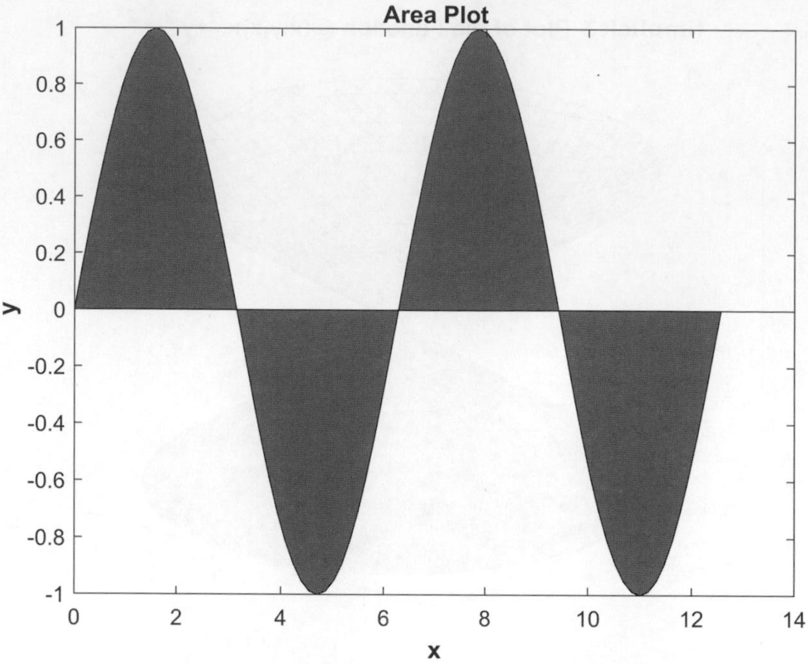


圖 8.30　函數 $y = \sin x$ 的 area 圖形。

其中 x 與 y 是要畫成曲線形狀的向量，而選項 basevalue 則設定要填滿曲線下面積的相對基礎值。此函式也支援常見的線型 Name，Value 對參數選項。

考慮以下的函數，當作產生其 area 圖形的例子

$$y = \sin x \tag{8.35}$$

以下程式碼產生此函數的 area 圖。

```
x = 0:pi/20:4*pi;
y = sin(x);
area(x,y);
title('\bfArea Plot');
xlabel('\bfx');
ylabel('\bfy');
```

完成圖顯示在圖 8.30。

## 8.9.2　條形圖

一個條形圖是每個資料點都用一個水平或垂直線條來表示的圖形。MATLAB 包括 4 種型態的條形圖：(1) bar—二維垂直條形圖；(2) barh—二維水平條形圖；(3) bar3—三維垂直條形圖；(4)bar3h—三維水平條形圖。這些圖形都共同擁有相似的呼叫順序，而且可以相互交換地使用。

常見的 bar 函式形式為

```
bar(y);
bar(x,y);
bar(__,width);
bar(__,style);
bar(__,color);
bar(__,Name,Value);
```

如果 y 是一個向量，此函式產生在 y 的每個元素上有一垂直線條的垂直條形圖。如果 y 是一個 $m \times n$ 矩陣，則此函式產生一個具有 $m$ 個群組的垂直條形圖，而每個群組具有 $n$ 個垂直線條的圖形。如果函數呼叫裡有 x，它必須跟 y 向量的長度一樣，或者它必須跟 y 矩陣的列數目一樣，然後垂直條形圖是畫在 x 所指定的數值上。

舉例而言，下列程式碼產生一個具有 5 個線條的垂直條形圖。

```
x = 2:2:10;
y = [1 4 8 2 3];
bar(x,y);
title('\bfBar Plot with Vector Y Input');
xlabel('\bfx');
ylabel('\bfy');
```

完成圖顯示於圖 8.31a。下列程式碼產生一個具有 5 個群組，而每個群組具有 3 個線條的垂直條形圖。

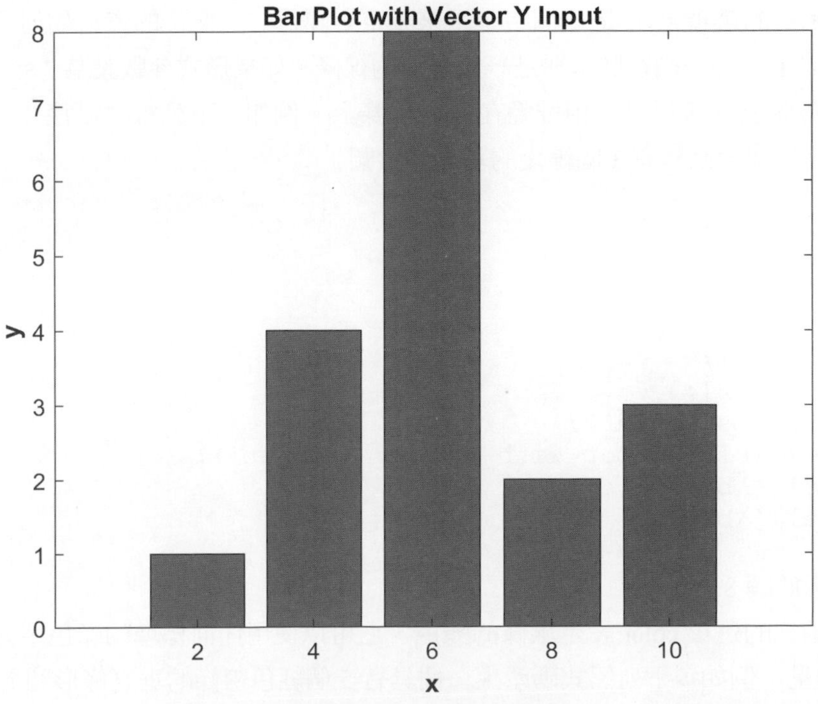


(a) 具有向量 y 輸入的垂直條形圖。

圖 8.31

```
x = 2:2:10;
y = [1 2 1;
     4 1 3;
     8 2 6;
     2 8 1;
     3 3 2];
bar(x,y);
title('\bfBar Plot with Matrix Y Input');
xlabel('\bfx');
ylabel('\bfy');
```

完成圖顯示於圖 8.31b。

bar 函式的選項 width 設定條形圖裡，每個線條或者每個線條群組的寬度與其可用空間的比率。如果線條的寬度設為 1，則相鄰的線條會連在一起。例如，下列程式碼產生一個具有 5 個線條的垂直條形圖，而且每個線條都寬到互相碰在一起。

```
x = 2:2:10;
y = [1 4 8 2 3];
bar(x,y,1);
title('\bfBar Plot with Width = 1');
xlabel('\bfx');
ylabel('\bfy');
```

完成圖顯示於圖 8.31c。

bar 函式的選項 style 是一個字串用來設定矩陣每一列欄位的資料如何展示的形式選項。 預設上，每一欄在群組裡是一個分別的線條。如果形式參數設為 'stacked'，每一列所有欄位的資料是互相堆疊在單一線條上。例如，下列程式碼產生一個具有 5 個線條，而每個線條具有 3 個線段的垂直條形圖。

```
x = 2:2:10;
y = [1 2 1;
     4 1 3;
     8 2 6;
     2 8 1;
     3 3 2];
bar(x,y,'stacked');
title('\bfBar Plot with Matrix Y Input');
xlabel('\bfx');
ylabel('\bfy');
```

完成圖顯示於圖 8.31d。

bar 函式的選項 color 設定線條的顏色，它可以使用任何標準的顏色字元，或者一個 RBG 向量。例如，下列程式碼產生一個具有 5 個紅色線條的垂直條形圖。

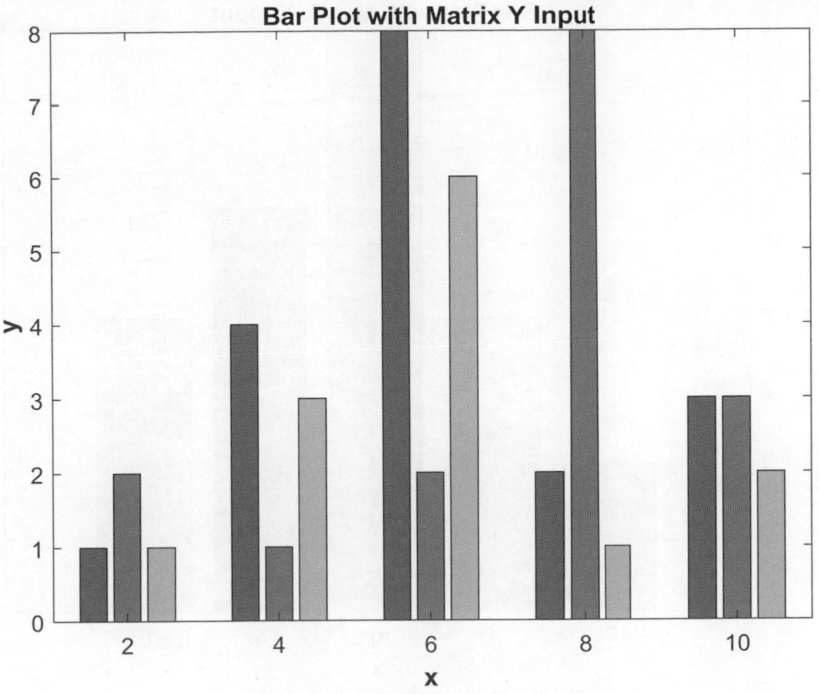


(b) 具有矩陣 y 輸入的垂直條形圖。

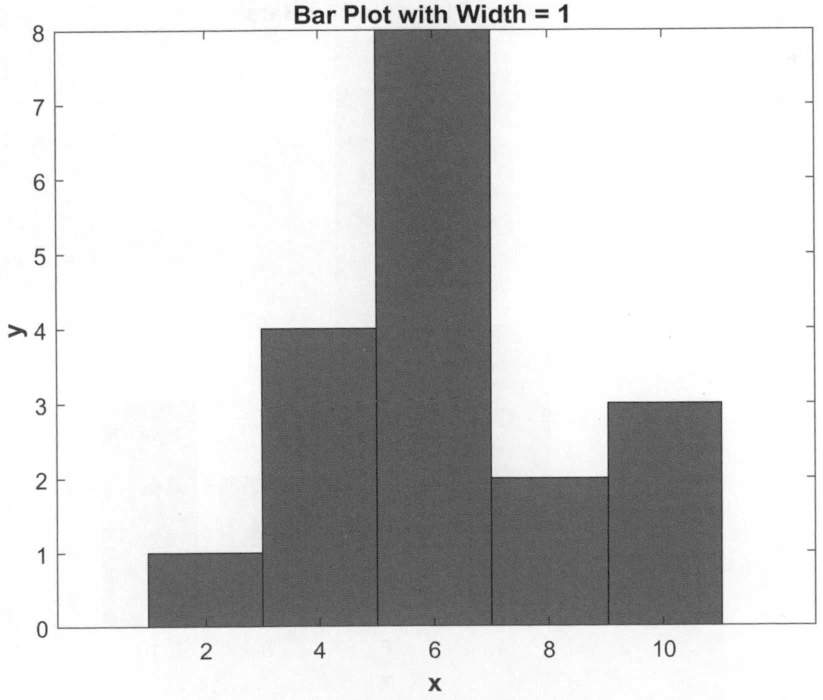


(c) width 參數設為 1 的垂直條形圖。

圖 8.31（續）

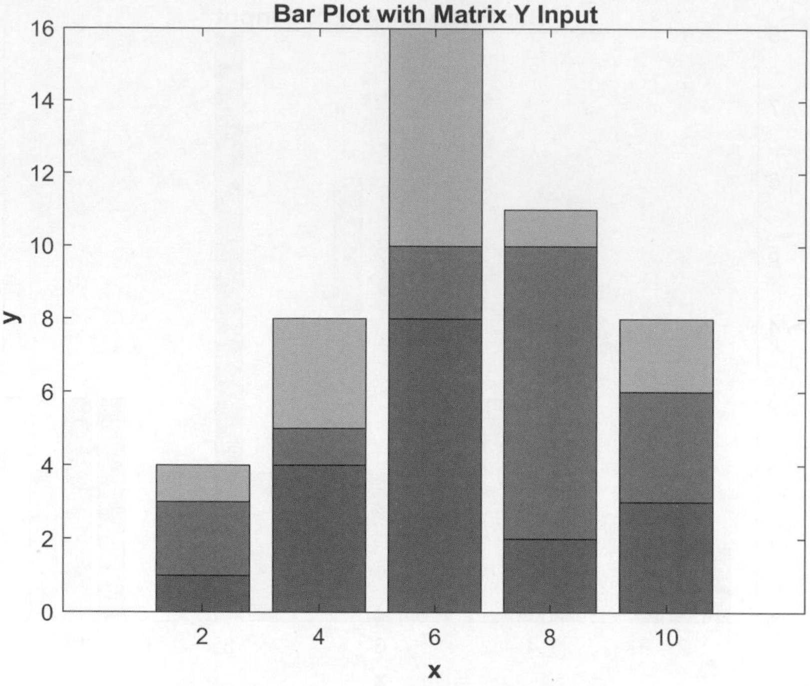


(d) 設定 `'stacked'` 選項的垂直條形圖。

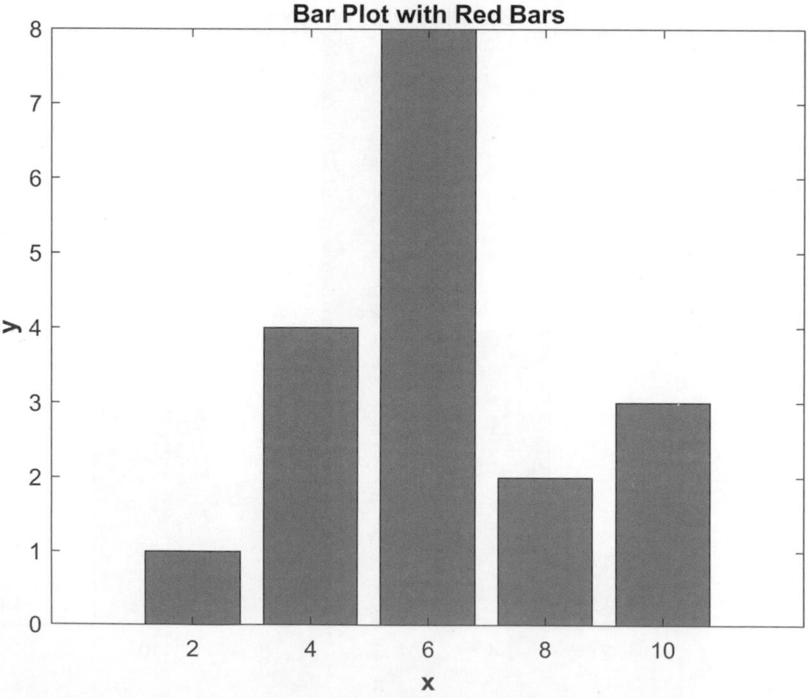


(e) 設定紅色線條的垂直條形圖。

☙ 圖 8.31（續）

```
x = 2:2:10;
y = [1 4 8 2 3];
bar(x,y,'r');
title('\bfBar Plot with Red Bars');
xlabel('\bfx');
ylabel('\bfy');
```

完成圖顯示於圖 8.31e。

同樣的呼叫順序也適用於所有 4 種條形圖：bar、barh、bar3 與 bar3h。

### 8.9.3 二維直方圖

我們在 7.9 節看到的傳統直方圖，產生並繪製了一組 $x$ 值的直方圖。相比之下，二維直方圖是 $(x, y)$ 數據樣本的直方圖。[4] 這些樣本是被分類在 $x$ 與 $y$ 區間中所累積並繪製落入每個 $(x, y)$ 區間的樣本數。

MATLAB 二維直方圖函式稱為 histogram2，其形式如下：

```
histogram2(x,y)
histogram2(x,y,nbins)
histogram2(x,y,Xedges,Yedges)
histogram2('XBinEdges',Xedges, 'YBinEdges',Yedges,...
  'BinCounts',counts)
```

此函式的第一個形式產生並畫出一個直方圖，其資料分類區間為等寬區間，而區間個數則由 MATLAB 根據輸入資料而自動決定；相對而言，第二個形式產生並畫出一個具有 nbins 個數等寬區間的直方圖。此函式的第三個形式允許使用者在陣列 Xedges 與 Yedges 中，指定相鄰區間的邊緣數值。histogram2 函式產生的直方圖，在每個維度具有 $n$ 個資料區間與 $n+1$ 個邊緣。在 $x$ 的第 $i$ 個區間包含在 Xedges 陣列中第 $i$ 與 $(i+1)$ 個數值之間所有樣本的個數，而在 $y$ 的第 $j$ 個區間包含在 Yedges 陣列中第 $j$ 與 $(j+1)$ 個數值之間所有樣本的個數。

histogram2 函式的最後一個形式允許使用者以預先計算的區間邊緣與相對應的區間樣本個數來繪製直方圖。當輸入資料已完成區間資料分類時，可以使用此選項。

舉例來說，下列敘述式產生一個含有 100,000 個高斯分布的亂數 $(x, y)$ 值，並使用 15 個等寬的區間，來產生這些資料的直方圖，如圖 8.32 所示。

```
x = randn(100000,1);
y = randn(100000,1);
histogram2(x,y,15);
```

4　隨兩個隨機值變化的數據集稱為雙變量數據集。

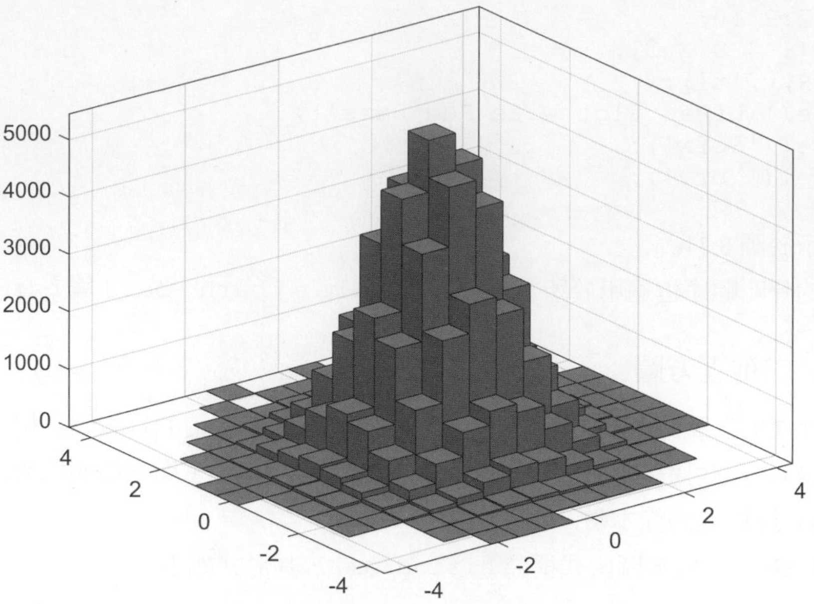


圖 8.32　一個二維直方圖。

## 8.10 色彩順序、色彩圖與色彩條紋

我們將在本節描述如何為繪製的線條選擇顏色，以及如何在三維曲面圖中設定並顯示顏色。

### 8.10.1　色彩順序

在單張圖上的一組軸上使用單一繪圖函式繪製多條線時（或者繪圖函式被多次呼叫，且在呼叫間被設定為 "hold on"），則即使未指定線的顏色，每條線將以不同的顏色顯示。例如，下圖中的三條線以三種不同的顏色呈現，如圖 8.33 所示。

```
x = 0:0.05*pi:2*pi;
y1 = sin(x);
y2 = cos(x);
y3 = sin(2*x);
plot(x,y1);
hold on;
plot(x,y2);
plot(x,y3);
hold off;
```

發生這種情況是因為每個軸物件都包含一個 ColorOrder 屬性，每次繪製新線條時，MATLAB 都會在色彩列表中前進到下一個色彩順序（如果該線條顏色不是由程式設計

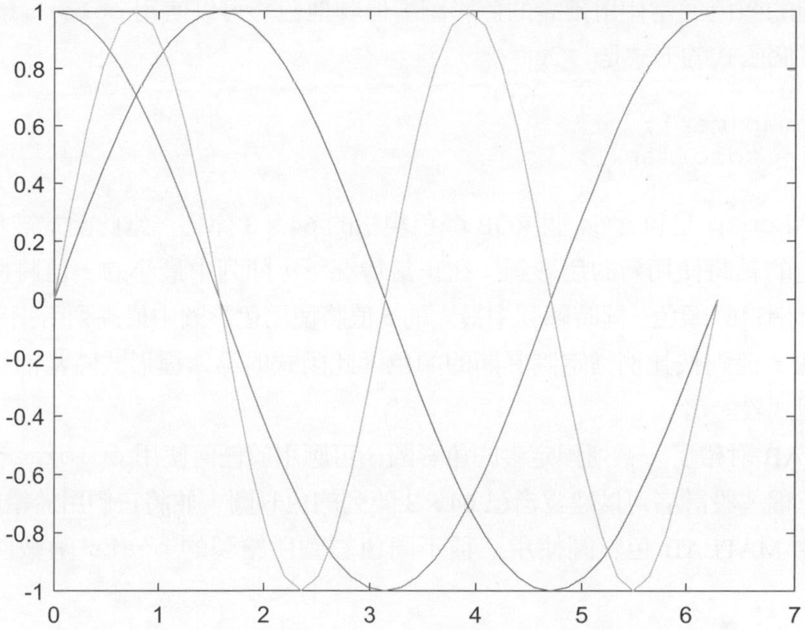


圖 8.33 使用預設的色彩順序以不同顏色繪出三條線。

員明確指定的話）。預設的色彩順序列表有七種顏色，如果繪製的線超過 7 條，顏色將被重複使用，並且線條樣式會改變（實線、虛線等），使得每條線都是獨特的。

當然，使用者可以隨時置換預設的線條顏色，這可以藉由下列方式做到：提供 LineSpec 屬性的顏色字元、將 Color 屬性設為顏色字元、或將 Color 屬性設為每個值在 0–1 範圍內的三元素向量來分別指定紅色、綠色和藍色的強度。在以下示例中，第 1 行使用 LineSpec 指定參數為藍色，第 2 行使用顏色字元指定為紅色，第 3 行指定為使用 RGB 三元組的橙色。

```
x = 0:0.05*pi:2*pi;
y1 = sin(x);
y2 = cos(x);
y3 = sin(2*x);
plot(x,y1,'b-');
hold on;
plot(x,y2,'Color','r');
plot(x,y3,'Color',[1.0 0.5 0.1]);
hold off;
```

### 8.10.2 色彩圖

用於顯示 MATLAB 曲面、網格、等高線和偽色圖的顏色是由**色彩圖**（color map）所控制的。一個色彩圖是用來將 *z* 的大小值轉換成跟 *z* 相關的顏色。

曲面圖的顏色通常使用預設的色彩圖，但其他色彩可以使用 colormap 函式來選擇顏色。這個函式的形式是

```
colormap(map);
cmap = colormap();
```

其中 map 和 cmap 是包含 64 個 RGB 顏色規格的 $64 \times 3$ 陣列。當此函式被呼叫時，則現行所選定的軸將使用新的色彩圖。在正常情況下，陣列中最小的 $z$ 值將使用色彩圖中最低列所指定的顏色，同時陣列中最大的 $z$ 值將使用色彩圖中最高列所指定的顏色，而所有其他 $z$ 值則按比例指定到其間的顏色。此函式的第二種形式將當前使用的色彩圖回傳給程式設計者。

MATLAB 附帶了一系列預定義的色彩圖，可應用於任何使用 colormap 函式的圖形。此外，程式設計者可以建立自己 $64 \times 3$ 陣列的色彩圖，並將它們用於繪圖上。

標準的 MATLAB 色彩圖使用三種不同色彩圖所繪製的 peaks 函數曲面圖如圖 8.34 所示。

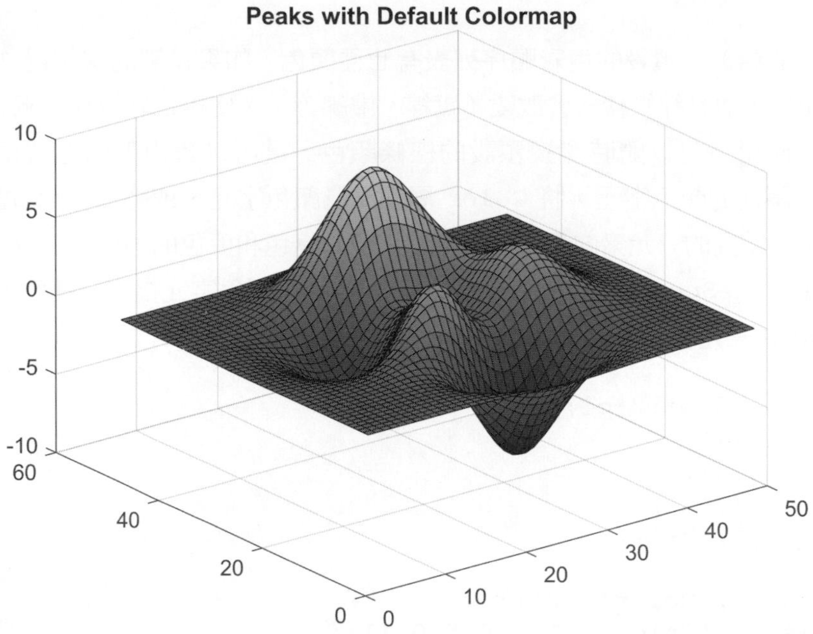


(a) 預設的色彩圖。

圖 8.34

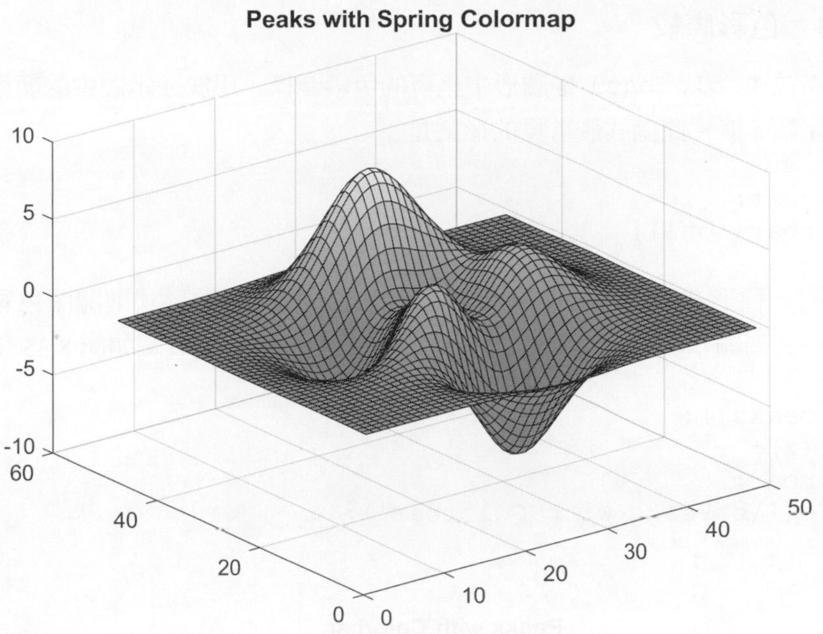


(b) spring 色彩圖。

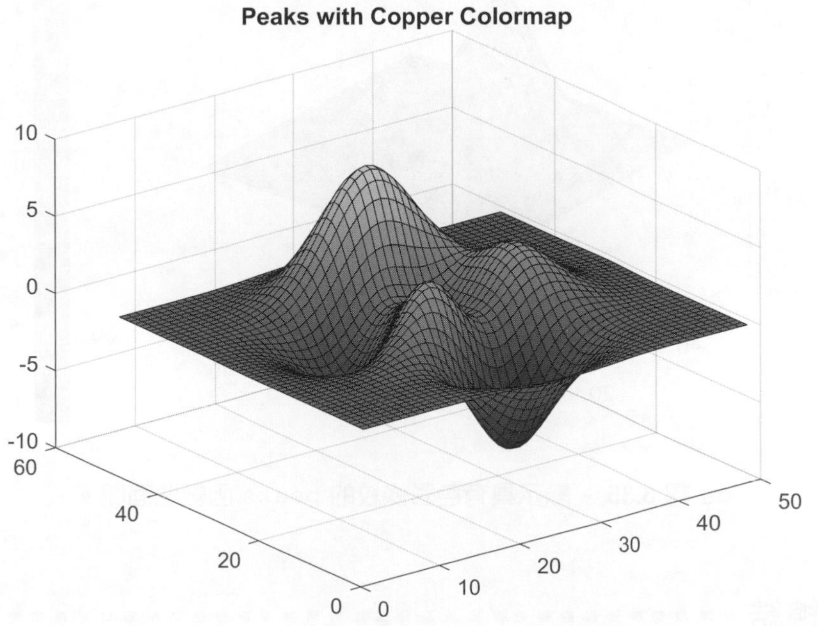


(c) copper 色彩圖顯示的 peaks 函數曲面圖。

**圖 8.34（續）**

### 8.10.3 色彩條紋

色彩條紋（colorbar）是圖形中呈現的色彩圖標，用於顯示圖中的顏色如何對應到顯示的原始 $z$ 值。此函式最常見的形式是：

```
colorbar;
colorbar('off');
```

此函式的第一種形式啟動現行選定軸的色彩條紋，而第二種形式則關閉色彩條紋。例如，以下程式碼顯示具有色彩條紋的 peaks 函數曲面圖，完成圖如圖 8.35 所示。

```
z = peaks();
surf(z);
colorbar;
title('\bfPeaks with Colorbar');
```

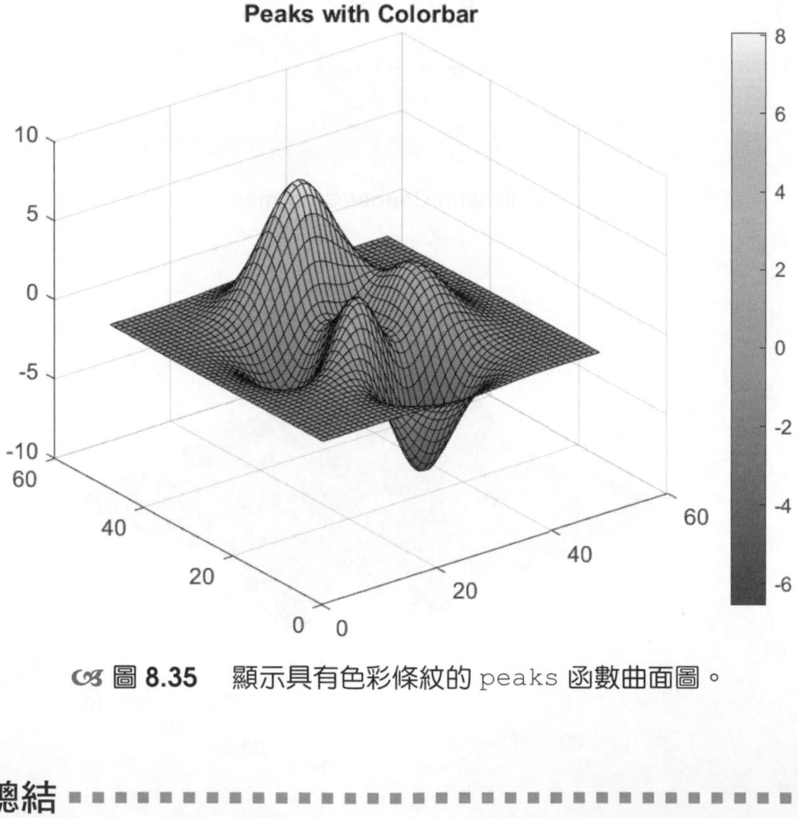


圖 8.35 顯示具有色彩條紋的 peaks 函數曲面圖。

## 8.11 總結

MATLAB 支援複數型態，並可視為雙精度資料型態的延伸。這些複數可以使用 i 或 j 來定義，而這兩個變數都已被預設為 $\sqrt{-1}$。除了關係運算子（>、>= 、<、<=）必須格外小心之外，我們可以直接使用複數於一般的數學運算，因為這些關係運算子只

會比較複數的實數部分，而不會比較複數的絕對值大小。

多維陣列是超過兩個空間維度的陣列。它們可以如同一維或二維陣列般的方式被產生或是使用，在某些特定種類的物理問題中，使用多維陣列似乎是自然而然的選擇。

MATLAB 包含許多二維與三維的圖形。在本章中，我們廣泛檢視了各種可用的圖形，並學習瞭如何使用它們。

## 8.11.1 良好的程式設計總結

下列的設計原則應該被遵守：

1. 使用多維陣列來解決本質即為多變量的問題，如氣體動力學及流體力學。
2. 使用 Rotate 3D 按鈕並利用滑鼠來改變三維圖形的視點。
3. 使用 `view` 函式以編程的方式改變三維圖形的視點。
4. 利用 `shading interp` 指令，使得曲面圖或網格圖上為連續變化的顏色。
5. 使用 `meshgrid` 函式來簡化三維網格圖、曲面圖以及等高線圖的繪製。

## 8.11.2 MATLAB 總結

除了總結在表 8.2 至 8.7 所有的繪圖類型之外，下面的列表總結所有在本章中描述過的 MATLAB 指令及函式，每一個指令或函式後面都會附加一段簡短的敘述，以供讀者參考。

| 指令與函式 | |
|---|---|
| `abs` | 傳回一個數字的絕對值（大小值）。 |
| `alpha` | 設定表面圖形與貼片（patch）的透明程度。 |
| `angle` | 傳回一個複數的角度，以弧度表示。 |
| `colorbar` | 曲面圖、網格圖以或高線圖形中呈現的色彩圖標。 |
| `colormap` | 指定或取得現行圖軸的色彩圖。 |
| `conj` | 計算某數的共軛複數。 |
| `contour` | 產生一個等高線圖。 |
| `find` | 找到矩陣內非零元素的引數及值。 |
| `imag` | 傳回複數的虛數部分。 |
| `mesh` | 產生一個網格圖。 |
| `meshgrid` | 產生網格圖、曲面圖、等高線圖所需的 $(x, y)$ 網點。 |
| `nonzeros` | 傳回矩陣內含非零元素的行向量。 |
| `plot(c)` | 畫出複數矩陣中實數部分對虛數部分的函數圖形。 |
| `real` | 傳回複數的實數部分。 |

## 8.12 習題

8.1 寫出一個 `to_polar` 函式，接受一個複數 `c`，並傳回此複數大小 `mag` 及角度 `theta` 的兩個輸出引數，而輸出角度必須以度數表示。

8.2 寫出一個 `to_complex` 函式，接受一個複數 `c` 包含其大小 `mag` 及角度 `theta`（以度數表示）的兩個輸入引數，並傳回此複數的直角座標形式。

8.3 在一個正弦波的穩態交流電路裡，跨在被動元件上的電壓（見圖 8.36），可由歐姆定律得到：

$$\mathbf{V} = \mathbf{IZ} \tag{8.36}$$

其中 **V** 為跨在被動元件上的電壓值，**I** 為流經被動元件的電流，Z 為被動元件的阻抗。請注意這三個值都是複數，而這些複數通常以某個相角（度數表示）的大小值來表示，舉例來說，電壓可以表示成 $\mathbf{V} = 120\angle 30°$ V。

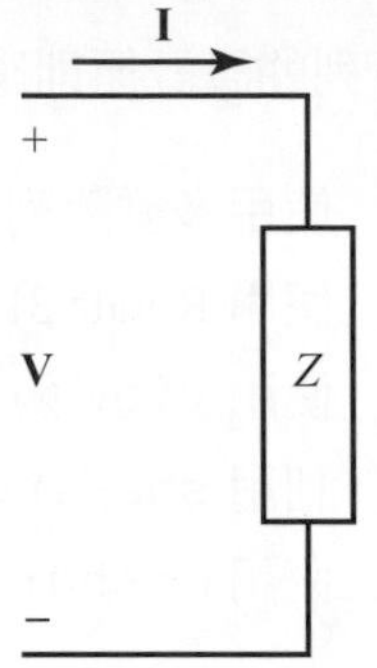

圖 8.36　在交流電路裡被動元件的電壓與電流關係示意圖。

請寫出一個程式，讀取跨在被動元件上的電壓值，以及該被動元件的阻抗，並計算流經被動元件的電流為多少。輸入值應該是複數的大小值，以及用度數為單位的複數角度。所產生的結果也應該用相同的形式來表示。利用習題 8.2 的 `to_complex` 函式，把複數轉換成直角座標形式，以進行實際的電流計算，並利用習題 8.1 的 `to_polar` 函式，把計算結果轉換成複數的極座標表示。

8.4 兩個以極座標表示的複數，它們的乘積可以表示成它們大小的相乘，以及它們相角的相加。因此，如果 $\mathbf{A}_1 = A_1\angle\theta_1$、$\mathbf{A}_2 = A_2\angle\theta_2$，則 $\mathbf{A}_1\mathbf{A}_2 = A_1A_2\angle\theta_1 + \theta_2$。寫出一個函式，接受兩個以直角座標表示的複數，然後利用上述方程式計算它們的乘積。利用習題 8.1 的 `to_polar` 函式，把複數轉換成極座標形式，然後再利用習題 8.2 的 `to_complex` 函式，把計算結果轉換成複數的直角座標表示。將你的計算結果與 MATLAB 內建複數運算答案比較是否一致。

8.5 **串聯 *RLC* 電路**。圖 8.37 中所顯示為一個使用正弦交流電壓源驅動的 *RLC* 串聯電路，而且電壓值為 $120\angle 0°$ 伏特。在這個電路中的電感器阻抗為 $Z_L = j2\pi fL$，其中 $j = \sqrt{-1}$，$f$ 為電壓源的頻率，以赫茲（hertz）表示，$L$ 為電感器的感值，以亨利（henry）表示。這個電路中的電容器阻抗為 $Z_C = -j\dfrac{1}{2\pi fC}$，其中 $C$ 為電容器的容值，以法拉（farad）表示。假設 $R = 100\ \Omega$，$L = 0.1$ mH，而 $C = 0.25$ nF。

流經電路的電流 **I**，可由克希荷夫的電壓定律來算出：

$$\mathbf{I} = \frac{120\angle 0^\circ \text{ V}}{R + j2\pi fL - j\dfrac{1}{2\pi fC}} \tag{8.37}$$

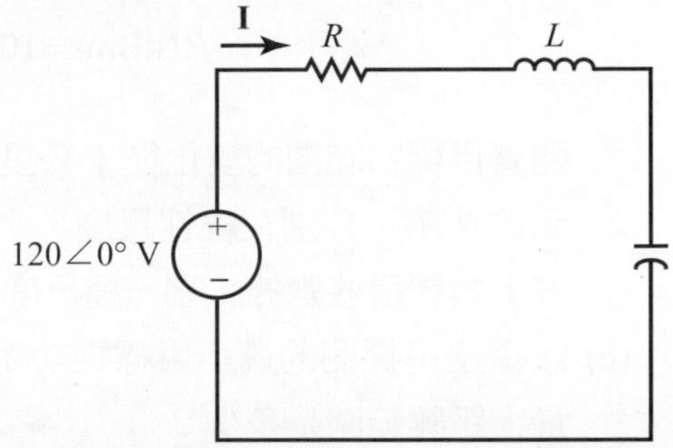


圖 8.37　正弦波交流電壓源驅動的 *RLC* 電路。

(a) 計算並畫出當頻率從 100 kHz 到 10 MHz 變化時，電流大小對頻率變化的函數圖形。同時以線性座標及對數－線性座標作圖。記得加上標題與軸名。

(b) 計算並畫出當頻率從 100 kHz 到 10 MHz 變化時，電流相角（以度數表示）對頻率變化的函數圖形。同時以線性座標及對數－線性座標作圖。記得加上標題與軸名。

(c) 同時把電流大小與相角對頻率變化的函數圖形，畫成一張圖形的兩張子圖，並請使用對數－線性座標作圖。

8.6 請寫出一個函式，可以接受一個複數 `c` 的輸入，並在直角座標上以圓形標記標示該點位置。此圖形必須包含 $x$ 軸與 $y$ 軸，並加上一個從原點畫到 `c` 位置的向量。

8.7 請使用 `plot(t,v)` 函式，在範圍 $0 \le t \le 10$ 內，畫出函數 $v(t) = 10e^{(-0.2+j\pi)t}$ 的圖形，圖形將會顯現什麼？

8.8 請使用 `plot(v)` 函式，在範圍 $0 \le t \le 10$ 內，畫出函數 $v(t) = 10e^{(-0.2+j\pi)t}$ 的圖形，圖形將會顯現什麼？

8.9 在 $0 \le t \le 10$ 範圍內，畫出函數 $v(t) = 10e^{(-0.2+j\pi)t}$ 的極座標圖。

8.10 雷達從目標物接收到的訊號功率可以從雷達方程式 (8.38) 計算出

$$P_r = \frac{P_t G^2 \lambda^2 \sigma}{(4\pi)^3 r^4} \tag{8.38}$$

其中 $P_t$ 是以瓦特為單位的發射功率，$G$ 是天線增益（線性單位），$\lambda$ 是以米為單位的雷達信號波長，$\sigma$ 是以平方米為單位的目標物雷達截面積（radar cross section, RCS），$r$ 是從雷達到目標物的距離，而 $P_r$ 是以瓦特為單位的接收功率。對於一個給定的雷達和目標物，這些特徵參數是

$$\begin{gathered} P_t = 20\text{kW} \quad G = 500 \\ \lambda = 3\text{cm} \quad \sigma = 5\text{m}^2 \end{gathered} \tag{8.39}$$

(a) 計算並繪製該雷達在目標物距離從 1 公里變化到 100 公里時接收到的功率。

在線性尺度與與半對數 $x$ 尺度上繪製這些數據。哪一種尺度看起來最適合這種類型的數據？

(b) 來自目標物的接收功率可以用 dBm 表示（dB 相對於到 1 mW 參考功率）為：

$$P_t(\text{dBm}) = 10 \times \log_{10}\left(\frac{P_t}{0.001W}\right) \tag{8.40}$$

隨著目標物範圍的變化從 1 公里到 100 公里，以 dBm 為單位繪製此雷達接收到的功率。分別在線性尺度、半對數 $x$ 尺度、半對數 $y$ 尺度以及對數對數尺度上繪製這些數據。哪一種尺度看起來最合適這種類型的數據？

(c) 該雷達可探測的最小目標物功率為 –20 dBm。該雷達可以探測到這架飛機的最大距離範圍是多少？

8.11 在 $0 \le t \le 6\pi$ 之間，畫出下列方程式：

$$\begin{aligned} x(t) &= e^{-0.1t}\cos t \\ y(t) &= e^{-0.1t}\sin t \\ z(t) &= t \end{aligned} \tag{8.41}$$

(a) 繪出這些方程式所定義的 $(x, y)$ 點。哪個函式最適合繪製這個圖形？

(b) 繪出這些方程式所定義的 $(x, y, z)$ 點。哪個函式最適合繪製這個圖形？

8.12 在 $0 \le x \le 8$ 以及 $0 \le y \le 8$ 區間，畫出 $f(x, y) = 0$ 方程式：

$$f(x, y) = e^{-0.2x}\sin(2y) \tag{8.42}$$

哪個函數式最適合繪製這個圖形？

8.13 在 $-2 \le x \le 2$ 以及 $-2\pi \le y \le 2\pi$ 之間，畫出函數 $z = f(x, y)$：

$$f(x, y) = e^{-0.2x}\sin(2y) \tag{8.43}$$

哪個函數式最適合繪製這個圖形？

8.14 **測量數據之曲線擬合**。檔案 `samples.mat` 含有來自一個實驗的測量數據 $y(t)$。

(a) 載入此組數據並將其繪製在散佈圖中。這組數據的大概形狀是什麼？

(b) 使用 5.8 節描述的方法將此數據對一條直線進行最小平方擬合。在同一個軸上繪出原始數據點與擬合線。請問曲線擬合的程度如何？

(c) 使用 5.8 節描述的方法將此數據對一條拋物線進行最小平方擬合。在同一個軸上繪出原始數據點與擬合線。請問曲線擬合的程度如何？

8.15 **繪製軌道**。當人造衛星繞著地球軌道運行時，其軌道將以為橢圓形軌道運行，而地球將位於橢圓的一個焦點上。人造衛星軌道以極座標表示為：

$$r = \frac{p}{1-\epsilon\cos\theta} \tag{8.44}$$

其中 $r$ 和 $\theta$ 分別表示衛星到地球中心的距離及角度，$p$ 是指定軌道尺度大小的特定參數，而 $\epsilon$ 代表了軌道的偏心率（eccentricity）。一個圓形軌道的偏心率 $\epsilon$ 為 0，而橢圓軌道的離心率為 $0 \le \epsilon < 1$。如果 $\epsilon = 1$，人造衛星將會沿著一條拋物線軌跡。如果 $\epsilon > 1$，人造衛星將會沿著一條雙曲線軌跡，而脫離地球的重力場。

考慮一個人造衛星，其軌道尺寸參數 $p = 800$ km。在極座標圖上分別畫出下列人造衛星的軌道：(*a*) $\epsilon = 0$；(*b*) $\epsilon = 0.25$；(*c*) $\epsilon = 0.5$。

8.16 根據方程式 (8.44)，假設軌道尺寸參數 $p = 1000$ km、$\epsilon = 0.25$，使用 `ezpolar` 函式畫出衛星的軌道。

8.17 下表顯示了在一年的四個季度中，五位業務代表中的每一位代表所售出的產品數量。（注意 Jose 到第二季度才加入公司。）

| 名字 | Q1 | Q2 | Q3 | Q4 |
|---|---|---|---|---|
| Jason | 20,000 | 19,000 | 25,000 | 15,000 |
| Naomi | 16,000 | 26,000 | 21,000 | 23,000 |
| Jose | 0 | 10,000 | 18,000 | 21,000 |
| Keith | 28,000 | 21,000 | 22,000 | 18,000 |
| Ankit | 17,000 | 23,000 | 5,000 | 30,000 |

(a) 在圓餅圖中顯示每位代表的年銷售額，圖中屬於 Naomi 的切片。對兩個二維都這樣做和三維餅圖。

(b) 將每位代表的年總銷售額顯示為垂直條形圖。

(c) 按季度將總銷售額顯示為水平條形圖。

(d) 按季度將銷售額顯示為垂直條形圖，且每個代表每個季度都有自己的欄位。

(e) 按季度將銷售額顯示為三維垂直條形圖，且每個代表在每個季度都有自己的欄位。

(f) 按季度將銷售額顯示為垂直條形圖，每個代表將其銷售額顯示為該季度總銷售額的一部分。（換句話說，垂直堆疊每個代表的貢獻。）

8.18 請使用 `plot3` 函式，在 $0 \le t \le 10$ 範圍內，畫出函數 $v(t) = 10e^{(-0.2+j\pi)t}$ 的圖形，其中這三個維度分別是函式的實數部分、虛數部分以及時間。

8.19 **Euler 方程式**。Euler 方程式定義 $e$ 的虛數冪級次方以正弦函數表示如下：

$$e^{i\theta} = \cos\theta + j\sin\theta \tag{8.45}$$

令 $\theta$ 由 0 變化到 $2\pi$，繪出此函數的二維圖形；使用 `plot3` 函式產生這個函數的三維曲線圖（三個維度分別是函數的實部、虛部以及 $\theta$）。

8.20 在 $-1 \le x \le 1$ 與 $-2\pi \le y \le 2\pi$ 區間內，產生函數 $z = e^{x+iy}$ 的網格圖、曲面圖及等高

線圖。在每個情況中，繪出 $z$ 的實數部分對 $x$ 及 $y$ 的變化圖形。

8.21 **靜電勢**。在距離一個具有 $q$ 值點電荷 $r$ 處一點的靜電勢（「電壓」）可由下列方程式表示

$$V = \frac{1}{4\pi\epsilon_0}\frac{q}{r} \tag{8.46}$$

其中 $V$ 以伏特為單位，$\epsilon_0$ 是自由空間的電容率（$8.85 \times 10^{-12}$ F/m），$q$ 是電荷量以庫倫（coulomb）為單位，而 $r$ 是離點電荷的距離，以公尺為單位。如果 $q$ 是正電荷，形成的電勢是正的；如果 $q$ 是負電荷，則形成的電勢也是負的。如果在環境中有許多點電荷，則總電勢是從個別點電荷電勢的加總。

假設四個點電荷的三維位置如下：

$q_1 = 10^{-13}$ 庫倫在點 (1, 1, 0)
$q_2 = 10^{-13}$ 庫倫在點 (1, –1, 0)
$q_3 = -10^{-13}$ 庫倫在點 (–1, –1, 0)
$q_4 = 10^{-13}$ 庫倫在點 (–1, 1, 0)

計算這些電荷在平面 $z = 1$ 上正規點（regular point）的總電勢，範圍為 (10, 10, 1)、(10, –10, 1)、(–10, –10, 1) 以及 (–10, 10, 1)。利用 `surf`、`mesh`、`contour` 函式分別繪製電勢圖形三次。

8.22 旋轉橢球體是二維橢圓的實心類似物。一個對 $x$ 軸旋轉的橢球體，其方程式為

$$\begin{aligned} x &= a\cos\phi\cos\theta \\ y &= b\cos\phi\sin\theta \\ z &= b\sin\phi \end{aligned} \tag{8.47}$$

其中 $a$ 是沿 $x$ 軸的半徑，而 $b$ 是沿 $y$ 軸與 $z$ 軸的半徑。令 $a = 2$、$b = 1$，繪出此旋轉橢球體。

8.23 在相同的軸上，繪出一個半徑為 2 的球體，以及一個 $a = 1$、$b = 0.5$ 的旋轉橢球體。令球體為部分透明，使得在球體內的旋轉橢球體可以被看見。

# 第 9 章 輸入／輸出函式

我們在第 2 章學會如何使用 load 與 save 指令，來讀取並儲存 MATLAB 的資料，並使用 fprintf 函式來輸出格式化資料。我們將在本章學習更多有關 MATLAB 輸入／輸出（Input/Output, I/O）的功能。首先，我們將會學到 textread 與 textscan 這兩個非常有用的函式，用來從檔案中讀取文字資料。接著我們將再花一些時間來檢視 load 與 save 指令，最後我們將介紹其他在 MATLAB 中可使用的其他檔案 I/O 選項。

熟悉 C 語言的讀者可能會發現本章很多部分，與 C 語言有些類似。然而，要特別注意的是，在 MATLAB 和 C 之間，仍然存在著微妙的差異；如果你沒有察覺這些差異的話，它們可能會使你混淆，並造成程式錯誤。

## 9.1 textread 函式

textread 函式可以讀取將資料排成一欄一欄格式的文字檔案（每欄的資料可以是不同的類型），並將每欄的內容分別儲存在不同的輸出陣列。對於輸入其他應用程式所產生的資料表格，這是非常有用的函式。

textread 函式的形式為

```
[a,b,c,...] = textread(filename,format,n)
```

其中 filename 是開啟檔案的名稱，format 是敘述每欄資料類型的格式字串，而 n 則是讀取資料的列個數（如果沒有指定 n，函式將會讀取全部檔案的內容）。這個格式字串與 fprintf 函式的格式敘述類型相同。請注意輸出引數的個數必須符合讀取資料的欄位數目。

舉例來說，假設檔案 test_input.dat 包含下列資料：

```
James   Jones  O+  3.51   22   Yes
Sally   Smith  A+  3.28   23   No
```

使用下列函式可以將這筆資料讀入一連串的陣列中：

```
[first,last,blood,gpa,age,answer] = ...
        textread('test_input.dat','%s %s %s %f %d %s')
```

執行這個指令的結果為：

```
» [first,last,blood,gpa,age,answer] = ...
          textread('test_input.dat','%s %s %s %f %d %s')
first =
    'James'
    'Sally'
last =
    'Jones'
    'Smith'
blood =
    'O+'
    'A+'
gpa =
    3.5100
    3.2800
age =
    22
    23
answer =
    'Yes'
    'No'
```

如果我們不想讀取某些欄位的資料，這個函式也能跳過這些欄位，其做法是在相對應的格式敘述符內加上一個星號（如：%*s）。下列敘述只會從檔案中讀取名字、姓氏及 gpa：

```
» [first,last,gpa] = ...
          textread('test_input.dat','%s %s %*s %f %*d %*s')
first =
    'James'
    'Sally'
last =
    'Jones'
    'Smith'
gpa =
    3.5100
    3.2800
```

textread 函式比 load 指令更為有用且更具有彈性。load 指令假設輸入檔案內的所有資料都是單一型態——它並不支援不同欄位的資料為不同型態的功能。此外，load 指令會把所有的資料儲存在一個陣列內。相較之下，textread 函式允許每欄的資料存放在不同的變數裡，這對處理混合類型的欄位資料更為方便。

textread 函式擁有許多額外選項，可以增加它的使用彈性。請參考 MATLAB 的線上文件，以了解這些選項的操作細節。

## 9.2 更多有關 load 與 save 指令

save 指令可以將 MATLAB 工作區的資料儲存到磁碟內，而 load 指令則是從磁碟內讀取工作區的資料。save 指令有兩種儲存資料的方式，一種是特殊的二進位格式，稱為 MAT 檔，另一種是一般的文字檔案。save 指令的形式為

```
save filename [content] [options]
```

其中 *content* 指定被儲存的資料，而 *options* 則設定如何儲存這些資料。

單獨的 save 指令會將所有在現行工作區內的資料，儲存到同一個目錄內的檔案 matlab.mat 中。如果你已指定儲存檔案的名稱，則這些資料便會被儲存在檔案“filename.mat”裡。如果列出一串變數名稱在 *content*（內容）位置，則只有這些變數會被儲存在檔案中。

舉例來說，假設工作區內包含一個 1000 個雙精度 x 陣列，以及一個字元字串 str。我們可以使用下列的指令，儲存這兩個變數到 MAT 檔案裡：

```
save test_matfile x str
```

這個指令將會產生一個名為 test_matfile.mat 的 MAT 檔案，其內容可用 whos 指令的選項 -file 來檢查：

```
» whos -file test_matfile.mat
  Name      Size      Bytes    Class      Attributes

  str       1x11      22       char
  x         1x1000    8000     double
```

儲存在檔案的內容可被指定如表 9.1 所描述的幾種方式。

表 9.2 列出 save 指令所支援比較重要的選項，至於更完整的選項清單，可以在 MATLAB 的線上說明文件中找到。

load 指令能從 MAT 檔案，或者一般的文字檔案讀取資料。load 指令的形式如下

**表 9.1　指定 save 指令儲存內容的方式**

| 內容值 | 說明 |
|---|---|
| `<nothing>` | 儲存所有在現行工作區的變數。 |
| `varlist` | 只儲存變數清單上的變數。 |
| `-regexp exprlist` | 儲存任何符合在表示式清單上一般表示式的變數。 |
| `-struct s` | 將純量結構 s 所有欄位儲存成個別的變數。 |
| `-struct s fieldlist` | 只儲存結構 s 在欄位清單上所指定欄位的個別變數。 |

**表 9.2　save 指令一些重要的選項**

| 選項 | 說明 |
|---|---|
| `'-mat'` | 以 MAT 檔案格式儲存資料（預設）。 |
| `'-ascii'` | 儲存成以空格間隔之 8 位數精度文字格式資料。 |
| `'-ascii','-tabs'` | 儲存成以欄標（tab）分隔之 8 位數精度文字格式資料。 |
| `'-ascii','-double'` | 儲存成以欄標分隔之 16 位數精度文字格式資料。 |
| `-append` | 增加某個指定變數到已存在的 MAT 檔案裡。 |
| `-v4` | 儲存成 MATLAB 第 4 版之後的 MAT 檔案格式。 |
| `-v6` | 儲存成 MATLAB 第 5、6 版之後的 MAT 檔案格式。 |
| `-v7` | 儲存成 MATLAB 第 7 至 7.2 版之後的 MAT 檔案格式。 |
| `-v7.3` | 儲存成 MATLAB 第 7.3 版之後的 MAT 檔案格式。 |

**表 9.3　load 指令選項**

| 選項 | 說明 |
|---|---|
| `-mat` | 把檔案當成 MAT 檔案處理（預設值，當副檔名是 mat 時）。 |
| `-ascii` | 把檔案當成空格間隔的文字檔案處理（預設值，當副檔名不是 mat 時）。 |

```
load filename [options] [content]
```

單獨的 load 指令本身會自動從 matlab.mat 檔案讀取所有的資料到現行工作區內。如果有指定檔案的名稱，則將會從該檔案中讀取資料。如果內容清單上列有特定變數，則只有這些變數會從檔案中讀取資料。例如：

```
load                   % Loads entire content of matlab.mat
load mydat.mat         % Loads entire content of mydat.mat
load mydat.mat a b c   % Loads only a, b, and c from mydat.mat
```

load 指令所支援的選項列於表 9.3。

雖然並不是顯而易見，但 load 與 save 指令是 MATLAB 中最具效力且最有用的 I/O 指令。它們的優點包括：

1. 指令容易使用。
2. MAT 檔案與工作平台無關（platform independent）。任何一種支援 MATLAB 電腦上所輸出的 MAT 檔案，都可以在其他支援 MATLAB 的電腦上讀取。這個格式可以在不同的電腦（PC、Mac、Linux）之間自由傳遞。此外，使用 Unicode 的字元編碼，可以保證字元字串在跨平台之間被正確地儲存及使用。
3. MAT 檔案可以有效率地使用磁碟空間，只使用到每個資料類型所需的記憶體容量。它儲存了每個變數的完整精確值——不會因為文字格式的轉換，而損失了任何的精確度。MAT 檔案也能被壓縮儲存，以節省更多的磁碟空間。
4. MAT 檔案保留了工作區內每個變數的所有資訊，包含類別、名稱，以及是否為全域變數。至於其他種類的 I/O 指令或函式，則會失去所有這類的資訊。舉例來說，假設工作區包括下列這些資訊：

```
» whos
  Name       Size     Bytes   Class    Attributes

  a          10x10    800     double
  b          10x10    800     double
  c          2x2      32      double
  string     1x14     28      char
  student    1x3      888     struct
```

如果使用 `save workspace.mat` 指令儲存這個工作空間，會產生一個名為 `workspace.mat` 的檔案。當重新讀取這個檔案時，所有的資訊將會重新回到工作區內，包含每個項目的類型，以及這些項目是否為全域變數。

這些指令的缺點，是 MAT 檔案為 MATLAB 特有的格式，所以不能與其他程式語言所撰寫的程式分享資料。如果你希望與其他的程式分享資料，可以使用 `-ascii` 的選項，但是這個方法仍然存在著許多限制[1]。

**良好的程式設計**

除非必須與非 MATLAB 程式交換資料，盡量使用 `save` 與 `load` 指令以 MAT 檔案格式儲存資料。MAT 檔案格式在 MATLAB 程式之間，有很好的儲存效率以及資料可攜性，而且它保存了 MATLAB 資料類型的所有細節。

`save -ascii` 指令不能用來儲存單元（cell）陣列或結構（structure）陣列的資料，而且在資料儲存前，它會先把字串資料轉換成數字。`load -ascii` 指令只能用以讀

1 這個說法只有部分是正確的。最新的 MAT 檔案是業界標準的 HDF5 格式，而且在 C++、Java 等程式語言內有免費的工具及組件可以讀取這種格式的檔案。

取每列以空格或欄標間隔且擁有相同個數的資料，而且它會把所有的資料儲存成與輸入檔案名稱相同的單一變數。如果你需要使用更複雜的存取方法（如：儲存或讀取字串、單元、結構陣列，適合與其他程式進行交換的形式），就必須使用本章介紹的其他 I/O 指令。

如果檔案名稱與變數名稱，是以其名稱字串來儲存或讀取，則你必須使用 load 和 save 指令的函式格式。舉例來說，下列程式碼要求使用者輸入一個檔案名稱，並在這個檔案裡儲存程式的工作區：

```
filename = input('Enter save filename:','s');
save (filename,'-mat');
```

## 9.3 MATLAB 檔案處理簡介

想要在 MATLAB 程式裡使用檔案，我們需要一些方法來選擇想要讀取或是寫入的檔案。MATLAB 提供一個非常具有彈性的方法，方便使用者讀取或寫入檔案，而這些檔案可以儲存在磁碟、隨身記憶碟或是其他連接到電腦的儲存裝置。這種機制稱之為**檔案 id（file id，簡稱為 fid）**，當它被開啟時，檔案 id 是分配給檔案的一個正整數編號，而且這個編號會在檔案讀取、寫入及控制執行時使用到。在執行 MATLAB 的電腦上，有兩個檔案 id 是永遠存在的：檔案 id 1 是標準的輸出裝置（stdout），而檔案 id 2 是標準錯誤（stderr）裝置。其他的檔案 id 會分配給所開啟的檔案，而當關閉檔案時，此檔案 id 便會被 MATLAB 收回。

有一些 MATLAB 函式會被用在控制磁碟檔案的輸入輸出。表 9.4 列出這些檔案 I/O 函式的功能描述。

檔案 id 可以使用 fopen 敘述式，來指定給磁碟檔案或是裝置；如要從這些裝置收回檔案 id，則可以使用 fclose 敘述式。一旦使用 fopen 敘述式指定給某個檔案一個檔案 id 時，我們可以使用 MATLAB 檔案的輸入與輸出敘述式，來讀取或寫入這個檔案。當我們不需要這個檔案時，可以使用 fclose 敘述式關閉這個檔案，並使其檔案 id 變成無效。而 frewind 與 fseek 敘述式則可以用於改變目前開啟檔案的讀取或寫入的位置。

我們可以藉著兩種方式從檔案中讀取資料，或是將資料寫入檔案裡：即二進位資料或是格式化字元資料。二進位資料包含實際的位元組合，是電腦記憶體用來儲存資料的形式。讀取或寫入二進位資料是非常有效率的方式，但使用者卻沒有辦法看懂儲存在檔案內的資料。而儲存格式化字元資料的檔案，可以直接被使用者閱讀。但是格式化的 I/O 運作比二進位 I/O 運作慢且沒有效率。我們將在本章稍後討論這兩種類型的 I/O 運作。

表 9.4 MATLAB 輸入／輸出函式

| 類別 | 函式 | 說明 |
|---|---|---|
| 載入／儲存工作區 | load | 載入工作區。 |
| | save | 儲存工作區。 |
| 開啟與關閉檔案 | fopen | 開啟檔案。 |
| | fclose | 關閉檔案。 |
| 二進位 I/O | fread | 從檔案讀取二進位資料。 |
| | fwrite | 從檔案寫入二進位資料。 |
| 格式化 I/O | fscanf | 從檔案讀取格式化資料。 |
| | fprintf | 從檔案寫入格式化資料。 |
| | fgetl | 從檔案讀取某行資料，忽略換行字元。 |
| | fgets | 從檔案讀取某行資料，保留換行字元。 |
| 檔案定位、狀態與細項 | delete | 刪除檔案。 |
| | exist | 確認檔案是否存在。 |
| | ferror | 查詢檔案 I/O 錯誤狀態。 |
| | feof | 測試是否在檔案末端（end-of-file）。 |
| | fseek | 設定檔案位置。 |
| | ftell | 檢查檔案位置。 |
| | frewind | 檔案倒轉。 |
| 暫存檔案 | tempdir | 取得暫存目錄名稱。 |
| | tempname | 取得暫存檔案名稱。 |

## 9.4 開啟與關閉檔案

開啟與關閉檔案的 fopen 與 fclose 函式的用法於接下來的小節中陳述。

### 9.4.1 fopen 函式

fopen 函式可開啟某個檔案，並傳回一個檔案 id 號碼以供程式使用，其基本形式如下：

```
fid = fopen(filename,permission)
[fid, message] = fopen(filename,permission)
[fid, message] = fopen(filename,permission,format)
[fid, message] = fopen(filename,permission,format,encoding)
```

其中 *filename* 是指定開啟檔案名稱的字串，*permission* 為指定檔案開啟模式的字元字串，*format* 是指定檔案內資料數值格式的選擇性字串，而 *encoding* 是用於後續讀寫運作的字串。在執行這個敘述式後，如果檔案開啟成功，fid 將會包含一個正整數，而 message 會是一個空字串；如果檔案開啟失敗，fid 將設成數值 –1，而 message 會是一個解釋錯誤的字串。如果指定開啟的檔案不在現行工作目錄下，MATLAB 將在其搜尋路徑裡尋找這個檔案。

表 9.5 中列出了可能的屬性字串。

在某些平台上，如 PC，分辨檔案是文字檔案或是二進位檔案是很重要的事。如果檔案以文字模式開啟，則必須加上屬性字串 t（如：'rt' 或 'rt+'）。如果檔案以二進位模式開啟，則可以加上屬性字串 b（如：'rb'），但這不是必要的，因為 PC 裡的檔案是預設以二進位模式來開啟的。在 UNIX 或 Linux 的電腦上，則不必區別文字檔案或是二進位檔案，所以不需要 t 或 b 參數。

在 fopen 函式中的 *format* 字串指定檔案內儲存資料的數值格式。這個字串只有在電腦之間轉換不相容數字資料格式時才會用得到，因此很少使用。表 9.6 列出一些可能的數值格式，請參考 MATLAB 協助系統或線上說明文件，以取得完整的數值格式清單。

在 fopen 函式的 *encoding* 字串指定用在檔案內字元編碼的類別。這個字串只有在沒用到預設的 UTF-8 字元編碼時，才需要使用。合法的字元編碼包括 'UTF-8'、'ISO-8859-1'、'windows-1252' 等，請參考 MATLAB 語言參考手冊，以取得完整的字元編碼清單。

另外有兩種 fopen 函式的格式，可以提供開啟檔案以外更多的資訊：

**表 9.5　fopen 函式的屬性選項**

| 檔案屬性 | 意義 |
|---|---|
| 'r' | 開啟現存檔案僅供讀取使用（預設）。 |
| 'r+' | 開啟現存檔案，以供讀取與寫入。 |
| 'w' | 刪除現存檔案內容（或產生新檔），並開啟此檔案，僅供寫入。 |
| 'w+' | 刪除現存檔案內容（或產生新檔），並開啟此檔案，以供讀取與寫入。 |
| 'a' | 開啟現存檔案（或產生新檔），僅供寫入資料到原檔案的尾端。 |
| 'a+' | 開啟現存檔案（或產生新檔），以供讀取與寫入資料到原檔案的尾端。 |
| 'W' | 寫入新資料，不需進行 flushing（磁帶裝置專用指令）。 |
| 'A' | 新增資料，不需進行 flushing（磁帶裝置專用指令）。 |

**表 9.6　fopen 格式字串**

| 檔案屬性 | 意義 |
|---|---|
| 'native' 或 'n' | 執行 MATLAB 電腦之數值格式（預設）。 |
| 'ieee-le' 或 'l' | IEEE 浮點數使用最小顯著位元在前（littie-endian）的位元組排序。 |
| 'ieee-be' 或 'b' | IEEE 浮點數使用最大顯著位元在前（big-endian）的位元組排序。 |
| 'ieee-le.l64' 或 'a' | IEEE 浮點數使用最小顯著位元在前（littie-endian）的位元組排序，並且使用 64 位元 long 資料類別。 |
| 'ieee-le.b64' 或 's' | IEEE 浮點數使用最大顯著位元在前（big-endian）的位元組排序，並且使用 64 位元 long 資料類別。 |

```
fids = fopen('all')
```

將會傳同一個列向量，包含所有目前開啟檔案的 id 清單（除了 stdout 與 stderr 之外），而且這個向量的元素個數就是檔案開啟的個數。下列函式：

```
[filename, permission, format] = fopen(fid)
```

會傳回檔案 id 所指定開啟檔案的檔案名稱、屬性字串及數值格式。

正確的 fopen 函式用法舉例如下。

## 案例一：開啟二進位檔案供輸入使用

下面的函式將開啟一個名為 example.dat 的檔案，僅提供二進位輸入：

```
fid = fopen('example.dat','r')
```

屬性字串為 'r'，代表開啟這個檔案僅供讀取使用。這字串也可以是 'rb'，但這並不是必要的，因為二進位存取是 MATLAB 的預設模式。

## 案例二：開啟檔案供輸出文字

下面的函式將開啟一個名為 outdat 的檔案，僅提供文字輸出：

```
fid = fopen('outdat','wt')
```

或是

```
fid = fopen('outdat','at')
```

屬性字串 'wt' 設定該檔案為一個新的文字檔案；如果該檔案已經存在，則舊的檔案將被刪除，同時開啟一個新的空白檔案以供寫入。如果我們想要取代已經存在的資料，這是使用 fopen 來輸出檔案的適當格式。

屬性字串 'at' 則設定我們附加資料到現存的檔案內。如果檔案已經存在，檔案將會被開啟，而新的資料將會附加在原有的資料後面。如果我們不想要取代已經存在的資料，這是使用 fopen 函式來輸出檔案的適當格式。

## 案例三：開啟二進位檔案提供讀取與寫入

下面的函式會開啟一個名為 junk 的檔案，以提供二進位輸入與輸出：

```
fid = fopen('junk','r+')
```

下面的函式也會開啟一個檔案，提供二進位的輸入跟輸出：

```
fid = fopen('junk','w+')
```

以上兩個敘述式的不同之處，在於第一個敘述式需要檔案在開啟之前必須存在，而第二個敘述式將會刪除任何已經存在的檔案。

**良好的程式設計**

請根據讀取或者寫入資料的需求，謹慎地設定 fopen 敘述式裡 permission 的適當屬性。這將幫助你避免錯誤，如意外地覆寫你想要保存的資料檔案。

在你嘗試開啟檔案之後，需要檢查開啟檔案的動作是否發生錯誤。如果 fid 為 –1，便代表檔案開啟失敗。你必須回報這個問題給使用者知道，並允許他們可以選擇開啟其他的檔案，或者停止程式的執行。

**良好的程式設計**

請在開啟檔案之後，檢查其開啟狀態是否成功。如果檔案開啟失敗，請提示使用者並提供可能的方法來修正問題。

### 9.4.2 fclose 函式

fclose 函式是用來關閉檔案，其形式為：

```
status = fclose(fid)
status = fclose('all')
```

其中 fid 為檔案 id，而 status 為執行結果。如果檔案關閉成功，status 將會為 0；如果不成功，則 status 將會為 –1。

status = fclose('all') 將關閉所有開啟的檔案，除了 stdout(fid = 1) 與 stderr(fid = 2) 之外。如果成功關閉所有的檔案，status 將會傳回 0，否則會傳回 –1。

## 9.5 二進位 I/O 函式

二進位 I/O 函式，fwrite 與 fread，將在接下來的小節裡介紹。

### 9.5.1 fwrite 函式

fwrite 函式以使用者定義的格式，把二進位資料寫入檔案。它的形式為：

```
count = fwrite(fid,array,precision)
```

```
count = fwrite(fid,array,precision,skip)
count = fwrite(fid,array,precision,skip,format)
```

其中 fid 為使用 `fopen` 函式開啟檔案的檔案 id，`array` 是輸出的數值陣列，而 `count` 則是寫入檔案的數值個數。

MATLAB 是以*欄位順序*來寫入資料，也就是說 MATLAB 會先輸出第一欄的資料，接下來輸出第二欄的資料，並依此類推，直到輸出所有的資料為止。舉例來說，如果 $\texttt{array} = \begin{bmatrix} 1 & 2 \\ 3 & 4 \\ 5 & 6 \end{bmatrix}$，則輸出資料的順序為 1、3、5、2、4、6。

選擇性的精確度字串 *`precision`*，是用來指定輸出資料的格式。MATLAB 同時支援了與平台無關（對所有執行 MATLAB 的電腦皆相同）的精確度字串，以及與平台相關（隨電腦類型而不同）的精確度字串。*你應該只使用與平台無關的字串*，而且在本書也只會呈現這類的格式。

為了使用上的方便，MATLAB 也接受一些 C 與 Fortran 語言裡與 MATLAB 精確度字串相等的資料類型字串。如果你是 C 與 Fortran 的程式設計者，你可能會發現，在 MATLAB 程式裡，使用你所熟悉的資料類型名稱，會更加方便。

表 9.7 列出一些與平台無關的精確度字串。除了其中的 `'bitN'` 與 `'ubitN'` 是以位元為單位，其他所有的精確度字串皆是以位元組為單位。

選擇性引數 *`skip`* 指定了在每次寫入前，輸出檔案裡所需跳過的位元組個數。

**表 9.7　一些 MATLAB 精確度字串**

| 精確度字串 | 相等字串 | 意義 |
|---|---|---|
| 'char' | 'char*1' | 8 位元字元 |
| 'schar' | 'signed char' | 8 位元有正負號數字元 |
| 'uchar' | 'unsigned char' | 8 位元無正負號數字元 |
| 'int8' | 'integer*1' | 8 位元整數 |
| 'int16' | 'integer*2' | 16 位元整數 |
| 'int32' | 'integer*4' | 32 位元整數 |
| 'int64' | 'integer*8' | 64 位元整數 |
| 'uint8' | 'integer*1' | 8 位元無正負號整數 |
| 'uint16' | 'integer*2' | 16 位元無正負號整數 |
| 'uint32' | 'integer*4' | 32 位元無正負號整數 |
| 'uint64' | 'integer*8' | 64 位元無正負號整數 |
| 'float32' | 'real*4' | 32 位元浮點數 |
| 'float64' | 'real*8' | 64 位元浮點數 |
| 'bitN' | | $N$ 位元有正負號整數，$1 \leq N \leq 64$ |
| 'ubitN' | | $N$ 位元無正負號整數，$1 \leq N \leq 64$ |

這個選項是用來在固定長度資料的某處放置數值。值得注意的是，如果精確度字串 *preision* 是使用位元格式，如 'bitN' 或是 'ubitN'，則 *skip* 將以位元為單位，而不是以位元組為單位。

選擇性引數 *format* 則是一個選擇性字串指定如表 9.6 所示檔案內資料的數值格式。

## 9.5.2 fread 函式

fread 函式以使用者定義的格式，從某個檔案讀取二進位資料，而且以（可能不同的）使用者定義的格式傳回資料。它的形式為：

```
[array,count] = fread(fid,size,precision)
[array,count] = fread(fid,size,precision,skip)
[array,count] = fread(fid,size,precision,skip,format)
```

其中 fid 為使用 fopen 函式開啟檔案之檔案 id，size 是需要讀取的數值個數，array 為包含資料的陣列，而 count 則是從檔案所讀取的數值個數。

選擇性引數 *size* 指定了從檔案讀取的資料個數。這個引數有三種版本：

- n——讀取 n 個值。執行這個敘述式後，array 將是一個從這個檔案讀取 n 個數值的行向量。
- Inf ——讀取資料直到檔案的結尾。在這個敘述式之後，array 將是一個包含這個檔案所有資料的行向量。
- [n m] ——讀取 n × m 個值，並把資料格式化成一個 n × m 陣列。

如果 fread 已到達檔案結尾，但輸入的資料流仍不足以包含足夠的位元，以達到設定精確度所需的完整陣列元素，fread 將以零位元填補最後的位元組或是元素，直到完成完整的數值資料。如果發生錯誤，讀取的動作將會停止在上一個完整的數值資料。

精確度引數 *precision* 同時指定了在磁碟上的資料格式，及傳回呼叫程式的資料陣列格式。精確度字串的一般形式為：

```
'disk_precision => array_precision'
```

其中 disk_precision 與 array_precision 兩者為表 9.7 裡所列的精確度字串。array_precision 可以是預設值。如果沒有指定 array_precision，則資料將以 double 型態的陣列傳回。如果磁碟的精確度與陣列的精確度相同，上面的表示式格式也可以簡化成：'*disk_precision'。

接下來再舉一些精確度字串的例子：

| | |
|---|---|
| 'single' | 以單精度格式從磁碟讀取資料，並以雙精度陣列傳回所讀取的資料。 |
| 'single=>single' | 以單精度格式從磁碟讀取資料，並以單精度陣列傳回所讀取的資料。 |
| '*single ' | 以單精度格式從磁碟讀取資料，並以單精度陣列傳回所讀取的資料（前面字串的簡化格式）。 |
| 'double=>real*4' | 以雙精度格式從磁碟讀取資料，並以雙精度陣列傳回所讀取的資料。 |

選擇性引數 *skip* 指定了在每次寫入前，輸出檔案裡所需跳過的位元組個數。這個選項是用來在固定長度資料的某處放置數值。值得注意的是，如果精確度字串是使用位元格式，如 'bitN' 或是 'ubitN'，則 *skip* 將以位元為單位，而不是以位元組為單位。

選擇性引數 *format* 則是一個選擇性字串指定如表 9.6 所示檔案內資料的數值格式。

## 例 9.1 寫入與讀取二進位資料

這個範例程序檔將產生一個包含 10,000 個亂數值的陣列，接著開啟一個使用者指定的檔案僅供寫入，並以 64 位元浮點數格式，將陣列寫入磁碟，然後再關閉檔案。最後再開啟這個檔案以供讀取，並將讀取的資料傳回到一個 100 × 100 的陣列。這個範例是用來介紹二進位 I/O 的運作與使用。

```
%  Script file: binary_io.m
%
%  Purpose:
%    To illustrate the use of binary i/o functions.
%
%  Record of revisions:
%      Date        Programmer           Description of change
%      ====        ==========           =====================
%    03/21/18    S. J. Chapman          Original code
%
% Define variables:
%   count      -- Number of values read / written
%   fid        -- File id
%   filename   -- File name
%   in_array   -- Input array
%   msg        -- Open error message
%   out_array  -- Output array
%   status     -- Operation status

% Prompt for file name
filename = input('Enter file name:','s');

% Generate the data array
out_array = randn(1,10000);
```

```
% Open the output file for writing.
[fid,msg] = fopen(filename,'w');

% Was the open successful?
if fid > 0

   % Write the output data.
   count = fwrite(fid,out_array,'float64');

   % Tell user
   disp([int2str(count)'values written...']);

   % Close the file
   status = fclose(fid);

else

   % Output file open failed. Display message.
   disp(msg);

end

% Now try to recover the data. Open the
% file for reading.
[fid,msg] = fopen(filename,'r');

% Was the open successful?
if fid > 0

   % Write the output data.
   [in_array, count] = fread(fid,[100 100],'float64');

   % Tell user
   disp([int2str(count) 'values read...']);

   % Close the file
   status = fclose(fid);

else

   % Input file open failed. Display message.
   disp(msg);

end
```

程式的執行結果如下

```
» binary_io
Enter file name: testfile
```

```
10000 values written...
10000 values read...
```

在目前的目錄下，將會產生一個名為 testfile 的檔案。這個檔案有 80,000 個位元組，因為它包含 10,000 個 64 位元的數值，而且每個數值為 8 個位元組。

## 9.6 格式化 I/O 函式

本節將介紹格式化的 I/O 函式。

### 9.6.1 fprintf 函式

fprintf 函式以使用者定義的格式，將資料寫入檔案，其形式為：

```
count = fprintf(fid,format,val1,val2,...)
fprintf(format,val1,val2,...)
```

其中 fid 是寫入資料檔案的檔案 id，而 format 為控制資料顯示的格式字串。如果沒有指定 fid，資料將被寫入標準輸出裝置（即指令視窗）。這就是從第 2 章以來，我們一直使用的 fprintf 形式。

格式字串可以指定排列方式、有效數字位數、欄位寬度以及其他輸出格式的外觀。字串通常包含文字與數字字元，再加上特別的字元序列，就可用來指定輸出資料的完整顯示格式。一般格式的結構如圖 9.1 所示，% 符號總是位於標記格式的開頭；如果需要顯示一般的 % 記號，則必須在格式字串裡，以 %% 表示。在字元 % 的後面，格式可以有個旗標（flag）、欄位寬度與精確度說明符（precision specifier）及轉換說明符（conversion specifiers）。在任何格式中，一定需要字元 % 與轉換說明符，而欄位、欄位寬度與精確度說明符並不是必要的。

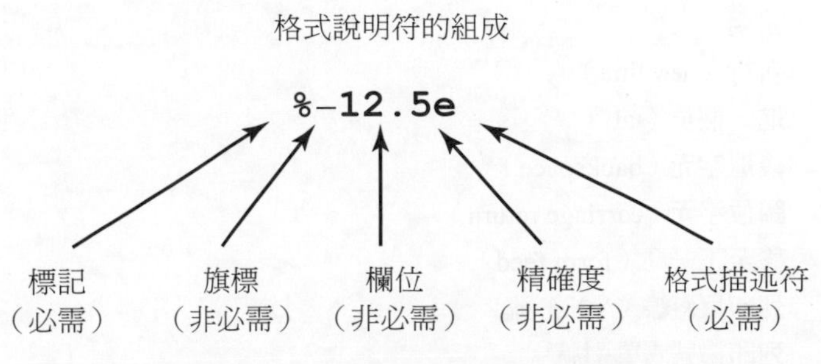


圖 9.1　一般格式說明符的結構。

表 9.8 列出可以使用的轉換說明符，而表 9.9 則列出可以使用的旗標。如果欄位寬度與精確度在格式中有指定，則在小數點前的數字代表欄位寬度，這欄位寬度的數字是所使用的字元數目。小數點後的數字代表精確度，也就是在小數點後的有效數字所顯示的最少位數。

除了一般的字元與格式之外，一些特別的逸出字元（escape character）也能用在格式字串裡，如表 9.10 所列。

### 表 9.8 `fprintf` 的格式轉換說明符

| 說明符 | 說明 |
| --- | --- |
| `%c` | 單一字元 |
| `%d` | 十進位表示（有正負號） |
| `%e` | 指數表示（使用小寫字 `e` 如 `3.1416e+00`） |
| `%E` | 指數表示（使用大寫字 `E` 如 `3.1416E+00`） |
| `%f` | 固定長度表示 |
| `%g` | 比 `%e` 或 `%f` 更簡潔的表示。不列印非有效數字的零 |
| `%G` | 如同 `%g`，但使用大寫 `E` |
| `%o` | 八進位符號（無正負號） |
| `%s` | 字元字串 |
| `%u` | 十進位表示（無正負號） |
| `%x` | 十六進位表示（使用小寫字 `a-f`） |
| `%X` | 十六進位表示（使用大寫字 `A-F`） |

### 表 9.9 格式旗標

| 旗標 | 說明 |
| --- | --- |
| Minus sign（-） | 被轉換的引數靠左對齊欄位（例如：`%-5.2d`）。如果旗標不存在，則引數靠右對齊 |
| + | 總是列印 + 或 - 符號（例如 `%+5.2d`） |
| 0 | 使用“`0`”代替引數前方空白的值（例如 `%05.2d`） |

### 表 9.10 格式字串中的逸出字元

| 轉義序列字串 | 說明 |
| --- | --- |
| `\n` | 新行（new line） |
| `\t` | 進一欄位（tab） |
| `\b` | 後退字元（backspace） |
| `\r` | 歸位字元（carriage return） |
| `\f` | 移至下一頁（form feed） |
| `\\` | 列印反斜線（\）符號 |
| `\''` 或 `''` | 列印撇號或單引號 |
| `%%` | 列印百分比符號 |

## 9.6.2 了解格式轉換說明符

了解各種格式轉換說明符如何使用的最好方法，就是藉由實際的範例。所以我們現在將舉出一些實例及其結果。

### 案例一：顯示十進位整數資料

使用格式轉換說明符 %d，可以顯示十進位（整數）資料。如果需要的話，可以在字元 d 的前面加上旗標、欄位寬度與精確度說明符。如果使用這些說明符，精確度說明符將會設定顯示的最少位數。如果顯示數字不足，將會使用 0 來補齊這個數字。

| 函式 | 結果 | 註解 |
|---|---|---|
| `fprintf('%d\n',123)` | `----\|----\|`<br>`123` | 盡可能顯示所有數字，如數字 123，需要 3 個字元。 |
| `fprintf('%6d\n',123)` | `----\|----\|`<br>`   123` | 以 6 個字元寬的欄位顯示數字，在欄位裡的數字預設為靠右對齊。 |
| `fprintf('%6.4d\n',123)` | `----\|----\|`<br>`  0123` | 使用最少 4 個字元，在 6 個字元寬的欄位內顯示數字，在欄位裡的數字為靠右對齊。 |
| `fprintf('%-6.4d\n',123)` | `----\|----\|`<br>`0123` | 使用最少 4 個字元，在 6 個字元寬的欄位內顯示數字。在欄位裡的數字為靠左對齊。 |
| `fprintf('%+6.4d\n',123)` | `----\|----\|`<br>` +0123` | 使用最少 4 個字元，在 6 個字元寬的欄位內顯示數字，並加上正負號，在欄位裡的數字預設為靠右對齊。 |

如果非十進位整數，使用 %d 轉換說明符顯示，則此指定將被忽略，而數字將以指數格式列印。舉例來說：

```
fprintf('%6d\n',123.4)
```

其結果為 1.234000e+002。

### 案例二：顯示浮點數資料

浮點數資料可以使用 %e、%f 或 %g 這些格式轉換說明符來顯示。如果需要的話，可以在格式轉換說明符前加上旗標、欄位寬度與精確度說明符。如果指定的欄位寬度不足以顯示數字，便會忽略欄位寬度。否則，便會使用指定的欄位寬度來顯示資料。

| 函式 | 結果 | 註解 |
| --- | --- | --- |
| `fprintf('%f\n',123.4)` | ----\|----\|<br>123.400000 | 盡可能顯示所有數字。%f 預設在小數點後顯示 6 位小數。 |
| `fprintf('%8.2f\n',123.4)` | ----\|----\|<br>  123.40 | 以 8 個字元寬的欄位，2 位小數來顯示數字。在欄位裡的數字預設為靠右對齊。 |
| `fprintf('%4.2f\n',123.4)` | ----\|----\|<br>123.40 | 使用 8 個字元寬的欄位顯示數字。欄位的設定被忽略了，因為設定的欄位太小不夠顯示數字。 |
| `fprintf('%10.2e\n',123.4)` | ----\|----\|<br> 1.23e+002 | 使用 2 位小數，在 10 個字元寬的欄位內，以指數形式顯示數字。在欄位裡的數字預設為靠右對齊。 |
| `fprintf('%10.2E\n',123.4)` | ----\|----\|<br> 1.23E+002 | 與前個欄位設定相同，除了使用大寫字 E 為代表指數符號。 |

## 案例三：顯示字元資料

字元資料可以使用 %c 或 %s 格式轉換說明符來顯示。如果需要的話，可以在格式轉換說明符前加上欄位寬度說明符。如果指定的欄位寬度不足以顯示資料，便會忽略欄位寬度。否則，便會使用指定的欄位寬度來顯示資料。

| 函式 | 結果 | 註解 |
| --- | --- | --- |
| `fprintf('%c\n','s')` | ----\|----\|<br>s | 顯示單一字元。 |
| `fprintf('%s\n','string')` | ----\|----\|<br>string | 顯示字元字串。 |
| `fprintf('%8s\n','string')` | ----\|----\|<br>  string | 使用 8 個字元寬的欄位顯示字元字串。在欄位裡字串預設為靠右對齊。 |
| `fprintf('%-8s\n','string')` | ----\|----\|<br>string | 使用 8 個字元寬的欄位顯示字元字串。在欄位裡字串為靠左對齊。 |

## 9.6.3 如何使用格式字串

fprintf 函式包含格式字串，以及其後所需列印的數值。當執行 fprintf 函式時，所需列印的數值將與格式字串一起處理。函式從變數清單及格式字串的最左側開始，從左而右檢查，將輸出清單上的第一個值與格式字串的第一個格式描述符結合在一起，並依此類推。輸出清單上的變數，必須與格式描述符是相同類型，而且依相同順序排列，否則將會產生非預期的結果。舉例來說，如果我們使用 %c 或 %d 描述符來表示一個浮點數，如 123.4，則這些描述符將會被忽略，而這個浮點數將以指數符號來表示。

**程式設計的陷阱**

請確定在 fprintf 函式裡的資料類型，與相關的格式字串裡的格式轉換說明符類型，具有一對一的對應關係；否則，你的程式將會產生非預期的結果。

當程式從左而右讀取 fprintf 函式的一連串變數時，程式也將從左而右掃描其相關的格式字串。格式字串是根據以下規則來掃描的：

1. *格式字串是從左而右依序掃描*。在格式字串中的第一個格式轉換說明符，將與 fprintf 函式輸出清單裡的第一個值相結合，並依此類推。每個格式轉換說明符的類型必須與輸出的資料類型相符合。在下面的例子中，說明符 %d 將會使用於變數 a，%f 將會使用於變數 b，而 %s 將會使用於變數 c。請注意說明符類型符合資料類型。

```
a = 10; b = pi; c = 'Hello';
fprintf('Output: %d %f %s\n',a,b,c);
```

2. 如果 fprintf 函式已掃描到格式字串的尾端，但仍有數值未完成輸出，則程式將重新由格式字串的第一個格式開始，舉例來說：

```
a = [10 20 30 40];
fprintf('Output = %4d %4d\n',a);
```

將產生結果：

```
----|----|----|----|
Output =   10   20
Output =   30   40
```

當函式到達格式字串的尾端，並已顯示 a(2) 之後，它將再從字串的開始處重新開始，以列印 a(3) 與 a(4)。

3. 如果 fprintf 函式已完成輸出變數的掃描，而格式字串尚未掃描完畢，則*該格式字串的使用，將停留在沒有變數對應的第一個格式轉換說明符，或者是停留在格式字串的尾端，取決於何者先至*。舉例來說，下列敘述式：

```
a = 10; b = 15; c = 20;
fprintf('Output = %4d\nOutput = %4.1f\n',a,b,c);
```

將產生結果：

```
Output = 10
Output = 15.0
Output = 20
```

```
Output = »
```

這格式字串的使用將會停留在 %4.1f，因為這是第一個沒有變數對應的格式轉換說明符。反之，另一個例子

```
voltage = 20;
fprintf('Voltage = %6.2f kV.\n',voltage);
```

將會產生結果：

```
Voltage = 20.00 kV,
```

因為沒有不相配合的格式轉換說明符，所以格式字串的使用，將會停留在格式字串的尾端。

### 9.6.4 sprintf 函式

sprintf 函式的用法如同 fprintf 函式一樣，除了這個函式是輸出格式化資料到字元字串裡，而不是輸出到檔案。其形式如下：

```
string = sprint(format,val1,val2,...)
```

其中 format 為控制資料顯示的格式字串。這個函式對於在程式裡產生可顯示的格式化資料非常有用。

### 9.6.5 fscanf 函式

fscanf 函式可以從檔案中以使用者定義格式讀取資料，其形式如下：

```
array = fscanf(fid,format)
[array, count] = fscanf(fid,format,size)
```

其中 fid 為讀取資料檔案的檔案 id，format 為控制資料如何讀取的格式字串，而 array 為接收資料的字串，輸出引數 count 會傳回從檔案所讀取的數值個數。

選擇性引數 *size* 可以指定從檔案中所需讀取的資料數量。這個引數有三種版本：

- n——完整讀取 n 個值。在這個敘述式之後，array 將會包含從這個檔案所讀取的 n 個值之行向量。
- Inf——讀取資料直到檔案的結尾。在這個敘述式之後，array 將會包含所有直到檔案結尾的資料之行向量。
- [n m]——讀取 n × m 個值，並把資料格式化成一個 n × m 陣列。

格式字串指定了所讀取資料的格式，它包含了普通的字元，以及格式轉換說明符。fscanf 函式會比較在檔案裡的資料，以及在格式字串裡的格式轉換說明符間是否符

合。只要兩者符合，fscanf 函式便將數值轉換並儲存到輸出陣列內。這個過程將持續到檔案的結尾，或是到 *size* 裡指定的資料數量被讀取為止，端視哪一個情況先發生而定。

如果檔案裡的資料不符合格式轉換說明符，則 fscanf 函式便會立刻停止。

fscanf 函式的格式轉換說明符，基本上與 fprintf 相同，最常用的說明符列在表 9.11 中。

為了示範 fscanf 函式的使用，我們嘗試讀取一個包含下列兩行數值的檔案，名為 x.dat：

```
10.00  20.00
30.00  40.00
```

1. 如果使用下列敘述式來讀取檔案：

   ```
   [z, count] = fscanf(fid,'%f');
   ```

   則變數 z 將變成一個行向量 $\begin{bmatrix} 10 \\ 20 \\ 30 \\ 40 \end{bmatrix}$，且 count 值為 4。

2. 如果使用下列敘述式來讀取檔案：

   ```
   [z, count] = fscanf(fid,'%f',[2 2]);
   ```

   則變數 z 將變成一個陣列 $\begin{bmatrix} 10 & 30 \\ 20 & 40 \end{bmatrix}$，且 count 值為 4。

3. 接下來，嘗試以十進位數值來讀取檔案。如果使用下列敘述式來讀取檔案：

   ```
   [z, count] = fscanf(fid,'%d',Inf);
   ```

   則變數 z 將為單一數值 10，而 count 值將是 1。這是因為小數點數字 10.00 不符合格式轉換說明符，所以 fscanf 函式便在第一個不符合處停止執行。

4. 如果使用下列敘述式來讀取檔案：

**表 9.11　fscanf 函式的格式轉換說明符**

| 說明符 | 說明 |
| --- | --- |
| %c | 讀取單一字元，這個說明符讀取任何字元，包括空格字元、換行字元等。 |
| %d | 讀取一個十進數（忽略空格）。 |
| %e %f %g | 讀取一個浮點數（忽略空格）。 |
| %i | 讀取一個帶正負號整數（忽略空格）。 |
| %s | 讀取一個字元字串，這個字串的結尾是空格，或者其他特殊字元，像換行字元。 |

```
[z, count] = fscanf(fid,'%d.%d',[1 Inf]);
```

則變數 z 將變成一個列向量 [10 0 20 0 30 0 40 0]，而且 count 值將為 8。這是因為小數點符合格式轉換說明符的形式，而小數點兩端的數字被當成個別的整數。

5. 現在嘗試以單獨字元來讀取檔案，如果使用下列敘述式來讀取檔案：

   ```
   [z, count] = fscanf(fid,'%c');
   ```

   則變數 z 將變成一個列向量，包含檔案中的每個字元，甚至包含所有的空格及換行字元。變數 count 將會等於檔案中的字元個數。

6. 最後，我們嘗試以字元字串來讀取檔案，如果使用下列敘述式來讀取檔案：

   ```
   [z, count] = fscanf(fid,'%s');
   ```

   則變數 z 將是一個列向量，包含 20 個字元 10.0020.0030.0040.00，而且 count 為 4，這是因為字串說明符忽略空白字元，而此函式在檔案裡，找到四個個別的字串。

### 9.6.6 fgetl 函式

fgetl 函式從檔案中讀取下一行的字元（除了結束字元之外）當成一個字元字串。其形式為：

```
line = fgetl(fid)
```

其中 fid 是被讀取資料檔案的檔案 id，而 line 為接收資料的字元陣列。如果 fgetl 遇到檔案的結尾，則 line 值會設定成 –1。

### 9.6.7 fgets 函式

fgets 函式從檔案中讀取下一行的字元（包含結束字元）當成一個字元字串。其形式為：

```
line = fgets(fid)
```

其中 fid 是被讀取資料檔案的檔案 id，而 line 為接收資料的字元陣列。如果 fgets 遇到檔案的結尾，則 line 值會設定成 –1。

## 9.7 比較格式化與二進位 I/O 函式

執行格式化 I/O 會產生格式化的檔案。一個**格式化的檔案**（formatted file）包含了一些可辨識字元、數字等等，並以一般的文字方式儲存。這些檔案很容易辨識，因為當檔案顯示在螢幕上或列印在印表機時，我們可以看見其中的字元及數字。然而，為了使用在格式化檔案裡的資料，MATLAB 程式需要把檔案中的字元轉換成在電腦上使用的內部資料格式，而格式轉換說明符就是提供格式轉換所需的指令。

格式化的檔案擁有許多優點，使我們能立即看見檔案裡資料的種類，並且使得不同類型的程式間進行資料交換更加方便。然而，格式化的檔案也存在一些缺點。程式必須花費很多時間，處理數字在電腦內部表示方式與檔案中字元的轉換。如果我們再把資料讀回其他的 MATLAB 程式，這類轉換的工作算是沒有意義的浪費。此外，在電腦內部表示的數字，通常比在格式化檔案裡所表示的相同數字，要節省更多空間。舉例來說，一個 64 位元的浮點數值，需要 8 個位元組的空間來儲存。而相同數值在格式化檔案裡的字元描述為 ±d.ddddddddddddddE±ee，共需要 21 個位元組的空間（一個字元需一個位元組）。因此以字元格式來儲存資料，不僅沒有效率，而且浪費磁碟空間。

**非格式化檔案（或二進位檔案）**（unformatted files or binary files）則克服了上述的缺點，因為非格式化檔案可以直接從電腦記憶體內，把資料複製到磁碟檔案中，而不需要任何轉換。因為沒有轉換的需要，所以不需花費電腦的時間進行資料的格式化。也因為不需資料轉換，二進位 I/O 的速度會比格式化 I/O 更為快速。此外，二進位 I/O 的資料也使用更少的磁碟空間。但從另一方面來看，非格式化的資料不能被使用者直接閱讀，而且它也不能在不同類型的電腦間交換資料，因為不同類型的電腦通常使用不同的方式，來表示整數與浮點數的數值。

表 9.12 為格式化與非格式化檔案的比較。一般來說，格式化的檔案資料較適用於需要讓人們檢視的資料，或是需要在不同的電腦程式之間交換資料。而非格式化的檔案較適用於儲存不需要人們檢視的資料，而且是在相同類型的電腦上所產生與使用的資料。在相同的情形下，非格式化的檔案執行速度較快，而且占有較少的磁碟空間。

**表 9.12　比較格式化與非格式化的檔案**

| 格式化檔案 | 非格式化檔案 |
|---|---|
| 能在輸出裝置上顯示資料。 | 不能在輸出裝置上顯示資料。 |
| 能在不同電腦之間輕易地傳遞資料。 | 不能在不同電腦之間輕易地傳遞資料。 |
| 需要相對多的磁碟空間。 | 需要相對少的磁碟空間。 |
| 速度慢：需要很多的電腦執行時間。 | 速度快：需要很少的電腦執行時間。 |
| 在格式化過程中，容易產生截尾或捨入誤差。 | 不會產生截尾或捨入誤差。 |

**良好的程式設計**

格式化檔案，適用於需要讓人們檢視的資料，或須在不同類型電腦間傳遞的資料。而非格式化檔案，則可以有效儲存不需讓人們檢視，以及在相同電腦類型內執行的大筆資料。此外，當 I/O 執行的速度很重要時，請你使用非格式化檔案，以增進程式執行速度。

## 9.8 檔案定位與狀態函式

如前面所述，MATLAB 檔案是依序從檔案的第一筆記錄讀取到最後一筆記錄。然而，我們有時候會需要重複讀取檔案中的某個片段，或需要在程式裡重複處理整個檔案。我們又如何能在檔案的連續資料裡跳過某些不需要的片段呢？

MATLAB 函式 `exist` 可在開啟檔案之前，判定該檔案是否存在。當開啟檔案後，有兩個函式 `feof` 與 `ftell` 可以告訴我們在檔案裡的位置。此外，還有兩個函式 `frewind` 與 `fseek` 可以幫助我們在檔案裡前後移動。

最後，MATLAB 還有一個函式 `ferror`，這個函式它可以詳細敘述發生 I/O 錯誤的原因。我們現在將探索這五個函式，首先介紹 `exist` 函式。

### 9.8.1 exist 函式

MATLAB 函式 `exist` 可以在工作區裡檢查某個變數是否存在，它也可以在 MATLAB 的搜尋路徑中檢查某個內建函式，或是某個檔案的存在。`exist` 函式的形式為：

```
ident = exist('item');
ident = exist('item','kind');
```

如果 `'item'` 存在，則這個函式將根據它的類型傳回一個值。表 9.13 中列出可能的結果。

**表 9.13 由 exist 函式傳回的值**

| 數值 | 意義 |
|---|---|
| 0 | 找不到物件。 |
| 1 | 物件是目前工作區內的變數。 |
| 2 | 物件是一個 M 檔案，或是一個未知型態的檔案。 |
| 3 | 物件是一個 MEX 檔案。 |
| 4 | 物件是一個 MDL 檔案。 |
| 5 | 物件是一個內建函式。 |
| 6 | 物件是一個 P 檔案。 |
| 7 | 物件是一個目錄。 |
| 8 | 物件是一個 Java 類別。 |

exist 函式的第二種形式，可以對某種指定的類型，限制其搜尋的項目。合法的類型有 'var'、'file'、'builtin' 及 'dir'。

exist 函式非常重要，因為我們能在使用 fopen 函式覆寫檔案前，以 exist 函式檢查該檔案是否存在。當使用屬性 'w' 和 'w+' 開啟檔案時，會刪除現存檔案的內容。當 fopen 函式被用來刪除某個現存檔案前，使用者應該被徵詢該檔案是否真的需要被刪除。

### 例 9.2　開啟一個輸出檔案

下面的程式，將會要求使用者填寫輸出檔案的名稱，並檢查該檔案是否存在。如果該檔案存在，程式將會檢查使用者是否想刪除現存的檔案，或是只在檔案內增加新的資料。如果檔案不存在，則程式直接開啟輸出檔案。

```
%  Script file: output.m
%
%  Purpose:
%    To demonstrate opening an output file properly.
%    This program checks for the existence of an output
%    file. If it exists,the program checks to see if
%    the old file should be deleted, or if the new data
%    should be appended to the old file.
%
%  Record of revisions:
%      Date       Programmer          Description of change
%      ====       ==========          =====================
%    03/24/18   S. J. Chapman         Original code
%
% Define variables:
%   fid          -- File id
%   out_filename -- Output file name
%   yn           -- Yes/No response

% Get the output file name.
out_filename = input('Enter output filename: ','s');

% Check to see if the file exists.
if exist(out_filename,'file')

   % The file exists
   disp('Output file already exists.');
   yn = input('Keep existing file? (y/n) ','s');

   if yn == 'n'
      fid = fopen(out_filename,'wt');
```

```
    else
        fid = fopen(out_filename,'at');
    end

else

    % File doesn't exist
    fid = fopen(out_filename,'wt');

end

% Output data
fprintf(fid,'%s\n',date);

% Close file
fclose(fid);
```

程式執行的結果是：

```
» output
Enter output filename: xxx                （不存在的檔案）
» type xxx

23-Mar-2018

» output
Enter output filename: xxx
Output file already exists.
Keep existing file? (y/n) y               （保存現有檔案）
» type xxx

23-Mar-2018
23-Mar-2018                               （注意已加入新資料）

» output
Enter output filename: xxx
Output file already exists.
Keep existing file? (y/n) n               （取代現有檔案）
» type xxx

23-Mar-2018
```

這個程式看起來在所有的情況下運作正常。

**良好的程式設計**

在沒有確認使用者是否想要刪除已經存在的資訊之前，請不要直接覆寫該輸出檔案。

### 9.8.2 ferror 函式

MATLAB 的 I/O 系統具有一些內部變數，其中很特殊的一個是與每個開啟檔案有關的錯誤指示器（error indicator）。這個錯誤指示器會在每次操作 I/O 時被自動更新。ferror 函式可以取得該錯誤指示器，並將其轉換成容易了解的文字訊息。ferror 函式的形式為：

```
message = ferror(fid)
message = ferror(fid,'clear')
[message,errnum] = ferror(fid)
```

這個函式會傳回與 fid 有關檔案的最新錯誤訊息（以及非必要的錯誤編號）。我們可以在任何 I/O 動作之後，隨時呼叫該函式，以取得發生錯誤的詳細資訊。如果該函式在某次成功的 I/O 之後被呼叫，則產生的訊息將是 '..'，而且其錯誤編號將會是 0。

引數 'clear' 可以為某個特定的檔案 id 清除其錯誤指示器。

### 9.8.3 feof 函式

feof 函式測試目前的檔案位置是否在檔案的結尾處。feof 函式形式為：

```
eofstat = feof(fid)
```

如果目前的檔案位置在檔案的結尾，這個函式會傳回邏輯 true 值 (1)，否則會傳回邏輯 false 值 (0)。

### 9.8.4 ftell 函式

針對由 fid 指定的檔案，ftell 函式傳回該檔案位置指示器目前的位置。而該位置為一個非負整數，代表從該檔案開始的位元組數。如果位置指示器傳回值為 –1，代表查詢位置的操作是失敗的。如果發生這種情形，請使用 ferror 函式查詢失敗的原因。ftell 函式的形式是：

```
position = ftell(fid)
```

### 9.8.5 frewind 函式

frewind 函式允許程式設計者，重新設定某個檔案的位置指示器，並回復到檔案起始的位置。frewind 函式的形式是：

```
frewind(fid)
```

這個函式不會傳回狀態資訊。

### 9.8.6 fseek 函式

fseek 函式允許程式設計者，重新設定某個檔案的位置指示器，使其成為檔案裡的任意位置。fseek 函式的形式為：

```
status = fseek(fid,offset,origin)
```

這個函式以相對於 origin（原點）指定的 offest（推移）個位元組，重新定位 fid 檔案內之檔案位置指示器。offest 是以位元組做為計量單位，如為一正整數，則向檔案的後端移動，若為一負整數，則向檔案的前端移動。origin 是下列三個之一的字串：

- 'bof' ——檔案的起始位置（beginning of the file）。
- 'cof' ——檔案的目前位置（current position of the file）。
- 'eof' ——檔案的尾端（end of the file）。

如果函式的操作是成功的，則傳回的 status 值為 0。如果函式的操作失敗，便傳回值為 –1；在這種情形下，請使用 ferror 函式查詢失敗的原因。

考慮下列使用 fseek 與 ferror 函式的例子。

```
[fid,msg] = fopen('x','r');
status = fseek(fid,-10,'bof');
if status ~= 0
   msg = ferror(fid);
   disp(msg);
end
```

這些指令會開啟一個檔案，並嘗試設定檔案開始前端 10 個位元組的檔案指示器。因為這是不可能的，所以 fseek 函式將傳回值為 –1，而 ferror 函式將收到一個適當的錯誤訊息。在執行這些敘述式後，其結果是一個提供資訊的錯誤訊息：

```
Offset is bad - before beginning-of-file.
```

## 例 9.3　以一直線擬合含有雜訊的量測資料

我們已在範例 5.6 學習如何以一條直線擬合一組含有雜訊的量測數據 $(x, y)$。此直線的形式為：

$$y = mx + b \tag{9.1}$$

找出迴歸係數 $m$ 與 $b$ 的標準方法，便是最小平方法。這個方法之所以稱為「最小平方法」，是因為其所產生的直線 $y = mx + b$，使得量測值與預估值差距的平方和為最小。最小平方擬合線的斜率為：

$$m = \frac{\left(\sum xy\right) - \left(\sum x\right)\bar{y}}{\left(\sum x^2\right) - \left(\sum x\right)\bar{x}} \tag{9.2}$$

而最小平方擬合線與 $y$ 軸的截距為：

$$b = \bar{y} - m\bar{x} \tag{9.3}$$

其中

$\sum x$ 為 $x$ 值的總和
$\sum x^2$ 為 $x$ 值平方的總和
$\sum xy$ 為對應 $x$ 與 $y$ 值的乘積總和
$\bar{x}$ 為 $x$ 的平均值
$\bar{y}$ 為 $y$ 的平均值

對給定的雜訊量測資料數據 $(x, y)$，請編寫一個能計算其最小平方擬合線的斜率，及其 $y$ 軸截距 $b$ 的程式，這些資料點需要從輸入資料的檔案裡讀取。

◈ 解答

1. 敘述問題

計算斜率 $m$ 與截距 $b$，使其能對一組任意點數的 $(x, y)$ 資料集計算出最小平方擬合線。輸入資料 $(x, y)$ 存在於使用者定義的輸入檔案內。

2. 定義輸入與輸出

程式的輸入是實數資料點 $(x, y)$。每一對資料點將置於輸入磁碟檔案的一行，而且我們事先不知磁碟檔案的資料點個數。

程式的輸出是最小平方擬合線的斜率與截距，以及資料點個數。

3. 設計演算法

這個程式可以細分為四個主要步驟：

取得輸入檔案的名稱並開啟檔案

累積輸入統計值
計算斜率與截距
輸出斜率與截距

程式的第一個主要步驟，是取得輸入檔案的名稱並開啟檔案。我們必須提示使用者鍵入輸入的檔案名稱。當檔案開啟後，我們必須檢查開啟檔案是否成功。接著我們讀取檔案，並記錄所輸入的數值，及統計值總和 $\sum x$、$\sum y$、$\sum x^2$ 及 $\sum xy$。這些步驟的虛擬碼是：

```
Initialize n, sum_x, sum_x2, sum_y, and sum_xy to 0
Prompt user for input file name
Open file 'filename'
Check for error on open
if no error
   Read x, y from file 'filename'
   while not at end-of-file
      n ← n + 1
      sum_x ← sum_x + x
      sum_y ← sum_y + y
      sum_x2 ← sum_x2 + x^2
      sum_xy ← sum_xy + x*y
      Read x, y from file 'filename'
   end
   (further processing)
end
```

接下來，我們必須計算最小平方擬合線的斜率與截距，也就是方程式 (9.2) 與 (9.3) 的虛擬碼。

```
x_bar ← sum_x / n
y_bar ← sum_y / n
slope ← (sum_xy - sum_x*y_bar) / (sum_x2 - sum_x*x_bar)
y_int ← y_bar - slope * x_bar
```

最後，我們必須輸出結果。

```
Write out slope 'slope' and intercept 'y_int'.
```

4. **把演算法轉換成 MATLAB 敘述**

完成的 MATLAB 程式顯示如下：

```
%  Script file: lsqfit.m
%
%  Purpose:
%    To perform a least-squares fit of an input data set
%    to a straight line, and print out the resulting slope
```

```
%     and intercept values. The input data for this fit
%     comes from a user-specified input data file.
%
%  Record of revisions:
%      Date          Programmer           Description of change
%      ====          ==========           =====================
%    03/24/18      S. J. Chapman          Original code
%
% Define variables:
%   count        -- number of values read
%   filename     -- Input file name
%   fid          -- File id
%   msg          -- Open error message
%   n            -- Number of input data pairs (x,y)
%   slope        -- Slope of the line
%   sum_x        -- Sum of all input X values
%   sum_x2       -- Sum of all input X values squared
%   sum_xy       -- Sum of all input X*Y values
%   sum_y        -- Sum of all input Y values
%   x            -- An input X value
%   x_bar        -- Average X value
%   y            -- An input Y value
%   y_bar        -- Average Y value
%   y_int        -- Y-axis intercept of the line

% Initialize sums
n = 0; sum_x = 0; sum_y = 0; sum_x2 = 0; sum_xy = 0;

% Prompt user and get the name of the input file.
disp('This program performs a least-squares fit of an');
disp('input data set to a straight line. Enter the name');
disp('of the file containing the input (x,y) pairs: ');
filename = input(' ','s');

% Open the input file
[fid,msg] = fopen(filename,'rt');

% Check to see if the open failed.
if fid < 0

   % There was an error--tell user.
   disp(msg);

else

   % File opened successfully. Read the (x,y) pairs from
   % the input file. Get first (x,y) pair before the
   % loop starts.
```

```
    [in,count] = fscanf(fid,'%g %g',2);

    while ~feof(fid)
       x = in(1);
       y = in(2);
       n      = n + 1;                    %
       sum_x  = sum_x + x;                % Calculate
       sum_y  = sum_y + y;                %   statistics
       sum_x2 = sum_x2 + x.^2;            %
       sum_xy = sum_xy + x * y;           %

       % Get next (x,y) pair
       [in,count] = fscanf(fid,'%f',[1 2]);

    end

    % Close the file
    fclose(fid);

    % Now calculate the slope and intercept.
    x_bar = sum_x / n;
    y_bar = sum_y / n;
    slope = (sum_xy - sum_x*y_bar) / (sum_x2 - sum_x*x_bar);
    y_int = y_bar - slope * x_bar;

    % Tell user.
    fprintf('Regression coefficients for the least-squares line:\n');
    fprintf(' Slope (m)       = %12.3f\n',slope);
    fprintf(' Intercept (b) = %12.3f\n',y_int);
    fprintf(' No of points    = %12d\n',n);

end
```

5. **測試程式**

我們將使用一組簡單的資料集來測試這個程式。舉例來說，如果輸入的資料集內，每個點實際上皆分布在一條直線上，則計算出的斜率及截距應該就是此直線的斜率及截距。因此我們使用以下的資料集：

```
1.1  1.1
2.2  2.2
3.3  3.3
4.4  4.4
5.5  5.5
6.6  6.6
7.7  7.7
```

應該會產生 1.0 的斜率與 0.0 的截距。如果我們把這些數值存放在名為 input1 的檔案裡，然後執行這個程式，其結果為：

```
» lsqfit
This program performs a least-squares fit of an
input data set to a straight line. Enter the name
of the file containing the input (x,y) pairs:
 input1
Regression coefficients for the least-squares line:
   Slope (m)       = 1.000
   Intercept (b)  = 0.000
   No of points   =     7
```

現在讓我們在量測資料裡加上雜訊。這組資料變成

```
1.1  1.01
2.2  2.30
3.3  3.05
4.4  4.28
5.5  5.75
6.6  6.48
7.7  7.84
```

如果這些數值存放在名為 input2 的檔案裡，然後執行程式，則結果變為：

```
» lsqfit
This program performs a least-squares fit of an
input data set to a straight line. Enter the name
of the file containing the input (x,y) pairs:
input2
Regression coefficients for the least-squares line:
   Slope (m)       =    1.024
   Intercept (b)  =  -0.120
   No of points   =       7
```

如果我們親自計算答案，將發現這個程式提供了正確的答案，圖 9.2 中顯示了最小平方擬合線，以及含有雜訊的資料點。

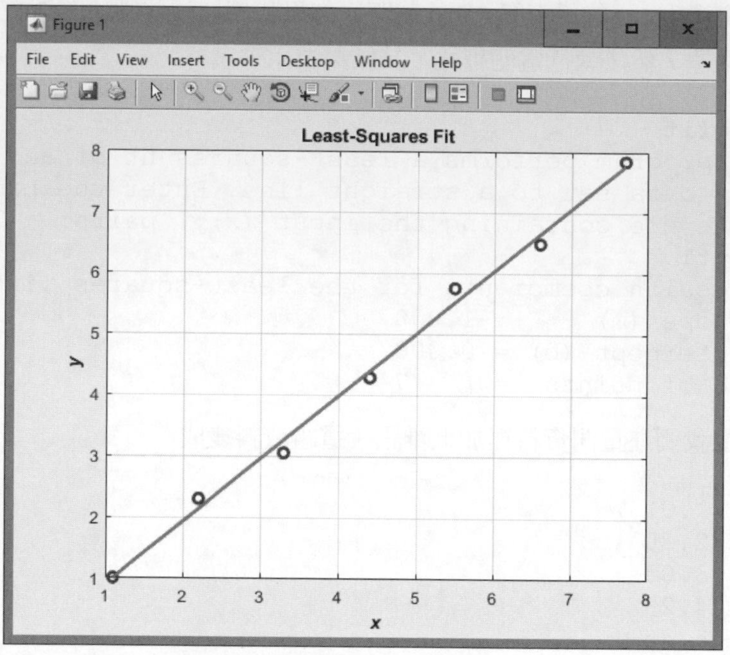


圖 9.2 含有雜訊的資料點，與其最小平方擬合線。

## 9.9 textscan 函式

textscan 函式可讀取被格式化成欄位資料的文字檔，而每欄資料可以是不同的類型，textscan 並可將所讀取的內容，存入單元陣列（cell array）的欄位中。這個函式對於輸入由其他應用程式所輸出的表格非常有用，它基本上與 textread 函式相似，但更為快速且更有彈性。

textscan 函式的形式為：

```
a = textscan(fid, 'format')
a = textscan(fid, 'format', N)
a = textscan(fid, 'format', param, value, ...)
a = textscan(fid, 'format', N, param, value, ...)
```

其中 fid 是已經使用 fopen 函式開啟檔案的檔案 id，format 則是包含每欄資料類型敘述的字串，n 是使用格式說明符的次數（如果 n 為 –1 或者沒有指定，函式會讀到檔案的尾端）。格式字串包含與 fprintf 函式相同類型的格式描述符。請注意此函式只有一個輸出引數，所有的數值將會傳至單元陣列。而此單元陣列將包含一群元素，其個數將等於格式描述符所讀取的次數。

舉例來說，假設 test_input1.dat 檔案包含下列資料：

```
James    Jones    O+    3.51    22    Yes
Sally    Smith    A+    3.28    23    No
Hans     Carter   B-    2.84    19    Yes
Sam      Spade    A+    3.12    21    Yes
```

這一筆資料可以使用以下的函式讀入一個單元陣列之內：

```
fid = fopen('test_input1.dat','rt');
a = textscan(fid,'%s %s %s %f %d %s',-1);
fclose(fid);
```

執行這個指令的結果為：

```
» fid = fopen('test_input1.dat','rt');
» a = textscan(fid,'%s %s %s %f %d %s',-1)
a =
    {4x1 cell}  {4x1 cell}  {4x1 cell}   [4x1 double]
    [4x1 int32]     {4x1 cell}
» a{1}
ans =
      'James'
      'Sally'
      'Hans'
      'Sam'
» a{2}
ans =
      'Jones'
      'Smith'
      'Carter'
      'Spade'
» a{3}
ans =
      'O+'
      'A+'
      'B-'
      'A+'
» a{4}
ans =
      3.5100
      3.2800
      2.8400
      3.1200
» fclose(fid);
```

這個函式也能跳過選擇的欄位，其做法是在相對應的格式描述符內加上一個星號（如：%*s）。下列的敘述式只會從檔案中讀取名字、姓氏及 gpa：

```
fid = fopen('test_input1.dat','rt');
a = textscan(fid,'%s %s %*s %f %*d %*s',-1);
fclose(fid);
```

textscan 函式與 textread 函式相似，但更有彈性且更為快速。textscan 函式的優點包括：

1. textscan 的執行效能較 textread 為高，所以當需要讀取大型檔案時，這是一個更好的選擇。
2. 你可以使用 textscan 從檔案的任何位置開始讀取。在使用 fopen 開啟檔案後，你可以使用 fseek 移動到檔案裡的任何位置，並從該位置開始使用 textscan。而 textread 函式則必須從檔案的起始位置開始讀取資料。
3. 後續的 textscan 運作可以由前一個 textscan 停止的地方開始讀取。而無論之前 textread 如何運作，textread 總是從檔案的開頭讀取資料。
4. 無論你讀取了多少欄位，textscan 只會傳回一個單元陣列（single-cell array）。使用 textscan，不需要確定輸出引數的個數與讀取的欄位個數是否相符。而使用 textread 時，這個條件是必須符合的。
5. textscan 函式對於轉換所讀取的資料，提供了更多的選擇性。

textscan 函式提供了許多附加的選項，以增加函式使用的彈性。請參考 MATLAB 的線上文件，以獲得更多選項的細節。

**良好的程式設計**

**當你需要輸入欄位格式的文字資料時，例如從其他語言所寫的程式輸出資料，或是從其他應用程式輸出的資料（如試算表），請優先使用 textscan 函式而少用 textread 函式。**

## 9.10 uiimport 函式

uiimport 函式是以使用者圖形介面為基礎的方式，從檔案或是剪貼簿內來輸入資料。這個指令的形式為：

```
uiimport
structure = uiimport;
```

在第一種情況下，輸入資料可以直接出現在 MATLAB 現行工作區內。而在第二種情況下，資料將被轉換成結構，並儲存在變數 structure 內。

當 uiimport 指令被鍵入時，輸入精靈（Import Wizard）會顯示在一個視窗內（圖 9.3）。然後使用者便能選擇想要輸入的檔案，並挑選該檔案裡的部分資料。這指令支

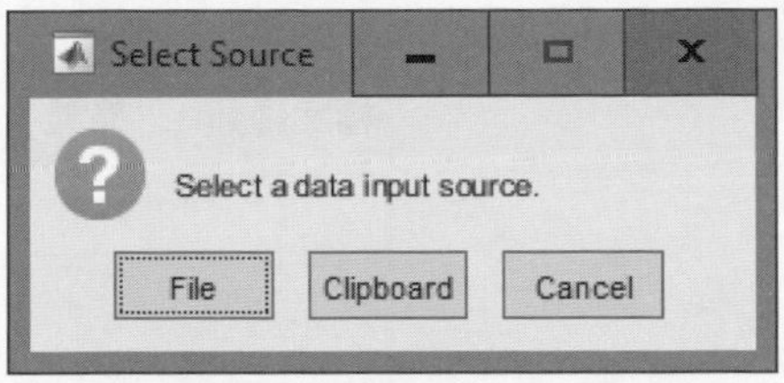


(a) 輸入精靈首先提示使用者選擇一個資料輸入來源。

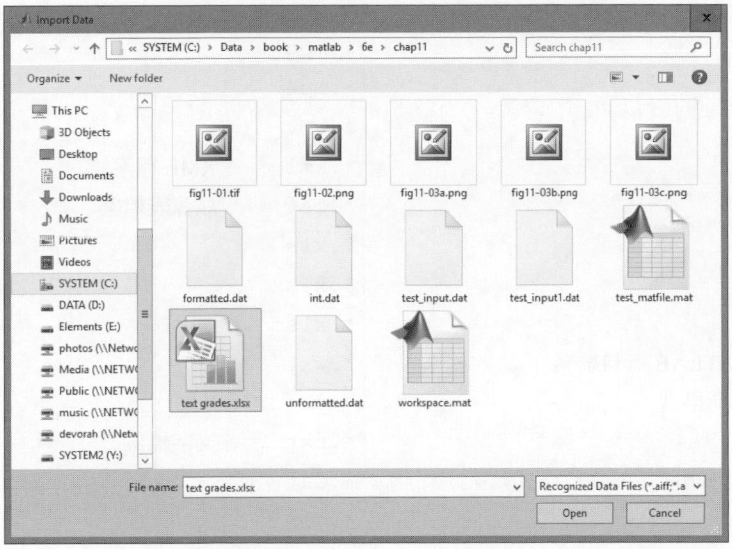


(b) 輸入精靈在一個檔案被選定之後但還沒載入之前。

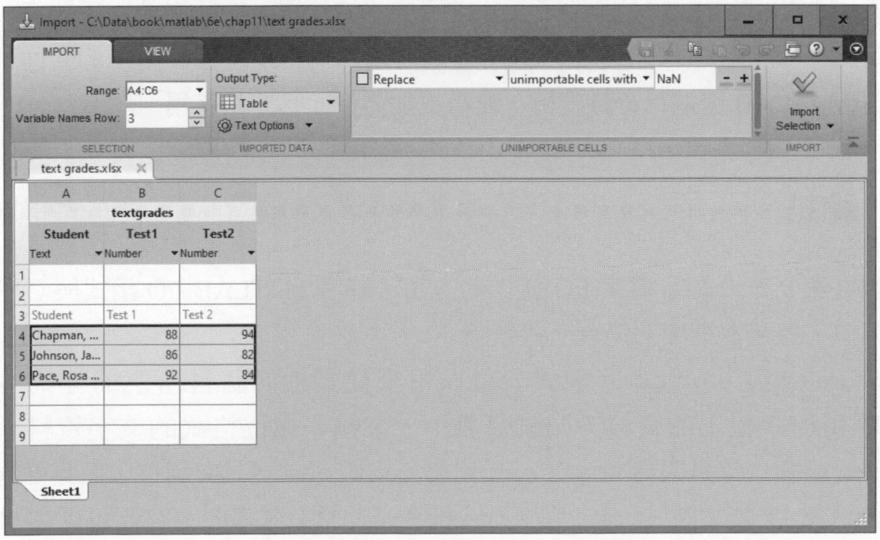


(c) 選定一個資料檔案後，產生了一個或多個資料陣列，使用者可以檢視它們的內容。接下來使用者可以選擇需要輸入的資料陣列，然後點選 “Import Selection”。

**圖 9.3**　使用 `uiimport` 函式。

表 9.14　一些 uiimport 函式所支援的檔案格式

| 檔案種類 | 意義 | 檔案種類 | 意義 |
|---|---|---|---|
| *.gif | 影像檔案 | *.flac | |
| *.jpg | | *.ogg | |
| *.jpeg | | *.snd | |
| *.jp2 | | *.wav | |
| *.jpf | | *.avi | 影片檔案 |
| *.jpx | | *.mov | |
| *.j2c | | *.mpg | |
| *.j2k | | *.mp4 | |
| *.ico | | *.wmv | |
| *.png | | *.xml | XML 檔案 |
| *.pcx | | *.csv | 試算表檔案 |
| *.tif | | *.xls | |
| *.tiff | | *.xlsx | |
| *.bmp | | *.xlsm | |
| *.mat | MATLAB 資料檔案 | *.wk1 | |
| *.cur | 游標格式 | | |
| | | *.txt | 文字檔案 |
| *.hdf | 具階層體系的資料格式檔案 | *.dat | |
| *.h5 | | *.dlm | |
| *.au | 聲音檔案 | *.tab | |

援許多不同的格式，表 9.14 提供了部分支援格式的清單。除此之外，只要資料被儲存在剪貼簿內，我們幾乎可以從任何應用程式裡輸入資料。這種使用上的彈性，使得輸入資料到 MATLAB 裡進行資料分析，變得更加方便而且非常有用。

## 9.11 總結

我們在第 9 章介紹了檔案 I/O 運作的方法。許多 MATLAB I/O 函式與 C 語言的函式非常類似，但是在細節上仍有一些差別。

textread 與 textscan 函式，可以用來從其他的語言所寫的程式中，或是從其他應用程式輸出的資料（如試算表），來輸入欄位格式的文字資料。請使用 textscan 函式，這是因為 textscan 比起 textread 更具有彈性，而且更為快速。

在使用 MAT 檔案時，load 與 save 指令是非常有效率的，它們可以在 MATLAB 的程式之間傳遞資料，並充分保持完整的精確度、資料型態以及所有變數的全域特性。除非需要與其他應用程式分享資料，或是需具備對使用者的可讀性，否則 MAT 檔案應該是 I/O 方法裡的首選。

MATLAB 有兩種類型的 I/O 敘述，即二進位與格式化敘述。二進位的 I/O 敘述是用來存取非格式化的檔案資料，而格式化 I/O 敘述則是用來存取格式化檔案的資料。

MATLAB 使用 fopen 函式開啟檔案，並使用 fclose 函式關閉檔案。二進位的讀寫，是使用 fread 與 fwrite 函式；而格式化的讀寫，則是使用 fscanf 與 fprintf 函式。fgets 與 fgetl 函式只是將格式化檔案裡的一列文字轉換成一個字元字串。

exist 函式可以在開啟檔案前，確定該檔案是否存在。這可以確保現存的資料不會因意外的情況而被錯誤地覆寫。

使用 frewind 與 fseek 函式可以幫助我們在磁碟檔案裡面移動讀寫頭的位置。frewind 函式可以將目前的檔案位置移到檔案的開頭，而 fseek 函式則可以移動目前的檔案位置，到某個參考位置的前幾個或後幾個位元組所指定的位置。參考位置可以是目前的檔案位置、檔案的起始位置或是檔案的尾端。

MATLAB 包括一個人機介面的工具稱為 uiimport，這個工具允許使用者從其他程式所建立各種廣泛不同格式的檔案，匯入資料到 MATLAB 裡面。

## MATLAB 總結

下列表格總結所有在本章所描述過的 MATLAB 指令及函式，並附加一段簡短的敘述，提供讀者參考。

| 指令與函式 | |
|---|---|
| exist | 檢查檔案是否存在 |
| fclose | 關閉檔案 |
| feof | 測試檔案的結尾 |
| ferror | 測試檔案 I/O 錯誤狀態 |
| fgetl | 從檔案讀取一列文字，忽略換行字元 |
| fgets | 從檔案讀取一列文字，保持換行字元 |
| fopen | 開啟檔案 |
| fprintf | 寫入格式化資料到檔案裡 |
| fread | 從檔案裡讀取二進位資料 |
| frewind | 回轉檔案 |
| fscanf | 從檔案裡讀取格式化的資料 |
| fseek | 設定檔案位置 |
| ftell | 檢查檔案位置 |
| fwrite | 寫入二進位資料到檔案裡 |
| sprintf | 將格式化資料寫入字元字串 |
| textread | 從文字檔案裡，讀取以欄位格式排列的不同類型資料，並在每欄中分別儲存資料到個別變數裡 |

| | |
|---|---|
| `textscan` | 從文字檔案裡，讀取以欄位格式排列的不同類型資料，並儲存資料到單元陣列裡 |
| `uiimport` | 啟動人機介面工具以輸入資料 |

## 9.12 習題

9.1 二進位與格式化 I/O 有什麼地方不同？哪些 MATLAB 函式可以執行個別類型的 I/O？

9.2 **對數表。**請編寫一個 MATLAB 程式，以產生在 1 到 10 之間，間隔為 0.1，且基底為 10 的對數表。這個對數表必須在新的頁面產生，而且要包含描述表格內容的標題，以及行列的名稱。這個表格必須如同以下的表格般排列。

| | X.0 | X.1 | X.2 | X.3 | X.4 | X.5 | X.6 | X.7 | X.8 | X.9 |
|---|---|---|---|---|---|---|---|---|---|---|
| 1.0 | 0.000 | 0.041 | 0.079 | 0.114 | ... | | | | | |
| 2.0 | 0.301 | 0.322 | 0.342 | 0.362 | ... | | | | | |
| 3.0 | ... | | | | | | | | | |
| 4.0 | ... | | | | | | | | | |
| 5.0 | ... | | | | | | | | | |
| 6.0 | ... | | | | | | | | | |
| 7.0 | ... | | | | | | | | | |
| 8.0 | ... | | | | | | | | | |
| 9.0 | ... | | | | | | | | | |
| 10.0 | ... | | | | | | | | | |

9.3 請編寫一個 MATLAB 程式，從一天的開始以秒來讀取時刻（這個數值會落在 0 到 86400 之間），並且列印一個字元字串來包含這個時刻值。請使用 24 小時的時制，並以 `HH:MM:SS` 的形式表示。使用適當的格式轉換，以確保在 `MM` 和 `SS` 的欄位裡能出現足夠的零。同時檢查輸入的秒數是合理的值。如果輸入不合理的秒數時，也請輸出一個適當的錯誤訊息。

9.4 **重力加速度。**在地球表面上任一高度 ，由地球重力所產生的加速度，可以表示如下：

$$g = -G\frac{M}{(R+h)^2} \tag{9.4}$$

其中 $G$ 為重力常數（$6.672 \times 10^{-11}$ N m$^2$/kg$^2$），$M$ 為地球質量（$5.98 \times 10^{24}$ kg），$R$ 是地球平均半徑（6371 km），$h$ 為在地球的表面以上的高度。如果 $M$ 以公斤測量，而 $R$ 與 $h$ 以公尺測量，則產生的加速度將是以公尺／秒平方（m/s$^2$）來表示。請編寫一個程式，計算在地球的表面以上，從 0 公里到 40,000 公里，每間隔 500 公里，由地球重力所產生的加速度。以高度對加速度的關係，在表格裡列印出適當的結果，並標示正確的標題，包括輸出值的單位。也請一併畫出計算結果的圖形。

9.5 在範例 9.3 的程式，示範了如何使用格式化的 I/O 指令，從磁碟裡讀取 $(x, y)$ 資料對。然而，這也可以使用 `load -ascii` 函式來達成。請重寫這個程式，使用 `load` 函式，而非使用格式化的 I/O 函式。並測試你重新編寫的程式，以確認它的答案與範例 9.3 的計算答案相同。

9.6 重寫範例 9.3 的程式，請使用 `textread` 函式來代替格式化 I/O 函式。

9.7 重寫範例 9.3 的程式，使用 `textscan` 函式來代替格式化 I/O 函式。比較使用 `textscan` 函式，與使用 `textread` 函式、`load -ascii` 函式、及格式化的 I/O 函式來編寫程式，何者較為困難？

9.8 請編寫一個程式，可以從使用者定義的輸入資料檔案中，讀取任意數目的實數，並捨入其值到最接近的整數，然後把這些整數輸出到使用者定義的輸出檔案。先確定輸入檔案是否存在，如果不存在，告訴使用者，並要求使用者提供另一個輸入檔案。如果輸出檔案已經存在，詢問使用者是否要刪除這個檔案；如果使用者不想刪除這個檔案，提示使用者提供另一個不同的輸出檔案名稱。

9.9 **正弦與餘弦表。**請編寫一個程式，產生包含 $\sin\theta$ 與 $\cos\theta$，從 $0°$ 到 $90°$ 間，每個間隔 $1°$ 的表格。這個程式必須為這個表格的每個欄位加上適當的標題。

9.10 檔案 `int.dat` 裡包含了 25 個以 `'int8'` 格式表示的整數。請編寫一個程式，使用 `fread` 函式讀取這些數值到一個單精度陣列。

9.11 **利息計算。**假設你在當地的銀行裡，有一筆金額總額為 $P$ 存放在一個生息的帳戶裡（$P$ 代表目前的存款總值）。如果銀行以每年百分之 $i$ 的利率，複利支付你每個月的利息，在 $n$ 個月之後，你擁有的金錢數目，將可由下列的方程式計算：

$$F = P\left(1+\frac{i}{1200}\right)^n \tag{9.5}$$

其中 $F$ 為帳戶的未來金額，$\frac{i}{12}$ 是每個月的百分比利率（加在分母的額外因子 100，是為了將百分比轉換成比值表示）。請編寫一個 MATLAB 程式，以讀取最初的金額 $P$ 與年利率 $i$，並計算輸出一個表格，以顯示未來五年每個月的帳戶金額。表格必須寫入一個輸出檔案（稱為 `'interest'`）裡。並請記得為你的表格加上適當的標記。

9.12 請編寫一個程式，可從輸入資料檔案中讀取一組整數，並從資料檔案裡找出最大值與最小值。列印最大值與最小值，並加上它們在檔案中所對應的位置。假設在讀取檔案之前，你並不知道檔案中有多少數值。

9.13 **平均值。**在習題 5.39 中，我們編寫了一個 MATLAB 程式，用來計算一組數字的算術平均數（平均值）、均方根平均（數）、幾何平均數及調和平均數。請修改那個程式，使其可以從輸入資料檔案裡，讀取任意數目的數值，並計算這些數值所有的平均數。把下列的數值，輸入到資料檔案裡面，並使用這個資料檔案來測試執行這個程式：1.0、2.0、5.0、4.0、3.0、2.1、4.7、3.0。

9.14 **轉換弧度為度／分／秒**。角度經常使用度（°）、分（'）、秒（"）來測量，其中一個圓為 360 度，1 度為 60 分，而且 1 分為 60 秒。請編寫一個程式，可以從輸入磁碟檔案裡，讀取一些以弧度表示的角度，並且將這些角度轉換成以度、分、秒表達的形式。把下列四個以弧度表示的角度，存入輸入檔案裡面，並使用程式讀取這個檔案，以測試你的程式：0.0、1.0、3.141593、6.0。

9.15 在你的電腦上，使用其他的應用程式（如使用 Microsoft Word、Microsoft Excel 或文字編輯器）產生一組資料集。使用 Windows 或是 Unix 的 copy 函式，將這組資料集複製到剪貼簿內，並使用 `uiimport` 函式載入這組資料集到 MATLAB 裡。

第 10 章

# 圖形握把與動畫

我們將在本章學習如何以低階的方法來操控 MATLAB 圖形，稱為圖形握把（handle graphics），並且學習如何在 MATLAB 產生動畫與影片。

## 10.1 圖形握把

**圖形握把（handle graphics）**是一組低階繪圖函式的名稱，可以用來控制 MATLAB 所產生圖形物件（graphical objects）的特徵外觀。這個「握把」指的是源自於 MATLAB 圖形類別的物件握把。這些圖形類別是握把類別，因為它們是握把的子類別。

在 MATLAB R2014b 版本中，其繪圖系統已經被新的繪圖系統取代。新的系統有時被稱為「H2 繪圖系統」，它通常能產生比舊系統品質更好的圖形。本章討論的內容將針對新的 H2 繪圖系統，但也將描述那些在新繪圖系統裡可以反向相容於舊版 MATLAB 的特別功能。

圖形握把物件相當於圖形特徵，諸如圖（figure）、軸線（axis）、線（line）、文字方塊（text box）等。每個物件擁有它自有的一組特性，用來控制此物件何時以及如何呈現在一個圖形上。我們將在本章討論，這些不同的特徵可以利用握把加以修改。

實際上幾乎從本書的開始，我們已經間接使用圖形握把。舉例來說，我們在第 3 章學習當畫線時，如何設定額外的特性，例如設定線寬：

```
plot(x,y,'LineWidth',2);
```

這裡的 'LineWidth' 實際上是表示我們所畫的這條線，其圖形握把物件的一個特性，而 2 是儲存在此特性的數值。

圖形握把的特性及函式對程式設計者非常重要，因為這些低階函式允許程式設計者可以精細地控制其所產生的圖形及曲線外觀。舉例來說，我們可以使用圖形握把只標示出 $x$ 軸上的格點，或是選擇不是 `plot` 指令標準選項 `LineSpec` 裡的顏色成為線條的顏色（如橘色）。此外，圖形握把允許程式設計者為程式產生使用者圖形介面（GUI），這部分將會在第 11 章裡介紹。

本章將會介紹 MATLAB 繪圖系統的架構，並解釋如何去控制圖形化物件的特徵，以產生所需要的圖形。

## 10.2 MATLAB 繪圖系統

MATLAB 繪圖系統是建構於核心**圖形化物件（graphics objects）**的一種階層式（hierarchical）系統，而每個核心圖形化物件可以經由指定此物件的握把來存取[1]。每個圖形化物件源自於一個握把類別，而且每個類別代表一個繪圖的某些特別功能，例如一張圖、一組軸線、一條線、一個文字字串等。每個類別包含描述該物件的特殊**性質（properties）**，而改變這些性質會改變該特定物件呈現的形式。舉例來說：**線（`line`）**是一種圖形化物件，這個物件的特性包含：$x$ 資料、$y$ 資料、顏色、線條樣式、線條寬度及標示形狀等等。修改這些特性將會改變線在圖形視窗上的顯示外觀。

每個 MATLAB 圖形的組成元件就是一個圖形化物件，舉例來說：每條線、軸線、文字字串，都是一個獨立的物件，各自擁有其特定的辨識編號（握把）及特徵。所有的圖形物件皆被整合在含有**父物件（parent objects）**與**子物件（child objects）**的階層結構中，如圖 10.1 所示。圖 10.1a 是由下列 MATLAB 程式碼所產生的一個圖形。

```
x = 0:pi/10:2*pi;
sin_x = sin(x);
cos_x = cos(x);
plot(x,sin_x,'b-');
hold on;
plot(x,cos_x,'r-');
hold off;
title('\bfPlot of sin(x) and cos(x)');
legend('sin(x)','cos(x)');
```

組成這個圖形的物件如圖 10.1b 所示，注意這些物件形成一個階層結構。

一般而言，一個子物件是一個嵌在父物件的物件。舉例來說，一個軸物件是嵌在一張圖內，而一條或多條線物件是嵌在一組軸物件內。所以產生子物件之後，子物件

---

1 在 MATLAB R2014b 之前的版本，圖形化物件握把是從物件所產生函式傳回的雙精度數值。根物件是 0，圖物件是 1, 2, 3 等依此類推，而其他圖形化物件握把則為非整數值。在 MATLAB R2014b 之後的版本，新的「H2 繪圖系統」被啟用。在此系統下，圖形化物件握把是實際的 MATLAB 握把類別，而且具有該類別的公用性質。本章描述此新的繪圖系統，但此系統大多數仍反向相容適用於舊版之 MATLAB。

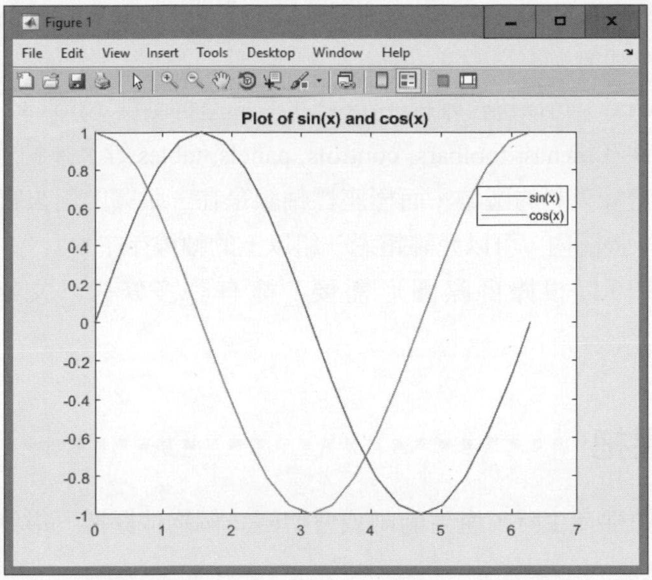


(a) 具有標題與圖形說明的 sin $x$ 與 cos $x$ 函數圖形。

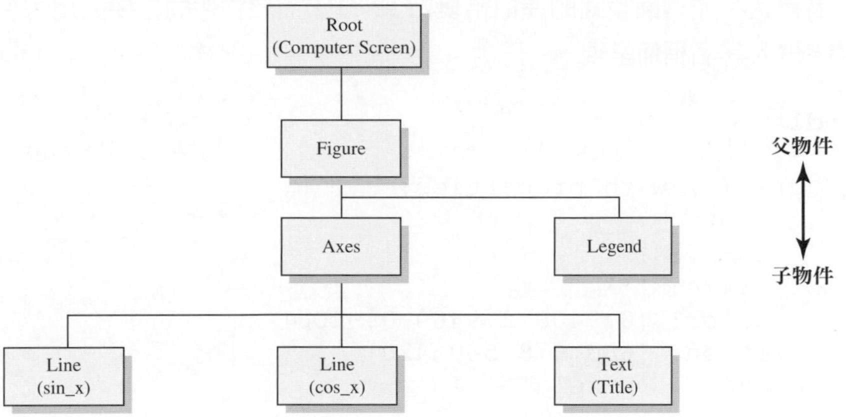


(b) 與這個圖形相關的圖形物件階層結構。

**圖 10.1**

便直接繼承了許多父物件所擁有的特性。

MATLAB 最高層的圖形物件是**根物件（`root`）**，我們可以將其想像為電腦的螢幕，而 `groot` 函式（代表 “graphics root object”，圖形根物件）可以用來取得根物件的握把。當 MATLAB 啟動時，會自動產生圖形根物件，而且會一直存在直到程式結束。而根物件相關的特性會變成所有 MATLAB 視窗的預設值。

在根物件的下層，可以有一個或更多的圖形視窗（Figure Windows），或簡稱為圖（`figures`）。每張圖在電腦螢幕上皆是獨立的視窗，用來顯示圖形化的資料，而每張圖可以擁有自己的特性。圖的特性包括：顏色、色彩對映圖（color map）、圖紙大小、圖紙方向及指標形式等。

每張圖（figure）可以包含軸線（axes）、極座標軸線（polaraxes），以及不同類型的 GUI 物件（menus, toolbars, controls, panels, tables 等）。軸線是在一張圖內用來實際畫出卡氏座標資料的區域，而極座標軸線是在一張圖內用來實際畫出極座標資料的區域。在同一張圖內，可以允許超過一組以上的軸線存在。

每一組軸線可以根據實際圖形需要，擁有許多條線、文字字串或是貼片（patches）等。

## 10.3 物件握把

當一個圖形物件產生時，產生的函式會傳回一個物件握把。舉例來說，下面的函式呼叫：

```
» hndl = figure;
```

會產生一張新圖，並傳回該圖的握把給變數 hndl，而該物件的主要公用特性可以藉由在指令視窗鍵入其名稱而呈現。

```
» hndl
hndl =
  Figure (1) with properties:

      Number: 1
        Name: ''
       Color: [0.9400 0.9400 0.9400]
    Position: [680 678 560 420]
       Units: 'pixels'

  Show all properties
```

如果使用者接著點擊 “Show all properties” 的底線，將會列出該圖形物件 62 個完整的公用特性清單。

注意圖形物件的特性之一是 Number。這個特性包含圖形號碼，這就是在 R2014b 之前版本稱為「握把」的數值。根物件的號碼永遠是 0，而每張圖的握把，通常都是很小的正整數，如 1、2、3……，而其他所有圖形物件相關的編號，都是任意的浮點值。

這個圖形握把系統擁有許多函式，可以用來取得與設定物件的特性。而這些函式全都設計成可接受實際的物件握把或者源自於該握把的編號特性，因此 H2 繪圖系統可以反向相容於舊版 MATLAB 程式。

MATLAB 提供一些函式，用以取得圖、軸線及其他物件的握把。如 gcf 函式傳回目前所選擇圖的握把，gca 函式傳回在選擇圖內所選取軸線的握把，而 gco 函式則會傳回目前選擇物件的握把。這些函式在本章會有更詳盡的討論。

習慣上，握把通常儲存在以字母 h 為開頭命名的變數，以方便使用者在 MATLAB 程式中辨認握把的變數名稱。

## 10.4 檢視並修改物件特性

當一個圖形物件被實體樣例化時，物件特性描述儲存在該物件的資訊。這些特性是用以控制物件外觀表現的一些特定值。每個特性都擁有其**特性名稱（property name）**及其所對應的值。特性名稱通常是以混合大小寫的文字所組成的字串，其中每個文字的開頭都以大寫字母表示。

### 10.4.1 在新增物件時改變其物件特性

當新增一個物件時，所有物件的特性皆會被初始化成 MATLAB 預設值。藉由在物件產生函式裡，加入 'PropertyName' 及其對應值，可以置換這些預設值[2]。舉例來說：我們在第 3 章裡提到，線條寬度可以在 plot 指令裡修改：

```
plot(x,y,'LineWidth',2);
```

這個函式在產生線物件時，同時也把 LineWidth 特性的預設值更改為 2。

### 10.4.2 在新增物件後改變其物件特性

任何物件的公用特性可以使用下列三種方法隨時加以檢視或修改：

1. 利用標準的物件語法，直接存取這些特性，亦即該物件握把接著一點與特性名稱：hndl.property。（這個方法只適用於新的 H2 繪圖系統。）
2. 經由 get 與 set 函式存取這些特性。（這個方法可適用於新版與舊版的繪圖系統。）
3. 使用特性編輯器。

前兩種方法在運作上幾乎完全相同。

---

2 物件產生函式的例子有：figure，可以產生一張新圖；axes，可以在圖裡產生一組新的軸線；line，可以在一組軸線裡產生一條線。高階的函式，如 plot，也是一個物件產生函式的例子。

### 10.4.3 使用物件語法檢視並修改物件特性

物件特性可以使用物件參考（object reference）`handle.property` 加以檢視。如果在指令視窗內鍵入指令 “`handle.property`”，則相對應的特性將會呈現。如果只有物件握把在指令視窗內被鍵入，則 MATLAB 將會呈現該物件所有的公用特性。

物件特性也可以使用物件參考 `handle.property` 加以修改。下列指令

```
handle.property = value;
```

將會把該特性設定成指定的值，如果它符合該特性合法範圍內的值。

舉例來說，假設我們使用下列敘述，畫出函數 $y(x) = x^2$ 且 $0 \le x \le 2$ 的曲線圖形：

```
x = 0:0.1:2;
y = x.^2;
hndl = plot(x,y);
```

完成的圖形如圖 10.2a 所示。該曲線的握把儲存在 `hndl`，而我們可以利用它來檢視並修改此曲線的特性。在指令行鍵入 `hndl`，將會傳回該物件的特性清單。

```
» hndl
  Line with properties:

              Color: [0 0.4470 0.7410]
          LineStyle: '-'
          LineWidth: 0.5000
             Marker: 'none'
         MarkerSize: 6
    MarkerFaceColor: 'none'
              XData: [1×21 double]
              YData: [1×21 double]
              ZData: [1×0 double]
```

注意目前的線條寬度是 0.5 像素，而且線條樣式是實線。我們可以使用下列指令改變線寬與線條樣式：

```
» hndl.LineWidth = 4;
» hndl.LineStyle = '--';
```

改變後的函數曲線如圖 10.2b 所示。

請注意想要檢視或修改的物件特性，其大小寫字母必須與在該類別的定義完全一致，否則將無法被辨識。

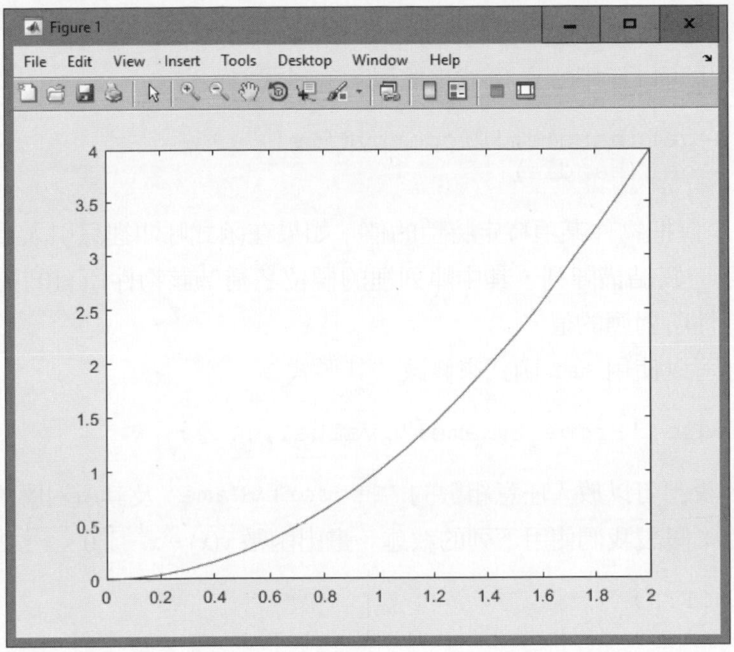


(a) 使用預設的線寬畫出函數 $y = x^2$ 的圖形。

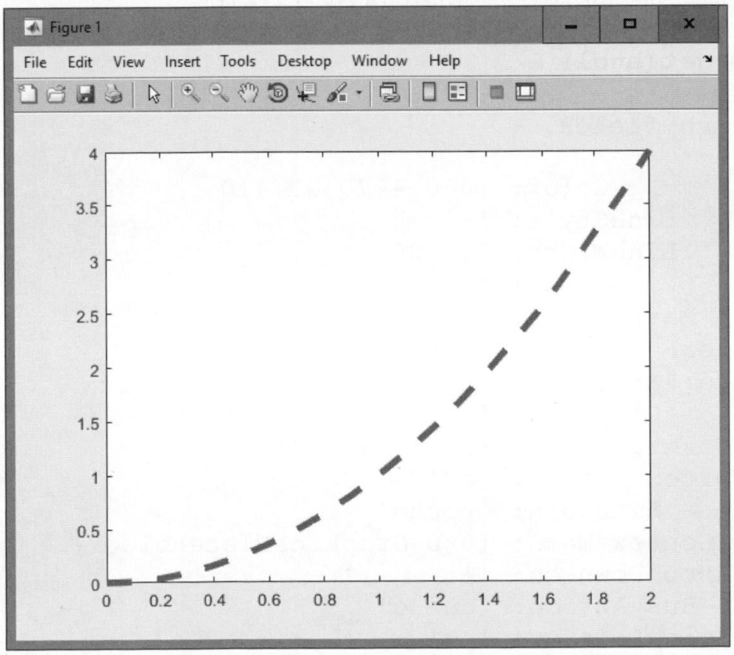


(b) 改變線條寬度與線條樣式特性之後的圖形。

**圖 10.2**

### 10.4.4 使用 get/set 函式檢視並修改物件特性

物件特性也可以使用 get 函式來檢視，其形式為

```
value = get(handle,'PropertyName')
value = get(handle)
```

其中 value 是握把物件某項特定特性的值。如果在函式呼叫裡只引入這個握把，則此函式將會傳回一個結構陣列，其中陣列裡的欄位名稱為該物件所有的特性，而欄位值則為各物件特性所對應的值。

物件特性可以使用 set 函式來修改，其形式為

```
set(handle,'PropertyName1',value1,...);
```

在此函式裡，我們可以放入任意組數的 'PropertyName' 及其所對應的值。

舉例來說：假設我們使用下列的敘述，畫出函數 $y(x) = x^2$ 且 $0 \le x \le 2$ 的曲線圖形：

```
x = 0:0.1:2;
y = x.^2;
hndl = plot(x,y);
```

產生的圖形如圖 10.2a 所示。因為圖形的握把儲存在變數 hndl 裡，我們可以使用該變數檢視或修改該圖形的特性。呼叫 get(hndl) 函式會以結構陣列，傳回該圖形的所有特性，而結構陣列裡的元素為該圖形的所有特性名稱。

```
» result = get(hndl)
result =
  struct with fields:

               Color: [0 0.4470 0.7410]
           LineStyle: '-'
           LineWidth: 0.5000
              Marker: 'none'
          MarkerSize: 6
     MarkerEdgeColor: 'auto'
     MarkerFaceColor: 'none'
            Clipping: 'on'
       MarkerIndices: [1×21 uint64]
  AlignVertexCenters: 'off'
            LineJoin: 'round'
       UIContextMenu: [0×0 GraphicsPlaceholder]
       ButtonDownFcn: ''
          BusyAction: 'queue'
        BeingDeleted: 'off'
       Interruptible: 'on'
           CreateFcn: ''
           DeleteFcn: ''
                Type: 'line'
```

```
                    Tag: ''
               UserData: []
               Selected: 'off'
     SelectionHighlight: 'on'
                HitTest: 'on'
          PickableParts: 'visible'
            DisplayName: ''
             Annotation: [1×1 matlab.graphics.eventdata.Annotation]
               Children: [0×0 GraphicsPlaceholder]
                 Parent: [1×1 Axes]
                Visible: 'on'
       HandleVisibility: 'on'
                  XData: [1×21 double]
              XDataMode: 'manual'
            XDataSource: ''
                  YData: [1×21 double]
            YDataSource: ''
                  ZData: [1×0 double]
            ZDataSource: ''
```

請注意目前的線條寬度為 0.5 像素，而且線條樣式為實線，我們可以使用以下的 set 函式改變線條寬度與線條樣式：

```
» set(hndl,'LineWidth',4,'LineStyle','--')
```

執行這個指令後，所顯示的圖形如圖 10.2b 所示；無論使用物件語法或 set 函式來修改線條特性，兩者都得到相同的結果。

相對於物件語法，get/set 函式在檢視及修改物件特性上有三個明顯的優勢：

1. get/set 函式可以同時適用於新版與舊版的繪圖系統，所以使用這些函式的程式也可適用於舊版本的 MATLAB。
2. 即使特性之字母大小寫不正確，get/set 函式仍可以找出適當的特性，顯示或修改這些特性。但是對物件語法而言，這是行不通的。舉例來說，在使用物件語法時，'LineWidth' 特性的字母大小寫必須完全一致；但是使用 get 或 set 函式時，'lineWidth' 或是 'linewidth' 都可以行得通。
3. 當某個特性具有合法值的列舉清單時，set(hndl,'property') 函式將會傳回所有可能合法值的列舉清單，但是物件語法並無此項功能。舉例來說，線條物件的合法線條樣式為：

```
» set(hndl,'LineStyle')
  5×1 cell array
    {'-'   }
    {'--'  }
    {':'   }
    {'-.'  }
    {'none'}
```

## 10.4.5 使用特性編輯器檢視並修改物件特性

直接存取物件特性或是使用 get 與 set 函式對程式設計者特別有用，因為它們可以根據使用者的輸入值，直接在 MATLAB 的程式裡，修改圖的內容。

然而對於一般使用者而言，最好能夠以互動的方式輕鬆地改變 MATLAB 物件的特性。特性編輯器（Property Editor）便是為了這個目的而設計的一項使用者圖形介面工具。我們可在圖形工具列裡選擇編輯按鈕（ ），啟動特性編輯器，並在你所想要修改的物件上，以滑鼠點擊該物件來修改其特性。另一個方式，便是在指令視窗利用 propedit 指令來開啟特性編輯器：

```
propedit(HandleList);
propedit;
```

舉例來說，下列敘述將產生在 $0 \le x \le 2$ 區間內，$y = x^2$ 的函數圖形，並開啟特性編輯器，以供使用者以互動方式改變線條的特性：

```
figure(2);
x = 0:0.1:2;
y = x.^2;
hndl = plot(x,y);
propedit(hndl);
```

圖 10.3 為這些敘述所啟動的特性編輯器，其中包含一系列的框格，而這些框格內容隨著被修改物件的類型而異。

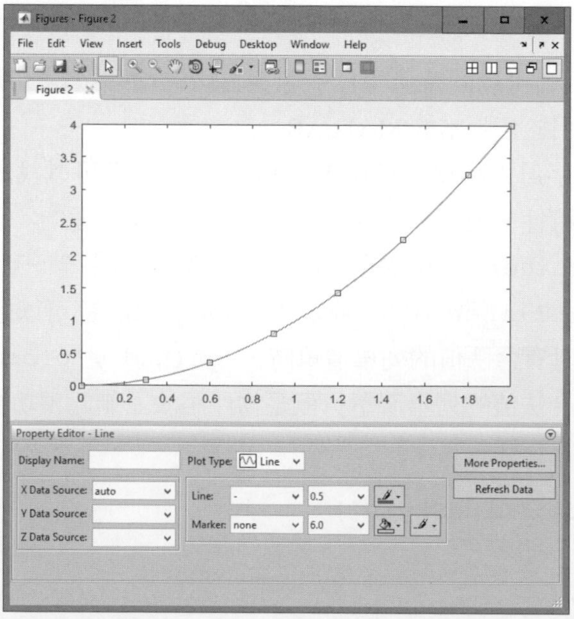


圖 10.3 編輯線物件的特性編輯器。當此物件被編輯時，圖上所顯示的線條樣式會立即隨之改變。

## 例 10.1 使用低階繪圖指令

函數 sinc(x) 的定義如下：

$$\operatorname{sinc} x = \begin{cases} \dfrac{\sin x}{x} & x \neq 0 \\ 1 & x = 0 \end{cases} \tag{10.1}$$

從 $x = -3\pi$ 到 $x = 3\pi$，畫出這個函數的圖形。並使用圖形握把函式，設定圖形如下：

1. 使圖的背景變成粉紅色。
2. 只有 $y$ 軸有格點（$x$ 軸沒有格點）。
3. 將函數圖形線條，改為 2 點寬的橘色實線。

### ◈ 解答

我們會使用 `plot` 函式，畫出 sinc(x) 的函數圖形，而 `plot` 函式將為函數圖形傳回一個線條物件握把，使我們隨後可以儲存並修改。

在畫出函數圖形之後，我們還需要修改圖形物件的顏色、軸物件的格點狀態以及線條物件的顏色與寬度。這些修改需要使用到圖物件、軸物件及線條物件的握把。`gcf` 函式將傳回圖物件的握把，`gca` 函式則傳回軸物件的握把，而產生函數圖形的 `plot` 函式將會傳回線條物件的握把。

我們可以參照 MATLAB 說明瀏覽器文件中的主題 “Handle Graphics” 來找尋需要修改的低階繪圖特性。它們分別是現用圖的 `'Color'` 特性，現用軸的 `'YGrid'` 特性，以及線條物件的 `'LineWidth'` 與 `'Color'` 特性。

1. **敘述問題**

   使用粉紅色背景的圖，只有 $y$ 軸有格點，以及 $x$ 從 $-3\pi$ 到 $3\pi$，畫出 2 點寬橘色實線的 sinc $x$ 函數圖形。

2. **定義輸入與輸出**

   這個程式沒有輸入，而唯一的輸出就是所指定的圖形。

3. **設計演算法**

   這個程式可以細分成三個主要步驟：

   計算 `sinc(x)`
   畫出 `sinc(x)` 的圖形
   修改圖形的物件特性

   第一個步驟是從 $x = -3\pi$ 到 $x = 3\pi$，計算 sinc $x$ 值。這將藉由使用向量化敘述達成，但是由於 0/0 沒有定義，向量化敘述在 $x = 0$ 處，將會產生 `NaN`。在畫出函數圖形之前，我們必須先將 NaN 用 1.0 來取代。這個步驟的詳細虛擬碼如下：

```
% Calculate sinc(x)
x = -3*pi:pi/10:3*pi
y = sin(x) ./ x

% Find the zero value and fix it up. The zero is
% located in the middle of the x array.
index = fix(length(y)/2) + 1
y(index) = 1
```

接下來，我們必須畫出函數圖形，儲存產生線條的握把，以做為未來修改之用。這個步驟的詳細虛擬碼如下：

```
hndl = plot(x,y);
```

現在我們必須使用圖形握把指令，來修改圖的背景、*y* 軸格點、線條寬度與線條顏色。記得我們可以使用 gcf 函式傳回圖物件的握把，使用 gca 函式傳回軸物件的握把。粉紅色可以使用 RGB 向量 [1 0.8 0.8] 來產生，橘色則使用 RGB 向量 [1 0.5 0] 產生。這個步驟的詳細虛擬碼如下：

```
set(gcf,'Color',[1 0.8 0.8])
set(gca,'YGrid','on')
set(hndl,'Color',[1 0.5 0],'LineWidth',2)
```

4. 把演算法轉換成 MATLAB 敘述

最後產生的 MATLAB 程式顯示如下：

```
%  Script file: plotsinc.m
%
%  Purpose:
%    This program illustrates the use of handle graphics
%    commands by creating a plot of sinc(x) from -3*pi to
%    3*pi, and modifying the characteristics of the figure,
%    axes, and line using the "set" function.
%
%  Record of revisions:
%      Date       Programmer       Description of change
%      ====       ==========       =====================
%    04/02/18    S. J. Chapman    Original code
%
% Define variables:
%   hndl          -- Handle of line
%   x             -- Independent variable
%   y             -- sinc(x)

% Calculate sinc(x)
x = -3*pi:pi/10:3*pi;
```

```
y = sin(x) ./ x;

% Find the zero value and fix it up. The zero is
% located in the middle of the x array.
index = fix(length(y)/2) + 1;
y(index) = 1;

% Plot the function.
hndl = plot(x,y);

% Now modify the figure to create a pink background,
% modify the axis to turn on y-axis grid lines, and
% modify the line to be a 2-point-wide orange line.
set(gcf,'Color',[1 0.8 0.8]);
set(gca,'YGrid','on');
set(hndl,'Color',[1 0.5 0],'LineWidth',2);
```

5. 測試程式

我們執行這個程式，並檢查產生的圖形，如圖 10.4 所示，此圖形特徵正是我們所要求的。

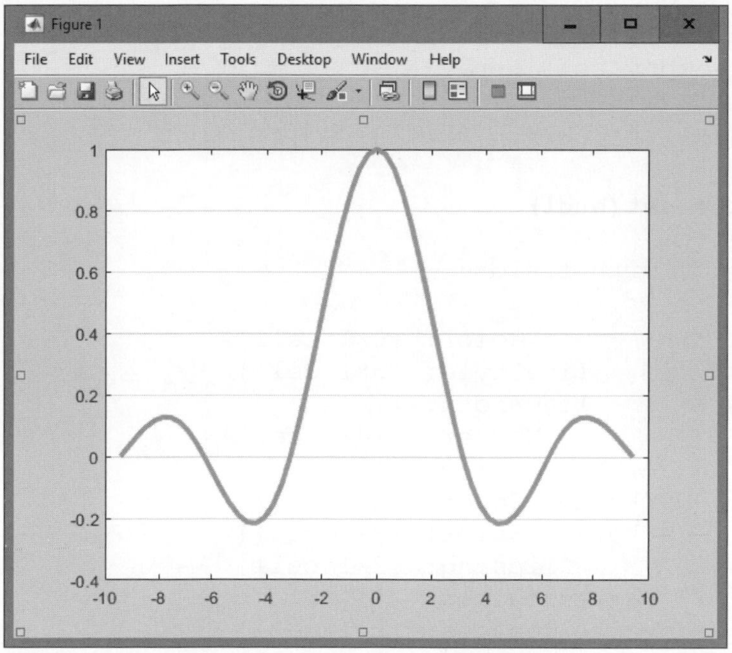


圖 10.4 sinc $x$ 對 $x$ 的函數圖形。

在本章的習題裡，你將被要求修改這個程式來使用物件特性記號。

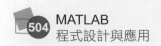

## 10.5 使用 set 列出可用的特性值

set 函式可用以提供所有的特性值清單。如果 set 的函式呼叫裡，含有某個特性的名稱，但沒有列出對應的特性值，則 set 會傳回該特性所有的選擇清單。舉例來說，set(hndl,'LineStyle') 指令將會使用預設括號，傳回所有線條樣式的清單：

```
» set(hndl,'LineStyle')
  5×1 cell array
    {'-'   }
    {'--'  }
    {':'   }
    {'-.'  }
    {'none'}
```

這個函式顯示合法的線條樣式有：'-'、'--'、':'、'-.' 與 'none'，而第一個選項便是 MATLAB 的預設值。

如果物件特性沒有一組固定值，則 MATLAB 傳回一個空的單元陣列：

```
» set(hndl,'LineWidth')
  0×0 empty cell array
```

set(hndl) 函式將會傳回該物件所有特性的所有可能選擇。

```
» xxx = set(hndl)
xxx =
  struct with fields:

                Color: {0×1 cell}
            LineStyle: {5×1 cell}
            LineWidth: {}
               Marker: {14×1 cell}
           MarkerSize: {}
      MarkerEdgeColor: {2×1 cell}
      MarkerFaceColor: {2×1 cell}
             Clipping: {2×1 cell}
        MarkerIndices: {}
   AlignVertexCenters: {2×1 cell}
             LineJoin: {3×1 cell}
        UIContextMenu: {}
        ButtonDownFcn: {}
           BusyAction: {2×1 cell}
        Interruptible: {2×1 cell}
            CreateFcn: {}
            DeleteFcn: {}
                  Tag: {}
             UserData: {}
```

```
           Selected: {2×1 cell}
 SelectionHighlight: {2×1 cell}
            HitTest: {2×1 cell}
      PickableParts: {3×1 cell}
        DisplayName: {}
           Children: {}
             Parent: {}
            Visible: {2×1 cell}
   HandleVisibility: {3×1 cell}
              XData: {}
          XDataMode: {2×1 cell}
        XDataSource: {}
              YData: {}
        YDataSource: {}
              ZData: {}
        ZDataSource: {}
```

特性清單裡的任何項目都可以展開，以查看可以使用的選項：

```
» xxx.EraseMode
ans =
    'normal'
    'background'
    'xor'
    'none'
```

## 10.6 使用者定義資料

除了為 GUI 物件定義的一些標準特性之外，程式設計者也可以定義特定的物件特性，以保存程式裡特定的資料。這些特性提供程式設計者一個方便的方式，來儲存與 GUI 物件有關的任何種類資料。任何種類、任何數量的資料都能依設計者的用途而被儲存使用。

使用者定義資料的儲存方式，與標準特性的儲存方式類似。每個資料項目都有名稱與對應值。使用 setappdata 函式，可以把資料值儲存在物件之中，而使用 getappdata 函式，可以把資料值從物件中取回。

setappdata 函式的一般形式為：

```
setappdata(hndl,'DataName',DataValue);
```

其中 hndl 是用來儲存資料的物件握把，'DataName' 是資料名稱，而 DataValue 則是分配給該資料名稱的值。請注意資料值可以是數值，也可以是字元字串。

舉例來說，假設我們想要定義兩個特殊的資料值，其中一個資料值包含發生在某個特定圖中的錯誤次數，而另一個資料值則包含一個用來描述前一個錯誤的字串。像這樣的資料值，可以命名為：'ErrorCount' 與 'LastError'。如果我們假設 h1 是該圖的握把，則產生並初始化這些資料項目的指令如下：

```
setappdata(h1,'ErrorCount',0);
setappdata(h1,'LastError','No error');
```

我們可以在任何時刻，使用 getappdata 函式來提取應用程式的資料。getappdata 函式的兩種形式為：

```
value = getappdata(hndl,'DataName');
struct = getappdata(hndl);
```

其中 hndl 為包含資料的物件握把，而 'DataName' 為被擷取的資料名稱。如果 'DataName' 已被指定，將會傳回與該資料名稱相關的值。如果資料名稱沒有被指定，則會傳回一個包含與該物件相關之所有使用者定義的資料結構。而資料項目的名稱，將會是被傳回結構的結構元素名稱。

以上述例子為例，getappdata 函式將會產生下列結果：

```
» value = getappdata(h1,'ErrorCount')
value =
     0

» struct = getappdata(h1)
struct =
  struct with fields:

    ErrorCount: 0
     LastError: 'No error'
```

表 10.1 列出與使用者定義資料相關的函式。

**表 10.1　處理使用者定義資料的函式**

| 函式 | 說明 |
|---|---|
| setappdata(hndl,'DataName',DataValue) | 在以 hndl 握把指定的物件裡，儲存 DataValue 到名稱為 'DataName' 的項目裡。 |
| value = getappdata(hndl,'DataName')<br>struct = getappdata(hndl) | 從 hndl 握把指定的物件裡，提取使用者定義資料。第一種形式只會擷取與 'DataName' 相關的值；而第二種形式則會擷取所有的使用者定義資料。 |
| isappdata(hndl,'DataName') | 如果 'DataName' 定義在握把 hndl 所指定的物件裡，則此邏輯函式將會傳回正確（1），否則會傳回錯誤（0）。 |
| rmappdata(hndl,'DataName') | 從 hndl 握把指定的物件裡，移除名稱為 'DataName' 的使用者定義的資料項目。 |

## 10.7 尋找物件

每個新產生的圖形物件都擁有自己的握把，我們可以利用產生該物件的函式傳回這個握把。假如你想改變所產生物件的特性，一個良好的做法是儲存這個握把，以方便之後使用 get 與 set 修改物件特性。

**良好的程式設計**

假如你想要改變所產生物件的特性，儲存這個握把，以方便之後可以檢視及修改物件特性。

然而，有時候我們可能無法存取握把。假設我們因為某些原因而遺失了這個握把，那我們該如何檢視及修改這個圖形物件呢？

MATLAB 提供了四個特殊的函式，以協助找尋物件的握把：

- gcf ——傳回現用圖的握把。
- gca ——傳回現用圖內，所使用的軸握把。
- gco ——傳回現用的物件握把。
- findobj ——使用某個特性值，來找尋一個圖形物件。

gcf 函式會傳回現用圖的握把。如果沒有任何一張圖，則 gcf 會產生一張圖，並傳回這張圖的握把。gca 函式會傳回現用圖內，所使用的軸握把。如果圖不存在，或是圖存在但沒有軸線，則 gca 會產生一組軸線，並傳回此組軸線的握把。gco 函式的形式如下：

```
h_obj = gco;
h_obj = gco(h_fig);
```

其中 h_obj 是物件的握把，而 h_fig 則是某張圖的握把。此函式的第一種形式會傳回現用圖內，現用物件的握把；而第二種形式會傳回在指定圖內，現用物件的握把。

所謂現用物件，定義為前一個以滑鼠點選的物件。除了根物件之外，現用物件可以是任何圖形物件。只有當滑鼠點選該物件之後，該物件才算是現用物件。若滑鼠不曾點選過任何物件，gco 函式會傳回一個空陣列 []。與 gcf 和 gca 函式不同的地方是，如果物件不存在，gco 也不會自動新增一個物件。

一旦我們知道某物件的握把，我們可以檢視該物件的 'Type' 特性來決定物件的種類。'Type' 特性是一個字元陣列，如 'figure', 'line', 'text' 等等。

```
h_obj = gco;
```

```
type = get(h_obj,'Type')
```

或

```
h_obj = gco;
h_obj.Type
```

尋找任何一個 MATLAB 物件的最簡單方法，便是使用 findobj 函式，其基本形式如下：

```
hndls = findobj('PropertyName1',value1,...)
```

這個指令從根物件開始，根據使用者指定的特性，在所有物件的關係叢集（tree）裡尋找指定的特性值。請注意我們可以同時指定多組特性／特性值，findobj 函式便只會傳回那些完全符合所設定特性／特性值的握把。

舉例來說，假設我們已經產生圖 1 與圖 3，則 findobj('Type','figure') 函式將會傳回結果如下：

```
» h_fig = findobj('Type','figure')
h_fig =
  2x1 Figure array:

  Figure    (1)
  Figure    (3)
```

findobj 是非常有用的函式，但其執行速度可能比較慢，因為它必須在整個物件叢集裡，尋找任何符合特性的物件。如果你必須重複使用一個物件時，只需要呼叫一次 findobj 去尋找握把，並儲存這個握把以備後續使用。

藉由限制函式尋找物件的數目，可以增快這個函式的執行速度，其做法如下：

```
hndls = findobj(Srchhndls,'PropertyName1',value1,...)
```

這裡，只有列在 Srchhndls 陣列裡的握把，與它們的子握把會被用來尋找物件。舉例來說，假設你想要在圖 1 中尋找所有的虛線，你可以使用下列指令：

```
hndls = findobj(1,'Type','line','LineStyle','--');
```

**良好的程式設計**

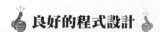

如果可以的話，限制你使用 findobj 的搜尋範圍，以加快執行速度。

## 10.8 使用滑鼠選擇物件

gco 函式傳回現用物件的握把，而這個物件是滑鼠前一次所點擊的物件。任何物件皆有其**選擇區域（selection region）**，只要滑鼠的點擊落在該選擇區域內，皆可視為點選該物件的行為。這對線或點等細小的物件而言，是非常重要的；選擇區域允許使用者即使稍微偏移滑鼠的位置，仍能點選到該條線。舉例來說，一條線的選擇區域是在線兩側外 5 個像素內，而一個曲面、貼片或是文字物件的選擇區域，則是包含該物件的最小矩形。

軸物件的選擇區域，則是軸線加上標題與軸名的面積。然而，在軸物件裡的曲線或其他物件，將擁有被點選的較高優先權，所以你如果想選擇軸物件，你必須在軸選擇區域而且又不靠近曲線或是文字的位置點選。點選在軸外的範圍，將會點選到包含此軸線的圖。

如果使用者點選的位置，同時存在兩個或是兩個以上的物件（如點選兩條直線相交之處），又會發生什麼情況？答案是取決於物件的**疊層順序（stacking order）**，這些疊層順序就是 MATLAB 選擇物件的順序，而這些順序可由列在該張圖 'Children' 特性之握把順序來決定。如果點選在兩個以上物件的選擇區域裡，在 'Children' 列表裡擁有較高位置的物件將會被選取。

MATLAB 包含一個稱為 waitforbuttonpress 的函式，可以用來選取圖形物件，其形式是

```
k = waitforbuttonpress
```

當執行這個函式時，此函式將會停止執行程式，直到使用者按下某個按鍵或是點擊滑鼠按鍵，程式才會繼續執行。如果函式偵測到按下滑鼠鍵的動作，則函式傳回 0；若是偵測到按下鍵盤鍵的動作，則傳回 1。

這個函式可用來暫停程式，直到使用者再去點擊滑鼠。在點擊滑鼠之後，程式可以使用 gco 函式以取得選擇物件的握把。

### 例 10.2 選擇圖形物件

此範例程式將探索圖形物件的特性，並展示如何使用 waitforbuttonpress 與 gco 函式來選擇物件。此程式允許重複選擇物件，直到使用者按下某個鍵盤鍵為止。

```
%  Script file: select_object.m
%
%  Purpose:
%   This program illustrates the use of waitforbuttonpress
%   and gco to select graphics objects. It creates a plot
```

```
%   of sin(x) and cos(x) and then allows a user to select
%   any object and examine its properties. The program
%   terminates when a key press occurs.
%
%  Record of revisions:
%      Date        Programmer          Description of change
%      ====        ==========          =====================
%    04/02/18    S. J. Chapman       Original code
%
% Define variables:
%   details       -- Object details
%   h1            -- handle of sine line
%   h2            -- handle of cosine line
%   handle        -- handle of current object
%   k             -- Result of waitforbuttonpress
%   type          -- Object type
%   x             -- Independent variable
%   y1            -- sin(x)
%   y2            -- cos(x)
%   yn            -- Yes/No

% Calculate sin(x) and cos(x)
x = -3*pi:pi/10:3*pi;
y1 = sin(x);
y2 = cos(x);

% Plot the functions.
h1 = plot(x,y1);
h1.LineWidth = 2;
hold on;
h2 = plot(x,y2);
h2.LineWidth = 2;
h2.LineStyle = ':';
h2.Color = 'r';
title('\bfPlot of sin \itx \rm\bf and cos \itx');
xlabel('\bf\itx');
ylabel('\bfsin \itx \rm\bf and cos \itx');
legend('sine','cosine');
hold off;

% Now set up a loop and wait for a mouse click.
k = waitforbuttonpress;

while k == 0

   % Get the handle of the object
   handle = gco;
```

```
   % Get the type of this object.
   type = get(handle,'Type');

   % Display object type
   disp (['Object type = ' type '.']);

   % Do we display the details?
   yn = input('Do you want to display details? (y/n) ','s');

   if yn == 'y'
      details = get(handle);
      disp(details);
   end

   % Check for another mouse click
   k = waitforbuttonpress;
end
```

執行這個程式會產生圖 10.5 的函數圖形，試著使用滑鼠點擊圖形裡不同的物件，以觀察其顯示的外觀特性。

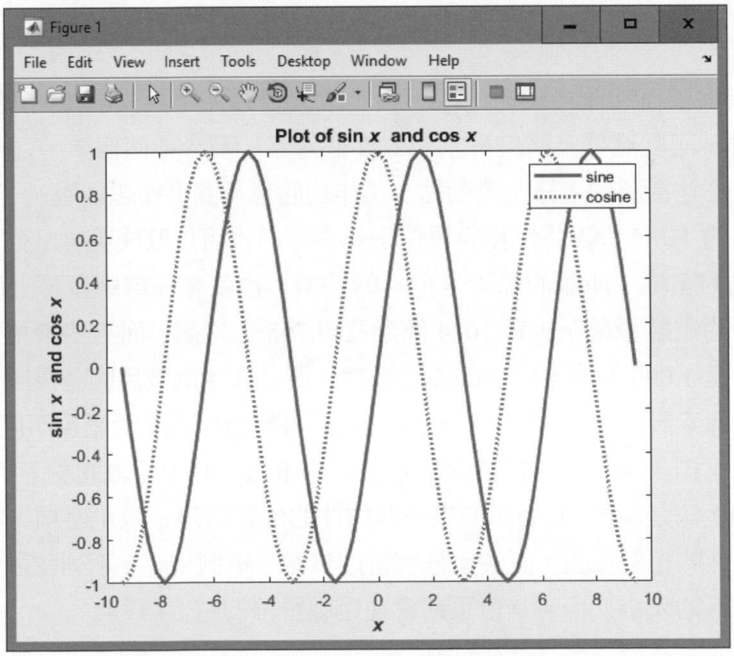


圖 10.5 sin $x$ 與 cos $x$ 的函數圖形。

## 10.9 位置與單位

許多 MATLAB 物件都具有 'position' 特性，用來指定物件在電腦螢幕上顯示的大小與位置。以下將介紹不同種類的物件，其 'position' 特性存在著些微的差異。

### 10.9.1 figure 物件的位置

一張圖的 'position' 特性，以 4 個元素的列向量，設定該圖在電腦螢幕上的位置。向量裡的數值分別是 [left bottom width height]，其中 left 是該圖的左側邊緣，bottom 是該圖的底部邊緣，width 是該圖的寬度，而 height 是該圖的高度。位置數值的單位，由物件的 'Units' 特性所設定。舉例來說，現用圖的位置與單位可由下式得到：

```
» get(gcf,'Position')
ans =
   176   204   672   504
» get(gcf,'Units')
ans =
    'pixels'
```

這個資訊指出了目前圖形視窗的左下角，位於螢幕左下角向右 176 個像素、向上 204 個像素之處，而其寬度及高度分別為 672 個像素，及 504 個像素。這是該圖可以繪製的區域，但不包括圖的邊緣、捲動軸、工作功能表及圖形標題區域。

一張圖的 'Units' 特性預設單位是像素，但也可以改成英吋、公分、點數、字元或是正規化的座標。所謂的像素是螢幕的像素，也就是在電腦螢幕上所能繪出的最小矩形。一般的電腦螢幕至少有 1024 像素寬與 768 像素高，而有些螢幕可在水平與垂直方向上，具備 1,000 個像素以上的高解析度。既然像素的數目隨著電腦螢幕解析度而變化，因此以像素設定大小的物件，也會隨著螢幕解析度設定而呈現不同的大小。

正規化座標，是一種座標值介於 0 與 1 的座標，其中螢幕的左下角是座標 (0, 0)，而螢幕的右上角是座標 (1, 1)。如果一個物件的位置是用正規化座標來設定，它將會出現在螢幕同樣的相對位置，而與螢幕解析度無關。舉例來說，下列敘述會產生一張圖，而且無論螢幕的大小如何，其位置都會在電腦螢幕的左上角[3]：

```
h1 = figure(1)
h1.Units = 'normalized';
h1.Position = [0 0.5 0.5 0.43];
```

---

3　此圖的正規化高度被縮減為 0.43，以允許放置圖標題與功能表列，這兩種物件皆位於繪圖區域之上。

**良好的程式設計**

如果你想要安排一個視窗在特定的位置，請使用正規化座標代替實際的單位（如公分）來安置視窗；無論電腦螢幕的解析度如何，其產生的結果將會是相同的。

### 10.9.2 axes 與 polaraxes 物件的位置

axes 與 polaraxes 物件也是使用 4 個元素的向量指定它們的位置，但物件的位置是相對於圖形的左下角，而非螢幕的左下角。一般來說，子物件的 'Position' 特性是相對於其父物件的位置。

軸物件在圖形裡的位置，是以預設的正規化座標來指定，其中 (0, 0) 代表圖形的左下角，而 (1, 1) 則代表了圖形的右上角。

### 10.9.3 text 物件的位置

不像其他物件的位置特性，文字（text）物件的位置特性，只包含 2 個或 3 個元素。這些元素對應了文字物件在軸物件裡的 $x$、$y$ 及 $z$ 值，請注意這些值的單位是與軸物件所顯示的單位一致。

文字物件相對於一個特定點的位置，是由物件的兩種特性 HorizontalAlignment（水平對齊）與 VerticalAlignment（垂直對齊）所控制的。HorizontalAlignment 可以是 {Left}、Center 或是 Right，而 VerticalAlignment 則可以是 Top、Cap、{Middle}、Baseline 或是 Bottom（{} 表明每個特性所預設的選項）。

文字物件的大小是以字型大小及顯示的字元個數來決定，所以不需要另外設定它們的高度與寬度值。

## 10.10 印表機位置

'Position' 與 'Units' 特性指定了圖形在電腦螢幕上的位置。另外有五個特性可以用來指定圖形在紙張上列印的位置。這些特性總結在表 10.2，供讀者參考。

舉例來說，我們可以設定以下的特性值，使用正規化單位，以橫向列印的方式在 A4 紙張列印圖形：

```
hfig.PaperType = 'A4';
hfig.PaperOrientation = 'landscape';
hfig.PaperUnits = 'normalized';
```

表 10.2 圖形列印的相關特性

| 特性選項 | 說明 |
| --- | --- |
| PaperUnits | 紙張的量測單位：[ {inches} \| centimeters \| normalized \| points ] |
| PaperOrientation | 紙張的列印方向 [ {portrait(直印)} \| landscape (橫印)] |
| PaperPosition | 向量單位的形式為 [left, bottom, width, height]，其中位置單位在 PaperUnits 裡設定。 |
| PaperSize | 包含紙張大小的兩元素向量。例如 [8.5 11]。 |
| PaperType | 設定紙張的樣式，請注意設定此樣式，將自動更新 PaperSize 的特性。[ {usletter} \| uslegal \| A0 \| A1 \| A2 \| A3 \| A4 \| A5 \| B0 \| B1 \| B2 \| B3 \| B4 \| B5 \| arch-A \| arch-B \| arch-C \| arch-D \| arch-E \| A \| B \| C \| D \| E \| tabloid \| <custom> ] |

## 10.11 預設值和出廠特性

MATLAB 在產生物件時，會先對該物件指定預設值。如果這些特性並不是你想要的，你必須使用 set 來選擇你所需要的值。如果你想逐一改變每個你所產生物件的特性，這修改過程可能會變成冗長而乏味的工作。在這種情形下，MATLAB 允許你直接修改預設值，使得所有的物件在產生之後，將會繼承這些修正後的特性。

當一個圖形物件被產生時，MATLAB 便會藉著檢視其父物件的特性，來搜尋每個特性的預設值。如果其父物件設定了預設值，則該圖形物件便直接使用預設值。反之，MATLAB 則檢視其父物件的父物件，以查詢該父物件是否設定了預設值，直到追查到根物件為止。MATLAB 將會使用第一個回溯追查到的預設值，來當做此物件的特性值。

預設的特性可以在任何高於所產生物件階層的圖形物件裡來設定。舉例來說，預設的圖顏色可以在根物件裡設定，而之後所有產生的圖將會以新設的預設顏色來產生。此外，軸物件的顏色預設值可以在根物件或是圖形物件中設定。如果軸物件的預設顏色是在根物件中設定，這顏色將會應用在所有圖中新產生的軸物件裡；如果軸物件的預設顏色是在圖物件中設定，這顏色只會應用在現用圖中新產生的軸物件裡。

預設值是使用包含 'default' 的字串，加上物件樣式與特性名稱來設定。因此，預設的圖顏色可以使用 'defaultFigureColor' 特性來設定，而預設軸顏色可以用 'defaultAxesColor' 特性來設定。設定預設值的範例如下：

| | |
| --- | --- |
| set(groot,'DefaultFigureColor','y') | 黃色的圖背景——所有新產生的圖。 |
| set(groot,'DefaultAxesColor','r') | 紅色軸背景——所有圖裡新產生的軸。 |
| set(gcf,'DefaultAxesColor','r') | 紅色軸背景——只在現用圖裡新產生的軸。 |
| set(gca,'DefaultLineLineStyle',':') | 在現用軸裡，設定預設線段樣式為虛線。 |

如果你正在使用已經存在的物件，當用完這些物件之後，將其回復成之前的狀況是一種良好的做法。如果你在函式裡改變了某個物件的預設特性，最好先儲存原始的設定值，並在離開函式前回復之前的設定值。舉例來說，假設我們想要使用正規化單位來產生一系列的圖，我們可以儲存並回復原始的單位如下：

```
saveunits = get(groot,'defaultFigureUnits');
set(groot,'DefaultFigureUnits','normalized');
...
<MATLAB statements>
...
set(groot,'DefaultFigureUnits',saveunits);
```

如果你要用不同的預設值設定 MATLAB，則你需要在每次啟動 MATLAB 時，設定根物件的預設值。設定根物件最簡單的方法，就是把預設值存在 `startup.m` 的檔案裡，如此便會在每次啟動 MATLAB 時，自動執行這些預設值。舉例來說，假設你是使用 A4 紙張，而且你也要在圖形上顯示格點，那麼你可以在 `startup.m` 檔案裡加入下列的程式碼：

```
set(groot,'defaultFigurePaperType','A4');
set(groot,'defaultFigurePaperUnits','centimeters');
set(groot,'defaultAxesXGrid','on');
set(groot,'defaultAxesYGrid','on');
set(groot,'defaultAxesZGrid','on');
```

有三個特別的設定值字串，可以在圖形握把裡使用：它們分別是 `'remove'`、`'factory'` 及 `'default'`。如果你已經為某個特性設定了一個預設值，則 `'remove'` 值將會移除你設定的預設值。舉例來說，假設你設定預設圖的顏色為黃色：

```
set(groot,'defaultFigureColor','y');
```

則以下的函式呼叫，將會取消這個預設設定，並回復先前的預設值：

```
set(groot,'defaultFigureColor','remove');
```

`'factory'` 字串允許使用者暫時覆蓋預設值，並使用 MATLAB 的預設值來替代。舉例來說，下列的圖將以出廠的預設顏色產生，雖然你已事先預設顏色為黃色：

```
set(groot,'defaultFigureColor','y');
figure('Color','factory')
```

`'default'` 字串將會強迫 MATLAB 去搜尋物件的階層順序，直到找出需要修改特性的預設值。這個字串將會使用它第一個找到的預設值。如果沒有找到預設值，這字串便使用該特性的出廠預設值。此字串的用法示範如下：

```
% Set default values
set(groot,'defaultLineColor','k');  % root default = black
set(gcf,'defaultLineColor','g'); % figure default = green

% Create a line on the current axes. This line is green.
hndl = plot(randn(1,10));
set(hndl,'Color','default');
pause(2);

% Now clear the figure's default and set the line color to the new
% default. The line is now black.
set(gcf,'defaultLineColor','remove');
set(hndl,'Color','default');
```

## 10.12 恢復預設特性

MATLAB 函式 `reset(h)` 對所引用物件 h 的特性恢復到它們的預設值。例如，`reset(gca)` 會將現行軸物件的特性恢復為其預設值。同樣地，`reset(groot)` 會將根物件的特性恢復為其預設值。

## 10.13 圖形物件特性

MATLAB 裡有數百種不同的圖形物件特性，由於數目太多以致於無法在此詳細討論所有的特性。想找到這些圖形物件特性的完整資訊，最好的方法便是使用 MATLAB 說明瀏覽器或線上說明文件。

我們已經提到了對每種圖形物件都需要用到的一些重要特性（例如：`'LineStyle'` 與 `'Color'` 等）。在 MATLAB 說明瀏覽器的說明文件中，你可以找到每種物件完整的特性說明。

## 10.14 動畫與影片

在 MATLAB 裡，有兩種使用圖形握把的方法來產生動畫：

1. 刪除與重畫
2. 製作影片

在第一種狀況，使用者繪製一張圖，然後利用圖形握把定時更新圖形內的資料。每次更新資料時，程式將以新的數據重新繪出物件，進而產生一個動畫。在第二種狀況，使用者繪製一張圖，擷取這張圖的複本當做影片的一個畫面，重新再繪製一張圖，然後擷取新圖當作影片的下一個畫面，依此類推直到整部影片製作完成。

### 10.14.1 刪除與重畫

如果使用刪除與重畫法產生動畫，使用者先建立一個圖形，然後藉由圖形握把更新線條等物件來改變呈現在圖形上的資訊。為了了解如何運作，考慮以下的函數

$$f(x, t) = A(t) \sin x \tag{10.2}$$

其中

$$A(t) = \cos t \tag{10.3}$$

對任何時刻 $t$，這個函數圖形是一個正弦波形。然而這個正弦波形的振幅會隨著時間而變化，使得這個圖形在不同時間看起來也會有所不同。

產生一個動畫的關鍵在於儲存繪出正弦波相關的線條握把，然後在每個時間步驟，以新的 $y$ 軸資料更新這個握把的 'YData' 特性。注意我們並不需要改變 $x$ 軸資料，因為在任何時刻圖形的 $x$ 軸界限是一樣的。

在本小節中，我們將展示一個隨時間變化的正弦波範例程式。在這個程式裡，我們在時間 $t = 0$ 產生正弦波形，然後擷取這個線條物件的 hndl 握把。接著在每個時間步驟，繪圖的數據在迴圈內重新計算，並且利用圖形握把更新此線條。

注意在更新迴圈內的 drawnow 指令。當它被執行時，它會促使圖形被描繪出來，因而確保每次新資料載入線條物件時，呈現的圖形也隨之更新。

另外，注意我們已經利用圖形握把指令 set(gca,'YLim',[-1 1])，將 $y$ 軸的界限設定為 $-1$ 至 1。如果沒有設定 $y$ 軸的界限，圖形的 $y$ 軸標度將隨著每次更新而變動，導致使用者無法辨識正弦波形會隨著時間而變大或變小。

最後注意在程式裡，有一個 pause(0.1) 指令以註解方式呈現。如果執行的話，在每次更新圖形後，此指令會暫停 0.1 秒。這個暫停指令可以使用在當程式執行時，因為電腦太快的緣故導致圖形畫面更新速率過快的狀況，因此調整延遲時間可以允許使用者調整畫面更新的速率。

```
%  Script file: animate_sine.m
%
%  Purpose:
%    This program illustrates the animation of a plot
%    by updating the data in the plot with time.
%
%  Record of revisions:
%      Date        Programmer          Description of change
%      ====        ==========          =====================
%    04/02/18   S. J. Chapman          Original code
```

```
%
% Define variables:
%   h1              -- Handle of line
%   a               -- Amplitude of sine function at an instant
%   x               -- Independent variable
%   y               -- a * cos(t) * sin(x)

% Calculate the times at which to plot the sine function
t = 0:0.1:10;

% Calculate sine(x) for the first time
a = cos(t(1));
x = -3*pi:pi/10:3*pi;
y = a * sin(x);

% Plot the function.
figure(1);
hndl = plot(x,y);
xlabel('\bfx');
ylabel('\bfAmp');
title(['\bfSine Wave Animation at t = ' num2str(t(1),'%5.2f')]);

% Set the size of the y axes
set(gca,'YLim',[-1 1]);

% Now do the animation
for ii = 2:length(t)

   % Pause for a moment
   drawnow;
   %pause(0.1);

   % Calculate sine(x) for the new time
   a = cos(t(ii));
   y = a * sin(x);

   % Update the line
   set(hndl, 'YData', y);

   % Update the title
   title(['\bfSine Wave Animation at t = ' num2str(t(ii),'%5.2f')]);

end
```

當執行此程式時，弦波的振幅會隨時間而變大或變小。從這個模擬動畫擷取的一張快照如圖 10.6 所示。

如同下個範例所示，我們也可以製作三維圖形的動畫。

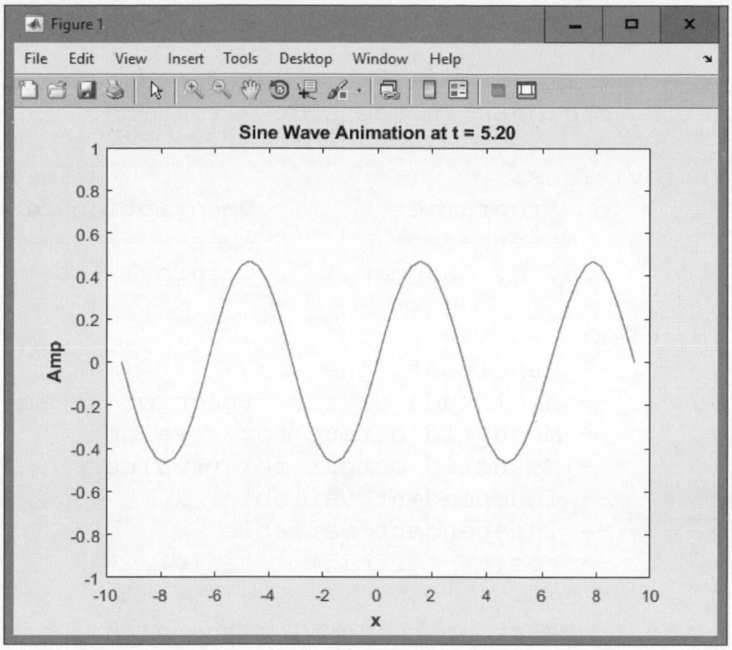


圖 10.6 從正弦波模擬動畫擷取的一張快照。

## 例 10.3 三維圖形動畫

在時間 $t = 0$ s 至 $t = 10$ s 之間，以 0.1 s 為間隔，產生下列函數的三維圖形動畫

$$f(x, y, t) = A(t) \sin x \sin y \tag{10.4}$$

其中

$$A(t) = \cos t \tag{10.5}$$

### ◈解答

對任何時刻而言，此函數是一個同時在 $x$ 方向與 $y$ 方向變化的二維正弦波形。然而這個正弦波形的振幅會隨著時間而變化，使得這個圖形在不同時間看起來也會有所不同。

除了這個圖形本身是一個三維曲面圖，以及在每次時間步驟是 $z$ 資料而不是 $y$ 資料需要被更新外，這個程式與圖 10.6 所描繪的可變正弦波形範例類似。原始的三維 surf 圖是利用 meshgrid 建立 $x$ 與 $y$ 值的陣列，並在所有格點上計算 (10.4) 式的函數值，然後以 surf 函式繪出其曲面圖。此後，(10.4) 式會在每個時間步驟重新計算，並且使用圖形握把更新 surf 物件的 'ZData' 特性。

```
%  Script file: animate_sine_xy.m
```

```
%
%  Purpose:
%    This program illustrates the animation of a 3D plot
%    by updating the data in the plot with time.
%
%  Record of revisions:
%      Date          Programmer         Description of change
%      ====          ==========         =====================
%    04/02/18      S. J. Chapman       Original code
%
% Define variables:
%   h1           -- Handle of line
%   a            -- Amplitude of sine function at an instant
%   array1       -- Meshgrid output for x values
%   array2       -- Meshgrid output for y values
%   x            -- Independent variable
%   y            -- Independent variable
%   z            -- cos(t) * sin(x) * sin(y)

% Calculate the times at which to plot the sine function
t = 0:0.1:10;

% Calculate sin(x)*sin(y) for the first time
a = cos(t(1));
[array1,array2] = meshgrid(-3*pi:pi/10:3*pi,-3*pi:pi/10:3*pi);
z = a .* sin(array1) .* sin(array2);

% Plot the function.
figure(1);
hndl = surf(array1,array2,z);
xlabel('\bfx');
ylabel('\bfy');
zlabel('\bfAmp');
title(['\bfSine Wave Animation at t = ' num2str(t(1),'%5.2f')]);

% Set the size of the z axes
set(gca,'ZLim',[-1 1]);

% Now do the animation
for ii = 2:length(t)

   % Pause for a moment
   drawnow;
   %pause(0.1);

   % Calculate sine(x) for the new time
   a = cos(t(ii));
   z = a .* sin(array1) .* sin(array2);
```

```
    % Update the line
    set(hndl, 'ZData', z);

    % Update the title
    title(['\bfSine Wave Animation at t = ' num2str(t(ii),'%5.2f')]);

end
```

當執行此程式時，二維弦波的振幅會隨時間而變大或變小。從這個模擬動畫擷取的一張快照如圖 10.7 所示。

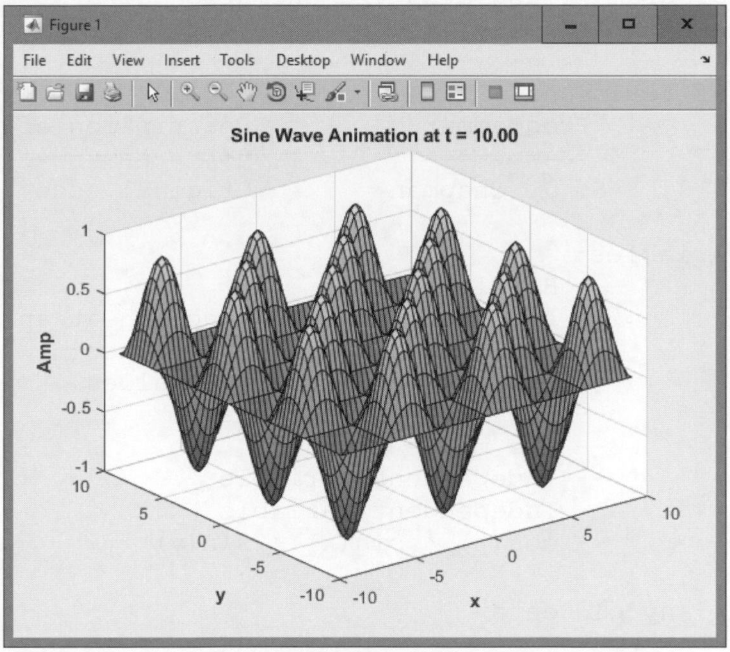


圖 10.7 從三維正弦波模擬動畫擷取的一張快照。

## 10.14.2 製作影片

第二種製作動畫的方法是製作 MATLAB 影片。一部 MATLAB 影片是一序列被擷取在影片物件的圖影像，而這個影片可以儲存在硬碟，然後再重新播放。相較於第一種製作動畫的方法，此法不需要在每個時間步驟的一開始，重新執行所有需要產生圖形的計算。因為不需要重新執行計算，有時影片比需要計算及繪圖的原始程式運行的更快速而且更順暢（畫面較少跳動）[4]。

---

4　有時候刪除及重畫法比影片法快，這是取決於產生所要呈現資料的計算量而定。

影片是儲存在 MATLAB 的結構陣列，而影片的每個畫面為結構陣列的一個元素。在圖形的資料更新後，影片的每個畫面是利用一個名為 getframe 的特殊函式來擷取，然後再利用 movie 指令播映。

一個用來製作 MATLAB 影片的二維弦波繪圖程式如下所示。產生及播放影片的敘述特別以粗體字強調。

```
%  Script file: animate_sine_xy_movie.m
%
%  Purpose:
%    This program illustrates the animation of a 3D plot
%    by creating and playing back a movie.
%
%  Record of revisions:
%      Date       Programmer          Description of change
%      ====       ==========          =====================
%    04/02/18   S. J. Chapman         Original code
%
% Define variables:
%   h1            -- Handle of line
%   a             -- Amplitude of sine function at an instant
%   array1        -- Meshgrid output for x values
%   array2        -- Meshgrid output for y values
%   m             -- Index of movie frames
%   movie         -- The movie
%   x             -- Independent variable
%   y             -- Independent variable
%   z             -- cos(t) * sin(x) * sin(y)

% Clear out any old data
clear all;

% Calculate the times at which to plot the sine function
t = 0:0.1:10;

% Calculate sin(x)*sin(y) for the first time
a = cos(t(1));
[array1,array2] = meshgrid(-3*pi:pi/10:3*pi,-3*pi:pi/10:3*pi);
z = a .* sin(array1) .* sin(array2);

% Plot the function.
figure(1);
hndl = surf(array1,array2,z);
xlabel('\bfx');
ylabel('\bfy');
zlabel('\bfAmp');
title(['\bfSine Wave Animation at t = ' num2str(t(1),'%5.2f')]);
```

```
% Set the size of the z axes
set(gca,'ZLim',[-1 1]);

% Capture the first frame of the movie
m = 1
M(m) = getframe;

% Now do the animation
for ii = 2:length(t)

  % Pause for a moment
  drawnow;
  %pause(0.1);

  % Calculate sine(x) for the new time
  a = cos(t(ii));
  z = a .* sin(array1) .* sin(array2);

  % Update the line
  set(hndl, 'ZData', z);

  % Update the title
  title(['\bfSine Wave Animation at t = ' num2str(t(ii),'%5.2f')]);

  % Capture the next frame of the movie
  m = m + 1;
  M(m) = getframe;

end

% Now we have the movie, so play it back twice
movie(M,2);
```

當執行此程式時，你將看到影片被播放三次。第一次是當影片被產生時，而下兩次則是影片被重播時。

## 10.15 總結

MATLAB 圖形中的每個元素都是一個圖形物件。每個物件可由其獨特的握把來辨識，而每個物件也具有很多的特性，用來改變物件顯示的方式。

MATLAB 的物件都會被整合在含有**父物件**（parent objects）與**子物件**（child objects）的階層結構中。當子物件產生後，便繼承了許多父物件所擁有的特性。

MATLAB 最高層的圖形物件是根物件（root），可以想像成整個電腦螢幕，這個物件使用 groot 函式來存取。在根物件下層，可以同時存在一個以上的圖形視窗。每張圖在電腦螢幕上皆是獨立的視窗，用來顯示圖形化的資料，而且每張圖擁有自己的特性。

每張圖形（figure）可以包含軸線（axes）、極座標軸線（polaraxes），以及不同類型的 GUI 物件（menus, toolbars, controls, panels, tables 等）。軸線是一張圖內用來實際畫出卡氏座標資料的區域，而極座標軸線是在一張圖內用來實際畫出極座標資料的區域。在同一張圖內，可以允許超過一組以上的軸線。

每一組軸線可以根據實際圖形需要，擁有許多條線、文字字串或是貼片（patches）。

公用的圖形物件特性可以藉由物件語法（object.property）或者 get/set 方法被存取或改變。物件語法只適用於 MATLAB R2014b 以後的版本。

現用圖、現用軸線，與現用物件的握把，可以分別使用 gcf、gca 及 gco 等函式取得其握把資訊。而任何物件的特性可以使用 get 及 set 函式加以檢視及修改。

MATLAB 繪圖函式有數百種不同的圖形物件特性，想找到這些函式的完整資訊，最好的方法便是使用 MATLAB 說明瀏覽器。

藉由使用圖形握把來刪除並重畫物件以更新物件的內容，或是藉由製作影片，可以製作 MATLAB 動畫。

## MATLAB 總結

以下的列表總結所有在本章所描述過的 MATLAB 指令及函式，並附加一段簡短的敘述，提供讀者參考。

| 指令與函式 | |
|---|---|
| axes | 產生一組新的軸線／將某個軸線變成現用軸線。 |
| figure | 產生一個新的圖／將某個圖變成現用的圖。 |
| findobj | 根據一個或多個特性值，尋找某個物件。 |
| gca | 取得現用軸物件的握把。 |
| gcf | 取得現用圖的握把。 |
| gco | 取得現用物件的握把。 |
| get | 取得物件的特性。 |
| getappdata | 在某物件中取得使用者定義的資料。 |
| groot | 傳回根物件的握把。 |
| isappdata | 以特定名稱來測試並決定某物件是否包含使用者定義資料。 |
| reset | 將物件的特性回復為預設值。 |
| rmappdata | 從某物件中移除使用者定義的資料。 |
| set | 設定物件的特性。 |
| setappdata | 在某物件中儲存使用者定義的資料。 |
| waitforbuttonpress | 暫停程式，等待滑鼠的點擊，或是鍵盤的輸入。 |

## 10.16 習題

10.1 所謂「圖形握把」的意義為何？畫出 MATLAB 圖形物件的階層結構。

10.2 使用 MATLAB 的說明瀏覽器，學習一個圖（figure）物件的 `Name` 與 `NumberTitle` 特性。產生一張圖，包含 $y(x) = e^x$ 的函數圖形，其中 $-2 \le x \le 2$。改變這兩個圖形物件特性，以藏匿圖形編號，並在圖形上加上圖形標題為 "Plot Window"。

10.3 請編寫一個程式，把預設圖形顏色改為橘色，並把預設的線寬改為 3.0 點。然後產生一張圖形，利用下列方程式畫出橢圓：

$$
\begin{aligned}
x(t) &= 10 \cos t \\
y(t) &= 6 \sin t
\end{aligned}
\tag{10.6}
$$

其中 $t = 0$ 到 $2\pi$。請問產生的線條其顏色與線寬為何？

10.4 使用 MATLAB 說明瀏覽器，學習一個軸物件之 `CurrentPoint` 特性。使用這個特性產生一個程式，可以產生一個軸物件，並在這個軸物件裡，將連續滑鼠點擊的位置用直線相連。請使用 `waitforbuttonpress` 函式以等待滑鼠點擊，並於每次點擊滑鼠之後，更新你的圖形。當你按下鍵盤任一鍵時，便停止在軸物件上繪圖。

10.5 修改範例 10.1 的程式，使用 MATLAB 物件語法而不是用 `get/set` 函式來設定物件特性。

10.6 使用 MATLAB 說明瀏覽器，學習圖物件之 `CurrentCharacter` 特性。修改習題 10.4 中的程式，來測試當按下鍵盤按鍵時 `CurrentCharacter` 的特性。如果鍵盤按下的是 "c" 或 "C"，改變線條顯示的顏色。如果鍵盤按下的是 "s" 或 "S"，改變線條顯示的樣式。如果鍵盤按下的是 "w" 或 "W"，改變線條顯示的寬度；如果鍵盤按下的是 "x" 或 "X"，停止在軸物件上繪圖（忽略所有其他的輸入字元）。

10.7 產生一個 MATLAB 程式畫出函數

$$
\begin{aligned}
x(t) &= \cos\frac{t}{\pi} \\
x(t) &= 2\sin\frac{t}{2\pi}
\end{aligned}
\tag{10.7}
$$

其中 $-2 \le t \le 2$。然後程式必須等待滑鼠的點擊，如果滑鼠點擊了其中一條曲線，則程式便隨機更改線條顏色，線條顏色可以是紅色、綠色、藍色、黃色、青色、紫紅色或黑色。使用 `waitforbuttonpress` 函式以等待滑鼠的點擊，並於每次點擊滑鼠之後，更新你的圖形。使用 `gco` 函式來決定被滑鼠點擊的物件，並使用物件的 `Type` 特性來決定滑鼠是否點擊在一條曲線上。

10.8 `plot` 函式可以畫出一條線，並傳回該條線的握把。這個握把可以用來取得或設定該條線的線條特性。其中兩個特性分別是 `XData` 與 `YData`，這兩個特性分別包含了目前圖形的 $x$、$y$ 資料值。請編寫一個程式，畫出下列函數的圖形

$$x(t) = \cos(2\pi t - \theta) \tag{10.8}$$

其中 $-1.0 \le t \le 1.0$，並儲存所產生的函數曲線握把。$\theta$ 的初始角度為 0 弧度。接下來，使用 $\theta = \pi/10$、$\theta = 2\pi/10$、$\theta = 3\pi/10$，不停地重畫這個函數線條直到 $\theta = 2\pi$。使用 `for` 迴圈來計算 $x$ 與 $t$ 的新值，並使用 `set` 指令來更新線條的 `XData` 及 `YData` 特性，以更新函數的圖形。在每次更新圖形時，使用 MATLAB 的 `pause` 指令，使其暫停 0.5 秒。

10.9 利用電腦上的一些程式，例如 Microsoft Word、Microsoft Excel、文字編輯器等，建立一組數據。使用 Windows 或 Unix 的複製功能，將這組數據複製到電腦的剪貼簿，然後再用 `uiimport` 函式將這組數據載入 MATLAB 中。

10.10 **波模式。**在開闊的海面，在風持續地吹在波浪運動方向的情況下，相繼的波前會趨向於平行的方向。水面上的任一點高度可用方程式表示成

$$h(x, y, t) = A\cos\left(\frac{2\pi}{T}t - \frac{2\pi}{L}x\right) \tag{10.9}$$

其中 $T$ 是波的週期（以秒為單位），$L$ 是波峰的距離，而 $t$ 是現在時刻。假設波的週期是 4 s，波峰的距離是 12 m。在時間 $0 \le t \le 20$ s，而距離在 $-300 \text{ m} \le x \le 300 \text{ m}$ 以及 $-300 \text{ m} \le y \le 300 \text{ m}$ 範圍內，利用刪除與重畫法建立這個波模式的模擬動畫。

10.11 **波模式。**製作習題 10.10 波模式的模擬動畫影片，並播放此影片。

10.12 **產生旋轉磁場。**交流電動機的基本原理是，如果流經一個三相繞組的電流是具有振幅相同且相位差 120° 的三相電流，則此繞組將產生一個固定強度的旋轉磁場。三相繞組由三組分別的繞組在電動機表面上以 120° 間隔所組成。圖 10.8 表示在定子上的 $a$-$a'$、$b$-$b'$ 與 $c$-$c'$ 三相繞組，而每個繞組的磁場強度為 $\mathbf{B}$。每個繞組磁通量密度的的大小及方向是

$$\begin{aligned}
\mathbf{B}_{aa'}(t) &= B_M \sin \omega t \angle 0^\circ \text{ T} \\
\mathbf{B}_{bb'}(t) &= B_M \sin(\omega t - 120^\circ) \angle 120^\circ \text{ T} \\
\mathbf{B}_{cc'}(t) &= B_M \sin(\omega t - 240^\circ) \angle 240^\circ \text{ T}
\end{aligned} \tag{10.10}$$

$a$-$a'$ 繞組的磁場方向是正右方 (0°)，$b$-$b'$ 繞組的磁場是 120° 方向，而 $c$-$c'$ 繞組的磁場方向是 240°。在任何時刻，總磁場可表示成

$$\mathbf{B}_{\text{net}}(t) = \mathbf{B}_{aa'}(t) + \mathbf{B}_{bb'}(t) + \mathbf{B}_{cc'}(t) \tag{10.11}$$

在時間 $\omega t = 0°$，磁場加總後形成向下的總磁場，如圖 10.8a 所示。在時間 $\omega t = 90°$，磁場加總後形成向右的總磁場，如圖 10.8b 所示。請注意總磁場的強度相同，但會隨著時間而轉動到不同的角度。

撰寫一個程式用來產生這個旋轉磁場的動畫，在動畫中要呈現出總磁場的強度相同，但會隨著時間而轉動到不同的角度。

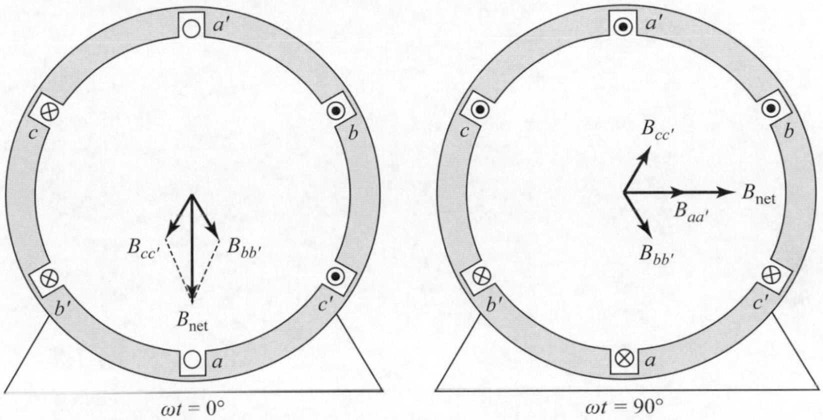


(a) 時間 $\omega t = 0°$ (b) $\omega t = 90°$

圖 10.8 不同時間下三相交流馬達內的總磁場。

10.13 **鞍狀曲面**。一個鞍狀曲面是定義成這個曲面在某個方向上，它的曲面向上；而在另一垂直方向上，它的曲面向下，所以它看起來像一個鞍點。下列方程式定義了一個鞍狀曲面

$$z = x^2 - y^2 \tag{10.12}$$

繪出這個函數圖形，並且顯示它有一個鞍部形狀。

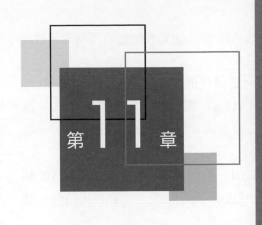

# 第 11 章 MATLAB 應用程式與使用者圖形介面

**MATLAB 應用程式（MATLAB app）**是一個獨立自足的 MATLAB 程式，具有 GUI（graphical user interface）並執行一個任務或計算。而完成任務所需的所有運作，譬如獲得進入程式的數據、對該數據執行計算、獲得結果，以及（可能）寫出結果等，全都在此應用程式內執行。應用程式也可以包裝成一個安裝程式，以方便發行給客戶。

GUI 是一個程式的圖形化介面。一個良好的 GUI，可以藉由提供一致的程式外觀，加上按鈕、編輯方塊、滑桿、選項單等直覺式的控制，使得程式變得更容易使用。GUI 必須以容易理解以及可預期的行為方式表現，使得使用者能夠預期當他們執行一個動作後，將會產生的結果。舉例來說，當滑鼠點擊一個按鈕，GUI 就應該執行在按鈕上所標示的動作。

當我們設計一個具有 GUI 的 MATLAB 應用程式時，我們是在建造一個事件驅動的程式。當應用程式啟動時，它通常會在圖形視窗繪製 GUI，然後進入閒置狀態。它會保持閒置，直到使用者藉由與程式的互動（用滑鼠在視窗上點擊或在文字框輸入文字）引起一個事件。當發生一個事件時，一個**回呼函式（callback function）**會被執行。該回呼函式會執行某些動作以呼應觸發它的事件。例如，點擊一個「更新」按鈕可能觸發在 GUI 上繪製圖形的回呼函數。

MATLAB 支援三種產生 GUI 的方式：

1. 在程式中從頭開始編寫程式碼。
2. 使用 GUIDE（Graphical User Interface Design Environment），MATLAB 使用者圖形介面設計環境。
3. 使用應用程式設計器（App Designer）。

從頭開始編寫 GUI 以及使用 GUIDE 是產生 GUI 的舊方法，它們已經引人 MATLAB 超過 20 年。這些 GUI 是根據一個圖形物件，使用 set 和 get 函式設定和取得圖形特性。基於圖形物件的 GUI 在本書稱為「傳統 GUI」。

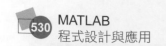

App Designer 是 R2016a 版本所引入更新穎、更現代的工具。它包含一個新的開發環境，提供布局和編碼檢視（code view）、MATLAB 編輯器的完全整合版本，以及大量圖形元件（components）。它提供 GUIDE 沒有的元件，如儀表（gauges）、燈（lamps）、旋鈕（knobs）和開關（switches）。

App Designer GUI 是基於 uifigure 物件的 GUI。他們是物件導向的 MATLAB 類別，因此會使用 MATLAB 類別（class）標準的點（dot）表示法來設定和取得特性。基於 uifigure 物件的 GUI 在本書稱為「現代 GUI」。

App Designer 比舊版的 GUIDE 更容易使用，並且產生更簡潔的程式。此外，App Designer GUI 中的所有內容都整合在一個名為 "app_name.mlapp" 的單一檔案，其中 app_name 是應用程式的名稱。這使得將應用程式發送給其他用戶變得更容易。

App Designer 相對較新而且仍在開發中。截至 2018a 版，App Designer 仍不支持極座標圖、子圖形，或是滑鼠和按鍵的客製化。如果你不需要這些功能來設計你的程式，那麼新的 App Designer 就是你需要的工具。如果你*確實*需要其中一些功能，那麼你應該考慮使用 GUIDE 設計應用程式。

本章介紹如何使用 App Designer 設計 MATLAB 應用程式。

## 11.1 使用者圖形介面是如何運作的

GUI 提供使用者熟悉的工作環境，包含按鈕（pushbutton）、切換按鈕（toggle button）、列表（list）、選項單（menu）、文字方塊（text box）、旋鈕（knobs）、儀表（gauges）等等。這些對於使用者而言，都已經是熟悉的物件，所以他們能夠專注於程式的用途，而不是程式運作的機制。然而，對於程式設計者而言，GUI 是具有挑戰性的工作，因為以 GUI 為基礎的程式設計，必須隨時為任一個 GUI 元素，準備好應對滑鼠點擊（或是可能的鍵盤輸入）的回應動作。像這類的輸入便稱為**事件（events）**，而回應事件的程式便稱為*事件驅動*（event driven）程式。

App Designer 允許設計者從元件庫（Component Library）拖放元件到畫布（canvas，即版面編輯區）來建立一個 GUI，從而簡化程式設計的工作。當元件添加到畫布時，App Designer 會自動將相對應的元件加到建立該 GUI 的 MATLAB 類別中。當這些元件被添加時，它還自動產生任何使用者指定回呼函式的外殼（shell）。設計者只需將程式碼加到回呼函式中，以實現當點擊滑鼠或按下某個鍵時所需的功能。

整合的編輯器使編寫程式更加容易，因為它只需要設計者在回呼函式、輔助函式和自定義特性（instance variable，實例變數）中輸入程式碼。所有其他程式碼都是自動產生的，而且這些程式碼藉由編輯器的設計，可以被保護免於不慎地被修改。

要使用 App Designer 產生一個 MATLAB GUI，有三個主要元素：

1. **元件容器（containers）與圖形工具（figure tools）**：這些元件包括圖（figures）、面板（panels）與用於容納和分類元件的欄標（tabs），以及選單列（menu bars）。GUI 的元件必須安排在**元件容器（container）**內，而這個元件容器是電腦螢幕上的一個視窗。最常見的元件容器就是**圖（figure）**。一張圖是電腦螢幕上的一個視窗，其上方有一個標題列，而且可以選擇性地加上選項單。在 App Designer 中，圖是使用 uifigure 函式產生的，它們可用於容納任何元件和其他容器的組合。

   其他種類的元件容器為**面板（panels）**（由 uipanel 函式產生）、**按鈕群組（button groups）**（由 uibuttongroup 函式產生）、**欄標群組（tab groups）**（由 uitabgroup 函式產生）以及**選單列（menu bars）**（由 uimenu 函式產生）。面板可以包含元件或其他元件容器，但沒有標題列，也不能加上選項單。按鈕群組是一個容器內的按鈕組，在任何時刻只能打開其中一個按鈕組。欄標群組是面板頂部的欄標，選擇不同的欄標會在面板顯示不同的內容。選單列由 uimenu 函式產生，它們在應用程式視窗的頂部顯示選項的下拉列表。

2. **通用元件**：MATLAB GUI 上的每個項目（軸、按鈕、標籤（labels）、文字框等）是一個圖形元件。元件類型包括圖形**控件（controls）**（按鈕、滑桿（sliders）、下拉列表（drop-down list）、樹（tree）、圓形按鈕（radio buttons）等）、靜態元素（標籤）和**軸線（axes）**。

3. **儀表元件**：這些元件看起來像真實世界的實驗室儀器，如儀表、旋鈕、燈和開關。

表 11.1 概括了一些基本的 GUI 元素，而圖 11.1 也顯示了一些元素的例子。我們將會學習這些基本元素的範例，進而產生能使用的 GUI 程式。

**表 11.1　一些基本的 GUI 元件**

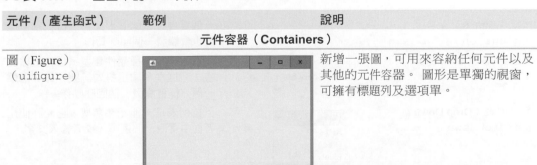

| 元件 /（產生函式） | 範例 | 說明 |
|---|---|---|
| | **元件容器（Containers）** | |
| 圖（Figure）<br>（uifigure） |  | 新增一張圖，可用來容納任何元件以及其他的元件容器。 圖形是單獨的視窗，可擁有標題列及選項單。 |

ꕤ 表 11.1　一些基本的 GUI 元件（續）

| 元件 /（產生函式） | 範例 | 說明 |
| --- | --- | --- |
| | **元件容器（Containers）** | |
| 面板（Panel）<br>（uipanel） | 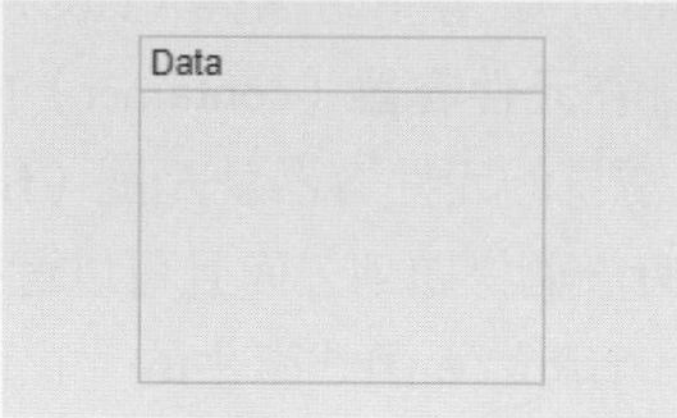 | 新增一個面板，可用來容納任何元件以及其他的元件容器。跟圖不同的是，面板不會擁有標題列及選項單，面板可以置放在圖或其他的面板中。 |
| 按鈕群組（Botton Group）<br>（uibuttongroup） | 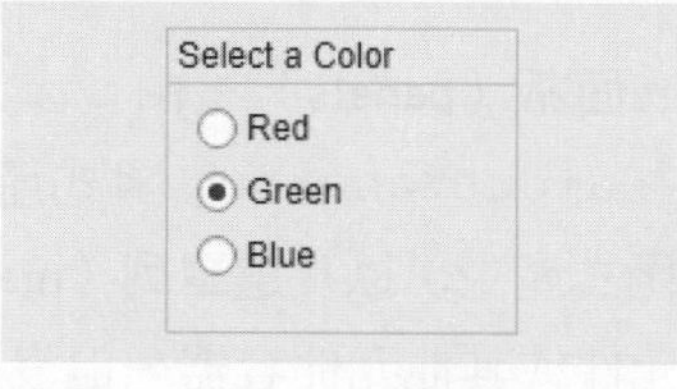 | 新增一個按鈕群組，它是管理一群圓形按鈕（radio buttons）或切換按鈕（toggle buttons）的元件容器。在任何時刻，按鈕群組內只有一個項目會被啟動。如果啟動一個按鈕，所有其他的按鈕都會關閉。 |
| 欄標群組（Tab Group）<br>（uitabgroup） | 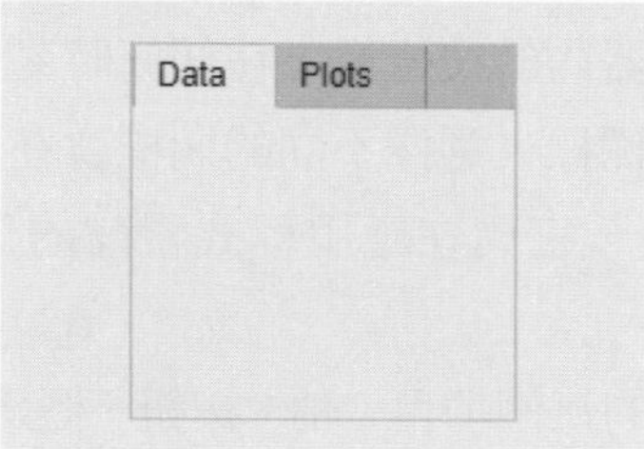 | 新增一個欄標群組，它是管理一些欄標的元件容器。 |
| 選單列（Menu Bar）<br>（uimenu） | 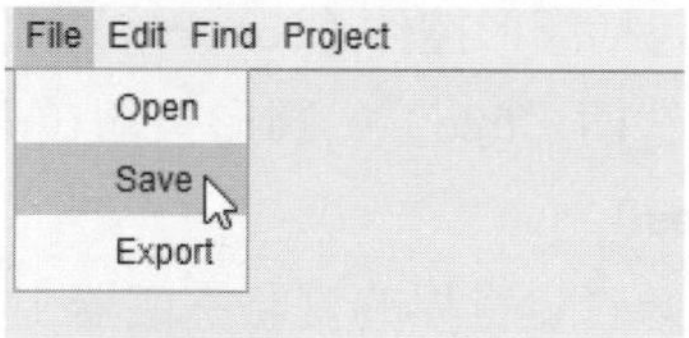 | 在指定的一張圖上新增一個選項單。 |
| | **通用元件（Common Components）** | |
| 軸線（Axes）<br>（uiaxes） | 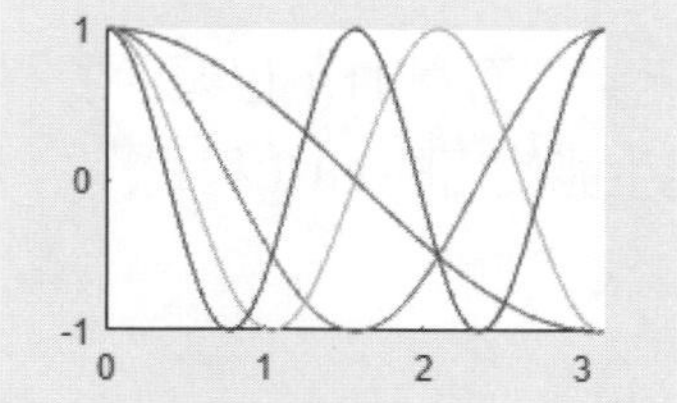 | 一個圖形元件用在圖形上的軸線。 |
| 按鈕（Button）<br>（uibutton） |  | 一個實現按鈕的圖形元件，每次點擊按鈕也會觸發一個回呼動作。 |
| 勾選方塊（Check Box）<br>（uicheckbox） |  | 勾選方塊是一種元件類型，當它被啟動時小方框裡會顯示打勾記號。每次點擊一個方框會觸發一個回呼動作。 |
| 下拉列表（Drop Down）<br>（uidropdown） | 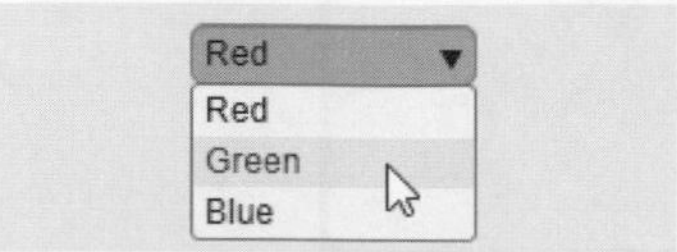 | 下拉列表是一種元件類型，它允許使用者從中選取一個選項，或者輸入文字。 |

表 11.1 一些基本的 GUI 元件（續）

| 元件 /（產生函式） | 範例 | 說明 |
|---|---|---|
| | **通用元件（Common Components）** | |
| 數字編輯欄（Numeric Edit Field）（uieditfield） |   | 允許使用者輸入數值的元件。除了指定了「數字」選項，這是與文字編輯欄相同的物件。 |
| 文字編輯欄（Text Edit Field）（uieditfield） | 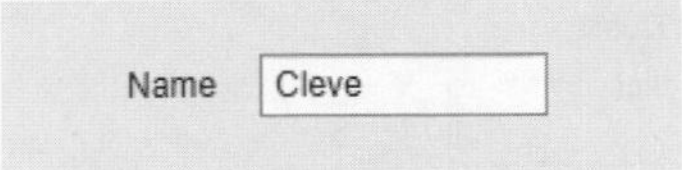  | 允許使用者輸入文字的元件。 |
| 標籤（Label）（uilabel） | 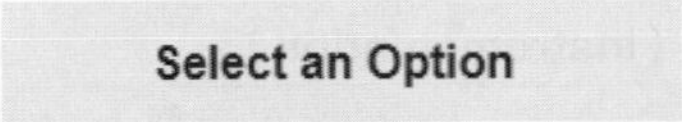  | 顯示靜態文本的元件，用在應用程式中標記項目。標籤不會觸發回呼動作。 |
| 列表框 List Box（uilistbox） | 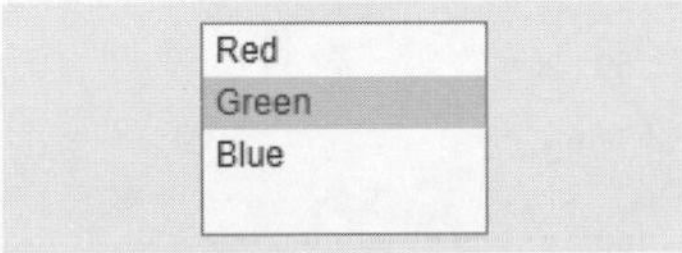  | 用於列表中顯示項目的元件。使用者可以從列表中選擇一個或多個項目。 |
| 圓形按鈕（Radio Button）（uiradiobutton） |   | 用於顯示圓形切換按鈕的元件：點擊啟動，下次點擊關閉。當按鈕啟動時，圓圈中間會出現一個小圓點。 |
| 滑桿（Slider）（uislider） | 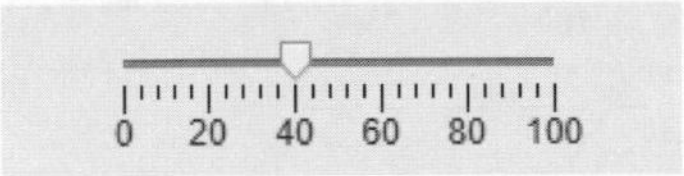  | 用於產生滑桿的元件，它允許使用者藉由滑塊的移動，從一組連續的選項中選擇一個值。 |
| 旋轉器（Spinner）（uispinner） |   | 用於產生旋轉器的元件，它允許使用者從有限的數值中選擇一個值。 |
| 狀態按鈕（State Button）（uibutton） | 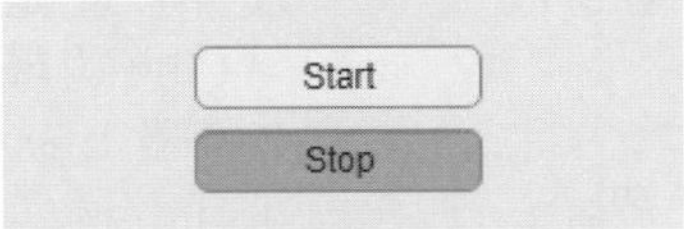  | 狀態按鈕是顯示其邏輯狀態的切換按鈕。當它啟動時，按鈕的陰影會改變。狀態按鈕是使用 uibutton 加上 'states' 選項所產生的。 |
| 表格（Table）（uitable） | 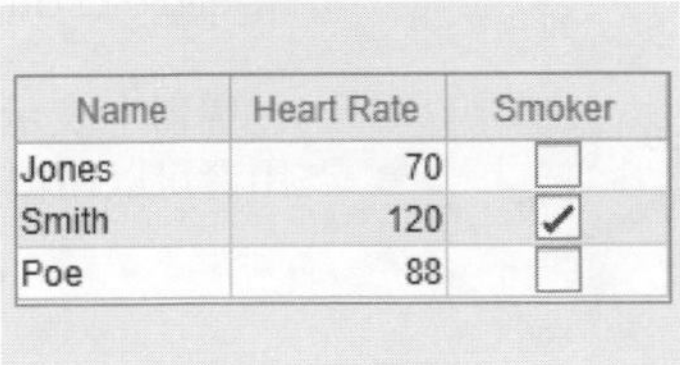  | 用於顯示行與列數據的表格元件。 |
| 文字區（Text Area）（uitextarea） | 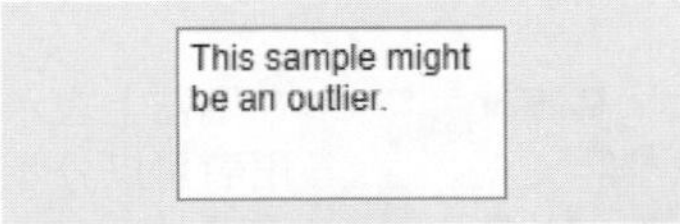  | 用於輸入多行文字的元件。 |
| 樹（Tree）（uitree） | 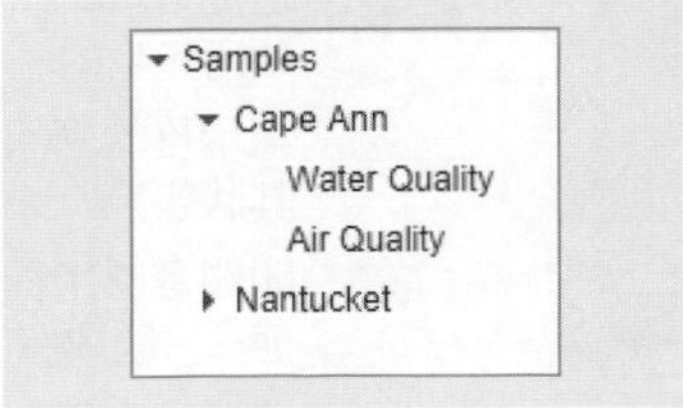  | 在應用程式內用於呈現項目列表階層結構的元件。uitree 函式產生一個樹結構，並在顯示它以前，設定任何需要的特性。 |

**表 11.1　一些基本的 GUI 元件（續）**

| 元件 /（產生函式） | 範例 | 說明 |
|---|---|---|
| | **通用元件（Common Components）** | |
| 樹節點（Tree Node）（uitreenode） | 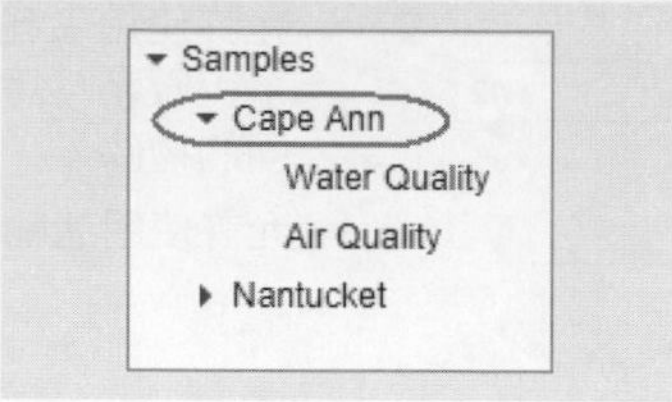 | 樹節點是樹階層中列出的項目。uitreenode 函式產生一個樹節點，並設在顯示它以前，設定任何必需的特性 |
| | **儀器（Instrumentation）** | |
| 圓形儀表（Circular Gauge）（uigauge） | 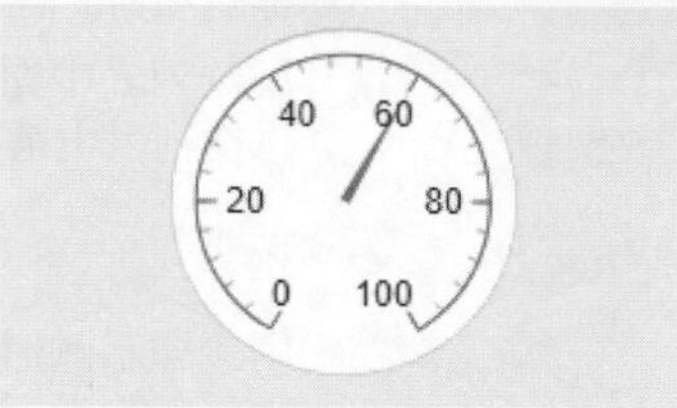 | 在儀器上表示圓形儀表的應用程式元件。 |
| 90 度儀表（90 Degree Gauge）（uigauge） |  | 在儀器上表示 90° 儀表的應用程式元件。這個元件是由 uigauge 函式加上 'ninetydegree' 選項所產生的。 |
| 線性儀表（Linear Gauge）（uigauge） | 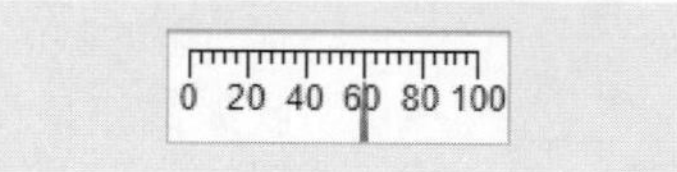 | 在儀器上表示線性儀表的應用程式元件。這是由 uigauge 函式加上 'linear' 選項所產生的。 |
| 半圓形儀表（Semicircular Gauge）（uigauge） |  | 在儀器上表示圓形儀表的應用程式元件。這是由 uigauge 函式加上 'semicircular' 選項所產生的。 |
| 旋鈕（Knob）（uiknob） |  | 在儀器上表示旋鈕的應用程式元件。使用者可以連續調整旋鈕來設定一個值。 |
| 離散旋鈕（Discrete Knob）（uiknob） | 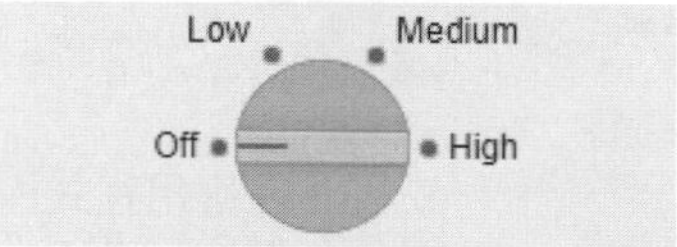 | 在儀器上表示旋鈕的應用程式元件。使用者可以分步調整旋鈕來設定一個值。這是由 uiknob 加上 'discrete' 選項所產生的。 |
| 燈（Lamp）（uilamp） |  | 顯示燈的應用程式元件，藉由顏色表示其狀態。 |
| 開關（Switch）（uiswitch） |  | 開關是應用程式元件，表示邏輯值的狀態——開或關。 |
| 搖桿開關（Rocker Switch）（uiswitch） | 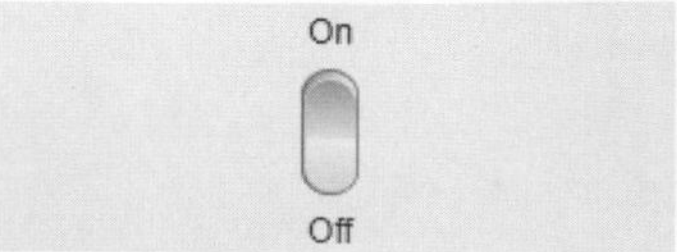 | 開關是應用程式元件，表示邏輯值的狀態——開或關。這是由 uiswitch 加上 'rocker' 選項所產生的。 |

表 11.1 一些基本的 GUI 元件（續）

| 元件 /（產生函式） | 範例 | 說明 |
|---|---|---|
| | 儀器（Instrumentation） | |
| 切換開關（Toggle Switch）（uiswitch） | 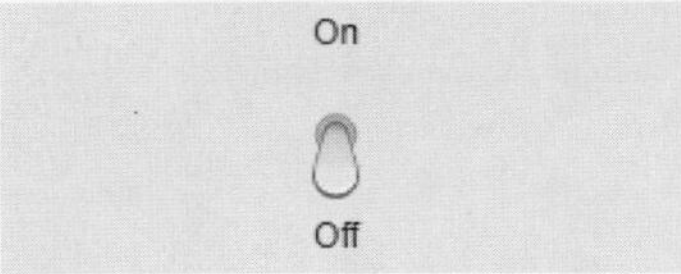 | 開關是應用程式元件，表示邏輯值的狀態——開或關。這是由 uiswitch 加上 'toggle' 選項所產生的。 |

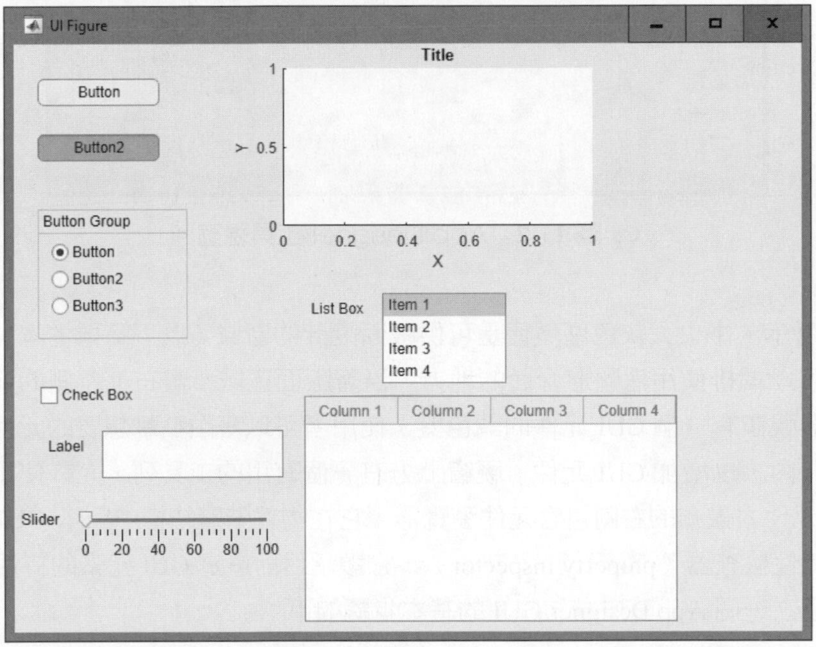


圖 11.1 一個顯示 MATLAB App Designer 使用者圖形介面元素範例的 UI 圖形視窗。從上到下、從左到右的元素分別是：(1) 按鈕；(2) 一個 “on” 狀態的狀態按鈕；(3) 一個按鈕群組內的三個圓形按鈕；(4) 勾選方塊；(5) 一個標籤和一個文字區；(6) 滑桿；(7) 一組軸線；(8) 列表框；(9) 面板。

## 11.2 新增並顯示使用者圖形介面

新的 MATLAB GUI 是使用一個名為 App Designer 的工具產生的。這個工具允許程式設計者進行 GUI 的版面設計，選擇並對齊置放在圖形介面上的 GUI 元件。一旦 GUI 元件安置妥適，程式設計者便可以編輯它們的特性：名稱、顏色、大小、字型、顯示的文字等。當 App Designer 儲存 GUI 時，會產生一個可執行的程式，裡面包括一些骨幹函式，可以讓程式設計者去修改並執行 GUI 相對應的運作。

當 App Designer 啟動時，它會產生一個空白畫布的版面編輯器（Layout Editor），

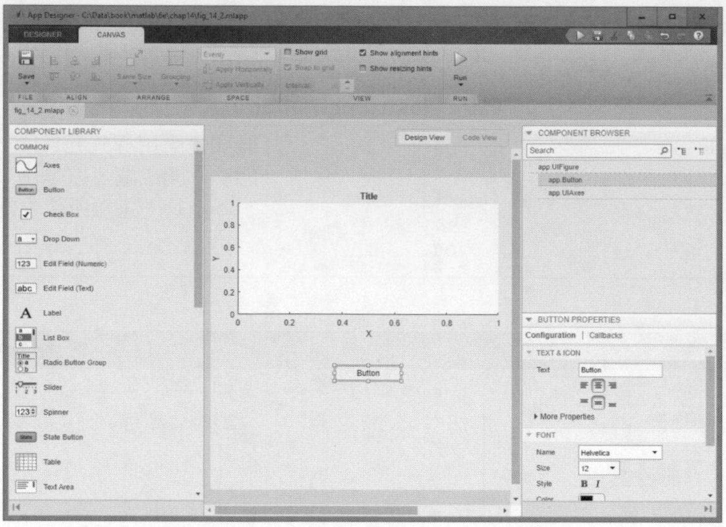


圖 11.2 App Designer 工具視窗。

如圖 11.2 所示。中央大灰色區域便是可供版面設計的區域（以下簡稱*畫布*），這是程式設計者可以編排使用者圖形介面的地方。沿著版面區域（畫布）左側的元件庫裡，版面編輯器視窗有一個 GUI 元件的調色盤。使用者可以藉由點擊想要的元件，拖曳該元件至畫布內，以增加 GUI 元件。視窗上方有一個有用的工具列，允許使用者安置並對齊 GUI 元件。畫布的右側包含元件瀏覽器，它在物件階層結構中顯示 GUI 的所有元件，以及特性檢查器（property inspector），它顯示目前選定 GUI 元素的特性。

用來建立一個 App Designer GUI 的基本步驟如下：

1. 決定 GUI 所需要的元素及其功能。先在草稿紙上，概略畫出整個版面的 GUI 元件配置。
2. 使用 App Designer 在圖上編排 GUI 元件的配置。App Designer 內建的工具可以用來調整圖形大小，以及 GUI 元件之間的排列與間隔。
3. 使用 App Designer 內建的特性檢查器來設定每個元件的特性，如元件顏色、顯示的文字等。
4. 使用特性檢查器選擇為每個元件所產生的回呼函式，包括回呼函式的名稱。
5. 將 GUI 儲存到檔案中。儲存 GUI 時，會產生一個延伸名為 mlapp 的檔案，包含 GUI 和你所指定的空白回呼函式（dummy callback functions）。
6. 點擊「Code View（編碼檢視）」選項以查看產生的圖形以及所自動產生的編碼。此編碼將顯示你定義每個回呼的虛擬方法（dummy methods）。現在編寫所需的程式碼，以實現回呼函式相對應的動作。

為了示範說明上述 GUI 設計步驟，讓我們考慮一個單純的 GUI 範例，它包含一個按鈕和一個標籤。每次點擊按鈕時，標籤將被更新以顯示自 GUI 啟動以來的總點擊次數。

**步驟 1**：這個 GUI 的設計非常簡單，它包含一個按鈕和一個文字欄位。每點擊按鈕一次，從按鈕傳來的回呼會促使在文字欄位顯示的數字增加 1。圖 11.3 為一個概略的 GUI 草圖。

**步驟 2**：為了在 GUI 上編排版面及置放元件，在指令視窗鍵入 appdesigner，以執行 App Designer。當 App Designer 被執行時，它產生一個具有空白畫布的視窗。

首先，我們必須設定版面區域的大小，也就是 GUI 最後的大小。其做法是利用滑鼠拖曳版面區域右下角的小箭頭，直到版面區達到我們想要的大小與形狀。然後，點擊在元件庫裡的 "button" 按鈕，並將其拖到畫布上。最後，在元件庫點擊 "Label" 按鈕，並且在版面區新增一個文字欄位的形狀。完成這些步驟所產生的結果如圖 11.4 所示。如果需要的話，我們可以使用工具列上的對齊群組調整這兩個元件的排列。

**步驟 3**：為了設定按鈕的特性，點擊版面區上的按鈕，則按鈕特性會出現在 App

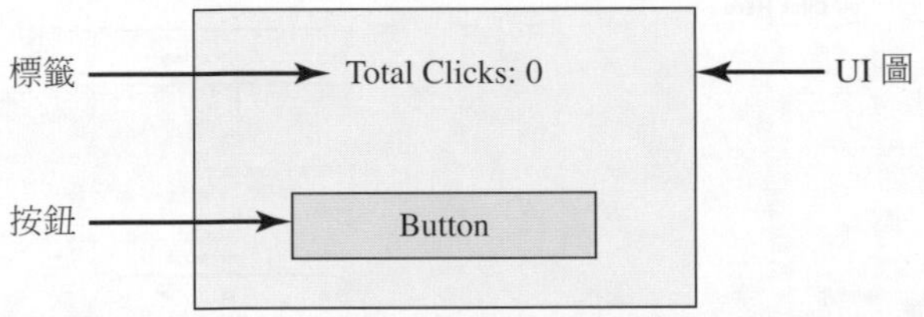


圖 11.3　一個包含按鈕與標籤的 GUI 草圖。

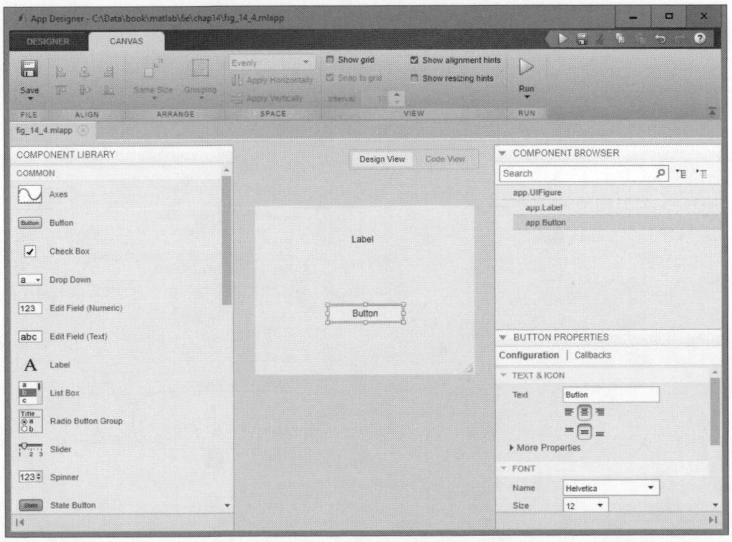


圖 11.4　在 App Designer 視窗中完成的 GUI 版面配置。

Designer 的右下角。對於按鈕，我們可以設定許多特性，如顏色、大小、字型以及文字對齊。但是，我們一定要設定一個特性：文字（Text）特性，它包含要在按鈕上顯示的文字。對此範例而言，文字特性將被設定成 'Click Here'。為了使按鈕更明顯，我們還將字體大小設為 14 點且為粗體。這些變更之後的按鈕如圖 11.5a 所示。

對於標籤，我們必須設定要顯示文字的 Text 特性。對此範例而言，文字特性將被設定為 'Total Clicks: 0'。為了使按鈕更明顯，我們還將字體大小設為 14 點且為粗體。這些步驟後的標籤區域如圖 11.5b 所示。

我們也可以藉由在版面編輯器中點擊空白區域來設定此圖本身的特性，並使用特性檢查器檢視和設定此圖的特性。雖然設定圖的 Title（標題）特性不是必需的，但卻是一個良好的做法。當執行 GUI 時，Title 特性中的字串將顯示在完成的標題欄中。在這個程式，我們將 Name 設定為 'MyFirstGui'。這些設定步驟後，圖的特性如圖

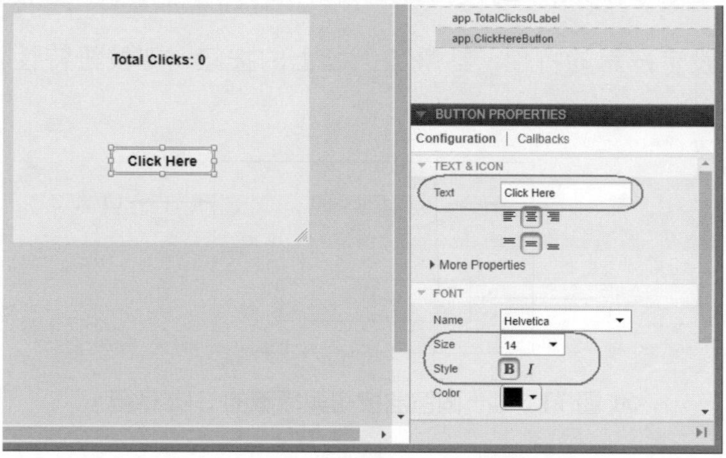


(a) 設定按鈕的特性。

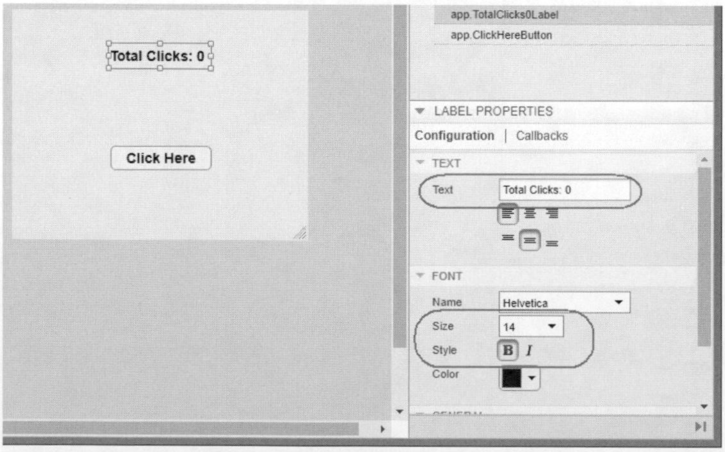


(b) 設定標籤的特性。

圖 11.5

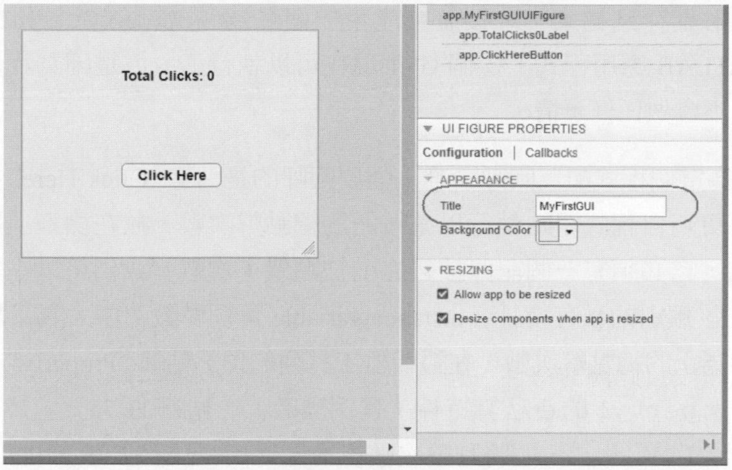


(c) 設定圖的特性。

圖 11.5（續）

11.5c 所示。

**步驟 4**：我們現在為此程式配置回呼。唯一需要回呼的情況是在點擊按鈕的當下。要增加此回呼，在畫布上選擇按鈕，然後在特性檢查器上選擇 “Callbacks” 選項，並對 `ButtonPushedFcn` 設定一個名稱。在這個情況下，我們將選擇名稱 `ClickHereButtonPushed`。輸入此名稱後，App Designer 將在此類中自動建立一個 `ClickHereButtonPushed` 方法（method），並開啟該方法的編輯器，以便我們可以為回呼加入可執行的程式碼。`ClickHereButtonPushed` 方法會在按鈕被點擊時自動執行（見圖 11.6）。

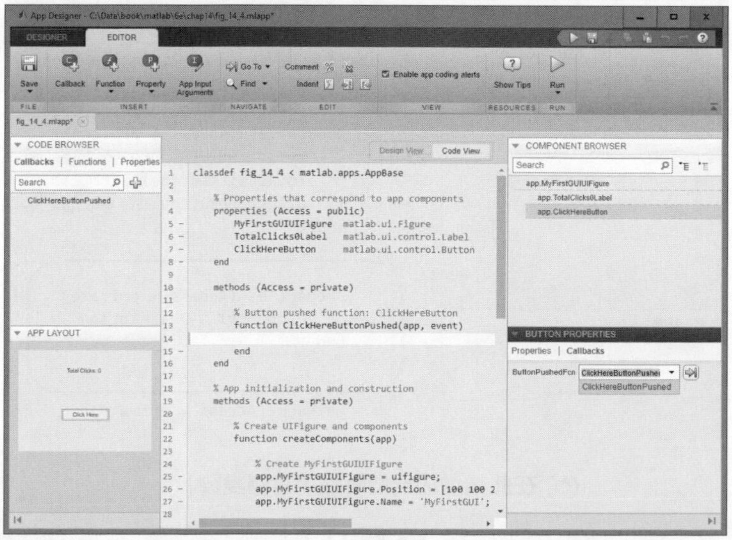


圖 11.6　編輯按鈕回呼函式名稱並加入程式碼到回呼函式中。

**步驟 5**：將圖形儲存到檔案中，接著會產生一個名為 MyFirstGui 和檔案延伸名為 mlapp 的 MATLAB 應用程式。這個 GUI 現在可以執行了，但是因為我們還沒有完成回呼，所以它不會做任何事情。

**步驟 6**：現在為這個程式配置回呼。唯一需要回呼的是點擊 "Click Here" 按鈕的響應。這個回呼需要更新自程式開始執行以來按鈕的總點擊次數，並在標籤上顯示該數字。要做到這一點，它必須有一個記錄按鈕之前被點擊了次數。我們可以在點擊之間，將此信息儲存在該類別的私有特性（instance variable 實例變數）中。為了增加一個特性來儲存到目前為止的總點擊次數，在編輯器工具列的頂部點擊 "Property" 按鈕。這將產生一個名為 Property1 的新私有特性（實例變數）（見圖 11.7a）。接著編輯特性將其命名為 "TotalClicks"，並將點擊次數初始化為 0（見圖 11.7b）。

接下來，編輯 ClickHereButtonPushed 方法的主體，加入程式碼使得每次點擊時，特性中的計數增加 1，並更新標籤上的 Text 特性以顯示正確的點擊次數（見圖 11.7c）。

最後，將程式儲存到磁碟。在指令視窗中鍵入 MyFirstGui，可以執行完成的程式。當使用者點擊按鈕時，MATLAB 會自動執行按鈕回呼，TotalTicks 中的計數會遞增，新編號會顯示在標籤的 Text 欄中。按下三次按鈕後的 GUI 如圖 11.8 所示。

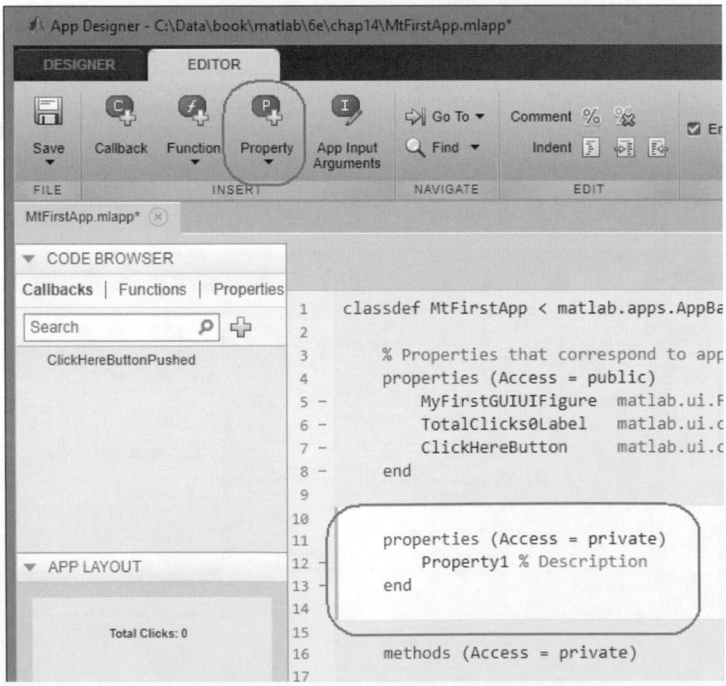


(a) 在此類增加一個特性（實例變數）。

圖 11.7

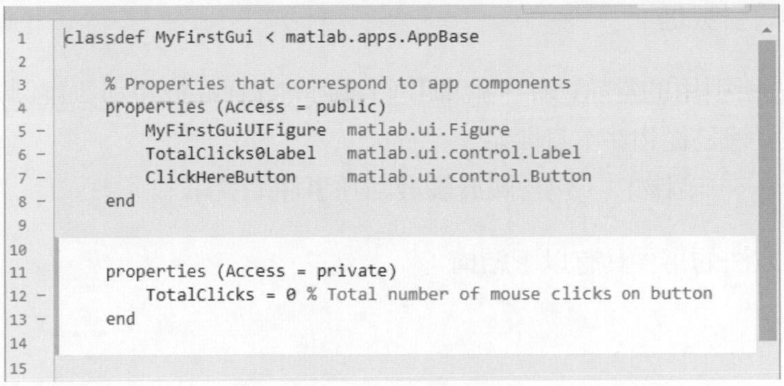

```
classdef MyFirstGui < matlab.apps.AppBase

    % Properties that correspond to app components
    properties (Access = public)
        MyFirstGuiUIFigure  matlab.ui.Figure
        TotalClicks0Label   matlab.ui.control.Label
        ClickHereButton     matlab.ui.control.Button
    end


    properties (Access = private)
        TotalClicks = 0 % Total number of mouse clicks on button
    end

```

(b) 設定特性的名稱和描述。

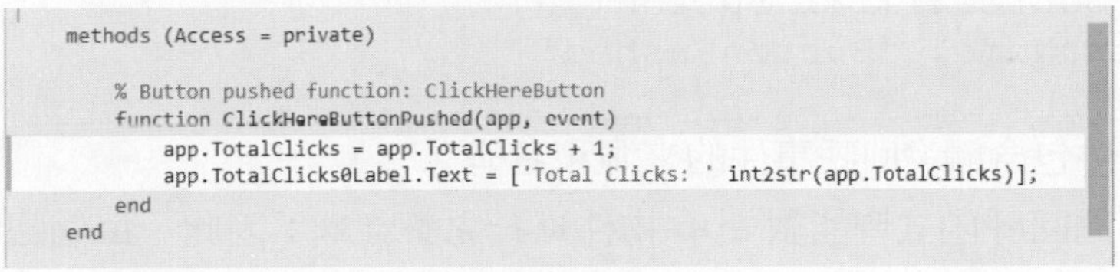

```
methods (Access = private)

    % Button pushed function: ClickHereButton
    function ClickHereButtonPushed(app, event)
        app.TotalClicks = app.TotalClicks + 1;
        app.TotalClicks0Label.Text = ['Total Clicks:  ' int2str(app.TotalClicks)];
    end
end
```

(c) 編寫回呼程式碼進行更新點擊次數，並顯示標籤上的點擊次數。

圖 11.7（續）

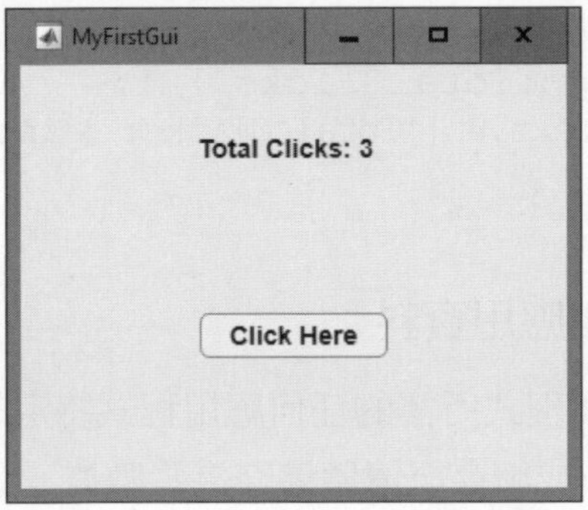


圖 11.8　按下三次按鈕後的 GUI。

**良好的程式設計**

使用 App Designer 設計新的 GUI 程式，包括所有回呼的骨幹函式。使用 App Designer 的 “Code View” 來手動編輯回呼，以實現每個回呼函式的功能。

## 11.2.1　回呼函式（方法）的結構

每個回呼函式都有標準形式：

```
function CallbackName(app, event)
```

這個回呼函式的引數是：

- **app**——所引用的當前物件。就像我們看到的任何握把類別，實例方法（instance method）總是從物件本身開始。
- **event**——一個物件，包含關於觸發回呼事件的資訊。

傳遞給此方法的事件具有以下結構：

```
K» event
event =
  ButtonPushedData with properties:

        Source: [1×1 Button]
     EventName: 'ButtonPushed'
```

請注意，該事件包含觸發回呼事件的來源和名稱。

請注意每個回呼函式皆能對 app 物件進行完整存取；因此，每個回呼函式可以修改該類別中任何 GUI 元件的特性，或者任何特性。我們對 MyFirstGui 中的按鈕，利用了在回呼函式的這種結構，其中按鈕的回呼函式修改了 TotalClicks 特性中的值和顯示在標籤欄位的文字。

```
function ClickHereButtonPushed(app, event)
    app.TotalClicks = app.TotalClicks + 1;
    app.TotalClicks0Label.Text = ['Total Clicks: ' int2str(app.TotalClicks)];
end
```

### 11.2.2　為一張圖增加應用資料

我們可以儲存一個 GUI 程式所需的任何應用程式特定的資訊，做為該類別中的自定義特性，而不是使用全域或續存記憶體儲存這些數據。這樣的 GUI 設計更為強健，因為其他 MATLAB 程式就不會不經意地修改更改到 GUI 資料，而且相同的 GUI 複本之間也不會相互干擾。

要將局部資料增加到該類別中，選擇 Code View 並點擊 "Add Property" 按鈕（）。預設情況下，這將增加一個只能通過該類別的方法來存取的私有特性。我們也可以增加一個可以從該類別外存取的公用特性。為此，點擊 "Add Property" 按鈕下方的箭頭，並選擇一個公用的特性。

**良好的程式設計**

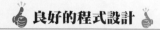

將 GUI 應用程式數據儲存在類別特性中，以便任何回呼函式可以自動使用這些資訊。

## 11.3 物件特性

每個 GUI 物件都包含可用於自定物件的大量特性清單。這些特性對於每種類型的物件都略有不同（uifigure、uiaxes、uipanel、uibutton 等）。對所有物件類型的所有特性都記錄在線上求助瀏覽器中，但是表 11.2 總結了一些 uifigure 物件的重要特性。

表 11.2 重要的 uifigure 特性

| 特性 | 說明 |
|---|---|
| | **視窗外觀** |
| Name | 一個字元陣列或字串包含出現在圖標題欄中的名稱。 |
| Color | 指定圖的顏色，特性值可以是預設顏色，如 'r', 'g', 'b' 或是指定紅綠藍顏色以 0–1 比例成分之三元素向量。舉例來說，靛青色便可以設定為 [1 0 1]。 |
| WindowState | 指定視窗的狀態。可能值為 'normal'（正常）或 'minimized'（最小化），'maximized'（最大化）或 'fullscreen'（全螢幕）。 |
| Visible | 指定此圖是否為可顯示。可以選擇的值為 'on' 或 'off'。 |
| | **位置** |
| Position | 指定一張圖在螢幕的位置和大小（不包括邊框和標題欄），使用 'units' 特性指定的單位。這個值接受一個四元素向量，前兩個元素是該圖左下角的 $x$ 和 $y$ 位置，後兩個元素則是該圖的寬度和高度。 |
| Units | App Designer 應用程式支援的唯一單位是 'pixels'（像素）。 |
| InnerPosition | 與 Position 特性相同。 |
| Resize | 指定使用者是否可以調整圖形大小。選項為 'on'（預設）或 'off'。 |
| AutoResizeChildren | 如果設為 'on'，則允許自動調整子元件的大小。 |
| | **繪圖** |
| Colormap | uiaxes 內容的色彩圖。 |
| Alphamap | uiaxes 內容的透明度圖。 |
| | **回呼** |
| SizeChangedFcn | 改變圖形大小時呼叫的函式。 |
| CreateFcn | 產生此類型物件時呼叫的函式。 |
| DeleteFcn | 刪除此類型物件時呼叫的函式。 |
| CloseRequestFcn | 圖形關閉時呼叫的函式。 |
| | **回呼執行控制** |
| Interruptable | 指定是否可以中斷正在執行中的回呼。值是 'on'（預設）或 'off'。 |
| BusyAction | 指定如何處理中斷回呼。值為 'queue'（排隊）（預設）或 'cancel'（取消）。如果是 'queue'，則新的回呼必須排隊，而且必須等待隊伍中正在運行及其他之前的回呼完成後才被執行。如果是 'cancel'，則中斷回呼被取消。 |
| BeingDeleted | 如果正在刪除一個物件，則此值為 'on'；否則，它是 'off'。 |

表 11.2　重要的 uifigure 特性（續）

| 特性 | 說明 |
|---|---|
| | **父級／子級** |
| Parent | 包含對此 uifigure 物件的父級關聯。 |
| Children | 包含對此 uifigure 物件所有子物件的關聯列表。 |
| HandleVisibility | 設定物件握把的可見性。圖預設值為 'off'。 |
| | **身分標識（Identifiers）** |
| Type | 圖形物件的類型，設為 'figure'。 |
| Tag | 圖形的 “name”（名稱），可藉由其名稱找到該物件。 |

其他類型的 App Designer 元件會有略微不同的特性集。使用求助瀏覽器可以找到任何特定元件的特性。

我們可以使用 App Designer 中的特性檢查器，或者在程式碼中使用點記號來修改任何 UI 物件的物件特性。雖然特性檢查器是一種在 GUI 設計期間調整特性的便捷方式，但我們必須使用點記號從程式中動態調整它們，譬如在回呼函式中。舉例而言，以下敘述產生一個 uifigure 視窗，並將其背景顏色設定為紅色。

```
h = uifigure();
h.Color = [1 0 0];
```

### 11.3.1　數字元件的主要特性

許多 GUI 元件顯示或接受數字資料。這些元件隨元件類型的不同而有不同的特性，但所有數字元件都有兩個通用特性來接受和檢索數字資料：Value 和 Limits。Value 特性包含此元件所顯示的數值，Limits 特性則是一個二元素向量，指定可以顯示或儲存在此元件的最小值與最大值。

為了說明這些元件的使用，我們將建立一個新的且具有滑塊元件的 uifigure。使用以下敘述：

```
f = uifigure();
h = uislider(f);
```

此滑桿的特性為：

```
» h
h =
   Slider (0) with properties:

                 Value: 0
                Limits: [0 100.00]
```

```
         MajorTicks: []
    MajorTickLabels: {}
        Orientation: 'horizontal'
    ValueChangedFcn: ''
   ValueChangingFcn: ''
           Position: [100.00 100.00 150.00 3.00]
```

完成的滑桿如圖 11.9a 所示。請注意，滑桿的值為零且其範圍為 0 至 100。我們可以藉由指定新值給 Value 特性而改變儲存和顯示在滑桿中的數值。例如，以下敘述會將滑桿的值改為 80（見圖 11.9b）。

```
» h.Value = 80;
```

此外，滑桿中的值會受到保護，不被設成超出範圍的值。嘗試指定值為 180 會產生以下結果：

```
» h.Value = 180;
Error using
matlab.ui.control.internal.model.AbstractInteractiveTick-
Component/set.Value (line 95)
'Value' must be a double scalar within the range of 'Limits'.
```

該元件還受到保護，不會被分配一個非雙精度值。嘗試指定一個字元陣列會產生以下結果：

```
» h.Value = 'aaa';
Error using
matlab.ui.control.internal.model.AbstractInteractiveTick-
Component/set.Value (line 95)
```

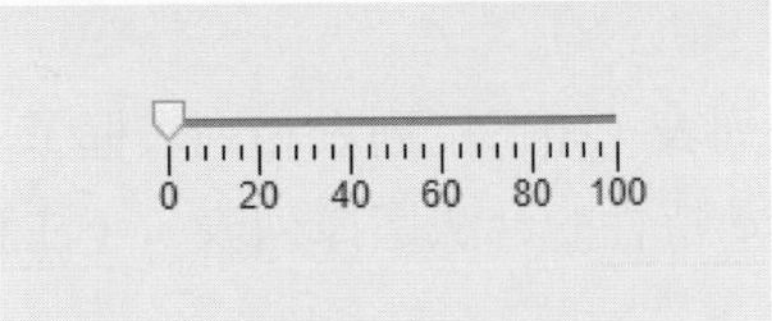


(a) 滑塊的初始 Value 值為 0 且 Limits 特性為 [0 100]。

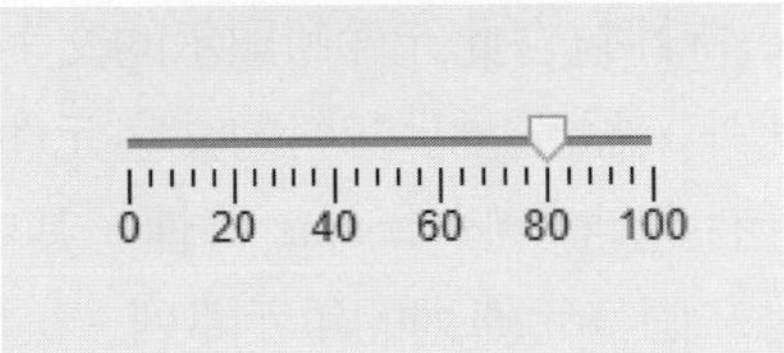


(b) 將 Value 特性設定為 80。

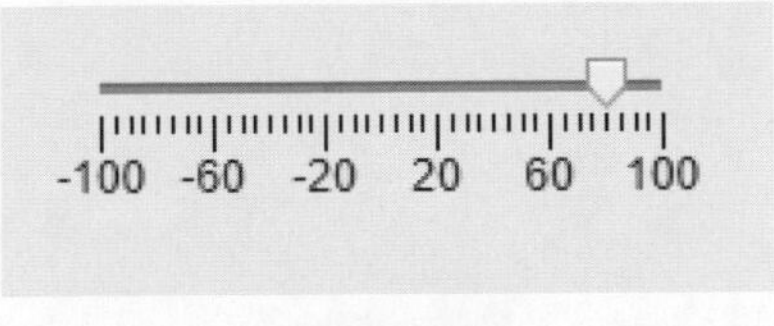


(c) 將 Limits 特性設定為 [−100 100]。

圖 11.9

```
'Value' must be a double scalar within the range of 'Limits'.
```

藉由指定新值給 Limits 特性，可以修改元件的數值範圍。例如，藉由以下敘述滑桿的數值範圍會變成 –100 至 100（見圖 11.9c）。

```
» h.Limits = [-100 100];
```

**良好的程式設計**

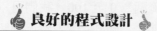

使用 Value 特性設定或讀取儲存在數字元件的值。

**良好的程式設計**

使用 Limits 特性指定在數字元件中數據可接受的大小範圍。

數字編輯欄還有另一個關鍵特性：ValueDisplayFormat。此特性包含一個格式描述符（format descripor），用於描述數字數據如何顯示在欄位中。預設為 '%11.4g'，但程式設計者可以將其替換為任何標準格式描述符。

**良好的程式設計**

使用 ValueDisplayFormat 特性指定顯示在數字編輯欄中數據的格式。

### 11.3.2 文字元件的主要特性

一些 GUI 元件顯示或接受文字資料（字元陣列）。這些元件隨元件類型的不同而有不同的特性，但所有文字元件都有一個通用特性來接受和擷取文字資料：Value。Value 特性包含此元件所顯示的文字資料。

此外，需要顯示資料的文字元件來自有限的列表（如下拉列表和列表框）。這些文字元件包含一個 Items 特性，其中包含 Value 特性的合法選擇列表。（注意這個列表是一個字元陣列的單元陣列。）

為了說明這些元件的使用，我們將產生一個具有列表框元件的 uifigure。如果我們使用以下敘述：

```
f = uifigure();
h = uilistbox(f);
```

此列表框的特性為：

```
» h
h =
```

```
  ListBox (Item 1) with properties:

              Value: 'Item 1'
              Items: {'Item 1' 'Item 2' 'Item 3' 'Item 4'}
          ItemsData: []
        Multiselect: 'off'
    ValueChangedFcn: ''
           Position: [100.00 100.00 100.00 74.00]
```

完成的列表框如圖 11.10a 所示。請注意，列表的中第一個項目被選上，而且四個合法的選項顯示在列表中。我們可以藉由點擊新值或指定適當的字串陣列給 `Value` 特性來改變選定的值。例如，使用鼠標點擊列表中的第三項會改變 `Value` 特性（圖 11.10b）。

```
» h.Value
ans =
    'Item 3'
```

使用 `Items` 特性可以設定合法值列表。例如，以下敘述會將合法選擇列表更改為五個城市之一。

```
» h.Items = {'New York', 'Los Angeles', 'Tokyo', 'London', 'Sydney'}
h =
  ListBox (New York) with properties:
```

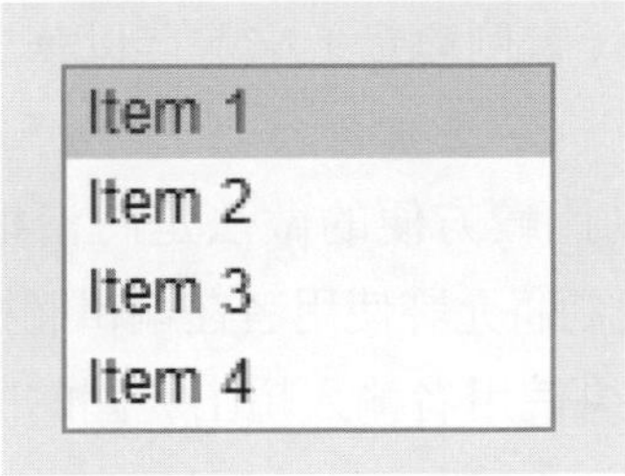


(a) 初始列表框的 `Value` 特性為 'Item 1'，而 `Items` 特性為 {'Item 1' 'Item 2' 'Item 3' 'Item 4'}。

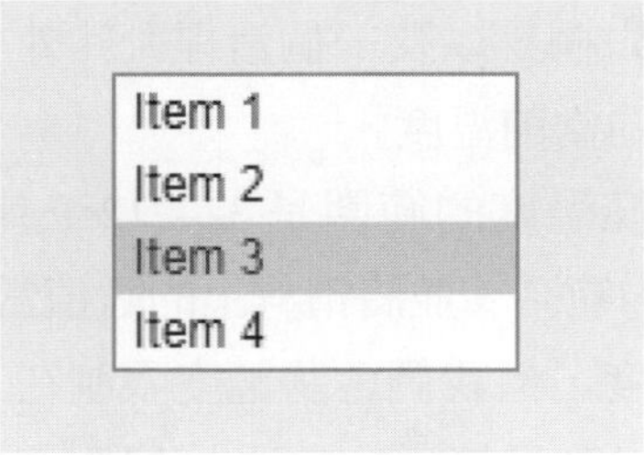


(b) 設定 `Value` 特性為 'Item 3'。

(c) 將 Items 特性設定為 {'New York', 'Los Angeles','Tokyo','London','Sydney'}。

**圖 11.10**

```
            Value: 'New York'
            Items: {1×5 cell}
        ItemsData: []
      Multiselect: 'off'
  ValueChangedFcn: ''
         Position: [100.00 100.00 100.00 74.00]
```

請注意，如果項目列表對於框來說太長，則會自動增加一個卷軸以方便可以看到所有選項。另請注意，當 Items 列表更新時，Value 值回復為列表中的第一個選項。

**良好的程式設計**

使用 Value 特性設定或讀取儲存在文字元件中的字串。

## 例 11.1 溫度轉換

編寫一個程式，在 0–100°C 溫度範圍內，使用 GUI 接受數據並顯示結果，將華氏溫度轉換成攝氏溫度，或是由攝氏溫度轉換成華氏溫度。此程式必須要包含一個華氏度數的編輯欄，另一個攝氏度數的編輯欄，以及一個可以連續調整溫度的滑桿。使用者可以在任何一個編輯欄裡輸入溫度，或是用滑鼠移動滑桿，使得所有的 GUI 元素都能調整到所對應的數值。

**◈ 解答**

此程式需要一個以華氏為單位的溫度的數字編輯欄、另一個以攝氏為單位的溫度數值編輯欄，以及一個滑桿。此外，它還需要特性（實例變量）來保存以華氏和攝氏為單位的當前溫度。

轉換溫度的範圍是 32–212°F 或 0–100°C，所以比較方便的做法是將滑桿設定成 0–100 的範圍，並將滑桿上的數值當成攝式溫度。我們將允許使用者在編輯欄指定任何輸入溫度，但我們會將溫度限制在上述範圍內。如果使用者輸入超出範圍的數值，它將被轉換為最接近的合法上下限。

此程式將需要三個回呼來偵測三個 GUI 元件的變化，並且還需要計算溫度轉換函式以便在所有元件以適當單位顯示正確的溫度。

此處理過程的第一步是使用 App Designer 來設計 GUI。建立三個必需的 GUI 元素，並將它們放置在大致正確的位置。然後使用特性檢查器執行以下步驟：

1. 將 'Degrees F' 和 'Degrees C' 儲存在兩個編輯欄的 Label 特性裡。
2. 利用 Values 特性，分別設定兩個編輯欄的初始值為 32 與 0。
3. 設定滑桿的最小與最大預設值分別為 0 與 100。滑桿的預設初始值為 0，因此我們不必更改這些特性。

4. 使用 ValueDisplayFormat 特性，將兩個編輯欄的顯示格式設定為自定義值 %5.2f。
5. 建立兩個自定義特性 temp_c 和 temp_f 用來保存以攝氏和華氏為單位的當前溫度。將 temp_c 初始化為 0，temp_f 初始化為 32。
6. 在元件瀏覽器（component browser）中選擇此圖，然後將其 Title 特性設定為 'Temperature Conversion'。這將在此 GUI 的標題欄中顯示此文字字串。

一旦完成這些變更，此 GUI 必須以檔案名稱 temp_conversion.mlapp 儲存。在版面配置過程中完成的 GUI 如圖 11.11 所示

在設計過程的下一步是要新增兩個私有實用函式，將華氏溫數轉換成攝氏溫數，反之亦然。to_c 函式會將華氏溫度轉換成攝氏溫度，並將這些數值儲存在適當的特性裡。溫度轉換方程式為

$$\mathrm{deg}C = \frac{5}{9}(\mathrm{deg}F - 32) \tag{11.1}$$

要增加此函式，點擊 “Function” 按鈕（）下方的箭頭來增加一個新的私有函式。這個函式的編碼是

```
function to_c(app, deg_f)
   % Convert degrees Fahrenheit to degrees C.
   app.temp_c = (5/9) * (deg_f - 32);
   app.temp_f = deg_f;
end
```

to_f 函式會將攝氏溫度轉換成華氏溫度，並將這些數值儲存在適當的特性裡。溫度轉

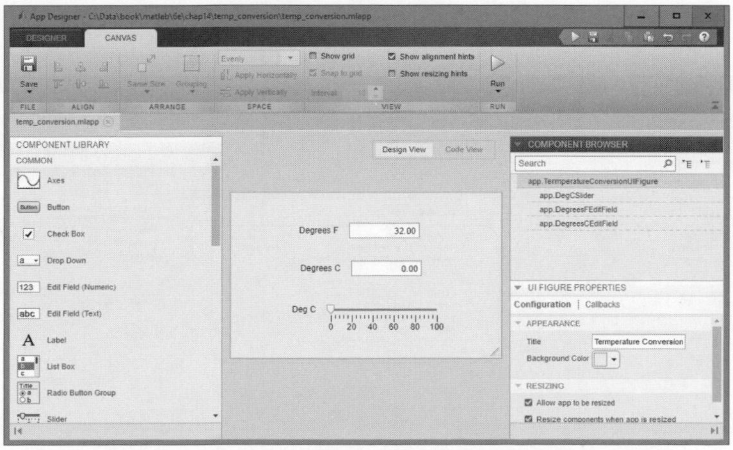


圖 11.11　溫度轉換 GUI 的版面配置。

換方程式為

$$\deg F = \frac{9}{5}\deg C + 32 \tag{11.2}$$

要增加此函式，再次點擊 “Function” 按鈕下方的箭頭來增加一個新的私有函式。這個函式的編碼是

```
function to_f(app, deg_c)
   % Convert degrees Celsius to degrees Fahrenheit.
   app.temp_c = deg_c;
   app.temp_f = (9/5) * deg_c + 32;
end
```

請注意，這兩個函式都執行適當的轉換並將結果儲存在特性 temp_c 和 temp_f 裡。完成的程式碼顯示在圖 11.12 中 App Designer 的編輯器。

最後，我們必須編寫回呼函式將它們彼此連接起來。選擇 Design View（設計查看），並點擊 “Degrees F” 編輯欄。然後點擊特性檢查器中的 “Callacks”，並將 ValueChangedFcn 回呼名稱設為 DegFChanged。現在點擊 “Degrees C” 編輯欄，並將 ValueChangedFcn 回呼名稱設為 DegCChanged。最後，選擇滑桿，並將 ValueChangedFcn 回呼名稱設為 SliderChanged。這三個函式的外殼（shells）就自動被產生了，如圖 11.13 所示。

如果在 “Degrees F” 欄位中輸入一個值，它將被視為一個華氏溫度。該值必須限定在 32–212 範圍內，轉換為攝氏溫度，然後顯示在編輯欄位和滑桿中。

如果在 “Degrees C” 欄位中輸入一個值，它將被視為一個攝氏溫度。該值必須限定在 0–100 的範圍內，轉換為度數華氏溫度，然後顯示在編輯欄位和滑桿中。

如果通過移動滑桿輸入值，它將被視為以度為單位的攝氏溫度。該值已被限定在 0–100 的範圍內，但必須將其轉換為華氏溫度，然後顯示在編輯欄位和滑桿中。

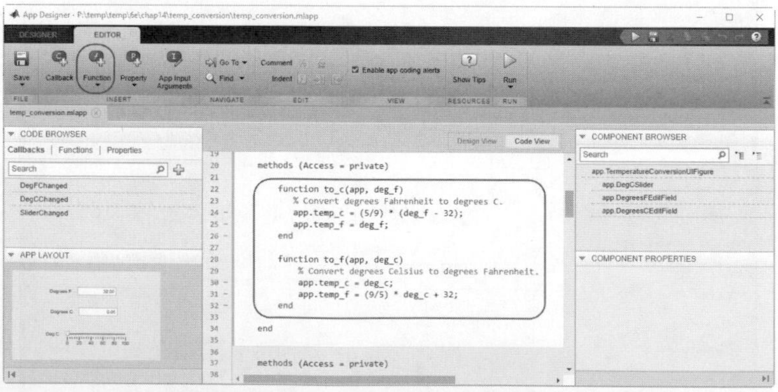


圖 11.12　點擊 Function 按鈕來增加函式，然後插入程式碼。

```
    methods (Access = private)

        % Value changed function: DegreesFEditField
        function DegFChanged(app, event)
            value = app.DegreesFEditField.Value;

        end

        % Value changed function: DegreesCEditField
        function DegCChanged(app, event)
            value = app.DegreesCEditField.Value;

        end

        % Value changed function: DegCSlider
        function SliderChanged(app, event)
            value = app.DegCSlider.Value;

        end
    end

```

☙ 圖 11.13　三個回呼函式的骨架。

這三個回呼函式如圖 11.14 所示。

```
% Value changed function: DegreesFEditField
function DegFChanged(app, event)
    value = app.DegreesFEditField.Value;
    value = max([ 32 value]);
    value = min([ 212 value]);
    to_c(app,value);
    app.DegreesFEditField.Value = app.temp_f;
    app.DegreesCEditField.Value = app.temp_c;
    app.DegCSlider.Value = app.temp_c;
end
% Value changed function: DegreesCEditField
function DegCChanged(app, event)
    value = app.DegreesCEditField.Value;
    value = max([ 0 value]);
    value = min([ 100 value]);
    to_f(app,value);
    app.DegreesFEditField.Value = app.temp_f;
    app.DegreesCEditField.Value = app.temp_c;
    app.DegCSlider.Value = app.temp_c;
end
% Value changed function: DegCSlider
function SliderChanged(app, event)
    value = app.DegCSlider.Value;
    to_f(app,value);
    app.DegreesFEditField.Value = app.temp_f;
    app.DegreesCEditField.Value = app.temp_c;
    app.DegCSlider.Value = app.temp_c;
end
```

☙ 圖 11.14　溫度轉換 GUI 的三個回呼函式。

現在我們已經完成這個程式。執行此程式，並使用編輯欄位與滑桿輸入不同的數值。請使用一些超過範圍的溫度值，以確定這個程式能正常運作。

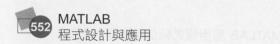

## 11.4 其他的元件容器：面板、欄標群組與按鈕群組

MATLABGUI 包含三種其他類型的元容器：**面板（panels）**（由 uipanel 函式產生）、**欄標群組（tab groups）**（由 uitabgroup 函式產生）及**按鈕群組（button groups）**（由 uibuttongroup 函式產生）。

### 11.4.1 面板

面板可以是一種元件容器，用來包含某些元件或是其他的元件容器，但是它沒有標題列，也不能加上選項單。面板可以包含 GUI 元素，如：元件、表格、其他面板或按鈕群組。任何放在面板裡的元素，皆以相對於面板的位置定位。如果面板在 GUI 上移動位置，則面板裡所有的元素也會跟著一起移動。面板提供了聚集 GUI 上相關的控制元件一個很好的方法。

面板是由 uipanel 函式所產生的，它可以在 App Designer 裡的元件庫選擇面版（）加到 GUI 裡。

每個面板都有一個標題，而且通常是被線條圍繞來標示面板的邊界。面板標題可以位於面板上方的左邊、中間或右邊。圖 11.15 顯示一些具有不同標題位置與邊緣線條風格組合的面板。

讓我們來看一個使用面板的簡單例子。假設我們想要產生一個 GUI，在兩個指定值 $x_{min}$ 與 $x_{max}$ 之間，畫出 $y = ax^2 + bx + c$ 的函數圖形。這 GUI 允許使用者分別指定數值 $a$、$b$、$c$、$x_{min}$ 與 $x_{max}$。此外，它也允許使用者指定繪圖線條的樣式、顏色及寬度。這兩組數值（一組指定線條，而另一組指定線條外觀）在邏輯上是不同的資料，因此我們能在 GUI 裡將其群組分成兩個面板。圖 11.16 顯示其中一種可能的配置方式（你將被要求在本章習題 11.8，完成這個 GUI 並產生一個可運作的程式）。

表 11.3 列出一些重要的 uipanel 特性清單。這些特性可以在版面設計期間，使用特性檢查器來修改，或是在程式執行時，使用 get 與 set 函式來修改。

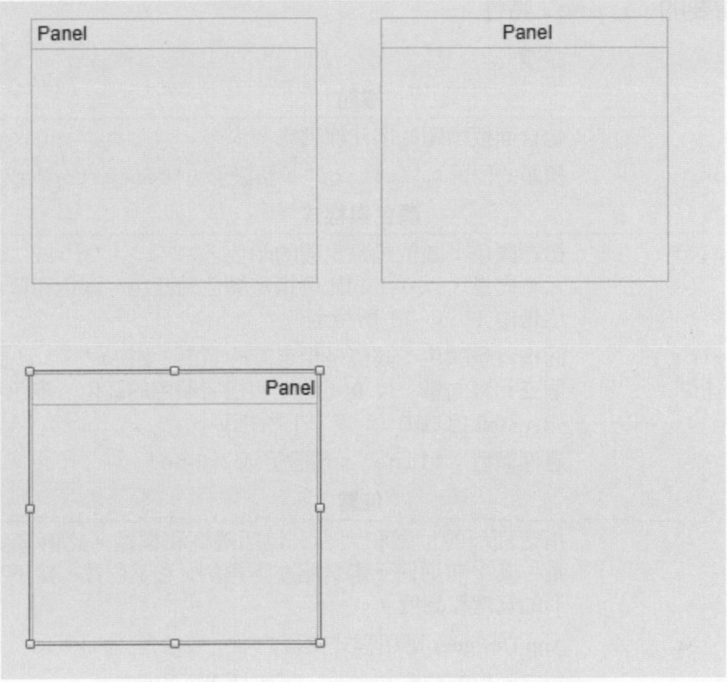


圖 11.15 不同風格的面板範例。

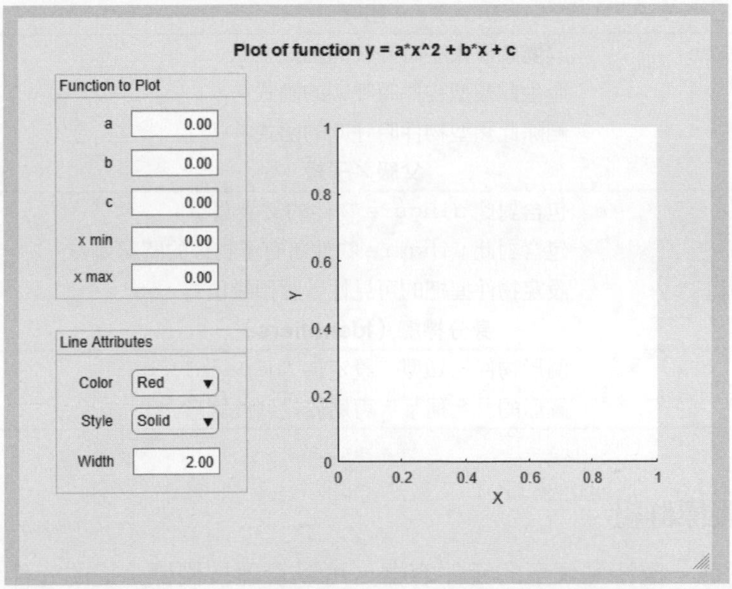


圖 11.16 繪圖函式 GUI 的版面配置，使用面板將相關的特性聚集一起。

### 表 11.3 重要的 uipanel 特性

| 特性 | 說明 |
|---|---|
| | **標題** |
| Title | 包含面板標題的字元陣列或字串。 |
| TitlePosition | 標題的位置：'lefttop'（預設）、'centertop' 或 'righttop'。 |
| | **顏色與樣式** |
| ForegroundColor | 標題顏色：該值是預定義的顏色，如 'r'、'g' 或 'b'，或者一個三元素向量，以 0–1 的比例指定顏色的紅色、綠色和藍色分量。如洋紅色是由 [1 0 1] 所指定。 |
| BackgroundColor | 面板背景顏色：該值是預定義的顏色，如 'r'、'g' 或 'b'，或者一個三元素向量，以 0–1 的比例指定顏色的紅色、綠色和藍色分量。例如，洋紅色是由 [1 0 1] 所指定。 |
| BorderType | 邊框類型：'line'（預設）或 'none'。 |
| | **位置** |
| Position | 指定面板的位置和大小，包括邊框和標題。此值接受一個四元素向量，其中前兩個元素是圖左下角的 $x$ 和 $y$ 位置，接下來兩個元素是圖形的寬度和高度。 |
| Units | App Designer 應用程式支援的唯一單位是 'pixels'（像素）。 |
| InnerPosition | 指定面板的位置和大小，不包括邊框和標題。 |
| OuterPosition | 與 Position 特性相同。 |
| AutoResizeChildren | 如果開啟，則允許自動調整子元件的大小。 |
| | **回呼** |
| SizeChangedFcn | 改變圖形大小時呼叫的函式。 |
| CreateFcn | 產生此類型物件時呼叫的函式。 |
| DeleteFcn | 刪除此類型物件時呼叫的函式。 |
| | **父級／子級** |
| Parent | 包含對此 uifigure 物件的父級關聯。 |
| Children | 包含對此 uifigure 物件所有子物件的關聯列表。 |
| HandleVisibility | 設定物件握把的可見性。圖預設值為 'off'。 |
| | **身分標識（Identifiers）** |
| Type | 圖形物件的類型，設定為 'uipanel'。 |
| Tag | 圖形的「名稱」，可用於找到此圖形。 |

## 11.4.2 欄標群組

欄標群組是一種特殊類型的元件容器，可以管理按欄標分組的元件。欄標出現在元件容器頂部。選擇特定欄標後，將顯示該欄標的元件。這是對相關元件按功能分組的便捷工具，能夠在有限的空間內顯示更多元件。

欄標群組由 uitabgroup 函式產生。它可以從 App Designer 的元件庫選擇欄標群組（）加到 GUI。

一旦在 App Designer 中將欄標群組加到畫布後，使用者可以增加欄位或減少標籤欄。圖 11.17 顯示一個簡單的 GUI，包含了一個欄標群組，其中有兩個欄標：數據（Data）與繪圖（Plot）。數據欄標具有三個數字編輯欄位用來輸入數據，而 Plot 欄標有一個完成圖形。

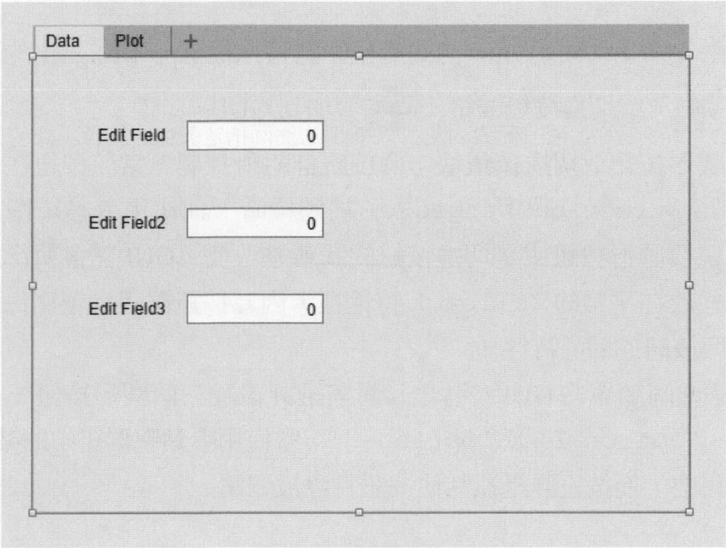


(a) 數據欄標。

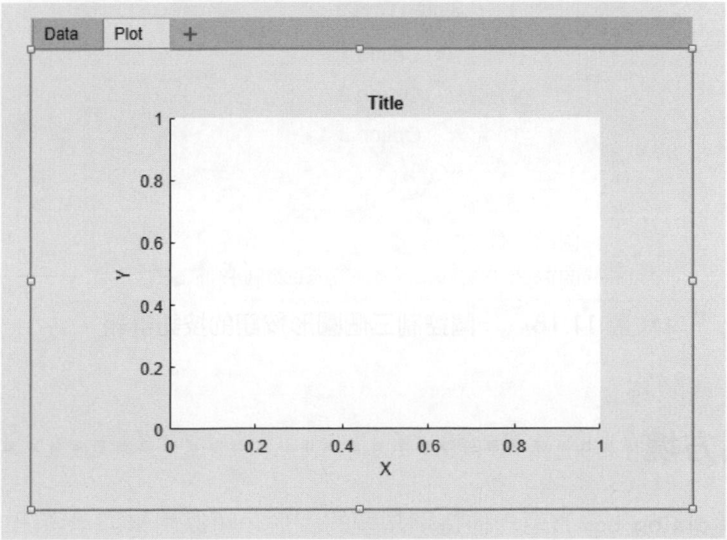


(b) 繪圖欄標。

圖 11.17　顯示一個欄標群組的 GUI。

### 11.4.3 按鈕群組

按鈕群組（button groups）是一種特別類型的面板，用來管理一群圓形按鈕或切換按鈕，以確定在任何時間內群組裡最多只有一個按鈕是被開啟的。按鈕群組正如同其他面板一樣，除了它必須確保一件事情，亦即按鈕群組在任何時間內，最多只有一個按鈕是被開啟的。如果群組內有某個按鈕被開啟，則按鈕群組將關閉其他已開啟的按鈕。

按鈕群組由 `uibuttongroup` 函式產生。它可以從 App Designer 的元件庫選擇圓形按鈕群組（
）或切換按鈕群組（
）加到 GUI。

如果一個圓形按鈕或切換按鈕被一個按鈕群組所控制，當該按鈕在一個特殊按鈕群組特性中名為 `SelectionChangedFcn` 被選擇時，則使用者必須指定要執行回呼函式的名稱。只要圓形按鈕或是切換按鈕的狀態被改變，GUI 都會執行這個回呼。不要將該回呼函式放在平常的 `Callback` 特性裡，因為按鈕群組會覆寫每個它所控制的圓形按鈕或切換按鈕的回呼特性。

圖 11.18 是一個簡單的 GUI，包含一個按鈕群組及三個圓形按鈕，並分別標示為 `'Option 1'`、`'Option 2'` 及 `'Option 3'`。當使用者點擊群組中的某個圓形按鈕，該按鈕將會被開啟，而按鈕群組裡其他按鈕將會被關閉。

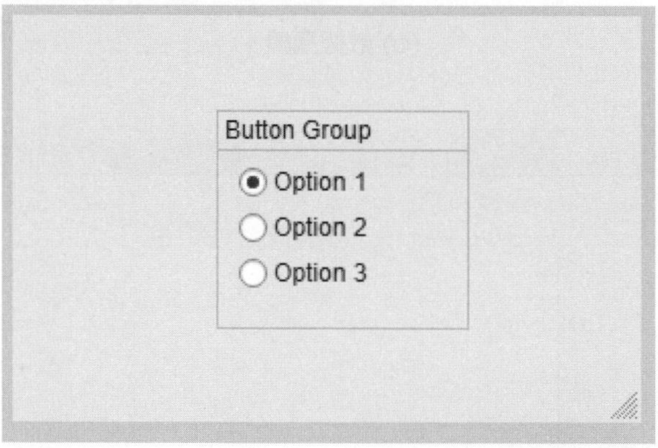


圖 11.18　一個控制三個圓形按鈕的按鈕群組。

## 11.5 對話方塊

**對話方塊**（dialog box）是一種特別類型的圖形，可以用來顯示資訊，或是用以得到使用者的輸入。對話方塊常被用來顯示錯誤、提供警告、詢問問題，或是取得使用者的輸入。它們也常被用來選擇檔案或是印表機的特性。

對話方塊可以分為**強制回應型**（modal）或**非強制回應型**（non-modal）的對話方塊。

一個強制回應型的對話方塊，除非該對話方塊已被關閉，否則不會允許應用程式裡其他的視窗被使用者存取，而一般的對話方塊並不會阻擋其他視窗的運作。強制回應型的對話方塊，一般是用來顯示警告及錯誤的訊息，以提醒使用者需要立即注意，而且不能忽略這些訊息。大多數的對話方塊皆預設為非強制回應型。

MATLAB 包括兩種與 uifigure 應用程式配合使用的對話方塊：uialert 與 uiconfirm。uialert 對話方塊用於向使用者顯示訊息、警告或錯誤，而 uiconfirm 對話方塊則用於在執行某個動作（如檔案覆蓋）之前的確認。

## 11.5.1 警告對話方塊

警告對話方塊顯示一則信息以及（可選擇的）錯誤、警告、資訊或執行成功的圖像（icon）。這些對話方塊最常用的呼叫順序是

```
uialert(figure, message, title);
uialert(__, Name, Value);
```

預設情況下，uialert 函式在強制回應對話方塊中顯示帶有錯誤圖像和由 title 指定的標題信息。例如，以下敘述產生了使用者無法忽略的強制回應錯誤信息。該敘述產生的對話方塊如圖 11.19 所示。

```
f = uifigure();
uialert(f,'Invalid input values!','Error Dialog Box');
```

這個函式包括兩個主要特性：Modal 與 Icon。Modal 特性指定警告對話方塊是否為強制回應型。如果是的話，則警告方塊不允許使用者進出該應用程式的任何其他視窗，直到警告方塊被關閉。如果不是的話，就算警告方塊仍然存在，使用者可以進出其他視窗。

Icon 特性指定要與警告一起顯示的圖像。可用的選項是 'error'（錯誤）、'warning'（警告）、'info'（信息）、'sucess'（成功）與 ''（無圖像）。此外，使用者可以從圖像檔案中指定自定義圖像。

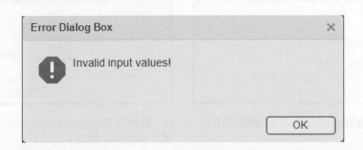


圖 11.19 一個 uialert 對話方塊所顯示的錯誤信息。

## 11.5.2 確認對話方塊

確認對話方塊顯示一則信息，並允許使用者在採取某個行動前，確認或拒絕此行動。確認對話方塊最常用的呼叫順序是

```
uiconfirm(figure, message, title);
uiconfirm(figure, message, title, Name, Value);
selection = uiconfirm(__);
```

預設情況下，confirm 函式在強制回應對話方塊中顯示帶有問號圖像和由 title 指定的標題信息。Name、Value 對則指定其他的特性，而 selection 傳回使用者的選擇。例如，以下敘述產生了使用者無法忽略的強制回應確認信息。該敘述產生的對話方塊如圖 11.20a 所示。

```
f = uifigure();
res = uiconfirm(f,'Overwrite this file?','Confirm File Overwrite');
```

這個函式包括五個主要特性：Options、DefaultOption、CancelOption、Modal 與 Icon。Options 特性允許使用者更改方塊中的選項數量並適當地標記每個選項。每個 option 被列為字串向量單元陣列中的一個元素。DefaultOption 特性包含一個數字，指定哪個選項是預設值選擇。預設情況下，此按鈕將會在 GUI 中被突顯。如果該值為 1，則第一個按鈕被突顯，以此類推。CancelOption 特性包含一個數字，指定如果使用者取消 GUI，哪個選項會被選擇。例如，以下敘述產生了一個包含三個強制回應型的確認信息，其按鈕標示被指定在 buttons 列表中，而且第二個按鈕被設定為突出顯示。這些敘述產生的對話方塊如圖 11.20b 所示。

```
f = uifigure();
msg = 'Overwrite this file?';
title = 'Confirm Save';
buttons = {'Overwrite', 'Select new File','Cancel'};
res = uiconfirm(f, msg,title,'Options',buttons, ...
                'DefaultOption',2,'CancelOption',3);
```

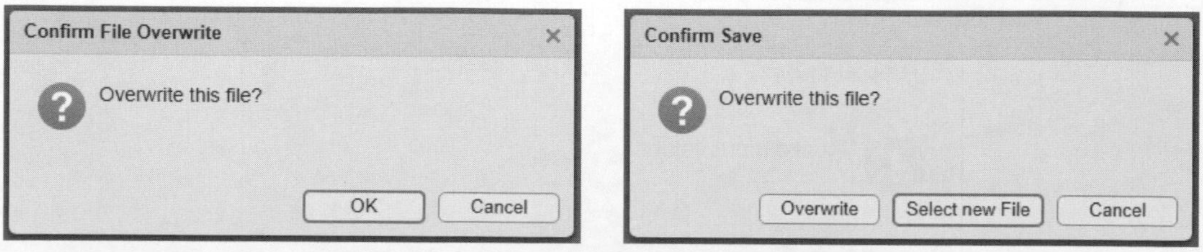


(a) 顯示確認信息的 uiconfirm 對話方塊。

(b) 具有三個選項的 uiconfirm 對話方塊，其中第二個是預設選項。

圖 11.20

Modal 特性指定確認對話方塊是否為強制回應型。如果是的話，則確認對話方塊不允許使用者進出該應用程式中的任何其他視窗，直到確認對話方塊被關閉。如果不是的話，就算確認對話方塊仍然存在，使用者可以進出其他視窗。

Icon 特性指定要與確認一起顯示的圖像。可用的選項是 'question'（問題）、'info'（信息）、'sucess'（成功）、'warning'（警告）、'error'（錯誤）與 ''（無圖像）。此外，使用者可以從圖像檔案中指定自定義圖像。

## 11.5.3 輸入對話方塊

輸入對話方塊會提示使用者輸入一個或多個值，以供執行程式使用。它們可以藉由下列呼叫順序產生：

```
answer = inputdlg(prompt)
answer = inputdlg(prompt,title)
answer = inputdlg(prompt,title,line_no)
answer = inputdlg(prompt,title,line_no,default_answer)
```

其中 prompt 是一個字串的單元陣列，而陣列裡的每個元素都會對應到使用者被要求輸入的一個值。title 參數可用以指定對話方塊的標題，而 line_no 則用以指定每個回應所允許的行數。default_answer 則是一個包含預設回應的單元陣列，在使用者沒有對某個特定項目輸入資料的情況下，對話方塊便提供這個預設回應。請注意 prompt 的數目，一定要與預設回應的數目一樣多。

當使用者點擊對話方塊內的 OK 按鈕時，其回應將會被傳回到 answer 變數的字串單元陣列裡。

下面是一個輸入對話方塊的例子，假設我們想要使用對話方塊，讓使用者指定圖形的位置。以下是執行這個功能的程式碼：

```
prompt{1} = 'Starting x position:';
prompt{2} = 'Starting y position:';
prompt{3} = 'Width:';
prompt{4} = 'Height:';
title = 'Set Figure Position';
default_ans = {'50','50','180','100'};
answer = inputdlg(prompt,title,1,default_ans);
```

其所產生的對話方塊，如圖 11.21 所示。

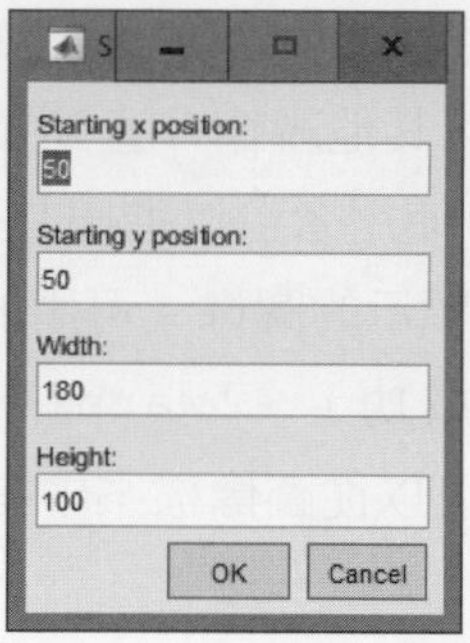


圖 11.21　一個輸入對話方塊。

## 11.5.4　uigetfile、uisetfile 與 uigetdir 對話方塊

uigetfile 與 uisetfile 對話方塊，允許使用者以互動方式挑選所要開啟或儲存的檔案。這些函式使用電腦作業系統之標準開啟檔案或儲存檔案的對話方塊。它們僅負責傳回包含檔案名稱與路徑的字串，但實際上並不會讀取或儲存檔案。程式設計者須另外編寫其他的程式碼，用來讀取或是儲存檔案。

這兩個對話方塊的形式為：

```
[filename, pathname] = uigetfile(filter_spec,title);
[filename, pathname] = uisetfile(filter_spec,title);
```

filter_spec 參數是用以指定顯示在對話方塊裡的檔案類型字串，如 '*.m', '*.mat' 等。title 參數則是指定對話方塊標題的字串。在執行對話方塊之後，filename 便包含了選擇檔案的名稱，而 pathname 則包含了選擇檔案的路徑。如果使用者取消對話方塊，則 filename 及 pathname 便會被設為零。

下列程序檔將會介紹這些對話方塊的使用方法。它將提示使用者輸入一個 MAT 檔案的名稱，並讀取該檔案的內容。圖 11.22 為下列程式碼在 Windows 10 上執行所產生的對話方塊。

```
[filename, pathname] = uigetfile('*.mat','Load MAT File');
if filename ~= 0
   load([pathname filename]);
end
```

uigetdir 對話方塊允許使用者互動地選擇一個目錄。這個函式使用電腦作業系統之標準目錄選擇對話方塊。它會傳回目錄名稱，但實際上並不執行任何動作。程式設計者須另外編寫其他的程式碼，以使用目錄名稱。

這個對話方塊的形式為：

```
directoryname = uigetdir(start_path, title);
```

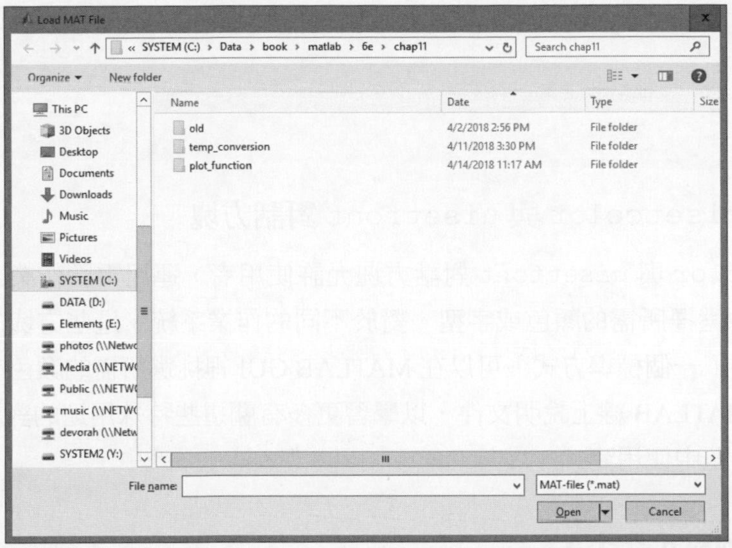


圖 11.22　使用 `uigetfile` 所產生的一個檔案開啟對話方塊。

`start_path` 參數是最初選擇目錄的路徑。如果路徑不存在，則對話方塊將會選擇打開根目錄。參數 `title` 則是指定對話方塊標題的一個字串。在執行對話方塊之後，`directoryname` 會包含所選目錄的名稱。如果使用者取消了對話方塊，則 `directoryname` 會被設為零。

下列程序檔將說明這個對話方塊的使用。它提示使用者使用現行的 MATLAB 工作目錄當成開始的目錄。圖 11.23 為下列程式碼執行在 Windows 10 上，所產生的對話方塊。

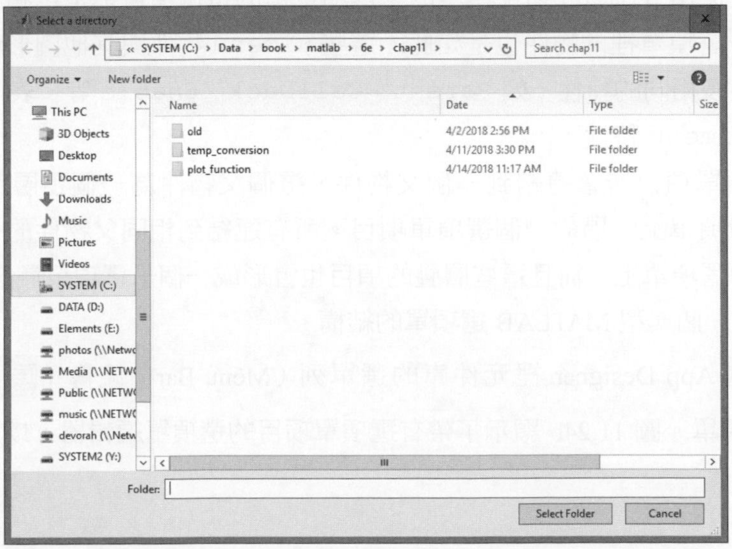


圖 11.23　由 `uigetdir` 所產生的目錄選擇對話方塊。

```
dir1 = uigetdir('C:\Data\book\matlab\6e\chap11','Select a directory');
if dir1 ~= 0
   cd(dir1);
end
```

### 11.5.5 uisetcolor 與 uisetfont 對話方塊

uisetcolor 與 uisetfont 對話方塊允許使用者，運用電腦作業系統的標準對話方塊互動地選擇所需的顏色或字型。對於不同的作業系統，這些方塊的外觀均不相同。它們提供了一個標準方式，可以在 MATLAB GUI 裡挑選所需的顏色或字型。

請參閱 MATLAB 線上說明文件，以學習更多有關這些特殊用途的對話方塊，我們將在本章的習題中使用到。

**良好的程式設計**

在以 GUI 為基礎的程式裡，使用對話方塊以提供資訊，或要求使用者輸入所需資料。如果是緊急而且不能被忽略的資訊，請使用強制回應型的對話方塊。

## 11.6 選項單

**選項單（menu）**也可以加到 App Designer 的 GUI。選項單允許使用者選擇執行的動作，而不需在 GUI 裡另外顯示額外的元件。它們可用來選擇較不常用的選項，因而不會造成 GUI 裡塞滿一堆非必要的按鈕。

選項單是使用 uimenu 物件產生的。選項單裡的每個項目都是單獨的 uimenu 物件，包括在子選項單裡的物件也是如此。這些 uimenu 物件與其他圖形元件類似，而且它們擁有許多相同的特性，如 Parent、Callback、Enable 等。表 11.4 列出了一些較重要的 uimenu 特性。

每個選項單項目皆會連結到一個父物件，這個父物件為一個頂層選項單的一張圖，或是子選項單上一層的一個選項單項目。所有連結到相同父物件的 uimenu 都會出現在相同的選項單上，而且這些層疊的項目也會形成一個子選項單叢集（tree）。圖 11.24a 顯示了一個典型 MATLAB 選項單的結構。

藉由點選 App Designer 裡元件庫的選單列（Menu Bar）圖像（），可產生 MATLAB 選項單。圖 11.24b 顯示了帶有選項單項目的選項單編輯器，以及產生這些選項單的結構。

**表 11.4 重要的 uimenu 特性**

| 特性 | 說明 |
|---|---|
| | **選項單** |
| Text | 選項單表一選項單上的字元字串。 |
| Accelerator | 加速鍵用來從鍵盤快速選擇選單項目。在 Windows 與 Linux 系統，藉由按壓鍵盤上的 Ctrl + Accelerator 可以選擇選單項目。 |
| Separator | 如果為 true，則圍繞當前選單項目繪製一條分隔線。如果為 false，則不繪製任何線。 |
| Checked | 如果此值為 'on'，則在當前選單項目之前打一個勾號。如果這值為 'off'，不繪製記號。 |
| ForegroundColor | 選單標籤顏色：此值是預定義的顏色，如 'r'、'g' 或 'b'，或者一個三元素向量，以 0–1 的比例指定顏色的紅色、綠色和藍色分量。例如，洋紅色由 [1 0 1] 所指定。 |
| | **互動性** |
| Visible | 如果此值為 'on'，則此選項單可見。如果此值為 'off'，則不可見。 |
| Enable | 如果此值為 'on'，則啟用此選項單。如果此值為 'off'，則不啟用。 |
| BackgroundColor | 面板背景顏色：該值是預定義的顏色，如 'r'、'g' 或 'b'，或者一個三元素向量，指定紅色、綠色和藍色分量 0–1 範圍內的顏色。例如，洋紅色由 [1 0 1] 指定。 |
| | **回呼** |
| MenuSelectedFcn | 選擇選單項目時呼叫的函式。 |
| CreateFcn | 此類型物件產生時呼叫的函式。 |
| DeleteFcn | 刪除此類型物件呼叫的函式。 |
| | **回呼執行控制** |
| Interruptable | 指定是否可以中斷正在運行的回呼。值是 'on'（預設）或 'off'。 |
| BusyAction | 指定如何處理中斷回呼。值為 'queue'（排隊）（預設）或 'cancel'（取消）。如果是 'queue'，則新的回呼必須排隊，而且必須等待隊伍中正在運行及其他之前的回呼完成後才被執行。如果是 'cancel'，則中斷回呼被取消。 |
| BeingDeleted | 如果正在刪除一個物件，則此值為 'on'；否則，它是 'off'。 |
| | **父級／子級** |
| Parent | 包含對此 uifigure 物件的父級關聯。 |
| Children | 包含對此 uifigure 物件所有子物件的關聯列表。 |
| HandleVisibility | 設定物件握把的可見性。圖預設值為 'off'。 |
| | **身分標識（Indentifiers）** |
| Type | 圖形物件的類型，設為 'uipanel'。 |
| Tag | 圖形的 "name"（名稱），可藉由其名稱找到該物件。 |

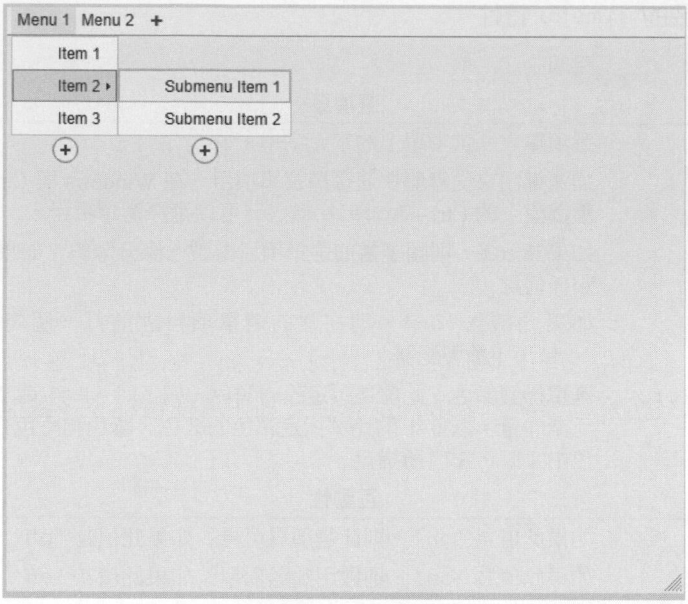


(a) 典型的選項單結構。

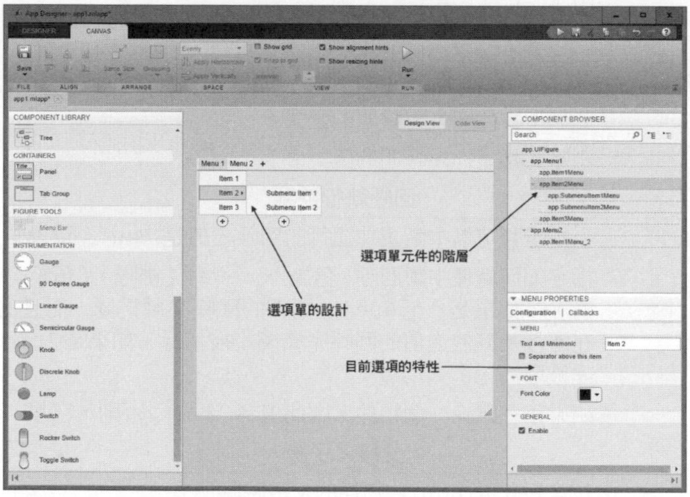


(b) 產生這些選項單項目的選單列結構。

圖 11.24

## 11.6.1 產生自訂的選項單

產生一個自己定義的標準選項單 GUI 基本上是一個兩步驟過程。

1. 在 App Designer 裡使用 Menu Bar（選單列）產生一個新的選項單結構。你也可以指定在選單項目中要不要有分隔線，或者要不要在每個點選項目旁標示勾選符號。每個選單項目都會自動產生一個空白的回呼函式，並且由你提供

MenuSelectedFcn 的名稱給此函式。

2. 完成回呼函式以執行選項單項目所需要的動作。你必須在第一步驟所自動產生的原型函式加上程式碼，以使每個選項單項目能正常運作。

產生選項單的流程，將會在本節的範例裡介紹。

### 11.6.2 快速鍵與鍵盤助記符

MATLAB 選項單支援快速鍵和鍵盤助記符。**快速鍵（accelerator keys）**是「Ctrl + 按鍵」的組合，其作用為執行某個選項單的選項，但不須先開啟選項單。舉例來說，快速鍵 “o” 可以被指定給檔案／開啟的選單項目。在這種情況下，鍵盤組合鍵 Ctrl + o 將可以直接執行檔案／開啟的回呼函式。

一些 Ctrl+ 按鍵的組合，會被電腦的作業系統保留使用。這些組合在 Windows PC、Linux 與 Mac 系統之間會有所不同。你可以參考 MATLAB 協助瀏覽器或線上說明文件，以了解在你的電腦中何種組合鍵是合法的。

快速鍵可藉由在一個 uimenu 物件裡設定 Accelerator 特性而完成其定義。

**鍵盤助記符（keyboard mnemonics）**是一些英文字母，其作用是當選項單開啟時，按下單一字母會去執行選項單裡的項目。鍵盤助記符所對應的英文字母，會以底線標示[1]在對應的選單項目。至於頂層的選項單，其鍵盤助記符需要同時按壓 ALT 鍵與對應字母才能執行。一旦開啟了頂層的選項單，只要按下鍵盤助記符，便可以執行選項單項目。

鍵盤助記符可藉由 Text 特性的設定，在所需的助記字元前面加上（&）符號而完成其定義。（&）符號字元不會被顯示出來，但下一個字母將會有底線標示（如果底線標示被開啟），並被當成鍵盤助記符使用。舉例來說，圖 11.25 顯示了一個具有包含頂層選項單 “File” 和下面兩個選單項：“Open” 和 “Exit”。圖 11.25 中 File 選項單的 Text 特性是 '&File'，所以 “f” 是這個選項單的助記符。同樣地，“Open” 選單項的 Text 特性是 '&Open'，而 “Exit” 選單項的 Text 特性是 'E&xit'。

有了這個定義，<u>F</u>ile 選項單可以用 ALT+f 鍵打開，而且一旦該選項單被打開後，只需鍵入 “x” 即可執行 E<u>x</u>it 選項。

請注意，如果你需要在選項單中顯示 & 號，則必須在 Text 特性中用雙 & 號（&&）表示。

---

1 Windows 作業系統，底線的標示會隱藏，直到 ALT 鍵被按下。這種情形可以加以修改。舉例來說，在 Windows 10 裡可以設定隨時顯示這些底線。我們可以在控制台的「輕鬆存取中心」項目裡，選擇「變更鍵盤作用方式」選項，並點選「將鍵盤快速鍵及便捷鍵加上底線」項目。

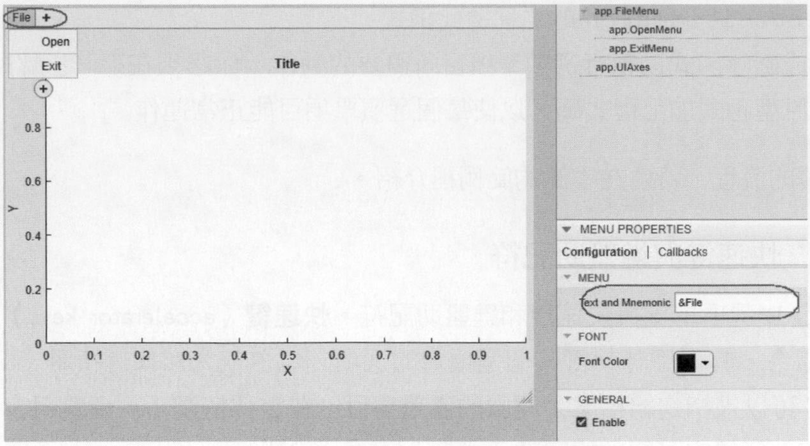


(a) 以 “f” 做為鍵盤助記符的 File 選項單。

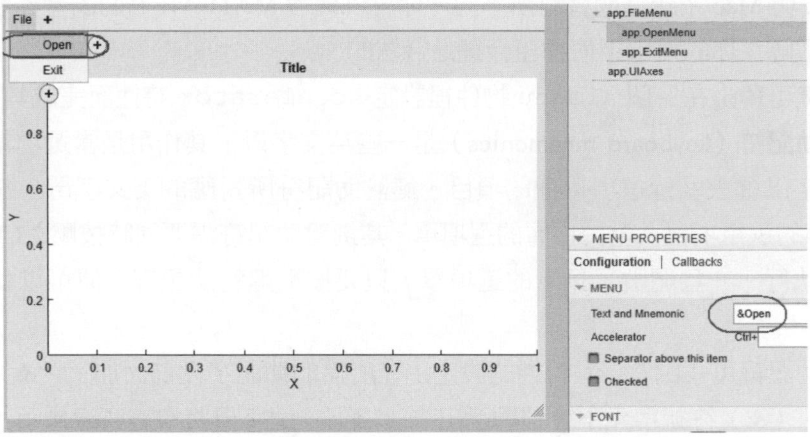


(b) 使用 “o” 做為鍵盤助記符的 Open 選項。

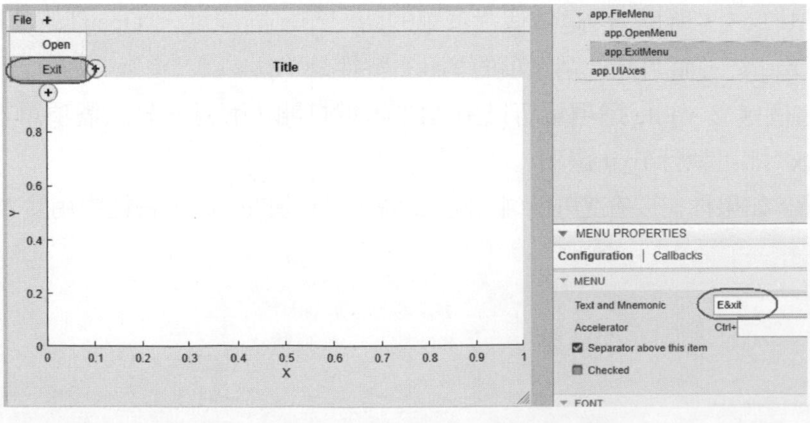


(c) 以 “x” 做為鍵盤助記符的 Exit 選項。

圖 11.25

## 例 11.2 繪製數據點

編寫一個程式開啟一個使用者指定的資料檔案，並畫出該數據點的線條。此程式必須包含一個檔案選項單，裡面有開啟（Open）與關閉（Exit）的項目。這個程式也必須包含一個線條的編輯選項單，提供改變線條樣式的選項。假設檔案裡的數據形式為 $(x, y)$，且每行僅含一對 $(x, y)$ 數據值。

### ◈ 解答

這個程式必須包含一個具有開啟（Open）與關閉（Exit）選項單項目的 File 選項單；帶有實線（solid）、虛線（dashed）、點線（dotted）和點虛線（dash-dot）選項的 Edit（編輯）選項單；加上一組用來畫出繪製數據的軸。

產生程式的第一步，便是使用 App Designer 來產生所需的 GUI，亦即只需一組軸線即可（如圖 11.26a）。然後，我們必須使用 Menu Bar 產生檔案（File）選項單，使其包含開啟（Open）與關閉（Exit）的項目，如圖 11.26b 所示。接著，我們必須使用

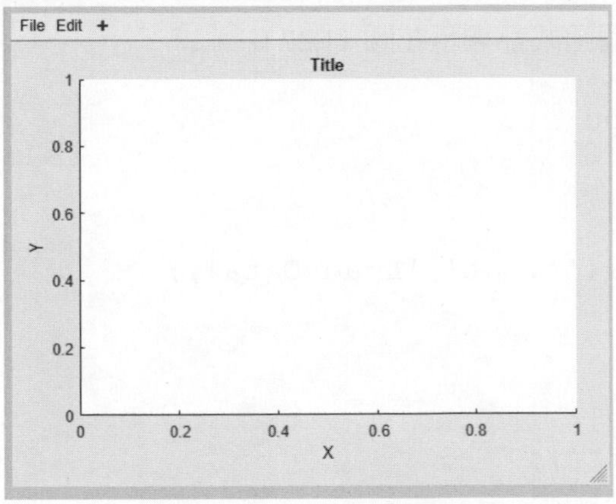


(a) `plot_line` 版面設計。

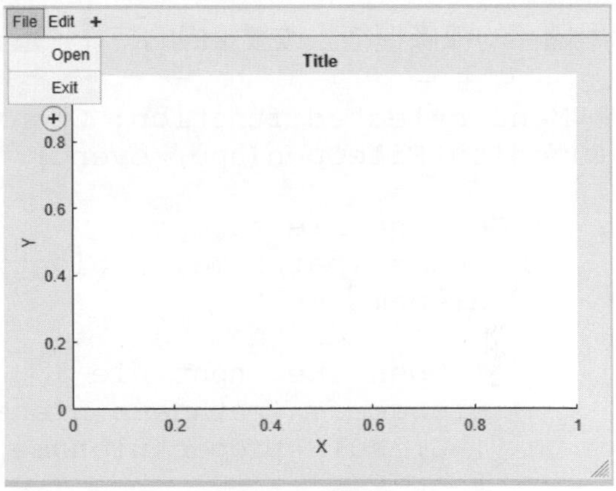


(b) `File` 選項單。

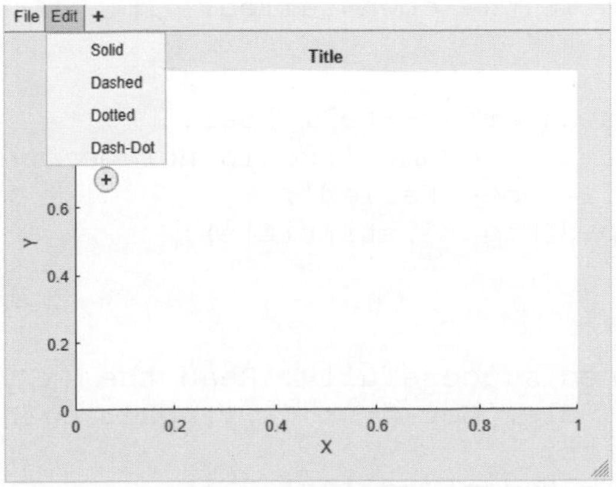


(c) `Edit` 選項單。

☞ 圖 11.26

Menu Bar 建立編輯選項單，包含 Solid、Dashed、Dotted 和 Dash-Dot 選項單項目，如圖 11.26c 所示。我們還將定義鍵盤助記符，"F" 代表檔案，"O" 代表開啟，"x" 代表退出，並在 Open 與 Exit 選項之間放置一個分隔線。

最後，必須為 File > Open、File > Exit、Edit > Solid、Edit > Dashed、Edit > Dotted、Edit > Dash-Dot 選項單項目指定他們的回呼函式名稱。

在這個階段，我們必須將這個 GUI 對應存為 `plot_line.mlapp`，而選項單項目的空白回呼函式也會連帶自動產生 Open、Exit 以及線條樣式的選項單項目，加上六個對應的回呼函式。最困難的回呼函式，便是對 File/Open 選項的回應。這個回呼必須提示使用者輸入檔案名稱（使用 `uigetfile` 對話方塊）、開啟檔案、讀取資料、將其儲存為 `x` 與 `y` 陣列，然後關閉檔案。接著，要畫出線條，並將線條握把以類別特性儲存，以方便之後用來修改線條樣式。完成的 `FileOpen` 函式如圖 11.27 所示，請注意此函式利用一個對話方塊來告知使用者開啟檔案的錯誤。

其餘的回呼函式就簡單多了。`FileExit` 函式只是關閉此圖，而線條樣式的函式也只是設定線條樣式而已。如果使用者從選項單選擇一個項目，所產生的回呼將會使用儲存的線條握把去改變線條的特性。這五個函式都顯示在圖 11.27 中。

```
% Menu selected function: OpenMenu
function FileOpen(app, event)

   % Get the file to open
   [filename, pathname] = uigetfile('*.dat','Load Data');
   if filename ~= 0

      % Open the input file
      filename = [pathname filename];
      [fid,msg] = fopen(filename,'rt');

   end

   % Check to see if the open failed.
   if fid < 0

      % There was an error--tell user.
      str = ['File ' filename ' could not be opened.'];
      title = 'File Open Failed';
      uialert(app.UIFigure,str,title);

   else

      % File opened successfully. Read the (x,y) pairs from
      % the input file. Get first (x,y) pair before the
      % loop starts.
      [in,count] = fscanf(fid,'%g',2);
      ii = 0;
```

圖 11.27　`plot_line` 回呼函式。

```
      while ~feof(fid)
         ii = ii + 1;
         x(ii) = in(1);
         y(ii) = in(2);

         % Get next (x,y) pair
         [in,count] = fscanf(fid,'%g',2);
      end

      % Data read in. Close file.
      fclose(fid);

      % Now plot the data.
      app.hLine = plot(app.UIAxes,x,y,'LineWidth',3);
      xlabel(app.UIAxes,'x');
      ylabel(app.UIAxes,'y');
      grid(app.UIAxes,'on');

   end
end

% Menu selected function: ExitMenu
function FileExit(app, event)
    close(app.UIFigure);
end

% Menu selected function: SolidMenu
function EditSolid(app, event)
    app.hLine.LineStyle = '-';
end

% Menu selected function: DashedMenu
function EditDashed(app, event)
    app.hLine.LineStyle = '--';
end

% Menu selected function: DottedMenu
function EditDotted(app, event)
    app.hLine.LineStyle = ':';
end

% Menu selected function: DashDotMenu
function EditDashDot(app, event)
    app.hLine.LineStyle = '-.';
end
```

圖 11.27 plot_line 回呼函式。（續）

最後的程式輸出顯示在圖 11.28。請在你的電腦執行這個程式，以驗證它是否正常運行。

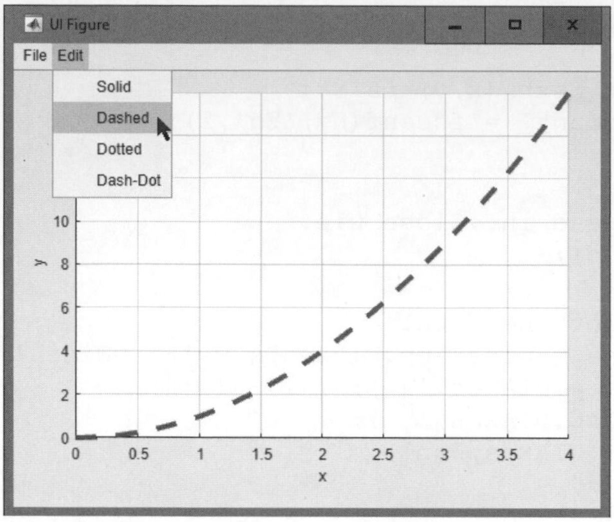


**圖 11.28** plot_line 程式產生成的 GUI。

## 例 11.3 設計一個直方圖 GUI

編寫一個程式用來開啟一個使用者定義的數據檔案，並計算該檔案數據的直方圖。此程式必須能計算檔案數據的平均值、中位數（median）及標準差。程式必須有一個檔案選項單，包括開啟（Open）與關閉（Exit）的項目。程式也必須讓使用者能夠改變直方圖裡所顯示的區間個數，並且對選項單項目使用鍵盤助記符。

**◈解答**

這個程式必須包含一個具有開啟（Open）與關閉（Exit）項目的標準選項單，一組軸線用來畫出直方圖，一組三個數字編輯欄位用來顯示數據的平均值、中位數及標準差。我們將這些欄位設定成唯讀（取消選擇 Editable 特性），使得使用者無法用鍵盤對它們輸入數據。將這些編輯欄位格式設定為包含三個小數位。此 GUI 也需要一個數字編輯欄位，讓使用者選擇直方圖內的區間個數。此編輯欄位將被指定用來存取整數，使得數據分類區間個數始終為整數。此欄位的回呼函式命名為 NBins。

產生這個程式的第一步，是使用 App Designer 編排所需的 GUI（如圖 11.29）。然後，使用特性檢查器將前三個編輯欄位設定成具有三個小數位的唯讀（不可編輯）格式，並將最後一個編輯欄位設定為可編輯的整數數據。接著，使用 Menu Bar 建立檔案選項單。將 File > Open 選項定義為具有回呼名稱 FileOpen，以及 File > Exit 選項具有回

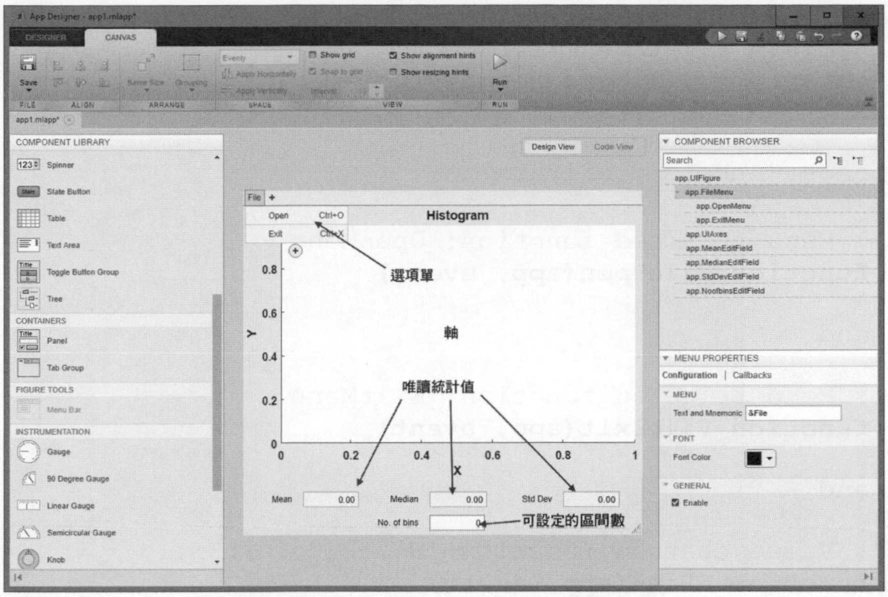


圖 11.29 hisGui 版面設計。

呼名稱 FileExit。最後，將完成的 GUI 儲存為 histGui，並產生檔案 histGui.mlapp。

儲存 histGui 後，增加一個特性 nBins 來保存直方圖中使用的區間數量，並將該值初始化為 11。同時增加特性 Data 以保存原始數據，以便當區間的數量改變化時，我們可以重新計算直方圖。完成後，histGui 類別的特性和回呼程式碼如圖 11.30 所示。

接下來，我們必須為 File > Open 選項單項目、File > Exit 選項單項目及區間個數，分別產生其回呼函式。

File > Open 的回呼必須提示使用者輸入檔案名稱，並從輸入的檔案中讀取數據。它必須能計算並顯示直方圖，以及更新文字欄位裡的統計值。請注意檔案裡的數據必須儲存在類別特性裡，以便使用者改變直方圖區間個數時，可以重新計算。

File > Exit 回呼必須關閉此 GUI。

回呼函式 NBins 必須讀取直方圖區間個數的新數值，將其捨入至最近的整數，並儲存在 nBins 特性裡。它必須使用新的區間個數計算、顯示直方圖，並在文字欄位更新統計數字。

完成的回呼如圖 11.31 所示。

```
properties (Access = private)
   nBins = 11; % Description
   data        % Data for histogram
end

methods (Access = private)

   % Menu selected function: OpenMenu
   function FileOpen(app, event)

   end

   % Menu selected function: ExitMenu
   function FileExit(app, event)

   end

   % Value changed function: NoofbinsEditField
   function NBins(app, event)
      value = app.NoofbinsEditField.Value;

   end
end
```

圖 11.30　骨架 histGUI 的局部特性和回呼函式。

```
properties (Access = private)
   nBins = 11; % Description
   data        % Data for histogram
end

methods (Access = private)

   % Menu selected function: OpenMenu
   function FileOpen(app, event)

      % Get file name
      [filename,path] = uigetfile('*.dat','Load Data File');
      if filename ~= 0

         % Read data
         app.data = textread([path filename],'%f');

         % Create histogram
         histogram(app.UIAxes,app.data,app.nBins);

         % Set axis labels
         xlabel(app.UIAxes,'\bfValue');
         ylabel(app.UIAxes,'\bfCount');
```

圖 11.31　完成的 histGui 私有特性和回呼函式。

```
            % Calculate statistics
            ave = mean(app.data);
            med = median(app.data);
            sd  = std(app.data);
            n   = length(app.data);

            % Update fields
            app.MeanEditField.Value = ave;
            app.MedianEditField.Value = med;
            app.StdDevEditField.Value = sd;
            app.NoofbinsEditField.Value = app.nBins;

            % Set title
            title(app.UIAxes,['Histogram (N = ' int2str(n) ')']);

        end

    end

    % Menu selected function: ExitMenu
    function FileExit(app, event)
        close(app.UIFigure);
    end

    % Value changed function: NoofbinsEditField
    function NBins(app, event)
        app.nBins = round(app.NoofbinsEditField.Value);

        % Create histogram
        histogram(app.UIAxes,app.data,app.nBins);

        % Set axis labels
        xlabel(app.UIAxes,'\bfValue');
        ylabel(app.UIAxes,'\bfCount');

        % Calculate statistics
        ave = mean(app.data);
        med = median(app.data);
        sd  = std(app.data);
        n   = length(app.data);

        % Update fields
        app.MeanEditField.Value = ave;
        app.MedianEditField.Value = med;
        app.StdDevEditField.Value = sd;
        app.NoofbinsEditField.Value = app.nBins;

        % Set title
        title(app.UIAxes,['Histogram (N = ' int2str(n) ')']);
    end
end
```

圖 11.31 完成的 histGui 私有特性和回呼函式。（續）

最後的程式輸出顯示在圖 11.32。請在你的電腦執行這個程式，以驗證它是否正常運行。

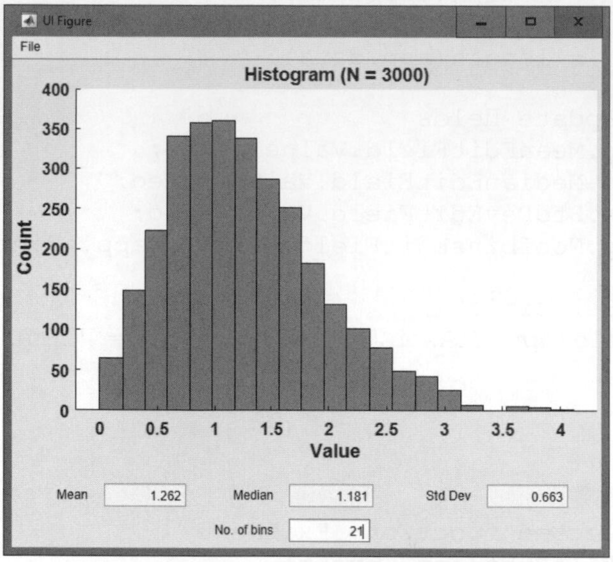


圖 11.32 histGui 程式產生的 GUI。

## 11.7 總結

我們已在本章學會如何使用 App Designer 與 uifigure 產生 MATLAB 的使用者圖形介面。GUI 的三個基本成分是元件、用來包含元件的元件容器以及用來執行滑鼠點擊或鍵盤輸入回應動作的回呼。可用的元件型態列於表 11.1。

MATLAB 的元件容器包括圖、面板、欄位群組以及按鈕群組。圖是由 uifigure 函式產生的。它們是獨立的視窗，擁有完整的標題列、選項單以及工具列。面板是由 uipanel 函式產生的。它們是駐在在圖或其他元件容器之內的元件容器，但沒有標題列、選項單以及工具列。面板可以擁有元件及其他的面板或按鈕群組，而這些項目將相對於面板本身來排定其位置。如果面板被移動，則它的所有組成元件也將隨之移動。欄位群組是由欄位索引的一組面板，每個面板都包含自己的元件。當下選中欄位的元件可被看見，其他欄位的元件則隱藏不見。按鈕群組是由 uibuttongroup 函式產生的。它們是一種特殊的面板，用來控制在群組內所有的圓形按鈕或切換按鈕，以確保在任何時刻最多只有一個按鈕被開啟。

這些元件與元件容器皆可使用 App Designer 來安置在一張圖上。一旦完成 GUI 的版面配置，使用者必須使用特性檢查器來編輯物件特性、選擇要設計的回呼，然後再編寫其回呼函式以執行各個 GUI 物件的回應行動。

對話方塊是一種特別類型的圖形，可以用來顯示資訊，或是取得使用者的輸入。對話方塊常被用來顯示錯誤、提供警告、詢問問題，或是取得使用者的輸入。它們也常被用來選擇檔案或是印表機的特性。

對話方塊可以分為強制回應型或非強制回應型的對話方塊。一個強制回應的對話方塊，除非對話方塊已被關閉，否則將不允許應用程式裡其他的視窗被使用者存取，而一般的對話方塊並不會去阻擋其他視窗的運作。強制回應型的對話方塊，一般是被用來顯示警告及錯誤的訊息，以提醒使用者需要立即注意而且不能忽略的訊息。

選項單也可以被加到 MATLAB GUI 裡。選項單允許使用者直接選擇執行的方式，而不需在 GUI 裡顯示額外的元件。它們可以用來選擇較不常用的選項，而不會造成在 GUI 裡塞滿一堆非必要的按鈕。選項單是由 App Designer 裡的 Menu Bar 所產生的，接著程式設計者必須編寫一個回呼函式來實現每個選單項相對應的動作。

快速鍵與鍵盤助記符是用來加速視窗的使用操作。

## MATLAB 總結

以下的列表總結所有本章所描述過的 MATLAB 指令及函式，並附加一段簡短的敘述，提供讀者參考。另外，也請參考表 11.2、11.3 及 11.4 的圖形化物件特性總結。

| 指令與函式 | |
|---|---|
| appdesigner | App Designer 設計工具。 |
| inputdlg | 從使用者取得輸入資料的對話。 |
| printdlg | 印表機選項的對話方塊。 |
| questdlg | 詢問問題的對話方塊。 |
| uialert | 產生警報對話方塊的函式。 |
| uiaxes | 產生一組 UI 軸線的函式。 |
| uibutton | 產生一個 UI 按鈕，可以是按鈕或切換按鈕。 |
| uibuttongroup | 產生一個按鈕群組的元件容器。 |
| uiconfirm | 產生一個確認對話方塊的函式。 |
| uieditfield | 產生一個編輯欄位（文字或數字）的函式。 |
| uidropdown | 產生一個下拉列表的函式。 |
| uifigure | 產生一個新風格的 UI 圖的函式。 |
| uigauge | 產生一個儀表來顯示數據的函式，如儀器。 |
| uigetdir | 選擇一個目錄的對話方塊。 |
| uigetfile | 選擇一個輸入檔的對話方塊。 |
| uiknob | 產生一個旋鈕以提供連續或離散輸入數據的函式。 |
| uilabel | 產生一個標籤的函式。 |
| uilamp | 產生燈的函式。 |

| 指令與函式 | |
|---|---|
| uilistbox | 產生一個列表框的函式。 |
| uimenu | 函式用來產生一個標準選項單，或一個選項單項目（不是在標準選項單就是在右鍵功能表）。 |
| uipanel | 產生一個面板。 |
| uipushtool | 在使用者定義的工具列裡產生一個按鈕。 |
| uiradiobutton | 產生一個圓形按鈕的函式。 |
| uisetcolor | 顯示一個顏色選擇對話方塊。 |
| uisetfile | 選擇一個輸出檔對話方塊。 |
| uisetfont | 顯示一個字型選擇對話方塊。 |
| uislider | 產生一個一個滑桿的函式。 |
| uispinner | 產生一個旋轉器的函式。 |
| uiswitch | 產生一個開關的函式。 |
| uitabgroup | 產生一個欄標群組的元件容器。 |
| uitable | 產生一個表格的函式。 |
| uitextarea | 產生一個用於輸入多行文字元素的函式。 |
| uitoggletool | 在使用者定義的工具列裡產生一個切換按鈕。 |
| uitoolbar | 產生一個使用者定義的工具列。 |
| uitree | 在樹結構中產生一個元件的階層結構。 |
| uitreenode | 在樹階層結構中產生一個項目。 |

## 11.8 習題

11.1 請解釋在 MATLAB 裡產生一個 GUI 所需要的步驟有哪些？

11.2 在 MATLAB 的 GUI 裡，請問有哪些類型的元件可以使用？可以使用什麼函式來產生這些元件？你又如何選擇一個特別的元件類型？

11.3 在 MATLAB 的 GUI 裡，請問有哪些類型的元件容器可以使用？可以使用什麼函式來產生這些元件容器？

11.4 請問回呼函式是如何運作的？回呼函式如何找出它需要處理的圖形與物件的位置？

11.5 請產生一個使用標準選項單的 GUI，以選擇 GUI 顯示的背景顏色。並在選項單設計裡包含快速鍵與鍵盤助記符。設計這個 GUI，使得它的背景預設為綠色。

11.6 請產生一個使用右鍵選項單的 GUI，以選擇 GUI 顯示的背景顏色。設計這個 GUI，使得它的背景預設為黃色。

11.7 設計一個 GUI，使用三個旋鈕來選擇此 GUI 的背景顏色。這三個旋鈕將分別代表紅色、綠色和藍色的強度。此 GUI 的背景預設為白色。

11.8 編寫一個 GUI 程式，用來畫出 $y(x) = ax^2 + bx + c$ 的函數圖形。這個程式必須包含一組圖形座標軸，及包含一個擁有 GUI 元素的面板，以提供使用者輸入 *a*、*b*、*c* 數值，以及所畫圖形的 *x* 最小值與最大值的範圍。一個獨立的面板必須包括所畫的線條樣式、線條顏色以及線條寬度的設定控制。

11.9 修改習題 11.8 的 GUI，以包含一個新的選項單。這個選項單必須包含兩個子選項單，用來選擇所畫線條的顏色與線條樣式，並在目前選擇的選項單項目旁加上一個勾選符號。這個選項單必須同時包括「離開」（Exit）的選項。如果使用者選擇這個選項，程式必須產生一個強制回應型的問題對話方塊，詢問使用者 “Are You Sure?” 以要求正確的回應。請在選項單設計裡包含快速鍵與鍵盤助記符。（請注意選項單項目複製了某些 GUI 元素，因此，如果選擇了某個選項單項目，所對應的 GUI 元素也需要被更新，反之亦然。）

11.10 設計一個列表方塊 GUI，包含可能的選項和一個文字方塊顯示列表方塊中當前所選的項目。

11.11 修改習題 11.10 的列表方塊範例，在列表方塊裡允許多重選項。文字區也必須擴展成多行文字，當使用者點擊 “Select” 的按鈕時，使其足夠顯示所有的選項清單。

11.12 **亂數分布。**設計一個 GUI 以顯示不同類型的亂數分布。這個程式必須藉著產生一個 1,000,000 個亂數值的陣列，來產生一個亂數分布，並使用 `histogram` 函式來產生一個直方圖。請正確標記直方圖的標題與座標軸名。

這個程式必須支援均勻分布、高斯分布，以及雷利分布，並且使用一個選項單來選擇這些分布。此外，這個程式還必須有一個編輯方塊，以允許使用者選擇直方圖的區間個數。請確認輸入在編輯方塊裡的數值是合法的（輸入在編輯方塊裡的數值必須是一個正整數）。

11.13 修改範例 11.1 的溫度轉換 GUI，以增加一個「溫度計」。這個溫度計必須被設定成一矩形的座標軸，並以一個紅色的「游標」水位對應目前的攝氏溫度。溫度計範圍應該介於 0°C 至 100°C 之間。

11.14 設計一個 GUI，裡面包含一個標題，以及一個內含四個按鈕的面板。這些按鈕必須分別標記為 “Title Color”、“Figure Color”、“Panel Color” 及 “Title Font”。如果 “Title Color” 的按鈕被選擇，便開啟 `uisetcolor` 對話方塊，並改變標題文字成為所選擇的顏色。如果 “Figure Color” 的按鈕被選擇，便開啟 `uisetcolor` 對話方塊，並改變圖形顏色及標題文字的背景顏色成為所選擇的顏色。如果 “Panel Color” 的按鈕被選擇，便開啟 `uisetcolor` 對話方塊，並改變面板背景顏色成為所選擇的顏色。如果 “Title Font” 的按鈕被選擇，便開啟 `uisetfont` 對話方塊，並改變標題文字成為所選擇的字型。

11.15 產生一個包含標題及一個按鈕群組的 GUI。按鈕群組的標題為 “Style”，而且必須包含四個圓形按鈕，分別標記為 “Plain”、“Italic”、“Bold” 以及 “Bold

Italic”。設計這個 GUI，使得目前所選擇之圓形按鈕的樣式，可以應用在標題文字上。

11.16 **最小平方近似法。**設計一個 GUI，可以從檔案裡讀取一組輸入資料集合，並對這些資料執行最小平方近似。資料將以 (*x*, *y*) 的格式儲存在磁碟裡，每一行分別存放一個 *x* 值，與一個 *y* 值。使用 MATLAB 函式 `polyfit` 來執行最小平方近似法，並且畫出原始的資料及這條最小平方近似直線。程式包含兩個選項單：檔案（File）與編輯（Edit）。檔案選項單必須包括檔案／開啟（File/Open）與檔案／離開（File/Exit）的選項單項目，而使用者在離開程式之前，必須收到 “Are You Sure?” 的提示。編輯選項單項目應該能允許使用者設定顯示方式，包括線條樣式、線條顏色以及格點狀態。

11.17 修改習題 11.16 的 GUI，使其包括 “Edit/Preference”（編輯／喜好設定）的選項單項目，以允許使用者可以在離開程式時，關閉 “Are You Sure?” 的提示。

11.18 修改習題 11.16 的 GUI，使其可以讀取或寫入一個初始化檔案。這個檔案必須包含線條樣式、線條顏色、格點選擇（on/off），以及使用者在前題所做的離開程式之提示選項。這些選項必須在經由檔案／離開（File/Exit）的選項單項目離開程式時，被自動輸出並儲存在檔案裡，而當程式再度被開啟時，檔案裡的內容也能被讀取並使用。

附錄 A

# UTF-8 字元集

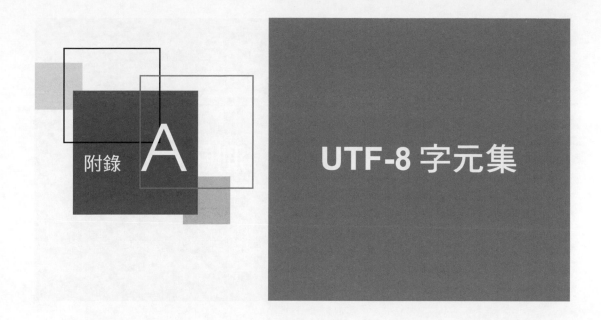

MATLAB 字串使用 UTF-8 字元集，它包含了數千個 16 位元的字元。這個字元集的前 127 個字元與 ASCII 字元集完全相同，如下列表格所示。MATLAB 字串的比較運算，是根據字元在字元集裡的前後相對字母位置來比較。舉例來說，字元 ‘a’ 是在表中的第 97 個位置，而字元 “A” 則是在第 65 個位置。所以關係運算子 `'a' > 'A'`，將會傳回 1（true），因為 97 > 65。

下表顯示了 ASCII 字元集，每個字元在字元集裡的相對位置由列編號來定義前兩個十進位數字，並由行編號定義第三個數字。因此，字母 `'R'` 位於第 8 列及第 2 行，因此它是 ASCII 字元集裡的第 82 個字元。

| | 0 | 1 | 2 | 3 | 4 | 5 | 6 | 7 | 8 | 9 |
|---|---|---|---|---|---|---|---|---|---|---|
| **0** | nul | soh | stx | etx | eot | enq | ack | bel | bs | ht |
| **1** | nl | vt | ff | cr | so | si | dle | dc1 | dc2 | dc3 |
| **2** | dc4 | nak | syn | etb | can | em | sub | esc | fs | gs |
| **3** | rs | us | sp | ! | " | # | $ | % | & | ' |
| **4** | ( | ) | * | + | , | - | . | / | 0 | 1 |
| **5** | 2 | 3 | 4 | 5 | 6 | 7 | 8 | 9 | : | ; |
| **6** | < | = | > | ? | @ | A | B | C | D | E |
| **7** | F | G | H | I | J | K | L | M | N | O |
| **8** | P | Q | R | S | T | U | V | W | X | Y |
| **9** | Z | [ | \ | ] | ^ | _ | ` | a | b | c |
| **10** | d | e | f | g | h | I | j | k | l | m |
| **11** | n | o | p | q | r | s | t | u | v | w |
| **12** | x | y | z | { | \| | } | ~ | del | | |

附錄 B

# 測驗解答

附錄 B 包含本書所有章節的測驗解答。

## 測驗 1.1

1. MATLAB 指令視窗是使用者用來輸入指令的視窗。使用者可以在指令視窗裡的指令提示（»），鍵入互動式的指令，而這些指令將會立即被執行。指令視窗也可以用來執行 M 檔案。編輯／除錯視窗是用來產生、修改及除錯 M 檔案的編輯器。而圖形視窗則是用來顯示 MATLAB 的繪圖輸出。
2. 你可以藉由下列方式在 MATLAB 裡得到幫助：
   - 在指令視窗裡鍵入 help <command_name>。這個指令將會在指令視窗裡顯示關於某個你所輸入的指令或函式資訊。
   - 在指令視窗裡鍵入 lookfor <keyword>。這個指令將會在指令視窗裡顯示，在指令或函式的第一行註解列裡包含此關鍵字的所有指令或函式清單。
   - 在指令視窗裡鍵入 helpwin 或 helpdesk，或從開始功能表裡選擇 “Help”，或在桌面上點擊問號圖示（?），都可以用來開啟說明瀏覽器。說明瀏覽器包含一個有關 MATLAB 所有功能的大量超文件（hypertext）說明，加上 HTML 格式與 PDF 格式的完整線上手冊。這是在 MATLAB 裡最完整的說明資料來源。
3. 工作區是當執行一個指令、M 檔案或函式時，所有 MATLAB 可以使用的變數與陣列的組合。所有在指令視窗裡執行的指令（以及從指令視窗執行的所有程序檔）都會分享一個共同的工作區，也因此會分享所有的變數。工作區裡的內容，可以使用 whos 指令來檢查，或是使用圖形化的工作區瀏覽器。
4. 想要清除工作區裡的內容，在指令視窗裡鍵入 clear 或 clear variables 即可。

5. 執行這個計算的指令是：

```
» t = 5;
» x0 = 10;
» v0 = 15;
» a = -9.81;
» x = x0 + v0 * t + 1/2 * a * t^2
x =
 -37.6250
```

6. 執行這個計算的指令是：

```
» x = 3;
» y = 4;
» res = x^2 * y^3 / (x - y)^2
res =
 576
```

問題 7 與 8 是促使你去探索 MATLAB 的用法。它們沒有唯一的「正確」答案。

## 測驗 2.1

1. 陣列是由一群排列成行列結構的資料值所組成，並在程式中擁有獨一無二的名稱。我們可以藉著指定跟隨在陣列名稱後方括號裡的特定行列值，來使用這個陣列裡所包含的個別資料。「向量」通常被用來描述成一維陣列，而「矩陣」則通常被用來描述二維或是更高維度的陣列。
2. (a) 這是一個 $3 \times 4$ 的陣列；(b) `c(2, 3)` = –0.6；(c) 陣列元素值為 0.6 的是 `c(1, 4)`、`c(2, 1)` 及 `c(3, 2)`；(d) 元素的個數是 12。
3. (a) $1 \times 3$；(b) $3 \times 1$；(c) $3 \times 3$；(d) $3 \times 2$；(e) $3 \times 3$；(f) $4 \times 3$；(g) $4 \times 1$。
4. `w(2, 1)` = 2
5. `x(2, 1)` = $-20i$
6. `y(2, 1)` = 0
7. `v(3)` = 3

## 測驗 2.2

1. (a) `c(2,:)` = [–0.8  1.3  –0.4  3.1]

(b) `c(:, end)` = $\begin{bmatrix} 0.6 \\ 3.1 \\ 0 \\ -0.9 \end{bmatrix}$

(c) `c(1:2, 2:end)` $= \begin{bmatrix} -3.2 & 3.4 & 0.6 \\ 1.3 & -0.4 & 3.1 \end{bmatrix}$

(d) `c(6)` = 1.3

(e) `c(4, end)` = [1.1 –3.2 1.3 0.6 0.1 3.4 –0.4 2.2 11.1 0.6 3.1 0 –0.9]

(f) `c(1:2,2:4)` $= \begin{bmatrix} -3.2 & 3.4 & 0.6 \\ 1.3 & -0.4 & 3.1 \end{bmatrix}$

(g) `c([1 3],2)` $= \begin{bmatrix} -3.2 \\ 0.6 \end{bmatrix}$

(h) `c([2 2],[3 3])` $= \begin{bmatrix} -0.4 & -0.4 \\ -0.4 & -0.4 \end{bmatrix}$

2. (a) `a` $= \begin{bmatrix} 7 & 8 & 9 \\ 4 & 5 & 6 \\ 1 & 2 & 3 \end{bmatrix}$ (b) `a` $= \begin{bmatrix} 4 & 5 & 6 \\ 4 & 5 & 6 \\ 4 & 5 & 6 \end{bmatrix}$ (c) `a` $= \begin{bmatrix} 4 & 5 & 6 \\ 4 & 5 & 6 \end{bmatrix}$

3. (a) `a` $= \begin{bmatrix} 1 & 0 & 0 \\ 1 & 2 & 3 \\ 0 & 0 & 1 \end{bmatrix}$ (b) `a` $= \begin{bmatrix} 1 & 0 & 4 \\ 0 & 1 & 5 \\ 0 & 0 & 6 \end{bmatrix}$ (c) `a` $= \begin{bmatrix} 1 & 0 & 0 \\ 0 & 1 & 0 \\ 9 & 7 & 8 \end{bmatrix}$

## 測驗 2.3

1. 所需的指令為“`format long e`”。
2. (a) 這些敘述式將從使用者輸入取得圓的半徑，並計算及顯示圓的面積。(b) 這些敘述式將 $\pi$ 值顯示為一個整數，因此顯示字串為：“`The value is 3!`”。
3. 第一個敘述式將會以指數格式輸出數值 12345.67；第二個敘述式將會以浮點數格式輸出數值；第三個敘述式將會以一般格式輸出數值；第四個敘述式將會在 12 個字元寬的欄位裡，以浮點數格式來輸出數值，而且小數點後有四位數字。這些敘述式的結果分別是：

```
value = 1.234567e+04
value = 12345.670000
value = 12345.7
value = 12345.6700
```

## 測驗 2.4

1. (a) 這是合法的陣列（元素對元素）乘法，因為 `a` 是 2 × 2 陣列，`c` 是 2 × 1 陣列。由於兩個陣列各自的列數目相同且其中一個行數目為 1，此運算是合法的：結果

為 $\begin{bmatrix} 2 & 1 \\ -2 & 4 \end{bmatrix}$。(b) 合法的矩陣乘法：結果為 $\begin{bmatrix} 4 & 4 \\ 3 & 3 \end{bmatrix}$。(c) 合法的陣列乘法：結果為 $\begin{bmatrix} 2 & 1 \\ -2 & 4 \end{bmatrix}$。(d) 合法的運算。矩陣乘法 `b * c` 產生的結果為 $\begin{bmatrix} -2 \\ 5 \end{bmatrix}$。`a + (b * c)` 是合法的陣列相加，因為 `a` 是 $2 \times 2$ 陣列，而 `c` 是 $2 \times 1$ 陣列。由於兩個陣列各自的列數目相同且其中一個行數目為 1，此運算是合法的：結果為 $\begin{bmatrix} 0 & -1 \\ 4 & 7 \end{bmatrix}$。(e) 這是非法的陣列（元素對元素）乘法：矩陣大小不一致而且其中不同大小的數字不是 1。

2. 從運算 `x = A\B` 可以得到結果：$x = \begin{bmatrix} -0.5 \\ 1.0 \\ -0.5 \end{bmatrix}$

## ?! 測驗 3.1

1.
```
x = 0:pi/10:2*pi;
x1 = cos(2*x);
y1 = sin(x);
plot(x1,y1,'-ro','LineWidth',2.0,'MarkerSize',6,...
    'MarkerEdgeColor','b','MarkerFaceColor','b')
```
2. 這個問題沒有單一特定的解答；任何可以改變標記的動作組合都可以接受。
3. `'\itf\rm(\itx\rm) = sin \theta cos 2\phi'`
4. `'\bfPlot of \Sigma \itx\rm\bf^{2} versus \itx'`
5. 這個字串產生字元：$\tau_m$
6. 這個字串產生字元：$\boldsymbol{x}_1^2 + \boldsymbol{x}_2^2$（單位：$\mathbf{m}^2$）
7.
```
g = 0.5;
theta = 2*pi*(0.01:0.01:1);
r = 10*cos(3*theta);
polar (theta,r,'r-')
```
完成的圖形如下：

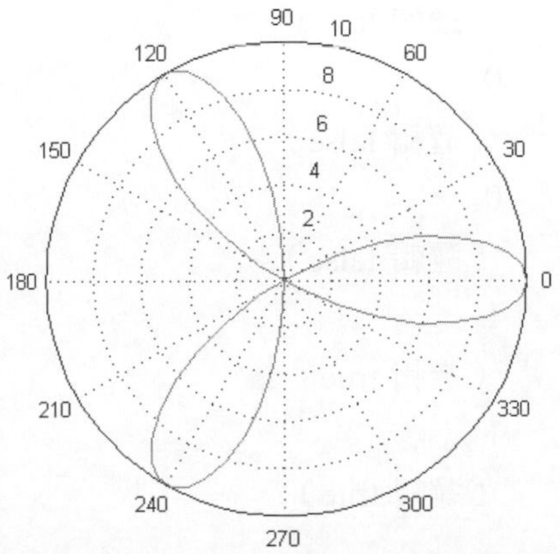

8.
```
figure(1);
x = linspace(0.01,100,501);
y = 1 ./ (2 * x .^ 2);
plot(x,y);
figure(2);
x = logspace(0.01,100,101);
y = 1 ./ (2 * x .^ 2)
loglog(x,y);
```

完成的圖形如下。線性圖形只明顯看出在 $x = 0.01$ 的函數值，而其他函數值幾乎看不見。而在對數圖形，函數圖形看起來像一條直線。

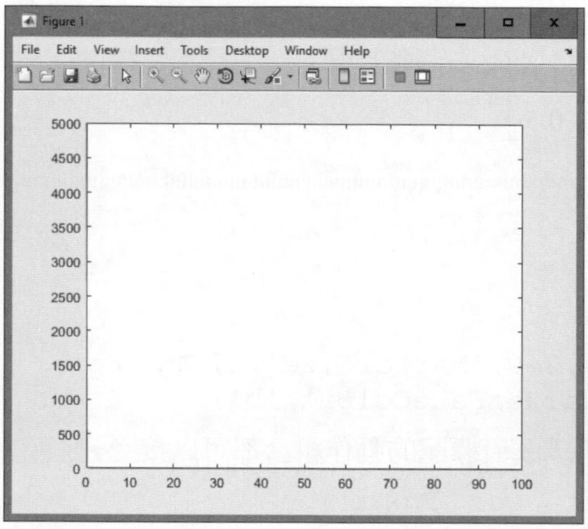


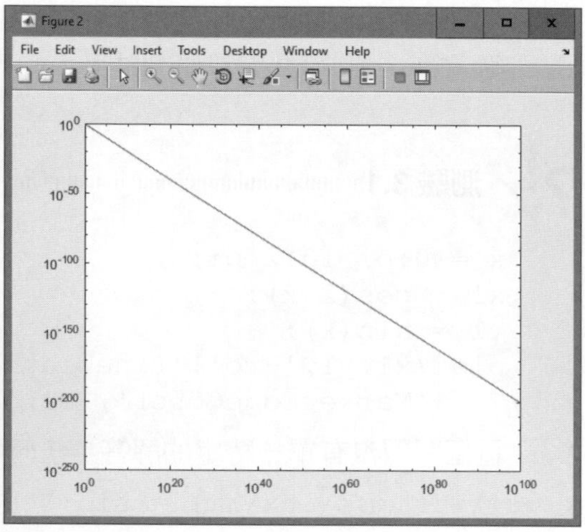


## 測驗 4.1

| 表示式 | 結果 | 說明 |
|---|---|---|
| 1. a > b | 0（邏輯 false） | |
| 2. b > d | 1（邏輯 true） | |
| 3. a > b && c > d | 0（邏輯 false） | |
| 4. a == b | 0（邏輯 false） | |
| 5. a & b > c | 1（邏輯 true） | |
| 6. ~~b | 1（邏輯 true） | |

| | | | |
|---|---|---|---|
| 7. | `~(a > b)` | $\begin{bmatrix} 0 & 0 \\ 0 & 1 \end{bmatrix}$<br>（邏輯陣列） | |
| 8. | `a > c && b > c` | 不合法 | `&&` 與 `\|\|` 運算子只適用於純量計算元。 |
| 9. | `c <= d` | 不合法 | <= 運算子必須用於大小相同的陣列，或是純量與陣列之間的運算。 |
| 10. | `logical(d)` | $\begin{bmatrix} 1 & 1 & 1 \\ 0 & 1 & 0 \end{bmatrix}$<br>（邏輯陣列） | |
| 11. | `islogical(d)` | 0<br>（邏輯 false） | 不是一個邏輯陣列 |
| 12. | `a * b > c` | $\begin{bmatrix} 1 & 1 \\ 1 & 1 \end{bmatrix}$<br>（邏輯陣列） | 表示式 `a * b` 先被計算，產生 double 陣列 $\begin{bmatrix} -2 & 6 \\ -2 & 10 \end{bmatrix}$，然後邏輯運算再被執行而得到最後結果。 |
| 13. | `a * (b > c)` | $\begin{bmatrix} 2 & 0 \\ 0 & 2 \end{bmatrix}$<br>（double 陣列） | 表示式 `b > c` 產生了邏輯陣列 $\begin{bmatrix} 1 & 0 \\ 0 & 1 \end{bmatrix}$，然後此邏輯陣列被乘上 2，因而將結果轉換成 double 陣列。 |
| 14. | `a*b^2 > a*c` | 0<br>（邏輯 false） | |
| 15. | `d \|\| b > a` | 1<br>（邏輯 true） | |
| 16. | `(d \| b) > a` | 0<br>（邏輯 false） | |
| 17. | `isinf(a/b)` | 0<br>（邏輯 false） | |
| 18. | `isinf(a/c)` | 1<br>（邏輯 true） | |
| 19. | `a > b && ischar(d)` | 1<br>（邏輯 true） | |
| 20. | `isempty(c)` | 0<br>（邏輯 false） | |
| 21. | `(~a) & b` | 0<br>（邏輯 false） | |
| 22. | `(~a) + b` | –2<br>（double 值） | `~a` 是邏輯 false(0)，當加上 `b` 時，結果轉換成 double 值。 |

## 測驗 4.2

1.
```
if x >= 0
  sqrt_x = sqrt(x);
else
  disp('ERROR: x < 0');
  sqrt_x = 0;
end
```
2.
```
if abs(denominator) < 1.0E-300
  disp('Divide by 0 error.');
else
  fun = numerator / denominator;
  disp(fun)
end
```
3.
```
if distance <= 100
  cost = 1.00 * distance;
elseif distance <= 300
  cost = 100 + 0.80 * (distance - 100);
else
  cost = 260 + 0.70 * (distance - 300);
end
```
4. 這些敘述式是不正確的。如果這個結構要能運作，則第二個 `if` 敘述需要改為 `elseif` 敘述。
5. 這些敘述式是合法的。它們將顯示訊息 `"Prepare to stop"`。
6. 這些敘述式將會執行，但它們將不會執行程式設計者想要做的事。如果 `temperature` 是 150，這些敘述式將會印出 `"Human body temperature exceeded"` 來代替 `"Boiling point of water exceeded"`。這是因為 `if` 結構將會執行第一個 `true` 的條件，而忽略其他條件。若要得到正確的結果，這些測試的順序必須互換。

## 測驗 5.1

1. 4 次
2. 0 次
3. 1 次
4. 2 次
5. 2 次
6. `ires` = 10
7. `ires` = 55
8. `ires` = 25

9. ires = 49
10. 使用迴圈與分支：

```
for ii = -6*pi:pi/10:6*pi
   if sin(ii) > 0
      res(ii) = sin(ii);
   else
      res(ii) = 0;
   end
end
```

使用向量化的程式碼：

```
arr1 = sin(-6*pi:pi/10:6*pi);
res = zeros(size(arr1));
res(arr1>0) = arr1(arr1>0);
```

## 測驗 6.1

1. 程序檔只是把一整個 MATLAB 的敘述式，全部存放在檔案中。程序檔會使用到指令視窗的工作區，所以在程序檔開始之前，使用者曾定義的任何變數，對於程序檔而言，仍是存在的。而在程序檔停止執行後，任何由程序檔所產生的變數，也會繼續存留在工作區內。程序檔不需要輸入引數，也不會傳回結果，但程序檔卻能與工作區內的其他存在的程序檔彼此影響。另一方面來說，MATLAB 函式可在自己專屬的工作區內執行。它藉由輸入引數清單接受輸入資料，並經由輸出引數清單傳回計算結果給呼叫的程式。
2. help 指令顯示在函式裡所有的註解文字列，直到第一個空白列或是可執行的敘述式為止。
3. H1 註解列是檔案裡的第一個註解文字列。這列註解可以使用 lookfor 指令來搜尋並顯示。它只包含一行註解文字，用以表明整個函式的目的。
4. 在按值傳遞的模式裡，每個輸入引數的複本將會從呼叫函式傳遞給函式，而不會直接傳遞原始的引數。這方式有助於實現一個良好的程式設計，因為輸入引數將可以在函式裡任意修改，而不會對呼叫函式產生不良影響。
5. MATLAB 函式可以擁有任意個數的引數，但並不是所有的引數，在每次呼叫函式時都需要出現。nargin 函式被用來決定呼叫函式時，實際使用輸入引數的數目，而 nargout 函式則是用來決定呼叫函式時，實際使用輸出引數的數目。
6. 這個函式呼叫是不正確的。test1 函式必須使用兩個輸入引數來呼叫。在這裡的情況，變數 y 在 test1 函式裡未定義，所以這個函式不能執行。
7. 這個函式呼叫是正確的。函數可以使用一個或兩個引數來呼叫。

## 測驗 7.1

1. 函式握把是 MATLAB 的一種資料類型，它保有呼叫一個函式所需的資訊，它可以使用 @ 運算符或 `str2func` 函式來產生。被函式握把指向的函式可以使用此函式握把來執行此函式，緊隨其後為在括號中的呼叫參數。
2. 局部函式是在一個檔案內定義的第二個或後續的函式。局部函式看起來就跟一般的函式一樣，可是它們只能被同一檔案內的其他函式所呼叫。
3. 函式的作用域是定義成函式在 MATLAB 內可以被呼叫的範圍。
4. 專用函式是置於子目錄下的函式，而且此子目錄擁有特別名稱 `private`。它們只能被 `private` 目錄，或是上層目錄的其他函式所看見。換句話說，這些函數的作用域受限於某個專用的目錄，或是包含這個函式的上層目錄。
5. 巢狀函式是定義為一種完全存在於另一個稱為宿主函式內的函式。它們只能被所嵌入的宿主函式，或是在同個宿主函式內的其他同階層巢狀函式所看見。
6. MATLAB 會以特定的順序找出函數：
   a. MATLAB 會檢查是否有這個名稱的巢狀函式。如果有的話，則會執行這個函式。
   b. MATLAB 會檢查是否有這個名稱的局部函式。如果有的話，則會執行這個函式。
   c. MATLAB 會檢查是否有這個名稱的專用函式。如果有的話，則會執行這個函式。
   d. MATLAB 會檢查在現行的工作目錄下是否有這個名稱的函式，如果有的話，則會執行這個函式。
   e. MATLAB 會在搜尋路徑上檢查是否有這個名稱的函式。在搜尋路徑上找到了第一個符合名稱的函式後，MATLAB 將會停止搜尋並執行此函式。
7. 結果是傳回產生該握把的函式名稱

```
» myfun(@cosh)
ans =
cosh
```

## 測驗 8.1

1. (a) true (1); (b) false (0); (c) 25
2. 如果 `array` 是一個複數陣列，`plot(array)` 函式繪出陣列中每個元素的虛部相對於實部的圖形，$x$ 軸為實部，$y$ 軸為虛部。

# 索引

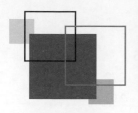